Forschungsbeiträge für die Baupraxis

PROFESSOR DR.-ING. DR.-ING. E. H. KARL KORDINA
am 7. August 1979 60 Jahre

Forschungsbeiträge für die Baupraxis

Karl Kordina zum 60. Geburtstag gewidmet

Mit Beiträgen von

Bornemann Breitschaft Bub Diettrich
Ehm Eibl/Pelle Ertingshausen Goffin
Grasser/Galgoul Gustaferro
Haksever/Meyer-Ottens Hilsdorf Iványi
Klingsch Krampf Kupfer/Moosecker
Lewandowski Meyer-Ottens
Paschen/Zillich Quast Rehm
Rostásy/Schneider/Wiedemann Rüsch
Schneider Steinert Warner
Waubke/Rustler Zelger

1979   Herausgegeben von Josef Eibl

VERLAG VON WILHELM ERNST & SOHN
BERLIN MÜNCHEN DÜSSELDORF

CIP-Kurztitelaufnahme der Deutschen Bibliothek

Forschungsbeiträge für die Baupraxis: Karl Kordina
zum 60. Geburtstag gewidmet / mit Beitr. von Bornemann ... Hrsg. von Josef Eibl. – Berlin, München, Düsseldorf: Ernst, 1979.
  ISBN 3-433-00850-7
NE: Bornemann, Paul [Mitarb.]; Eibl, Josef [Hrsg.]
Kordina, Karl: Festschrift

ISBN 3-433-00850-7 (Bestell-Nr.)

Zum Geleit

Prof. Dr.-Ing. Dr.-Ing. E. h. Karl Kordina vollendet am 7. 8. 1979 sein 60. Lebensjahr. In einer sich über 3 Jahrzehnte erstreckenden Hochschultätigkeit hat er sich nicht nur auf dem Gebiet der Lehre und Forschung große Verdienste erworben. Ich will hier nur auf seine richtungweisenden Arbeiten zur Stabilität schlanker Druckglieder und zum Brandverhalten von Bauteilen hinweisen, die weltweite Anerkennung gefunden haben. Auch bei der Förderung des technischen und wissenschaftlichen Nachwuchses hat er stets seine ganze Kraft eingesetzt.

Mit Karl Kordina verbindet mich eine Freundschaft, die während der engen Zusammenarbeit an der Technischen Hochschule München in der Zeit von 1950 bis 1959 entstand. Nicht allein sein liebenswertes und temperamentvolles Wesen, sondern in mindest gleichem Maße seine stete Hilfsbereitschaft, die seinen Freunden und Kollegen aus mancher Bedrängnis half, hat ihm schon damals alle Herzen gewonnen, vom einfachen Arbeiter bis zu seinen Vorgesetzten. Dies gilt auch heute noch in gleichem Maße, wie die große Zahl echter und treuer Freunde zeigt, die ihm zu seinem Geburtstag mit dieser Festschrift eine Freude bereiten wollen. Die Festschrift soll aber auch dazu dienen, neu erarbeitete Erkenntnisse und Forschungsergebnisse rasch einer breiten Öffentlichkeit zugänglich zu machen.

Ich freue mich, daß ich auch nach seiner Berufung an die Technische Hochschule Braunschweig noch oft Gelegenheit hatte, mit Karl Kordina zusammenzuarbeiten, sei es bei den Beratungen des Deutschen Ausschusses für Stahlbeton oder in internationalen Vereinigungen, wie z. B. dem Comité Européen du Béton. Dabei bewunderte ich oft, wie er seine stets von hohem Fachwissen getragene Meinung in geschliffener und temperamentvoller Form in freier Rede vortrug. Er hat uns im Anschluß an solche Beratungen gelegentlich auch mit seinem virtuosen Violinspiel erfreut. Ich kann mir gut denken, daß für ihn die Musik auch die Möglichkeit bietet, sein oft überschäumendes Wesen zu entspannen.

Ich brauche an dieser Stelle nicht auf Einzelheiten seines Lebenslaufes einzugehen, da meinem Geleitwort eine geschlossene Darstellung folgt. So bleibt mir nur noch übrig, diesem Buch eine freundliche Aufnahme in der Fachwelt zu wünschen und meinem Freund Kordina meine herzlichsten Glückwünsche darzubringen.

HUBERT RÜSCH

Prof. Dr.-Ing. Dr.-Ing. E. h.
Karl Kordina 60 Jahre

Karl Kordina wird am 7. August 1919 als Sohn eines Notars in Wien geboren und verbringt dort seine Schulzeit bis zum Abitur im Jahre 1937. Das Studium des Bauingenieurwesens, unmittelbar danach begonnen, schließt er 1941 mit der Diplom-Hauptprüfung ab. Nach kurzer Tätigkeit im Brückenbau bei der Deutschen Reichsbahn in Wien wird er eingezogen und beim Einsatz an der Ostfront im Juni 1942 schwer verwundet. Als „arbeitsverwendungsfähig" kann er sich nach seiner Genesung wieder bei der Deutschen Reichsbahn in Wien beruflich betätigen. Dort hat er Gelegenheit, sich mit dem Bau von Stahl- und Stahlbetonbrücken vertraut zu machen. Auch erste Kontakte zu einem renommierten Fertigteilwerk in Graz stammen aus dieser Zeit. Im Jahre 1944 wird er erneut an die Ostfront eingezogen, wieder verwundet, und gerät 1945 schließlich für kurze Zeit in Kriegsgefangenschaft.

In den wirtschaftlich schwierigen Verhältnissen unmittelbar nach Kriegsende arbeitet er, nach Deutschland entlassen, als technischer Leiter bei der Bauindustrie vorwiegend im Stahlbetonbau, dann bei der Bayerischen Holz- und Hallenbau GmbH in München, einer Firma, die im Holz- und Stahlbetonbau in gleicher Weise tätig ist, und später für kurze Zeit in einem Ingenieurbüro in Ingolstadt.

Dieser erste Abschnitt seines beruflichen Werdegangs ist gekennzeichnet durch die verschiedensten Tätigkeiten im Bereich des Ingenieurwesens, immer wieder beeinträchtigt durch die schwierigen Lebensbedingungen dieser Zeitperiode.

Der zweite Abschnitt beginnt 1950 mit seinem Eintritt in das Materialprüfungsamt für das Bauwesen der TU München als Abteilungsleiter. Dort erfolgt sehr bald unter Leitung von Prof. Rüsch eine Periode intensiver Forschung mit Aktivitäten auf den verschiedensten Gebieten. Neben Versuchen an Holz- und Stahlkonstruktionen, Gerüsten und Mauerwerk im Rahmen einer vertieften Materialprüfung werden wichtige Forschungsbeiträge zur Vorspannung, insbesondere Vorspannung ohne Verbund, zur besseren Erfassung des Betonkriechens und zur Erforschung des Verhaltens der Biegedruckzone von Stahlbetonbalken geleistet.

In diese Zeit fällt auch seine erste Auseinandersetzung mit der damals noch auf unzureichenden Grundlagen beruhenden Bemessung von Stahlbetondruckgliedern gegen Stabilitätsversagen, eine Aufgabe, die ihn bis zum heutigen Tage nicht mehr losgelassen hat. Eine erste Etappe wird mit seiner Promotion „Stabilitätsuntersuchungen an Beton- und Stahlbetonstützen" 1957 abgeschlossen, einer Leistung, die den Deutschen Ausschuß für Stahlbeton veranlaßt, ihn als Mitglied, kurz darauf als Vorsitzenden der Arbeitsgruppe „Druck und Knikken" zur Neufassung von DIN 1045, zu ernennen.

Beauftragt von Prof. Rüsch beginnt er schon in den ersten fünfziger Jahren seine Hochschullehrertätigkeit mit der Vorlesung „Ingenieur-Holzbau" – die vielen seiner ehemaligen Hörer noch in bester Erinnerung ist – sowie mit Seminarvorträgen über Themen des Massivbaues.

Diese zweite Phase, in der herzliche Freundschaften zu vielen Mitarbeitern und manchen heutigen Kollegen entstehen, wird 1959 mit seiner Berufung zum Ordinarius für Baustoffkunde und Stahlbetonbau an der TU Braunschweig abgeschlossen.

Hier beginnt er sehr bald unter großen Schwierigkeiten, eines der größten und wohl auch modernsten Stahlbetonlaboratorien der Bundesrepublik aufzubauen. Trotz der von ihm selbst immer bestrittenen Begabung für finanzielle und organisatorische Belange gelingt es ihm, stets die Versorgung mit Forschungsmitteln sicherzustellen. Damit bietet er jungen Mitarbeitern hervorragende Möglichkeiten zu eigener Entwicklung.

Mit Beharrlichkeit erarbeitet er Grundlagen und Hilfsmittel für die Stabilitätsbemessung von Stahlbetondruckgliedern, die inzwischen im Inland, im ganzen europäischen Bereich durch das Comité Européen du Béton (CEB), und darüber hinaus akzeptiert sind.

Im Jahre 1968 wird er auf den Lehrstuhl für Stahlbeton- und Massivbau der TU Braunschweig berufen. Das Institut für Baustoffkunde und Stahlbetonbau, das er gemeinsam mit seinem Nachfolger Prof. Rehm leitet, wird weiter erfolgreich ausgebaut. Derzeit sind dort – Prof. Rostásy ist inzwischen Nachfolger von Prof. Rehm – ca. 180 Mitarbeiter mit unterschiedlichsten Aufgabenstellungen betraut. Die Vielzahl vereinter Spezialisten mit entsprechender Erfahrung macht diese Einrichtung zu einem idealen Instrument für die Untersuchung komplexer Phänomene. Forschungsarbeiten in allen Bereichen des Stahlbeton- und Massivbaues werden durchgeführt, Bauschäden der verschiedensten Art studiert und analysiert. Die Spannweite reicht von Brücken über den Reaktorbau bis hin zu speziellen Baustofffragen wie Korrosion und Alkalitreiben.

Die dem Institut angegliederte Feuerabteilung gewinnt internationalen Ruf. Mit dem von ihm initiierten Sonderforschungsbereich 148 „Brandverhalten von Bauteilen" an der TU Braunschweig, dessen Sprecher er seit der Einrichtung im Jahre 1973 ist, beginnt ein Abschnitt aktivster Forschungstätigkeit auf diesem Gebiet, die weltweit Beachtung findet.

Es ist deshalb nicht verwunderlich, daß die Erfahrung und das Wissen des Jubilars in vielen nationalen und internationalen Gremien und Ausschüssen geschätzt werden. Hervorzuheben ist sein langjähriger noch während Vorsitz in der Kommission „Knicken" des CEB, sein Vorsitz in der Arbeitsgruppe „Brandschutz von Bauteilen" in der International Organisation for Standardization (ISO) sowie sein Vorsitz in der Kommission „Feuerwiderstand von Spannbeton" in der Fédération Internationale de la Précontrainte (FIP), zu deren Ehrenmitglied er ernannt wurde. Eine leitende Funktion wird von ihm außerdem im Advisory Pannel des Conseil International du Bâtiment (CIB) ausgeübt. Mitglied der Braunschweigischen Wissenschaftlichen Gesellschaft ist er seit 1964. Vor wenigen Monaten hat außerdem die Universität Bochum seine Verdienste um Forschung und Wissenschaft in besonderer Weise durch die Verleihung der Würde eines Ehrendoktors anerkannt.

Dieser dritte Abschnitt seines Wirkens ist außer der erwähnten Arbeit gekennzeichnet durch eine umfangreiche Lehrtätigkeit, die zur Ausbildung vieler junger Ingenieure beigetragen hat, und durch seine Förderung junger Wissenschaftler.

Seine menschliche Hilfsbereitschaft, die der Sorge für die Angehörigen verunglückter Arbeiter in gleicher Weise gilt wie jungen Ingenieuren mit privaten Schwierigkeiten, kennen alle, die eine Strecke seines Weges gemeinsam mit ihm zurückgelegt haben.

Bereits eine kurze Begegnung genügt, um von seinem unverwüstlichen Humor mitgerissen und erheitert, von seinem Charme gefangen und von seiner Liebe zur Kunst im allgemeinen und zur Musik im besonderen überzeugt zu werden.

JOSEF EIBL

Veröffentlichungen und Vorträge
von Karl Kordina

[1] Stabilitätsuntersuchungen an Beton- und Stahlbetonsäulen. Dissertation TH München 1956.

[2] Zur Berechnung von Spannbetonbauteilen nach der Verformungstheorie (ein Beitrag zum „DISCHINGER-Effekt"). In: XVIII. Bd. „Abhandlungen", IVBH Zürich 1958.

[3] Sicherheitsbetrachtungen bei Spannbetonkonstruktionen. Schweizer Archiv (1959), NR. 9.

[4] Bruchsicherheit bei Vorspannung ohne Verbund. Schriftenreihe DAfStb., Heft 130, Berlin 1959 (zusammen mit H. RÜSCH, C. ZELGER).

[5] Physikalische Grundlagen der Festigkeit und der Verformung der Werkstoffe.

[6] Die Bemessung knickgefährdeter Stahlbetonbauteile. Arbeitstagung des Deutschen Betonvereins, München, Oktober 1959 DBV-Eigenverlag.

[7] Experiments on the influence of the mineralogical character of aggregates on the creep of concrete. RILEM, Heft 6, März 1960.

[8] Influence of time on the strength of concrete. RILEM, Heft 9, Dezember 1960.

[9] Uaragi na temat przyczyn petzania betonów. Zeitschrift „Inzynieria i Budownictwo", Styczen 1961, ROK XVIII.

[10] Buchbesprechung: OTTO GRAF; Die Eigenschaften des Betons. Materialprüfung 3 (1961) Nr. 11.

[11] Über das Studium an Technischen Hochschulen. Sonderdruck aus den Mitteilungen des Braunschweigischen Hochschulbundes e. V. 1962/2.

[12] Betonieren im Winter. Der Bauingenieur 36 (1961), Heft 12.

[13] Baustofforschung und Materialprüfung. Mitteilungsblatt des Niedersächsischen Materialprüfungsamtes, (1961), Heft 1.

[14] Der Einfluß des mineralogischen Charakters der Zuschläge auf das Kriechen von Beton. Schriftenreihe des DAfStb., Heft 146, Berlin 1962.

[15] Das Verhalten von Stahlbeton- und Spannbetonteilen unter Feuerangriff. Beton (1963), Heft 1 und 2.

[16] Die Widerstandsfähigkeit von biegebeanspruchten Stahlbeton- und Spannbetonbauteilen gegen Feuer. Die Bauwirtschaft, Heft 6, Februar (1963).

[17] Die Erfüllung feuerpolizeilicher Anforderungen bei Stahlbeton- und Spannbetonbauten. Betontag 1963 in Essen.

[18] Brandversuche an Holzbalkendecken. Berichte aus der Bauforschung, Heft 38, Berlin 1964 (zusammen mit TH. KRISTEN).

[19] Ein Verfahren zur Bestimmung des Vorspannverlustes infolge Schlupf in der Verankerung. Beton- und Stahlbetonbau. 58 (1963), S. 265–268 (zusammen mit J. EIBL).

[20] Zur Frage der Temperatur-Beanspruchung von kreiszylindrischen Stahlbetonsilos. Beton- und Stahlbetonbau. 59 (1964), S. 1–11 (zusammen mit J. EIBL).

[21] Knicksicherheitsnachweis ausmittig belasteter Druckglieder. Beton- und Stahlbetonbau. 59 (1964), S. 181–189.

[22] Temperaturbeanspruchungen in kreiszylindrischen Stahlbetonbehältern. Zeitschrift Revue C – Tijdschrift – III, Nr. 6, (1964).

[23] Verhalten von Stahlbeton und Spannbeton beim Brand. Schriftenreihe des DAfStb., Heft 162, Berlin 1964.

[24] Untersuchungen an 20 Jahre alten Spannbetonträgern aus Tonerdeschmelzzement-Beton. Berichte der Deutschen Keramischen Gesellschaft e. V., Band 41 (1964), Heft 9 (zusammen mit N. V. WAUBKE).

[25] The influence of creep on the buckling load of shallow cylindrical shells. Sonderdruck I. A. S. S. Symposium, Warsaw, September 2–5, 1963.

[26] Der Einfluß von Abplatzungen, Schutzschichten und des Spannsystems auf die Feuerwiderstandsdauer. Sonderdruck FIP-Tagung in Braunschweig, Juni 1965, Bauverlag GmbH, Wiesbaden.

[27] Ultraschallmessungen an „Laboratoriumsbetonen". Wissenschaftliche Zeitschrift der Hochschule für Bauwesen, Leipzig (1966), Heft 1/2 (gemeinsam mit N. V. WAUBKE und V. ROY).

[28] Einfluß des Zuschlaggesteins und der Kornzusammensetzung auf die Verformbarkeit von Straßenbetonen unter Biegebeanspruchung. Forschungsarbeiten aus dem Straßenwesen, Heft 67, Januar 1967, Kirschbaumverlag (zusammen mit R. LEWANDOWSKI).

[29] Brandverhalten von Stahlbetonplatten. Schriftenreihe des DAfStb., Heft 181, Berlin 1966 (zusammen mit P. BORNEMANN).

[30] Ultraschallmessungen an bewehrten Kiesbetonen. Materialprüfung 9 (1967), Nr. 3 März (zusammen mit V. ROY und N. V. WAUBKE).

[31] Physikalische Sonderprobleme bei der Anwendung der Vorfertigung. 2. Deutscher Fertigbautag anläßlich der Constructa II Hannover, Januar 1967.

[32] Festigkeit der Biegedruckzone – Vergleich von Prismen- und Balkenversuchen. Schriftenreihe des DAfStb., Heft 190, Berlin/München 1967 (zusammen mit H. RÜSCH und S. STÖCKL).

[33] Die Grundlagen des Knicksicherheitsnachweises im Stahlbetonbau. Betontag 1967 in Berlin.

[34] Design of circular cylindrical shells under thermal loads.

[35] The design of slender reinforced concrete columns.

[36] Safety factor in concrete design. I. I. T. Madras Bulletin December 1967, Department of Civil Engineering.

[37] Schallschutz- und Feuerschutzfragen beim Bau mit Fertigteilen. VDI-Zeitung 110 (1968) Nr. 12 – April (III).

[38] Über den Einfluß der Brandlast auf Brandraumtemperatur und Feuerwiderstandsdauer bei der Prüfung von Beton- und Holzwänden nach DIN 4102. Materialprüfung 11 (1969) Nr. 8 August (zusammen mit C. MEYER-OTTENS).

[39] Fortschritte im Feuerschutz von Stahlbauteilen. Sonderdruck des Deutschen Stahlbau-Verbandes Köln 1969 (zusammen mit C. MEYER-OTTENS).

[40] Wirtschaftliche Verfahren zur Erhöhung der Feuerwiderstandsfähigkeit. Betontag 1969 in Düsseldorf.

[41] Zur Anwendung der Sicherheitstheorie bei Stabilitätsuntersuchungen im Stahlbetonbau. Festschrift zum 65. Geburtstag von Prof. FRANZ. Wilh. Ernst & Sohn, Berlin/München 1969.

[42] Grundlagen für den Entwurf von Stahlbetonbauteilen mit bestimmter Feuerwiderstandsdauer. Festschrift zum 65. Geburtstag von Prof. Rüsch, Wilh. Ernst & Sohn, Berlin/München 1969.

[43] Über den Erhaltungszustand 20 Jahre alter Spannbetonträger. Schriftenreihe des DAfStb., Heft 212, Berlin/München/Düsseldorf 1970 (zusammen mit N. V. WAUBKE).

[44] Grundlagen der Bemessung – Neuerfassung DIN 1045. Mitteilungsblatt für die amtliche Materialprüfung in Niedersachsen 1970/71, Heft 10/11.

[45] Stabilitätsuntersuchungen an Tonnenschalen aus verschiedenen Modellbaustoffen. Proceedings of the 4th Internationale Conference on experimental stress analysis, Cambridge, April 1970, Paper 26 (zusammen mit G. IVÁNYI).

[46] Zur Frage der näherungsweisen Ermittlung von Zwangsschnittgrößen. IVBH-Tagung Madrid 1970.

[47] Brandverhalten von Holz. Nach einem Vortrag gelegentlich der Constructa 1970 in Hannover.

[48] Zur Frage der näherungsweisen Ermittlung von Zwangsschnittgrößen. Symposium über „Den Einfluß des Kriechens, Schwindens und der Temperaturänderungen in Stahlbetonkonstruktionen." IVBH-Tagung Madrid 1970.

[49] Anleitung für den Knicksicherheitsnachweis nach DIN 1045, Neufassung. Mitteilungsblatt für die amtliche Materialprüfung in Niedersachsen, 1970/71, Heft 10/11.

[50] Creep design of slender concrete columns. Sonderdruck RILEM Colloque International, Buenos Aires – Argentina, Sept. 1971.

[51] Grundlagen der Bemessung – Neufassung DIN 1045. Tonind.-Zeitung, Nr. 95 (1971), Heft 9.

[52] Anleitung für den Knicksicherheitsnachweis nach DIN 1045, Neufassung. Tonind.-Zeitung, Nr. 95 (1971), Heft 9.

[53] Baulicher Brandschutz – Wirtschaftliche Bedeutung des vorbeugenden baulichen Brandschutzes. Berichte aus der Bauforschung, Heft 93, Berlin/München/Düsseldorf 1971.

[54] Zukunftsaufgaben des baulichen Brandschutzes. Bauforschungstag Berlin, November 1971.

[55] Über den Großbrand bei der Firma Linde, Mainz-Kostheim, im Januar 1971. Beton- und Stahlbetonbau (1972), Heft 5/6 (zusammen mit L. KRAMPF und H. F. SEILER).

[56] Behaviour and design of slender concrete columns. Planning and Design of Tall Buildings. International Association for Bridge and Structural Engineering, Comm. 23, SoA-Report no. 4, Januar 1972.

[57] Die mechanischen Eigenschaften von Schwerbeton bei hohen Temperaturen. Materialprüfung 14 (1972) Nr. 8, August (zusammen mit N. V. WAUBKE).

[58] Bemessung nach DIN 1045. Informationstagung des Innenministers von Nordrhein-Westfalen, Januar 1972 (zusammen mit H. DIETTRICH).

[59] Bemessung von Beton- und Stahlbetonbauteilen nach DIN 1045 – Nachweis der Knicksicherheit. Schriftenreihe des DAfStb., Heft 220, Berlin/München/Düsseldorf 1972.

[60] Bemessung von schlanken Bauteilen – Knicksicherheitsnachweis. Betonkalender 1972–1978 (gemeinsam mit U. QUAST).

[61] Bemessung und Ausführung von Druckgliedern aus Stahlleichtbeton; Bemessung von Bauteilen aus Spannleichtbeton. Informationstagung des Innenministers von Nordrhein-Westfalen, November 1973.

[62] Entwurfsgrundlagen für Bauwerke aus Stahlbeton und Spannbeton unter Berücksichtigung des Katastrophenfalles Brandbeanspruchung. VFDB-Zeitschrift Forschung und Technik im Brandschutz, 22. Jahrgang, Heft Nr. 2, April 1973.

[63] Zur Weiterentwicklung und Vereinfachung der Bemessung von Druckgliedern – Aus den Ergebnissen der DBV-AIF-Forschung. Sonderdruck Betontag 1973.

[64] International vereinheitlichte Zeichen im Betonbau. Beton- und Stahlbetonbau. 68 (1973), S. 134 (zusammen mit M. STILLER).

[65] Das Brandverhalten von Kunststoffen in Bauteilen. VDI-Berichte Nr. 213, 1973.

[66] Über den Zusammenhang von Brandrisiko und feuerpolizeilichen Sicherheitsbestimmungen mit dem Brandverhalten von Bauteilen. Brandschutzseminar Zürich, Oktober 1973. Verlag „Brand-Verhütungs-Dienst für Industrie und Gewerbe", Zürich.

[67] Übergreifungsvollstöße mit hakenförmig gebogenen Rippenstählen. Schriftenreihe DAfStb., Heft 226, Berlin/München/Düsseldort 1973 (gemeinsam mit G. FUCHS).

[68] Erwärmungsvorgänge in balkenartigen Stahlbetonteilen unter Brandbeanspruchung. Schriftenreihe des DAfStb., Heft 230, Berlin/München/Düsseldorf 1973 (gemeinsam mit H. EHM und R. v. POSTEL).

[69] Berechnung der Tragfähigkeit von Stahlbetonbalken bei kombinierter Torsion. Die Bautechnik. 51 (1974), S. 51–88 (gemeinsam mit S. K. OJHA).

[70] Betonwände ohne Druckbewehrung. Die Bautechnik. 51 (1974), S. 129–131.

[71] Das Brandverhalten von Holzbauteilen. In: Holzbau-Taschenbuch, 7. Aufl. Berlin/München/Düsseldorf 1974 (gemeinsam mit L. KRAMPF und C. MEYER-OTTENS).

[72] Failure load of slender reinforced concrete columns under elevated temperature using a two and three dimensional discretisation. Vortrag gelegentlich des „International Symposium on discrete methods in engineering". Milan, September 1974 (zusammen mit W. KLINGSCH).

[73] Tragverhalten brandbeanspruchter Stahlbetonstützen. Vortrag gelegentlich des Symposiums über „Bemessung und Sicherheit von Stahlbeton-Druckgliedern" der Internationalen Vereinigung für Brückenbau und Hochbau, Quebec, 1974 (zusammen mit W. KLINGSCH).

[74] Über das Verhalten von Beton unter hohen Temperaturen. Betonwerk und Fertigteil-Technik, Heft 12 (1975).

[75] Zum mechanischen Verhalten von Normalbeton unter instationärer Wärmebeanspruchung. Beton Herstellung Verwendung 25 (1975) H. 1, S. 19–25.

[76] Bewehrungsführung in Rahmenecken und Rahmenknoten. Betontag 1975, Verlag Deutscher Beton Verein.

[77] Zur Frage des Brandrisikos in Hochhäusern. Deutsche Konferenz Hochhäuser, Mainz 1975.

[78] Langzeitversuche an Stahlbetonstützen. Schriftenreihe des DAfStb., Heft 250, Berlin/München/Düsseldorf 1975.

[79] Einfluß des Kriechens auf die Ausbiegung schlanker Stahlbetonstützen. Schriftenreihe des DAfStb., Heft 250, Berlin/München/Düsseldorf 1975 (gemeinsam mit R. F. WARNER).

[80] Traglastermittlung von Stahlbeton-Druckgliedern unter schiefer Biegung. Schriftenreihe des DAfStb., Heft 265, Berlin/München/Düsseldorf 1976.

[81] Theoretische und experimentelle Untersuchungen an Stahlbetonrechteckbalken unter kombinierter Beanspruchung aus Torsion, Biegemoment und Querkraft (Bericht gemeinsam mit S. K. OJHA).

[82] Tragverhalten brandbeanspruchter Bauteile. Symposium „Bemessung und Sicherheit von Stahlbetondruckgliedern", Tokio, September 1976. Sonderdruck aus dem Vorbericht – Zehnter Kongreß der Internationalen Vereinigung für Brückenbau und Hochbau, 1976.

[83] Fire Rating in Buildings. Vortrag beim FIP Symposium in Sydney, 1976.

[84] Der Schadensfall an der Mainbrücke bei Hochheim. Beton- und Stahlbetonbau. 72 (1977), Heft 1 (zusammen mit J. M. DEINHARD, R. MOLZAHN und K.-H. STORKEBAUM).

[85] Vapour Transport and Pressure Rise behind the Liner of Reactor Containments. 4th SMIRT-Conference on Structural Mechanics in Reactor Technology, San Francisco 1977 (zusammen mit U. Schneider).

[86] Segmentbauarten; Vorschläge für Bemessung und Ausführung. Betontag 1977 in Berlin.

[87] The Aims of the Preventive Fire Precautions in Buildings. The Behaviour of Concrete Structural Members under Fire. Dansk Ingeniörakademien, Kopenhagen 1977.

[88] Feuerwiderstandsklassen von Bauteilen aus Holz und Holzwerkstoffen. Informationsdienst Holz, Bericht der Entwicklungsgemeinschaft Holzbau (EGH), München 1977 (zusammen mit C. Meyer-Ottens).

[89] Brandverhalten von Holzkonstruktionen. Informationsdienst Holz, Bericht der Entwicklungsgemeinschaft Holzbau (EGH), München 1977 (zusammen mit C. Meyer-Ottens).

[90] Numerical Calculation of Failure Load of Reinforced Concrete Members under Elevated Temperature. Bericht an die Dänische Ingenieursgesellschaft. SFB 148, Braunschweig 1977 (zusammen mit W. Klingsch).

[91] Schäden an Spannbetonbrücken im Bereich von Koppelfugen. Deutschsprachiger technischer Beitrag zum 8. Internationalen Spannbeton-Kongreß London, 30. 4.–5. 5. 1978 (zusammen mit G. Iványi).

[92] Die Ermittlung der Gebrauchseigenschaften von Beton und Spannbeton bei extrem tiefen Temperaturen. Betonwerk + Fertigteiltechnik (1978), Heft 4, S. 191–197 (zusammen mit J. Neisecke).

[93] Baulicher Brandschutz im Industriebau – Stand der Erkenntnisse. VGB Kraftwerkstechnik 59 (1979), Heft 2, S. 178–192 (zusammen mit U. Schneider).

[94] Über das Brandverhalten von Bauteilen und Bauwerken. Rheinisch-Westfälische Akademie der Wissenschaften, Vorträge N 281, Westdeutscher Verlag, Opladen 1979, S. 39–92.

[95] Schäden an Koppelfugen. Herrn Prof. Dr.-Ing. Paschen zur Vollendung des 60. Lebensjahres am 6. Dezember 1978 gewidmet, Beton- und Stahlbetonbau 74 (1979), Heft 4, S. 95–100.

Dissertationen, für die Professor Kordina Berichte erstattet hatte

Wilhelm Schumacher: Der Einfluß der allgemeinen Zulassungen neuer Baustoffe und Bauarten auf die technischen Baubestimmungen, insbesondere auf die Baunormen. 25. Juli 1961

Rolf Deters: Über das Verdunstungsverhalten und den Nachweis öliger Holzschutzmittel. 6. Dezember 1962

Josef Eibl: Zur Stabilitätsfrage des Zweigelenkbogens mit biegeweichem Zugband und schlaffen Hängestangen. 25. Januar 1963

Paul Bornemann: Berechnungsgrundlagen zur Ermittlung der Feuerwiderstandsdauer von Stahlbetonplatten. 14. August 1964

Nils Valerian Waubke: Transportphänomene in Betonporen. 6. Juni 1966

Herbert Ehm: Ein Beitrag zur rechnerischen Bemessung von brandbeanspruchten balkenartigen Stahlbetonbauteilen. 1. Juli 1966

Klaus-Jürgen Höhm: Der Stahlträger in Verbund mit einer Betonplatte bei nichtlinearer Elastizität des Betons. 4. Januar 1967

Joachim Steinert: Möglichkeiten der Bestimmung der kritischen Last von Stab- und Flächentragwerken mit Hilfe ihrer Eigenfrequenz. 21. Februar 1967

Axel Lämmke: Untersuchungen an dämmschichtbildenden Feuerschutzmitteln. 3. Juli 1967

György Iványi: Die Traglast von offenen, kreisförmigen Stahlbetonquerschnitten. 6. Dezember 1967

Jürgen Dahms: Die Schlagfestigkeit des Betons. 20. Dezember 1967

Kamal Rafla: Beitrag zur Frage der Kipp-Stabilität aufgehängter Balkenträger und gerader, flächenartiger Träger. 23. Januar 1968

Vera Roy: Ultraschall-Impulslaufzeitmessungen an Beton. 8. April 1968

Peter Maack: Der Einfluß der Zeit auf die Steifigkeit von Stahlbetonquerschnitten. 16. Juli 1968

Günter Fuchs: Zum Tragverhalten von kreisförmigen Doppelsilos unter Berücksichtigung der Eigensteifigkeit der Füllgüter. 25. März 1969

Ulrich Quast: Geeignete Vereinfachungen für die Lösung des Traglastproblems der ausmittig gedrückten prismatischen Stahlbetonstütze mit Rechteckquerschnitt. 23. Juni 1969

Wolfgang Gruber: Wärmedurchgang an Ecken und vorspringenden Bauteilen im Hochbau. 16. Juli 1969

Fritz-Joachim Neubauer: Untersuchungen zur Frage der Rissesicherung von leichten Trennwänden aus Gips-Wandbauplatten. 22. Dezember 1969

Wilfried Bödeker: Die Stahlblech-Holz-Nagelverbindung und ihre Anwendung (Greim-Bauweise) – Grundlagen und Bemessungsvorschläge. 7. April 1970

Ralf Lewandowski: Beurteilung von Bauwerksfestigkeiten anhand von Betongütewürfeln und -bohrproben – Beitrag zur Abschätzung der Festigkeitsverteilung in Betonbauwerken. 10. April 1970

Klaus-Dieter Schmidt-Hurtienne: Ein Beitrag zur Frage der Prüfung von Zuschlägen und der Vorausbestimmung der Druckfestigkeit von Leichtbeton. 6. Juli 1970

Karl-Ludwig Fricke: Zur Biegetheorie von Stahlbeton-Stabwerken. 26. Juli 1971

Kurt Liermann: Das Trag- und Verformungsverhalten von Stahlbeton-Brückenpfeilern mit Rollenlagern. 3. März 1972

Béla Jankó: Zum Trag- und Verformungsverhalten ebener Stockwerkrahmen aus Stahlbeton. 9. Mai 1972

Claus Meyer-Ottens: Über die Ursachen und Maßnahmen zur Verhinderung von Abplatzungen an Beton-, Stahlbeton- und Spannbetonbauteilen aus Normalbeton bei Brandbeanspruchung. 20. Dezember 1972

Eckhard Tennstedt: Beitrag zur rechnerischen Ermittlung von Zwangschnittgrößen unter Berücksichtigung des wirklichen Verformungsverhaltens des Stahlbetons. 2. August 1973

Ulrich Schneider: Zur Kinetik festigkeitsmindernder Reaktionen im Normalbeton bei hohen Temperaturen. 18. Dezember 1973

Hans-Peter Werse: Epoxidharze – Eigenschaften und Anwendung im Massivbau. 24. Juni 1974

Clausjürgen Becker: Dehnungs-, Querdehnungs- und Gleitzahlen von zweilagigem Fichtenholz. 1. Juli 1975

Olaf Hjorth: Ein Beitrag zur Frage der Festigkeiten und des Verbundverhaltens von Stahl und Beton bei hohen Beanspruchungsgeschwindigkeiten. 1. Juli 1975

Wolfram Klingsch: Traglastberechnung instationär thermisch belasteter schlanker Stahlbetondruckglieder mittels zwei- und dreidimensionaler Diskretisierung. 22. Dezember 1975

XII

Inhalt

Schnittgrößenermittlung und Bemessung

Energieeinsparung – Feuerbeanspruchung

Sicherheit – Normung

Hubert Rüsch

Kritische Gedanken zu Grundfragen der Sicherheitstheorie

It is better to know some of the questions
than all of the answers

James Thurber

1 Einführung

Was kann uns die probabilistische Sicherheitstheorie bringen? Das ist eine Frage, die derzeit viele Ingenieure stellen. Sie zu beantworten ist leicht, wenn man nur an das Ziel denkt und nicht an die Probleme, die auf dem Weg dazu zu lösen sind. Die Sicherheitstheorie soll es möglich machen, für eine vorgegebene Konstruktion mit vorgegebener Nutzungsart einen wirklichkeitsnahen Wert der zu erwartenden Versagenswahrscheinlichkeit zu berechnen, wobei die Folgen schuldhaften Handelns und Fälle der höheren Gewalt auszuschließen sind. Gelingt es, diese Aufgabe zu lösen, kann man auch Bemessungsverfahren angeben, die zu einem Zielwert der Versagenswahrscheinlichkeit führen. Die folgenden Ausführungen werden sich mit einigen grundsätzlichen Fragen beschäftigen, die hierbei zu lösen sind.

Der Verfasser ist sich klar darüber, daß er an einigen Stellen Formulierungen gewählt hat, die auf Widerspruch stoßen könnten. Es liegt ihm aber fern, verletzend zu wirken, da der Beitrag nur der Absicht dienen soll, zum Nachdenken über ihm besonders wichtig erscheinende Fragen anzuregen.

2 Welches sind die eigentlichen Versagensursachen

Wer an einer deutschen Hochschule tätig ist, kann sich kaum der Aufgabe entziehen, sich mit allen Versagensfällen zu beschäftigen, die auf seinem Fachgebiet auftreten. Auf den so erworbenen Erfahrungen aufbauend werden nachstehend 5 Versagensursachen unterschie-

den. Die Reihung entspricht annähernd der Häufigkeit ihres Auftretens:

- Grobe Fahrlässigkeit
- Fehlende Einsichten
- Mangelnde Wirklichkeitsnähe der Grundlagen
- Höhere Gewalt und
- das einkalkulierte Risiko.

In den folgenden Abschnitten soll ihre Bedeutung diskutiert werden.

3 Wie ist der Bereich der groben Fahrlässigkeit in der Sicherheitstheorie zu behandeln

In den meisten Fällen liegt demnach die Ursache des Versagens in einem Verstoß gegen die anerkannten Regeln der Baukunst. Wann sind aber solche Verstöße als „grob fahrlässig" zu bezeichnen? Eine einfache und eindeutige juristische Definition, die uns bei der Beantwortung dieser Frage weiterhelfen würde, scheint in den Gesetzbüchern zu fehlen. Soweit aber dieser Begriff bei der strafrechtlichen Beurteilung von Bauunfällen eine Rolle gespielt hat, hat sich etwa folgende Definition herausgebildet*):

- Grob fahrlässig handelt, wer die Folgen einer Handlung voraussieht, aber pflichtwidrig darauf vertraut, daß sie nicht eintreten werden.
- Grob fahrlässig handelt auch, wer die Folgen der Handlung zwar nicht voraussieht, aber die notwendige Sorgfalt außer Acht läßt, die er objektiv nach den Umständen und subjektiv aufgrund seiner persönlichen Kenntnisse und Fähigkeiten anwenden müßte.

Die erste der beiden Gruppen kann folgender Fall erläutern:

---

*) Auskunft von Herrn von Chossy.

3

Eine mehrstöckige Textilfabrik stürzte nach 10 Jahren ohne Vorwarnung ein, glücklicherweise während der Betriebspause. Ursache: Beim Ausschalen wiesen die Stahlbetonsäulen im Kellergeschoß große Kiesnester auf. Der Bauunternehmer und der Leiter der Bauaufsicht, die beide dem gleichen Stammtisch angehörten, einigten sich darauf, diese Mängel nur äußerlich mit Putz zu verdecken. Von beiden konnte man erwarten, daß sie sich des Risikos bewußt waren, das sie damit eingingen. Wie groß es war, geht daraus hervor, daß es zum Einsturz kam, nachdem man zum ersten Mal die Nutzlast von rund $^1/_3$ des Rechenwertes auf seine Hälfte erhöht hatte.

Zu der zweiten Definition paßt der folgende Fall:
Bei einem Manöver wartete ein schwerer Panzer auf seine zurückgebliebenen Kameraden auf einer Brücke; dort war die Aussicht am schönsten. So sperrte er aber den Verkehr. Als die Autofahrer ungeduldig wurden, stellte er höflicherweise den Panzer auf den auskragenden Gehweg. Die Folgen waren bedauerlich, für den Fahrer, für den Panzer und nicht zuletzt auch für die Brücke. Sicher wußte der Panzerfahrer, daß der Gehweg die hohe Last nicht tragen kann, er hat es nur nicht bedacht.
Wie in der Religion gibt es aber auch auf dem Gebiet der Fahrlässigkeit läßliche Sünden. Dazu gehören z.B. begrenzte Abweichungen in der Lage der Bewehrung, das Anwachsen der Betondeckung als Folge ungenügender Abstützung, geringe Mängel in der Verdichtung des Frischbetons oder das nicht immer vermeidbare nachträgliche Ausbrechen von Öffnungen und Schlitzen. Da nun einmal Menschen nicht vollkommen und Streuungen unvermeidbar sind, muß man das Gebiet der läßlichen Fahrlässigkeit in die Sicherheitsüberlegungen einbeziehen. Es kann aber nicht Aufgabe der Bemessung sein, auch Fälle grober Fahrlässigkeit abzudecken. Dies wäre auch gar nicht möglich, da die Folgen solcher Handlungen unbegrenzbar sind.
Wir sind also gezwungen, bei möglichst allen die Sicherheit beeinflussenden statistischen Verteilungen, das Gebiet der groben Fahrlässigkeit von jenem der läßlichen Fahrlässigkeit abzugrenzen. Wir sollten dies selbst dann tun, wenn uns die derzeit zur Verfügung stehenden Kenntnisse noch nicht mehr erlauben, als einen ersten großen Schritt hin zu einer wirklichkeitsnäheren Erfassung des wahren Verhaltens. Natürlich kann eine solche Grenze nicht in einer deterministischen Form postuliert werden. Der Übergang ist fließend und hängt – wie die vorangegangene Definition der groben Fahrlässigkeit zeigt – auch von vielen subjektiven Einflüssen ab. Die Grenze kann sich deshalb im Laufe der Zeit verschieben und wird in den weniger industrialisierten Ländern anders liegen als bei uns.
Leider muß man feststellen, daß die derzeit auf dem Gebiet der Sicherheitstheorie vorliegenden Lösungen keinen Versuch machen, das Gebiet der groben Fahrlässigkeit abzutrennen. Frühere Vorschläge, die Verteilungskurven mit einer solchen Absicht zu stutzen, wurden bald wieder verlassen, weil dies zu willkürlich erschien. Man gibt zu, daß die auf dieser Grundlage mit großem mathematischen Aufwand berechneten Versagenswahrscheinlichkeiten wirklichkeitsfremd sind, versteckt aber diese Erkenntnis in dem neu eingeführten Begriff einer „operativen Versagenswahrscheinlichkeit".
Damit könnte man sich zufrieden geben, wenn diese operative Wahrscheinlichkeit zu der unter wirklichkeitsnahen Annahmen berechneten in einem bekannten und konstanten Verhältnis stünde. Dies ist aber wenig wahrscheinlich. Die Frage wurde auch nie untersucht. So ist es verständlich, daß man als Prüfstein für die von der neuen probabilistischen Sicherheitstheorie abgeleiteten Bemessungsverfahren nur die Frage wählen konnte, ob sich die Ergebnisse mit jenen der bisherigen deterministischen Verfahren annähernd decken oder nicht. Viele werden mit Recht fragen, wozu der ganze Aufwand, wenn letzten Endes für die Praxis nur neue, aber kaum bequemere Krücken angeboten werden.
Der Verfasser hat schon seit Jahren die Sicherheitstheoretiker gebeten, sich mit der Abgrenzung des Gebiets der groben Fahrlässigkeit zu beschäftigen. Er hat auch Lösungsmöglichkeiten aufgezeigt, die als Instrument die subjektive Statistik benutzen, welche sich auf dem Gebiet der Meinungsforschung bewährt hat.
Diese Vorschläge stießen aber auf kein Interesse. Das Hauptargument der Ablehnung war, man dürfe eine strenge Sicherheitstheorie nur auf statistischen Verteilungen aufbauen, die auf objektiv meßbaren Sachverhalten beruhen. Dem entsprechen z.B. Festigkeitswerte, Lasten oder Toleranzen. Nur subjektiv belegbare Werte zu verwenden, wurde als unwissenschaftlich angesehen.
Ob dies richtig ist oder nicht, kommt auf den Standpunkt an. Die Ingenieure kann man – wenn man eine so grobe Vereinfachung toleriert – in drei Kategorien ein-

teilen: Konstrukteure, Statiker und Wissenschaftler. Ein wesentliches Unterscheidungsmerkmal ist neben manchem anderen die Tatsache, daß sie in der vorgenannten Reihenfolge in abnehmendem Maße mit der Baupraxis Verbindung haben. Beim Wissenschaftler entsteht dadurch leicht eine Art Betriebsblindheit. Dies ist keineswegs eine neue Feststellung. Der Engländer TREDGOLD schrieb schon 1822: ,,The stability of a building is inversely proportional to the science of the builder"*). Diese Äußerung stammt von einem Mann, den man keineswegs als wissenschaftsfeindlich bezeichnen kann. Er war sein ganzes Leben lang selbst als solcher tätig. Wissenschaftler lassen sich leicht von dem Zauber verführen, der von der Mathematik ausgeht. Von ODYSSEUS heißt es, daß er sich in der Nähe der Insel der Zauberin CIRCE an den Mast seines Schiffes festbinden ließ, um nicht ihrer Verführung zu erliegen. Leider fehlt vielen eine ähnlich sichere Stütze, welche nur die in der Praxis gewonnene Erfahrung liefern kann.

Wir dürfen uns nicht zu sehr davon beeindrucken lassen, daß die Schulstochastik derzeit noch die Methoden der subjektiven Statistik ablehnt. Dieses Verfahren würde sich im vorliegenden Fall wie folgt abspielen: Die für die statistische Untersuchung benötigten Unterlagen würden nicht wie üblich aus Messungen der Festigkeit oder des Winddruckes bestehen, sondern aus den Antworten von Sachverständigen. Die sinnvolle Zusammensetzung des zu befragenden Gremiums sowie die Formulierung der zu stellenden Fragen muß unter Beratung erfahrener Meinungsforscher bestimmt und, soweit erforderlich, auch durch Erprobung verbessert werden.

Im Falle der Abgrenzung der groben Fahrlässigkeit wird die Stichprobe wohl nur zum kleinen Teil Juristen enthalten. Poliere, Bauleiter, Konstrukteure und Sachverständige für die Beurteilung von Bauschäden sind mindestens gleich wichtig. Dies gilt auch für Vertreter der Baubehörden und Bauherren. Die Mitglieder einer solchen Stichprobe werden nun befragt, ob sie einen genau definierten Sachverhalt als grob fahrlässig bezeichnen würden oder nicht und ihre Antworten dann auf dem üblichen Wege statistisch ausgewertet.

Ein Beispiel soll den Vorschlag erläutern.

Der zu untersuchende Tatbestand sei die Frage, ab wann eine Unterschreitung der vorgeschriebenen Be-

tonfestigkeit als grob fahrlässig zu bezeichnen ist. Bei einer geringen Unterschreitung des Sollwertes, z.B. um 10%, werden sicherlich nahezu alle Befragten mit Nein antworten, bei einer tief abgesunkenen Betonfestigkeit dagegen fast alle mit Ja. Dazwischen ist ein gradueller Übergang zu erwarten.

Bild 1 zeigt als Beispiel, wie diese Ergebnisse in Form einer Summenhäufigkeitskurve dargestellt werden können. Der oberhalb der eingezeichneten Kurve liegende Bereich wird abgelehnt, der darunter liegende Bereich akzeptiert.

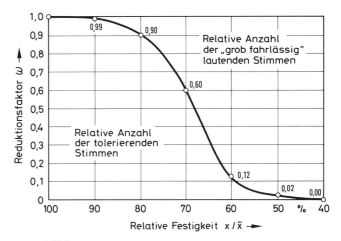

Bild 1
Beispiel für den erst noch mit Hilfe der subjektiven statistischen Erhebung zu bestimmenden Reduktionsfaktor ω

Wie diese ω-Werte weiter verwendet werden können, erläutert Bild 2 für einen Fall, der zur Erhöhung der graphischen Anschaulichkeit extrem gewählt werden mußte. Es zeigt den unteren Ast der Summenhäufigkeitskurve für einen Beton, dessen Festigkeit durch den Mittelwert $\bar{x} = 20$ MN/m² und die Streuung $s = 4$ MN/m² gekennzeichnet ist. Die Ordinaten zeigen Häufigkeitswerte, die Abszissen das Vielfache der Streuung s samt den zugeordneten Festigkeitswerten x. Wenn man nun mit den ω-Werten die Ordinaten der Gesamtverteilung reduziert, erhält man eine modifizierte Summenhäufigkeitskurve, die nun aber die Fälle der groben Fahrlässigkeit ausschließt. Dies geschieht aber nicht mehr wie früher vorgeschlagen durch eine Stutzung der Verteilungskurve, sondern durch ihren gleitenden Abbau bis auf Null.

Dieses Verfahren kann bei sinnvoller Wahl der Stichprobe für alle Gebiete angewendet werden, bei denen

---

*) Zitiert nach H. STRAUB: Die Geschichte der Bauingenieurkunst, Basel 1949.

5

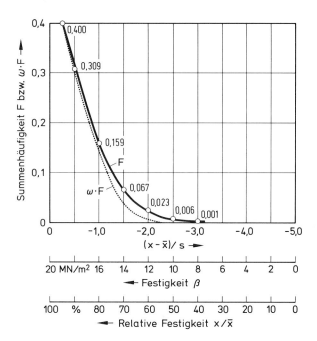

——— "tail-end" der Summenkurve für x̄ = 20 MN/m², s = 4 MN/m²

·············· neue Form dieser Kurve nach Ausschluß des unter den Begriff der groben Fahrlässigkeit fallenden Bereiches

Summenhäufigkeit F bzw. $\omega \cdot F$

$\dfrac{x-\bar{x}}{s}$	x	F	ω	$\omega \cdot F$
0	20	0,500	1,00	0,500
−0,5	18	0,309	0,99	0,306
−1,0	16	0,159	0,90	0,143
−1,5	14	0,067	0,60	0,040
−2,0	12	0,023	0,12	0,003
−2,5	10	0,006	0,02	∼0
−3,0	8	0,001	0	0
−3,5	6	∼0	0	0

Bild 2
Summenkurve der beobachteten Festigkeiten und deren Korrektur durch Aussonderung der aufgrund der subjektiven statistischen Erhebung als grob fahrlässig eingestuften Werte

der Einfluß grob fahrlässigen Handelns zu beachten ist. Dabei wird man wahrscheinlich die erstaunliche Beobachtung machen, daß eine Überschreitung der vorgeschriebenen Lasten viel strenger beurteilt wird als eine Festigkeitseinbuße. Es sind nämlich nicht viele, die eine 20%ige Festigkeitsabnahme schon ernst nehmen. Das gleiche Team wird aber vor einer 20%igen Laststeigerung zurückschrecken. Dies erklärt, warum in der Praxis

die nicht auf grobe Fahrlässigkeit zurückzuführenden Schadensfälle vorwiegend durch eine zu geringe Beanspruchbarkeit und nur höchst selten durch eine Überlastung verursacht werden. Daraus folgt, daß die von den Sicherheitstheoretikern bisher vorgeschlagene Aufspaltung des globalen Sicherheitsbeiwertes falsch vorgenommen wurde. Der Beiwert γ_s für die Einwirkungen wurde sicher zu groß und γ_m für die Querschnittsfestigkeit zu klein angesetzt (siehe z. B. die neuen CEB-Vorschläge). Schon um dies zu beweisen, erscheint es vordringlich, sich mit der Abgrenzung der groben Fahrlässigkeit intensiv zu beschäftigen.

Die in Bild 2 bestimmte neue Verteilungskurve kann leicht zu dem Einwand führen, eine nicht durch ein mathematisches Gesetz bestimmte Form würde bei der mathematischen Behandlung zu große Schwierigkeiten bereiten. Da aber die Integration über Verteilungskurven nur bei Normalverteilungen einfach ist, hat man schon bisher die für die Bestimmung der Versagenswahrscheinlichkeit maßgebenden Teile solcher Kurven – also ihr Schwanzende – meist durch eine Normalverteilung ersetzt, die sich dem interessierenden Bereich möglichst gut anschmiegt.

4 Wie sind die Folgen fehlender Erkenntnisse einzustufen

Die Weiterentwicklung der Technik führt auf dem Gebiet des Bauwesens ständig dazu, daß neue Baustoffe, neue Bauformen und neue Bauverfahren zur Anwendung kommen, für deren langjähriges Verhalten noch keine ausreichende Erfahrung vorliegt. Dies hat bei der Verwendung von vorgefertigten Deckenträgern aus Tonerdeschmelzzement zu schmerzlichen Schadensfolgen geführt, weil schon zu viel gebaut war, als nach 10 Jahren der erste Schadensfall auftrat. Man beruhigt sich in solchen Fällen meist mit der Feststellung, daß Lehrgeld unvermeidbar sei.

Lehrgeld sollte aber nur einmal gezahlt werden. Dies ist leider nicht immer der Fall. Es ist z. B. schon seit langem bekannt, daß die Verwendung sehr großer Spannweiten zu einer hohen Versagensrate führt. PUGSLEY[*] hat für die im 19. und 20. Jahrhundert gebauten weitgespann-

---

[*] PUGSLEY, A.: The Safety of Bridges. The Structural Engineer, 46 (1958), No. 7.

ten Brücken die in den ersten 3 Zeilen der folgenden Tabelle wiedergegebenen Zahlen angegeben:

	Zeitraum	Versagens- rate
19. Jahrhundert		
Versagensrate bei insgesamt 120 Hängebrücken in Amerika und Europa	1860–1880	1 zu 4,2
	1880–1900	1 zu 9,5
20. Jahrhundert		
Bei 55 Brücken in USA	1900–1940	1 zu 14
Ganze Welt, geschätzt	1940–1980	1 zu 100?

Das sind Versagensraten, die um Zehnerpotenzen über dem liegen, was Ingenieure durchschnittlicher Qualifikation bei Bauwerken mit weniger extremen Spannweiten erreichen. Weitgespannte Brücken werden aber von einer Elite geplant.

Solche Zahlen könnten leicht zu dem Schluß verführen, daß der schon zitierte Satz von TREDGOLD auch heute noch gilt. Das wäre aber sicher falsch.

Da sich die Versagensrate weitgespannter Brücken seit 1940 trotz gestiegener Erkenntnis nicht grundsätzlich gebessert hat – sie dürfte immer noch in der Größenordnung von einem Versager auf weniger als 100 Bauwerken liegen – muß man sich ernstlich überlegen, wo sich der Teufel versteckt. Drei Deutungen lassen sich aber schon ohne ins einzelne gehende Untersuchungen anführen:

- Die Vergrößerung der Spannweiten führt zu einer überproportionalen Steigerung des Eigengewichtes. Um im ausführbaren Bereich zu bleiben, muß man auch die im normalen Bereich unbeachtet bleibenden Tragreserven ausnützen.
- Die Vergrößerung der Spannweiten zwingt zur Extrapolation in nicht durch ausreichende Erfahrung abgedeckte Gebiete. Das damit wachsende Risiko sollte durch Reserven kompensiert werden. Dafür steht aber kaum ein Freiraum zur Verfügung.
- Die ungünstige Beanspruchung der einzelnen Tragwerksteile entsteht oft im Bauzustand. Um die Abmessungen nicht zu sehr verstärken zu müssen, wer-

den nochmals Tragreserven abgebaut, sei es durch später nicht Wirklichkeit werdende Lastannahmen oder durch höhere Ausnutzung im Bauzustand.

Diese 3 Gründe ließen sich leicht ergänzen. Sie genügen aber schon um hier zu zeigen, daß sich die entwerfenden Ingenieure in solchen Fällen in einer Zwangslage befinden, die riskante Entschlüsse nahelegt, die oft abseits sicherheitstheoretischer Grundsätze liegen.

Auch Talsperren werden nach wie vor nach ähnlichen Grundsätzen gebaut, obwohl jährlich von 1000 Sperren eine versagt und dabei oft schreckliche Opfer an Menschenleben fordert.

Man fragt sich, warum das ohne Widerspruch hingenommen wird. Die Antwort lautet: Weil man sich in Jahrtausenden daran gewöhnt hat, daß Brücken einstürzen und Dämme brechen. Das sind nur neue Beispiele zum Turmbau zu Babel.

Wo bleiben aber die Grundsätze der Sicherheitstheorie? Gelten sie nur für Atomkraftwerke und nicht für Brücken und Dämme?

5 Sind die Grundlagen genügend wirklichkeitsnah

Vor Jahren hat Prof. STÜSSI auf einem Kolloquium über den Stand der Plastizitätstheorie einen interessanten Grundsatz formuliert. Er sagt, es sei das legitime Recht jedes Wissenschaftlers, seinen Arbeiten Werkstoffeigenschaften zugrunde zu legen, die es ihm ermöglichen, auch schwierigste mathematische Probleme einer geschlossenen Lösung zuzuführen. Die Ingenieure seien aber leider gezwungen, von dem wirklichen Verhalten auszugehen.

Man kann diesen Gedanken auch einer Kritik der Modellvorstellungen zugrunde legen, die für die Bestimmung der Schnittgrößen verwendet werden. Der moderne Trend gipfelt dabei in dem Ruf: Die Elastizitätstheorie ist tot, es lebe die Plastizitätstheorie. Bei der Redaktion des CEB-Vorschlages von 1970 konnte im letzten Moment gerade noch verhindert werden, daß ein solcher Slogan nahezu wörtlich aufgenommen wurde. Wie kann aber der Ingenieur das wirkliche Verhalten der statisch unbestimmten Bauwerke am besten erfassen? Drei Vorschläge stehen zur Diskussion: die Elastizitätstheorie, die Plastizitätstheorie und ein Kompromiß zwischen beiden.

7

Vor Jahrzehnten führten die ersten Versuche an durchlaufenden Stahlbetonträgern zu der damals noch überraschenden Feststellung, daß die zum endgültigen Bruch führende Last manchmal die theoretischen Werte weit überstieg. Solche versteckten Reserven treten nur bei statisch unbestimmten Systemen auf, bei denen jeder Querschnitt für eine andere Stellung der Verkehrslast bemessen wird. Da man sich bei Belastungsversuchen für eine Stellung der Verkehrslast entscheiden muß, wird im Zuge der proportionalen Laststeigerung die Streckgrenze zuerst nur in dem dieser Laststellung zugeordneten Querschnitt erreicht. Bei weiterer Laststeigerung bleiben dort die Stahlspannung und der innere Hebelarm annähernd konstant; es bildet sich so ein plastisches Gelenk mit annähernd konstantem Drehwiderstand aus. Dies ändert das statische System und hat eine Neuverteilung der Momente zur Folge. Der Versuchsträger versagt erst dann, wenn ihn die Zahl der nacheinander entstehenden Gelenke überbestimmt macht. Natürlich gilt dies nur, solange nicht die Betondruckzone zuerst versagt.

Die Plastizitätstheorie ist unzweifelhaft das geeignetste Instrument, um das Verhalten von statisch unbestimmten Versuchsbalken zu erklären, wenn diese den folgenden Bedingungen genügen:

a) Beton- und Stahlfestigkeit sind über die ganze Trägerlänge bekannt.
b) Auch die Form und Lage der Bewehrung ist an jeder Stelle bekannt.
c) Das statische System ist durch seine Lagerung eindeutig definiert.
d) Die Prüfung erfolgt bei konstanter Stellung der Last.

Können aber solche Versuche das wirkliche Verhalten von statisch unbestimmten Bauwerken erklären? Für diese gelten nämlich andere Bedingungen:

a) Die Werkstoffeigenschaften unterliegen zufallsbedingten Einflüssen. Ausmaß und Lage der dabei entstehenden Schwachstellen sind unbekannt.
b) Das Ausmaß eventueller Abweichungen von der Sollform und -lage der Bewehrung ist aus den gleichen Gründen nicht bekannt.
c) Die Stützbedingungen sind meist nicht eindeutig und können erheblich von den in der statischen Berechnung getroffenen Annahmen (wie z. B. gelenkige Lagerung) abweichen. Zwangseinflüsse (z. B. Stützensenkungen) wirken sich unter Umständen in der gleichen Richtung aus.

d) Die Art der Belastung ist nicht determiniert. Sie unterliegt einem ständigen Wechsel. Toleranzen können die Verteilung der ständigen Last verändern und die Verkehrslast weicht in der Regel weit von den Idealisierungen – z. B. Gleichlast – ab, die der statischen Berechnung zugrunde lagen.

Die Befürworter einer unbeschränkten Anwendung der Plastizitätstheorie wollen die bei den erwähnten Phantomversuchen festgestellten Tragreserven voll ausnützen. Zu diesem Zweck sollen an ausgewählten Stellen des Tragwerkes bewußt Schwachstellen eingebaut werden, um so die beim Versagen entstehende Momentenverteilung zu determinieren.

Damit kommen wir zu der prinzipiellen Frage, ob so bemessene Träger sich in Wirklichkeit in der vorausgesetzten Weise verhalten werden.

Bei der Prüfung dieser Frage wäre es aber utopisch, annehmen zu wollen, man wisse im vorhinein, an welchen Stellen eines Tragwerkes Schwachstellen auftreten werden, die eventuell zum Versagen führen werden. Das im Vorstehenden erläuterte probabilistische Verhalten wirklicher Bauwerke hat zur Folge, daß an jeder beliebigen Stelle die in der statischen Berechnung ermittelten Schnittgrößen sowohl über- als auch unterschritten werden können und gleiches gilt sowohl für die Beanspruchung als auch für die Beanspruchbarkeit der einzelnen Querschnitte. An dieser Feststellung ändert sich nichts, wenn wir außerdem freiwillig Schwachstellen eingebaut haben, deren wahre Tragfähigkeit ebenfalls sowohl über- als auch unterschritten werden kann. Es ist also keineswegs sicher, daß die geplanten plastischen Gelenke an erster Stelle zur Wirkung kommen werden.

Diese Problematik wird verständlicher, wenn man sie anhand des folgenden Beispieles erläutert. Mit der Absicht, das Grundsätzliche in den Vordergrund zu stellen, wurde ein nur einfach statisch unbestimmtes System ausgewählt und unterstellt, daß die Bemessung nach DIN 1045 ohne Aufspaltung des zu $v = 1,75$ angesetzten globalen Sicherheitsbeiwertes erfolgte.

Bild 3 zeigt einen Einfeldbalken in 3 Variationen, nämlich beidseitig frei drehbar gestützt (Fall 1), einseitig eingespannt (Fall 2) und einseitig eingespannt mit einer entsprechend der Plastizitätstheorie an der Einspannstelle eingebauten Schwachstelle (Fall 3). Bei allen 3 Balken wird nur einer von vielen möglichen Fällen untersucht, nämlich daß zufällig die Tragfähigkeit des in Feldmitte liegenden Querschnittes A spürbar unter-

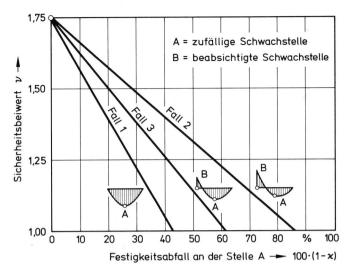

Bild 3
Abhängigkeit des Sicherheitsbeiwertes vom statischen System und dessen Veränderung durch die Einführung von plastischen Gelenken, wenn eine zufallsbedingte Schwachstelle in Feldmitte entsteht.

schritten wird. Das Ausmaß des Festigkeitsabfalles wird durch den Beiwert $\varkappa$ beschrieben.

Für das erste Beispiel gilt dann für die mit A bezeichnete Stelle $M_{uA} = \varkappa \cdot 1{,}75 \cdot 0{,}1250 \ ql^2 = \varkappa \cdot 0{,}2188 \ ql^2$. Läßt man $\varkappa$ allmählich unter den Wert 1,0 absinken, fällt der globale Sicherheitsbeiwert nach folgender Formel ab:

$$v_1 = \frac{\varkappa \cdot 0{,}2188}{0{,}1250} = \varkappa \cdot 1{,}75 \, .$$

Diese Linie ist in Bild 3 graphisch aufgetragen. Die Bruchgefahr entsteht bei $v_1 = 1$; dem entspricht $\varkappa = 0{,}571$, also ein Festigkeitsabfall um 43% an der mit A bezeichneten Stelle.

Für das zweite Beispiel gelten folgende Gleichungen:

$$M_{uA} = \varkappa \cdot 1{,}75 \cdot 0{,}0625 \ ql^2 = + \varkappa \cdot 0{,}1094 \ ql^2 \, ;$$

$$M_{uB} = -1{,}75 \cdot 0{,}1250 \ ql^2 = -0{,}2188 \ ql^2 \, ;$$

$$M_{uA} - \frac{M_{uB}}{2} = v_2 \cdot 0{,}1250 \ ql^2 \, ;$$

$$v_2 = \frac{\varkappa \cdot 0{,}1094 + \dfrac{0{,}2188}{2}}{0{,}1250} \, .$$

Auch diese Gerade ist im Bild 3 eingetragen. Die Bruchgefahr entsteht jetzt erst bei einem Festigkeitsab-

fall von 86% an der Stelle A. Der gleiche Wert entsteht, wenn man die Schwachstelle A an die Einspannstelle legt.

Am interessantesten ist das dritte Beispiel, bei dem unterstellt wird, daß unter Hinweis auf die Plastizitätstheorie das negative Moment nur für $M_{uB} = -0{,}6 \cdot 0{,}2188 \ ql^2 = -0{,}1312 \ ql^2$ bemessen wird. Zum Ausgleich muß M_{uA} von 0,1094 auf $M_{uA} = 0{,}1531 \ ql^2$ erhöht werden. Dann gilt unter Berücksichtigung der an der Stelle A immer noch möglichen Schwächung:

$$M_{uA} - \frac{M_{uB}}{2} = \left(\varkappa \cdot 0{,}1531 + \frac{0{,}1312}{2} \right) ql^2 =$$

$$= v_3 \cdot 0{,}1250 \ ql^2 \, ;$$

$$v_3 = \frac{\varkappa \cdot 0{,}1531 + 0{,}0656}{0{,}1250} \, .$$

Diese Linie erreicht in Bild 3 bei einem Festigkeitsabfall von 61% den Wert $v = 1{,}0$.

Dieses Beispiel zeigt, daß ein statisch bestimmter Balken auf zufallsbedingte Schwachstellen am empfindlichsten reagiert. Diesem Nachteil steht aber ein Vorteil gegenüber, nämlich die Eindeutigkeit der Stützbedingungen, welche die Gefahr eines örtlichen Anwachsens der Schnittgrößen spürbar verkleinert.

Die Untersuchung bestätigt aber auch, daß die unbegrenzte Anwendung der Plastizitätstheorie die Sicherheit statisch unbestimmt gelagerter Bauteile verringert. Das war aber vorauszusehen. Eine freiwillig eingebaute Schwachstelle muß sich schließlich beim Auftreten einer zweiten, aber ungewollten, auf diese Weise auswirken. Nur dies sollte mit dem Beispiel deutlich unterstrichen werden.

Natürlich bedarf es genauerer und auch an mehrfach statisch unbestimmten Tragwerken durchzuführender Untersuchungen, um ein fundiertes Urteil zu erwerben, wieweit man bei der Anwendung der Plastizitätstheorie gehen darf. Dem Verfasser ist es trotz seiner provokativen Behauptung, die ganze Plastizitätstheorie hänge in der Luft, solange eine solche Grundlage fehlt, bisher nicht gelungen, einen ihrer Verfechter dafür zu gewinnen. Die Freude, zu der Entwicklung neuer Theorien beitragen zu können, genügt offensichtlich, gelegentlich doch auftretende Zweifel ins Unterbewußtsein zu verdrängen.

Die vorgetragenen Bedenken richten sich nicht prinzipiell gegen eine Ausnützung der bei statisch unbestimmten Systemen im plastischen Bereich vorhandenen Reserven. Sie zeigen aber, daß auf diesem Gebiet die Grundlagen noch nicht ausreichend geklärt sind. Es genügt nämlich nicht, nur die Größe der Rotationsfähigkeit der Querschnitte zu kennen.

Auch für diesen Bereich sollten die im Abschnitt 4 ausgesprochenen Mahnungen mehr beherzigt werden.

Das eben behandelte Beispiel zeigt auch eine andere „Schwachstelle" der derzeitigen Arbeiten zur Sicherheitstheorie. Niemand scheint sich bisher um die Klärung der Frage bemüht zu haben, ob gleich große Sicherheitsbeiwerte bei statisch bestimmten und unbestimmten Tragwerken zu einer annähernd gleichen Versagenswahrscheinlichkeit führen. Warum beschäftigen sich eigentlich Theoretiker so viel lieber mit der Methodik als mit der Sicherung der Grundlagen, die erst das Fundament für deren Anwendung liefern werden?

6 Berücksichtigung der höheren Gewalt

Auf den ersten Blick möchte man meinen, daß solche Ereignisse weder die Planung noch die Bemessung von Tragwerken berühren. Dies wäre aber falsch. Oft kann der Ingenieur die Sicherheit gegen solche Ereignisse ohne großen Aufwand spürbar erhöhen. Diese früher viel beachtete Aufgabe, und damit auch der Begriff der Katastrophensicherheit, scheint aus dem Bewußtsein der Ingenieure nahezu ganz verschwunden zu sein. Gerade jetzt ist in Frankreich eine sehr lange Reihung von Bogenbrücken eingestürzt, weil neuerdings architektonische Gesichtspunkte keine Standpfeiler mehr zulassen.

Natürlich kann es sich nicht darum handeln, Bauwerke völlig katastrophensicher zu machen. Das wäre gegen das Prinzip der Verhältnismäßigkeit der Mittel. Man kann aber oft mit einem kaum ins Gewicht fallenden Aufwand die Katastrophensicherheit spürbar erhöhen. Nur 2 Beispiele seien erwähnt. Wie lange haben wir wider besseres Wissen Spannbetonbalken nur mit einem einzigen Spannglied bewehrt. Antwort: Bis das Versagen solcher Balken uns zwang, ein Verbot zu erlassen. Ist es auch sinnvoll, wenn wir, wie es oft geschieht, über den Zwischenauflagern eines durchlaufenden Balkens die untere Bewehrung so kurz enden lassen, daß im Katastrophenfall dort nicht auch ein positives Moment aufgenommen werden kann?

Es wäre eine dankbare Aufgabe, dem Problem der Katastrophensicherheit mehr Aufmerksamkeit zu schenken.

7 Wie groß ist der Anteil des einkalkulierten Risikos an der Zahl der Schadensfälle

Auf dem Gebiet der Sicherheitstheorie herrscht Klarheit darüber, daß es – auch wenn wir die schuldhaft entstandenen Fälle ausschließen – nicht möglich ist, ein Versagen völlig zu verhindern. Selbst wenn wir bereit wären, die Sicherheitsbeiwerte wesentlich zu erhöhen, würde dies kaum zu einer Verringerung des für Leib und Leben bestehenden Risikos beitragen. Dies hat z. B. Asplund*) gezeigt, der sich mit dem Prinzip der Gesamtmortalität beschäftigte. Die Baukosten würden in diesem Falle stark anwachsen. Dann würde weniger gebaut. Folge: Wohnungsnot und Verringerung der sozialen Einrichtungen würden die Todesrate auf einem anderen Wege erhöhen.

Die „unvermeidbaren" Schadensfälle sind ohnehin schon sehr selten. Ihre Ursache ist meist das schon erwähnte zufällige Zusammentreffen mehrerer Mängel an der gleichen Stelle, wobei jeder für sich allein nicht groß genug war, um bei üblicher Sorgfalt entdeckt zu werden. Auch nicht voraussehbare Einflüsse, wie z. B. unerwartete Fundamentsetzungen, sind an solchen Schadensfällen beteiligt.

8 Schlußbemerkungen

Die vorstehenden Ausführungen haben sich mit einer Reihe von Problemen beschäftigt, die auf dem Gebiet der Sicherheitstheorie noch ihrer Lösung entgegenharren. Genannt wurden:
- Die Suche nach einem gangbaren Weg zur Aussonderung des Einflusses der groben Fahrlässigkeit.
- Statistische Untersuchungen zur Bestimmung und kritischen Analyse der Versagensquote für weitgespannte Brücken und Talsperren.
- Analyse der Gefahren, die bei einer nahezu unbe-

*) Asplund, S.O.: The risk of failure. The Structural Engineer, 36 (1958), No. 8.

grenzten Anwendung der Plastizitätstheorie auftreten können.

- Klärung der Frage, ob bei statisch bestimmten und unbestimmten Systemen gleiche Sicherheitsbeiwerte zu ähnlich großen Versagenswahrscheinlichkeiten führen.
- Studium der Möglichkeiten, mit geringem zusätzlichen Aufwand die Katastrophensicherheit der Bauwerke zu erhöhen.

Diese Zeilen wurden mit der Absicht geschrieben, interessierte junge Ingenieure anzuregen, sich mit solchen Problemen auch dann zu beschäftigen, wenn zu ihrer Lösung Intuition wichtiger erscheint als die Fähigkeit, schwierigste mathematische Entwicklungen durchzuführen. Der Wert einer Arbeit liegt nicht, wie so manche glauben, in der Schwierigkeit des benutzten Weges, sondern im Zugewinn an Erkenntnis.

Günter Breitschaft

Die Sicherheit im Ingenieurbau – Entwicklungstendenzen in der Normung

1 Rückblick

Gleichzeitig mit den ersten Versuchen in der Mitte des 18. Jahrhunderts, die Beanspruchung des Tragverhaltens von Bauwerken mit Methoden der sich entwickelnden technischen Mechanik analytisch zu bestimmen, wurden erste Betrachtungen über die Sicherheit angestellt. So führten beispielsweise 1742 nach eingetretenen Schäden an der Kuppel des Petersdoms in Rom drei Mathematiker statische Untersuchungen durch. Wenn auch die angewandten Methoden heute nicht mehr befriedigen können, so ist doch interessant festzuhalten, daß die Gutachter in ihre Schlußfolgerung auch Sicherheitsbetrachtungen mit aufnahmen. Zur Aufnahme des ermittelten Gewölbeschubes wurde die Verstärkung eines Fußringes aus Stahl vorgeschlagen. Die Bemessung dieses Stahlringes sollte mit einem Sicherheitsbeiwert von 2,0 gegen die festgestellte Bruchfestigkeit vorgenommen werden.

Die Einführung der modernen Methoden der Baustatik und der Festigkeitslehre im 19. Jahrhundert – insbesondere auf der Grundlage der Arbeiten von HOOKE und NAVIER – war mit der Einführung von Sicherheitsbetrachtungen gekoppelt. In Kenntnis der Unsicherheiten, die den vereinfachten Modellen und den übrigen Rechenannahmen anhaften, wurde immer auf die Notwendigkeit hingewiesen, zwischen rechnerisch ermittelter Beanspruchung und rechnerisch ermittelter Tragfähigkeit einen vorsichtigen Sicherheitsabstand einzulegen. Da durch die genialen Annahmen von HOOKE und NAVIER in weiten Bereichen eine Linearisierung von relativ komplizierten mechanischen Zusammenhängen erreicht werden konnte, bot sich an, diesen Sicherheitsabstand voll auf der Seite der Festigkeit anzubringen. Der Begriff der zulässigen Spannung wurde entwickelt. Allerdings fehlte es schon damals nicht an Hinweisen, daß die Gesamtsicherheit eines Tragwerks in bestimmten Fällen mit diesem neu geprägten Begriff nur sehr unzureichend zu erfassen sei. Der einzelne Ingenieur – Normen oder analoge Regelungen waren noch nicht vorhanden – mußten in jedem einzelnen Fall Überlegungen über die anzusetzenden Sicherheiten anstellen.

Zu Anfang unseres Jahrhunderts kam es nach ersten staatlichen Dekreten über die zulässige Beanspruchung von Baustoffen zu einer baustoff- und bauartbezogenen Festschreibung der Berechnungsgrundlagen in der Normung. Teil dieser Berechnungsgrundlagen war auch die Festlegung von Sicherheitsanforderungen für die statische Berechnung, für die kontruktive Durchbildung und letzlich auch für die Überwachung der Ausführung. Die Normung folgte der stürmischen Entwicklung der Technologie und der Methoden der modernen Statik und Festigkeitslehre relativ rasch. Der Sicherheitsbegriff hat sich in dieser Periode jedoch kaum gewandelt. Die zulässige Spannung behielt nach wie vor ihre dominierende Rolle bei. Der verantwortliche Ingenieur, aufgrund seiner Ausbildung wohl vertraut mit den Methoden der Statik, verwandte mehr und mehr Zeit auf die Erzielung noch genauerer Zahlenergebnisse. Dank der zunehmenden Perfektion unserer Bauvorschriften war das der einzige Spielraum, der ihm bei seiner Arbeit noch geblieben war. Er verlernte, die Unsicherheiten, die den Berechnungsgrundlagen anhafteten, zu beurteilen. Die Sicherheit wurde im Sinne dieser normativen Festlegungen als absoluter Begriff verstanden.

Da die Sicherheitsanforderungen in den Normen für herkömmliche Bauarten im Pilgerschrittverfahren zustande kamen, war bislang eine Beeinträchtigung des Sicherheitsbedürfnisses der Öffentlichkeit, von Sonderfällen abgesehen, noch nicht gegeben. Beanstandet wird jedoch schon seit längerer Zeit, daß durch die pragmatische Festlegung von Sicherheitsanforderungen in einzelnen Bereichen eine Vergleichbarkeit der Sicherheitsanforderungen in den verschiedenen Sparten des Bauwesens nicht mehr gegeben ist. Es fehlt an der nötigen Systematik in der Aufzählung der zu berücksichtigenden Unsicherheiten und in der Zuordnung von jeweils geeigneten Maßnahmen. Neuerdings setzt sich zusätzlich die Erkenntnis durch, daß die Flut von Erlassen, Vorschriften und Normen, die bei einem Projekt zu beachten sind, vom Einzelnen nicht mehr übersehen werden kann. Damit ist u. a. natürlich auch ein Sicherheitsrisiko verbunden. Pragmatisch in den Regelwerken aufgrund negativer Erfahrungen festgelegte Sicherheitsanforderungen können damit unbeachtet bleiben. Die Bedeutung solcher Anforderungen zu beurteilen und sie entsprechend zu wichten, ist dem Verwender einer Norm, wenn er nicht selbst an deren Entwicklung beteiligt war, wegen der meist fehlenden Begründung ohnehin oft nicht möglich. Die Sicherheitsfestlegungen transparenter zu gestalten erscheint allein aus diesen Gründen dringend geboten.

An Hinweisen von namhaften Wissenschaftlern hierzu fehlt es seit langer Zeit nicht. Stellvertretend seien hier die Namen MAX MAYER, BASELER, KLÖPPEL und RÜSCH aus dem deutschsprachigen Raum genannt. MAX MAYER legte bereits 1926 in seiner Dissertation im Prinzip die Grundgedanken des nachfolgend beschriebenen Sicherheitskonzeptes nieder. Ausgehend von der Erkenntnis, daß die meisten Einflüsse auf die Sicherheit unserer Tragwerke streuende Größen sind, stellte er den Begriff der absoluten Sicherheit im Bauwesen in Abrede.

KLÖPPEL stellte 1954 fest, daß mit dem Begriff der zulässigen Spannung allein nicht weiter gearbeitet werden könne. Wie MAYER hebt er die Notwendigkeit hervor, die Bemessung nach Grenzzuständen durchzuführen. Sicherheitsfestlegungen müssen dabei in Abhängigkeit von den mechanischen Zusammenhängen erfolgen. RÜSCH schließlich hat durch viele Aufsätze und Vorträge den entscheidenden Anstoß dazu gegeben, daß auch bei uns, z. T. lange nach der entsprechenden Entwicklung im Ausland, die Formulierung des Sicherheitsbegriffes in der Normung neu aufgenommen wurde.

In Europa begann man Anfang der 50er Jahre im Comité Européen du Béton (CEB), angeregt durch die Arbeiten vieler Forscher, mit der Entwicklung eines einheitlichen Sicherheitskonzeptes. Andere internationale technisch-wissenschaftliche Organisationen schlossen sich diesem Vorgehen an. Es kam zur Gründung des Joint Committee on Structural Safety (JCSS), das von den oben genannten Organisationen getragen wird. Die Idee, einen Model-Code für das gesamte Bauwesen auf einheitlicher Grundlage zu schreiben, wurde geboren. Im nächsten Abschnitt wird eine Übersicht über zwi-

schenzeitlich vorgelegte Entwürfe für ein allgemeingültiges Sicherheitskonzept gegeben.

2 Internationale und nationale Vorschläge für ein baustoffübergreifendes Sicherheitskonzept

2.1 ISO 2394
**General principles for the verification of the safety of structures
Ausgabe 1973**

Diese ISO-Norm baut im wesentlichen auf den Sicherheitsvorstellungen von CEB, niedergelegt in den CEB-Empfehlungen von 1970 auf. Heute sind diese Vorstellungen z. T. überholt. Eine Überarbeitung ist vorgesehen. Grundlage hierzu wird das unter 2.4 genannte Dokument sein.

2.2 Model-Code Band I (MC I)
**Einheitliche Regeln für verschiedene Bauarten und Baustoffe
Fassung November 1976, erarbeitet vom JCSS, veröffentlicht in Bulletin Nr. 116 und Nr. 124 von CEB**

Dieser Band bildet die gemeinsame Grundlage für alle übrigen Bände des Model-Code, der bauart- und baustoffbezogen

in Band II   Beton, Stahlbeton und Spannbeton
in Band III   Stahl- und Metallkonstruktionen
in Band IV   Verbundkonstruktionen
in Band V   Holzkonstruktionen
in Band VI   Mauerwerksbau und evtl.
in Band VII   Grundbau

behandeln wird.
Die bisherigen Arbeiten an den Bänden II und VI zeigen, daß nicht alle Grundsätze, die in Band I niedergelegt sind, auf die Dauer gehalten werden können. Eine nochmalige Überarbeitung von Band I ist deshalb notwendig und vorgesehen.

2.3 General principles on "Loading- and safety regulations for structural design" NORDIC COMMITTEE ON BUILDING REGULATIONS (NKB) The loading and Safety Group Proposal of September 1977

Der Entwurf ist als gemeinsame Grundlage für das Normenwerk des Bauwesens aller im NKB zusammengeschlossenen skandinavischen Länder zu verstehen. Eine neue Auflage wird noch 1979 erwartet.

2.4 General Principles on Reliability for Structural Design vom JCSS in der Fassung Mai 1978

Dieses Dokument stellt bereits eine wesentliche Verbesserung des allgemeinen Teiles von MC I dar. Es verzichtet im Gegensatz zu MC I in manchen Abschnitten auf zu detaillierte Festlegungen. Das Dokument wurde 1978 in den einschlägigen Kommissionen der Economic Commission for Europe (ECE) zur Abstimmung gestellt. Hierbei wurde im wesentlichen die Zustimmung aller dort vertretenen Länder erreicht. Nach nochmaliger Überarbeitung wird dieses Dokument – wie bereits erwähnt – Grundlage für die Neubearbeitung von ISO 2394 sein.

2.5 Euro-Code der Europäischen Gemeinschaft (EG)

Im Rahmen der Harmonisierungsarbeiten der EG ist vorgesehen, den vorgenannten Model-Code in einen sog. EUROCODE umzuwandeln. Die baustoffübergreifenden grundsätzlichen Festlegungen, insbesondere die der baulichen Sicherheit, werden hier im EUROCODE Nr. I zusammengefaßt. EUROCODE I (EC I) wird voraussichtlich Bestandteil einer Rahmenrichtlinie der EG. Grundlage für die Erarbeitung von EC I sind die vorgenannten Entwürfe. Bei diesen Arbeiten wird darauf zu achten sein, daß in den grundsätzlichen Fragen weitgehende Übereinstimmung mit den einschlägigen Arbeiten bei ISO erreicht wird. Dies erscheint notwendig, um nicht an den Grenzen der Europäischen Gemeinschaft neue Handelsschranken aufzurichten.

2.6 SIA 260 Richtlinie für die Koordination des SIA-Normenwerkes im Hinblick auf Sicherheit und Gebrauchsfähigkeit von Tragwerken 2. Entwurf 1978

Diese Norm ist als verbindlich aufzufassende Grundlage für das gesamte Schweizer Normenwerk des Bauwesens gedacht.

2.7 Grundlagen für die Festlegung von Sicherheitsanforderungen an bauliche Anlagen Fassung November 1977

Dieser Entwurf wurde vom Arbeitsausschuß „Sicherheit von Bauwerken" des Normenausschusses Bauwesen erarbeitet. Umfangreiche Stellungnahmen, die hierzu im Laufe des Jahres 1978 eingegangen sind, werden derzeit eingearbeitet. Für eine erste Stufe ist nach entsprechender Überarbeitung die Veröffentlichung in einem Heft der Normenkunde des DIN als „Empfehlung" für alle einschlägigen Normenausschüsse des NA-Bau vorgesehen. Ferner wird der Inhalt dieses Entwurfes als zusammengefaßte Meinung der deutschen Fachwelt in die entsprechenden internationalen Verhandlungen eingebracht werden.

3 Grundsätze des neuen Sicherheitskonzeptes

3.1 Allgemeines

Allgemein wird gefordert, daß Bauwerke so zu bemessen und auszuführen sind, daß sie
- den mechanischen Einwirkungen während eines vorgesehenen Zeitraumes mit ausreichender Sicherheit in gebrauchsfähigem Zustand widerstehen,
- gegen chemische, biologische, klimatische und ähnliche Einwirkungen während der vorgesehenen Nutzungsdauer ausreichend beständig sind,
- im Falle außergewöhnlicher Einwirkungen und/oder bei lokalem Versagen eines Bauteils das Versagen des gesamten Systems mit ausreichender Sicherheit verhindern.

Ein einheitliches Sicherheitskonzept muß ferner

- für alle Bauarten und Baustoffe anwendbar sein, damit die Sicherheitsfestlegungen innerhalb der einzelnen Sparten des Bauwesens vergleichbar werden,
- rational begründete Sicherheitsmaßnahmen, welche aus positiven Erfahrungen mit Bauwerken in der Vergangenheit gewonnen worden sind, enthalten,
- flexibel genug aufgebaut sein, um auch wirtschaftliche Optimierungen auf der Grundlage eines einheitlichen Sicherheitsniveaus zu ermöglichen,
- eine einfache Handhabung in der Praxis des Entwurfs und der Bauausführung ermöglichen.

Die Unsicherheiten, welche die Zuverlässigkeit eines Bauwerks beeinträchtigen können, lassen sich in

- grobe Fehler,
- systematische Fehler,
- zufällige Fehler

einteilen.

Die zu treffenden Sicherheitsmaßnahmen lassen sich wie folgt unterteilen:

- Maßnahmen bei Nachweis und Bemessung,
- Maßnahmen konstruktiver Art,
- Maßnahmen für Überwachung und Kontrolle.

Eine systematische Ordnung und Wichtung aller Unsicherheiten ist die Voraussetzung für die Zuordnung zu den vorgenannten Maßnahmengruppen.

3.2 Grundlagen

Alle bislang entwickelten Sicherheitskonzepte gehen davon aus, daß eine absolute Sicherheit auch im Bauwesen nicht erreicht werden kann. Wie in allen anderen technischen Bereichen muß auch hier ein gewisses Restrisiko in Kauf genommen werden. Anstelle des Begriffes der Sicherheit wird deshalb der Begriff der Zuverlässigkeit eingeführt, vielfach ausgedrückt durch die Beziehung

$$p_s = 1 - p_f. \qquad (1)$$

Hierbei bedeutet p_f die Versagenswahrscheinlichkeit eines Bauwerks oder eines Bauteils. Umstritten ist der Versuch einiger Konzepte, die Zuverlässigkeit durch Angabe zulässiger Versagensraten, z.B. in Höhe von 10^{-6} pro Person und Jahr für Todesfälle, zu quantifizieren.

Einheitlich werden die Anforderungen an die Zuverlässigkeit in Abhängigkeit von den möglichen Schadensfolgen beim Versagen eines Bauwerks getroffen. Sie bestimmen sich somit durch die Nutzungsart, durch das Sicherheitsbedürfnis der Öffentlichkeit, durch wirtschaftliche Gesichtspunkte und evtl. durch ein erhöhtes Sicherheitsbedürfnis des einzelnen Nutzers. Eine Einteilung in Sicherheitsklassen entsprechend Tabelle 1 kann hieraus abgeleitet werden, wie es z.B. in den „Grundlagen" nach 2.7 der Fall ist.

Tabelle 1
Sicherheitsklassen

Mögliche Folgen beim Erreichen des Grenzzustandes		Sicherheitsklasse
der Gebrauchsfähigkeit	der Tragfähigkeit	
Geringe wirtschaftliche Folgen und/oder geringe Beeinträchtigung der Nutzung	Geringe Gefährdung von Menschenleben und/oder geringe wirtschaftliche Folgen	1
Beachtliche wirtschaftliche Folgen und/oder beachtliche Beeinträchtigung der Nutzung	Beachtliche Gefährdung von Menschenleben und/oder beachtliche wirtschaftliche Folgen	2
Große wirtschaftliche Folgen und/oder große Beeinträchtigung der Nutzung	Große Gefährdung von Menschenleben und/oder große wirtschaftliche Folgen	3

Bei dieser Einteilung wurde bewußt die Gefährdung menschlichen Lebens als primäres Risikokriterium eingeführt.

Eine Konkretisierung der hier noch abstrakten Gefährdungsmerkmale wird z.Z. angestrebt. In vielen Fällen wird man dies nach Ansicht des Verfassers jedoch erst in den baustoff- und bauartbezogenen Normen erreichen können.

Mit der Einordnung in Sicherheitsklassen sich auch die zugehörigen Sicherheitsmaßnahmen festzulegen. Eine Abstufung der in Abschnitt 3.1 genannten Sicherheitsmaßnahmen entsprechend dieser Klasseneinteilung kann vorgenommen werden. Im Regelfall sind den höheren Sicherheitsklassen auch die höherwertigen Maßnahmen jeder Gruppe nach Abschnitt 3.1 zuzuordnen.

Die vorgenannten Grundsätze gaben wiederholt Anlaß zur Kritik. Das Abgehen vom absoluten Sicherheitsbegriff wird als nicht vereinbar mit den gesetzlichen Festlegungen im Bauordnungs-, im Zivil- und im Strafrecht bezeichnet. Nach Ansicht des Verfassers trifft dies nicht zu. Die Forderung nach ausreichender Sicherheit baulicher Anlagen in § 3 der Musterbauordnung läßt diese Frage bewußt offen. In der Rechtsprechung finden sich Begriffe wie „Wahrscheinlichkeitsgrad an sich denkbarer Schadensfälle" verbunden mit „Erforderlichkeit an Schadensvorsorge, abhängig davon, welches Rechtsgut auf dem Spiele steht" und ebenso der Begriff „zumutbares Restrisiko". Der Ingenieur sollte sich deshalb nicht scheuen, die Definition der baulichen Standsicherheit auf der Grundlage von Wahrscheinlichkeitsaussagen selbst vorzunehmen.

Auch eine Einteilung in Sicherheitsklassen gab zu rechtlichen Zweifeln Anlaß. Es trifft zu, daß das derzeit gültige Baurecht eine Einteilung in Sicherheitsklassen nicht kennt. Die Bauordnungen unterscheiden jedoch je nach Bedeutung oder Gefährdungsgrad bei einzelnen Bauteilen und auch bei Bauwerken zwischen unterschiedlich hohen Anforderungen, wie dies am Beispiel des baulichen Brandschutzes leicht verfolgt werden kann. Im Bereich der baulichen Standsicherheit verzichten die Bauordnungen ja bewußt auf nähere Einzelregelungen. Diese bleiben der Normung überlassen. Dort finden wir wiederum eine Einteilung, wenn auch nicht systematisch geordnet, in verschiedene Sicherheitsklassen. Beispielhaft sei erwähnt DIN 1045 mit den dort enthaltenen unterschiedlichen Sicherheitsanforderungen, abhängig von den möglichen Schadensfolgen (angekündigter oder unangekündigter Bruch). Auf dem Gebiet des Stahlbaus sei die Unterscheidung im kleinen und großen Schweißnachweis zitiert. Rechtliche Probleme für die Einführung der neuen Grundsätze können somit auch hier nicht gesehen werden.

3.3 Sicherheitsnachweis in der Bemessung

3.3.1 Allgemeines

Da die in der Bemessung zu berücksichtigenden Einflüsse streuen, bauen alle Konzepte auf wahrscheinlichkeitstheoretischen Zusammenhängen auf. Dabei werden auch Einflüsse, die sich einer unmittelbaren statistischen Betrachtungsweise entziehen, berücksichtigt. Hierzu gehören auch kleinere Fehler oder Ungenauig-

keiten, welche durch Kontrollmaßnahmen nicht zu erfassen sind.

3.3.2 Grenzzustände

Der Sicherheitsnachweis wird auf der Grundlage definierter Grenzzustände geführt. Ziel des Nachweises ist es, zu gewährleisten, daß diese Grenzzustände in einen vorgegebenen Bezugszeitraum mit hinreichend großer Zuverlässigkeit nicht erreicht werden. Die Grenzzustände werden in der Regel in zwei Kategorien eingeteilt:

- Grenzzustände der Tragfähigkeit,
- Grenzzustände der Gebrauchsfähigkeit.

Die Grenzzustände sind unter Beachtung der jeweiligen physikalischen Randbedingungen festzulegen.

Grenzzustände der Tragfähigkeit sind durch die Definition bruchnaher oder vergleichbarer Zustände festgelegt. Hierzu gehören:

- Verlust des Gleichgewichts (z.B. kinematische Kette, Gleiten, Kippen),
- Bruch oder bruchnaher Zustand von Teilen der baulichen Anlage, wie z.B. Bauteilquerschnitten,
- Stabilitätsversagen (Knicken, Kippen, Beulen),
- Ermüdung,
- örtliches Versagen bei Sicherstellen der Tragfähigkeit der gesamten baulichen Anlage,
- Verlust der Tragfähigkeit durch spezielle zeitlich begrenzte Einwirkungen.

Grenzzustände der Gebrauchsfähigkeit sind durch Kriterien von Zuständen festzulegen, bei deren Nichterfüllung die angestrebte Nutzung eingeschränkt wird. Sie sind z.B. gegeben durch Beschränkung der

- Verformungen,
- Rißbildung,
- Schwingungen,
- Erschütterungen.

3.3.3 Bemessungsfälle

Im allgemeinen ist es erforderlich, für jedes Bauwerk oder auch jedes Bauteil mehrere Bemessungsfälle zu untersuchen. Diesen verschiedenen Bemessungsfällen können unterschiedliche statische Systeme, unterschiedliche Zuverlässigkeitsanforderungen sowie unterschiedliche Umweltbedingungen zugeordnet werden. Diese Bemessungsfälle können unterschieden werden in:

- ständige Beanspruchungszustände mit einer Einwirkungsdauer etwa gleich der Lebensdauer des Bauwerks,
- vorübergehende Beanspruchungszustände mit einer kürzeren Einwirkungsdauer und einer hohen Wahrscheinlichkeit ihres Eintretens,
- außergewöhnliche Beanspruchungszustände; sie haben i. allg. nur kurze Einwirkungsdauer und auch nur eine geringe Wahrscheinlichkeit des Auftretens (hierzu zählen Brand, Stoß und ähnliche außergewöhnliche Einwirkungen).

3.3.4 Einflußgrößen (Basisvariable)

Die mechanischen Modelle, welche verwendet werden, um die verschiedenen Grenzzustände zu beschreiben, enthalten eine Reihe von Einflußgrößen, die in den Konzepten als Basisvariable bezeichnet werden. Diese Basisvariablen können eingeteilt werden in:
- Einwirkungen,
- Eigenschaften des Materials,
- geometrische Parameter,
- Ungenauigkeiten bei den mechanischen Modellen.

Die Basisvariablen werden als zufällige Veränderliche betrachtet. Liegt statistisches Material für die einzelnen Basisvariablen nicht oder noch nicht vor, erfordern die Konzepte ein Schätzen der relevanten statistischen Parameter. Auch diese Aussage führte in letzter Zeit zu erheblicher Kritik. Es zeigt sich jedoch, daß ein Schätzen im Sinne ingenieurmäßiger Beurteilung von statistischen Daten bestimmter Einflußgrößen wesentlich zuverlässiger durchzuführen ist als beispielsweise das Schätzen von z. B. globalen Sicherheitsbeiwerten.

3.3.5 Verfahren zum Nachweis der Zuverlässigkeit

Verfahren zur Beurteilung der Zuverlässigkeit auf wahrscheinlichkeitstheoretischer Grundlage können einer international üblichen Klassifizierung folgend in drei Stufen eingeteilt werden. Sie unterscheiden sich im wesentlichen durch die Art der wahrscheinlichkeitstheoretischen Modelle zur Beschreibung der Unsicherheiten und durch die Genauigkeit der Berechnung von Zuverlässigkeitsmaßnahmen.

Stufe III: Diese Verfahren bauen Sicherheitsbetrachtungen auf dem Begriff der tatsächlichen Versagenswahrscheinlichkeit auf und berücksichtigen mathematisch genau die Auswirkungen von Einzeleinflüssen auf die Versagenswahrscheinlichkeit.

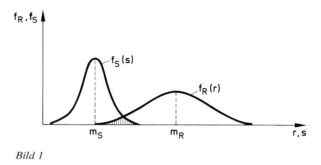

Bild 1

Im einfachsten Falle zweidimensionaler Zusammenhänge (Bild 1) ermittelt sich mit $f_S(s)$ als Dichtefunktion einer einwirkenden Größe und $f_R(r)$ als Dichtefunktion der widerstehenden Größe die Wahrscheinlichkeit des Versagens, ausgedrückt durch die Bedingung

$$R \leqq S \qquad (2)$$

wie folgt:

$$p_f = \int\limits_{0}^{\infty} \int\limits_{0}^{r=s} f_R(r) \cdot f_S(s)\, d_r \cdot d_s. \qquad (3)$$

Diese Verfahren sind geeignet zum Verständnis wahrscheinlichkeitstheoretischer Betrachtungsweisen. Sie können wegen der komplizierten und aufwendigen Berechnungsmethoden für praktische Sicherheitsbetractungen in der Regel nicht angewendet werden. Hinzu kommt, daß wegen der fehlenden Kenntnis statistischer Daten in den auslaufenden Bereichen von Verteilungs- und Dichtefunktionen die Ermittlung der tatsächlichen Versagenswahrscheinlichkeit in den meisten Fällen nicht möglich ist. (Diese Verfahren werden, wenn sie noch zusätzlich mit Optimierungskriterien für die Bestimmung der zulässigen Versagenswahrscheinlichkeit versehen sind, auch häufig als Stufe IV bezeichnet.)

Stufe II: Die Verfahren dieser Stufe sind durch Vereinfachungen aus Stufe III abgeleitet. So berücksichtigt beispielsweise die hier einzuordnende Methode der 2. Momente Mittelwerte und Streuung der Einzeleinflüsse auf der Last- und auf der Festigkeitsseite, verzichtet aber auf die genaue Kenntnis der Verteilungsfunktionen. Der Begriff der Versagenswahrscheinlichkeit wird hier – wenn überhaupt – nur operativ verwendet. Als Zuverlässigkeitsmaß wird der sog. Sicherheitsindex β eingeführt.

Für Nachweisverfahren der Stufe II ist die Art (z. B. Verteilungstyp und Verteilungsparameter) und die Anzahl der zu berücksichtigenden Basisvariablen X_i zusammen mit der Grenzzustandsgleichung

$$z = g(x_1, x_2, \ldots, x_n) = 0 \qquad (4)$$

festzulegen. Einer gegenseitigen Abhängigkeit zwischen den Basisvariablen ist hierbei Rechnung zu tragen. Der Einfluß der Verteilungscharakteristiken auf die Zuverlässigkeiten ist zu berücksichtigen.

Für alle Basisvariablen X_i werden in Abhängigkeit des Einflusses ihrer Streuungen und des als Zuverlässigkeitsmaß eingeführten Sicherheitsindex

$$\beta = \frac{m_z}{\sigma_z} \qquad (5)$$

mit

m_z Mittelwert der Sicherheitszone Z,
σ_z Standardabweichung der Sicherheitszone Z.

Bemessungswerte x_i^* als Fraktilen der Verteilungen so bestimmt, daß die Gl. (4) erfüllt und der Sicherheitsindex β nach Gl. (5) ein Minimum wird.

Die operative Versagenswahrscheinlichkeit ist dann näherungsweise gegeben durch

$$p_f = \frac{1}{\sqrt{2\pi}} \int_{-\infty}^{\beta} e^{-\frac{t^2}{2}} \, dt = \Phi(-\beta). \qquad (6)$$

Die Auswertung der Gl. (6) für einige β-Werte ist in Tabelle 2 angegeben.

Tabelle 2
Zusammenhang zwischen Sicherheitsindex β und operativer Versagenswahrscheinlichkeit p_f

β	5,2	4,7	4,2	3,0	2,5	2,0
p_f	$\sim 10^{-7}$	$\sim 10^{-6}$	$\sim 10^{-5}$	$\sim 10^{-3}$	$\sim 5 \cdot 10^{-2}$	$\sim 10^{-2}$

Maßgebend für die numerische Festlegung des erforderlichen Sicherheitsindexes β sind:
- die möglichen Schadensfolgen,
- der jeweils betrachtete Grenzzustand
  und evtl. die Art des Versagens.

In Abhängigkeit der in Tabelle 1 angegebenen Sicherheitsklassen und des betrachteten Grenzzustandes gelten die in Tabelle 3 vorgeschlagenen β-Werte.

Damit ergeben sich die Bemessungswerte für normalverteilte Basisvariable X_i zu

$$x_i^* = m_i - \alpha_i \cdot \beta \cdot \sigma_i, \qquad (7)$$

wobei

m_i Mittelwert
σ_i Standardabweichung
α_i „Wichtungsfaktor"

sind.

Tabelle 3
Sicherheitsindex β

	Sicherheitsklassen		
	1	2	3
	β		
Grenzzustand der Gebrauchsfähigkeit (auch Rißbildung und Schwingungsempfindlichkeit)	2,0	2,5	3,0
Grenzzustand der Tragfähigkeit*) (Kollaps, Bruch, Gleiten, Instabilität)	4,2	4,7	5,2

*) Diese Werte gelten für nicht angekündigtes Versagen. Bei Ankündigung der bei möglicher Schnittgrößenumlagerung können in der Regel noch Abschläge gemacht werden.
Für Sonderbauten, wie Kernkraftwerke, können auch größere Werte erforderlich werden.

Im einzelnen wird hierzu auf die Vorschläge nach Abschnitt 2.2, 2.3 und 2.7 verwiesen.

Auch die Methoden der Stufe II sind für praktische Einzeluntersuchungen im allgemeinen noch zu aufwendig. Sie eignen sich aber sehr gut als Grundlage für die Neubearbeitung von Last- und Bemessungsnormen. Das erforderliche Sicherheitsmaß β kann hier durch Kalibrierung an Sicherheitsfestlegungen gewonnen werden, die bisher in jeder Hinsicht befriedigt haben.

Stufe I: Diese Stufe umfaßt die praxisgerechten Verfahren. Sie können aus Stufe II abgeleitet werden. Sie werden in der Regel als semi-probabilistisch bezeichnet.

Die Kennwerte der Einflußgrößen werden als charakteristische Werte auf der Grundlage statistischer Überlegungen angegeben. Diese charakteristischen Werte werden mit konstanten Teilsicherheitselementen modellabhängig multiplikativ oder additiv beaufschlagt. Die Teilsicherheitselemente werden ihrerseits wiederum unter Berücksichtigung wahrscheinlichkeitstheoretischer Zusammenhänge bestimmt.

Der geringen Wahrscheinlichkeit des gleichzeitigen Auftretens mehrerer veränderlicher Einwirkungen mit ihren charakteristischen Werten wird durch Einführung von Kombinationswerten Rechnung getragen. (Siehe im einzelnen hierzu die Vorschläge nach Abschnitt 2.2, 2.3, 2.4 und 2.7.)

Wie bereits erwähnt, finden die Verfahren der Stufe III wegen der damit verbundenen Schwierigkeiten bis heute in Normenkonzepten für den Nachweis der Zuverlässigkeit von Bauwerken keine Verwendung. Unterschiedlich in den verschiedenen Konzepten ist auch die Wertigkeit und die Stellung der Nachweisverfahren der Stufe II. ISO 2394 arbeitet ausschließlich mit einem Verfahren der Stufe I. Model-Code Band I enthält im eigentlichen Richtlinientext auch nur Angaben entsprechend Stufe I. In einem eigenen Anhang ist dann ein für sich geschlossenes Konzept auf der Basis der Stufe II zusammengestellt. Die General Principles on Reliability for Structural Design des JCSS in der Fassung vom Mai 1978 enthalten auch nur qualitativ bestimmte Zusammenhänge der Stufe II, weisen dann aber ein Nachweiskonzept der Stufe I aus. Im Schweizer Normenentwurf SIA 260 ist ein Verfahren beschrieben, das der Stufe II zuzuordnen ist. Die Grundlagen für die Festlegung von Sicherheitsanforderungen für bauliche Anlagen schließlich bauen auf einem Verfahren der Stufe II auf. Die nötigen Angaben für Stufe I, d.h. also für die praxisgerechten Verfahren, werden hieraus abgeleitet.

Die Diskussion über die Frage, welchem Verfahren der Vorzug zu geben ist, ist bis heute noch nicht abgeschlossen. Als gute Lösung bietet sich hier an, ein Verfahren auf der Grundlage der Stufe II per Vereinbarung zu wählen. Auf dieser einheitlichen Grundlage können dann die für die Praxis erforderlichen Nachweisverfahren der Stufe I in den einzelnen Bemessungsnormen ermittelt werden. Folgende Grundsätze sind dabei zu beachten:

- Für die Seite der Einwirkungen sollten Sicherheitselemente – Teilsicherheitsbeiwerte und additive Glieder – baustoff- und bauartunabhängig mit wenigen konstanten Zahlenwerten festgelegt werden.
- Die charakteristischen Werte der Baustoffeigenschaften sind so zu wählen, daß man hier für größere Varianzbereiche noch mit konstanten Teilsicherheitselementen arbeiten kann.
- Eine Abstufung der Sicherheitselemente ist immer dann vorzunehmen, wenn Sicherheitsklassen gemäß Tabelle 3 unterschritten werden.

- Das Format der Stufe I wird durch das mechanische Verhalten der Tragwerke beeinflußt. In manchen Fällen eignen sich additive Sicherheitselemente besser als multiplikative. Nichtlineare Zusammenhänge sind durch geeigneten Ansatz von Empfindlichkeitsfaktoren oder -gliedern zu berücksichtigen.

4 Konstruktive Sicherheitsmaßnahmen

Zwei grundsätzliche Forderungen werden hier des öfteren erhoben:

a) Das unangekündigte Versagen eines Bauteils oder eines Bauwerks muß vermieden werden,

b) Bauwerke sind so zu konstruieren, daß bei Ausfall eines Teiles das restliche Tragwerk „gerade noch" stehen bleibt (Vermeidung von „progressivem Kollaps").

Beide Forderungen werden z.T. auch miteinander kombiniert. Obwohl sie in bestimmten Bereichen des Bauwesens seit langem erfüllt werden und auch in geschriebenen oder ungeschriebenen Regeln festgehalten sind, lassen sie sich allgemeingültig nicht formulieren.

Es bedarf zunächst der Definition des Begriffes „angekündigtes Versagen". Folgende Bedingungen sind hierfür gleichzeitig zu erfüllen:

- Das Versagen muß duktil erfolgen, d.h. spröde Brüche treten nicht auf,
- Die Ankündigung muß gut wahrnehmbar sein,
- der zeitliche Abstand zwischen Ankündigung und dem Versagen muß genügend groß sein.

Betrachten wir die drei Bedingungen näher, so stellen wir folgendes fest:

- Die erste Bedingung, d.h. die Forderung nach duktilem Bruchverhalten, ist bei vielen Werkstoffen, die sonst absolut gute und wünschenswerte Eigenschaften haben, nicht erfüllt (Beton, Guß usw.).
- Die zweite Bedingung kann oft auch bei zähem Werkstoffverhalten nicht erfüllt werden. Wegen der im allgemeinen fehlenden ständigen Nutzungskontrolle müßte die Ankündigung auch für den Laien erkennbar sein. Dies ist nicht der Fall, wenn beispielsweise große Verformungen in Abhängigkeit von der Steifigkeit einer Konstruktion nicht eintreten können oder aber wenn Rißbildungen wegen vorhandener Verkleidungen nicht zu beobachten sind.
- Der ausreichende Zeitabstand der dritten Bedingung kann zwischen der notwendigen Zeit um ein Ge-

bäude zu räumen und der notwendigen Zeit für evtl. Reparaturen liegen. Dieser zeitliche Abstand zwischen Ankündigung und Versagen ist nur vorhanden, wenn die Einwirkungen, insbesondere die Belastungen, nur sehr langsam steigen können. In allen anderen Fällen, insbesondere bei hoher Kurzzeitbelastung, wird dieser Zeitabstand unter den o. g. Mindestabständen liegen.

Wollte man also nur angekündigtes Versagen zulassen, müßte bei Einhaltung der vorgenannten Bedingungen die übliche Ausführung und Nutzung der meisten unserer Bauwerke verboten werden. Da diese Forderung niemand ernstlich erheben kann, muß man wohl oder übel das unangekündigte Versagen in die Sicherheitsbetrachtung mit einbeziehen.

Die Forderung nach b), alle Bauwerke so zu konstruieren, daß auch nach Ausfall eines einzelnen Teiles noch eine Reststandsicherheit bleibt, ist sicher höher zu bewerten als die nach a). Auch sie ist jedoch oft nicht zu erfüllen. Man denke an Systeme, wie innerlich statisch bestimmte Fachwerkkonstruktionen, Stützen in Hochhäusern u. ä.

Zur Lösung bieten sich deshalb nur die zwei folgenden Alternativen an:

- Die erste Möglichkeit besteht darin, die Bauwerke tatsächlich so auszubilden, daß bei Ausfall eines Teiles die Standsicherheit des gesamten Tragwerks – wenn auch mit abgeminderter Zuverlässigkeit – noch gegeben ist. Die Abminderung der Zuverlässigkeit kann hier entsprechend der Wahrscheinlichkeit des möglichen Ausfalls eines Teiles bei normaler Beanspruchung oder aber entsprechend der Eintrittswahrscheinlichkeit einer außergewöhnlichen Einwirkung, welche örtliches Versagen zur Folge hat, festgelegt werden.
- Die zweite Möglichkeit besteht darin, alle Bauteile, Verbindungsmittel usw., welche bei einem Ausfall das Versagen des gesamten Bauwerks zur Folge hätten, mit erhöhter Zuverlässigkeit auszubilden. Diese Erhöhung bezieht sich jeweils auf die Sicherheitsmaßnahmen in den Gruppen Bemessung, konstruktive Durchbildung sowie Kontrolle und Überwachung.

Welche der beiden Alternativen man wählt, wird oft von wirtschaftlichen Überlegungen abhängig sein. Die Alternative 1 sollte man immer dann wählen, wenn sie konstruktiv mit vertretbarem Aufwand zu erreichen ist. Sie muß als Konstruktionsprinzip zugrunde gelegt wer-

den, wenn die Bedingungen der Alternative 2, d. h. erhöhte Anforderungen in allen Maßnahmengruppen, nicht eingehalten werden können, wenn also beispielsweise die Kontrolle einer einwandfreien Ausführung nicht möglich ist. Abschläge von diesen Forderungen können nur in Erwägung gezogen werden, wenn tatsächlich eine Ankündigung des Versagens im Sinne der vorangegangenen Definition zu erwarten ist.

Eine Auflistung weiterer allgemeingültiger konstruktiver Sicherheitsregeln in den verschiedenen Sicherheitskonzepten wäre wünschenswert. Vorschläge hierfür werden noch erwartet. Im Detail wird die Festlegung dieser Maßnahmen jedoch erst in den bauartbezogenen Bemessungs- und Ausführungsnormen möglich sein. Wichtig in den Sicherheitskonzepten ist der Hinweis auf die Bedeutung dieser konstruktiven Sicherheitsmaßnahmen.

5 Kontrollmaßnahmen

Der Formulierung der Anforderungen an diesen Maßnahmenbereich dürfte in Zukunft größere Bedeutung zukommen. Wie Schadensstatistiken zeigen, sind die meisten Schäden auf Ursachen zurückzuführen, die bei den üblichen Kontrollen nicht entdeckt wurden. Eine systematische Auswertung von Bauschäden dürfte hier hilfreiche Dienste leisten. Am meisten befaßt sich mit dieser Frage bislang der Schweizer Entwurf SIA 260. Vorgeschlagen wird dort ein eigener Sicherheitsplan für jedes Bauvorhaben, der im einzelnen die zu treffenden Maßnahmen festlegt. Zu beachten ist hierbei allerdings, daß den möglichen Kontrollen Grenzen gesetzt sind. Auch hier spielen Wirtschaftlichkeitsfragen eine ganz erhebliche Rolle. Notwendig ist eine klare Abgrenzung der Ungenauigkeiten oder auch der kleineren Fehler, die noch durch Sicherheitsmaßnahmen im Nachweisbereich oder auch im konstruktiven Bereich erfaßt werden können. Der Vorschlag des Schweizer Normenentwurfes, als Fehler jede Über- bzw. Unterschreitung der einschlägigen Bemessungswerte zu definieren, ist einer ernsthaften Diskussion wert. Beachtet werden müssen allerdings bei einer solchen Definition die möglichen rechtlichen Konsequenzen.

Kontrollmaßnahmen ihrerseits können unterteilt werden in:

- Kontrollen des rechnerischen Sicherheitsnachweises und der Bemessung,
- Kontrollen der Herstellung und der Produktion von Baustoffen und Bauteilen,
- Kontrollen der Bauausführung,
- ggf. auch Kontrollen der späteren Nutzung.

Die bisherigen Vorschläge für allgemeingültige Sicherheitskonzepte behandeln ausführlicher nur die Kontrolle und Überwachung von Herstellung und Produktion. Eine Ergänzung für die anderen Bereiche wäre wünschenswert.

6 Ausblick

Die Erkenntnis der Notwendigkeit, ein einheitliches Sicherheitskonzept, das baustoff- und bauartübergreifend Gültigkeit besitzt, in die Normung einzuführen, wird sich im Laufe der Zeit durchsetzen. Gründe hierfür seien abschließend zusammengestellt:

- Die immer wieder geforderte Vergleichbarkeit zwischen den Sicherheitsanforderungen in den verschiedenen Sparten des Bauwesens wird nur mit einem einheitlichen Konzept erreichbar sein.
- Die Forderung nach Abbau des Perfektionismus in technischen Bauvorschriften durch Übergang zu Rahmenrichtlinien erzwingt auch die Aufnahme einer Rahmenbestimmung mit den wesentlichsten Grundsätzen der Sicherheitsphilosophie.
- Auch die derzeit laufenden Bestrebungen zu einer internationalen Harmonisierung technischer Baubestimmungen erfordern als gemeinsame Verständigungsgrundlage ein einheitliches Sicherheitskonzept.

Die Einführung in die Normung verlangt die Bereitschaft aller am Bau Beteiligten, allgemeingültige Vereinbarungen zu treffen, die dann zu gegebener Zeit auch von allen als verbindlich angesehen werden. Dies ist nach Ansicht des Verfassers zwingend geboten, will man die Formulierung dieser Fragen künftig nicht dem Gesetzgeber überlassen.

Die Normenausschüsse des Bauwesens müssen sich, um diesen Aufgaben gerecht werden zu können, wohl anders organisieren als das heute der Fall ist. Um die nötigen Querverbindungen zwischen den einzelnen Ausschüssen herzustellen, wird es erforderlich werden, alle Ausschüsse, die baustoff- und bauartunabhängig arbeiten, den Ausschüssen, die fachbezogen arbeiten, matrixartig zuzuordnen.

Die Einführung der skizzierten Sicherheitsbetrachtungen in die Normung sollte mit der Aufnahme der Sicherheitstheorie in die Lehrpläne unserer Hochschulen verbunden sein. Dies ist erforderlich, damit der Ingenieur mit diesen Fragen so vertraut wird, daß eine rein schematische Anwendung der in künftigen Normen enthaltenen Sicherheitsfestlegungen vermieden wird. Die bisher oft vorhandene unkritische Zahlengläubigkeit an Berechnungsergebnisse könnte damit beseitigt werden. Der Ermessensspielraum des verantwortlichen Ingenieurs würde wieder erweitert.

Der Verfasser dankt Herrn Dr. HANISCH für seine Hinweise bei der Durchsicht der Arbeit.

7 Schrifttum

[1] Sicherheit im Ingenieurbau, Grundlagen für die Beurteilung. Beiträge zum 1. Sicherheitsseminar des Instituts für Bautechnik, 3. Aufl. 1978.
[2] RACKWITZ, R.: Praktical Probabilistic Approach to Design. TU München, Institut für Bauingenieurwesen, 1976.
[3] KÖNIG, G.: Wagnis und Sicherheit im Ingenieurbau. DAI, Deutsche Architekten und Ingenieur-Zeitschrift. (1978), H. 8/9.
[4] MAYER, M.: Die Sicherheit der Bauwerke und ihre Berechnung nach Grenzkräften anstatt nach zulässigen Spannungen. Springer, Berlin 1926.
[5] MATOUSEK, M. und SCHNEIDER, J.: Untersuchungen zur Struktur des Sicherheitsproblems bei Bauwerken. Institut für Baustatik und Konstruktion ETH Zürich, Februar 1976, Bericht Nr. 59, Birkhäuser Verlag Basel und Stuttgart.

Heinrich Bub

Grundlagen zur Festlegung von Sicherheitsanforderungen im konstruktiven baulichen Brandschutz, demonstriert am Beispiel Geschäftshäuser

1 Vorbemerkung

Zum Zeitpunkt des Erscheinens dieses Berichts werden in einem DIN-Normenheft nicht nur der Entwurf DIN 18230 – Baulicher Brandschutz im Industriebau (Ausgabe 8/78), sondern auch der Entwurf für Empfehlungen zur Festlegung von Sicherheitsanforderungen im konstruktiven baulichen Brandschutz (Entwurf 1979) veröffentlicht sein [4]. Diese Arbeiten sind in einem vom Institut für Bautechnik, Berlin, im Frühjahr 1979 herausgegebenen Heft ausführlich erläutert worden [17]. Die Kenntnis dieser Unterlagen wird im folgenden vorausgesetzt. Sie bauen auf den „Grundlagen für die Ermittlung von Sicherheitsanforderungen für bauliche Anlagen", Entwurf November 1977, auf [3].

Es steht jetzt zwar ein „Sicherheitskonzept" auf „probabilistischer Ebene" zur Verfügung. Mangels ausreichenden statistischen Materials bleibt aber bei seiner Anwendung nichts anderes übrig, als die einzelnen Komponenten des Bemessungsverfahrens „vernünftig" zu schätzen und iterativ solange zu korrigieren, bis sich hieraus Anforderungen ableiten lassen, die mit dem z. Z. in der Bundesrepublik von der Öffentlichkeit akzeptierten „Sicherheitsniveau" in Einklang stehen.

Die wegen des hohen Sicherheitsniveaus beobachteten seltenen Versagensfälle von Einzelbauteilen und Gesamtkonstruktionen beim Brand mit Verletzungs- oder Todesfolge für Bewohner, Benutzer oder Rettungskräfte wurden von der Öffentlichkeit toleriert, nicht zuletzt, weil jedermann einsieht, daß auch die Wirtschaftlichkeit beim Bauen im Auge behalten werden muß.

Das „Sicherheitsniveau" wird vor allem mit dem „Sicherheitsindex" $\beta = \Phi^{-1}(1 - p_f)$ beschrieben, der zu einer auf einen bestimmten Nutzungszeitraum bezogenen „vereinbarten Versagenswahrscheinlichkeit" p_f entsprechend einer „Überlebenswahrscheinlichkeit" eines Tragwerks $p_s = 1 - p_f$ mathematisch in Relation gesetzt werden kann [18] (z. B. $p_f = 5 \cdot 10^{-2} \to \beta = 1,645$).

Die Festlegung solcher Werte ist eine Art „politische Entscheidung", die neuerdings nicht mehr „ausgehandelt" werden muß, da sie an den bereits nach Erfahrung, Ermessen und öffentlicher Meinung „vereinbarten" Forderungen „kalibriert" werden kann, z. B., daß nach den Landesbauordnungen tragende Wände vielgeschossiger Wohngebäude feuerbeständig sein müssen (Feuerwiderstandsdauer mindestens 90 Minuten nach DIN 4102 Teil 2 – Brandverhalten von Baustoffen und Bauteilen).

Um aber zu beweisen, daß diese theoretische Bemessungsmethode mit „vernünftigen" Schätzungen auch weiterhin zu dem gewünschten Erfolg (Sicherheitsniveau) führt, wäre eine Datensammlung über viele Jahre durchzuführen, statistisch auszuwerten und die Ergebnisse mit den Annahmen aus dem angewendeten Konzept zu vergleichen.

Die Annahmen im „Sicherheitskonzept Brandschutz" sind – wie gesagt – abgeleitet aus den Anforderungen der Landesbauordnungen, die originär für Wohngebäude gelten. Tabelle 1 zeigt unter den dort genannten Voraussetzungen Vergleiche zwischen den Ergebnissen nach diesem Konzept und den bauaufsichtlichen Anforderungen für Wohn- und Bürogebäude unter den hierfür empfohlenen Vereinbarungen für p_f („vereinbarte" Versagenswahrscheinlichkeit), p_b (Gesamtauftretenswahrscheinlichkeit gefährlicher Brände) sowie für die Zentralwerte der äquivalenten Branddauer und der Streuungen unter der Voraussetzung logarithmischer Normalverteilung von Last- und Widerstandsseite, bezogen auf die 90%- bzw. 10%-Fraktilen. Den Brandabschnittsflächen A wurden überschläglich Geschoßzahlen zugeordnet, wobei Geschoßdecken nicht als Brandabschnittsdecken zählen.

Dieses Konzept wurde zunächst auf Industriebauten übertragen und auch dort überprüft, ob diese Festlegungen mit dem übereinstimmen, was bisher ohne Anwendung der Ausnahmevorschriften für Hallen u. a. m. bau-

Tabelle 1
Anforderungen an Wohn- und Bürogebäude (W, B). Erforderliche Feuerwiderstandsdauer in Min.

Geschoßzahl (A)		Sonstige Bauteile nichttragende Außenwände (SK_b1)			Nebentragwerk Feuerschutzabschluß Lüftungsleitungen (SK_b2)			Haupttragwerk (SK_b3)		
		W	B	Bau 0	W	B	Bau 0	W	B	Bau 0
1	(≈ 200 m²)	25	16	(−)	25	16	(−)	25	16	(F30)*)
2	(≈ 1000 m²)	25	16	(−)	25	16	F/T30)	41	38	(F30)
3–5	(≈ 5000 m²)	25	25	(W30)	51	47	(F/T/L30)	75	60	(F90)**)
6–8	($\approx 10\,000$ m²)	41	38	(W60)	66	61	(F/T90/L60)	92	88	(F90)
Hochhaus	($\approx 30\,000$ m²)	64	59	(W90)	91	86	(F/T/L90)	120	117	(F90)
Hohes Hochhaus	($\approx 50\,000$ m²)	75	70	(W90)	103	99	(F/T/L90 bis 120)	134	133	(F 120 bis 180 geplant)

( ) übliche bauaufsichtliche Anforderungen
*) Ausnahme möglich
**) Decken F 30 nbr

$F_{10\%} = \gamma \cdot t\ddot{a}_{90\%}$ $f(A) = \dfrac{A}{2500}$ FWD $B_{t\ddot{a}}$ $W_{t\ddot{a}}$

$W: p = 2 \cdot 10^{-8} (p_1 \cdot p_2)$ $p_{f_3} = 5 \cdot 10^{-5}$ $v_F = 0{,}2$ $t\ddot{a} = 21$ Min. $t\ddot{a} = 32$ Min.

$B: p = 5 \cdot 10^{-8}$ je m² und Jahr $p_{f_2} = 5 \cdot 10^{-4}$ je 50 Jahre $t\ddot{a}_{90\%} = 38$ Min. $t\ddot{a}_{90\%} = 52$ Min.

$p_{f_1} = 5 \cdot 10^{-3}$ $\sigma_{\ln t\ddot{a}} = 0{,}45$ $\sigma_{\ln t\ddot{a}} = 0{,}37$

$V_{t\ddot{a}} \cong 0{,}5$ $V_{t\ddot{a}} = 0{,}4$

Tabelle 2
Mehrgeschossige Industriebauten. Überprüfung des $a \cdot n$-Faktors DIN 18 230 (Entwurf 1968)

Geschoßfläche (Gesamtgeschoßfläche) m²	Geschoß-zahl	Geschoßfläche des Brand-abschnitts	E 1978 DIN 18 230 Sicherheitsklassen			E 1968 DIN 18 230	
			SK_b 1	SK_b 2	SK_b 3	$a \cdot n$	Lösch-anlagen (50 v. H.)
1000 (2000)	2	2000 (2)	0,6	1,0	1,35	1,44	0,72
1000 (2000)	2	1000 (1)	0,5	0,8	1,15	1,2	0,6
3000 (6000)	2	6000 (2)	1,0	1,3	1,65	1,95	0,9
6000 (12000)	2	12000 (2)	1,2	1,5	1,85	2,4	1,2
15000 (30000)	2	15000 (1)	1,25	1,55	1,9	2,4	1,2
1000 (3000)	3	3000 (3)	0,8	1,15	1,45	1,5	0,75
1000 (3000)	3	1000 (1)	0,5	0,8	1,15	1,3	0,65
3000 (9000)	3	9000 (3)	1,1	1,45	1,75	2,34	1,17
10000 (30000)	3	10000 (1)	1,15	1,5	1,8	2,34	1,17

Nennsicherheitsfaktor $\gamma_{t\ddot{a}90\%} \cdot \gamma_{F10\%} = \gamma$ $p_{f_3} = 5 \cdot 10^{-5}$ $F_{10\%} = \gamma \cdot t\ddot{a}$ (Min.) $f(A) = \dfrac{A}{2500}$

$p = p_1 \cdot p_2 = 2 \cdot 10^{-7}$ je m² und Jahr $p_{f_2} = 5 \cdot 10^{-4}$ je 50 Jahre $v_F = 0{,}2$

$p_3 = 1 \cdot 10^{-2}$ (Löschanlagen) $p_{f_1} = 5 \cdot 10^{-3}$ $v_{t\ddot{a}} = 0{,}25$ $k_F = k_T = \pm 1{,}28$

24

aufsichtlich verlangt wird. Tabelle 2 zeigt einen Vergleich zu Anforderungen früherer Entwürfe DIN 18230, die empirisch festgelegt worden waren.

Im folgenden wird das Konzept auf Geschäftshäuser angewendet, um seine allgemeine Verwendbarkeit zu prüfen (s. auch [13]).

2 Allgemeines

Der Brand ist im Sinne der Wahrscheinlichkeitstheorie ein „seltenes Ereignis". Sein Entstehen, seine Entwicklung und seine Auswirkungen sowie die Wirksamkeit seiner Bekämpfung hängen sowohl von zahlreichen Zufälligkeiten ab, die man heutzutage mit statistischen Methoden abschätzen kann, als auch von groben Fehlern (menschliches Versagen oder Fahrlässigkeit), denen man nur durch entsprechende Kontrollen beikommen kann. Ähnliches gilt für die Beanspruchbarkeit von Konstruktionen durch Brand.

Die Höhe der Brandlast mit ihrer Lagerungsart und ihrem Abbrandverhalten, die Größe und Lage der Öffnungen in den Umfassungsbauteilen des Brandraumes und ihre Wärmedämmung sind – ebenso wie die Geometrie des Brandabschnittes – von ausschlaggebender Bedeutung für die Auswirkungen des Brandes auf Bauteile und Gesamtkonstruktion (Bild 1).

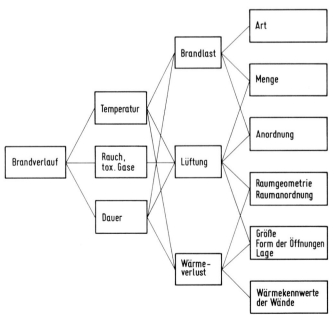

Bild 1
Faktoren, die den Brandverlauf beeinflussen

Jeder der Faktoren – streuende Zufallsvariable – beeinflußt das Brandrisiko, wobei die Höhe der Brandlast und die Ventilation Haupteinflüsse darstellen.

Das Ziel des Entwurfs und der Bemessung im baulichen Brandschutz – also eines Konzepts auf technisch-wissenschaftlicher Grundlage – muß es sein, die Gebäude und ihre Teile so zu bemessen, daß die Gesamtkonstruktion und die Einzelbauteile den Einwirkungen des Brandes für eine ausreichende Zeit widerstehen und bei lokalem Versagen ein Zusammenbruch des Gebäudes oder von Gebäudeteilen für einen ausreichenden Zeitraum oder ganz verhindert wird. Erfolgt die Bemessung unter Gebrauchslast (charakteristische Last bzw. Nennlast) derart, daß das Gebäude und seine Teile dem Brand, wenn auch unter Beschädigung, mit ausreichender Wahrscheinlichkeit standhalten, so sind traditionelle Überlegungen hinsichtlich der erforderlichen Zeiträume für die Rettung von Menschen oder Tieren oder für Maßnahmen der Feuerbekämpfung für diesen Bereich nicht mehr erforderlich.

3 Beurteilung des Brandablaufes und seiner Wirkung (Brandbelastung – Brandwiderstand)

Das Trag-, Verformungs- und Temperaturverhalten von Bauteilen bei einem Brand ist eine komplizierte Funktion des natürlichen Brandgeschehens in einem Brandraum, der temperaturabhängigen physikalischen und mechanischen Materialeigenschaften und der angreifenden Lasten. Es läßt sich theoretisch nur über aufwendige Wärmebilanzrechnungen verfolgen. Mit Hilfe eines einfacheren Näherungsverfahrens kann diejenige *„äquivalente Branddauer"* $t_ä$ im Normenbrand (Einheitstemperaturkurve) ermittelt werden, nach der dieser eine vergleichbare Auswirkung (z.B. maximale Bauteiltemperatur) auf ein Bauteil zeigt wie der natürliche Brand (s. Entwurf DIN 18230).

Jeder Naturbrand kann dabei als ein Normbrand (DIN 4102) mit äquivalenter Branddauer dargestellt werden, indem man die Erwärmung des Bauteils während des Nutzbrandes und des Normbrandes verfolgt und in Relation zueinander setzt.

Als Beurteilungsmaßstab für die Anforderungen an Gebäude und Bauteile dient im allgemeinen die „erforderliche Feuerwiderstandsdauer" erf *F*. Sie wird ermittelt aus der rechnerischen Brandbelastung (q_r), die unter

Berücksichtigung der im Brandabschnitt vorhandenen Brandlast (q), deren Abbrandverhalten (m-Faktor) und den bewerteten Lüftungsverhältnissen (w-Faktor) festgestellt und über einen Umrechnungsfaktor (c-Faktor) in eine äquivalente Branddauer $tä$ (DIN 4102) umgerechnet wird; sie ist anschließend zu vervielfältigen mit einem aus dem erforderlichen Zuverlässigkeitsmaß (Sicherheitsindex β) ermittelten Sicherheitsbeiwert γ, der neben der Nutzungsart des Gebäudes die Lage und den Umfang des Brandabschnittes und die Funktion des Bauteils sowie ggf. mit einem Korrekturfaktor γ_{bn}, der etwa vorhandene Feuerlöschanlagen oder eine anerkannte Werksfeuerwehr berücksichtigt.

Mit

$$q_r = m \cdot w \cdot q \tag{1a}$$
$$tä = c \cdot q_r \tag{1b}$$
$$\text{erf } F = \gamma \cdot \gamma_{nb} \cdot tä \text{ (F-Klasse)} \tag{1c}$$
$$\gamma = \gamma_{tä} \cdot \gamma_F \text{ } (\gamma_{tä, F} = \text{Teilsicherheitsbeiwerte}) \tag{1d}$$

wird gewählt:

$$F_{u-1} < \text{erf } F \leq F_u. \tag{1e}$$

Dabei bedeuten:

c Umrechnungsfaktor Min. m²/kWh
w Wärmeabzugsfaktor
M_i Masse der Brandlast in kg
H_{ui} Unterer Heizwert der Brandlast (kWh/kg)
A_i Grundfläche des Brandabschnitts in m²
m_i Abbrandfaktor
    (s. DIN 18230 Teil 2 E. 8. 78)
$$q_i = \sum_i \frac{M_i \cdot H_{ui} \cdot mi}{A_i} \quad \text{Brandlast in kWh/m².}$$

Die erforderliche Feuerwiderstandsdauer erf F wird der aus Versuchen nach DIN 4102 ermittelten Feuerwiderstandsklasse gegenübergestellt (s. Abschnitt 8).

Näherungsweise können diejenigen Feuerwiderstandsklassen in Ansatz gebracht werden, die sich nach den Prüfverfahren in DIN 4102 – Ausgabe September 1977 – ergeben, so daß alle in die zugehörige Feuerwiderstandsklasse F_u eingruppierten Bauteile verwendet werden können (DIN 4102 Teil 4, amtliches Prüfzeugnis oder allgemeine bauaufsichtliche Zulassung).

4 Brandbelastungen in Geschäftshäusern

Aus einigen wenigen Angaben im Schrifttum [8] und Äußerungen der Brandversicherungen werden je nach Nutzung der Warenhäuser bewegliche Brandbelastungen von 120 bis 280 kWh/m² angegeben, so daß mit Gesamtbrandlasten von 150 bis 300 kWh/m² gerechnet werden muß. Es macht sich hierbei der Einfluß großer Verkehrsflächen bemerkbar. Selbstverständlich können besondere Teilbereiche Einzelbemessungen erforderlich machen [13].
Nehmen wir als Erwartungswert der Brandlast sehr ungünstig einen Mittelwert $q = 250$ kWh/m² und als Variationskoeffizient unseres Beispiels

$$V_q = 0,3$$

an, so ergibt sich mittels ungünstig angenommener mittlerer Bewertungsfaktoren [1]

$$m = 0,8 \quad (V_m = 0,15),$$
$$w = 1,2 \quad (V_w = 0,20) \text{ und}$$
$$c = 0,25 \, (V_c = 0,05) \text{ min m²/kWh}$$

die erwartete äquivalente Branddauer $\overline{tä} = 60$ Min. und der nach den „Empfehlungen" [4] vereinbarte Nennwert ($tä_N$) auf der Belastungsseite zu

$$\boxed{tä_{90\%} = 90 \text{ Min.}}$$

Diese vereinbarte 90%-Fraktile (Fraktilfaktor $k = 1,28$) der äquivalenten Branddauer errechnet sich bei einer logarithmischen Normalverteilung zu

$$tä_{90\%} = \overline{tä} \cdot \exp(-0,5 \cdot \sigma_{\ln tä}^2) \cdot$$
$$\cdot \exp(1,28 \cdot \sigma_{\ln tä}) \tag{2a}$$

mit der Streuung

$$\sigma_{\ln tä} = \sqrt{\ln(V_{tä}^2 + 1)} \quad \text{bzw.}$$
$$\sigma_{\ln tä} \cong V_{tä} \text{ bei } (V < 0,25). \tag{2b}$$

Nach dem Fehlerfortpflanzungsgesetz wird näherungsweise im Beispiel

$$V_{tä} = \sqrt{V_q^2 + V_m^2 + V_w^2 + V_c^2} = 0,39$$
$$\sigma_{\ln tä} = 0,38. \tag{2c}$$

Bild 2 zeigt eine entsprechende Auswertung für Büroräume („Europabrandlast" mit sehr großer Streuung). Es deutet sich eine logarithmische Normalverteilung an, die auch grundsätzlich vereinbart wurde.

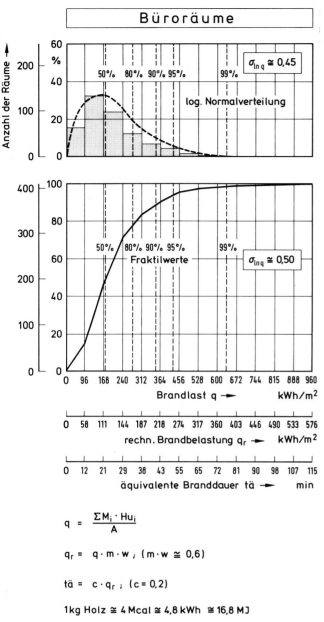

Büroräume

$\sigma_{\ln q} \cong 0{,}45$

50% 80% 90% 95%   99%

log. Normalverteilung

$\sigma_{\ln q} \cong 0{,}50$

50% 80% 90% 95%   99%

Fraktilwerte

Brandlast q ⟶ kWh/m²

0 96 168 240 312 364 456 528 600 672 744 815 888 960

rechn. Brandbelastung q_r ⟶ kWh/m²

0 58 111 144 187 218 274 317 360 403 446 490 533 576

äquivalente Branddauer $t_ä$ ⟶ min

0 12 21 29 38 43 55 65 72 81 90 98 107 115

$$q = \frac{\sum M_i \cdot Hu_i}{A}$$

$$q_r = q \cdot m \cdot w \; ; \; (m \cdot w \cong 0{,}6)$$

$$t_ä = c \cdot q_r \; ; \; (c = 0{,}2)$$

1 kg Holz $\cong$ 4 Mcal $\cong$ 4,8 kWh $\cong$ 16,8 MJ

Bild 2
Gesamtbrandlast aller Räume (Bürogebäude)

5 Feuerwiderstand [10]

Die Feuerwiderstandsdauer von Bauteilen ist eine zufällige Größe.

Betrachtet man zunächst den Feuerwiderstand von Bauteilen gleichen Materials, gleicher Funktion, Abmessungen und Herstellungsbedingungen – also ein Los von Bauteilen –, so hat dieses Los einen spezifischen Erwartungswert $E(F)$ und eine spezifische Streuung S_F der Feuerwiderstandsdauer F.

Ein anderes Los wird durch einen anderen Erwartungswert und eine andere Streuung charakterisiert (vgl. hierzu z. B. Versuchsreihen an Stahlbetonbalken, an schlanken Stahlbetonstützen und leichten Trennwänden). Ursache für die Abweichungen sind einmal die zufälligen Streuungen der für das Trag- und Verformungsverhalten der Teile entscheidenden Abmessungen und Materialeigenschaften. Zum anderen weichen auch die Randbedingungen im Bauwerk (z. B. Auflagerbedingungen, Lage des Brandherdes, Belastung usw.) zufällig von denen des Versuchs ab. Eine Monte-Carlo-Studie der erstgenannten Einflüsse ergab Variationskoeffizienten $0{,}03 \leqq V_F \leqq 0{,}2$, die mit zunehmender Feuerwiderstandsdauer kleiner wurden. Die Fraktilwerte schwankten je nach vorgegebener Belastung zwischen 5 % und 25 % [11].

Die Ermittlung der Feuerwiderstandsdauer erfolgt aufgrund von Versuchen und einer Klassifizierung aufgrund von DIN 4102.

Bekanntlich sind in einer Feuerwiderstandsklasse sehr unterschiedliche Bauteile – also Lose mit verschiedenen Erwartungswerten und Streuungen – vorhanden, obwohl sie alle der Abnahmeprüfung für diese Klasse genügten.

Um aber ein baustoff- und bauartenübergreifendes Bemessungskonzept für den Lastfall Brand realisieren zu können, wird die Bemessung für ein „Standardbauteil" – oder besser: ein „Standardlos" durchgeführt. Dieses „Standardlos" wird durch einen mittleren Variationskoeffizienten beschrieben (s. z. B. Abschn. 4).

Unter der Voraussetzung der Versagenskriterien „Durchbiegung" oder „Erreichen der Gesamttragfähigkeit" können unter Berücksichtigung von Unsicherheiten in der Versuchsdurchführung von $V_J \geqq 0{,}1$ folgende Variationskoeffizienten angesetzt werden, sofern kein genauerer Nachweis geführt wird:

Feuerwiderstand (Min.)	$\leqq 30$	$\leqq 60$	$\leqq 90$	$\leqq 120$
Variationskoeffizient V_F	0,25	0,2	0,15	0,10

Als Nennwert der Feuerwiderstandsdauer wurde für die Bemessung $F_N = $ erf $F = F_{10\%}$ ($k_{t_ä} = 1{,}28$) und als Variationskoeffizient $V_F = 0{,}20$ vereinbart.

Wir wählen mit

$$F_{u-1} < \text{erf } F \leqq F_u \rightarrow \text{Klasse } F_u \qquad (3)$$

im Bemessungskonzept die Klasse F_u.

Ziel der Bemessung ist somit die Bestimmung des erforderlichen Fraktilwertes erf $F = F_N$ des gedachten Standardloses. Es wurde weiter vereinbart die Feuerwiderstandsdauer mit einer logarithmischen Normalverteilung zu beschreiben.

Anzumerken ist, daß die Versuche nach DIN 4102 für die volle Gebrauchslast ohne Berücksichtigung der geringen Wahrscheinlichkeit des gleichzeitigen Eintretens extremer Lasten durchgeführt werden (z. B. Schnee auf Stahldach). Daher werden vorläufig die Unsicherheiten aus den Auflagerbedingungen, Lage des Brandherds etc. durch diese Vorhaltung beim Versuch als abgedeckt betrachtet.

6 Vereinbarte Versagenswahrscheinlichkeiten Sicherheitsindex, Sicherheitswerte

6.1 Versagenswahrscheinlichkeit der Gesamtkonstruktion

Das z. Z. akzeptierte jährliche Risiko für Leib und Leben eines einzelnen kann für alle Lebensbereiche i. M. mit $1 \cdot 10^{-5}$ bis $5 \cdot 10^{-6}$ geschätzt werden. Die anzuzielende Versagenswahrscheinlichkeit sollte kleiner sein als dieses individuelle Risiko multipliziert mit der vorgesehenen Nutzungsdauer und dividiert durch die durchschnittliche Zahl der gefährdeten Personen im Falle eines Versagens.

Soweit kein genauerer Nachweis geführt wird, kann überschläglich von einem Nutzungszeitraum der Gebäude von 50 Jahren und für das Versagen von Bauteilen des Haupttragwerks von 5 bis 10 gefährdeten Personen ausgegangen werden (Brandsicherheitsklasse − SK_b3 −: $p_{f3} = 5 \cdot 10^{-5}$ je 50 Jahre bzw. $1 \cdot 10^{-6}$ je Jahr).

Für sonstige Bauteile, z. B. Decken, die nicht zum Haupttragwerk gehören, Lüftungsleitungen, die Bauteile mit geforderten Feuerwiderstandsklassen überbrücken und Feuerschutzabschlüsse, kann von einer geringeren Zahl gefährdeter Personen ausgegangen werden (Sicherheitsklasse − SK_b2 −: $p_{f2} = 5 \cdot 10^{-4}$ je 50 Jahre).

Bei Bauteilen von untergeordneter Bedeutung (z. B. nichttragende Außenwände) kann von einer noch geringeren Gefährdung ausgegangen werden (Brandsicherheitsklasse − SK_b1 −: $p_{f1} = 5 \cdot 10^{-3}$ je 50 Jahre).

Daraus ergeben sich für übliche Brandabschnittsflächen (Mittelwert $A^* = 2500$ m^2) tolerierbare Sicherheitsan-

forderungen. Im übrigen wird p_f mit $f(A = A/A^*$ nach den „Empfehlungen" mit $A/2500$ gewichtet:

$$p'_f = p_f \cdot \frac{A^*}{A}, \qquad (4)$$

da die Risiken mit zunehmenden Brandabschnittsflächen anwachsen dürften (s. auch die bauaufsichtlichen Vorschriften).

6.2 Statistische Erfassung gefährlicher Brände [4]

6.2.1 Auftretensrate gefährlicher Brände

Die Auftretensrate (Intensität) gefährlicher Brände kann mittels der Gleichung

$$\lambda_b = 1 - (1 - p)^A \qquad (5\,a)$$

und näherungsweise mit

$$\lambda_b \cong p \cdot A \qquad (5\,b)$$

abgeschätzt werden mit

p $p_1 \cdot p_2 \cdot p_3$
     mittlerer Gesamtbewertungsfaktor

p_1 mittlere Auftretenswahrscheinlichkeit von Bränden je m^2 Geschoßfläche und Jahr

p_2 Bewertungsfaktor für die Brandbekämpfungsmaßnahmen (öffentliche Feuerwehr, Werkfeuerwehr)

p_3 Bewertungsfaktor für den Einbau geeigneter Feuerlöschanlagen

A Gesamtgeschoßfläche des Brandabschnitts in [m^2].

Aus Versicherungsstatistiken sind Auftretensraten λ_b für verschiedene Gebäude- und Nutzungsarten bekannt. Sie können näherungsweise als Funktion der Auftretenswahrscheinlichkeit p von gefährlichen Bränden je Quadratmeter Geschoßfläche der betreffenden Gebäudeart und der Brandabschnittsfläche A dargestellt werden. Dabei ist vorausgesetzt, daß ein Brand auf jedem Quadratmeter unabhängig von der übrigen Fläche auftreten kann. p wird aufgespalten in eine mittlere Auftretenswahrscheinlichkeit p_1 von Feuer, eine Wahrscheinlichkeit p_2, daß sich daraus ein gefährlicher Brand, der nach dem sog. flash over bereits bedenkliche Auswirkungen auf Bauteile haben kann, entwickelt und eine Wahrscheinlichkeit p_3, daß dieser Brand durch geeignete Brandbekämpfungsanlagen unmittelbar gelöscht wird, wobei alle Ereignisse unabhängig voneinander angenommen werden.

Für Geschäftshäuser sind Angaben für $p_1 = 5 \cdot 10^{-5}$ bis $5 \cdot 10^{-6}$, i. M. von $1 \cdot 10^{-6}$ gefunden worden [8], also in Größenordnungen wie bei Industriebauten. Die sehr geringe Zahl der bekanntgewordenen gefährlichen Brände läßt vermuten, daß die Schlagkraft der Kombination Hausfeuerwehr – öffentliche Feuerwehr in Verbindung mit Feuermeldeanlagen mit $p_2 = 1 \cdot 10^{-2}$ in Ansatz gebracht werden kann.

Für selbsttätige Feuerlösch- und Meldeanlagen, mit gleichmäßig über die Fläche verteilten Sprinklern, wie sie in den meisten Fällen für Warenhäuser vorgeschrieben sind, geben die „Empfehlungen" [4] ebenfalls den Wert $p_3 = 1 \cdot 10^{-2}$ zur Beurteilung ihrer Wirksamkeit an.

Daraus ergibt sich $p = p_1 \cdot p_2 = 1 \cdot 10^{-8}$ bzw. $p_1 \cdot p_2 \cdot p_3 = 1 \cdot 10^{-10}$. Tabelle 3 zeigt die hieraus ermittelte Auftretensrate im Brandabschnitt.

6.2.2 Auftretenswahrscheinlichkeit für mindestens einen gefährlichen Brand

Mit der mittleren Auftretensrate λ_b von gefährlichen Bränden je Jahr und Brandabschnitt errechnet sich die Wahrscheinlichkeit, daß in einem Zeitraum t_D (z. B. der Nutzungsdauer des Gebäudes) gerade n Brände auftreten, aus der POISSON-Verteilung zu

$$p[\nu = n] = (\lambda_b \cdot t_D)^n \cdot \frac{\exp(-\lambda_b \cdot t_D)}{n!};$$

$$p[\nu = 0] = \exp(-\lambda_b \cdot t_D). \qquad (5\,c)$$

Tabelle 3
Geschäftshäuser. Vereinbarte Auftretensrate gefährlicher Brände λ_b und Auftretenswahrscheinlichkeit mindestens eines gefährlichen Brandes p_b in 50 Jahren

Fläche A des Brandabschnitts in [m²]	λ_b ohne Feuerlöschanlagen	p_b	λ_b mit Feuerlöschanlagen	p_b
3 000	$3 \cdot 10^{-5}$	$1,5 \cdot 10^{-3}$	$3 \cdot 10^{-7}$	$1,5 \cdot 10^{-5}$
5 000	$5 \cdot 10^{-5}$	$2,5 \cdot 10^{-3}$	$5 \cdot 10^{-7}$	$2,5 \cdot 10^{-5}$
10 000	$1 \cdot 10^{-4}$	$5 \cdot 10^{-3}$	$1 \cdot 10^{-6}$	$5 \cdot 10^{-5}$
15 000	$1,5 \cdot 10^{-4}$	$7,5 \cdot 10^{-3}$	$1,5 \cdot 10^{-6}$	$7,5 \cdot 10^{-5}$
20 000	$2 \cdot 10^{-4}$	$1 \cdot 10^{-2}$	$2 \cdot 10^{-6}$	$1 \cdot 10^{-4}$
25 000	$2,5 \cdot 10^{-4}$	$1,25 \cdot 10^{-2}$	$2,5 \cdot 10^{-6}$	$1,25 \cdot 10^{-4}$
30 000	$3 \cdot 10^{-4}$	$1,5 \cdot 10^{-2}$	$3 \cdot 10^{-6}$	$1,5 \cdot 10^{-4}$

Damit gilt für mindestens einen gefährlichen Brand:

$$p_b = p[\nu > 0] = 1 - \exp(-\lambda_b \cdot t_D) \qquad (5\,d)$$

und bei $\lambda_B \cdot t_D \ll 1$:

$$p_b \cong \lambda_b \cdot t_D \qquad (5\,e)$$

d. h., die Auftretenswahrscheinlichkeit für mindestens einen gefährlichen Brand entspricht etwa der erwarteten Anzahl von gefährlichen Bränden im Bezugszeitraum.

In Tabelle 3 ist diese Auftretenswahrscheinlichkeit für das gegebene Beispiel für $t_D = 50$ Jahre ermittelt worden.

6.3 Vereinbarte bedingte Versagenswahrscheinlichkeit im Brandfall

Der Satz von der bedingten Wahrscheinlichkeit besagt, daß die Wahrscheinlichkeit für das gleichzeitige Eintreten von zwei Ereignissen $|A|$ (z. B. Versagen) und $|B|$ (z. B. Brand als Versagensgrund) identisch ist mit der Wahrscheinlichkeit, daß das Ereignis $|A|$ unter der Bedingung $|B|$ eintritt multipliziert mit der Wahrscheinlichkeit, daß das Ereignis $|B|$ eintritt.

$$P(A \cap B) = P(A|B) \cdot P(B). \qquad (6)$$

Die erforderliche Beanspruchbarkeit der Bauteile muß also nur für eine bedingte Versagenswahrscheinlichkeit p_{fb} ermittelt werden; diese Teilwahrscheinlichkeit hängt in einfacher Weise mit der sonst im Bauwesen zu wählenden Gesamtwahrscheinlichkeit p_f und der Auftretenswahrscheinlichkeit p_b mindestens eines gefährlichen Brandes im Bezugszeitraum t_D zusammen. Je kleiner p_b, desto größer wird p_{fb}.

Die rechnerische Versagenswahrscheinlichkeit eines Tragwerks innerhalb eines vereinbarten Bezugszeitraums t_D aufgrund von Brandeinwirkungen p_{fb} errechnet sich sodann mit Hilfe der Intensität des POISSON-Prozesses (Auftretensrate λ_b) zu

$$p_{fi} = 1 - \exp$$
$$\left(-\frac{\lambda_b \cdot t_D}{\approx p_b} \int (1 - F_{t\ddot{a}}(y) f_F(y) \, dy \right)$$
$$\cong 1 - \exp(-p_{fb} \cdot p_b) \cong p_{fb} \cdot p_b. \qquad (7\,a)$$

Daraus ergibt sich:

$$p_{fb} \cong \frac{\ln \dfrac{1}{1 - p_{fi}}}{p_b} = \frac{p_{fi}}{p_b} \quad \text{für } p_{fi} \ll \lambda_b \cdot t_D \qquad (7\,b)$$

mit

p_{fi} vereinbarte (angestrebte) Versagenswahrscheinlichkeit bei Annahme einer konstanten
Risikorate (Versagensrate)

p_{fb} bedingte Versagenswahrscheinlichkeit
im Brandfall

p_b Auftretenswahrscheinlichkeit für mindestens
einen gefährlichen Brand im Bezugszentrum.

Der Sicherheitsindex bei Brand ergibt sich daraus zu

$$\beta_b = \Phi^{-1}(1 - p_{fb}) \qquad (7\,c)$$

Tabelle 4
Vereinbarte Versagenswahrscheinlichkeit p_{fb}
und Sicherheitsindex β_b zur Bemessung von Bauteilen
gegen Brand

Fläche A des Brand- abschnitts	p_{fb} ohne Feuerlöschanlage	β_b	p_{fb} mit Feuerlöschanlage	β_b
3 000	$3 \cdot 10^{-2}$	1,95	–	~0,3
5 000	$1 \cdot 10^{-2}$	2,32	–	~0,4
10 000	$1,5 \cdot 10^{-3}$	2,81	$1,5 \cdot 10^{-1}$	0,65
15 000	$1 \cdot 10^{-3}$	3,09	$1 \cdot 10^{-1}$	1,28
20 000	$6 \cdot 10^{-4}$	3,23	$6 \cdot 10^{-2}$	1,55
25 000	$4 \cdot 10^{-4}$	3,35	$4 \cdot 10^{-2}$	1,75
30 000	$3 \cdot 10^{-4}$	3,51	$3 \cdot 10^{-2}$	1,95

In Tabelle 4 sind die Versagenswahrscheinlichkeiten p_{fb} im Brandfall für die Bemessung des Haupttragwerks von Warenhäusern aus Tabelle 3 mit $p_{f3} = 5 \cdot 10^{-5}$ (s. Abschnitt 5.1) und $f(A) = A/2500$ ausgerechnet und damit aus Tabellenwerken [18] der Sicherheitsindex β_b ermittelt worden.

6.4 Sicherheitsbeiwerte

Unter Annahme einer logarithmischen Normalverteilung ergibt sich nach den „Empfehlungen" der Sicherheitsbeiwert, bezogen auf Fraktilwerte (s. Bild 3) zur
Ermittlung des Bemessungspunktes ($tä^x = F^x$) mit den
Teilsicherheitsbeiwerten

$$\gamma_{tä} = \frac{tä^x}{tä_N} \quad \text{und} \quad \gamma_F = \frac{F_N}{F^x}$$

(die Fraktilen p, q
werden als Nennwerte N vereinbart)

30

zu

$$\gamma = \gamma_F \cdot \gamma_{tä} = \exp\left[\alpha_F \cdot \beta_b + k_F\right) \cdot \sigma_{\ln F}$$
$$- (\alpha_{tä} \cdot \beta_b + k_{tä}) \cdot \sigma_{\ln tä}] \qquad (8\,a)$$

mit den „Empfindlichkeitsbeiwerten"

$$\alpha_{tä} = \frac{-\sigma_{\ln tä}}{\sqrt{\sigma_{\ln F}^2 + \sigma_{\ln tä}^2}} \quad \text{und}$$

$$\alpha_F = \frac{+\sigma_{\ln F}}{\sqrt{\sigma_{\ln F}^2 + \sigma_{\ln tä}^2}} \qquad (8\,b)$$

sowie den Fraktilfaktoren (90%- bzw. 10%-Fraktile) $k_{tä,F} = \pm 1,28$.

In Abschnitt 4 hatten wir bereits die Streuung der Lastseite ermittelt:

$$\sigma_{\ln tä} = 0,38.$$

Für die Widerstandsseite ergibt sich mit $V_F = 0,2$

$$\sigma_{\ln F} = \sqrt{\ln(V_F^2 + 1)} \approx 0,2.$$

Somit ist aus Gl. (8 b)

$$\alpha_{tä} = -0,89; \quad \alpha_F = +0,46; \quad \alpha_{tä}^2 + \alpha_F^2 = 1.$$

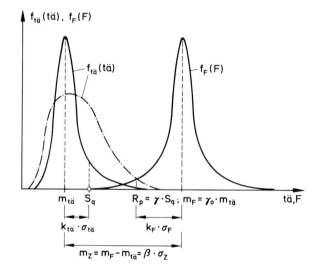

Bild 3
Sicherheitsabstand m_Z; zentraler Sicherheitsfaktor γ_0;
Sicherheitsfaktor γ. Aus der strichpunktierten Verteilung
ist ersichtlich, in welch starkem Maße größere Streuungen
die Sicherheitsbeiwerte verändern können

Die Bemessung erfolgt dann zu

$$\text{erf } F \geqq F_N = \gamma \cdot t\ddot{a}_N. \tag{8c}$$

Je größer die Streuung auf der Lastseite wird und je kleiner diejenige auf der Widerstandsseite, desto näher reicht der Bemessungspunkt an den Fraktilwert der Widerstandsseite heran ($\alpha_{t\ddot{a}} \to 1$; $\alpha_F \to 0$!), so daß sich die Sicherheitsebene mehr und mehr fast allein aus den Merkmalen der Lastseite bestimmt. Setzen wir nun diese Werte in Gl. (8a) ein, so ergeben sich unter Berücksichtigung der β_b-Werte aus Tabelle 4 die in Tabelle 5 zusammengestellten Sicherheitswerte γ und für $t\ddot{a}_{90\%} = 90$ Min. die jeweils erforderliche Feuerwiderstandsdauer erf F für das Haupttragwerk von Warenhäusern.

7 Vergleich mit den bauaufsichtlichen Anforderungen

Nach den Geschäftshausverordnungen der Länder (Musterentwurf) werden bei 5 Vollgeschossen und zusätzlichem Untergeschoß ohne oder mit ungeschützten Durchbrechungen (z.B. Innentreppen) Feuerlöschanlagen und je Geschoß eine Begrenzung der Geschoßabschnittsflächen auf höchstens 5000 m² verlangt (25 000 bzw. 30 000 m² Gesamtgeschoßfläche). Eingeschossige Geschäftshäuser dürfen eine Brandabschnittsgröße bis zu 20 000 m² haben. Es ist zu bemerken, daß die dabei geforderte feuerbeständige Bauart für die tragenden Bauteile ($F90$) mit der Anforderung nach Tabelle 5 für

Tabelle 5
Sicherheitswerte γ (Sicherheitsklasse $SK_b 3$)
und erforderliche Feuerwiderstandsdauer erf F

Fläche A des Brandabschnitts in [m²]	γ ohne Feuerlöschanlage	erf F (Min.)	γ mit Feuerlöschanlage	erf F (Min.)
3 000	1,07	96	0,52	47
5 000	1,28	116	0,56	50
10 000	1,57	142	0,63	57
15 000	1,75	157	0,83	75
20 000	1,90	171	0,93	84
25 000	2,00	180	1,00	90
30 000	2,08	186	1,07	96

25 000 m² Brandabschnittsfläche übereinstimmt ($SK_b 3$); für ein Warenhaus mit Feuerlöschanlage ist danach $F90$ noch bei 25 000 m² Brandabschnittsfläche ausreichend. Auch bei 30 000 m² ist die Überschreitung (96 Min.) noch nicht gravierend, zumal hohe Variationskoeffizienten angesetzt wurden. Für Bauteile der Sicherheitsklasse $SK_b 2$ und $SK_b 1$ reichen dabei Bauteile $F60$ bzw. $F30$ aus.

Es werden aber auch bei feuerbeständiger Bauart und Durchbrechungen Warenhäuser bis zu 3 Vollgeschossen mit insgesamt 3000 m² Brandabschnittsfläche, also 3×1000 m² Geschoßfläche ohne Feuerlöschanlage erlaubt. Die Rechnung ergibt mit erf $F = 96$ Min. keine gravierende Überschreitung. Dieser Wert darf ausnahmsweise auf 5000 m² (3×1667 m²) erhöht werden. Man erkennt aus Tabelle 5 (5000 m²; erf $F = 116$ Min.), daß diese Ausnahme nur bei geringeren Brandlasten o.ä. zugestanden werden sollte.

Für zweigeschossige Warenhäuser (10000 m²) mit Sprinklerung würde die Klasse $F60$ ausreichen.

8 Zuverlässigkeitsorientierte Prüf- und Einstufungsvorschriften [10]

Voraussetzung für eine sicherheitstheoretische Beurteilung von Abnahmebedingungen ist, daß die geprüften Bauteile eine repräsentative Stichprobe des einzustufenden Bauteilloses darstellen. Bekanntlich wird nach DIN 4102 Teil 2 in der Regel die Eingruppierung der Bauteile mittels Beanspruchung durch die Einheitstemperaturkurve nach dem schlechteren Ergebnis aus zwei Brandprüfungen vorgenommen. Hunderte von Bauteilen sind auf diese Weise klassifiziert worden. Es ist aus wirtschaftlichen Gründen ganz ausgeschlossen, künftig dieses Prinzip zu verlassen. Zumindest im Falle einer ausreichenden Vorinformation und der bisherigen Einstufungsbedingung sollte sich dasselbe wie bisher ergeben $K (n = 2) \cong 0,7$. Ohne diese Annahme wäre der Fraktilfaktor (10%) $k = 1,28$.

$$\text{Mittelwert} = \bar{F} = \frac{F_2 + F_1}{2} \tag{9a}$$

Empirische Standardabweichung ($n = 2$ Proben)

$$S_F = \frac{F_2 - F_1}{\sqrt{2}} \tag{9b}$$

Prüfgröße $Zn \cong \bar{F} - 0,7 \cdot S_F =$
$$= \bar{F}(1 - 0,7\, V_F). \tag{9c}$$

Mit der konservativen Einklassifizierungsvorschrift

$$\text{Klasse } F_u \leftarrow F_u \leqq Z_n < F_0 \qquad (9\,\text{d})$$

läßt sich die Prüfgröße Zn allgemein mit

$$Zn \leqq \bar{F} \exp\left(-|k|\,S_{\ln F}\right)$$
$$\exp\left(-S_{\ln F}^2/2\right) \approx \bar{F}\left(1 - k\,V_F\right)$$

angegeben.

Mit Hilfe des Bemessungsergebnisses erf F wurde eine Klassenzuweisung vorgeschrieben:

$$F_{u-1} < \text{erf } F_N \leqq F_u \rightarrow =$$
$$= \text{Klasse } F_u \text{ mit erf } F_N = \gamma \cdot tä_N. \qquad (10)$$

Die bedingte Wahrscheinlichkeit, Bauteile (Lose) mit den statistischen Parametern $E(F)$ und V_F in der Klasse F_u (Gl. (9 d)) anzunehmen, errechnet sich in Abhängigkeit von n und k aus

$$W(F_u / E(F), V) = W(F_u \leqq Z_n < F_0) =$$
$$= \psi_2(k\sqrt{n}) - \psi_1(k\sqrt{n}) \qquad (11)$$

vorausgesetzt, über V liegt keine oder nur eine beschränkte Information vor mit $\psi(.)$ Integral der nicht zentralen t-Verteilung mit den Nicht-Zentralitätsparametern:

$$\vartheta_1 = -\frac{\ln(F_0) - m_F}{\sigma_{\ln F}/\sqrt{n}} \quad \text{und} \quad \vartheta_2 = -\frac{\ln(F_u) - m_F}{\sigma_{\ln F}/\sqrt{n}}.$$

Diese Annahmewahrscheinlichkeit in Abhängigkeit eines Parameters wird auch als Annahmekennlinie oder Operationscharakteristik, hier für einen zweiseitigen Test, bezeichnet. Bei bekannten Variationskoeffizienten kann die Wahrscheinlichkeit der Einstufung mittels des Integrals der Normalverteilung $\Phi(.)$ ermittelt werden. Kennt man die Wahrscheinlichkeit, mit der $E(F)$ und V_F überhaupt vorkommen, kann aus der Wahrscheinlichkeit, daß Lose mit diesen Parametern in der Klasse F_u angenommen werden, die Dichtefunktion f_{Fu} (.) angegeben werden. Die Dichtefunktion der gemeinsamen Parameter lautet:

$$f_{Fu}(E(F), V) =$$
$$= W(F_u / E(F), V) \cdot f'_{Fu}(E(F), V) \cdot 1/N \qquad (12)$$

mit

N Normierungsfaktor
$f'(E(F), V) = f'(E(F)) \cdot f'(V)$
  als Dichtefunktion der statistischen Parameter bei den angebotenen Bauteilen.

Diese Dichtefunktion $f_{Fu}(E(F),\ V_F)$ berücksichtigt neben der Wahrscheinlichkeit für die Einstufung in die Klasse F_u auch die Wahrscheinlichkeit, mit der Bauteile (Lose) angeboten werden. Für diese Wahrscheinlichkeit müssen Annahmen getroffen werden. In Anlehnung an die nicht informativen Apriori-Dichten der Bayesschen Statistik kann das Angebot mit

(z. B. $f'(E(F)) = $ konstant im Klassebereich
$\quad f'(V) \qquad = V^{-\varkappa}$ (für unbekannten
$\qquad\qquad\qquad$ Variationskoeffizienten))

beschrieben werden ($\varkappa = 1 \ldots 2$ bei ansteigender Feuerwiderstandsdauer).

Mit Hilfe der Dichtefunktion f_{Fu} kann nun die Versagenswahrscheinlichkeit bei Verwendung von Bauteilen der Klasse F_u angegeben werden aus der Wahrscheinlichkeit für das gemeinsame Ereignis

$$W(F - tä \leqq 0 \cap |E(F), V|) =$$
$$= W(F - tä \leqq 0 | E(F), V) \cdot W(E(F), V). \qquad (13)$$

So ergibt sich die „totale Wahrscheinlichkeit" für Versagen in den Klassen F_u zu

$$p_{fb}^{\text{soll}} = \iint_{E(F), V} W(F - tä \leqq 0 | E(F), V) \cdot$$
$$f_{Fu}(E(F), V)\, dE(F)\, dV. \qquad (14)$$

Unter der Bedingung, daß ein Bauteil (Los) mit den Parametern $E(F)$ und V in der Klasse F_u vorhanden ist, beträgt die Einzelversagenswahrscheinlichkeit für erf $F = \gamma \cdot tä_N$:

$$W(F - tä \leqq 0)|(E(F), V_F) \cong$$
$$\cong \Phi - \frac{\ln(F_N / \text{erf } F_N) + \ln \gamma - k_F \cdot V + k_{tä} \cdot V_{tä}}{\sqrt{V^2 + V_{tä}^2}} \qquad (15)$$

mit

$$F_N \cong E(F) \cdot \exp(-k_F \cdot V_F) \cdot \exp(-v_F^2/2).$$

Der Nachweis kann zur Mittelung für

$$\text{erf } F = \frac{F_u + F_{u-1}}{2}$$

geführt werden [4]. Für erf $F = F_u$ ergeben sich sehr konservative Ergebnisse.

Für $F_N = $ erf F_N und $V_F = 0{,}20$ erhält man die Versagenswahrscheinlichkeit für das der Bemessung zugrunde liegende „Standardbauteil" ($p_{f0} = \Phi(-\beta_0)$).

Bei gegebenen Sicherheitsbeiwerten und gegebenem Sicherheitsindex und mithin p_f^{soll} stehen als Freiwerte in Gl. (14) der Fraktilfaktor k und die Probenzahl n zur

Verfügung. Für jeden Stichprobenumfang kann iterativ ein Wert k so ermittelt werden, daß $p_f^{soll} = p_{f0}$ eingehalten wird. Bei seiner Ermittlung sind von Einfluß

a) $V_{tä}$: Seine Zunahme reduziert n und k_F.

b) β: Zunehmende Sicherheitsindizes vergrößern k; dieser Einfluß wird mit zunehmendem n immer geringer.

c) Mittelung der Klassenwerte: Da bei annähernd konstant angenommener Varianz V_F die Streuung mit steigender Feuerwiderstandsklasse ansteigt, erhöhen sich damit auch die Sicherheitselemente. Tatsächlich wurde jedoch mit zunehmender Feuerwiderstandsdauer eine Abnahme der Variationskoeffizienten beobachtet.

Für $V_{tä} = 0,25$, einem mittleren Sicherheitsindex (Brand) $\beta_b = 2,5$ und einer Mittelung der k-Werte über alle Feuerwiderstandsklassen ergibt sich auf diesem Wege für $n = 2$ bei einer angenommenen Streuung der Variationskoeffizienten $V = 0,1$ bis $0,4$ ein $k_{1,4} \cong 0,7$, was mit der bisher geübten Praxis übereinstimmt.

Zur Zeit sind intensive Untersuchungen mit Grenzbetrachtungen zu diesem Problem im Gange.

9 Schlußfolgerung

Anhand des Beispiels „Warenhäuser" sollten die Möglichkeiten aufgezeigt werden, die ein „Sicherheitskonzept Brandschutz" auf probabilistischer Basis z.Z. hergibt. Es kann *nicht* aus sich allein heraus aufzeigen, *welches* Sicherheitsniveau erforderlich ist. Es kann aber beschreiben, welche statistischen Annahmen zu einem schon vorhandenen, aus der historischen Entwicklung und der öffentlichen Meinung entstandenen Sicherheitsbedürfnis führen. Das System kann heute auch noch nicht auf die Gesamtkonstruktion mit der gegenseitigen Abhängigkeit seiner einzelnen Teile angewendet werden. Deshalb darf man ob solcher Teilschritte, wie sie bisher gelungen sind, nicht vergessen, daß für die Gesamtkonstruktion in der Regel zusätzliche Maßnahmen erforderlich sind (z.B. Ansatz größerer Verformungen und Dehnungen beim Brand, Wahl statisch unbestimmter Systeme mit entsprechender Tragreserve, Schaffung von statisch unabhängigen Teilbereichen oder bei Hallen gar die Anordnung von Sollbruchstellen).

Der Berichterstatter wird sich dafür einsetzen, daß für diesen Bereich in DIN 18231 (in Vorb.) zunächst einfache Konstruktionsregeln angegeben werden.

Natürlich muß eine öffentliche Feuerwehr, eine ausreichende Löschwasserversorgung u.a. vorhanden sein; Voraussetzungen, die diesem Konzept zugrunde liegen, das auch von den bisher üblichen Kontrollmaßnahmen ausgeht.

Dieses System dürfte auch einen einfachen Weg zur Harmonisierung der internationalen Sicherheitsanforderungen im konstruktiven baulichen Brandschutz aufzeigen, wobei im ersten Schritt z.B. die statistischen Kennwerte als obere und untere Grenzwerte angegeben werden könnten zur Aufrechterhaltung der bisherigen unterschiedlichen Sicherheitsebenen der regionalen Bereiche.

Frau Dipl.-Ing. M. Kersken-Bradley, Technische Universität München, danke ich für viele wertvolle Hinweise.

10 Schrifttum

[1] Normenausschuß Bauwesen (NABau): DIN 18230 Baulicher Brandschutz im Industriebau. Normenentwurf Teil 1, August 1978.

[2] Normenausschuß Bauwesen (NABau): DIN 18230 Baulicher Brandschutz im Industriebau. Normenentwurf Teil 2, August 1978.

[3] Normenausschuß Bauwesen (NABau): Grundlagen für die Festlegung von Sicherheitsanforderungen für bauliche Anlagen. Entwurf November 1977.

[4] Institut für Bautechnik und Normenausschuß Bauwesen (NABau): Grundlagen zur Festlegung von Sicherheitsanforderungen im konstruktiven baulichen Brandschutz. Entwurf 1979 (DIN Normenheft Baulicher Brandschutz im Industriebau ISBN 3-410-11094-1).

[5] Bub, H.: Sicherheitskonzept für den konstruktiven baulichen Brandschutz. Bundesbaublatt H. 10/1978.

[6] Schneider, U. und Haksever, A.: Bestimmung der äquivalenten Branddauer von statisch bestimmt gelagerten Stahlbetonbalken bei natürlichen Bränden. Institut für Baustoffkunde und Stahlbetonbau der TU Braunschweig, Dezember 1977 (nicht veröffentlicht).

[7] Bryl, S.: Brandsicherheit im Stahlbau. Teil III – Brandbelastungen in Bürogebäuden. Europäische Konvention für Stahlbau, Rotterdam 1974.

[8] Bryl, S.: Brandbelastungen im Hochbau. Schweizerische Bauzeitung. 93 (1975), H. 17.

[9] DIN 4102 Brandverhalten von Baustoffen und Bauteilen. Teile 1 bis 7, Fassung September 1977.

[10a] Kersken-Bradley, M.: Einfluß von Annahmekennlinien auf die Zuverlässigkeit von Bauteilen bei Brandbeanspruchung. Laboratorium für den konstruktiven Ingenieurbau der TU München, Oktober 1978 (nicht veröffentlicht).

[10b] Kersken-Bradley, M.: Wie [10a]. Berichte zur Zuverlässigkeitstheorie der Bauwerke. H. 25/1978.

[11] Henke, V.: Brandverhalten von Bauteilen – Teilprojekt D1. Institut für Baustoffkunde und Stahlbetonbau a.d. TU Braunschweig, Arbeitsbericht 1977 für den Sonderforschungsbereich 146.

[12] Principles of Fire Safety in Buildings CIB-Report. Publikation 41, 1978 (deutsche Übersetzung liegt beim Institut für Bautechnik vor).

[13] HOSSER, D.: Probabilistische Ermittlung von Sicherheitselementen für vereinfachte Nachweise im baulichen Brandschutz mit Nachtrag für Kaufhäuser. TU Darmstadt, Oktober/November 1978 (nicht veröffentlicht).

[14] SCHUBERT, K. H. und HOSSER, D.: Problemanalysen zur Berechnung von Löschflächen. Oktober 1978 (nicht veröffentlicht).

[15] BECKER, W.: Bewertung der von verschiedenen Brandlasten ausgehenden Brandeinwirkung auf Bauteile. 4. Internationales Brandschutzseminar 1973, Zürich.

[16] Muster der Geschäftshausverordnung (nicht veröffentlicht).

[17] Vorträge im 1. Brandschutzseminar des Instituts für Bautechnik zum Thema „Bemessung im baulichen Brandschutz". Schriftenreihe IfBt, Berlin 1979.

[18] BARTH, F., BERGHOLD, H. und HALLER, R.: Tabellen zur Stochastik. 3. Aufl. Ehrenwirth Verlag, München 1978.

Hanno Goffin

Die Normung im Stahlbetonbau

**Schematisiertes Denken
oder Hilfe im Zeitalter der Technik?
Ein Plädoyer
Rückblick – Stand – Entwicklung – Ausblick**

1 Die allgemeine Bedeutung für Staat und Wirtschaft

Als das bedeutendste Regulativ hat die Normung von Begriffen, Bezeichnungen, Kennwerten, Abmessungen, Eigenschaften, Verfahren, technischen Abläufen und sonstigen Sachverhalten Einfluß auf nahezu alle Lebensbereiche unseres durch Technik geprägten Zeitalters genommen. Gaben Wünsche zur Vereinheitlichung und Rationalisierung den Anstoß, so ist heute auch ein mit dem raschen technischen Fortschritt verbundenes allgemeines Unbehagen bzw. das Bedürfnis der Gesellschaft, sich vor nachteiligen Rückwirkungen dieser Entwicklung zu schützen, als weitere wesentliche Komponente hinzugetreten: Verbraucherschutz, Gesundheitsschutz und Umweltschutz im weitesten Sinne.

Längst hat auch der Staat den hohen Wert der Norm als Ordnungsfaktor bei der Beherrschung technischer Vorgänge, namentlich im Bereich der Sicherheitstechnik, aber auch die große Bedeutung für die Umsetzung wissenschaftlicher Erkenntnisse und für übergeordnete wirtschaftliche Belange erkannt und dies durch Verträge von Bund und Ländern mit dem DIN deutlich werden lassen. Hiermit wird die Norm als echte Aufgabe der Selbstverwaltung der Wirtschaft anerkannt und zugleich klargestellt, daß sie kein Mittel zur einseitigen Durchsetzung staatlicher Interessen sein soll; hiervor bewahrt im übrigen allein schon die durch Satzung und DIN 820 verankerte paritätische Zusammensetzung bei der Arbeit des DIN. Gleichzeitig kann sich der Gesetzgeber durch Verweis *gleitend* auf anerkannte Regeln der Technik, als die Normen anzusprechen sind, abstützen und sich dabei von Aufgaben entlasten, für die der Staat aufgrund der größeren Distanz seiner Beamten zum technisch-wissenschaftlichen Geschehen weniger vorbereitet ist, als die Gesamtheit der an der Normungsarbeit Beteiligten (Empfehlung des Präsidiums des DIN [1]).

Weitere besondere Vorzüge dieses Verfahrens sind
die *Flexibilität,* die im Hinblick auf die Anpassung an Fortschritt, Sicherheit und wirtschaftliche Belange bei technischen Regelwerken zu fordern ist und
die Tatsache, daß Normen mit ihren Detailangaben nicht rechtsverbindlich, sondern stets nur eine, aber nicht die einzig mögliche technische Regel beinhalten.

Die leider weitverbreitete Verkennung gerade dieses zuletzt genannten Sachverhaltes mag vielleicht mit ein Grund sein, warum heute die Normung in der Öffentlichkeit als Gängelei und als Maßnahme staatlicher Bürokratie verteufelt wird; sie will auch Denkprozesse nicht schematisieren und nicht als Rezeptbuch verstanden werden, sondern mit dem hier niedergeschriebenen, aus wissenschaftlichen Erkenntnissen und praktischen Erfahrungen gewonnenen wertvollen technischen „know-how"

- dem Ingenieur konstruktive Grundelemente liefern und ihm Sicherheitsgrenzen setzen, innerhalb derer er sich frei bewegen kann,
- zur Sicherung der Qualität beitragen und zugleich Basis für den Wettbewerb sein,
- insbesondere aber der Allgemeinheit das Leben mit der sie umgebenden Technik insgesamt erleichtern; diesen Vorzug weiß der „Normalverbraucher" beim Kauf von Ersatzteilen für Geräte des täglichen Gebrauches besonders zu schätzen.

2 Rückblick – allgemeine Entwicklung

DIN-Normen gibt es seit Gründung des Instituts im Jahre 1917, als drei beherzte Männer der Firma FABO, Spandau, beschlossen, „Normalien für den Maschinenbau" auszuarbeiten. Bereits ein Jahr später erschien „DI-Norm-1-Kegelstifte", die nach achtfacher Überar-

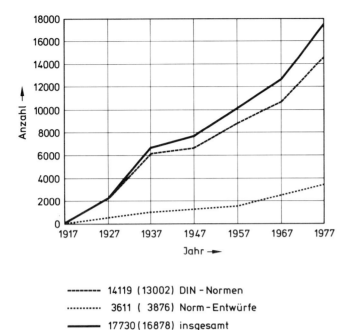

Bild 1
Das Deutsche Normenwerk 1917 bis 1977 [2]

Legende:
- - - - - 14119 (13002) DIN - Normen
·········· 3611 (3876) Norm - Entwürfe
——— 17730 (16878) insgesamt

beitung als DIN 1 (Ausgabe März 1961) noch heute besteht [2].

Den anschließenden steilen Aufschwung des Normenwerkes verdeutlicht Bild 1.

Rund 18 000 Normen werden heute von rund 600 hauptamtlichen und 40 000 ehrenamtlichen Mitarbeitern „betreut".

Längst haben wir auch erkennen müssen, daß kein Staat seine wirtschaftlichen, gesellschaftspolitischen oder technologischen Probleme isoliert im Alleingang bewältigen kann. Die vor uns liegenden, übergeordneten Aufgaben: Deckung des Energie- und Rohstoffbedarfes und der Schutz unserer Umwelt verdeutlichen in besonderem Maße, daß regional begrenzte Betrachtungsweisen mitunter zwar *politisch* gut zu verkaufen, jedoch für eine echte Problemlösung völlig ungeeignet sind. Die Erschließung der Kernenergie als Substitutionsgut für Kohle, Öl und Gas ist hierfür ein sehr einleuchtendes Beispiel, wenn man bedenkt, daß die konventionelle Primärenergie (Kohle, Gas, Öl) infolge des durch wirtschaftliches Wachstum der Entwicklungsländer und Zunahme der Weltbevölkerung bestimmten, weltweit stark ansteigenden Energiebedarfes in absehbarer Zeit erschöpft sein wird [3]. Dies wird besonders deutlich, wenn man sich vergegenwärtigt, daß der Pro-Kopf-Pri-

märenergieverbrauch der Industrieländer (ohne USA) heute 18 mal größer ist als der Durchschnittsverbrauch der Entwicklungsländer. Dennoch glauben manche Politiker, unbeschadet dieser Gegebenheiten Prioritäten hinsichtlich der Ausnutzung bestimmter Energiequellen allein in Abhängigkeit der jeweils in ihrer „Gemeinde" verfügbaren Ressourcen setzen zu können oder bei Ausnutzung der Kernenergie *absolute* Sicherheit fordern und diese damit unterbinden zu müssen – „wer die absolute Sicherheit technischer Einrichtungen fordert oder sie zum Standard der Gefahrenabwehr erhebt, verlangt praktisch die Abschaffung der Technik" [4]. Auch hier gilt daher, wie eigentlich in allen Lebensbereichen, der Grundsatz der Verhältnismäßigkeit der Mittel, der auch in den Leitgedanken des Bundesverfassungsgerichtes zur Frage der Verfassungswidrigkeit des Atomgesetzes für schnelle Brutreaktoren seinen Niederschlag findet; hier heißt es u. a.:

Vom Gesetzgeber im Hinblick auf seine Schutzpflicht eine Regelung zu fordern, die mit absoluter Sicherheit Grundrechtsgefährdungen ausschließt, die aus der Zulassung technischer Anlagen und ihrem Betrieb möglicherweise entstehen können, hieße die Grenzen menschlichen Erkenntnisvermögens verkennen und würde weithin jede staatliche Zulassung der Nutzung von Technik verbannen. Für die Gestaltung der Sozialordnung muß es insoweit bei Abschätzungen anhand praktischer Vernunft bewenden. Ungewißheit jenseits dieser Schwelle praktischer Vernunft sind unentrinnbar und insofern als sozialadäquate Lasten von allen Bürgern zu tragen.

Vielleicht werden aber auch die wirklich Umweltbewußten unter den Kernenergiegegnern bald die noch unübersehbaren großen Gefahren erkennen, die die zunehmenden CO_2-Emissionen bei der Umsetzung fossiler Energie für unser Klima mit sich bringen.

Bei dem vor uns liegenden weltweiten industriellen Entwicklungsprozeß wird der Austausch von Technologien und Waren eine sehr bedeutende Rolle spielen. Die *internationale* Normung soll dabei helfen, vorhandene Handelshemmnisse abzubauen, die zu einem guten Teil auch Unterschieden bei Mentalität, Tradition, Gewohnheit und Recht zuzuschreiben sind. Das DIN widmet daher den Arbeiten in ISO und CEN besondere Aufmerksamkeit. Während bei ISO – International Organization for Standardization – die nationalen Normenorganisationen von 81 Ländern mitarbeiten, umfaßt das Europäische Komitee für Normung – CEN – lediglich

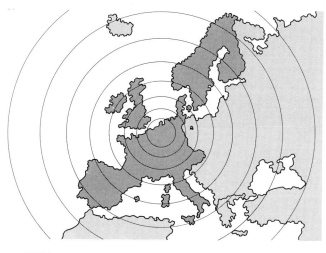

Bild 2
Länder des CEN

die korrespondierenden nationalen Organisationen von 15 westeuropäischen Ländern.

Der Mitgliederbestand dieser beiden Organisationen schlägt sich zwangsläufig auch in einem graduellen Niveauunterschied von ISO und CEN-Normen nieder, weil eben nur die letzteren dem hohen technischen Entwicklungsstand der westeuropäischen Länder gerecht werden. Den starken Anstieg der ISO-Normen seit 1972, der allein der dargelegten übergeordneten Tendenz zuzuschreiben ist, kennzeichnet Bild 3.

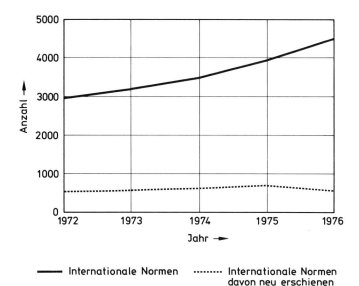

Bild 3
Entwicklung der internationalen Normen seit 1972

3 Die Normung im Bauwesen – unter besonderer Berücksichtigung des Fachbereiches Beton und Stahlbetonbau

3.1 Rückblick

Viel früher als mit DIN 1 – nämlich 1877 – wurde in Zusammenarbeit zwischen Zementwerken, freien und beamteten Wissenschaftlern und mit Unterstützung des preußischen Ministeriums für Handel, Gewerbe und öffentliche Arbeiten der erste Meilenstein gesetzt: die *Zementnormen,* die bereits 1878 „behördlich anerkannt" wurden. Die ersten Leitsätze des im Jahre 1898 gegründeten „Deutschen Betonvereins" wurden im Jahre 1904 von einem Unternehmer mit den Worten begrüßt: „Es ist sehr gut, daß die Leitsätze da sind, um dem Chaos und Wirrwarr einen Riegel vorzuschieben" [5]. Im gleichen Jahr wurden in Preußen die ersten „Bestimmungen für die Ausführung von Konstruktionen aus Eisenbeton im Hochbau" erlassen, die auf den genannten Leitsätzen beruhen.

Im Jahre 1907 – also noch 10 Jahre vor Gründung des DIN – wurde der „Deutsche Ausschuß für Eisenbeton" gegründet (1941 umbenannt in „Deutscher Ausschuß für Stahlbeton") mit der besonderen Aufgabenstellung, „einheitliche Vorschriften für die Berechnung und Ausführung von Bauwerken aus Beton und Eisenbeton aufzustellen, den zuständigen Behörden zur Einführung vorzuschlagen und diese Vorschriften dauernd dem Stand der wissenschaftlichen Erkenntnisse und technischen Erfahrung anzupassen". Im Jahre 1908 wurde für den Fachbereich „Stahlbau" ein Ausschuß mit analoger Aufgabenstellung gegründet (DASt).

Vor Ausgabe der ersten DIN 1045 im Jahre 1925 waren bereits im Jahre 1916 nach vierjähriger Bearbeitungszeit die Bestimmungen für Bauwerke aus Beton und Eisenbeton im ganzen Deutschen Reich als erste einheitliche technische Baubestimmung eingeführt worden. Systematische Normungsarbeiten für das allgemeine Bauwesen werden seit 1917 betrieben. Insbesondere wurden nach Beitritt des 1910 gegründeten Vereins preußischer Bau-Polizeibeamter zum Normenausschuß auch die Bemühungen intensiviert, einheitliche technische Baubestimmungen für das gesamte Deutsche Reich zu schaffen und einzuführen – ETB.

Die in den folgenden Jahren lose zusammenarbeitenden Organisationen wurden schließlich im Jahre 1947 im „Normenausschuß Bauwesen" zusammengefaßt, zu dem heute 13 Fachbereiche mit rund 300 Arbeitsausschüssen bei mehr als 2000 ehrenamtlichen Mitarbeitern der verschiedenen Bereiche zählen [1].

3.2 Allgemeine Entwicklungstendenzen der Baunormung

Übergeordnet bestimmen folgende Faktoren die Weiterentwicklung unserer Baubestimmungen besonders nachhaltig:

- Steigerung der Qualität und Wirtschaftlichkeit unserer Bauten verbunden mit verfeinerten Technologien, Steigerung der Ausnutzbarkeit der Baustoffe bei gleichzeitiger Verbesserung des Aussagewertes von Prüfverfahren; starken Einfluß haben auch die Tendenzen zur Rationalisierung der Arbeitstechniken auf Baustellen und in den Konstruktionsbüros. Verfeinerte Technologien bringen neue Aspekte hinsichtlich Verbesserung der Prüfverfahren und Methoden mit sich, wenn gleichzeitig auch eine wirtschaftliche Ausnutzung dieser neuen Technologien sichergestellt werden soll.
- Rasche Umsetzung neuer wissenschaftlicher Erkenntnisse in knapp gehaltene, leicht anwendbare Bemessungs- und Ausführungsregeln. Die Norm hat hier besondere Bedeutung, weil die Ergebnisse bzw. Erkenntnisse wissenschaftlicher Forschung allein durch sie für eine *allgemeine,* breite Anwendung in der Baupraxis aufbereitet werden.
- Das wachsende Sicherheitsbedürfnis der Gesellschaft gegenüber nachteiligen Rückwirkungen der raschen technischen Entwicklung, wobei diesem Bedürfnis nicht mehr, wie in der Vergangenheit, allein mit Sicherheiten auf empirischer Grundlage oder aufgrund deterministischer Festlegungen Rechnung getragen werden kann. Man muß sich daher, wie in vielen anderen Lebensbereichen, darum bemühen, die Risiken mit Hilfe mathematischer Methoden zu beschreiben und zu quantifizieren, nachdem alle damit zusammenhängenden Probleme auch im Bewußtsein der Bevölkerung eine außerordentlich große Bedeutung gewonnen haben (erinnert sei hierbei insbesondere an Erörterungen über Risiken kerntechnischer Anlagen, wobei das „Restrisiko" bereits bei höchstrichterlichen Entscheidungen, z.B. beim Urteil des Verwaltungsgerichtes Freiburg zum KKW Süd, eine erhebliche Rolle spielte). Den Normenfestlegungen in Sicherheitsfragen soll daher künftig mehr und mehr eine bauart-unabhängige Definition der baulichen Sicherheit auf wahrscheinlichkeits-theoretischer Grundlage mit statistischen Kennwerten zugrundegelegt werden.
- Das allgemeine Unbehagen gegenüber der Flutwelle von Gesetzen, Rechtsverordnungen, Erlassen und Bestimmungen, die – weil kaum überschaubar – Architekten und Ingenieure verunsichern, ihre Handlungsfreiheit einengen und zugleich ihr Verantwortungsbewußtsein schwächen.

Einige dieser Faktoren sollen wegen ihrer besonderen Aktualität – auch im politischen Bereich – nachstehend ausführlicher behandelt werden.

3.2.1 Vereinfachung unseres Vorschriftenwesens

Die Kritiker unserer „Bestimmungsflut" machen es sich zu einfach, wenn sie die Schuld hieran ständig denjenigen in die Schuhe schieben, die in „harter Knochenarbeit" Vorschriften erarbeiten und formulieren.

Ist die Lawine dieser, viele Lebensbereiche regelnden oder zumindest beeinflußenden Vorschriften nicht vielmehr zugleich auch das Symptom eines Krebsschadens unserer Gesellschaft?

Gewissenhaftigkeit, Verantwortungsbewußtsein, Vertrauen und Verpflichtung gegenüber der Allgemeinheit regelten einst zwischenmenschliche Beziehungen auf der Grundlage des guten Willens und der Solidarität. Heute sind bei erschreckend zunehmender Anonymität an deren Stelle Gesetze, Verordnungen, Erlasse, Bestimmungen, Richtlinien, Satzungen und Geschäftsordnungen getreten, mit denen jeder – Rechte und Pflichten nachlesend und sich darauf berufend – sich von Verantwortung entlasten und solcher Bindungen entledigen kann, die seine Lebensbereiche stören und seine Bequemlichkeit beeinträchtigen. Kaum wird uns dabei bewußt, daß damit auch die heute so viel beklagte Staatsautorität anwächst, weil das Leben in unserer Gesellschaft mehr und mehr vom Gesetzgeber geregelt und dementsprechend auch staatlich überwacht wird.

Nahezu 1000 Normen regeln heute das Bauwesen. Der allgemeinen, häufig „das Kind mit dem Bade ausschüttenden" Kritik an dieser „Normenflut" und an dem darin zum Teil verankerten Perfektionismus ist zunächst grundsätzlich entgegenzuhalten, daß technischer Fortschritt, als Produkt aus wissenschaftlichen Erkenntnissen, Steigerung der Qualität und Wirtschaftlichkeit bei gleichzeitigem Bestreben, nachteilige Folgen zu vermeiden und Risiken mit Hilfe mathematischer Methoden zu quantifizieren, sich zwangsläufig auch in umfangreicheren Normen niederschlägt. Gleichzeitig verlangen viele Anwender, schlüssige „Rezepte" mit wissenschaftlichen Erläuterungen. Hinzu kommt, daß der Status einer Norm infolge ihrer Bedeutung in Wettbewerb und Recht hoch anzusetzen ist. Viele auf neuen wissenschaftlichen Erkenntnissen beruhende Verfahren finden erst dann eine rasche Verbreitung, wenn sie genormt sind. Gleichzeitig hat die Norm aufgrund ihrer Beweiskraft als „anerkannte Regel der Baukunst" auch im Rahmen des Baurechts große Bedeutung. Aus diesen Gründen wird leider von vielen Anwendern der Norm eine straffe Reglementierung einer nur Grundlagen beschreibenden „Rahmenrichtlinie" vorgezogen. Hinter der damit verbundenen Detaillierung verkörpern sich zweifellos viele Nachteile:

- Der kaum noch überschaubare Umfang verunsichert den überforderten Anwender (auch hierin kann ein Sicherheitsrisiko gesehen werden).
- Die Perfektionierung legt den Schluß der Ausschließlichkeit nahe; dem einen scheint alles verboten was nicht ausdrücklich erlaubt, dem anderen alles erlaubt was nicht ausdrücklich verboten ist.

Das Problem ist vielschichtig und nicht mit einem Appell an den „Anderen" oder einer Reform des Vorschriften*machens* zu lösen; ein Umdenken der Praxis ist vielmehr wesentliche Voraussetzung für einen vernünftigen Kompromiß.

Zunächst sollte sich der *Anwender* der Norm darüber klar sein, daß [6]

- Normen nicht für Laien gemacht werden. Der Anwender einer Norm muß vielmehr ein hohes Maß an Sachverstand besitzen; das schlüssige Anwenden der Norm befähigt allein noch nicht zu richtigem Bauen;
- die Norm nicht einzige, sondern nur *eine* Erkenntnisquelle für technisch-ordnungsmäßiges Verhalten im Regelfalle ist. Auch die „bauaufsichtliche Einführung" ändert an diesem Status nichts, sie stellt lediglich klar, daß die gesetzliche Vermutung besteht, daß es sich um eine „anerkannte Regel der Baukunst" im Sinne der Bauordnungen handelt [7]; auch solche „eingeführte" Normen sind daher keine Rechtsvorschriften. Zugleich ist hieraus auch zu folgern, daß durch Geltungsbereich bzw. Bestimmungen *nicht* erfaßte Fälle durchaus möglich und statthaft bleiben. Hierbei ist lediglich besonders nachzuweisen, daß das

durch Norm vorgegebene Sicherheitsniveau eingehalten wird und Nachteile nicht entstehen;

- das Ergebnis einer Gemeinschaftsarbeit sich nicht für die Befriedigung von Höchstansprüchen eignet.

Die „Normenmacher" haben sich ihrerseits vorgenommen:

- Die Normungswürdigkeit künftig unter Anlegung strenger Maßstäbe zu prüfen.
- Die Lesbarkeit der Norm zu verbessern, sich weitgehend auf *Grundlagen* zu beschränken und wissenschaftliche Theorien nur in dringend erforderlichen Fällen in Normen niederzuschreiben.

Der zweite Vorsatz bedingt allerdings, daß für das vertiefte Verständnis von Zusammenhängen, welches bei richtigem Anwenden der Normen vorausgesetzt werden muß, Erläuterungen des Normentextes und Anwendungshilfen für *Regel*fälle in Handbüchern und dergl. als „Service" gegeben werden.

Bemerkenswert ist ferner, daß eine *Kontinuität* des Normenwerkes auch bei Preisgabe gewisser wirtschaftlicher Vorteile (z.B. durch Materialeinsparungen) häufig einer raschen Angleichung an neue wissenschaftliche Erkenntnisse vorgezogen wird, weil Änderungen und Ergänzungen die Übersichtlichkeit und Anwendung erschweren und die Praxis damit zugleich verunsichern.

Auch die die Normenflut besonders stark kritisierende *Bauwirtschaft* wird zur Normungsvereinfachung Opfer bringen und z.B. dort zurückstecken müssen, wo es Unternehmen nur darum geht, einer im Produktionsprogramm enthaltenen, ganz bestimmten Ausführungsart Normencharakter als „Gütesiegel" zu verleihen. Leider haben solche Fälle in der Vergangenheit oft zur Aufblähung durch Detailregeln geführt.

Die *Wissenschaft* sollte zugleich zurückhaltender in dem bisher oft zu bemerkenden Bestreben sein, „ofenwarme" Versuchsergebnisse oder Erkenntnisse in die Norm einfließen zu lassen.

Die Bemühungen um die gewünschte Reform setzen ferner voraus, daß sich entwerfende und prüfende *Ingenieure,* ausgerüstet mit hohem Sachverstand und Mut zur Verantwortung, ihres Ermessensspielraumes wieder mehr bewußt werden.

3.2.2 Steigerung der Qualität und Wirtschaftlichkeit

Die Weiterentwicklung technischer Baubestimmungen wird auch durch Tendenzen zur *Rationalisierung* von Arbeitstechniken auf Baustellen und Konstruktionsbüros beeinflußt; während Rationalisierungsmaßnahmen bei Schalung, Rüstung, Bewehrung, Betonherstellung und Verarbeitung die Formulierung neuer Ausführungsnormen weitgehend mitbestimmen, hat die Computertechnik großen Einfluß auf Bemessungsnormen. Gleichzeitig gestatten es verfeinerte Berechnungsmethoden, die jeweiligen Beanspruchungszustände wirklichkeitsnah zu erfassen, so daß Bestimmungen nicht mehr auf groben Nährungsverfahren, Idealisierungen oder Vereinfachungen mit Grenzwertbetrachtungen aufgebaut werden müssen.

Auch die *verfeinerten Technologien* bringen neue Aspekte mit sich, wobei vornehmlich Prüfverfahren und -methoden verbessert werden müssen, wenn eine wirtschaftliche Ausnutzung sichergestellt werden soll. Man wird bei solchen Technologien allerdings stets auch Gegebenheiten der *Baustelle* (Durchführbarkeit einer aufwendigen Anwendungstechnik) zu berücksichtigen haben und in manchen Fällen dort vielleicht vorzeitig eine natürliche Grenze finden.

3.2.3 Weltweite Harmonisierung von Baubestimmungen

Die internationale Angleichung von Baubestimmungen und die Dringlichkeit, Normung international abzustimmen bzw. zu betreiben, wurde unter Ziffer 2 (s. Seite 35) vom Grundsatz her beleuchtet. Die Angleichung der Baunormung ist dabei unter den für diesen Bereich spezifischen Aspekten zu sehen.

Den Arbeiten zur Harmonisierung der Bauvorschriften wurde namentlich aufgrund des vom Rat der *Europäischen Gemeinschaft* verkündeten allgemeinen Programms zur Beseitigung technischer Hemmnisse im Warenverkehr mit gewerblichen Erzeugnissen besondere Priorität eingeräumt. Die Arbeiten werden dabei im wesentlichen auf drei Ebenen geführt

a) EG-Kommission in Brüssel
b) offizielle Normen-Organisationen CEN und ISO
c) anerkannte technisch-wissenschaftliche Gremien (z. B. Euro-internationales Beton-Komitee CEB, Internationaler Spannbeton-Verband-FIP und Gemeinschaft der europäischen Stahlbau-Verbände-CECM).

Der EG-Kommission obliegt es dabei, die mit der Harmonisierung zusammenhängenden bau- und verfahrensrechtlichen Fragen zu klären und dabei insbesondere auch die Einführung einheitlicher technischer Baubestimmungen innerhalb der EG-Länder vorzubereiten.

Hierbei sind vor allem Mittel und Wege zu finden, um die im Rechtssystem begründeten Schwierigkeiten zu überwinden.

Normen, die von ISO und CEN erarbeitet werden, können in das deutsche Normenwerk übernommen werden; sie sind dann als „DIN-EN" bzw. als „DIN-ISO-Normen" besonders gekennzeichnet.

Die technisch-wissenschaftlichen Gremien, wie CEB, FIP und CECM haben es im Rahmen der internationalen Normung übernommen, Normenentwürfe aufzustellen, die von den offiziellen Organisationen in Normen, Richtlinien oder dgl. umgearbeitet werden.

Weitere Einzelheiten zum Harmonisierungsverfahren wurden in Veröffentlichungen von Bub [8] und Stiller [9] ausführlich behandelt.

Bei den noch im Vorstadium befindlichen Erwägungen zur *verfahrensmäßigen* Abwicklung, bei der recht unterschiedliche nationale Rechtssysteme zu berücksichtigen sind, sollte übergeordnet folgendem Prinzip der Vorzug eingeräumt werden [10]:

● Jedesmal, wenn über den Umfang der „staatlichen" oder „zwischenstaatlichen" Beteiligung zur Abschaffung der technischen Handelshemmnisse Zweifel bestehen, ist es sinnvoll, zuerst alle Möglichkeiten der Normung voll auszuschöpfen. Diese ist weniger beladen mit Staatsautorität, flexibler in ihren Ausdrucksformen und besser vorbereitet auf eine mögliche spätere Überarbeitung, für die jede Norm den Keim bereits in sich trägt, noch bevor sie die jeweilige

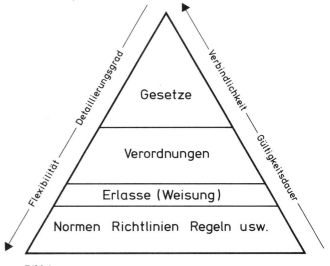

Bild 4
Schematische Darstellung der Hierarchie technischer Regeln [11]

40

Form gefunden hat. Erst dann sollten politische Maßstäbe angelegt werden.

Bei der zur Diskussion stehenden Harmonisierung über *EG-Richtlinien* besteht die Gefahr, daß die Hauptbetroffenen, also die Ingenieure der Baupraxis, beim eigentlichen Entscheidungsprozeß zwar gehört, jedoch nicht mehr unmittelbar beteiligt sind. Darüber hinaus ist aber auch zu befürchten, daß solche Richtlinien Gesetzescharakter erlangen, was im Hinblick auf die sich damit ergebende Verbindlichkeit jeder Detailregel und die Schwierigkeit einer Änderung und Fortschreibung unter allen Umständen vermieden werden muß.

Sicherlich werden auch wir bei Regelungen über die internationale Normung manch liebgewordene Regel opfern und Federn lassen müssen; zumindest wäre jedoch die paritätische Beteiligung der Fachleute aller interessierten Kreise sicherzustellen.

3.2.4 Die Normung im Stahlbeton- und Spannbetonbau

Den Stand der Normungsarbeiten des Deutschen Ausschusses für Stahlbeton (Stand: Juni 1979) zeigt die nachfolgende Tabelle 1.

Tabelle 1
Normen und Richtlinien des Deutschen Ausschusses für Stahlbeton

DIN bzw. Richtlinien	Titel	Ausgabe bzw. Entwurf
1356	Bauzeichnungen	7.74
V 1356 T10	Bewehrungszeichnungen, Anwendungshinweise	E 1.78 (Weißdruck in Vorbereitung)
1045	Beton- und Stahlbetonbau; Bemessung und Ausführung	12.78
1048	Prüfverfahren für Beton	
1048 T 1	Frischbeton, Festbeton gesondert hergestellter Probekörper	12.78
1048 T 2	Bestimmung der Druckfestigkeit von Festbeton in Bauwerken und Bauteilen. Allgemeines Verfahren	2.76
1048 T 3	Bestimmung des statischen *E*-Moduls	zurückgezogen; ersetzt durch DIN 1048 T1
V 1048 T 4	Bestimmung der Druckfestigkeit von Festbeton in Bauwerken und Bauteilen. Anwendung von Bezugsgeraden und Auswertung mit besonderen Verfahren	12.78
1084	Güteüberwachung im Beton- und Stahlbetonbau	
1084 T 1	Beton B II auf Baustellen	12.78
1084 T 2	Fertigteile	12.78
1084 T 3	Transportbeton	12.78
4028	Stahlbeton-Hohldielen; Bestimmungen für Herstellung und Verlegung	10.38 (Neuausgabe in Vorbereitung)
4030	Beurteilung betonangreifender Wässer, Böden und Gase	11.69
4099	Schweißen von Betonstahl	
4099 T 1	Anforderungen und Prüfungen	4.72
V 4099 T 2	Widerstands-Punktschweißungen an Betonstählen in Werken, Ausführung und Überwachung	12.78
4219	Leichtbeton und Stahlleichtbeton	
4219 T 1	Anforderungen an den Beton, Herstellung und Überwachung	Bisher: Richtlinien für Leichtbeton und Stahlleichtbeton
4219 T 2	Bemessung und Ausführung	mit geschlossenem Gefüge Neuausgaben erscheinen Herbst 1979

DIN bzw. Richtlinien	Titel	Ausgabe bzw. Entwurf
4223	Bewehrte Dach- und Deckenplatten aus dampfgehärtetem Gas- und Schaumbeton; Richtlinien für Bemessung, Herstellung, Verwendung und Prüfung	7.58 Neuausgabe in Kürze als „Gasbeton; bewehrte Bauteile"
4227	Spannbeton	Neuausgabe erscheint im Herbst 1979
4227 T 1	Bauteile aus Normalbeton mit beschränkter und voller Vorspannung	(Teil 1 bisher: Spannbeton-Richtlinien [Fassung 6.73])
4227 T 2	Bauteile mit teilweiser Vorspannung	Entwurf in Vorbereitung
4227 T 3	Bauteile in Segmentbauart	Entwurf in Vorbereitung
4227 T 4	Bauteile aus Spannleichtbeton	Entwurf in Vorbereitung
4227 T 5	Einpressen von Zementmörtel in Spannkanäle	Neuausgabe erscheint im Herbst 1979 (bisher: Richtlinien 6.73)
4227 T 6	Bauteile mit Vorspannung ohne Verbund	Entwurf in Vorbereitung
4232	Wände aus Leichtbeton mit haufwerksporigem Gefüge; Bemessung und Ausführung	12.78
4235	Verdichten von Beton durch Rütteln	12.78
4235 T 1	Rüttelgeräte und Rüttelmechanik[1][2]	[1] Ersatz für DIN 4235 (10.55) und
4235 T 2	Verdichten mit Innenrüttlern[1]	[2] 4236 (11.54)
4235 T 3	Verdichten bei der Herstellung von Fertigteilen mit Außenrüttlern[2]	
4235 T 4	Verdichten von Ortbeton mit Schalungsrüttlern[1][2]	
4235 T 5	Verdichten mit Oberflächenrüttlern[1][2]	
18216	Schalungsanker für Betonschalungen, Begriffe, Anforderungen, Prüfung	8.76
V 18551	Spritzbeton, Herstellung und Prüfung	12.74
18553	Hüllrohre für Spannglieder	E 7.78
NN	Kranbahnen aus Stahlbeton	1.78 (Vorlage)
4228	Maste aus Stahl- und Spannbeton	Neuausgabe in Vorbereitung z. Z. Richtl. des DAfStb (Fassung 5.74) als Ersatz für DIN 4228 (10.64) und DIN 4234 (1.53)
	Flachstürze, Richtlinien für Bemessung und Ausführung	8.77
	Alkalireaktion im Beton Richtlinien für vorbeugende Maßnahmen	2.74
	Fließbeton, Richtlinien für Herstellung und Verarbeitung	5.74 Mit Ergänzung vom 10.77
	Trockenbeton, Richtl. für Herstellung und Verwendung	11.75
	Ausbesserung und Verstärkung von Betonbauteilen mit Spritzbeton, Richtlinien	2.76
	Stahlbetonbauteile von Kernkraftwerken für außergew. äußere Belastungen, Richtlinien für die Bemessung	7.74
Heft 220	*Heft des DAfStb:* Bemessung von Beton- und Stahlbetonbauteilen	Juli 79
Heft 240	Hilfsmittel zur Berechnung der Schnittgrößen und Formänderungen von Stahlbetontragwerken, 2. Aufl.	78

Auf einige besonders wesentliche Normen bzw. Problemkreise sei ergänzend hingewiesen:

DIN 1045 – Ausgabe 12.78, entspricht in ihren wesentlichen Teilen der Ausgabe 1972, die der Praxis inzwischen sehr vertraut ist. Die Änderungen betreffen:

a) Einarbeitung der neuen Einheiten und Bezeichnungen;

b) redaktionelle Verbesserungen aufgrund von Auslegungsschwierigkeiten;

c) Berücksichtigung zwischenzeitlich ergangener ergänzender Bestimmungen;

d) sachliche Änderungen aufgrund neuer wissenschaftlicher Erkenntnisse und Erfahrungen bei der Bauausführung.

Hinter dem Punkt d) verbirgt sich die vollständige Neubearbeitung des Abschnittes 18 – Bewehrungsrichtlinien. Die diesen Richtlinien zugrunde liegende umfangreiche Forschungsarbeit von G. REHM zur Vereinfachung der Bewehrungstechnik wurde letztlich veranlaßt durch Klagen der Baupraxis, die Bestimmungen behinderten die Bemühungen der Bauwirtschaft zur Rationalisierung der Bautechnik. Die mit der Baupraxis abgestimmte Durchführung der umfangreichen, vom Innenministerium des Landes Nordrhein-Westfalen finanzierten Forschungsarbeiten und die unmittelbare Aufbereitung der Ergebnisse für eine allgemeine praktische Nutzanwendung in Form des neuen Abschnittes 18 sind ein besonders gutes Beispiel für eine konsequente Forschungsarbeit zur Erfüllung aktueller bautechnischer und bauwirtschaftlicher Anliegen.

Zur Neueinführung wurden vom Deutschen Ausschuß für Stahlbeton Erläuterungen veröffentlicht*), die gleichzeitig auch Hinweise enthalten, die bisher Gegenstand des „Einführungserlasses" waren. Auch in diesem Verfahren, das darauf abzielt, Einführungserlasse – Weisungen an die unteren Bauaufsichtsbehörden – von technischen Regeln zu befreien, wird eine Vereinfachung zur Verbesserung der Übersichtlichkeit gesehen.

Sorgen bereitet nach wie vor der *Betonstahlmarkt,* weil die Vielfalt der Sorten Verwechslungsgefahren mit sich bringt und somit *solchen* Händlern Vorschub geleistet wird, die minderwertigen, nicht bedingungsgemäßen Stahl absetzen, der teilweise als Schrott deklariert, die Grenze ohne Beanstandung passiert. Dem entgegen wirken auch die Bemühungen der deutschen Betonstahlindustrie, nur noch schweißgeeignete Stähle herzu-

*) siehe Heft 300 der Schriftenreihe des DAfStb.

stellen, um damit die durchaus nachteilige Sortenvielfalt einzuschränken.

Mit Tempcore-Stahl wurde erstmalig ein schweißgeeigneter, *naturharter* Stahl zugelassen. Auch die „Mikrolegierung" eröffnet in dieser Hinsicht neue Aspekte. Im übrigen soll auch das Kennzeichnungssystem verbessert werden, um Stähle auf den Baustellen klar nach Festigkeit, Schweißeignung und Verarbeitungsfähigkeit unterscheiden zu können. Entscheidend für die Weiterentwicklung sollte die Feststellung sein, daß die Baupraxis der Sortenbeschränkung und Verarbeitbarkeit (Schweißeignung, Warmbiegefähigkeit) absolute Priorität gegenüber weiteren Festigkeitssteigerungen einräumt.

DIN 4227 Teil 1 stellt eine generelle Überarbeitung der im Jahre 1973 herausgegebenen „Spannbeton-Richtlinien" dar.

Mehr oder weniger *neu* bearbeitet wurden die Regelungen für:

- Bewehrung aus Betonstahl und Spannstahl mit Angaben zur Mindestbewehrung,
- den vorübergehenden Korrosionsschutz der Spannglieder vor Herstellung des Verbundes im Bauzustand,
- Kriechen und Schwinden mit vereinfachten Nachweisen, wenn die Auswirkungen des Kriechens nur für $t = \infty$ zu berücksichtigen sind.
- Wärmewirkungen,
- Nachweise unter rechnerischer Rißlast,
- Arbeitsfugen, insbesondere solche mit Spannglied-Kopplungen,
- Schiefe Hauptspannungen und Schubdeckung,
- die Verankerung der Spannglieder.

Besondere Aufmerksamkeit widmete der zuständige Arbeitsausschuß der Frage der Zwangbeanspruchungen, insbesondere aus Wärmewirkungen, wobei den Besonderheiten der Bauart entsprechend diesem Beanspruchungszustand sowohl auf der Seite der Einwirkungen ($\Delta t = 5$ K als linearer Temperaturunterschied) als auch bei Regelungen zur baulichen Durchbildung, zur Rissesicherung, zur Mindestbewehrung und hinsichtlich der Stababstände Rechnung getragen wurde; auch Überlegungen zum Problem des Momentennullpunktes fanden hier ihren Niederschlag.

Die Besonderheiten in Arbeitsfugen mit Spannglied-Kupplungen wurden darüber hinaus durch ein additives Zusatzmoment berücksichtigt.

Die Teile 2 (teilweise Vorspannung) und 6 (Vorspannung ohne Verbund) werden besonders dazu beitragen, dem Spannbeton im *Hochbau* neue Anwendungsbereiche zu erschließen, während die Teile 3 und 4 vornehmlich dem Brückenbau – Verringerung des Eigengewichtes beim Übergang zum Spannleichtbeton, rationelle Arbeitsverfahren bei Segmentbauarten – zugute kommen werden.

Weitergehende, auf dem Konzept der „CEB/FIP Mustervorschrift für Tragwerke aus Stahlbeton und Spannbeton" basierende Änderungsvorschläge mußten für eine zweite Bearbeitungsstufe zurückgestellt werden. Dies betrifft insbesondere die Aufteilung in Grenzzustände der Tragfähigkeit und der Gebrauchsfähigkeit auf der Grundlage von Teilsicherheitsbeiwerten mit der Abkehr von Spannungsnachweisen. Zurückgestellt wurde ferner auch die Anhebung der zulässigen Beanspruchungen für Spannstähle.

3.2.5 Ausblick auf weitere Normung im Stahlbeton- und Spannbetonbau

Im Hinblick darauf, daß für Stahlbeton und Spannbeton gleiche Bemessungs- und Ausführungsgrundsätze gelten sollen und ein stetiger Übergang anzustreben ist, wurde auf weitere Sicht folgendes Konzept für eine mehr *problem*bezogene Aufteilung der Normung im Stahlbeton- und Spannbetonbau entworfen:

- Baustoffe, Bauausführung
- Bemessungsgrundlagen für Beton, Stahlbeton und Spannbeton
- Konstruktion, Bewehrung und bauliche Durchbildung
- Sondernormen für besondere Bauwerke (Brücken, Türme, Maste)

Eine recht gute Grundlage könnte hierfür zweifellos die CEB/FIP-Mustervorschrift bilden, die hinsichtlich ihrer generellen Anwendbarkeit, ihres Sicherheitsniveaus, des Rechen- und Baustoffaufwandes einem sehr umfangreichen Test durch Vergleichsrechnungen unterzogen wurde. Vielleicht ist diese Mustervorschrift aber auch geeignet, eines Tages im Sinne der notwendigen internationalen Harmonisierung in unser Vorschriftenwerk übernommen zu werden. Viel Vorarbeit wurde von einer großen Anzahl ehrenamtlich tätiger deutscher Fachleute geleistet, denen hierfür besonderer Dank gebührt.

4 Schrifttum

[1] KOCH, H.: 30 Jahre Normenausschuß Bauwesen, Einführung. Normungskundeheft 10. Beuth-Vertrieb, Berlin/Köln.

[2] Geschäftsbericht des DIN 1976 – 60 Jahre DIN.

[3] PESTEL: Wege in die Zukunft. Vorträge Betontag 1977.

[4] BREUER, R.: Deutsches Verwaltungsblatt 1978, H. 20.

[5] BORNEMANN, E.: 50 Jahre Deutscher Ausschuß für Stahlbeton 1907–1957. Verlag Wilh. Ernst & Sohn, Berlin 1957.

[6] Grundsätze für das Anwenden von DIN-Normen. Normenheft 10, Beuth-Verlag.

[7] GOFFIN, H.: Normen und ihre Bedeutung im Rahmen des Bauaufsichtsrechts. Beton-Kalender 1976, Teil II, Verlag Wilh. Ernst & Sohn, Berlin/München/Düsseldorf 1976.

[8] BUB, H.: Internationale Harmonisierung im Bauwesen, DIN-Mitteilungen (bei Drucklegung noch nicht erschienen).

[9] STILLER, M.: Entwicklung der internationalen Betonbestimmungen. Bauwirtschaft (1978), H. 40.

[10] FRONTARDT, R.: Gedanken über die internationale Zusammenarbeit auf dem Gebiet der Normung und der Gesetzgebung. DIN-Mitteilungen (1975), H. 10.

[11] BECKER K.: Kerntechnische Normung – heute und morgen. DIN-Mitteilungen (1978), H. 12.

Baustoff-Forschung

Paul Bornemann   Asbestzement – ein moderner Baustoff

Asbestzement gibt es seit 1900. Dieser Baustoff wurde in Österreich von Ludwig Hatschek erfunden. Hatschek fand als besondere Eigenschaft die gute Tragfähigkeit der Zementmatrix durch den Asbest. Er produzierte auf umgebauten Papiermaschinen Asbestzement-Dachplatten zuächst als Ersatz für brennbare Holzdachschindeln.

In Deutschland setzte die bedeutsame Entwicklung des Baustoffes Asbestzement infolge Patentschwierigkeiten erst Ende der 20er Jahre und insbesondere nach dem Zweiten Weltkrieg ein. Heute werden in der Bundesrepublik bis zu 1,1 Mio t Asbestzement als Dachplatten, Well- und Fassaden- sowie Feuerschutzplatten, Großbedachungselemente, Rohre in verschiedenen Dimensionen von 50 bis 2000 mm ∅ produziert.

1 Der Baustoff Asbestzement – seine Zusammensetzung und Herstellung

Der Baustoff besteht aus Asbest und Zement. Die Einlagerung der Asbestfasern im Zement kann als eine über den ganzen Querschnitt gleichmäßig verteilte Bewehrung, wenn auch nicht im Sinne eines Stahlbetons, aufgefaßt werden. Diese Bewehrung verleiht dem ausgesprochenen Zementprodukt die besondere Eigenschaft, die Fähigkeit, im Gegensatz zu anderen unbewehrten Zementbaustoffen, auch Zugkräfte aufzunehmen. Hieraus ergibt sich eine vielfache Verwendungsmöglichkeit, insbesondere für Bauteile, bei denen infolge Armierungsschwierigkeiten und bei geringen Dimensionen Beton als Baustoff ausscheidet. Dort ist dann das Ausweichen auf Asbestzement möglich und auch wirtschaftlich. Die physikalischen, mechanischen und chemischen Eigenschaften des Asbestzementes werden von den Hauptgrundstoffen aber auch von weiteren Zuschlägen und Zusatzstoffen beeinflußt. Hierbei ist zu berücksichtigen, daß durch Zugabe und Herstel-lung weiterer Einzelkomponenten neue chemische Verbindungen mit eigenen spezifischen Eigenschaften hervorgehen.

1.1 Die Grundstoffe für den Asbestzement – der Asbest

Die Verwendung von Asbest läßt sich bis ins Altertum zurückverfolgen. In vielen Überlieferungen aus den alten Kulturzentren ist von Asbestprodukten berichtet. Der Name aus dem Griechischen „asbestos" und aus dem Lateinischen „amiantus" bedeutet „unvergänglich, unauslöschbar bzw. unbefleckt und makellos".

Asbest wird in fast allen Ländern gefunden, die Vorkommen sind qualitativ sehr unterschiedlich. Eine Ausbeutung von Lagerstätten ist nur in wenigen Ländern wirtschaftlich. Die größten und wirtschaftlichsten Asbestproduzenten der Welt sind Kanada, die UdSSR und Südafrika.

Asbeste sind faserig kristallisierte Minerale, die in Randzonen von Verwerfungsgesteinen, vor allem der Olivine, Augite und Karbonate, unter der Einwirkung hydrothermaler Kieselsäurelösungen in Verbindung mit diesen Muttergesteinen in Form einer Metamorphose entstanden sind und die Verwerfungsspalten ausgefüllt haben. Bei sinkenden Temperaturen von hydrothermalen Lösungen begann der Asbest auszukristallisieren. Es bildeten sich in den schmalen Gesteinsspalten die faserigen Asbeste und Asbestfaserbündel. Aufgrund ihrer geologischen Bildung und Lage werden die Asbeste meist im Tagebau gewonnen. Riesige Mengen an Nachbargesteinen fallen als Abraum an. Zur Gewinnung der Asbestfasern muß das geförderte Asbestgestein zerkleinert werden, die eingelagerten Asbestgänge werden freigelegt und in Brechern die Trennung der Faser vom Gestein ermöglicht.

Mineralisch ist Asbest ein Magnesiumsilikathydrat, das Kalk, Alkalien oder auch Eisen enthalten kann. Unterschiede ergeben sich aus der Verschiedenheit des Muttergesteins. Die technisch bedeutsamen Asbeste können hinsichtlich ihrer mineralogischen Zugehörigkeit, Struktur, Zusammensetzung und Eigenschaften in zwei Hauptgruppen zusammengefaßt werden. Man unterscheidet Serpentin- und Amphibol-Asbeste. Zu den Serpentin-Asbesten gehören die am häufigsten vorkommenden Chrysotile, zu den Amphibol-Asbesten der blaue Krokydolith-Asbest oder Blauasbest sowie Amosite, Anthophyllite und Tremolite-Asbest.

Die Eigenschaften des Asbestes sind sehr von seiner faserig-kristallisierten Substanz abhängig. Asbestfasern sind feiner und dünner als alle tierischen, pflanzlichen und synthetischen Fasern. Eine sehr wichtige technologische Behandlung des Asbestes ist seine Aufschließung von Faserbündeln zu möglichst feinsten Einzelfasern. Von den zur Verfügung stehenden Aufschließungsmöglichkeiten ist heute auch die Nutzung und Technologie der Weiterverarbeitung sehr abhängig. Die Eigenschaften des Asbestzementes sind daher weitestgehend von der Oberfläche der Gesamtfasern und damit vom Tragen der Zementmatrix abhängig. Hierzu ein Wert: Die Faserdicke von Chrysotil-Asbesten wird mit etwa 2×10^{-5} mm Durchmesser angegeben. Die Zugfestigkeit von Asbestfasern wird durch die Bruchspannung gekennzeichnet und liegt mit 70 kp/mm^2 beim Chrysotil-Asbest und mit 25 kp/mm^2 bei Blauasbest teilweise höher als bei hohen Stahlqualitäten. Zu den Festigkeiten gehört eine sehr geringe Bruchdehnung. In Tabelle 1 sind Elastizitätsmodul und die bleibende Dehnung für verschiedene Blauasbeste und Chrysotil-Asbeste nach HÜNERBERG [1] angegeben.

Für die Herstellung von Asbestzement ist auch noch die Wärmeausdehnung des Asbestes bedeutsam. Der Wärmeausdehnungskoeffizient entspricht mit $\alpha = 2,2 \times 10^{-3}$ mm/m°C etwa dem des Betons. Bedeutungsvoll ist ferner die Widerstandsfähigkeit des Asbestes gegenüber chemischen Angriffen. Das Mineral gilt als ein gegenüber Chemikalien besonders widerstandsfähiges Material. Die Auswirkungen aus den Angriffen der Chemikalien hängen zusätzlich von weiteren Umständen ab. Hierbei sind Temperatur, Einwirkungszeit und Konzentration der angreifenden Lösungen und Konzentrate auf den Asbest selbst als auch in Kombinationen mit den Bindemitteln und anderen Stoffen zu berücksichtigen.

1.2 Der Zement

Zweite Grundkomponente für den Asbestzement ist überwiegend genormter Portlandzement, insbesondere der PZ 35 F. Nur in besonderen Fällen und um bestimmte, besondere Materialeigenschaften zu erzielen, wird auf andere Zemente zurückgegriffen, sofern diese der DIN 1164 entsprechen. In weiteren Fällen, inbesondere wenn bei Rohren die ohnehin vorhandene Korrosionsbeständigkeit noch gesteigert werden soll, werden Sulfat-Hüttenzemente, z.B. Sulfadurzemente, verwendet. Hierbei kann die Zementart Einfluß auf die Produktionskapazität ausüben.

1.3 Zuschlagsstoffe

Für bestimmte Produkte werden neben den Grundkomponenten von Asbest und Zement weitere Zuschläge verwendet. Hierbei ist insbesondere Quarzmehl feinster Mahlung unter gleichzeitiger Verwendung von autoklavbeständigen Zementen von Bedeutung. Die als Quarzmehl zugesetzte reine Kieselsäure bewirkt im Zusammenhang mit dem Dampfhärteprozeß im Autoklaven Tricalciumsilikatbildungen im Asbestzement. Hierdurch wird einerseits der Ausblühneigung des Materials vorgebeugt, zum anderen werden aber auch die Dilatationseigenschaften verbessert.

Als weiterer Zuschlagsstoff werden geblähte Perlite verwendet, deren Zugabe eine Reduzierung der Dichte des Asbestzementes bewirkt. Die damit hergestellten Produkte besitzen ein besonders günstiges Verhalten unter hohen Temperaturen und eignen sich deshalb für feuerwiderstandsfähige Konstruktionen nach DIN 4102 (Brandverhalten von Baustoffen und Bauteilen gegen Feuer).

Tabelle 1
Elastizitätsmodul und bleibende Dehnung bei Blauasbest und Chrysotil

Be-lastungs-stufe [kp/mm^2]	Chrysotil		Blauasbest	
	E-Modul [kp/cm^2]	bleibende Dehnung [%]	*E*-Modul [kp/cm^2]	bleibende Dehnung [%]
2–22	644000	0,0013	1058000	0
2–42	352000	0,0180	1075000	0
2–62	286000	0,0270	1250000	0
2–82	–	–	1280000	0

Bei der Zugabe von Zuschlägen wird in etwa der Anteil der Zemente in gleicher Menge vermindert. Der Mischvorgang als solcher bleibt unberührt. Bei normalen AZ-Regelmischungen ist das übliche Mischungsverhältnis von Asbest zu Zement etwa 1:6 nach Gewichtsteilen, was ein reziprokes M. V. gegenüber Beton bedeutet.

Als weitere Zuschläge können Ergänzungsfasern, z. B. Zellulose, zugegeben werden, die ein günstigeres Elastizitätsverhalten bei jedoch geringerer Witterungs-, insbesondere Frostbeständigkeit, bewirken. Erhärtete Asbestzementstoffe können im Wege des Recyclings gebrochen, gemahlen in bestimmten Dosierungen den Regelmischungen beigegeben werden. Durch Zugabe solcher Hartabfälle tritt allerdings eine zu berücksichtigende Reduzierung der Festigkeit ein.

Die witterungsbeständige Farbgebung von Asbestzement-Produkten erfolgt meist durch anorganische Farbpigmente als Zusatzstoffe. Hierbei ist zu berücksichtigen, daß Überdosen von anorganischen Pigmentstoffen die Festigkeiten reduzieren, und daß zum Verhindern von Ausblühungen auf farbigen Produkten noch zusätzliche Dichtungsmaßnahmen farbiger Art an den Oberflächen vorzunehmen sind. Bei bestimmten Produkten werden auch silikatisch zusammengesetzte anorganische Beschichtungen verwendet, bei denen auf chemischer Basis Verkieselungen zwischen Farb- und Untergrundschicht vorgenommen werden. Zu diesen Produktgruppen gehört das weithin wegen seiner hohen Widerstandsfähigkeit bekannte Glasal.

1.4 Das Anmachewasser

Als Anmachewasser für den Asbestzement wird kalkgesättigtes, gereinigtes Rücklaufwasser verwendet, das den Zement nicht mehr auslaugt. Das Anmachewasser wird mit einem Wasser-/Zement-Faktor von 0,6 zugegeben. Dies bedeutet im Gegensatz zum Beton die Verarbeitung in total wässeriger Lösung, was bei den Herstellungsverfahren zu berücksichtigen ist.

1.5 Die Herstellung von Asbestzement

Das ursprünglich heute noch überwiegend angewendete, teilweise abgeänderte Verfahren [2] zur Herstellung wurde von HATSCHEK entwickelt und basiert auf dem Einsatz von Rundsiebmaschinen. Bei diesem Naßverfahren werden Asbestzement und die übrigen Zuschlagsstoffe mit großem Wasserüberschuß gemischt,

der wässerige Brei auf Siebmaschinen unter Entzug des Wassers verarbeitet. HATSCHEKS Erfindung basiert auf dem Bindungsvermögen von Zementpartikeln durch möglichst weit aufgeschlossene Asbestfasern, trotz überschüssigen Wassers. In Abhängigkeit der Gesamtoberfläche des Asbestes in der Mischung ergibt sich dadurch eine obere Tragfähigkeitsgrenze des Asbestes für den Zement.

Im Fabrikationsablauf wird zunächst der Rohasbest durch Kollern oder andere Verfahren wirtschaftlich und weitestmöglich aufbereitet und in Zwangsmischern verarbeitet. Der in Einzelchargen gemischte Stoffbrei wird über eine Rührbütte und -werk als Puffergefäß zur evtl. Entmischung des Stoffbreies der kontinuierlich arbeitenden Plattenmaschine zugeführt. Die Rundsiebmaschinen haben einen oder mehrere Stoffkasten, in die der Asbestzement-Brei in seiner bestimmten Konsistenz aus der Rührbütte hineinfließt. In jedem Stoffkasten rotiert ein Siebzylinder; er taucht bis über seine Achse in den Stoffbrei ein und belegt sich an seiner Siebaußenfläche mit einem dünnen Asbestzementfilm. Gleichzeitig läuft das Wasser in den Siebzylinder ab. Die Asbestfasern richten sich vorwiegend tangential zur Umlaufrichtung des Siebzylinders in Abhängigkeit seiner Umdrehungsgeschwindigkeit, so daß das Fertigprodukt in dieser Richtung ausgerichtete Fasern und dadurch eine höhere Zugfestigkeit aufweist. Dieser Effekt kann durch zusätzliche mechanische Einrichtungen, wie z. B. Faserrichtgeräten, gesteuert werden. Über dem Siebzylinder bewegt sich ein Filzband. Es wird durch Gautsch-Walzen so geführt, daß es den Umfang der Siebzylinder berührt und den dünnen Asbestzement-Film aufnimmt. Das Filzband mit der dünnen Asbestzementschicht, dem Vlies, läuft zunächst über eine Saugkammer, in der mit Unterdruck ein weiterer Teil des überschüssigen Wassers abgesaugt wird. Dabei verfestigt sich das Asbestzement-Vlies. Danach wird das Asbestzement-Vlies durch eine Formatwalze, die mit einem regulierbaren Lineardruck gegenüber einer weiteren Brustwalze arbeitet, vom Filz abgehoben und aufgewickelt. Hierbei wird weiteres überschüssiges Wasser bei gleichzeitiger Verdichtung des Stoffes ausgepreßt. Bei diesem Vorgang bestimmen Lagenzahl der Einzelvliese die Dicke des Gesamtmantels. Dickenmeßgeräte zeigen die Dicke des Materials an. Nach Erreichen der Produktdicke wird die Stoffbahn auf der Formatwalze aufgetrennt und direkt über Transportbänder abgefahren und weiteren Bearbeitungsstraßen zugeführt. Die weiteren Fertigungsstraßen für Plattenprodukte verfügen über Verformungs- und Verdichtungseinrichtungen. Für Wellplatten wird die ebene frische, mehrschichtige Vliesplatte vom Transportband durch Sauger abgehoben, die gleichzeitig als Onduliereinrichtungen ausgebildet sind. Diese Wellsauger rücken beim Anheben des noch weichen Rohmaterials gleichmäßig zusammen, die freihängenden Teile des frischen AZ-Materials biegen sich durch, und die Platte erhält die gewünschte gewellte Form. Sie wird zum Abstapeln und Erhärten in gewellte, der endgültigen Form angepaßte Stahlblechplatten als Zwischenlage eingelegt.

Ebenes Plattenmaterial, insbesondere Dachplatten und weitere AZ-Baustoffe, von denen höhere Festigkeiten gefordert werden, werden in den ersten Stunden nach ihrer Herstellung in Pressen mit bis zu 450 kp/cm^2 verdichtet.

Asbestzemente, denen Quarzmehl, also Kieselsäure, zugegeben sind, werden im Stadium der Anfangserhärtung einer Dampfhärtung bis zu 8 atü und 160–180° Heißdampf im Autoklaven unterzogen. Für dampfgehärtete Produkte ist nach Verlassen der Autoklaven der Erhärtungsprozeß abgeschlossen. Dieses Material kann sofort verarbeitet werden, während bei wasser- oder luftgelagerten Produkten die Erhärtung in Abhängigkeit vom Zement zu beachten ist.

Die Herstellung nahtloser Rohrprodukte erfolgt auf Mazza-Maschinen, die aus der HATSCHEK-Maschine entwickelt wurden. Hierbei wird das feuchte Asbestzementvlies unter hohem Walzendruck solange nahtlos um einen zylindrischen Stahlkern gewickelt, bis die Rohrwand die geforderte Wanddicke erreicht hat. Der Stahlkern bestimmt jeweils die lichte Weite des Rohres. Die mit genügender Eigenfestigkeit vom Stahlkern abgezogenen bis zu 5 m langen Asbestzement-Rohre erhärten zur Vermeidung von Schwindspannungen unter gleichmäßigen Erhärtungskonditionen im Wasser.

In den letzten Jahren werden sowohl für kleinere geformte Einzelteile aber auch neuerdings für großflächige Platten Slurry-Pressen eingesetzt, bei denen zwischen einer ebenen oder profilierten Unter- bzw. Oberform ein dosierter Asbestzementbrei eingegeben und über ein Formsieb entwässert wird. Zur weiteren Erhärtung beläßt man die frischen Slurry-gepreßten Produkte auf ihren geformten Unterlagen, unterstützt den Erhärtungsvorgang in feuchtwarmen Luftkanälen.

2 Die physikalischen und mechanischen Eigenschaften des Asbestzementes

Von den technischen Eigenschaften des Asbestzementes interessieren besonders Rohdichte und Festigkeiten sowie die davon abhängigen weiteren Eigenschaften. Asbestzemente ohne zusätzliche Verdichtung besitzen Rohdichten um 1,5 g/cm^3, bei verdichteten Platten und Rohren steigt die Rohdichte je nach Verdichtungsgrad bis auf 1,8 g/cm^3 an. Bei dampfgehärteten Produkten, die unter Verwendung von Quarzzuschlägen hergestellt sind, werden wie beim Beton Werte von 2,1 bis 2,3 g/cm^3 erreicht. Brandschutzplatten mit Perlite-Zuschlägen besitzen dagegen sehr stark reduzierte Raumgewichte, die in Abhängigkeit vom Verdichtungsgrad zwischen 0,6 und 0,9 g/cm^3 liegen.

Je nach der Materialrohdichte schwankt die Wasseraufnahmefähigkeit bei hochverdichteten Platten und entsprechenden Rohren zwischen 20 und bei weniger verdichteten Asbestzementen bis zu 35 %. Sie steigt sogar bei den mit Perlite-Zuschlag erstellten Feuerschutzplatten aufgrund des hohen Porenvolumens bis auf 90 % an. Je nach Wasseraufnahmefähigkeit ist für Asbestzemente ab 1,6 g/cm^3 eine unter 25fachem Frost-/Tau-Wechselzyklus nach DIN 274 definierte normengemäße Frostbeständigkeit gegeben. Diese verringert sich bei Produkten mit geringerem Raumgewicht, so daß bei diesen im Falle von Witterungsbeanspruchungen zusätzliche Maßnahmen zur Dichtung der Oberfläche bzw. zur Verringerung der Wasseraufnahmefähigkeit zu treffen sind.

Entsprechend den Rohdichten ist dem Baustoff auch die jeweilige Wärmeleitzahl zuzuordnen. Bei den Asbestzementen mit hohen Raumgewichten sind die Wärmeleitzahlen direkt mit denen des gleichschweren Betons vergleichbar, bei geringeren Rohdichten zwischen 1,5 und 1,8 g/cm^3 mit denen des Leichtbetons. Leichte Feuerschutzplatten besitzen eine entsprechend niedrige Wärmeleitzahl, aus der sich auch die besondere Eignung und Widerstandsfähigkeit gegenüber hohen Temperaturen ergibt.

Das feuchtigkeitsbedingte Schwinden und Dehnen ist eine beim Asbestzement besonders ausgeprägte Eigenschaft. Sie steht indirekt im Zusammenhang mit der Wasseraufnahmefähigkeit, zum anderen aber auch mit der Materialzusammensetzung, der Dampfhärtung und der Zementanteile (Bild 1). Das feuchtigkeitsbedingte Schwinden und Dehnen, die Dilatation ist theoretisch

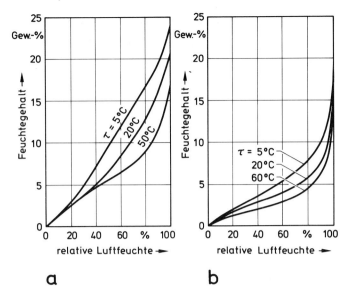

Bild 1
Sorptionsisothermen zur Darstellung des Feuchtegehaltes
von Asbestzement-Tafeln

zwischen dem Zustand der Wassersättigung und dem gedarrten Zustand zu definieren. Für die Auswirkungen auf die Anwendung interessiert hingegen der Bereich zwischen extrem hoher Feuchtigkeitsbelastung – bei Außenwandbekleidungen z.B. nach Dauerregen – und der Luftausgleichsfeuchte mit etwa 5 Gewichtsprozent. Vergleicht man die unter diesen praktischen Randbedingungen auftretenden Schwind- und Dehnungserscheinungen der einzelnen Asbestzementtafeln, so ergeben sich beachtliche Unterschiede zwischen dampf- und normalerhärteten Platten sowie für Platten, die unter Verwendung besonderer Zuschläge, siehe Feuerschutzplatten, hergestellt sind [3]. Diese Werte können von Einfluß für die Bemessung einzelner statisch belasteter Elemente sein (Bild 2).

Die thermische Längenänderung von Asbestzement hingegen ist mit der thermischen Ausdehnung von Beton durchaus und direkt vergleichbar. Die thermischen Längenänderung der verschiedenen Asbestzement-Sorten ist in Bild 3 dargestellt.

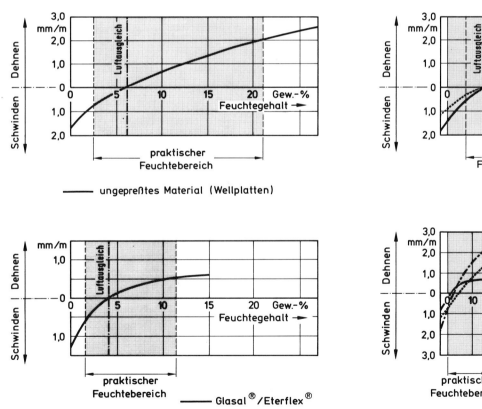

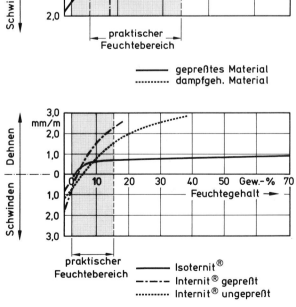

Bild 2
Feuchtigkeitsbedingtes Schwinden und Dehnen von Asbestzement-Tafeln

	α_t in K^{-1}
① Isoternit®	$0{,}55 \cdot 10^{-5}$
② Well-Eternit®	$0{,}85 \cdot 10^{-5}$
③ Glasal®	$0{,}88 \cdot 10^{-5}$
④ Weiß-Eternit® Ebene Tafeln Dachplatten Internit®	$1{,}05 \cdot 10^{-5}$

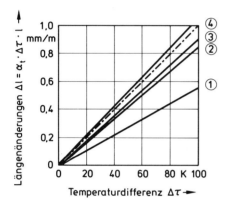

Bild 3
Thermische Längenänderungen von Asbestzement-Tafeln
bei $\psi = 60\%$ und $\Delta\tau = 20/50\,°C$

2.1 Die Festigkeiten von Asbestzement

Vergleicht man das Spannungsdehnungsdiagramm von Stahl und Asbestzement, zwei extremen Baustoffen, so stellt man neben den unterschiedlichen hohen Werten der eigentlichen Festigkeiten das praktisch völlige Fehlen eines ausgeprägten Fließbereiches beim Asbestzement fest. Asbestzement verhält sich damit durchaus ähnlich unbewehrten Betonen. Jedoch besitzt dieses Material sehr viel hohe Bruchwerte, die auf die Faserbewehrung zurückzuführen sind. Das Nichtvorhandensein eines plastischen Bereiches zeigt eine ausgeprägte Empfindlichkeit gegenüber lokalen Spannungsspitzen und kurzzeitigen Überbelastungen. Hierin liegt der Grund, daß z.B. Asbestzement-Wellplatten als Bedachungsbaustoffe nicht betretbar sind, und daß für andere Bemessungsaufgaben beim Asbestzement, ähnlich wie beim unbewehrten Beton, seitens der Bauaufsicht eine

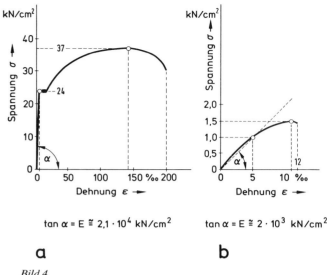

$\tan\alpha = E \cong 2{,}1 \cdot 10^{4}\ kN/cm^2$ $\tan\alpha = E \cong 2 \cdot 10^{3}\ kN/cm^2$

a **b**

Bild 4
Spannungs- Dehnungsdiagramm für Stahl und Asbestzement
a) ermittelt durch Zugversuch am Probestab
b) ermittelt durch Zugversuch am Probestab
   aus Druckrohrmaterial

mit dem Faktor 3 relativ hohe Sicherheit vorgeschrieben wird. Die Spannungs-/Dehnungsverhältnisse sind in den Diagrammen ersichtlich (Bild 4).

Trotz des relativ ungünstigen Verhaltens im platischen Bereich vermag der Asbestzement im Gegensatz zu unbewehrtem Beton verhältnismäßig hohe Festigkeit zu erreichen. Der Tabelle 2 sind die Biegezugfestigkeiten für die verschiedenen Produkte und Produktarten je nach Verdichtung, Raumgewicht und Zusammensetzung zu entnehmen. Diese Werte bilden unter Berücksichtigung eines entsprechenden Sicherheitsbeiwertes gegenüber dem Bruch meist auch die Basis für Bemessung, insofern Belastungen äußerer Art aufzunehmen sind.

Beurteilung und Grundlage von Dimensionierungen für ein ingenieurmäßig interessantes Asbestzement-Produkt, das Vortriebsrohr, ist am Beispiel der bauaufsichtlichen Zulassung für die Eternit AG nachstehend dargestellt [4].

Wegen des Fehlens allgemeingültiger und festgeschriebener Prüf- und Bemessungsmethoden wurde in Zusammenhang mit der bauaufsichtlichen Zulassung von Vortriebsrohren ein Verfahren zur Feststellung des *E*-Moduls festgelegt. Diese Prüfungen werden an wassergesättigten Rohrabschnitten – Verhältnis der Rohrabschnittslänge zum inneren Rohrdurchmesser = 0,6 – vorgenommen. Versuchsanordnung siehe Bild 5. Unter

Tabelle 2
Biegefestigkeit von ETERNIT®-Asbestzement-Produkte

| | Mittelwerte in N/mm² | | Mindestwerte*) in N/mm² | |
| | ⊥ | ‖ | ⊥ | ‖ |
	zur Faserrichtung		zur Faserrichtung	
WELL-ETERNIT-Platten	25,0	17,0	20,0	–
ETERNIT Europa-Dachplatten	34,5	25,0	gemittelt 26,0	
ETERNIT Ebene Tafeln ungepreßt	26,0	20,0	20,0	16,0
ETERNIT Ebene Tafeln gepreßt, normal erhärtet	34,0	26,0	28,0	20,0
ETERNIT Ebene Tafeln gepreßt, dampfgehärtet	37,0	26,0	28,0	20,0
WEISS-ETERNIT gepreßt, dampfgehärtet	37,0	26,0	28,0	20,0
ETERNIT-GLASAL Eterflex	43,0	35,0	40,0	30,0
ETERNIT-THERMOCOLOR	34,0	25,0	28,0	20,0
ISOTERNIT $d \leq 15$ mm	11,0	9,0	9,0	7,0
$d \geq 15$ mm	9,5	7,5	8,0	6,0
INTERNIT gepreßt	34,0	26,0	28,0	20,0
INTERNIT ungepreßt Unterdachtafel	22,0	18,5	15,0	10,0

*) Nach DIN 274 oder bauaufsichtlicher Zulassung.

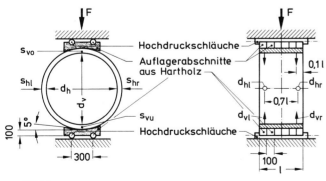

Bild 5

Berücksichtigung der Materialfestigkeit wird der Rohrabschnitt so oft mit der rechnerischen Ringbiegezugspannung von 20 N/mm² im Lasteintragungsbereich belastet, bis keine bleibende Verformung mehr auftritt. Dann errechnet sich die Ringbiegezugspannung aus dem Versuchsergebnis:

$$\sigma_{rbz} = 0,318 \cdot \frac{F_{20} \cdot (d_i + s)}{2 \cdot W}.$$

Dann wird die Prüfkraft in Laststufen bis zum Bruch gesteigert und die jeweilige zugehörige Rohrdurchmesseränderung ermittelt. Der Elastizitätsmodul E ergibt sich bei einer rechnerischen Ringbiegezugspannung von 20 N/mm² mit der im Lasteintragungsbereich vorhandenen Prüfkraft F und den auftretenden Änderungen der inneren Rohrdurchmesser wie folgt:

$$E = \frac{F_{20} \cdot (d_i + s)^3}{16 \cdot J} \cdot \left(\frac{0,1488}{\Delta d_v} + \frac{0,1366}{\Delta d_h} \right).$$

In den vorstehenden Formeln bedeutet:

F_{20} Prüfkraft, mit der im Lasteintragungsbereich eine rechnerische Ringbiegezugspannung von 20 N/mm² erreicht wird,

d_i innerer Rohrdurchmesser, Mittelpunkt aus den gemessenen Werten d_{hl}, d_{hr}, d_{vl} und d_{vr} (Bild 5),

s Rohrwanddicke, Mittelwert aus den gemessenen Werten s_{hl}, s_{hr}, s_{vo}, s_{vu} (Bild 5),

Δd_v Änderung des inneren Rohrdurchmessers in Belastungsrichtung, Mittelwert aus den gemessenen Werten Δd_{vl} und Δd_{vr},

Δd_h Änderung des inneren Rohrdurchmessers senkrecht zur Belastungsrichtung, Mittelwert aus den gemessenen Werten Δd_{hl} und Δd_{hr}.

Das Trägheitsmoment errechnet sich zu

$$J = \frac{l \cdot s^3}{12} \ (cm^4),$$

das Widerstandsmoment zu

$$W = \frac{l \cdot s^2}{6} \ (cm^3), \quad \text{wobei}$$

wobei

l Rohrabschnittslänger (Bild 5), als Mittelwert aus 4 Einzelmessungen.

Auch für die Dauerfestigkeit, für die Randwerte unter Last noch nicht festgelegt sind, ist ein Prüfverfahren in der Zulassung vorgeschrieben.

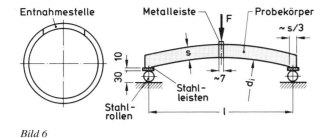

Bild 6

Die Prüfung ist an Probekörpern, die aus dem Rohr entsprechend Bild 6 herauszuschneiden sind, durchzuführen. Aus jedem zu prüfenden Rohr ist mindestens ein Probekörper herauszuschneiden. Bei den Probekörpern sind in etwa folgende Verhältnisse einzuhalten:

$l/d_i = 0,4$, Probenbreite $\simeq 3 \cdot s$.

An den Probekörpern sind in einer Ebene liegende Auflagerstreifen mit einer Breite von etwa $s/3$ anzuschleifen.

Die Probekörper sind vor der Prüfung 48 Stunden in Wasser zu lagern.

Die Prüfung ist mit der auf Bild 6 angegebenen Versuchsanordnung durchzuführen.

Die Probekörper sind mit einer Schwellbelastung von

$\sigma_u = 5,0 \text{ N/mm}^2$ und $\sigma_o = 25,0 \text{ N/mm}^2$

bei einer Prüffrequenz von etwa 200 Lastwechseln pro Minute zu prüfen. Die Biegezugspannung ist nach DIN 19850 Blatt 1, Abschnitt 5.4, Ausgabe Januar 1971, zu errechnen.

Der Nachweis der Dauerfestigkeit ist erbracht, wenn alle Probekörper mindestens $2 \cdot 10^6$ Lastwechsel ohne Bruch ertragen.

Anhand der vorstehenden Beispiele sollte gezeigt werden, daß bei modernen Baustoffen für deren unterschiedlichste Anwendungen, insbesondere wenn sie einer Entwicklung zu statisch bedeutsamen Tragwerken unterliegen, von Fall zu Fall unter Berücksichtigung der jeweiligen Lagerungskonditionen, Methoden und Beurteilungskriterien für und auf dem Wege einer allgemeinen bauaufsichtlichen Zulassung noch festgelegt werden müssen.

Das Hochtemperaturverhalten von Asbestzement kann mit dem sehr dünner Betonquerschnitte verglichen werden. Sobald bei Betonen, insbesondere bei hochverdichteten Betonen, bestimmte Querschnitte bzw. Schlankheiten unterschritten werden und eine mehrseitige Temperaturbelastung auftritt, können explosionsartige Er-

scheinungen auftreten, die auf einen überproportionalen Temperaturanstieg im Querschnitt, dessen Feuchtigkeitsgehalt und auf die Betonzusammensetzung zurückzuführen sind. Ähnliche Verhältnisse ergeben sich auch bei mehrseitiger Temperaturbeanspruchung dünner Asbestzement-Platten, sofern Rohdichten über 1,2–1,5 g/cm³ vorhanden sind.

Platten niedrigen Raumgewichtes hingegen in Bereichen zwischen 0,6 und 0,9 g/cm³ sind gegenüber hohen Temperaturen äußerst widerstandsfähig, weil sie aufgrund ihrer geringen Rohdichte und des hohen Porenvolumens vorhandene Feuchtigkeit sehr schnell abgeben und eine entsprechend niedrigere Wärmeleitzahl besitzen.

2.2 Die Farbgebung von Asbestzement

Beim Beton ist eine dauerhafte witterungsbeständige, meist nachträglich angebrachte Einfärbung häufig problematisch. Asbestzementprodukte können bei der stetigen Produktion in den Fabriken durch verhältnismäßig einfache Arbeitsgänge vor- und nachbehandelt werden. Eine dauerhafte Farbgebung verlangt ein gegenüber allen langzeitigen Witterungsbeanspruchungen beständiges Pigmentieren des Grundstoffes und Aufbringen von Beschichtungen auf ein völlig trockenes Grundmaterial. Alle farbigen Bedachungsstoffe aus Eternit-Asbestzement, wie Dach- und Wellplatten, erhalten im Zuge des Herstellungsvorganges in ihren obersten Schichten eine aus anorganischen Zusätzen eingestreute Grundfarbschicht [2]. Diese farbigen Rohprodukte sind bereits in ihrer Farbgebung witterungsbeständig. Sie würden jedoch durch die noch vorhandenen Freikalkbestandteile unter Feuchtigkeitseinfluß Ausblühungen zeigen, würden diese nicht durch Abdichtung der Oberflächenporen am Austreten auf die Oberfläche gehindert. Die Oberflächenabdichtung erfolgt durch einen farbigen zunächst leicht glänzenden Dispersionsfilm, der am Bauwerk je nach Witterungseinfluß langsamer oder schneller abwittert, ein Verzögerungsvorgang, während das Karbonatisieren vorhandener Freikalke im Platteninneren vor sich geht. Über diese Art der Farbgebung für Bedachungsbaustoffe liegen heute Langzeiterfahrungen vor, bei denen die Dauerhaftigkeit und Witterungsbeständigkeit der so farbig behandelten Platten in Millionen von Quadratmetern unter Beweis gestellt wurde. Klein- und großformatige ebene Tafeln und Fassadenplatten, insbesondere für Außenwandbekleidungen, werden nach ihrer Erhärtung im getrockneten oder gedarrten Zustand oberflächenbeschichtet. Vor dem Aufbringen dieser Beschichtungen werden die Platten geschliffen. Die mehrschichtig aufgebrachten Oberflächenbehandlungen bestehen meist aus anorganischen zementechten Farben, aber auch aus verträglichen Kunststoffen. Als besonders günstig haben sich mehrschichtige anorganische Silikat-Beschichtungen, z.B. beim Glasal, erwiesen. Hierbei bewirken chemische Zusatzbehandlungen in Bädern eine Verkieselung zwischen dem dampfgehärteten, Kieselsäure enthaltenden Rohscherben und der aufgebrachten Beschichtung. Die Dauerbeständigkeit, insbesondere gegenüber äußeren aggressiven Medien hängt sehr von der Art und Zusammensetzung der Beschichtung ab. Sowohl organische, aber insbesondere anorganisch aufgebaute Glasal-Silikat-Beschichtungen haben sich als besonders witterungsbeständig auch gegenüber den in den letzten Jahren stark gestiegenen atmosphärischen Beanspruchungen, insbesondere aus SO_2, erwiesen.

2.3 Die Bearbeitung von Asbestzement

Asbestzement-Baustoffe können mit verschiedenen Sägen, Schleif- und Trenngeräten, hand- oder mechanisch betrieben, und anderen Werkzeugen bearbeitet werden. Dabei kann insbesondere beim Einsatz schnellaufender mechanisch betriebener Geräte Feinstaub entstehen.

Feinstaub in bestimmten geometrischen, mikroskopisch kleinen Dimensionen – Durchmesser <3 μm, Länge >5 μm – kann in die Lunge gelangen und Schädigungen verursachen. Nach heute vorliegenden Erkenntnissen sind Erkrankungen wie Asbestose und in Einzelfällen auch Krebs auf die Einatmung derartiger mikroskopisch kleiner Stäube (Feinstaub) über längere Zeit in hohen Konzentrationen zurückzuführen. Die Wirkung von Asbest auf die Gesundheit wird seit einigen Jahren Gegenstand einer ständig zunehmenden Auseinandersetzung. Trotz umfangreicher wissenschaftlicher Untersuchungen auf diesem Gebiet ist der Wissensstand immer noch unvollständig. Es zeichnet sich ab, daß bei Konzentrationen, wie sie nach dem Stand der Technik erreichbar sind, das Erkrankungsrisiko gering ist.

Dieses dargestellte Asbeststaub-Problem ist unter diesen Gesichtspunkten ein Arbeitsplatz-Problem, betrifft also den berufsexponierten Mitarbeiter, für den der Umgang mit Asbest und asbesthaltigen Produkten durch die Unfallverhütungsvorschriften der Berufsgenossenschaften geregelt ist. In dieser UVV wird vorgeschrieben, daß die Feinstaubbelastung an den Arbeitsplätzen nicht größer sein darf als 2 Fasern Asbest je cm³ Luft in den vorgenannten Dimensionen. Dieser Wert ist heute bei den mit der Herstellung und Weiterverarbeitung von Asbestzement-Produkten befaßten Industrien und Verarbeitungsbetrieben an allen Arbeitsplätzen beherrschbar. Auch für die Baustellen stehen entsprechende Geräte zur Verfügung, die entweder nur Grobstaub erzeugen – der nicht lungengängig ist – oder die mit staubabsaugenden Zusatzeinrichtungen ausgerüstet sind.

3 Die Anwendungsbereiche von Asbestzement

Entsprechend der Vielfalt von Mischungen und Modifikationen vom Asbestzement sind auch die Anwendungsbereiche. Es wird hier versucht, die Vielzahl der Möglichkeiten in einer Art Übersicht zusammenzufassen:

Im Hochbau:

- Dachplatten nach DIN 274 Teil 3 in verschiedenen Deckungsarten für Dächer und Außenwandverkleidungen, häufig als Substitut für Dachschieferdeckungen auf Holzschalungen oder -lattungen nach den Verlegevorschriften des Deutschen Dachdeckerhandwerks und der DIN 18338.

- Wellplatten nach DIN 274 Teil 1 hellgrau und farbig, für Bedachungen und Wandverkleidungen mit und ohne Wärmedämmung [5]. Pfettenabstände, Befestigungen und weitere bauaufsichtliche Vorschriften nach DIN 274 Teil 2.

- Farbige Kurzwellplatten für Bedachungen von Holzdachstühlen ab 10° Dachneigung.

- Profilplatten, insbesondere für Außenwandverkleidungen – in Abweichung zu den bekannten Wellplatten; Profil und Anwendung gemäß Allgemeiner bauaufsichtlicher Zulassung.

- Trogprofile „Canaleta", Herstellänge 7,5 m, für Bedachungen bis zu 4 m Stützweite, auch für Wandverkleidung [6] gemäß bauaufsichtlicher Zulassung.

- Hellgraue, auch durchgefärbte ebene Tafeln unbeschichtet für Fensterbänke, Treppenstufen, Trennwand-Anlagen, Außenwandelemente in Holzständerbauweise auch nach DIN 1052 sowie für Fassa-

Bild 7
Dach- und Wandkonstruktionen Thermalbad
mit Eternit-Europa-Dachplatten

Bild 8
Sporthalle – Außenwand mit wärmegedämmten Eternit-Maxi 80

Bild 9
Glasalbrüstungen bei einem Schulzentrum in München

56

denverkleidungen mit vielen Sonderanwendungen [7]. Die Tafeln entsprechen DIN 274 Teil 4 und können naturerhärtet oder dampfgehärtet sein. Dicken von 4 bis 25 mm.

- Farbig beschichtete ebene Tafeln, z.B. Thermocolor oder Glasal dampfgehärtet, in Klein- oder Großformaten, insbesondere für Außenwandverkleidungen, aber auch für Innenhausanwendungen, Flur- und Treppenhausverkleidungen [8].

Für die Anwendung ebener Tafeln und farbiger Platten für Außenwandelemente und Verkleidungen sind die bauaufsichtlichen Vorschriften, Fassadenrichtlinien und DIN 18516 maßgebend. Unterkonstruktionen können aus Holz, Holzwerkstoffen, Asbestzementstreifen, aber auch aus Metallkonstruktionen bestehen. Die Platten und Tafeln werden geschraubt, genietet bei ein- bis zweigeschossigen Anwendungen, aber auch geklebt befestigt.

Im Brandschutz [9]:

- Sonderplatten, wie z.B. Isoternit für feuerwiderstandsfähige Stützen und Balken bzw. Trägerverkleidungen, Unterdecken, Trennwände, Brüstungselemente, Lüftungskanäle und andere feuerwiderstandsfähige Abtrennungen, gestützt auf eine Vielzahl eigener Brandversuche an amtlich anerkannten Materialprüfanstalten nach DIN 4102 Teil 2, 3, 5 und 6. Hier sind noch ergänzungsfähige Plattenbereiche.
- Asbestzementplatten mit Zwischeneinlagen aus gelochten Stahlblechen, z.B. Ferrocal, insbesondere für dynamisch belastbare Feuerschutzelemente, jedoch ohne größeren eigenen Dämmwert, bei einer Feuerwiderstandszeit von mehr als 3 Stunden. Feuerwiderstandsfähige Elementkonstruktionen nach DIN 4102 sind hier mit nichtbrennbaren Dämmstoffen möglich.

In der Haustechnik:

- Komplette Abflußrohrsysteme mit und ohne Muffen einschl. Formstücke nach DIN 19031 und DIN 19032, für Abwasserleitungen nach DIN 1946.
- Handgeformte Asbestzement-Ventilationsrohre einschl. Formstücke für Lüftungsleitungen und Abgas-Schornsteine gem. Allgemeiner bauaufsichtlicher Zulassung.
- Feuerwiderstandsfähige Lüftungsleitungen aus Feuerschutzplatten, geprüft nach DIN 4102 Teil 5.
- Mantelrohre für verschiedene Fernheizsysteme.

Bild 10
Eternit-CANALETA-Bedachung

Bild 11
Eternit-Kanalrohr-Leitung mit zugfesten Kupplungen
für Abwasser-Seeleitung beim Einschwemmen

Bild 12
Vortriebsrohre unter Bundesautobahn

Im Tiefbau:

- Druckrohre einschließlich Steck-Kupplungen (Reka) in Nennweiten von DN 100–2000 mm nach DIN 19 800 für Betriebsdrücke von 2,5 bis 16 bar.
- Kanalrohre mit Steck-Kupplungen und Abzweigformstücken in Nennweiten von DN 150–2000 mm nach DIN 19 850 einschließlich vorgefertigter Kanalschächte DN 800–2500 mm für total wasserdichte Entwässerungssysteme.
- Brunnenrohre DN 200–1600 mm für Grundwasserabsenkungen und Trinkwassergewinnungen mit zugfesten Kupplungen (ZOK) für Tiefen bis über 500 m.
- Vorpreß- und Vortriebsrohre bis DN 2000 mm mit Stahlringverbindung nach bauaufsichtlicher Zulassung.
- Heizöltank zweischalig mit Leck-Anzeige für Inhalte von 7–12 000 1 Öl-Bevorratung nach bauaufsichtlicher Zulassung.

Im Gartenbau und Landschaftswesen:

- Blumenkästen und Blumenkübel sowie besonders geformte, den individuellen Entwürfen angepaßte Pflanzengefäße, auch für größere Garten- und Landschaftsgestaltung.

4 Zusammenfassung

Der Asbestzement ist ein junger, moderner Baustoff, der in einer Vielzahl von Modifikationen heute hergestellt werden kann. Aus verhältnismäßig kleinen Dachelementen gelang, insbesondere in den letzten 20 Jahren, der Ausbau auf ingenieurmäßig zu behandelnde Produkte [10]. Bei der Entwicklung ging man häufig empirisch vor, fand aber insbesondere im Zusammenhang mit Dampfhärteverfahren neue Produktansätze. Wissenschaftliche Grundlagen aus der Werkstofftechnologie fehlten und mußten häufig noch erarbeitet werden. Wenn auch die wichtigsten Eigenschaften und die daraus sich ergebenden Verhältnisse für die praktischen Anwendungen bekannt sind, so bedarf es doch noch weiterer Untersuchungen zur wissenschaftlichen Abklärung empirisch schon bekannten Verhaltens, z. B. des festigkeitsmäßigen Langzeitverhaltens.

Ausgehend von den beschriebenen Asbesten, deren Entstehung, Vorkommen und Eigenschaften, wurden die weiteren Rohstoffkomponenten behandelt, die heute möglichen produktions- und maschinentechni-

57

schen Technologien beschrieben und über die wichtigsten physikalischen und mechanischen Eigenschaften berichtet. Anhand der bauaufsichtlichen Zulassung für Vortriebsrohre aus Asbestzement wurde gezeigt, wie ingenieurmäßig noch fehlende Eigenschaften des Baustoffes oder des Rohrverhaltens allgemein erarbeitet werden können.

Eine Übersicht über die vielfältigen Anwendungen in den Bereichen des Hochbaues, des baulichen Brandschutzes, der Haustechnik, des Tiefbaues sowie des Garten- und Landschaftswesens sollen das Bild über den modernen Baustoff Asbestzement abrunden.

5 Schrifttum

[1] HÜNERBERG, K. und TESSENDORF, H.: Handbuch für Asbestzementrohre. Springer Verlag, 1977.

[2] PÖSCH, H.: Technologie, Herstellung und Anwendung von Asbestzement. beton. (1966), H. 2.

[3] LIERSCH, K. W.: Außenwandverkleidungen mit Asbestzement. Industriebau 1/78.

[4] Institut für Bautechnik: Zulassungsbescheid Asbestzement-Vortriebsrohre, Z 30.1-1, 1975/1977.

[5] NEUFERT, E.: Well-Eternit-Handbuch. 8. Aufl. Bauverlag GmbH, Wiesbaden 1974.

[6] BORNEMANN, P.: Vorgefertigte raumbildende und oberflächenbekleidende Bauteile aus Asbestzement. Studienhefte zum Fertigbau 9/10, Industrialisierung des Bauens, III. Internationales Seminar, TU Hannover 1969.

[7] NEUFERT, E.: Platten-Eternit-Handbuch. Bauverlag, Wiesbaden 1972.

[8] BORNEMANN, P.: Neue Bauaufgaben mit Asbestzement. Baupraxis. (1968), H. 2.

[9] BORNEMANN, P.: Vorbeugender baulicher Brandschutz – auch mit Asbestzement-Baustoffen. Das Baugewerbe, 52 (1972), H. 18 und 52 (1972), H. 21.

[10] BORNEMANN, P.: Die Entwicklung und Anwendung vorgefertigter Großelemente. Studienhefte zum Fertigbau / Industrialisierung des Bauens. VIII. Internationales Seminar, TU Hannover 1973.

Hubert K. Hilsdorf

Sinn und Grenzen der Anwendbarkeit der Bruchmechanik in der Betontechnologie

1 Einführung

Die Bruchmechanik ist ein Teilgebiet der Festigkeitslehre. Ihre Ursprünge reichen auf Arbeiten von A. A. GRIFFITH aus dem Jahre 1920 zurück [1]. Dieser stellte sich die Aufgabe, die Zugfestigkeit spröder Werkstoffe mit Hilfe theoretischer Betrachtungen abzuschätzen. Er ging dabei von der Hypothese aus, daß der Bruch in spröden Werkstoffen von örtlichen, unter normalen Herstellungsbedingungen unvermeidlichen Fehlstellen ausgeht. An diesen Fehlstellen entstehen Spannungsspitzen, deren Höhe von der Größe der Fehlstellen unabhängig ist. Im Lauf der vergangenen Jahrzehnte wurden die ersten Überlegungen, die GRIFFITH eingeleitet hatte, weiter entwickelt und auch auf Werkstoffe angewandt, die kein ideal sprödes Verhalten, sondern örtlich begrenzte oder ausgeprägte Fließeigenschaften aufweisen. Damit wurde die Aufgabenstellung der Bruchmechanik auf die folgenden vier Bereiche erweitert:

a) Die Erarbeitung von Beziehungen für die Entstehung von Rissen sowie für den langsamen und schnellen Rißfortschritt in zugbeanspruchten spröden oder teilplastischen Werkstoffen.

b) Die Entwicklung von Entwurfskriterien zur Vermeidung eines Sprödbruchs in zugbeanspruchten Konstruktionselementen.

c) Die Abschätzung der zulässigen Größe von Fehlstellen in Konstruktionselementen, die noch keinen Sprödbruch zur Folge haben.

d) Die Entwicklung allgemein gültiger Bruchkriterien von Werkstoffen bei ein- und mehrachsiger Beanspruchung.

Diese Ziele wurden für Konstruktionselemente aus keramischen und metallischen Werkstoffen sowie aus Kunststoffen zumindest zum Teil erreicht. Daher sind bruchmechanische Methoden heute anerkannte Verfahren zur Bemessung von Konstruktionselementen im Maschinen- und im Behälterbau.

Da auch Beton, vor allem bei Zugbeanspruchung ein mehr oder weniger ausgeprägt sprödes Verhalten zeigt, war es naheliegend, bruchmechanische Grundsätze zur Abschätzung der mechanischen Eigenschaften von Betonen heranzuziehen. M. F. KAPLAN führte bereits im Jahre 1961 die ersten bruchmechanischen Untersuchungen an zugbeanspruchten Betonproben durch [2]. Im Laufe der folgenden Jahre wurde eine Vielzahl weiterer experimenteller und theoretischer Untersuchungen über die bruchmechanischen Eigenschaften von Beton veröffentlicht. Jüngere Literatursichtungen zu diesem Thema sind z. B. in [3] und [4] zu finden.

Trotz der großen Anzahl von Untersuchungen war ihr Erfolg nicht eindeutig. Bis heute haben sich bruchmechanische Überlegungen als Grundlage für Entwurfskriterien im Betonbau nicht einmal ansatzweise durchgesetzt. Die Bruchmechanik trug jedoch zur Klärung von grundsätzlichen Fragen über das Bruchverhalten von Beton wesentlich bei.

Im folgenden sollen daher die Grenzen der Anwendbarkeit der Bruchmechanik in der Betontechnologie dargestellt werden. Darüber hinaus werden einige Möglichkeiten aufgezeigt, mit Hilfe der Bruchmechanik bestimmte charakteristische Eigenschaften von Beton zu erklären, die mit anderen konventionellen Methoden und Ansätzen nicht oder nur teilweise gedeutet werden können.

2 Kurze Beschreibung der Grundbeziehungen und Kenngrößen der Bruchmechanik

2.1 Ansatz von GRIFFITH

Wie bereits eingangs festgestellt, postuliert GRIFFITH, daß jeder reale Werkstoff Fehler in Form von scharfen Rissen enthält, die nicht wegen einer Querschnittschwächung, sondern wegen den hohen Spannungskonzentrationen an den Rißspitzen die Sicherheit einer Konstruktion vermindern. Zur Ermittlung jener kritischen Spannung σ_c, welche in einem Werkstoff zum instabilen Rißfortschritt und damit zum Sprödbruch führt, analysiert GRIFFITH eine unendlich große Scheibe, die an ihren Rändern mit einer gleichmäßig verteilten Zugspannung σ beansprucht wird. In Scheibenmitte befindet sich senkrecht zur Beanspruchungsrichtung ein schmaler Riß der Länge $2\,a$ (Bild 1). Die kritische Spannung σ_c, die zu

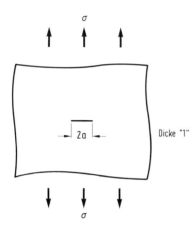

Bild 1
GRIFFITH-Riß in einer unendlichen Scheibe

einem instabilen Rißfortschritt führt, ermittelt GRIFFITH mit Hilfe einer Energiebilanz. Dabei geht er von folgender Vorstellung aus: In der mit der Spannung σ beanspruchten Scheibe ist elastische Verformungsenergie gespeichert. Bei der Verlängerung des Risses um einen Betrag „da" wird wegen der örtlichen Entlastung im Rißbereich elastische Verformungsenergie freigesetzt. Andererseits ist zur Schaffung neuer Oberflächen als Folge der Rißvergrößerung Energie erforderlich. Übertrifft bei einer bestimmten Rißlänge $2\,a$ die freigesetzte elastische Verformungsenergie die zur Bildung der neuen Oberflächen erforderliche Energie, so wird der Riß instabil und pflanzt sich mit hoher Geschwindigkeit fort. Mit Hilfe dieses Kriteriums bestimmt GRIFFITH für den ebenen Spannungszustand die bekannte Beziehung

$$\sigma_c = \sqrt{\frac{2\,\gamma E}{\pi \cdot a}}.\qquad(1)$$

Darin bedeuten

σ_c kritische Spannung
E Elastizitätsmodul des Werkstoffes
γ Spezifische Oberflächenenergie des Werkstoffes
$2\,a$ Länge des Risses.

Bei der Ableitung dieser Beziehung geht GRIFFITH davon aus, daß der betrachtete Werkstoff linear elastisch, homogen und isotrop ist. Ferner setzt er voraus, daß die bei der Rißfortpflanzung freiwerdende Verformungsenergie in keine anderen Energieformen, wie z.B. Wärme oder plastische Verformungsenergie an den Rißspitzen, umgewandelt wird.

2.2 Erweiterung durch OROWAN und IRWIN

Nach Gl. (1) hängt die kritische Spannung σ_c, welche zum Sprödbruch eines Werkstoffes führt, vom Kehrwert des Betrages $\sqrt{a}$ ab. Diese Abhängigkeit wurde für spröde Werkstoffe aufgrund experimenteller Untersuchungen wiederholt beobachtet. Setzt man jedoch für die Größen E und γ realistische Werte ein, so wird nach Gl. (1) im allgemeinen die kritische Spannung σ_c deutlich unterschätzt. Ursache für diesen Unterschied ist die Tatsache, daß fast alle Werkstoffe ein gewisses Maß an plastischer Verformbarkeit besitzen. Die an den Rißwurzeln auftretenden hohen Spannungskonzentrationen führen daher zu plastischen Verformungen, die einen Teil der in der Probe gespeicherten Verformungsenergie aufbrauchen und beim Aufstellen der Energiebilanz berücksichtigt werden müssen. OROWAN und IRWIN modifizierten daher die Beziehung nach GRIFFITH wie folgt:

$$\sigma_c = \sqrt{\frac{2\,E\,(\gamma + W_p)}{\pi \cdot a}},\qquad(2)$$

wobei

W_p der durch plastische Verformung aufgebrauchte Energieanteil ist.

Der Anteil W_p kann vor allen Dingen bei metallischen Werkstoffen um Größenordnungen über dem Betrag der Oberflächenenergie γ liegen. Faßt man nun die Energieanteile γ und W_p zusammen, so erhält man einen neuen Werkstoffkennwert G_c.

$$G_c = 2\,(\gamma + W_p)\qquad(3)$$

und

$$\sigma_c = \sqrt{\frac{G_c \cdot E}{\pi \cdot a}}.\qquad(4)$$

Die Kenngröße G_c, die als kritische Rißerweiterungskraft bezeichnet wird, ist für einen Werkstoff, dessen Verhalten mit Gl. (4) beschrieben werden kann, eine Materialkonstante.

2.3 Der Spannungsintensitätsfaktor

IRWIN bestimmte theoretisch für eine unendlich große Scheibe, die mit einer äußeren Spannung σ senkrecht zum Riß beansprucht wird, das Spannungsfeld in unmittelbarer Nähe der Spitze eines GRIFFITH-Risses [5], [6]:

$$\sigma_{ik} = \frac{K_n}{\sqrt{2\pi \cdot r}} \cdot F_{ik}^n,$$ (5)

wobei

i, k Koordinaten x; y; z des betrachteten Ortes

n Beanspruchungsmodus I, II, III

F_{ik} reine Winkelfunktionen, die von n abhängen

K_n Konstante, die vom betrachteten Ort unabhängig ist.

Der Beanspruchungsmodus I bedeutet, daß die Scheibe mit einer Spannung senkrecht zum Riß belastet wird (Bild 1). Bei Beanspruchung mit einer Schubspannung parallel zum Riß liegt Modus II vor. Eine Beanspruchung mit einer Schubspannung senkrecht zur betrachteten Ebene entspricht Modus III.

Der Koeffizient K_n wird als Spannungsintensitätsfaktor bezeichnet. Für die ungünstigste Beanspruchung nach Modus I einer unendlich großen Scheibe mit einem Riß der Länge $2\,a$ ergibt sich bei Zugbeanspruchung mit der gleichmäßig verteilten Spannung σ für den Koeffizienten K_I:

$$K_I = \sigma \sqrt{\pi \cdot a}.$$ (6)

Die Größe K_n erreicht einen kritischen Wert K_{nc} im Augenblick der schnellen Rißerweiterung und wird dann als kritischer Spannungsintensitätsfaktor oder Bruchzähigkeit bezeichnet.

Ein Vergleich der Gleichungen (1) bis (6) zeigt, daß zwischen Oberflächenenergie γ, kritischer Rißerweiterungskraft G_c und Bruchzähigkeit K_c folgende Zusammenhänge bestehen:

$$G_c = 2\,(\gamma + W_p) = \frac{K_c^2}{E}.$$ (7)

Allgemein gilt dann für die kritische Spannung in einer unendlich großen Scheibe mit einem Riß der Länge $2\,a$, die nach Modus I beansprucht wird:

$$\sigma_c = \frac{K_{Ic}}{\sqrt{\pi \cdot a}}.$$ (8)

Bei zugbeanspruchten Scheiben endlicher Größe muß Gl. (8) durch eine Funktion $F(a/b)$ korrigiert werden:

$$K_{Ic} = \sigma_c \sqrt{\pi \cdot a} \cdot F\left(\frac{a}{b}\right)$$ (9)

wobei

b endliche Probenbreite in Richtung des Risses ist.

Die Funktionen $F(a/b)$ wurden für verschiedene Probenformen und Rißanordnungen analytisch bestimmt. Sie sind zum Teil in Handbüchern zusammengestellt (z. B. [7]).

Die Gl. (8) und (9) gelten für einen linear-elastischen, homogenen und isotropen Werkstoff. Durch die Einführung der Größe K_c können jedoch plastische Verformungen im unmittelbaren Bereich der Rißwurzel berücksichtigt werden (small scale yielding).

2.4 Das J-Integral

In den vorangegangenen Abschnitten wurde dargestellt, daß die Anwendung der linear-elastischen Bruchmechanik auf angerissene Proben und Bauteile beschränkt bleibt, bei denen die plastische Zone vor der Rißspitze im Vergleich zu den Probenabmessungen sehr klein ist. RICE [8] führte mit dem J-Integral einen bruchmechanischen Parameter ein, der als Werkstoffkennwert eine vergleichbare Funktion wie die Bruchzähigkeit K_c erfüllt, der jedoch auch für Proben mit größeren plastischen Verformungsbereichen an den Rißspitzen noch Gültigkeit besitzt (large scale yielding). Das J-Integral ist ein wegunabhängiges Linien-Integral. Es ergibt sich durch Integration der Verformungsenergiedichte längs eines geschlossenen Weges um die betrachtete Rißspitze.

RICE zeigte, daß J für linear- und nichtlinear-elastische Werkstoffe dem Energieanteil entspricht, der zur Vergrößerung der gerissenen Fläche um einen Betrag „da" zur Verfügung steht. Ein von BEGLEY und LANDES beschriebenes Verfahren zur experimentellen Bestimmung des J-Integrals veranschaulicht auch seine physikalische Bedeutung [9]: Das J-Integral entspricht dem Flächenunterschied A zweier Last-Verschiebungskurven vor und nach Verlängerung eines Risses a um einen Betrag Δa (Bild 2).

Für einen linear-elastischen Werkstoff entspricht das J-Integral der Größe G. Für den kritischen Zustand bestehen dann folgende Beziehungen zwischen den Kennwerten J_c, G_c und K_c:

$$J_c = G_c = \frac{K_c^2}{E}.$$ (10)

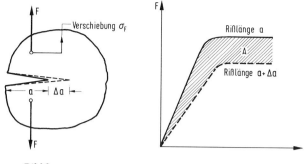

Bild 2
Bestimmung des *J*-Integrals nach [9]

Mit Hilfe des *J*-Integrals ist es aber möglich, die Bruchmechanik auch auf Werkstoffe anzuwenden, die über einen größeren Bereich plastische Verformungen zeigen (large scale yielding), für die also eine Charakterisierung durch G_c oder K_c nicht mehr möglich ist.

2.5 Zusammenfassung

Zur Charakterisierung der Sprödbrucheigenschaften eines Werkstoffes stehen folgende Werkstoffkenngrößen zur Verfügung:

Die kritische Rißerweiterungskraft G_c,

die Bruchzähigkeit K_c,

der kritische Wert des *J*-Integrals, J_c.

Diese Größen sind nur dann eindeutige Materialkennwerte, wenn die kritische Spannung σ_c, bei welcher sich instabiles Rißwachstum einstellt, von der Größe $1/\sqrt{a}$ abhängig ist bzw. wenn die Größen G_c, K_c bzw. J_c von der Rißlänge *a* unabhängig sind. Die Anwendbarkeit der in den vorangegangenen Abschnitten dargestellten bruchmechanischen Kennwerte G_c und K_c basiert ferner auf folgenden Voraussetzungen:

Der Werkstoff ist homogen und isotrop.

Der Bereich der plastischen Zone an der Rißwurzel ist klein im Vergleich zu Probengröße und Rißlänge.

Aus den analytischen Betrachtungen und aus der Homogenitätsforderung geht ferner hervor, daß sich ein Riß nach Bild 1 nur in seiner Anfangsrichtung fortsetzt. Soweit vor dem Erreichen der Instabilität langsames Rißwachstum größeren Ausmaßes auftritt, muß dies bei der Bestimmung der Rißlänge *a* zum Zeitpunkt der Instabilität berücksichtigt werden.

Bei der Anwendung des *J*-Integrals werden diese Anforderungen insofern entschärft, als damit auch Werkstoffe mit einem ausgeprägten Fließverhalten sowie jene

Stoffe, bei denen an der Rißwurzel Rißverzweigungen auftreten, erfaßt werden können.

Grundsätzlich ist es mit aufwendigeren Ansätzen auch möglich, mit Hilfe der Bruchmechanik anisotrope Stoffe, Systeme mit mehreren Rissen sowie Systeme mit Rissen, deren Orientierung von der Normalen zur Zugspannungsrichtung abweicht, zu analysieren.

3 Bruchmechanische Kennwerte für Zementstein, Mörtel und Beton

3.1 Versuchsmethoden

Zur Bestimmung bruchmechanischer Kennwerte eines Werkstoffes sind aus der Literatur verschiedene Verfahren bekannt. Die häufigsten, dafür eingesetzten Probekörper sind die in Bild 3 dargestellten 3- bzw. 4-Punkt-Biegeproben sowie die sog. CT-Probe (compact tension specimen), die jeweils mit einer Kerbe der Tiefe *a* versehen sind. Durch Belasten der Probe bis zur kritischen

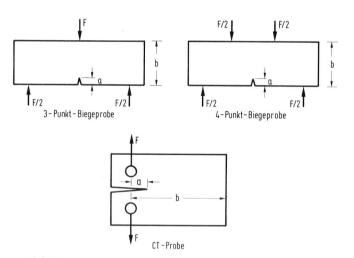

Bild 3
Probekörper zur Bestimmung bruchmechanischer Kennwerte

Last kann mit Hilfe von Gl. (9) die Bruchzähigkeit des Werkstoffes bestimmt werden. Ist die Funktion $F(a/b)$ in Gl. (9) für die gewählte Probengeometrie nicht bekannt, so können bruchmechanische Kennwerte mit Hilfe der sog. Compliance-Methode ermittelt werden. Diese wird im folgenden kurz beschrieben (Bild 4):

Durch Beanspruchung der Probe mit einer Kraft *F* wird die Nachgiebigkeit (Compliance) *C* der Probe aus einem Kraftverschiebungsdiagramm ermittelt. Diese Nachgie-

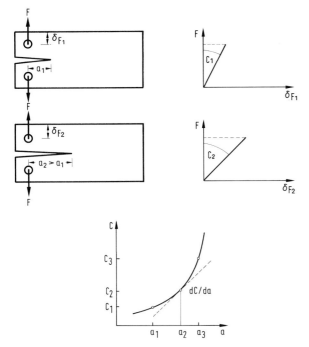

Bild 4
Die Compliance-Methode

bigkeit hängt von der Rißlänge der Probe und vom Elastizitätsmodul des verwendeten Werkstoffes ab. Mit Hilfe einfacher Energiebetrachtungen kann gezeigt werden, daß zwischen der Nachgiebigkeit von Proben mit verschiedener Rißlänge und der Energiefreisetzungsrate G folgender Zusammenhang besteht (z. B. [14]):

$$G = \frac{1}{2} \frac{F^2}{d} \cdot \frac{dC}{da},\qquad(11)$$

wobei

d Probendicke ist.

Demnach ist die Energiefreisetzungsrate proportional der Änderung der Proben-Nachgiebigkeit bei einer Verlängerung des Risses um einen Betrag „da".
Damit können entsprechend Bild 4 mit Hilfe von Last-Verschiebungsbeziehungen verschieden tief angerissener Proben die Energiefreisetzungsrate bzw. nach Gl. (7) der Spannungsintensitätsfaktor K experimentell ermittelt werden. Für den kritischen Zustand des schnellen Rißfortschritts bei einer Kraft F_c gehen dann die Größen G und K in die kritischen Werte G_c und K_c über. Die Anwendung dieses Verfahrens führt jedoch nur dann zu zuverlässigen Ergebnissen, wenn die Probe einen scharfen Anriß (GRIFFITH-Riß) besitzt. Ein solcher

Riß kann nicht durch einen Sägeschnitt erzeugt werden. Bei der Untersuchung metallischer Werkstoffe geht man daher meist so vor, daß die mit einem Sägeschnitt vorgekerbte Probe zunächst einer Ermüdungsbeanspruchung unterworfen wird. Ausgehend von der vorgegebenen Kerbe bildet sich dann als Folge der Ermüdungsbeanspruchung ein scharfer Riß aus. Vor Erreichen des Ermüdungsbruches wird der Versuch abgebrochen, die Probe entlastet und dann in einem statischen Versuch bis zum Bruch beansprucht. Die exakte Rißtiefe a kann z. B. durch fraktographische Methoden nach dem Bruch der Probe bestimmt werden.
Diese Vorgehensweise ist jedoch sehr aufwendig und auf Untersuchungen an zementgebundenen Werkstoffen nur schwer anwendbar, da hier die Bestimmung der Rißlänge besonders schwierig ist. HILLEMEIER entwickelte daher eine Methode zur Bestimmung bruchmechanischer Kennwerte von Zementstein an keilbelasteten CT-Proben [4]: Die Proben werden zunächst entweder schon bei der Herstellung durch Einlegen eines Rißbleches oder später durch Sägen mit einer Anfangskerbe versehen. Daraufhin erfolgt die Beanspruchung der Probe über den Keil bis unmittelbar vor dem Eintreten schnellen Rißwachstums. Da die gesamte Prüfanordnung sehr steif ist, gelingt es im allgemeinen, weiteres Rißwachstum durch schnelles Entlasten der Probe zu verhindern. Durch die Vorbelastung hat sich ausgehend vom Anriß eine scharfe Rißspitze gebildet. Für diesen Zustand kann nunmehr ein gültiger Wert für die Probennachgiebigkeit ermittelt werden. Wird die Probe auch in nachfolgenden Lastzyklen unmittelbar bei Einsetzen des schnellen Rißwachstums erneut entlastet, so können weitere Last-Verschiebungskurven und daraus die Nachgiebigkeiten für verschiedene Rißlängen an einem Probekörper bestimmt werden.
Zur Bestimmung der für jeden Lastzyklus maßgebenden Rißlänge wurde unter Annahme linear-elastischen Verhaltens des Werkstoffes für die Probenform nach Bild 5 mit Hilfe eines finiten Elementprogrammes eine Nachgiebigkeitsfunktion $C = f(a)$ bestimmt, welche den Zusammenhang zwischen Nachgiebigkeit C und Rißlänge a für die gegebene Probengeometrie beschreibt. Bei bekanntem Elastizitätsmodul des Werkstoffes kann damit aus der Probennachgiebigkeit C auf die jweils vorliegende Rißlänge a geschlossen werden. Aus der bekannten Rißlänge a, der Nachgiebigkeits-Funktion $C = f(a)$ und der kritischen Kraft F_c kann dann die Bruchzähigkeit berechnet werden.

Mit Hilfe dieses Verfahrens wurden Werte für die Bruchzähigkeit von Zementstein im Alter von 7 Tagen bei einem Wasser-Zementwert $W/Z = 0,4$ bestimmt. Es

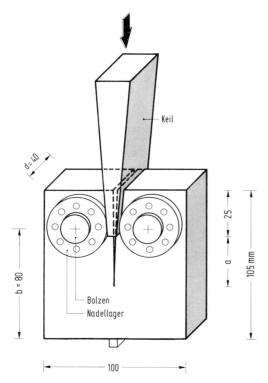

Bild 5
Die keilbelastete CT-Probe nach [4]

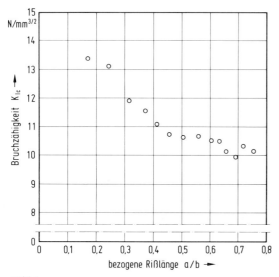

Bild 6
Bruchzähigkeit von Zementstein als Funktion der bezogenen Rißlänge nach [4], [10]
$W/Z = 0,4$; Probenalter: 7 Tage
Anfangswert der bezogenen Rißlänge: $a/b = 0,18$

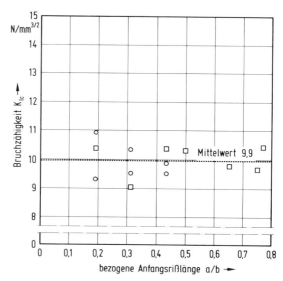

Bild 7
Bruchzähigkeit von Zementstein bei verschiedenen Ausgangsrißlängen nach [4], [10]

wurde gezeigt, daß nach Ausbildung eines scharfen Anrisses durch mehrmaliges Be- und Entlasten der Probe die Bruchzähigkeit des Zementsteins einem nahezu konstanten Wert zustrebt, der von der Länge des Anfangsrisses unabhängig ist (s. Bilder 6 und 7). Dieses Verfahren erlaubt es auch, die Bruchzähigkeit von Zuschlagmaterialien und von Zementstein-Zuschlagkontaktzonen zu bestimmen [10]. Dazu werden Proben entsprechend Bild 5 verwendet, deren eine Hälfte aus Zementstein und deren andere Hälfte aus dem Zuschlagmaterial hergestellt sind. Die Probenbreiten müssen so gewählt werden, daß beide Probenhälften ungefähr gleiche Steifigkeit besitzen.

3.2 Versuchsergebnisse

Die im Laufe der vergangenen Jahre durchgeführten bruchmechanischen Untersuchungen an zementgebundenen Werkstoffen lassen sich wie folgt zusammenfassen ([2] bis [4]; [10] bis [16]):

a) Es besteht Übereinstimmung darüber, daß bei Zugbelastung von Zementstein, Mörtel und Beton dem schnellen, instabilen Rißfortschritt langsames Rißwachstum vorausgeht, das je nach Zuschlaggehalt bei 50 bis 90% der Bruchlast einsetzt. Je nachdem, ob das langsame Rißwachstum berücksichtigt wird, können sich stark voneinander abweichende bruchmechanische Kennwerte ergeben.

b) Die Bruchzähigkeit zementgebundener Werkstoffe steigt mit steigendem Zuschlagsgehalt und steigender Korngröße. Als ungefähre Anhaltspunkte für die Größe der Bruchzähigkeit K_{Ic} können folgende Werte angegeben werden:
Zementstein 5–15 N/mm$^{3/2}$
Mörtel 10–20 N/mm$^{3/2}$
Beton 15–30 N/mm$^{3/2}$

c) Der Anstieg der Bruchzähigkeit mit steigendem Zuschlagsgehalt und steigender Korngröße ist vor allem darauf zurückzuführen, daß ein Riß, der sich in der Zementsteinmatrix fortpflanzt, von einem Zuschlagskorn mit höherer Bruchzähigkeit gebremst wird. Der Riß verzweigt sich, die für ein Weiterwachsen des Risses erforderliche Energie wächst an. Vor allen Dingen bei Beton tritt daher auch bei Zugbelastung ein Bruch nicht als Folge eines Einzelrisses, sondern vielmehr als Folge zahlreicher verzweigter und zum Teil parallel laufender Risse auf.

d) Im allgemeinen wird angenommen, daß bruchmechanische Konzepte auf zementgebundene Werkstoffe anwendbar sind, wenn sich bei der Prüfung von Proben mit unterschiedlicher Anfangsrißtiefe gleiche, d.h. von der Rißtiefe unabhängige Werte für die Bruchzähigkeit ergeben. Hierüber liegen jedoch widersprüchliche Ergebnisse vor. Es wurden sowohl ein Anstieg, als auch ein Abfall sowie ein Konstantbleiben der Bruchzähigkeit mit steigender Rißlänge beobachtet. Von entscheidender Bedeutung sind hier Art und Größe des Probekörpers, Erzeugung eines scharfen Anrisses und Berücksichtigung des langsamen Rißfortschrittes bei der Auswertung der Versuchsergebnisse. Eindeutig wurde jedoch die Anwendbarkeit der Bruchmechanik auf das Rißverhalten der Betonkomponenten Zementstein und Zuschlag sowie auf Zementstein-Zuschlagkontaktzonen in [4] und [10] nachgewiesen (Bild 6 und 7).

e) Untersuchungen, in denen der kritische Wert des J-Integrals als bruchmechanische Kenngröße bestimmt wurde, liegen kaum vor. In [17] wurde jedoch gezeigt, daß an Zementstein- und Mörtelproben ermittelte J_c-Werte, die nach Gl. (10) in K_{Ic}-Werte umgerechnet wurden, mit direkt ermittelten K_{Ic}-Werten gut übereinstimmten.

4 Sind die Voraussetzungen zur Anwendung der Bruchmechanik in der Betontechnologie erfüllt?

Im Abschnitt 2 wurden jene Bedingungen zusammengestellt, die Werkstoff und Versuchsanordnung erfüllen müssen, damit die Anwendung bruchmechanischer Konzepte zu einem sinnvollen und verwertbaren Ergebnis führt. Im folgenden soll überprüft werden, ob bzw. unter welchen Voraussetzungen diese Forderungen bei zementgebundenen Werkstoffen ganz oder teilweise erfüllt sind.

4.1 Abhängigkeit bruchmechanischer Kennwerte von der Rißlänge

Nach [4] und [10] ist bei der Brücksichtigung des langsamen Rißfortschrittes vor Erreichen eines instabilen Zustandes die Bruchzähigkeit K_{Ic} von reinem Zementstein, von Zuschlägen und von Zementstein-Zuschlagkontaktzonen von der jeweils vorliegenden Rißtiefe unabhängig. Versuche, einen entsprechenden Nachweis für Mörtel und Beton zu führen, ergaben widersprüchliche Ergebnisse. Die Ursachen hierfür werden in den folgenden Abschnitten angesprochen.

4.2 Homogenität des Werkstoffes

Eine der wesentlichsten Voraussetzungen für die Anwendbarkeit bruchmechanischer Beziehungen ist die Homogenität des betrachteten Werkstoffes. Ideal homogene Werkstoffe kommen in der Technik jedoch kaum vor. Auch ein Baustahl, der sich aus verschiedenen Phasen und Körnern zusammensetzt, ist je nach der Größe des betrachteten Ausschnittes mehr oder weniger heterogen. Der Begriff Homogenität ist daher zu relativieren und im vorliegenden Fall auf die Größe der untersuchten Probe bzw. des vorhandenen Risses zu beziehen. Ein Werkstoff kann im Sinne der Bruchmechanik erst dann als ausreichend homogen angesehen werden, wenn die Abmessungen des untersuchten Probekörpers und des vorhandenen Risses ein Vielfaches der jeweils vorliegenden Korngrößen oder natürlichen Fehlstellen im Werkstoff betragen. Bezogen auf bruchmechanische Untersuchungen an zementgebundenen Werkstoffen bedeutet dies, daß Probengröße und Mindestlänge des Risses ein Vielfaches des Durchmessers des vorhandenen Größtkorns sein müssen.

Genaue Angaben über den Zusammenhang zwischen Mindestlänge eines Risses *a*, Probenhöhe *b* und Größtdurchmesser des Zuschlags im Beton *d*, liegen nicht vor. Solche Beziehungen können letztlich nur durch entsprechende experimentelle Untersuchungen bestimmt werden. Folgende Grenzwerte erscheinen jedoch sinnvoll:

$$\min a = 2,5 \text{ bis } 5\,d$$

und $$\hspace{6cm} (12)$$

$$\min b = 10 \text{ bis } 20\,d.$$

Die kleinste noch zulässige Balkenhöhe wäre dann bei Mörtelproben mit 4 mm Größtkorn ca. 60 mm. Für die Untersuchung von Betonproben mit $d = 32$ mm wären Proben mit einer Höhe von ca. 500 mm erforderlich.

Die meisten bruchmechanischen Untersuchungen an Mörtel- und Betonproben, die in der Literatur veröffentlicht sind, wurden an Proben mit Höhen kleiner 200 mm durchgeführt. Dies dürfte zumindest eine der Ursachen für die teilweise widersprüchlichen Ergebnisse von Untersuchungen an Beton sein.

4.3 Größe der plastischen Zone

Nach Abschnitt 2 soll der Bereich der plastischen Zone an der Rißwurzel im Vergleich zur Rißlänge und Probengröße klein sein. Bei der Prüfung metallischer Werkstoffe ist diese Bedingung im allgemeinen erfüllt, wenn:

$$\text{Rißlänge} \qquad a \geq 2,5 \left(\frac{K_{1c}}{\sigma_s}\right)^2$$

$$\text{Probenhöhe} \qquad b \geq 5 \left(\frac{K_{1c}}{\sigma_s}\right)^2 \hspace{2cm} (13)$$

$$\text{Probendicke} \qquad d \geq 2,5 \left(\frac{K_{1c}}{\sigma_s}\right)^2,$$

wobei

σ_s Streckgrenze des Werkstoffes.

Diese Beziehungen sind jedoch empirisch und nur durch Untersuchungen an metallischen Werkstoffen bestimmt worden. Es ist ungeklärt, wieweit sie auf zementgebundene Stoffe anwendbar sind.

Zementstein kann als weitgehend spröde betrachtet werden, so daß plastische Verformungen nur im unmittelbaren Rißbereich zu erwarten und kleine Proben zulässig sind. Dies gilt jedoch nicht mehr für Mörtel und

Beton. Die verschiedentlich beobachteten Rißverzweigungen und damit verbundenes langsames Rißwachstum vor Erreichen des instabilen Zustandes können im Sinn der Bruchmechanik als „plastische" Verformungen an der Rißwurzel betrachtet werden. Dabei müssen Größe der „plastischen" Zone und Probeabmessungen bei Mörtel und Beton aufeinander abgestimmt werden. Es ist sehr wahrscheinlich, daß die Größe der „plastischen" Zone bei Mörtel und Beton wiederum vom Größtkorn des Zuschlages abhängig ist. Daher erscheint für Mörtel und Beton eine Festlegung entsprechend Gl. (12) richtiger als die Beziehungen nach Gl. (13).

Aus der unterschiedlichen Sprödigkeit von Zementstein, Mörtel und Beton ergibt sich ferner, daß eine Charakterisierung der Betonkomponenten durch die Bruchzähigkeit K_{1c} noch sinnvoll ist. Bei der Untersuchung von Mörtel- und Betonproben sollte aber die Bestimmung des *J*-Integrals zu schlüssigeren Ergebnissen führen. Entsprechende Untersuchungen liegen jedoch nicht vor.

4.4 Die Kerbempfindlichkeit von zementgebundenen Werkstoffen

Zur Überprüfung der Anwendbarkeit bruchmechanischer Beziehungen auf das Sprödbruchverhalten eines Werkstoffes wird häufig seine Kerbempfindlichkeit herangezogen. Diese gibt auch darüber Aufschluß, ob beim Entwurf einer Konstruktion die Spannungsspitzen an Rissen, Fehlstellen oder plötzlichen Querschnittsveränderungen berücksichtigt werden müssen.

Ein Werkstoff ist dann kerbempfindlich, wenn die auf den Nettoquerschnitt bezogene Bruchspannung einer gekerbten Probe unter Annahme linear-elastischen Verhaltens und ohne Berücksichtigung der Spannungsspitzen an der Kerbwurzel mit steigender Kerbtiefe abfällt. Umgekehrt ist ein Werkstoff kerbunempfindlich, wenn diese Nettospannung gleich oder größer als die Zugfestigkeit einer ungekerbten Probe ist. Werkstoffe mit ausgeprägten plastischen Verformungseigenschaften wie z. B. Baustähle sind meist kerbunempfindlich, weil die an der Kerbwurzel auftretenden Spannungsspitzen durch plastische Verformungen weitgehend abgebaut werden.

Spröde Werkstoffe, für welche also die bruchmechanischen Beziehungen in besonderem Maße Gültigkeit haben sollten, zeigen im allgemeinen eine hohe Kerbempfindlichkeit.

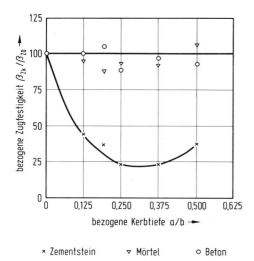

× Zementstein   ▽ Mörtel   ○ Beton

Bild 8
Kerbempfindlichkeit von Zementstein, Mörtel und Beton
nach [18]

In Bild 8 ist die Biegezugfestigkeit von gekerbten Balken aus Zementstein, Mörtel und Beton bezogen auf die Biegezugfestigkeit ungekerbter Proben in Abhängigkeit von der auf die Balkenhöhe bezogene Kerbtiefe nach Versuchen von SHAH und McGARRY aufgetragen [18]. Die untersuchten Proben hatten eine Höhe von $b = 51$ mm. Das Größtkorn der Zuschläge der Mörtelproben betrug ca. 3 mm, jenes der Betonproben ca. 10 mm. Tabelle 1 zeigt die Ergebnisse eigener Untersuchungen an gekerbten Biegebalken unterschiedlicher Höhe aus Zementstein, Mörtel und Einkornbetonen mit unter-

schiedlichem Größtkorn. Die bezogene Kerbtiefe wurde hier mit $a/b = 0,10$ konstant gehalten. Sowohl die Untersuchungen nach Bild 8 als auch die Ergebnisse nach Tabelle 1 zeigen, daß reiner Zementstein sehr kerbempfindlich ist. Die Kerbempfindlichkeit geht jedoch mit steigender Korngröße zurück. Ähnliche Ergebnisse sind in [2], [16], [19], [20] dargestellt.

Nach Bild 8 ist Beton mit einem Größtkorn von 10 mm nicht mehr kerbempfindlich. SHAH und McGARRY zogen daraus den Schluß, daß die Bruchmechanik auf Beton nicht anwendbar sei. Daß dieser Schluß nicht zwingend ist, soll im folgenden kurz dargestellt werden:

Die Kerbempfindlichkeit eines Werkstoffes hängt auch bei Gültigkeit bruchmechanischer Beziehungen von den Werkstoffkenngrößen sowie von den Probeabmessungen ab. Die Biegezugfestigkeit einer gekerbten Probe β_{Zk} bezogen auf die Biegezugfestigkeit einer ungekerbten Probe β_{Z0} eines Werkstoffes, der den Gesetzen der Bruchmechanik gehorcht, kann durch folgende Beziehung ausgedrückt werden [20]:

$$\frac{\beta_{Zk}}{\beta_{Z0}} = \frac{K_{Ic}}{\beta_{Z0}} \cdot \frac{1}{\sqrt{\pi \cdot a}\left(1 - \dfrac{a}{b}\right)^2 \cdot F\left(\dfrac{a}{b}\right)} \leqslant 1,0, \qquad (14)$$

darin bedeuten

K_{Ic} Bruchzähigkeit des Werkstoffs

a Rißlänge

b Balkenhöhe

$F\left(\dfrac{a}{b}\right)$ Korrekturfunktion nach Gl. (9).

Tabelle 1
Biegezugfestigkeit ungekerbter und gekerbter Mörtel- und Betonproben unterschiedlicher Größe $W/Z = 0,4$; Prüfalter: 7 Tage

Zuschlag-fraktion	Zu-schlag-gehalt	Biegezugfestigkeit								
		Probenhöhe 20 mm Kerbtiefe			Probenhöhe 40 mm Kerbtiefe			Probenhöhe 100 mm Kerbtiefe		
		$a = 0$ β_{Z0}	$a = 2$ mm β_{Zk}	β_{Z0}/β_{Zk}	$a = 0$ β_{Z0}	$a = 4$ mm β_{Zk}	β_{Z0}/β_{Zk}	$a = 0$ β_{Z0}	$a = 10$ mm β_{Zk}	β_{Z0}/β_{Zk}
[mm]	[M-%]	[N/mm²]	[N/mm²]		[N/mm²]	[N/mm²]		[N/mm²]	[N/mm²]	
Zementstein	0	–	–	–	7,57	3,90	0,52	–	–	–
0,25/0,5	25	8,37	5,62	0,68	7,76	5,06	0,65	–	–	–
0,25/0,5	50	6,78	6,00	0,88	6,22	4,90	0,79	–	–	–
4/8	50	–	–	–	5,17	5,06	0,98	6,65	5,40	0,81
8/16	50	–	–	–	–	–	–	5,33	4,83	0,91
16/32	50	–	–	–	–	–	–	3,10	3,27	1,05

Die Korrekturfunktion $F(a/b)$ kann z. B. [7] entnommen werden. Für den 3-Punkt-Biegeversuch nach Bild 3 ist für $a/b = 0,1$ $F(a/b) = 0,99$.

Nach Gl. (14) steigt die Kerbempfindlichkeit bzw. sinkt das Verhältnis β_{zk}/β_{z0} mit steigender Rißlänge a bzw. bei konstantem Verhältnis a/b mit steigender Balkenhöhe. Dies zeigen auch die Versuchsergebnisse nach Tabelle 1. Die Kerbempfindlichkeit der Mörtelproben mit einem Zuschlag der Fraktion 0,25/0,5 mm steigt mit steigender Balkenhöhe b bzw. mit steigender Rißlänge a bei konstantem Verhältnis a/b. Die Betonproben mit der Kornfraktion 4/8 mm sind bei einer Balkenhöhe von 40 mm noch kerbunempfindlich, bei einer Balkenhöhe von 100 mm dagegen deutlich kerbempfindlich.

Ferner ist nach Gl. (14) ein Werkstoff um so kerbempfindlicher, je kleiner das Verhältnis K_{lc}/β_{z0}. Da nach Abschnitt 3.2 die Bruchzähigkeit zementgebundener Werkstoffe mit steigendem Zuschlagsgehalt und steigender Zuschlagsgröße wächst, während die Zugfestigkeit abfällt, muß auch die Kerbempfindlichkeit mit steigender Zuschlagsgröße zurückgehen. Auch dies wird durch die Ergebnisse nach Tabelle 1 bestätigt.

Aber auch Gl. (14) ist erst dann voll gültig, wenn bei der Bestimmung der entsprechenden Materialkennwerte β_{zk} und K_{lc} die Anforderungen an die Mindestabmessungen von Balkenhöhe und Rißlänge nach Abschnitt 4.2 und 4.3 erfüllt sind. Dies trifft bei den Versuchen nach Bild 8 nur für die Zementstein- und Mörtelproben zu, bei den Versuchen nach Tabelle 1 nur bei Betonen bis zu einem Größtkorn von 8 mm. Eine Kerbempfindlichkeit der Betonproben mit einem Größtkorn von 32 mm ist daher erst bei Balkenhöhen von mehr als ca. 500 mm zu erwarten.

Schließlich ist noch darauf hinzuweisen, daß bei Betonproben vor Erreichen des Bruches langsames Rißwachstum eintritt, das nach [19] von Zuschlagsgröße und Kerbtiefe abhängig ist und bei der Auswertung der Ergebnisse von Versuchen an gekerbten Proben berücksichtigt werden sollte.

4.5 Schlußfolgerungen

Die bisherigen Überlegungen zeigten, daß bruchmechanische Untersuchungen an den Betonkomponenten Zementstein und Zuschlag sowie an Zementstein-Zuschlagkontaktzonen relativ einfach durchzuführen sind und eindeutige Materialkennwerte liefern. Untersuchungen an Mörtel und Betonproben können nur dann

schlüssige Ergebnisse liefern, wenn hierzu ausreichend große Probekörper eingesetzt werden und wenn langsames Rißwachstum vor Erreichen des instabilen Zustandes berücksichtigt wird.

Betonproben mit Zuschlägen >8 mm sind bei Balkenhöhen bis zu 10 cm nahezu kerbunempfindlich. Es ist zwar wahrscheinlich, daß bei der Verwendung ausreichend großer Proben auch Beton eine gewisse Kerbempfindlichkeit zeigt, die aber deutlich geringer als die Kerbempfindlichkeit von Zementsteinproben sein sollte. Untersuchungen über die Kerbempfindlichkeit allein sind jedoch noch nicht ausreichend, um die Gültigkeit bruchmechanischer Beziehungen nachzuweisen.

Berücksichtigt man den großen versuchstechnischen Aufwand zur Bestimmung bruchmechanischer Kennwerte an Betonproben sowie deren wahrscheinlich geringe Kerbempfindlichkeit, so erscheint es zur Zeit weder notwendig noch sinnvoll, bruchmechanische Konzepte bei der Bemessung von Bauteilen aus Beton einzuführen. Die Bruchmechanik kann aber in der Betontechnologie mit Erfolg angewandt werden, wenn Detailprobleme über den Rißfortschritt oder den Bruchvorgang in zementgebundenen Werkstoffen erklärt werden sollen, die auf anderem Wege nicht gedeutet werden können. Im folgenden Abschnitt werden hierzu drei Anwendungsgebiete kurz dargestellt.

5 Beispiele zur Anwendung der Bruchmechanik in der Betontechnologie

5.1 Der Bruchvorgang von Beton unter Druckbelastung

Während der vergangenen Jahre wurden umfangreiche Untersuchungen durchgeführt, um die Vorgänge zu erforschen, die zum Bruch von Beton bei Druckbeanspruchung führen. In verschiedenen experimentellen Untersuchungen wurde gezeigt, daß noch unbelastete Betonproben bereits Mikrorisse in den Kontaktzonen Zementstein-Zuschlag aufweisen. Während einer Druckbelastung pflanzen sich diese Risse zunächst in den Kontaktzonen, bei höheren Spannungen dann in der Mörtelmatrix des Betons fort.

Verschiedene bruchmechanische Studien wurden durchgeführt, um dieses Verhalten zu deuten. WITTMANN und ZAITSEV untersuchten theoretisch die Rißausbreitung in druckbelasteten porösen Systemen [21]: Ausgehend von den im Zementstein enthaltenen Poren entwickeln sich parallel zur Belastungsrichtung orientierte Risse, die bruchauslösend wirken, sobald sie eine kritische Länge erreichen.

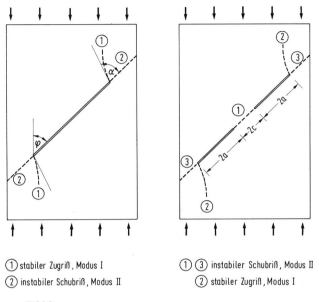

① stabiler Zugriß, Modus I
② instabiler Schubriß, Modus II

① ③ instabiler Schubriß, Modus II
② stabiler Zugriß, Modus I

Bild 9
Rißfortpflanzung in einem Druckspannungsfeld nach [22]

Anhand einer Analyse von Betonoberflächen zeigten Dɪᴀᴢ und Hɪʟsᴅᴏʀғ [22], daß sich während einer Druckbelastung benachbarte Einzelrisse zu größeren Rissen zusammenschließen. Der Bruch der Betonprobe tritt dann ein, wenn sich als Folge der Vereinigung kleiner Risse eine durchgehende, zur Belastungsrichtung meist geneigte Bruchfläche bildet. Zur Erklärung dieser Beobachtung führten Dɪᴀᴢ und Hɪʟsᴅᴏʀғ experimentelle und bruchmechanische Untersuchungen über das Verhalten von geneigten Rissen in einem Druckspannungsfeld durch (Bild 9). Die Ergebnisse lassen sich wie folgt zusammenfassen:

a) Ein Einzelriß in einem Druckspannungsfeld, der abhängig vom Reibungsbeiwert zwischen den Rißoberflächen auch Schubkräfte überträgt, kann sich entweder als stabiler Zugriß nach Modus I oder bei einer höheren Spannung als Schubriß nach Modus II fortpflanzen.

b) Der Ausgangsriß und der Zugriß schließen einen Anfangswinkel α ein, der von der Orientierung des Ausgangsrisses φ unabhängig ist. Der Schubriß pflanzt sich in der Richtung des ursprünglichen Risses fort.

c) Die Orientierung des Ausgangsrisses φ, welche zur niedrigsten Rißlast führt, hängt vom Reibungsbeiwert μ der beiden sich berührenden Rißoberflächen ab.

d) Bei zwei kollinearen Rissen nach Bild 9 steigt der Spannungsintensitätsfaktor an den innen gelegenen Rißspitzen mit kleiner werdendem bezogenen Rißabstand a/c. Der Spannungsintensitätsfaktor an den außen liegenden Rißenden ist immer kleiner als jener an den innen liegenden Rißenden.

e) An druckbelasteten Proben aus Gips mit zwei kollinearen Rissen entsprechend Bild 9 wurden die theoretischen Ergebnisse bestätigt und folgende Rißentwicklung beobachtet: Ein instabiler Schubriß nach Modus II führt zu einer Verbindung der benachbarten Risse. Darauf folgen stabile Zugrisse nach Modus I an den außen gelegenen Enden des Risses. Der Bruch tritt ein durch instabiles Rißwachstum bis an die Probenränder nach Modus II in Richtung des ursprünglichen Risses.

Mit dieser Untersuchung wurde der Nachweis erbracht, daß sich in einem Druckspannungsfeld, in dem schon vor der Belastung zur Belastungsrichtung geneigte Risse vorhanden sind, sich diese nach Modus I (stabil) bzw. Modus II (instabil) fortpflanzen, sich vereinigen und letztlich zur Bildung einer geneigten, durchgehenden Bruchfläche führen.

Zᴀɪᴛsᴇᴠ und Wɪᴛᴛᴍᴀɴɴ formulierten ein bruchmechanisches Modell, in dem sie ebenfalls die Bildung einer durchgehenden Bruchfläche postulierten [23]. Sie berücksichtigten dabei die Inhomogenität des Betons und zeigten, daß ähnlich dem Modell von Dɪᴀᴢ und Hɪʟsᴅᴏʀғ die Bruchfläche durch Zusammenwachsen einzelner Risse entsteht. Der Bruchvorgang nimmt seinen Ausgang an den Zuschlag-Zementsteinkontaktzonen. Bei einer kritischen Last tritt zunächst instabiles Rißwachstum nach Modus II entlang der Kontaktzonen ein. Die Rißfortpflanzung wird gebremst, sobald die Kontaktzonen ihre Orientierung gegenüber der äußeren Spannung verändern. Darauf folgt langsames Rißwachstum nach Modus I in einer Richtung etwa parallel zur äußeren Belastung, bis der Riß durch ein Zuschlagskorn am weiteren Wachstum behindert wird und sich nach Laststeigerung erneut in der Grenzfläche Zementstein-Zuschlag nach Modus II fortsetzt. Die charakteristischen bruchmechanischen Kenngrößen, welche die Druckfestigkeit von Beton bestimmen, sind daher die Bruchzähigkeiten der Kontaktzonen K_{Ic}^{IF} und K_{IIc}^{IF} sowie die Bruchzähigkeit der Mörtelmatrix K_{Ic}^M. Eigene Untersuchungen deuten darauf hin, daß auch die Bruchzähigkeit der Zuschläge als zusätzlicher Parameter zu berücksichtigen ist.

5.2 Der Einfluß der Zuschlagsgröße auf Schrumpf- und Schwindverformungen von Beton

In Bild 10 sind die mit einem Volumendilatometer gemessenen Schrumpfverformungen von Zementstein sowie von Mörtelproben mit Zuschlägen unterschiedlicher Größe aber gleichen Volumenanteils dargestellt. Im gleichen Diagramm sind auch die Schrumpfverformungen von Zementstein und Mörtel angegeben, denen eine Kunststoffdispersion zugegeben wurde. Dabei ist die Volumenänderung ΔV auf das Zementsteinvolumen bezogen, denn es kann davon ausgegangen werden, daß nur der Zementstein während des Abbindens Schrumpfverformungen unterliegt. Bild 10 zeigt, daß

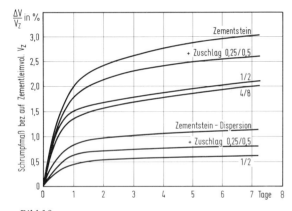

Bild 10
Schrumpfen von Zementstein und Beton
$W/Z = 0{,}4$; Zuschlaggehalt: 50 M-%

die Schrumpfverformungen des Zementsteins durch den Zuschlag scheinbar verringert werden, und zwar um so mehr, je größer die Zuschläge sind. Ein ähnliches Verhalten wurde auch bei Schwinduntersuchungen festgestellt: Bei konstantem Volumenanteil der Zuschläge nimmt das Schwinden von Beton mit steigender Korngröße ab. In der Literatur wird dieses Verhalten meist durch folgende Hypothese erklärt: Als Folge der Schrumpfbehinderung des Zementsteins durch den Zuschlag treten im Zementstein Mikrorisse auf, die eine Volumenzunahme und damit eine Reduktion der gemessenen Schrumpfverformungen zur Folge haben. Der Einfluß der Zuschlagsgröße wird dadurch erklärt, daß die Schrumpfspannungen mit steigender Zuschlagsgröße anwachsen. Diese Erklärung widerspricht jedoch der Elastizitätstheorie: In einer unendlich großen Scheibe mit starren, kreisförmigen Einschlüssen mit einem Durchmesser d und einem Mittelpunktsabstand a hängen die als Folge einer Volumenveränderung der Matrix auftretenden Spannungen bei gegebenen Verformungseigenschaften der Matrix nur vom Verhältnis d/a ab. Wird der Durchmesser der starren Einschlüsse variiert, ihr Volumenanteil jedoch konstant gehalten, so bleibt das Verhältnis d/a konstant. Entsprechend kann sich die Größe der im betrachteten System auftretenden Spannungen nicht verändern. Die Bruchmechanik liefert jedoch eine Erklärung für die beobachtete Abhängigkeit der Schrumpf- und Schwindverformungen von der Größe des Zuschlages:

a) Risse nehmen immer ihren Ausgang an örtlichen Fehlstellen, Anrissen oder Inhomogenitäten im Werkstoff. Die kritische Spannung, bei welcher sich der Riß fortpflanzt, ist umso geringer, je größer die vorhandene Fehlstelle. Im Bereich der Zementstein-Zuschlagkontaktzonen liegen solche Fehlstellen z. B. als größere Poren, Lufteinschlüsse oder Wassersäcke vor. Sie können umso größer sein, je größer das vorhandene Zuschlagskorn ist. Entsprechend wird auch bei gleicher Eigenspannung beim Vorhandensein großer Zuschläge und damit größerer Fehlstellen ein Riß sich eher an großen als an kleinen Zuschlagskörnern ausbilden.

b) Im Rahmen von Untersuchungen an keramischen Werkstoffen mit kugelförmigen Einschlüssen wurde beobachtet, daß Spannungen, die bei einer Temperaturerhöhung als Folge ungleicher Ausdehnungskoeffizienten von Einschlüssen und Matrix auftreten, erst dann zu Rissen führen, wenn die kugeligen Einschlüsse eine bestimmte kritische Größe überschreiten. Anhand von Energiebetrachtungen stellte LANGE fest, daß bei konstanter Volumenkonzentration der Einschlüsse die für die Fortpflanzung eines Risses vorhandene Energie umso geringer ist, je kleiner der Durchmesser des Einschlusses bzw. je größer die Anzahl der Einschlüsse [24]. Nach LANGE kann sich daher unabhängig von der Größe der Fehlstelle ein Riß erst dann fortpflanzen, wenn die Bedingung erfüllt ist:

$$\sigma^2 \cdot R \geq \text{const.} \tag{15}$$

Darin bedeuten:

σ   Spannung, welche die Rißentwicklung
     auslöst
R   Radius des Einschlusses.

Mit dieser Beziehung ist eine einleuchtende, wenn auch zunächst nur qualitative Erklärung für die Beobachtung gegeben, daß sich bei Beton Risse vorzugsweise an größeren Zuschlagskörnern ausbilden.

5.3 Einfluß der Zuschlag-Zementsteinkontaktzonen auf die Zugfestigkeit von Beton

Eine in der Betontechnologie allgemein anerkannte Hypothese besagt, daß die Zugfestigkeit der Zementstein-Zuschlagkontaktzonen von entscheidender Bedeutung für die Zug- und Druckfestigkeit von Beton ist. Diese Hypothese wurde durch zahlreiche Untersuchungen des Rißwachstums in Beton bei Zug- oder Druckbelastung untermauert. In [4] und [10] sowie im Abschnitt 5.1 wurde darüber hinaus gezeigt, daß nicht nur die Zugfestigkeit, sondern vor allen Dingen die Bruchzähigkeit der Kontaktzonen das entscheidende Kriterium ist.

Im Rahmen eines größeren Forschungsprogrammes wurde am Institut für Baustofftechnologie der Universität Karlsruhe der Einfluß der Bruchzähigkeit der Kontaktzonen auf die Biegezugfestigkeit von Mörtel und Betonproben untersucht. Dabei wurden sowohl kalzitische als auch quarzitische Zuschläge verwendet. Zugfestigkeit und Bruchzähigkeit der Kontaktzonen wurden durch Zugabe einer Kunststoffdispersion nahezu verdoppelt. Die Bestimmung der Bruchzähigkeit erfolgte an CT-Proben ähnlich den in Bild 5 dargestellten Kör-

pern. Die erzielten Versuchsergebnisse sind auszugsweise in Tabelle 2 zusammengestellt. Aus den Spalten 3 und 5 geht hervor, daß die Bruchzähigkeit der Kontaktzonen nach Zugabe der Kunststoffdispersion Werte erreicht, die der Bruchzähigkeit, der reinen Zementsteinmatrix nahekommen. Überraschenderweise wirkte sich jedoch diese Erhöhung der Bruchzähigkeit nur auf die Biegezugfestigkeit von Proben aus Einkornbeton mit einem Größtkorn von 32 mm aus. Hier sind Biegezugfestigkeit der Betonproben und Bruchzähigkeit der Kontaktzonen einander nahezu proportional. Bei Proben mit einem Größtkorn von 8 mm konnte durch die Verbesserung der Kontaktzoneneigenschaften keine Festigkeitssteigerung erzielt werden.

Zur Deutung dieser Ergebnisse muß das in Bild 10 dargestellte Schrumpfverhalten des Zementsteins mit und ohne Dispersionszugabe herangezogen werden. Rasterelektronenmikroskopische Untersuchungen der Kontaktzonen ließen bisher keine Unterschiede in der Struktur der Kontaktzonen zwischen reinem Zementstein und kunststoff-modifiziertem Zementstein erkennen. Auch der Hydratationsgrad war bei beiden Mischungen nahezu gleich. Dagegen wird nach Bild 10 das Schrumpfen des Zementsteins durch die Dispersionszugabe entscheidend verringert. Unter Berücksichtigung der im Abschnitt 5.2 aufgezeigten Abhängigkeit der Schrumpfrißbildung von der Korngröße können aus den vorliegenden Versuchsergebnissen folgende Schlüsse gezogen werden:

a) Das Schrumpfen des Zementsteines verursacht auch Risse in den Kontaktzonen der zur Bestimmung ihrer Bruchzähigkeit verwendeten CT-Proben. Diese Risse

Tabelle 2
Vergleich zwischen Eigenschaften von Matrix, Kontaktzone und Beton
$W/Z = 0,4$; Prüfalter: 7 Tage

| Werkstoff | Zementstein-Matrix | | | Kontaktzone | | Beton | |
| | Zugfestigkeit | | Bruch-zähigkeit $[N/mm^{3/2}]$ | Zug-festigkeit $[N/mm^2]$ | Bruch-zähigkeit $[N/mm^{3/2}]$ | 0/8 mm Biegezug-festigkeit $[N/mm^2]$ | 16/32 mm Biegezug-festigkeit $[N/mm^2]$ |
	zentrisch $[N/mm^2]$	Biegezug $[N/mm^2]$					
Zementstein-Kalzit	5,83	8,82	12,2	0,96	5,2	7,69	–
Zementstein/Disp.-Kalzit	5,15	7,96	15,0	1,67	11,7	7,93	–
Zementstein-Quarzit	5,83	8,82	12,2	1,19	6,6	7,88	3,05
Zementstein/Disp.-Quarzit	5,15	7,96	15,0	2,14	9,7	7,39	4,25

setzen die gemessene Bruchzähigkeit der Kontaktzonen herab. Bei einer entscheidenden Verminderung des Schrumpfens geht diese Rißbildung zurück, die Bruchzähigkeit wächst an.

b) An Betonproben mit einem Größtkorn bis zu 8 mm wirkt sich eine Erhöhung der Bruchzähigkeit als Folge reduzierten Schrumpfens des Zementsteins auf die Zugfestigkeit nur noch wenig aus, weil die Größe der Zuschlagskörner zum Teil unter dem kritischen Wert nach Gl. (15) liegt. Auch ohne Zugabe der schrumpfvermindernden Dispersion werden die Kontaktzonen im Mörtel durch Schrumpfrisse wenig geschwächt. Erst bei Verwendung von größeren Zuschlägen, bei denen Schrumpfrisse auftreten, führt eine Erhöhung der Bruchzähigkeit durch Verringerung des Schrumpfmaßes zu einer Erhöhung der Biegezugfestigkeit.

c) Die vorliegenden Versuchsergebnisse zeigen, daß eine Reduktion des Zementsteinschrumpfens eine wirksame Methode ist, die Biegezugfestigkeit von Beton mit Grobzuschlägen zu verbessern.

d) Die Versuchsergebnisse zeigen ferner, daß zumindest bei den hier untersuchten 7 Tage alten Proben die Bruchzähigkeit der Kontaktzonen nach Reduktion der Schrumpfverformung nur wenig geringer als die Bruchzähigkeit der Matrix ist. Eine weitere Verfestigung der Kontaktzonen kann sich dann auf die Biegezugfestigkeit eines entsprechenden Betons nur noch wenig auswirken, da damit lediglich der Rißverlauf von der Kontaktzone in den Übergangsbereich Matrix-verfestigte Kontaktzone verlegt würde.

6 Schlußbemerkung

In dieser Arbeit sollte gezeigt werden, daß die Anwendbarkeit bruchmechanischer Konzepte in der Betontechnologie zu einer Beantwortung verschiedener, bis dahin wenig geklärter Detailfragen beitragen kann. Dies gilt vor allem für Vorgänge, die mit der Entstehung und dem Wachstum von Mikrorissen in zementgebundenen Werkstoffen in Zusammenhang stehen.

Die Entwicklung eines allgemein gültigen Stoffgesetzes für das Festigkeits- und Verformungsverhalten von Beton auf der Grundlage der Bruchmechanik ist zwar nicht grundsätzlich ausgeschlossen. Ehe dieses Ziel aber erreicht werden kann, ist noch ein langer Weg zu gehen.

Anders als bei der Bemessung metallischer und keramischer Konstruktionselemente ist bei der Bemessung von Bauteilen aus Beton eine Anwendung der Bruchmechanik nicht sinnvoll. Für eine solche Anwendung ist zur Zeit auch keine baupraktische Notwendigkeit gegeben.

7 Schrifttum

[1] GRIFFITH, A. A.: The phenomena of rupture and flow in solids. Philosophical Transactions of the Royal Society, 221 A (1920), S. 163.

[2] KAPLAN, M. F.: Crack propagation and the fracture of concrete. Journal, ACI, Vol. 58, No. 5, Nov. 1961, S. 591.

[3] NAUS, D. J. and LOTT, J. L.: Fracture Mechanics of Concrete. Fracture Mechanics of Ceramics, Vol. 2, Plenum Press N. Y. London, 1973, S. 469.

[4] HILLEMEIER, B.: Bruchmechanische Untersuchungen des Rißfortschritts in zementgebundenen Werkstoffen. Dissertation Universität Karlsruhe, 1976.

[5] IRWIN, G. R.: Fracture, Handbuch der Physik VI, Hrsg. S. FLÜGGE, Springer-Verlag Berlin/Göttingen/Heidelberg, 1958.

[6] BLANEL, J. G., KALTHOFF, J. F. und SOMMER, E.: Die Bruchmechanik als Grundlage für das Verständnis der Festigkeitslehre. Materialprüfung Bd. 12, Nr. 3, 1970, S. 69–76.

[7] HECKEL, K.: Einführung in die Bruchmechanik. Carl Hanser-Verlag, München 1970.

[8] RICE, J. R.: A path independent integral and the approximate analysis of strain concentration by notches and cracks. Transactions. ASME, Journal of Applied Mechanics 35 (1968), S. 379.

[9] BEGLEY, J. A. and LANDES, J. D.: The J-Integral as a fracture criterion. ASTM-STP 514, 1972, S. 1.

[10] HILLEMEIER, B. and HILSDORF, H. K.: Fracture Mechanics Studies on Concrete Compounds. Cement and Concrete Research, Vol. 7, 1977, S. 523.

[11] WELCH, G. B. and HAISMAN, B.: The application of fracture mechanics to concrete and the measurement of fracture toughness. Materiaux et Constructions, Vol. 2, 1969, S. 171.

[12] MOAVENZADEH, F. and KUGEL, R.: Fracture of Concrete. IMLSA, Vol. 4, No. 3, 1969, S. 497.

[13] NAUS, D. J. and LOTT, J. L.: Fracture toughness of portland cement concrete. Journal ACI, Vol. 66, No. 6, 1969, S. 481.

[14] KESLER, C. E., NAUS, D. J. and LOTT, J. L.: Fracture mechanics – its applicability to concrete. International Conference on Mechanical Behavior of Materials, Kyoto, Japan, 1971.

[15] BROWN, J. H.: Measuring the fracture toughness of cement paste and mortar. Magazine of Concrete Research, Vol. 24, No. 81, Dec. 1972, S. 185.

[16] GJÖRV, O. E., SÖRENSEN, S. J. and ARNESEN, A.: Notch sensitivity and fracture toughness of concrete. Cement and Concrete Research, Vol. 7, 1977, S. 333.

[17] HARDER, D.: Vergleich der Kennwerte der Bruchmechanik J-Integral und K_{Ic} für Zementstein, Mörtel und Marmor. Institut für Baustofftechnologie, Universität Karlsruhe 1977.

[18] SHAH, S. P. and McGARRY, F. J.: Griffith Fracture Criterion and Concrete. Journal, Eng. Mech. Division ASCE, Vol. 97, No. EM6, 1971, S. 1663.

[19] Cook, D.J. and Crookham, G.: Diskussionsbeitrag zu [16], Cement and Concrete Research, Vol. 8, 1978, S. 387.

[20] Müller, H.: Der Einfluß von Proben- und Korngröße auf die Kerbempfindlichkeit heterogener Werkstoffe. Institut für Baustofftechnologie, Universität Karlsruhe 1979.

[21] Wittmann, F. und Zaitsev, J.W.: Verformung und Bruchvorgang poröser Baustoffe bei kurzzeitiger Belastung und Dauerlast. DAfStb, H. 232, Berlin, 1974.

[22] Diaz, S.J. and Hilsdorf, H.K.: Fracture mechanism of concrete under compressive loads. Cement and Concrete Research, Vol. 3, 1973, S. 363.

[23] Zaitsev, J.W. and Wittmann, F.H.: Crack propagation in a two-phase material such as concrete. Fracture 1977, Vol. 3, ICF 4. Waterloo, Canada 1977.

[24] Lange, F.F.: Criteria for Crack extension and arrest in residual, localized stress fields associated with second phase particles. Fracture Mechanics of Ceramics, Vol. 2, Plenum Press, N.Y. London, 1973, S. 599.

György Iványi

Sanierung von Rissen durch Epoxidharzinjektionen

1 Einleitung

Die vielfältige Anwendung von Stahl- und Spannbeton schließt eine Inkaufnahme des Risikos von Rißbildungen ein, da sich Beton unter Zugbeanspruchungen spröde verhält und bei verhältnismäßig geringen Zugspannungen bzw. Dehnungen zur Bildung von Rissen neigt. Bei Bauwerken aus bewehrtem Beton wird aus diesem Grunde von vornherein kein Anspruch auf einen ungerissenen Zustand erhoben, es wird vielmehr die Begrenzung der maximal zu erwartenden Rißbreiten angestrebt. Obwohl das Vorhandensein von Rissen in den üblichen Rechenannahmen vorausgesetzt wird, können Rißbildungen in vielen Fällen dennoch unerwünscht oder schädlich sein. Einige Beispiele mögen dies veranschaulichen:

- Die Auswirkung von infolge planmäßiger Beanspruchungen entstehenden Rissen auf die Bruchsicherheit der Tragwerke ist bekannt – in der Regel stellt eine Berechnung nach der Elastizitätstheorie, d.h. unter der Voraussetzung eines ungerissenen Zustandes, eine zuverlässige Vereinfachung dar. Entstehen hingegen in Tragwerken Risse, die den planmäßigen

Kräftefluß stören, können diese die Tragfähigkeit ernsthaft gefährden, wie dies KERN [19] am Beispiel der Pfeilerwände einer Talsperre zeigt (Bild 1). Die hierbei entstandenen Trennrisse teilen die Kragscheibe in zwei Scheiben mit jeweils verringerter Nutzhöhe, so daß die Bruchsicherheit des Gesamttragwerkes in diesem Zustand nicht mehr gewährleistet ist.

- Bereits geringe Rißbreiten können z.B. eine erhöhte Korrosionsgefährdung oder eine Herabsetzung der Frost- oder Tausalzbeständigkeit von Tragwerken bewirken, wenn besondere Umweltbedingungen vorliegen.

- Aus Gründen der Gebrauchsfähigkeit können Risse auch mit geringen Rißbreiten unerwünscht sein, wenn es sich z.B. um eine planmäßig wasserundurchlässige Konstruktion wie ein Tunnelbauwerk oder einen Flüssigkeitsbehälter handelt.

- Steifigkeitsverluste infolge Rißbildungen im Gebrauchszustand können in manchen Fällen ebenfalls zu einer Verminderung der Gebrauchsfähigkeit des Tragwerks führen, wenn hieraus unzulässig große Verformungen resultieren (z.B. Gradientenveränderungen infolge zu großer Durchbiegungen bei Eisenbahnbrücken, usw.).

- Unvorhersehbare Lastfälle oder Katastrophen wie z.B. Erdbeben sind u.U. mit erheblichen Rißbildungen verbunden, die eine planmäßige Weiternutzung des Bauwerkes wegen mangelnder Gebrauchsfähigkeit oder nicht mehr vorhandener Bruchsicherheit ausschließen können.

- Ästhetische Belange können die hohe Anforderung einer möglichst rissefreien Konstruktion mit sich bringen.

In all diesen Fällen folgen aus der Tatsache der Rißbildung eine Herabsetzung der Tragfähigkeit, eine Verminderung der Dauerhaftigkeit, eine Beeinträchtigung der Gebrauchsfähigkeit der Tragwerke oder ästhetische

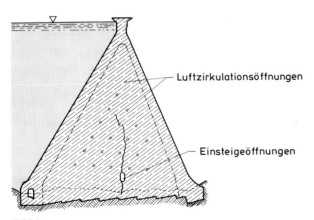

Bild 1
Beispiel einer gerissenen Pfeilerwand [19]

Unzulänglichkeiten – Gründe, die eine Sanierung der Risse erforderlich machen können.

Der Wunsch, aus den erwähnten Gründen als schädlich beurteilte Risse zu schließen, setzt eine gründliche Analyse ihrer Ursachen voraus. Obwohl es zu den Grundsätzen der Bemessung des Stahl- und Spannbetons gehört, Zugspannungen im Beton außer acht zu lassen, sind die meisten beobachteten Risse nicht auf eine Überschreitung der Betonzugfestigkeit infolge Beanspruchungen aus äußeren Lasten zurückzuführen, da die rechnerischen Beanspruchungen des Gebrauchszustandes nur selten erreicht werden und die Tragwerke selbst bei voller Gebrauchslast oft im ungerissenen Zustand verbleiben. Vielmehr kann ein Großteil der Rißbildungen auf eine Volumenabnahme des Frischbetons bzw. des jungen Betons zurückgeführt werden, da eine ausreichende Sicherstellung der zu diesem Vorgang gehörenden Verformungen oft nicht gegeben ist. Solche, auf Zwang zurückzuführenden Risse beruhen häufig auf einem einmaligen Vorgang; in manchen Fällen dienen allerdings die so entstandenen Risse im weiteren als Dehnungsfugen für äußere Temperatureinwirkungen. Wesentlich geringer ist der Anteil der infolge äußerer Lasten entstandenen Risse, die ebenfalls sowohl aus einmaligen als auch aus wiederholten Beanspruchungszuständen resultieren können.

Im Hinblick auf die geringe Zugfestigkeit des Betons, erscheint eine Sanierung von Rissen durch deren kraftschlüssiges Verfüllen als wenig sinnvoll, wenn die Ursache der Rißbildungen auf wiederholt auftretenden Last- oder Zwangbeanspruchungen beruht. Muß in solchen Fällen dennoch die hohe Anforderung eines rissefreien Tragwerkes z.B. aus Gründen höherer Steifigkeiten oder günstigeren Dauerschwingverhaltens erfüllt werden, verbleibt als einzige Möglichkeit, statisch wirksame Verstärkungsmaßnahmen zu ergreifen. Sind hingegen nur Konservierungsmaßnahmen erforderlich, kann eine Sanierung der Risse hinreichend durch Dichtungsmaßnahmen allein erfolgen.

Ein kraftschüssiges Verfüllen von Rissen ist nur sinnvoll und anzustreben, wenn deren Entstehung auf einem einmaligen Vorgang – infolge Zwang oder Last – beruht. Diese Art der Schadensbehebung ist Thema der vorliegenden Arbeit.

2 Grundlagen und Stand der Epoxidharzinjektion

2.1 Allgemeines über die verwendeten Epoxidharze

Stellt man aus Gründen der Dauerhaftigkeit die Forderung, daß bei Sanierung von Rissen auch der ursprünglich vorhandene aktive Korrosionsschutz der Bewehrungselemente d. h., ein alkalisches Medium wiederhergestellt werden muß, so wäre ein kraftschlüssiges Verfüllen der Risse mit einem zementgebundenen Material anzustreben. Diesem Wunsch sind allerdings praktische Grenzen gesetzt: Eine Rißverfüllung mit Zementleim ist auch unter Druck bestenfalls bis zu Rißbreiten ≥ 3 mm erfolgversprechend. Da die meisten zu sanierenden Risse geringe Breiten aufweisen, mußten andere Werkstoffe gesucht werden, um das Problem der Risseverfüllung zu lösen. Ein geeignetes niedrigviskoses Material wurde auf dem Gebiet der Kunststoffe gefunden – auf einen aktiven Korrosionsschutz mußte hierbei allerdings verzichtet werden; kunststoffverfüllte Risse stellen einen nur passiven Schutz gegen Korrosion dar.

Injektionsarbeiten zwecks kraftschlüssigen Verfüllens von Rissen in Massivbautragwerken werden derzeit in der Regel mit Epoxidharzen durchgeführt. Hierbei kommen ausschließlich kalthärtende, flüssige Zweikomponentensysteme in Betracht. Das eigentliche Harz ist ein Kondensationsprodukt aus Epichlorhydrin und Bisphenol A; als Härter werden in der Regel Polyamine oder Polyamide verwendet. Außer Harz und Härter können Füllstoffe, Pigmente und sonstige Additive hinzukommen.

Harz und Härter werden unmittelbar vor dem Gebrauch gemischt; in jüngster Zeit werden hierfür fast ausschließlich werkmäßige Gebinde oder auf einen bestimmten Kunststofftyp eingestellte automatische Dosiereinrichtungen verwendet. Die auf die Mischung folgende Erhärtung wird durch eine langsame Reaktion eingeleitet; nach einer gewissen Zeit findet eine rapide Beschleunigung des Vorganges verbunden mit einem spürbaren Temperaturanstieg statt (Bild 2). Temperaturen um $+5\,°C$ verlangsamen den Erhärtungsprozeß erheblich, unterhalb dieser Temperatur kann in der Regel keine ausreichende Vernetzung des Kunstharzes stattfinden.

Das nach Abschluß der Reaktion entstandene Produkt zeigt im ungefüllten Zustand bei niedrigem E-Modul sehr hohe Eigenfestigkeiten und ausgezeichnete Haftfe-

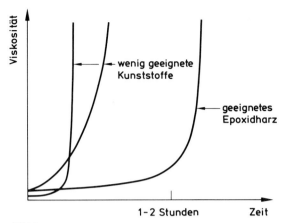

Bild 2
Zeitabhängige Änderung der Viskosität von Kunststoffen

stigkeiten mit allen im Ingenieurbau in Frage kommenden Baustoffen.

Für eine Verfüllung von Rissen sind bei Epoxidharzen außer den erwähnten Festigkeitseigenschaften niedrige Viskositäten vor Beginn der rapiden Erhärtung, gute Verträglichkeit im Hinblick auf Bauwerksfeuchte, hohe Alterungsbeständigkeit und von Fall zu Fall eine ausreichende chemische Beständigkeit, Volumenkonstanz und geringe Kriechverformungen erforderlich. Der Härter muß lösungsmittelfrei sein und darf keine korrosionsfördernde Zusätze enthalten. Die vorerwähnten Eigenschaften besitzen die meisten heute für Injektionszwecke verwendeten Epoxidharze.

Erste Anwendungen einer Injektionstechnik auf der Basis von Epoxidharzen zur Sanierung von Risseschäden im Bereiche des konstruktiven Ingenieurbaues aus den USA beschreibt 1960 TEMPER [30]; in der Arbeit konnte bereits über eine fünfjährige Bewährung der beschriebenen Sanierungsmaßnahmen berichtet werden. In der Bundesrepublik fällt die Entwicklung des Injizierens von Rissen mit Kunstharzen auf die 60er-Jahre; im Institut für Baustoffe, Massivbau und Brandschutz (vormals Institut für Baustoffkunde und Stahlbetonbau) der Technischen Universität Braunschweig wurden 1966 bis 1968 bereits Untersuchungen in größerem Umfange zum Nachweis der Eignung dieser Verfahren durchgeführt. Derzeit sind zahlreiche Spezialfirmen bzw. Spezialabteilungen von Bauunternehmungen und chemischen Großfirmen auf diesem Gebiet tätig, die im allgemeinen auf eine bereits langjährige Erfahrung zurückblicken und – wie dies in der vorliegenden Arbeit bestätigt wird – Sanierungsarbeiten kompliziertester Natur mit Erfolg durchzuführen vermögen.

2.2 Verpreßtechnologie

Die Einbringung von Epoxidharzen in Rissen setzt über ein geeignetes Kunststoffmaterial hinaus eine wirksame und leistungsfähige Verpreßtechnologie voraus. Folgende Fragenkomplexe sind hierbei zu lösen:

- Verdämmung der Risse
  Vor Beginn des Verpressens müssen die Risse an den Oberflächen des Bauwerkes dicht verschlossen werden. In Frage kommen hierfür beliebige plastische oder aushärtende Ein- oder Zweikomponentenklebstoffe auf Kunststoffbasis, die zu der oft nicht ebenen Betonoberfläche eine auf den Verpreßdruck abgestimmte gute Haftung ermöglichen müssen; hierzu ist in der Regel eine Vorbehandlung der Betonoberfläche erforderlich. Da die Qualität der Verdämmung den Erfolg der Verpreßarbeiten maßgebend beeinflußt, wird verschiedentlich auch eine Vorabprüfung der Dichtigkeit, z.B. durch Druckluft für erforderlich gehalten [5]. Das Verdämmungsmaterial ist nach erfolgreicher Durchführung der Injektionsarbeiten aus ästhetischen Gründen zu entfernen. Die Verdämmung der Risse bzw. die anschließende Entfernung der Dämmschicht sind zwar keine unmittelbaren Bestandteile der Injektionstechnik, sie verursachen jedoch einen erheblichen Teil der erforderlichen Gesamtkosten.

- Ausbildung von Einfüllöffnungen
  Durch Ankleben von Stutzen mit oder ohne Ventil bzw. Unterbringung von Packern in entsprechenden Bohrungen (Bild 3) werden entlang der Risse in Abständen von 5–30 cm Verpreßöffnungen ausgebildet. Sie dienen gleichzeitig auch der Beobachtung des Einpreßvorganges bzw. der notwendigen Entlüftung. Da die Ausbildung dieser Elemente ebenfalls zu einem kostenaufwendigen Teil des Verpreßverfahrens werden kann, wurden bei glatten Oberflächen Methoden bereits mit gutem Erfolg erprobt, die auf eine spezielle Einfüllöffnung verzichten. Stattdessen wird hierbei ein mit dem fertig gemischten Kunstharz durch einen Schlauch verbundener Saugkopf auf die Bauteiloberfläche gedrückt und unter dem Schutz dieser Gummihaube verpreßt.

- Mischen der Komponenten Harz und Härter
  Das Mischen der Komponenten kann entweder durch eine automatische Dosiereinrichtung kontinuierlich in einem Mischkopf oder vorab in Behältern erfolgen. Im zweitgenannten Fall werden werkmäßig

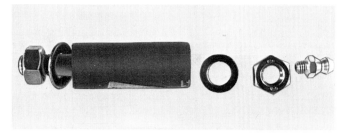

Bild 3
Beispiele für die Ausbildung von Einfüllöffnungen

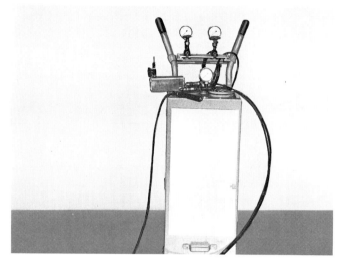

Bild 4
Einrichtungen für automatische Dosierungen

zumeist in kleineren Mengen abgefüllte Gebinde verwendet, da Epoxidharze empfindlich auf eine Nichteinhaltung der optimalen Dosierung der Komponenten reagieren. Der Grenzwert der Toleranz liegt bei 5%. Oft wird aus diesem Grunde eine zusätzliche optische Hilfe vom Hersteller geboten: Bei Vermengung der Komponenten im richtigen Verhältnis muß eine gut definierte Farbe entstehen; Abweichungen hiervon lassen fehlerhafte Mischungen schnell erkennen.

Im Falle eines Mischens im Behälter stellt der Beginn der schnellen Erhärtung – „Topfzeit" – die Grenze der Verarbeitbarkeit dar. Die heute üblichen Epoxidharze haben in der Regel eine Topfzeit von 40 Minuten bis 2 Stunden, hierdurch sind somit an eine baustellenmäßige Anwendung keine erschwerenden oder gar nicht einhaltbaren Bedingungen gestellt.

● Beförderung des Harzgemisches in den Riß

Zur Beförderung des Harzgemisches vom Behälter bzw. vom Mischkopf in den Riß sind Drücke je nach gewähltem Verfahren bis zu 200 bar erforderlich; bei einem speziellen Verfahren wird der Druck überwiegend durch Erzeugung eines Vakuums ersetzt. Der in

der deutschsprachigen Literatur verbreiteten Meinung [7], [20], [27], die Anwendung der Kunstharzinjektionstechnik sei mit hohen Drücken verbunden, muß an dieser Stelle widersprochen werden, da nicht nur das erwähnte Vakuumverfahren sondern in der Regel alle durch automatische Dosiereinrichtungen ausgestatteten Technologien eine Einbringung der Kunststoffmasse in die Risse bei Drücken von nur 2–10 bar mit hervorragender Qualität ermöglichen. Durch die Anwendung von niedrigen Drücken sind sogar Vorteile zu erwarten, da die an die Verdämmungsstoffe gestellten Anforderungen wesentlich gesenkt werden können. Die Bilder 4 und 5 geben einen Eindruck über neuere Verpreßeinrichtungen mit automatischer Dosierung.

Bild 5
Mischkopf

Die Einbringung der Kunststoffmasse in die Risse durch die Einfüllstutzen ist ein zeitlich nicht genau definierbarer Vorgang. Es ist hierbei eine ausreichend große Erfahrung und die Einhaltung von gewissen Grundregeln erforderlich, wie z. B. ständige Beobachtung der Ausbreitung der Kunststoffmasse durch die Einfüllstutzen, oder ein Nachinjizieren nach Beendigung des Arbeitsvorganges an einem Riß.

2.3 Haftfestigkeit zwischen Epoxidharzen und Beton

Da das Verpressen von Rissen als ein Sonderfall des Verklebens von Beton mit Beton in erhärtetem Zustand mittels Epoxidharzen angesehen werden kann, ist es sinnvoll, zur Beurteilung der zu erwartenden Haftfestigkeiten Versuche an geklebten Proben durchzuführen. Aus der Literatur ist eine größere Anzahl von Prüfkörpern für Haftfestigkeitsversuche bekannt – diese sind in Bild 6 zusammengestellt. Welcher Prüfkörper im gegebenen Fall zur Beurteilung der Haftfestigkeitseigenschaften am besten geeignet ist, hängt in erster Linie von dem Beanspruchungszustand der verpreßten oder

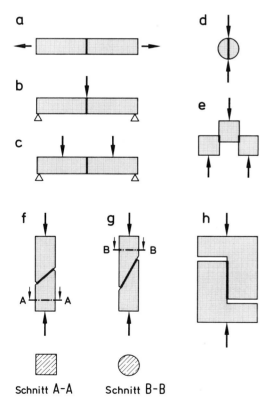

Bild 6
Prüfkörper für Haftfestigkeitsuntersuchungen

verklebten Fuge im Bauwerk ab. Für allgemeine Qualifikationsprüfungen werden in der Regel Zug- bzw. Biegezugversuche und Schubdruckversuche an Prismen oder Zylindern („Arizona Shear Test") verwendet.

Über Versuche an einer oder an mehreren Körperformen berichten u. a. EIBL et al. [12], HUGENSCHMIDT [14], [15], KRIEGH [23], KRIEGH und NORDBY [22], LAUTERBACH und HILDEBRAND [24], PORSCHET und GÖTZ [26], SCHUTZ [28] und WERSE [31]. In der Regel wurden in diesen Versuchen folgende Parameter variiert:

- Harzzusammensetzung,
- Oberflächenbeschaffenheit und
- Feuchtegehalt der zu verklebenden Prüfkörper,
- Klimabedingungen der zu verklebenden bzw. der verklebten Proben.

Geht es um die Beurteilung der Harzeigenschaften, wird im allgemeinen auf ein Variieren der Festigkeitseigenschaften der Probekörper verzichtet. Dieses Vorgehen ist nicht ganz unproblematisch, da Festigkeit und insbesondere Zusammensetzung des verwendeten Betons indirekt die Oberflächenbeschaffenheit der Klebeflächen beeinflussen.

Folgende allgemeine Tendenzen lassen sich aus den Versuchen ableiten:

- Im Falle lufttrockener Prüfkörperhälften, normaler Temperaturbedingungen und Oberflächenbeschaffenheiten der Klebeflächen, die dem natürlichen Betongefüge entsprechen, sind stets Haftfestigkeiten zu erwarten, die die Zugfestigkeit des Betons erheblich übersteigen.

- Werden bei sonst gleichen Bedingungen glatt oder rauh abgeschalte Flächen (Fugen) verklebt, bleibt die Haftfestigkeit im allgemeinen unterhalb der Zugfestigkeit des Betons. Die Ursache dieses Festigkeitsabfalls ist in einer Störung des normalen Betongefüges in der Nähe von Fugenflächen zu suchen. Dies äußert sich in einer Anreicherung von feiner Körnung und Zementleim in fugennahen Bereichen; der Porengehalt kann hier ebenfalls über dem des Normalbereichs liegen. Verklebungen guter Qualität bewirken daher ein Abreißen dieser schwächeren Schicht vom Normalgefüge. Dem kann nur entgegengewirkt werden, indem diese Schicht z. B. mechanisch entfernt wird.

- Zur erfolgreichen Verklebung von feuchtnassen Oberflächen eignen sich nur spezielle Epoxidharze. Gleiches gilt auch für Probekörper, die nach ihrer Verklebung wassergelagert werden.

- Eine hundertprozentige Vernetzung des Harzes kann bei niedrigen Temperaturen auch dann nicht erreicht werden, wenn die Prüfkörper anschließend bei Normaltemperaturen voll aushärten können.
- Höhere Temperaturen (>80°C) führen zu einem rapiden Festigkeitsabfall von Verklebungen.

Diese Ergebnisse sind geeignet, um aus ihnen unmittelbare Schlüsse auf die Qualität von verpreßten Rissen und Fugen zu ziehen. Es ist zu erkennen, daß ordnungsgemäß ausgeführte Verpreßarbeiten unter günstigen klimatischen Bedingungen auf eine stets befriedigende Qualität der Maßnahmen führen müssen. Die Qualität der Verpressung von gerissenen Fugen kann die von Rissen nie voll erreichen, zumal die Möglichkeit einer Vorbehandlung bei Fugenflächen ausscheidet. Für besondere klimatische Bedingungen müssen spezielle Epoxidharze zusammengestellt werden.

2.4 Verpreßversuche an bewehrten oder unbewehrten Körpern

Haftfestigkeitsversuche dienen der Überprüfung der grundsätzlichen Eignung des verwendeten Kunstharzes. Da die Ausführung von Verpreßarbeiten vor allem ein technologisches Problem ist, können aus Haftfestigkeitsversuchen noch keine Schlüsse auf den zu erwartenden Erfolg des Verpressens gezogen werden. Dies kann nur anhand geeigneter Verpreßversuche geschehen, weswegen auch bereits in der Vergangenheit eine größere Anzahl von solchen Versuchen an bewehrten oder unbewehrten Probekörpern durchgeführt wurde.

Eine erste Serie von Stahl- und Spannbetonbalken wurde im Institut für Baustoffe, Massivbau und Brandschutz an der Technischen Universität Braunschweig in den Jahren 1966–1968 untersucht. Die Prüfkörper (Bild 7) wurden bis zum Erreichen der Rißlast vorbelastet, anschließend mit firmeneigenen Methoden verpreßt und nach Aushärtung unter Last mehrerer hunderttausend Lastwechseln ausgesetzt. Während dieser Prüfung hatten sich verpreßte Risse nicht wieder geöffnet; die Bildung von neuen Rissen wurde allerdings beobachtet. Aus den ebenfalls gemessenen Lastverformungsbeziehungen (Bild 8) kann auf eine teilweise Wiedergewinnung der Biegesteifigkeiten des ungerissenen Zustandes geschlossen werden.

Nach einer mehrjährigen Auslagerung dieser Prüfkörper im Freien wurden 1976 weitere Belastungsversuche durchgeführt. Eine vorhergehende gründliche Untersuchung sowie die Ergebnisse der neuen Versuche wiesen eine hohe Alterungsbeständigkeit der zum Verpressen verwendeten Kunstharze aus.

KERN und HINDRICHSEN [18] berichten über Verpreßversuche an unbewehrten Betonkörpern, die durch Überlastung in zwei Körperhälften geteilt und nach einem anschließenden Zusammenfügen verpreßt wurden. Aus dem verpreßten Riß gezogene Bohrkerne zeigen stets eine befriedigende Qualität der Verpreßarbeiten.

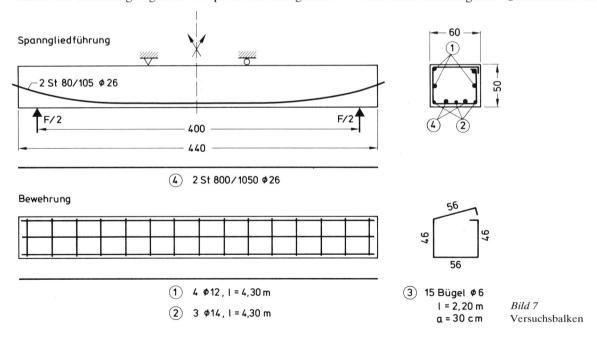

Bild 7
Versuchsbalken

80

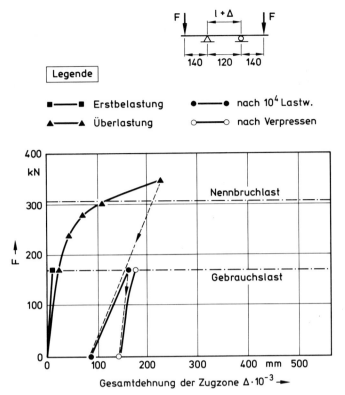

Legende

■—■ Erstbelastung ●—● nach 10⁴ Lastw.
▲—▲ Überlastung ○—○ nach Verpressen

Bild 8
Last-Verformungs-Diagramm

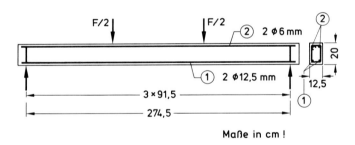

Maße in cm !

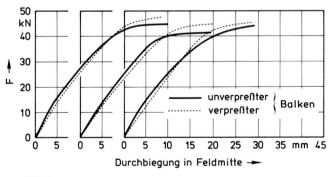

Bild 9
Verpreßversuche [9]

Chung [9] untersuchte die Wirksamkeit von Kunstharz-injektionen. Wie Last – Durchbiegungsdiagramme der untersuchten Balken zeigen (Bild 9), konnte die ursprüngliche Steifigkeit der Stahlbetonbalken durch Verpressen stets nahezu in vollem Umfange erreicht werden. Chung weist in seinem Bericht darauf hin, daß ein Öffnen einmal verpreßter Risse in den späteren Belastungsfolgen einschließlich des Bruchzustandes nicht beobachtet wurde.

In zwei Arbeiten berichten Chung und Lui [10], [11] über Verpreßversuche an sog. „Scherkörpern" (Bild 10) in statischen wie in dynamischen Versuchen. Die

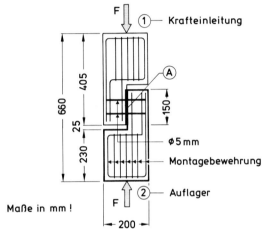

Maße in mm !

Bild 10
Scherversuche [10], [11]

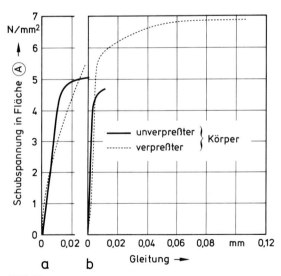

Bild 11
Gleitungen in der Scherfläche des unbewehrten (a)
und bewehrten Scherkörpers

81

Scherfuge wurde unbewehrt und schwachbewehrt ausgeführt. Die Prüfkörper wurden zunächst in einem statischen bzw. dynamischen Vorversuch zum Reißen gebracht, verpreßt und anschließend in der gleichen Art noch einmal geprüft. Die statischen Versuche ergaben am verklebten Körper eine stets über den des monolytischen Körpers liegende Scherfestigkeit, was auf eine durch die gute Qualität der Injektionsfuge bedingte Verlagerung der Bruchfläche hindeutet. Die Verformungseigenschaften der Prüfkörper waren im monolytischen wie im verpreßten Zustand etwa gleich (Bild 11). Aus den dynamischen Versuchen geht ebenfalls eine im monolytischen wie im verpreßten Zustand nahezu identische Impulsaufnahmefähigkeit der Prüfkörper hervor (Bild 12).

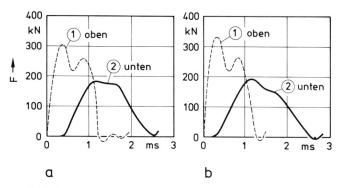

Bild 12
Kraft-Zeit-Diagramme des monolytischen (a) und verpreßten (b) Scherkörpers

Das besondere Interesse gilt den Verpreßversuchen von CELEBI [8], der zyklisch beanspruchte Stahlbetonbalken, die als Folge einer mit wechselndem Vorzeichen aufgebrachten Beanspruchung Risse in zwei in etwa orthogonal zueinander verlaufenden Richtungen erhielten, verpressen ließ und anschließend noch einmal der gleichen Beanspruchung aussetzte. Die aus dem zweiten Versuch gewonnenen Lastverformungskurven unterscheiden sich kaum von denen des ersten Versuches; die Qualität einer Epoxidharzinjektion reicht demnach aus, um z.B. die Folgen eines Erdbebens vollständig zu beheben.

2.5 Erfolgskontrolle von Injektionsarbeiten

Der Erfolg von Injektionsarbeiten kann im allgemeinen am Ort nicht hinreichend beurteilt werden; Kontrollmaßnahmen – wie z.B. die Entnahme von Bohrkernen

aus den verpreßten Rissen und Fugen – können nur stichprobenartig ergriffen werden. Bei der in der vorliegenden Arbeit betrachteten Art eines kraftschlüssigen Schließens der Risse, kann auch der Mißerfolg einer Injektionsarbeit u.U. erst in Jahren offenkundig werden, wenn sich z.B. herausstellt, daß der erwartete passive Korrosionsschutz nicht erzielt wurde.

Die nur schwer realisierbare Erfolgskontrolle von Injektionsarbeiten ist eine Tatsache, an der die Erarbeitung entsprechender Richtlinien oder gar verbindlicher Vorschriften kaum etwas ändern kann. Die sich mit diesen Fragen in vorbildlicher Kürze auseinandersetzende englische Richtlinie [5] enthält über die Ausführung von Injektionsarbeiten auch nur Anhaltspunkte. Sie beschränkt sich im wesentlichen auf Hinweise für die Vorbereitungstätigkeit, wie Verdämmung der Risse usw., und enthält nur wenige konkrete Regelungen hinsichtlich ihrer praktischen Durchführung. Die von „außen" beurteilbaren Maßnahmen können auch bei uns als geregelt angesehen werden, da Fragen der Vorbereitung des Untergrundes zur Erzielung einer ausreichenden Haftung des zur Verdämmung verwendeten Materials in einer Richtlinie des Deutschen Betonvereins ausführlich behandelt sind [3]. Ein weiterer Teil der bereits zitierten Richtlinie soll nach derzeitiger Vorstellung Injektionsarbeiten mit Kunstharzen gewidmet werden. Hierbei ist es nach Meinung des Verfassers vor allem wichtig, Fragen des verwendeten Harzes in Form von Eignungs- und Kontrollversuchen festzuschreiben, da es im Hinblick auf die Vielfalt der Injektionstechniken kaum angebracht erscheint, konkrete, allgemein gültige Angaben zur Ausführung der Injektionsarbeiten zu machen.

Die derzeitigen Stichprobenkontrollen am Anwendungsort sind an dem erzielten Verfüllungsgrad orientiert und bestehen überwiegend aus der Entnahme einiger Bohrkerne, die zur Feststellung eines erfolgreichen Verpressens gelegentlich in Spaltversuchen geprüft werden. Ungeachtet der Schwierigkeiten dieser Maßnahme bei Rissen, die im Gegensatz zu Fugen nicht immer ebene Flächen haben und daher die Entnahme eines geeigneten Prüfkörpers oft kaum zulassen, muß die Praxis von Spaltversuchen auch aus anderen Gründen kritisch betrachtet werden. Wie der Verfasser an anderer Stelle ausführlich diskutiert [16], sind aus gezielten Studien an zwei, mit einer Haftfestigkeit ≈0 zusammengesetzten Halbzylindern „Spaltversuche" bekannt, die aufnehmbare „Spaltkräfte" im Bruchzustand ergaben, aus denen sich trotz der nicht vorhandenen zugfesten

Verbindung rechnerische „Spaltzugfestigkeiten" von 50–75% eines in einem Guß hergestellten Zylinders errechnen lassen. Aus Biegezugversuchen ist jedoch bekannt, daß die zu erwartende Haftfestigkeit einer guten Verklebung auch in etwa in diesem Verhältnis zur Biegezugfestigkeit des Betons steht. Es erscheint aus diesem Grunde als nicht ratsam, ausschließlich mittels Spaltzugversuchen Haftfestigkeiten zu bewerten, da sich mittlere Qualitäten rechnerisch auch bei kaum vorhandenen Haftfestigkeiten ergeben könnten. Aus verpreßten Rissen und Fugen entnommene Bohrkerne sollten überwiegend für die Beurteilung des Verfüllungsgrades und der Qualität des Verpressens, nicht jedoch für Festigkeitsuntersuchungen, verwendet werden.

3 Neuere Verpreßversuche an der Technischen Universität Braunschweig

3.1 Notwendigkeit und Ziel der Untersuchungen

Die Eignung der zu Injektionsarbeiten verwendeten Kunstharze wird in der Regel durch die Hersteller intensiv und anwendungsorientiert geprüft – in Kenntnis dieser Daten genügt es, ein einmal untersuchtes Produkt im Anwendungsfall lediglich gewissen Identifikationsprüfungen zu unterziehen.

Ähnliche, anwendungsorientierte Untersuchungen sind auch im Hinblick auf die jeweils verwendete Injektionstechnik bekannt: Vor schwierige oder neuartige Aufgaben gestellt, führen die auf diesem Gebiet tätigen Firmen oft eigene Versuche durch, oder sie betrauen mit dieser Aufgabe eine Prüfanstalt. Nur lassen sich aus solchen Prüfungen keine allgemeingültigen Kriterien auf die Zuverlässigkeit des Einsatzes in anderen Anwendungsfällen ziehen. Ebenso gibt es bis jetzt keine Angaben darüber, wie die Ausführung von Injektionsarbeiten am Ort sinnvoll überwacht werden könnte. Dieser Umstand führte in der Vergangenheit mitunter zu einem aus der erfolgreichen Anwendung der Injektionstechnik zur Sanierung von Rissen mittels Kunstharzen kaum begründbaren Mißtrauen gegenüber diesem Verfahren.

Ausgehend von konkreten Fragestellungen, die sich bei Konservierungsmaßnahmen gerissener Arbeitsfugen von Brückentragwerken ergaben, wurde daher im Institut für Baustoffe, Massivbau und Brandschutz ein Vorschlag für eine Untersuchungsreihe ausgearbeitet, der

außer einer Klärung der anstehenden technischen Probleme insbesondere auch einer Zusammenstellung der während der Laboruntersuchungen erfaßbaren wesentlichsten Merkmale der einzelnen Injektionsverfahren zwecks besserer Kontrolle am Anwendungsort dienen sollte.

Die erarbeiteten und unter Beteiligung von Vertretern des Bauherrn, der Behörden und Fachfirmen abgestimmten Prüfungsgrundsätze sehen außer einer Ermittlung der Haftfestigkeiten an Prismen vorwiegend Untersuchungen vor, die die Bewährung des Injektionsverfahrens unter normalen und besonderen Bedingungen, wie Durchführung der Arbeiten an Brückentragwerken unter rollendem Verkehr, zu bestätigen hatten. Begleitende Untersuchungen am Kunstharz sollten sich – sofern die grundsätzlichen Kennwerte des Materials bereits vorlagen – nur noch auf ihre Identifikation beziehen, um in dieser Weise eine spätere Kontrolle zu ermöglichen; diese Prüfungen erfolgen an der RWTH, Aachen.

Nach eingehenden Voruntersuchungen, die der Bestätigung der Eignung der gewählten Prüfmethoden dienten, unterzogen sich 1978 7 Firmen diesen Untersuchungen – hierüber soll im weiteren – ohne eine Bewertung der einzelnen Beteiligten – berichtet werden. Der Vollständigkeit halber sei an dieser Stelle erwähnt, daß einige weitere Untersuchungen noch erwartet werden bzw. bereits im Gange sind.

3.2 Haftfestigkeitsversuche

Haftfestigkeitsangaben über geklebte oder verpreßte Fugen liegen kaum vor. Um hierüber – im Hinblick auf die vorgesehene spezielle Anwendung – geeignete Daten zu sammeln, wurden im Rahmen des Untersuchungsprogramms Haftfestigkeitsversuche an geklebten Normprismenhälften ($15 \times 15 \times 70/2$) bei unterschiedlichen klimatischen Verhältnissen und Belastungsbedingungen vorgesehen. Die Klebeflächen wurden mit der Rauhigkeit eines ungehobelten Schalungsholzes hergestellt, da sich in Vorversuchen bei einer wesentlich eindeutiger definierbaren glatten Fugenfläche zu große Streuungen ergaben. Es wurden für die Prüfkörper hohe Festigkeiten (~B 45) angestrebt; die tatsächlichen Werte wurden durch Güteprüfungen am Würfel überwacht. Ebenso wurden auch die Biegezug- und Spaltzugfestigkeiten für jede neue Serie ermittelt.

Folgende Klimabedingungen wurden verwirklicht:
- Normallagerung

  7 Tage Wasserlagerung, anschließend Lagerung unter Normklimaverhältnissen (20°C, 65% rel.F.) bis zum Verkleben
- Naßlagerung

  Wasserlagerung bis etwa 1 Stunde vor dem Verkleben, anschließend abgetropft
- Kaltlagerung

  nach 7 Tagen Wasserlagerung anschließend Kaltlagerung bei +5°C bis zum Verkleben.

Das Verkleben erfolgte im Alter von 17–22 Tagen im Laborklima. Hierzu wurde die eine Prismenhälfte mit der Fugenfläche nach oben aufgestellt, der Rand manschettenartig mit einem Klebestreifen umwickelt und die Fläche mit dem fertig gemischten Epoxidharz bestrichen. Anschließend wurde die zweite Prismenhälfte mit der Fugenfläche nach unten aufgesetzt. Die verklebten Prismen verblieben in diesem Zustand 3–4 Tage und wurden anschließend in 4-Punkt-Belastung statisch bzw. nach den Richtlinien des Instituts für Bautechnik [4] unter Schwellast im Bereich von 5–20% der statischen Bruchlast geprüft. Die einen Schwellastversuch „überlebenden" Prüflinge wurden anschließend ebenfalls im statischen Versuch zu Bruch gefahren.

Weder bei der Naß- noch bei der Kaltlagerung wurden die Probekörper während der Aushärtung dem während der Lagerung herrschenden Klimaeinfluß ausgesetzt, da das Ziel dieser von Normallagerung abweichenden Versuche nicht die Nachahmung extremer Klimaeinflüsse sondern nur etwa zu erwartender Baustellenbedingungen war. Vergleichsversuche z.B. an kaltgelagerten Prüfkörpern, die nach Herstellung der Klebefuge 7 Tage unter den gleichen Bedingungen ausgehärtet und in statischem Bruchversuch geprüft wurden, ergaben im übrigen keine von den beschriebenen abweichenden Festigkeitsergebnisse.

Eine zusammenfassende Darstellung der vorwiegend interessierenden Festigkeitsdaten der statischen Prüfung enthält Bild 13. Hieraus geht hervor, daß die erzielten Haftfestigkeiten bei Normallagerung zwischen 50–90%, bei Naßlagerung allerdings nur 20–35% der Eigenfestigkeiten der Prüfkörper erreichen. Kalt gelagerte Prüfkörper zeigten keine signifikante Abweichung von den Ergebnissen der Normallagerung. Aufschlußreich sind zur Beurteilung des Einflusses der Klimabedingungen die Bruchbilder einzelner Prüfkörper (Bild 14). Vollwertige Verklebungen sind durch Betonbruchflä-

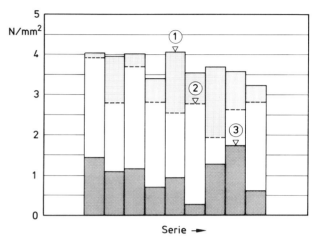

Bild 13
Biegezugfestigkeiten, gewonnen an Prüfkörpern nach Bild 6c

chen charakterisiert, mangelhafte Fugenqualität ist am Hervortreten der rauhen Fugenfläche oder der dunkel verfärbten und an der Fugenoberfläche nicht haftenden Kunstharzschicht erkennbar. Insbesondere bei Naßlagerung konnten kaum Betonbruchflächen beobachtet werden.

Die Schwellastversuche ergaben bei einer vorhergehenden Normallagerung in der Regel höhere Festigkeiten im darauffolgenden Bruchversuch als die statischen Versuche, was infolge der längeren Aushärtung der Prüfkörper verständlich ist. Prismen mit vorhergehender Naßlagerung brachen oft bereits während der Schwellastversuche.

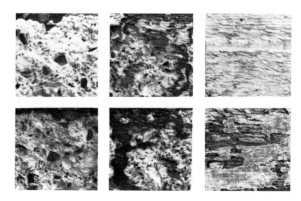

Bild 14
Bruchflächen der Biegezugkörper

3.3 Fugenverpreßversuche an unbelasteten Proben

Verpreßarbeiten an Brückenüberbauten über hohen Tälern erfordern die Schaffung einer Arbeitsbühne. Da dies oft durch den Einsatz eines Brückenbesichtigungswagens mit großem Ausleger geschieht, sind bei Brücken mit Hohlkastenquerschnitten erhebliche Kosten zu ersparen, wenn die genannten Einrichtungen nur zur Herstellung der Verdämmung, nicht jedoch auch während der gesamten Durchführung der Injektionsarbeiten bereit stehen müssen. Hieraus folgt die Notwendigkeit, die Verpressarbeiten nur vom Innern des Hohlkastens durchzuführen, was in der Regel durch das Vorhandensein größerer Ankerkörper im Fugenquerschnitt, oder nicht ebene Fugeninnenflächen usw., zusätzlich erschwert ist.

Um die technisch befriedigende Möglichkeit eines Verpressens nur von einer Querschnittsseite zu überprüfen, wurde eine in Bild 15 dargestellte Versuchsanordnung entworfen. Drei Prüfkörper mit brückenstegähnlichen Abmessungen werden hierbei mit seitlichem Versatz – unebene Innenflächen im Fugenbereich – zusammengespannt, wobei in die lotrechte Querschnittsachse ein eingeklebter Sperrstreifen das Durchdringen der Injektionsmasse über einen wesentlichen Teil der Querschnittshöhe – direkt neben- und übereinander angeordnete Ankerköper – verhindert. Die Prüfkörper sind rauh abgeschalt, eine ~0,5–0,8 mm „Rißbreite" wird durch Abstandhalter im unteren Querschnittsbereich eingestellt; der „Riß" läuft nach oben hin auf Null aus. Die Betongüte der Prüfkörper ist ~B 45. Ein Verpressen der Fugen darf nur von einem vorgegebenen Bereich der einen Prüfkörperhälfte – Verpressen vom Innern mit Ausnahme des Anschlußbereichs der Bodenplatte – erfolgen.

Die Verdämmung der Fugen erfolgte im Verlaufe der Untersuchungen nach firmeneigenen Methoden. Es wurden sowohl erhärtende als auch dauerelastische Abdichtungsmassen verwendet. Undichtigkeiten wurden in der Regel nicht oder nur in geringem Umfang beobachtet; sie konnten mit einfachen Mitteln behoben werden.

Bei der Ausführung der Injektionsarbeiten mußten im Labor je nach verwendeter Technologie unterschiedliche Bedingungen eingeführt werden: Bei einer Mischung der Komponenten Harz + Härter in einem Reaktionsbehälter waren Wartezeiten nach Fertigstellung des Gemisches einzuhalten, während bei automatischer Dosierung diese Bedingung entfiel. Im erstgenannten

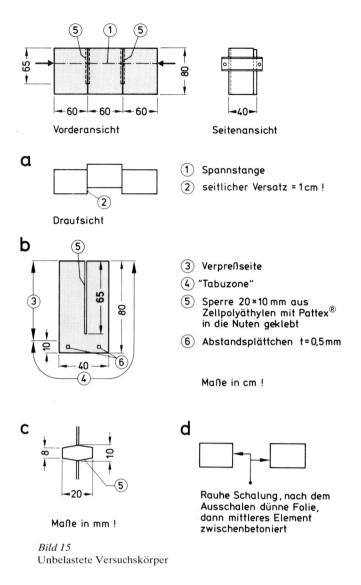

a Draufsicht

b

c Maße in mm !

d Rauhe Schalung, nach dem Ausschalen dünne Folie, dann mittleres Element zwischenbetoniert

Vorderansicht — Seitenansicht

① Spannstange
② seitlicher Versatz = 1 cm !
③ Verpreßseite
④ "Tabuzone"
⑤ Sperre 20×10 mm aus Zellpolyäthylen mit Pattex® in die Nuten geklebt
⑥ Abstandsplättchen t = 0,5 mm

Maße in cm !

Bild 15
Unbelastete Versuchskörper

Fall durfte jede Firma beliebige Angaben über die „Topfzeit" des von ihr verwendeten Kunstharzes machen – mußte allerdings im Versuch unter Beweis stellen, daß die Ausnutzung dieser Zeit die Qualität der verpreßten Fuge nicht beeinträchtigt. Die Wartezeiten ergaben sich in dieser Weise aus dem Unterschied zwischen den angegebenen „Topfzeiten" und der geschätzten Dauer der Verpreßarbeiten, die anschließend kontrolliert wurde. Durch dieses Vorgehen konnte auf nur schwierig deutbare Laboruntersuchungen für die zulässige Anwendungsdauer einer Mischung verzichtet werden.

Die Verpreßqualität wurde nach einer Erhärtungszeit von 3 Tagen durch Zersägen der Fugen mit mehreren

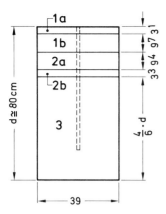

Bild 16
Ansicht der Fugenflächen mit Schnittlinien (Beispiel)

Schnitten geprüft (Bild 16). An diesen Schnitten konnte auch nachträglich die kleinste und mittlere Rißbreite mittels Rißlupe ermittelt werden. Die Auswertung aller bisherigen Versuche ergibt mittlere Rißbreiten von 0,8 mm; die kleinsten mittleren Werte betrugen 0,6 und die größten 1,05 mm. Allgemein führten diese Arbeiten die Firmen mit sehr gutem Ergebnis aus. In einigen Fällen waren die von Oberkante Prüfkörper gerechneten 2–8 cm an der für Verpressen nicht freigegebenen Prüfkörperhälfte nicht oder nur mangelhaft verfüllt. Mit den mittleren Rißbreiten, die in den angegebenen Grenzen variierten, stehen gute oder weniger gute Ergebnisse in keiner Beziehung. Bild 17 zeigt Schnitte mit gutem bzw. mangelhaftem Verfüllungsgrad.

Bild 17
Fugenschnitt

3.4 Verpreßversuche an Rissen und Fugen unter statischer und Schwellast

Um die Aushärtung des eingepreßten Injektionsharzes nicht zu beeinträchtigen, sollten nach allgemeiner Auffassung erschütterungsfreie Bedingungen mindestens

2–3 Tage nach Beendigung der Arbeiten vorliegen. Die Erfüllung dieser Bedingungen ist bei Brückentragwerken gleichbedeutend einer Vollsperrung des Bauwerkes und ist daher mit einem erheblichen Kostenaufwand verbunden. In einer weiteren Versuchsserie sollte daher festgestellt werden, ob Erschütterungen während der Aushärtung tatsächlich zu einem Mißerfolg der Injektionsarbeiten führen. Den Laborversuchen ist eine praktisch durchgeführte Injizierung mehrerer Arbeitsfugen eines Brückentragwerkes unter schwerem Verkehr vorausgegangen. Hierbei wurden auch die unter diesem Verkehr aufgetretenen max. Rißbreitenände-

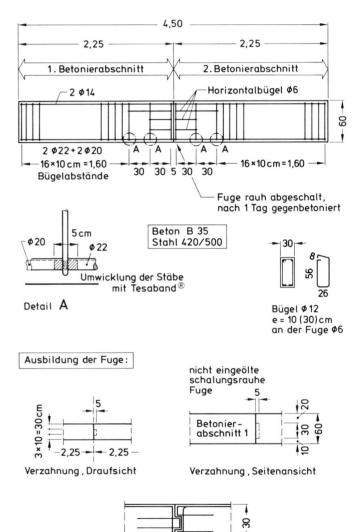

Bild 18
Versuchskörper für statische und Schwellastversuche

rungen erfaßt; sie betrugen weniger als 0,05 mm. Die Qualität der in dieser Weise verpreßten Fugen lag zwar nach anschließend stichprobenmäßig durchgeführten Untersuchungen unter jener im statischen Laborversuch erzielbaren, konnte jedoch noch als annehmbar bezeichnet werden.

Für die Verpreßversuche wurden mäßig bewehrte Stahlbetonbalken nach Bild 18 entworfen. Zur Erzeugung von Rissen mit größeren Rißbreiten wurde der Verbund der Längsbewehrungsstäbe an jedem Bügel im mittleren Drittel des Balkens unterbrochen. In Balkenmitte wurde eine versetzte Arbeitsfuge angeordnet, um dort bauwerksähnliche Verhältnisse herzustellen. Die Versuchsanordnung zeigen die Bilder 19 und 20.

Um die unter Schwellast erzielbaren Ergebnisse nicht an theoretischen Vorstellungen über die erwartete Verpreßqualität messen zu müssen, wurden die Risse auf der einen Balkenhälfte einschließlich der Mittelfuge unter Schwellast, die Risse auf der anderen Balkenhälfte jedoch vergleichshalber unter statischer Vorlast verpreßt. Den Arbeitsablauf mit allen Vorgängen stellt Bild 21 dar.

In einer ersten Phase der Versuche wurden Risse mit möglichst großen Rißbreiten (0,5 mm) erzeugt und anschließend ein Schwellastniveau gesucht, dem die gewünschten Rißbreitenänderungen (0,05 mm) entsprechen. Zu diesem Zweck wurden die Rißbreiten von je 5 ausgewählten Rissen nach ihrer Entstehung kontinuierlich durch induktive Weggeber verfolgt.

Es wurden alle während des Versuchs entstandenen Risse erfaßt. Die tatsächlichen mittleren Rißbreiten der gemessenen 5 Risse betrugen bei den einzelnen Versuchen 0,34–0,50 mm. Die Rißbreitenänderungen unter Schwellast wurden an den gleichen Stellen um 0,046–0,054 mm eingestellt.

Zum Verpressen wurden alle Risse mit Rißbreiten ≥0,2 mm freigegeben. Verlangt wurde von den Firmen ein einseitiges Verpressen im statischen Versuch wie un-

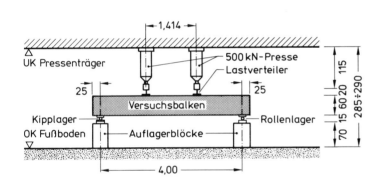
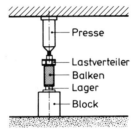

Bild 19
Versuchsaufbau

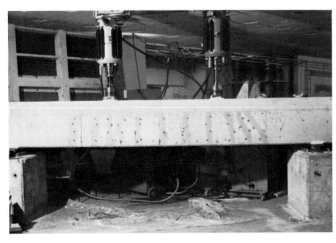

Bild 20
Ansicht des Versuchsbalkens

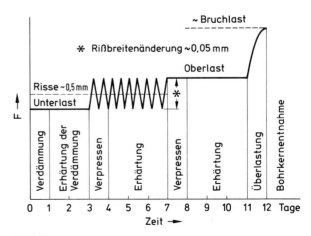

Bild 21
Versuchsablauf

ter Schwellast von je einem Riß bzw. der Mittelfuge; die übrigen Risse sollten wahlweise von nur einer Balkenseite oder von beiden verpreßt werden.

Durch die beschriebenen Versuche wurden im Vergleich zu den bei Brücken tatsächlich herrschenden Verhältnissen extreme Bedingungen hergestellt. Es ist daher nicht verwunderlich, daß die hierbei erzielten Ergebnisse breiter als die aus den vorhergehenden Untersuchungen streuen, wobei besser oder weniger gut ausgefallene Verpreßarbeiten – wie alle Prüfungen – von einem gewissen zufälligen Charakter nicht frei sind. Hinsichtlich der Beurteilung der Verpressungen – Verfüllungsgrad der Risse bzw. die im Überlastungsversuch feststellbare Qualität der Haftfestigkeit – können die von beiden Seiten verpreßten Risse unter statischer Last als Maßstab dienen, da solche Risse in der Injektionspraxis den Normalfall darstellen. Einseitig unter statischer Last, beidseitig bzw. einseitig unter Schwellast zu verpressende Risse und die komplizierte Schnittführung der Mittelfuge brachten zunehmend erschwerende Bedingungen und einen i. d. R. damit verbundenen Qualitätsabfall mit sich. Allgemein ist aufgrund der schwierigen Versuchsbedingungen festzuhalten, daß geringfügige Qualitätseinbußen beim höchsten Schwierigkeitsgrad – einseitig verpreßte Risse bzw. Fugen unter Schwellast – auch noch deutlich positiv zu bewerten sind.

Als ein Härtetest ist die Schwellastprüfung auch für das Verdämmungsmaterial bzw. dessen Haftfestigkeit anzusehen. Eine extreme Dehnfähigkeit bei einer auch unter diesen Umständen zu gewährleistenden Dichtigkeit wurden gefordert und in der Regel mit sehr gutem Erfolg nachgewiesen. Insbesondere zeigte sich, daß sich Undichtigkeiten bei Injektionsverfahren mit geringem Einpreßdruck auch während der Arbeiten mit verhältnismäßig einfachen Mitteln beheben lassen.

4 Folgerungen und Ausblick

Die aus einem konkreten Anlaß am Institut für Baustoffe, Massivbau und Brandschutz der TU Braunschweig durchgeführten Untersuchungen ließen einen hohen Stand der heutigen Injektionstechnik mit Epoxidharzen erkennen. Aus den Versuchsergebnissen lassen sich einige allgemeine Schlüsse ziehen, die nachfolgend diskutiert werden.

Die Versuche bestätigen die bekannt gute Qualität der verwendeten Epoxidharze. Erfreulicherweise lassen sich gewisse Standardisierungsbestrebungen der Hersteller erkennen: Es werden nicht mehr so viele Produktvariationen angeboten. Allerdings scheint die Wichtigkeit einer ausreichenden Feuchteverträglichkeit der Kunstharze noch nicht voll bewußt zu sein (Bild 13). Zur Durchführung kraftschlüssiger Epoxidharzinjektionen sollten geeignete Harze jeweils für normale Bauwerksfeuchten bzw. für hohe Wassersättigungsgrade zur Verfügung stehen. Als positiv wäre zu bewerten, wenn es sich in beiden Fällen um ein und dasselbe Produkt handeln würde. Die in den vorliegenden Untersuchungen geprüften Harze erfüllen mit einer Ausnahme die Anforderungen nur für Normalbedingungen. Ein in Bild 13 ebenfalls enthaltenes, bereits für geringere Bauwerksfeuchten nicht zu empfehlendes Harz wurde nur für Testzwecke untersucht.

Keine Aufmerksamkeit konnte dem Einfluß der Beschaffenheit der Fugenflächen auf die Haftfestigkeit gewidmet werden. Auswirkungen der Oberflächenrauhigkeit, der Betonzusammensetzung und -festigkeit, verschmutzter bzw. carbonisierter Oberflächen auf die Haftfestigkeit müßten noch systematsich untersucht werden. Wichtig erscheint im Hinblick auf die Anwendung von Kunstharzinjektionen unter nicht erschütterungsfreien Bedingungen die zeitliche Entwicklung der Frühfestigkeiten zu klären.

Die Verdämmung der Risse erfordert Höchstqualitäten für Material und Arbeit. Pannen – aus welchem Grunde auch immer – machen u. U. eine mehrstündige Unterbrechung der Injektionsarbeiten erforderlich. Treten Undichtigkeiten bei einseitig durchzuführenden Verpreßarbeiten an der Außenfläche des Tragwerkes auf, können Tage vergehen, bis eine nachträgliche Dichtung erfolgen kann. Aus diesem Grunde hat vor allem die Vorbereitung des Untergrundes sehr sorgfältig, auch unter Beachtung der Richtlinien des Deutschen Betonvereins [3] zu erfolgen. Es wäre in Anlehnung an die englischen Richtlinien [5] zu prüfen, ob die Dichtigkeit der Verdämmung vor Beginn der Injektionsarbeiten, nicht eingeführt werden sollte, um spätere Pannen in dieser Weise vorzubeugen.

Die komplizierte Schnittführung der Mittelfuge des Versuchsbalkens (Bild 18) verhinderte oft eine vollwertige Verfüllung unter Schwellast, da die Injektion hierbei stets von nur einer Balkenseite zu erfolgen hatte. Die beobachteten Schwierigkeiten sollten auch als ein

Hinweis für die Grenzen des Verfahrens gewertet werden: Zum erfolgreichen Verpressen ist ein ungestörter, zum Querschnittsrand parallel verlaufender Streifen mit einer von den jeweiligen Rißbreiten abhängigen Mindestbreite von 10 bis 30 cm erforderlich. In manchen Fällen fast vollflächig mit Ankerkörpern bedeckte Koppelquerschnitte lassen sich einseitig kaum verpressen.

Eine mindere Qualität der Verpressungen unter den bei Schwellastversuchen vorhandenen Versuchsbedingungen war zu erwarten; Unterschiede zwischen den einzelnen Harzen – Viskosität, Topfzeit usw. – scheinen das Ergebnis deutlich, allerdings in einer noch nicht bekannten Weise, zu beeinflussen. Weitere Untersuchungen wären zur Klärung dieser Fragen erwünscht.

Beim Verpressen von Rissen und Fugen in Brückenüberbauten sind Rißbreitenänderungen nicht nur infolge Verkehrsbelastungen – in einer Größenordnung von 0,05 mm – zu erwarten. Unterschiedliche Erwärmungen des Zug- und Druckgurtes der Tragwerke führen u. a. auf eine linear über die Querschnittshöhe verteilte Temperaturdehnung und einen damit verbundenen Biegezwang, woraus bei größeren Tagestemperaturänderungen eine annähernd sinusförmige Tagesbewegung der Rißbreiten mit Amplituden bis zu 0,3 mm resultiert. Beide Änderungen veranschaulicht Bild 22.

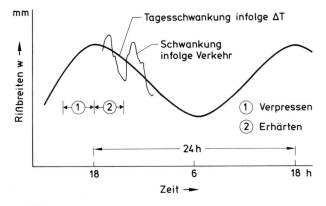

Bild 22
Änderung der Rißbreiten in einem Brückentragwerk

Es ist nun leicht einzusehen, daß eine in der Erhärtungsphase des Kunstharzes infolge Temperaturzwang abnehmende Rißbreite – auch bei einer gleichzeitigen Überlagerung der aus dem Verkehr resultierenden geringfügigen Rißbreitenänderungen – wegen des wachsenden Anpreßdrucks im Riß einen günstigen Vorgang darstellt, während eine Zunahme der Rißbreiten das Gegenteil bewirkt. Mehrere volle Tagesbewegungen des Bauwerks ohne eine inzwischen bereits erreichte ausreichende Haftfestigkeit würden eine baldige Öffnung des verpreßten Risses bewirken. Verpreßarbeiten sollten demnach zum Zeitpunkt des Tagesmaximums der Rißbreiten bereits beendet sein. In der darauf folgenden Phase erhalten sie dann eine „Vorspannung", die die Haftfestigkeit günstig beeinflußt. Je schneller nach Beendigung der Injektionsarbeiten eine ausreichende Frühfestigkeit entwickelt wird, um so weniger wird anschließend der geschlossene Riß Zugbeanspruchungen infolge Temperaturzwang ausgesetzt. Man erkennt hieraus, daß bei kaum vorhandenen Tagesschwankungen verpreßte Risse großen späteren Beanspruchungen ausgesetzt werden können, das Risiko einer erneuten Rißbildung ist groß. Insofern unterstreicht es die Richtigkeit der eingangs gemachten Feststellungen: Wenn wiederholt eintretende rißerzeugende Last- oder Zwangbeanspruchungen zu erwarten sind, ist eine Schließung der Risse durch Epoxidharzinjektionen nicht zu empfehlen – es sei denn, das Verpressen erfolgt bei Höchstbeanspruchungen.

5 Zusammenfassung

Risse in Stahlbeton- und Spannbetontragwerken können aus vielfältigen Gründen unerwünscht sein; in manchen Fällen kann ihre kraftschlüssige Verfüllung erforderlich werden. Seit mehr als zwei Jahrzehnten werden hierfür Epoxidharzinjektionen mit Erfolg eingesetzt; alle bisherigen Erfahrungen bestätigen die hohe Alterungsbeständigkeit der üblicherweise verwendeten Kunstharze.

Nach einem Überblick über die aus der Literatur bisher bekannten Untersuchungen hinsichtlich der Anwendung dieser Sanierungstechnik wird in der vorliegenden Arbeit von Versuchen an der Technischen Universität Braunschweig berichtet. Diese hatten zum Ziel, die technische Durchführbarkeit von Injektionsarbeiten unter schwierigen Randbedingungen, wie Verpressen von Rissen in Hohlkastentragwerken aus dem Innern des Querschnitts bei gleichzeitig vorhandenen Hindernissen in der Rißebene, Auswirkungen einer Schwellast auf die Verpreßqualität, zu klären. Darüber hinaus sollte im Rahmen der Untersuchungen im Hinblick auf eine größere Transparenz dieser Sanierungsmethode eine Qualifizierung der verwendeten Harze und Injektionstechniken, verbunden mit einer genauen Beschreibung der einzelnen Verfahren, erfolgen. Die Versuchergebnisse bestätigen den hohen Stand der heutigen Verpreßtechnologie, sie werfen allerdings in vielen Bereichen auch die Notwendigkeit weiterführender Untersuchungen auf.

6 Schrifttum

[1] Vorläufige Richtlinien für die Prüfung von Beschichtungswerkstoffen für das Beschichten von Beton. Betonwerk + Fertigteiltechnik, (1972), H. 7, S. 518–523.

[2] Anwendung von Reaktionsharzen im Betonbau, Teil 1.1.: Prüfverfahren für Beschichtungswerkstoffe (Fassung Mai 1978). Betonwerk + Fertigteiltechnik, (1978), H. 7, S. 400–404.

[3] Anwendungen von Reaktionsharzen im Betonbau, Blatt 2: Anforderungen an den Betonuntergrund (Fassung Januar 1975).

[4] Vorläufige Richtlinien für die Kennwertbestimmung, Zulassungsprüfung und Güteüberwachung von Reaktionsharzmörteln und Reaktionsharzbetonen für zulassungspflichtige Anwendungen – Fassung Januar 1977 – Mitteilungen des Instituts für Bautechnik, (1977), H. 2, S. 39–44.

[5] Advisory Note: A guide for the use of epoxide resins with concrete for building and civil engineering No. 12, 1968, Cement and Concrete Association, London.

[6] Standard Specification for repairing concrete with epoxy mortars. Proposed ACI Standard 503.4, ACI Journal, Proc. 75 (1978), No. 9, S. 454–459.

[7] ALIX, Th.: Risseverpressung mit Kunstharz (Flüssigkunststoff). Sonderdruck der Robert Kögel GmbH, Frankfurt, 1968.

[8] CELEBI, M.: Effectiveness of epoxy-repair process on reinforced concrete beams. ACI Journal, Proc. 75 (1978), No. 7, S. 319–321.

[9] CHUNG, H. W.: Epoxy-repaired reinforced concrete beams. ACI Journal, Proc. 72 (1975), No. 5, S. 233–234.

[10] CHUNG, H. W. and LUI, L. M.: Epoxy-repaired concrete joints. ACI Journal, Proc. 74 (1977), No. 6, S. 264–267.

[11] CHUNG, H. W. and LUI, L. M.: Epoxy-repaired concrete joints under dynamic loads. ACI Journal, Proc. 75 (1978), No. 7, S. 313–316.

[12] EIBL, J., FRANKE, L. and HJORTH, O.: Versuche mit Kunstharzmörteln. Die Bautechnik, (1972), H. 10, S. 348–354.

[13] GAUL, R. W. and SMITH, E. D.: Effective and practical structural repair of cracked concrete. ACI Special Publications No. SP 21, "Epoxies with concrete", New Orleans, Oktober 1966, Paper 21-5, S. 29–36.

[14] HUGENSCHMIDT, F.: Epoxy adhesivs in precast prestressed concrete construction. PCI Journal, März-April (1974), S. 112–124.

[15] HUGENSCHMIDT, F.: New experiences with epoxid for structural applications. Bericht der Fa. Ciba-Geigy Ltd., Basel, Schweiz, September 1976.

[16] IVÁNYI, G.: Zugfestigkeit von Beton in örtlich veränderlichen Beanspruchungszuständen. Braunschweig 1976 (erscheint demnächst in der Schriftenreihe des DAfStb).

[17] IVÁNYI, G. und KORDINA, K.: Schäden an Spannbetonbrücken im Bereich von Koppelfugen. Deutscher Beitrag, FIP London, Mai 1978.

[18] KERN, E. und HINDRICHSEN, C.-F.: Dichten von Rissen mit Epoxidharz. Beton- und Stahlbetonbau, (1969), H. 9, S. 217–219.

[19] KERN, E.: Dichten von Rissen im Beton. Betonwerk + Fertigteiltechnik, (1973), H. 7, S. 510–516.

[20] KERN, E.: Dichten von Rissen und sonstigen Fehlstellen bei wasserundurchlässigem Beton. Abdichtungen im Tiefbau, VDI Berichte Nr. 295, VDI Verlag, Düsseldorf 1978.

[21] KORDINA, K.: Schäden an Doppelfugen. Beton- und Stahlbetonbau, 74 (1979), S. 95–100.

[22] KRIEGH, J. D. and NORDBY, G. M.: Methods of evaluation of epoxy compounds used for bonding concrete. ACI Special Publications No. SP 21, "Epoxies with concrete", New Orleans, Oktober 1966, Paper 21-11, S. 107–118.

[23] KRIEGH, J. D.: Arizona slant shear test: A method to determine epoxy bond strength. ACI Journal, Proc. 73 (1976), No. 7, S. 372–373.

[24] LAUTERBACH, D. und HILDEBRAND, B.: Das Wärmestandverhalten kalthärtender Epoxidharzmörtel und seine Messung. Betonstein-Zeitung, (1971), H. 5, S. 290–293.

[25] LINDER, R.: Risse im Beton. Betonstein-Zeitung, (1971), H. 4, S. 222–227, (1971), H. 5, S. 282–289 und (1971), H. 6, S. 337–343.

[26] PORSCHET, G. und GÖTZ, H.: Untersuchung der Festigkeit von Klebstoffverbindungen aus Epoxid- und Polyesterharzen mit Beton. Betonwerk + Fertigteiltechnik, (1973), H. 1, S. 23–29.

[27] RUFFERT, G.: Verklebung und Abdichtung von schadhaften Betonkonstruktionen durch Kunstharzinjektionen. Vortrag im Haus der Technik, Essen 1978.

[28] SCHUTZ, R. J.: Epoxy resin adhesives for bonding concrete to concrete. ACI Special Publications No. SP 21 "Epoxies with concrete". New Orleans, Oktober 1966, Paper 21-4, S. 19–28.

[29] TEEPE, W.: Mechanische Beanspruchung der Kunststoffe im Massivbau. Kunststoffe, 52 (1962), H. 11, S. 658–666.

[30] TEMPER, B.: Repair of damaged concrete with epoxy resins. ACI Journal, Proc. 51, (1960), No. 2, S. 173–182.

[31] WERSE, B.: Epoxidharze – Anwendung im Beton- und Stahlbetonbau. Dissertation, TU Braunschweig 1975.

Ralf Lewandowski

Verwendung von Rückständen industrieller Prozesse zur Herstellung von Beton

1 Allgemeines

Neben dem erwünschten und gezielt hergestellten Hauptprodukt fallen bei einer Reihe von Industrieprozessen Rückstände oder Reststoffe an. Diese müssen durch den Erzeuger so beseitigt werden, daß hieraus keine zusätzlichen Belastungen für die Umwelt entstehen. Oftmals weisen solche Rückstände chemische oder physikalische Eigenschaften auf, die ein Verkippen oder Lagern auf Halden erschweren bzw. ohne zusätzliche Vorbehandlung gänzlich ausschließen. Hinzu kommt, daß in einem dicht besiedelten Land wie der Bundesrepublik aus den verschiedensten Gründen kaum Platz für die Anlage zusätzlicher Deponien für Industrieabfälle vorhanden ist. Die Notwendigkeit, nach technisch und wirtschaftlich sinnvollen Verwertungsmöglichkeiten für Industrieabfälle zu suchen, liegt somit vor.

Beton ist ein Baustoff, der in vielfältiger Weise unter Verwendung von Stoffen hergestellt werden kann, die anderweitig als Abfall anfallen und irgendwie beseitigt werden müssen. Einerseits lassen sich durch den Einsatz mancher Industrieabfälle bzw. -nebenprodukte verschiedene Eigenschaften des Betons spürbar verbessern. Andererseits kann deren Verwendung bereits jetzt wirtschaftliche Vorteile für den Betonhersteller mit sich bringen.

Hinzu kommt, daß sich manchenorts eine Verknappung der für die Betonherstellung erforderlichen natürlichen Rohstoffe abzuzeichnen beginnt: Die Notwendigkeiten, Trinkwassergewinnungsgebiete zu erhalten, Erholungsräume für die Bevölkerung zu schaffen und Landschaftsschutzgebiete unberührt zu belassen sowie Umweltschutzauflagen setzen der Gewinnung von Sand und Kies Grenzen. Natürliche Betonzuschläge müssen oftmals schon heute über weite Entfernungen bis an ihren Verwendungsort transportiert werden; mit fortschreitender Auskiesung der Lagerstätten wird dies noch zunehmen. Da Betonzuschläge ein recht frachtkostenemp-

findliches Massengut mit relativ niedrigem Eigenwert sind, muß – zumindest in manchen Regionen – längerfristig mit einer Verteuerung der Einstandskosten für Kies gerechnet werden.

Sowohl die Möglichkeit, eine sinnvolle Verwertung von Industrierückständen zu bieten, als auch die Aussicht, die Rohstoffbasis für die Betonbauweise zu erweitern, sprechen dafür, sich intensiver mit dem Einsatz von Abfallprodukten zur Betonherstellung zu befassen.

2 Der Baustoff Beton

Beton wird aus den 3 Hauptkomponenten Zement (Z), Zuschlag (K) und Wasser (W) hergestellt. Das Mischungsverhältnis $Z:K:W$ richtet sich nach den angestrebten Frisch- und Festbetoneigenschaften.

Zur Verbesserung verschiedener Betoneigenschaften oder/und zur Senkung der Stoffkosten werden darüber hinaus als Nebenbestandteile Zusatzstoffe und Zusatzmittel für die Betonherstellung eingesetzt. Diesen Zusätzen kommt in jüngster Zeit eine zunehmende Bedeutung zu.

In erster Linie bieten sich die Komponenten „Zuschlag" und „Zusatzstoff" an, um bei der Betonherstellung bislang übliche Materialien durch Rückstände industrieller Prozesse zu ersetzen bzw. teilweise und in stärkerem Maße als bisher auszutauschen.

Der Einsatz von Betonzusatzmitteln hält sich mengenmäßig in so engen Grenzen, daß er zur Lösung von Entsorgungsproblemen in anderen Industriebereichen kaum ins Gewicht fällt. Zudem geht man wegen der hohen Wirksamkeit dieser in kleinen Mengen zugegebenen Mittel mehr und mehr dazu über, diese gezielt für bestimmte Wirkungsweisen synthetisch herzustellen, um solcherart Schwankungen in der Qualität und unerwünschte Nebenwirkungen auszuschalten.

Der Austausch von Zement durch andere, aus industriellen Rückständen gewonnene Bindemittel ist, wenn überhaupt, nur in begrenztem Maße durchführbar. Technische Bedenken sowie die geltenden Baubestimmungen stehen dem entgegen [1]. Jedoch werden bereits für die Herstellung von Zement in hohem Maße Reststoffe aus anderen Industriezweigen herangezogen:

- Hüttensand wird in zunehmendem Maße anstelle von Portlandzement-Klinker verwendet und zusammen mit diesem zu Eisenportland- oder Hochofenzementen vermahlen. Hierdurch werden einerseits Energiekosten für die Zementherstellung eingespart, andererseits weisen schlackenhaltige Zemente und die damit hergestellten Betone eine Reihe beachtlicher technischer Vorteile auf [2], z.B. erhöhte Widerstandsfähigkeit gegenüber aggressiven Medien.

- Elektrofilteraschen aus Steinkohlekraftwerken werden in verschiedenen Ländern, z.B. Frankreich, DDR, Österreich und USA, für die Zementherstellung eingesetzt. Auch in der Bundesrepublik wird erwogen, Flugasche-Zemente zu produzieren. Eine entsprechende Zulassung liegt bereits vor. Inwieweit dies unter den spezifisch deutschen Bedingungen im Stahlbetonbau – Mindestzementgehalt und Betonüberdeckungen sind weltweit fast die niedrigsten – zu begrüßen ist, sei dahingestellt; die hieraus sich ergebenden Probleme für den Korrosionsschutz der Bewehrung dürfen jedoch nicht übersehen werden.

Für alle Einsatzstoffe des Betons, die nicht in allen Anforderungen geltenden Vorschriften, z.B. DIN 4226 [3], genügen, gilt nach [1]: „Die Verwendung von Baustoffen für bewehrten und unbewehrten Beton sowie von Bauteilen und Bauarten, die von dieser Norm abweichen, bedarf nach den bauaufsichtlichen Vorschriften im Einzelfall der Zustimmung der zuständigen obersten Bauaufsichtsbehörde oder der von ihr beauftragten Behörde, sofern nicht eine allgemeine bauaufsichtliche Zulassung oder ein Prüfzeichen erteilt ist." Für Rückstände, welche direkt oder in aufbereiteter Form für die Betonherstellung verwendet werden sollen, muß demnach entweder der Nachweis erbracht werden, daß sie einer der für Betoneinsatzstoffe geltenden Stoffnormen entsprechen. Oder aber es ist der Nachweis beizubringen, daß der neue Stoff das Erhärten des Zements, die Festigkeit und die Beständigkeit des Betons sowie den Korrosionsschutz der Bewehrung nicht beeinträchtigt; üblicherweise geschieht dies durch Erwirken eines Prüfzeichens oder einer Zulassung.

3 Zur Betonherstellung geeignete Industrierückstände

Beton ist ein Massenbaustoff: In der Bundesrepublik werden jährlich etwa 100 Mio. m³ Beton hergestellt und verarbeitet. Materialien, die für seine Herstellung herangezogen werden sollen, müssen also in großen Mengen zur Verfügung stehen; ihr Anfall muß einigermaßen gleichmäßig erfolgen und darf keinen ausgeprägten saisonalen Schwankungen unterliegen. Ferner ist bei der Umschau nach Ersatzstoffen zu beachten, daß die derzeit für die Betonherstellung verwendeten Grundstoffe in Relation zu anderen Roh- oder Baustoffen recht billig sind und – auch nach den zu erwartenden Verteuerungen – bleiben werden. Dies bedingt, daß für die Betonherstellung sowohl derzeit als auch mittelfristig nur

Tabelle 1
Rückstände industrieller Prozesse und deren Verwendung zur Betonherstellung

Industriezweig	Rückstand	Verwendung im Beton als
Eisen- und Stahlerzeugung	Stahlwerksschlacke	Zuschlag
	Hüttenbims, Hochofenschaumschlacke	Zuschlag
	Hüttensand, -granulat	Zuschlag
	Hochofenschlackenmehl	Zuschlag, Zusatzstoff (Bindemittel)
Steinkohlebergbau	Waschberge	Zuschlag
Holzverarbeitung und Papierherstellung	Sulfitablaugen	Zusatzmittel
Bauwesen	Ziegelsplitt	Zuschlag
	Abbruchbeton	Zuschlag
Entsorgung	Müllverbrennungsschlacke	Zuschlag
Energieerzeugung	Kesselschlackengranulat	Zuschlag
	Elektrofilteraschen	Zuschlag, Zusatzstoff (Bindemittel)
	Flugaschepellets	Zuschlag

solche Industrierückstände in Frage kommen, die keiner aufwendigen Aufbereitung bedürfen. Auch muß von diesen Stoffen wenigstens soviel anfallen, daß der Jahresbedarf nehrerer frachtgünstig gelegener Betonhersteller gedeckt werden kann, damit sich für diese eine Produktionsumstellung überhaupt lohnt: Jährliche Produktionsmengen von 150000 t Zuschlag bzw. 20000 t Zusatzstoff dürften die untere Grenze für eine Aufbereitung von Industrieabfällen darstellen.

Tabelle 1 enthält eine Zusammenstellung jener Industrien, in denen Rückstände anfallen, die aus heutiger Sicht als Einsatzstoffe für die Betonherstellung geeignet sind, und deren Mengen eine Aufbereitung lohnend erscheinen lassen. Je nach Ausgangsmaterial und angestrebtem Einsatzzweck kann der Aufbereitungsprozeß von einem einfachen Ausscheiden unbrauchbarer Chargen (z. B. bei Flugaschen) bis zu recht aufwendigen Verfahren wie Pelletisieren und Sintern (z. B. bei Sinterbims) reichen; Tabelle 2 gibt einige Beispiele an.

Tabelle 2
Beispiel für die Aufbereitung von Rückständen zu Betoneinsatzstoffen

Rückstand eines Industrieprozesses	Notwendiger Umfang der Aufbereitung	Endprodukt für die Betonherstellung
Stahlwerksschlacke	Brechen, Sieben	Schlackensplitt
Hochofenschlacke	Schäumen, Brechen, Sieben	Hüttenbims
Waschberge	Vorbrechen, Sintern, Brechen, Sieben	Sinterbims
Abbruchbeton	Trennen von Stahleinschlüssen, Brechen, Sieben	Betonsplitt
Elektrofilterasche	Ausscheiden ungeeigneten Materials	Zusatzstoff

Im folgenden werden einige Industrierückstände näher behandelt, deren technische Eignung als Betoneinsatzstoffe z. T. bereits durch einige Erfahrungen belegt ist, z. T. jedoch noch Gegenstand von Untersuchungen ist. Die Aufstellung erhebt keinen Anspruch auf Vollständigkeit: Zwar wird man „Beton nicht zum Schuttplatz

unserer Wohlstandsgesellschaft [2]" machen können, indem man versucht, jeglichen Abfall zum Betoneinsatzstoff umzufunktionieren. Doch wird man hierfür künftig sicher mehr Rückstände und auch aus anderen Industrieprozessen verwenden, die heute noch nicht hinreichend untersucht sind.

3.1 Rückstände der Eisen- und Stahlerzeugung

Bei der Gewinnung von Eisen und Stahl fallen in großen Mengen Schlacken an. Je nach Behandlung der Schmelzen liegen diese als Stückschlacke, als Schaumschlacke oder Hüttenbims oder aber als granulierter Schlackensand vor. Alle drei Arten lassen sich als Zuschlag für Beton verwenden.

Auf Halden oder in Schlackenbetten langsam erkaltete Stückschlacke wird zu Schotter, Splitt und Brechsand in Steinbrechern zerkleinert und in Siebanlagen nach Korngrößen aufgeteilt. Die Kornfraktionen werden meist entsprechend den Straßenbauvorschriften und seltener gemäß DIN 4226 gewählt, da dies Material vorwiegend für den Straßen-, insbesondere für den Schwarzdeckenbau verwendet wird. Welche Art der Absiebung gewählt wird, ist für den Betonbauer relativ unerheblich, weil sich bei zweckmäßiger Wahl der Kornzusammensetzungen auch aus Straßenbaukörnungen Betone gemäß DIN 1045 mit guten Verarbeitungseigenschaften und hohen Festigkeiten herstellen lassen.

Bild 1 zeigt die Ergebnisse von Untersuchungen an 5 Schlackensorten (A bis E) aus 4 Hüttenwerken. Die Betone entsprachen den Festigkeitsklassen B 25 und B 35. Durch Zementleimzugabe wurde die Konsistenz für alle Betone gleichmäßig auf $a = 43{-}45$ cm eingestellt. Die aus Rheinmaterial hergestellten Vergleichsbetone (O_A bis O_E) wiesen eine stetige Sieblinie im Bereich AB 32 mit günstigen Verarbeitungseigenschaften auf. Bei den Schlackenbetonen wurde die Kies-Körnung ≥ 8 mm durch Stückschlackensplitt mit Größtkorn 22 mm bzw. 32 mm ersetzt. Um gleiche Verarbeitungseigenschaften zu erzielen, mußten bei den Schlackenbetonen A bis D die Zement- und Wassergehalte gegenüber den jeweiligen Vergleichs-Kiesbetonen um ca. 10% erhöht werden. Aufgrund der günstigen Kornform der Schlacken E waren hier Zement- und Wassergehalt mit denen des Vergleichsbetons identisch. Neuere Untersuchungen [4] zeigen, daß sich mit vom „Normalen" abweichenden Kornzusammensetzungen bei Splittbetonen gleichgute Verarbeitungseigenschaften wie bei Kiesbe-

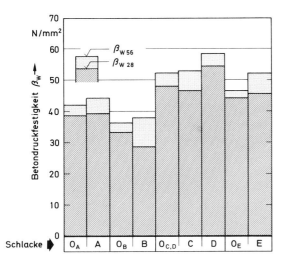

Bild 1
Vergleich der Druckfestigkeiten von Schlackensplitt- und
Kiesbetonen mit gleicher Verarbeitbarkeit

tonen erreichen lassen, ohne die Wasser- und Zement-
gehalte erhöhen zu müssen; eine Übertragung dieser
Erkenntnisse würde auch bei den Schlacken *A* bis *D* zu
günstigeren Werten führen. Bild 1 läßt erkennen, daß
die Schlackensplittbetone den Kiesbetonen in ihrer Festigkeit gleichwertig sind. Die Nacherhärtung war in der
Mehrzahl der Fälle größer als beim Kiesbeton; dies mag
auf eine Zunahme der Bindung zwischen Zementleim
und Schlacke zurückzuführen sein. In ihren elastischen
und nichtelastischen Verformungen ergaben sich keine
Unterschiede zwischen Schlackensplitt- und Kiesbetonen. Erwähnenswert ist, daß sich mit Schlacken die Ab-
riebfestigkeit sowie die Hitzebeständigkeit von Betonen
verbessern lassen.

In Verbindung mit Wasser wird glutflüssige Hochofen-
schlacke in besonderen Einrichtungen geschäumt. Nach
Brechen und Sieben wird dies Material vorwiegend in
den Körnungen 4/16 mm unter den Namen Hüttenbims
oder Hochofenschaumschlacke zur Herstellung von
Leichtbetonen und „leichten Normalbetonen" verwendet (Die Fraktion <4 mm weist wegen der ungünstig
geformten Kornoberflächen einen zu hohen Wasseranspruch auf und ist daher nur bedingt zur Betonherstellung geeignet). Aufgrund der glasig-amorphen Struktur
dieses Zuschlags haben solche Betone deutlich niedrigere Wärmeleitfähigkeiten als Normalbeton und bieten
sich zum Einsatz im Hochbau an. Wegen ihrer sperrigen
und splittrigen Kornform sowie der offenen Oberflächenporen bedarf es besonderer, jedoch beherrschbarer

Maßnahmen, eine hinreichende Verarbeitbarkeit mit
Hüttenbims hergestellter Betone sicherzustellen. Die
gelegentlich festzustellenden Schwankungen in Rohdichte, Schüttdichte und Wasseraufnahme von Hütten-
bimsen selbst eines Herstellers sind sicher mit ein
Grund, daß geschäumte Schlacken nur zögernd Eingang
in die Betonherstellung finden.

Wassergranulierter Hochofenschlackensand, sog. Hüttensand, ist teils glasig dicht, teils aber auch feinporig
und relativ leicht. Es ist möglich, mit diesem Material
Betone mit niedrigen Wärmeleitfähigkeiten für den
Hochbau herzustellen. Der Wasseranspruch dieser Gra-
nulate liegt deutlich über dem natürlicher Sande und
erschwert deren breitere Anwendung. Zementfein auf-
gemahlen läßt sich das Material jedoch vorteilhaft als
Betonzusatzstoff verwenden: Steigerungen der Festigkeit sowie Verbesserungen der Dichtigkeit und der Widerstandsfähigkeit gegen chemische Angriffe wurden
bei hiermit hergestellten Betonen festgestellt. Beim
Hochofenschlackenmehl handelt es sich um einen Stoff,
der mit einer Komponente der Hochofenzemente identisch ist. Eine Anrechnung von Hochofenschlacken-
mehlzusätzen auf den Bindemittelgehalt des Betons erscheint daher sinnvoll; wegen der erforderlichen gleichmäßigen Verteilung und innigen Vermischung müßte
dieses Verfahren jedoch auf solche Betriebe beschränkt
werden, die über Mischer mit guter Mischwirkung verfügen und deren Dosier- und Kontrollsysteme eine
technisch einwandfreie Durchführung sicherstellen. Aus
England werden positive Erfahrungen hierzu mitgeteilt.

3.2 Waschberge

Als Nebenprodukt fällt bei der Naßwäsche der Steinkohle das sogenannte Waschbergmaterial an, das je
nach Vorkommen noch bis zu 30% brennbare Bestandteile enthält. Der Anteil der Waschberge an der geförderten Kohlenmenge macht etwa 10% aus. Durch Sin-
terung lassen sich hieraus Betonzuschläge herstellen. Je
nach dem gewählten Verfahren entsteht entweder Sinterbims, der mit seinen kantigen Kornformen und teilweise bizarren Kornoberflächen dem Naturbims recht
ähnlich ist. Oder aber es werden aus demselben Ausgangsmaterial durch Mahlen, Granulieren und Sintern
kugelförmige Zuschläge mit weitgehend geschlossener,
rauher Sinterhaut, sogenannte Sinterbimspellets, erzeugt. Beide Produkte sind als Zuschläge für die Herstellung von unbewehrten und bewehrten Betonen, ins-

besondere Leichtbetonen und leichten Normalbetonen geeignet [5], [6]:

Mit Sinterbims sind Leichtbetone mit geschlossenem Gefüge in plastischer Konsistenz herstellbar. Wegen der ungünstigen Kornform müssen solche Betone höhere Mehlkornanteile, z.B. durch Füllerzugaben, enthalten, damit eine ausreichende Verarbeitbarkeit erreicht wird. Bei Rohdichten von $\varrho_{tr} = 1{,}5{-}1{,}8$ kg/dm^3 lassen sich Betone der Festigkeitsklassen LB 25 bis LB 35 zielsicher herstellen, die in ihren übrigen Eigenschaften aus Blähtonen oder -schiefern hergestellten Leichtbetonen nahekommen und in etwa den Richtlinien für Leichtbeton [7] entsprechen.

Aus Sinterbimspellets wurden bei Rohdichten um 1,7 kg/dm^3 Betone der Festigkeitsklasse LB 25 hergestellt; bei etwas höherer Rohdichte erscheint die nächsthöhere Festigkeitsklasse erreichbar.

Haufwerksporige Betone lassen sich mit gesintertem Waschbergmaterial ebenfalls herstellen. Dabei werden Rohdichten und Festigkeiten erreicht, die den Einsatz dieser Zuschläge für die Fertigung von leichten Bauelementen wie Voll- und Hohlblocksteinen, Wandbauplatten, Deckenhohlkörpern o.ä. interessant erscheinen lassen.

3.3 Abbruchmaterial

Bei der Erneuerung von alten Gebäuden, insbesondere bei der Sanierung von ganzen Wohnquartieren und Stadtvierteln, fällt in großen Mengen Abbruchmaterial an. Im wesentlichen besteht dieses aus Ziegeln und Ziegelbruch. In den ersten Nachkriegsjahren wurde daraus in großem Umfang Ziegelsplitt als Zuschlag für die Betonherstellung gewonnen. Die Abtrennung betonschädigender Anteile (vor allem Sulfate aus Gipsmörteln oder -platten) bildete dabei die Hauptschwierigkeit, die jedoch durch mechanisches Absieben aller Anteile ≤25 mm mit hinreichender Sicherheit bewältigt wurde.

Ziegelsplitt läßt sich sowohl zu Betonen mit geschlossenem als auch mit porigem Gefüge verarbeiten [8], [9]. Dichte Ziegelsplittbetone, deren Ausgangsmaterial von Ziegeln mit niedriger Festigkeit stammt, weisen bei Rohdichten von 1,7 bis 1,9 kg/dm^3 in Abhängigkeit vom Zementgehalt Druckfestigkeiten zwischen 5 N/mm^2 und 20 N/mm^2 auf. Bei Einkornbetonen aus Ziegelsplitt liegen je nach Zementanteil die Festigkeiten zwischen 2 N/mm^2 und 5 N/mm^2. Diese Werte sind für die niedrig belasteten Bauteile des normalen Hochbaus durchaus

hinreichend [10]; ferner bietet sich das Material zur Herstellung von Leichtbetonwaren, wie Wand- und Deckenbauelementen, an.

Ziegelsplitt wird derzeit für die Betonherstellung nur noch in Berlin genutzt. Wo Stadtsanierungen größeren Umfangs stattfinden und natürliche Grobzuschläge ohnehin knapp sind, sollte man sich dieses wertvollen Baustoffs wieder entsinnen, ehe man daraus mit großen Kosten künstliche Berge anlegt.

Entsprechendes gilt für den Beton, der beim Abbruch alter Bauwerke gewonnen wird. Bei der Modernisierung von Verkehrswegen (Verbreiterungen, Verbesserungen der Linienführung) fallen nicht selten und — bedingt durch die Größe der Baulose — meist auch konzentriert auf einen engen Raum große Mengen Betonschutt an, die aus den alten Kunstbauten und Straßendecken stammen. Ähnliches tritt bei Umbauten größerer Industriekomplexe ein. Die Aufwendungen für Abtransport und Lagerung von Betonschutt sind oftmals recht erheblich und rechtfertigen die Überlegung, ob nicht mit vergleichbarem Aufwand der Altbeton zu einem Zuschlaghersteller geschafft und dort mit bekannten Technologien wieder zu Betonzuschlag aufbereitet werden kann [11]. Die betontechnischen Auswirkungen des Austauschs herkömmlicher Zuschläge gegen Splitt, der aus Abbruchbeton gewonnen wird, sind vom Grundsatz her bekannt [11], [12]:

Die Festigkeiten von Betonen aus Altbeton liegen etwa in denselben Größenordnungen wie bei Betonen vergleichbarer Zusammensetzung aus natürlichen Zuschlägen; es wurden Werte bis $\beta_{w28} \sim 45$ N/mm^2 erzielt. Der Elastizitätsmodul ist wegen des insgesamt höheren Zementmatrixanteils niedriger als bei üblichem Normalbeton. Die Verarbeitbarkeit von Betonen aus Abbruchbetonsplitt läßt sich den jeweiligen Anwendungs- und Einbauverhältnissen anpassen; erschwerend wirkt sich dabei — ähnlich wie bei Ziegelsplitt oder geblähten Leichtzuschlägen — die hohe Wasseraufnahme des Betonsplitts aus, doch läßt sich dies durch Vornässen der Zuschläge oder längere Mischzeiten beherrschen. Der näheren Klärung bedürfen noch das nichtelastische Verformungsverhalten solcher Betone (voraussichtlich etwa im Verhältnis der Zementmatrixanteile höher als beim Normalbeton) sowie der Einfluß unterschiedlicher Festigkeiten des Abbruchbetons auf das Endprodukt. Aus den bekanntgewordenen Versuchsergebnissen [4], [11], [12] läßt sich bereits jetzt die Empfehlung herleiten, nur die Körnungen >4 mm durch Betonsplitt zu ersetzen und im Feinkornbereich natürliche Sande und Feinkiese zu verwenden.

3.4 Müllverbrennungsrückstände

Aus Gründen des Landschaftsschutzes und der Trinkwassersicherung können Deponien zur Ablagerung von Haus- und Industriemüll nur noch in sehr begrenztem Umfang bereitgestellt werden. Die noch immer wachsende Müll-Lawine unserer Wohlstandsgesellschaft muß also auf andere Weise unschädlich gemacht und beseitigt werden; ein mögliches Verfahren ist die Müllverbrennung. Aus den in Müllverbrennungsanlagen anfallenden Schlacken läßt sich bei Einschaltung von Sinteranlagen Sinterbims herstellen, welcher nach Brechen und Klassieren als Betonzuschlag in Frage kommt.

Mit Müllschlackensinter aus Versuchsanlagen wurden Betone mit Festigkeiten bis zu 40 N/mm² hergestellt [13]. Bedingt durch die bizarren Formen sowie den hohen Anteil offener Poren der Sinterbimskörner mußten die Betone relativ hohe Feinstanteile aufweisen, um die notwendige Verarbeitbarkeit zu gewährleisten – ähnliche Probleme sind von der Verwendung anderer offenporiger Zuschläge (z.B. Lava, Hüttenbims, Waschbergsinter) her bekannt und lassen sich beherrschen. Entsprechend dem weicheren Müllschlackensinterkorn war der Elastizitätsmodul etwas kleiner als bei Kiesbetonen gleicher Festigkeit, die nichtelastischen Verformungen waren etwas größer. Insgesamt lassen die Ergebnisse die Eignung von Müllschlackensinter zur Herstellung von Betonen bis zu mittleren Festigkeiten, d.h. B-I-Betone, erkennen.

Einem umfangreicheren Einsatz von Müllschlackensinter stehen bislang zwei Schwierigkeiten entgegen: Der in die Verbrennungsanlagen gelangende Müll weist starke Schwankungen in seiner Zusammensetzung auf, die sich auf die Eigenschaften des daraus hergestellten Sintermüll-Zuschlags auswirken. Außerdem enthält der Müll oft Leichtmetallanteile, die im alkalischen Medium, d.h. im Beton, chemisch reagieren und zu Treiberscheinungen oder Ausblühungen führen können. Hier besteht die Notwendigkeit, die Aufbereitungsverfahren noch weiter zu verbessern.

3.5 Verbrennungsrückstände aus Kraftwerken

In thermischen Kraftwerken, die ballastreiche Steinkohle verwenden, fällt in großen Mengen Schmelzkam-

mer- oder Kesselschlackengranulat an. Hierbei handelt es sich um ein schwarz glänzendes, glasiges Material mit Korngrößen bis zu etwa 12 mm. Die Einzelkörner besitzen überwiegend scharfe Kanten und glatte Flächen. Als Folge des Herstellungsprozesses (schockartige Abkühlung im Wasserbad) weisen sie vielfach feine Gefügerisse auf, die Eigenfestigkeit liegt daher unter der von Rheinsand und -kies.

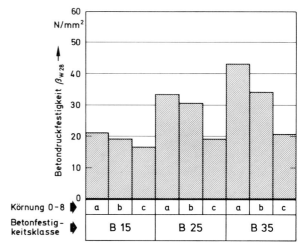

Bild 2
Einfluß von Kesselschlackengranulaten auf die Druckfestigkeit von Betonen mit gleicher Kornzusammensetzung und Konsistenz

Bild 2 zeigt die Auswirkungen der Kornfestigkeit auf die Druckfestigkeit von Kesselschlackengranulat-Betonen. Bei allen Vergleichsbetonen waren Kornaufbau und Konsistenz gleich. Mit dem unbehandelten Kesselschlackengranulat ließen sich trotz Erhöhung des Zementanteils die Festigkeiten kaum steigern, das gebrochene Material verhielt sich deutlich günstiger, erbrachte jedoch in der Festigkeitsklasse B 35 nicht die Werte des Betons mit natürlichem Kiessand der Körnung 0/8 mm.

Demgegenüber ist die niedrige Wärmeleitfähigkeit des Schmelzkammergranulats als Vorteil zu werten. Dieser wird im Hochbau für die Herstellung wärmedämmender Bauteile aus sog. Thermocrete-Beton gezielt ausgenutzt.

Elektrofilteraschen aus Steinkohlekraftwerken können, sofern sie bestimmten Anforderungen genügen [14],

[15], [16], als Betonzusatzstoff verwendet werden. Aufgrund der glasigen und kugeligen Struktur der einzelnen Flugaschepartikel wirkt sich der Einsatz von Flugasche günstig auf verschiedene Betoneigenschaften aus (sämtliche Versuchsbetone wurden mit gleicher Konsistenz a = 42 cm und gleichem Kornaufbau AB 32 hergestellt):

● Die Verarbeitbarkeit des Frischbetons wird verbessert. Bei gleichbleibender Konsistenz läßt sich der Wasseranspruch des Betons durch den Austausch von Zementanteilen gegen Flugasche in „Prüfzeichenqualität" senken (Bild 3).

● Die Zugabe von Flugasche führt in jedem Fall zu Steigerungen der Betondruckfestigkeit; besonders deutlich wird dies bei höherem Betonalter, wo eine langsam ablaufende Nacherhärtung zum Tragen kommt (Bild 4).

● Beim Austausch von Zement gegen Flugasche verringern sich zwar die Frühfestigkeiten, die 28-Tage-Werte lassen sich jedoch bis zu einem maximalen Austauschgrad spürbar steigern. Noch deutlichere Verbesserungen treten bei den 56- und 91-Tage-Werten auf (Bild 5). In erster Linie macht sich hier

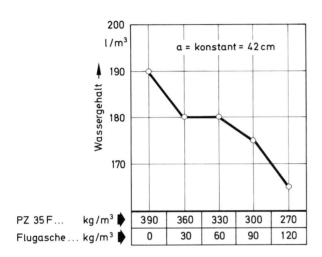

Bild 3
Beeinflussung des Wasserbedarfs durch den Austausch von Zement gegen Flugasche

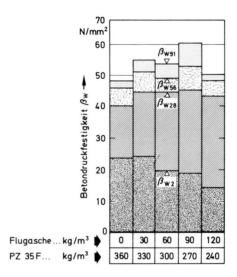

Bild 5
Einfluß des Austausches von Zement gegen Flugasche auf die Betondruckfestigkeit

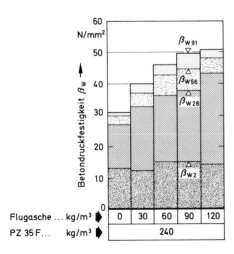

Bild 4
Verbesserung der Betondruckfestigkeit durch die Zugabe von Flugasche

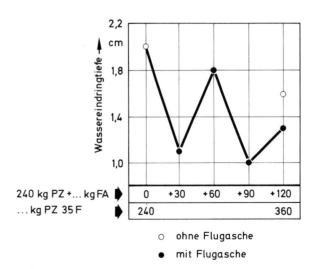

Bild 6
Einfluß von Flugasche auf die Wasserundurchlässigkeit von Beton

der günstige Einfluß der durch den Flugascheeinsatz möglichen Wassereinsparungen (Bild 3) bemerkbar.

- Die Wasserundurchlässigkeit des Betons läßt sich durch die Verwendung von Flugasche verbessern (Bild 6). Bei Betonen mit ungünstigerem Kornaufbau als dem untersuchten ist die flugaschebedingte Verringerung der Wassereindringtiefe noch stärker ausgeprägt.

Die durch den Flugascheeinsatz erzielbare Wassereinsparung wirkt sich günstig auf das Schwindverhalten des Betons aus. Für viele Anwendungsfälle, besonders bei massigen Bauteilen, ist die durch den Austausch von Zement gegen Flugasche bewirkte Senkung der Abbindewärme vorteilhaft. Negative Auswirkungen auf die Frost- und Witterungsbeständigkeit konnten nicht festgestellt werden, sofern der Beton ausreichend nachbehandelt wurde.

Als Nachteil von Betonen mit höheren Flugaschegehalten ist zu werten, daß sie trotz hoher Endfestigkeiten nur langsam erhärten und entsprechend längerer Ausschalungsfristen und Nachbehandlungszeiten bedürfen. Energiepolitisch bedingte Umstellungen in der Betriebsart von Steinkohlekraftwerken lassen befürchten, daß zukünftig Flugaschen in „Prüfzeichenqualität" nicht mehr in den heute bereits eingesetzten Mengen verfügbar sein werden. Durch umfassende Untersuchungen sollte daher rechtzeitig geklärt werden, inwieweit von den heutigen Anforderungen abgewichen werden kann, ohne die Betonqualität zu beeinträchtigen, damit die technischen Vorteile dieses Baustoffs auch weiterhin genutzt werden können.

Steinkohleflugasche wird auch zur Herstellung von gesinterten Flugaschepellets, einem Leichtzuschlag nach DIN 4226, Blatt 2 [3], verwendet. Hieraus können Konstruktionsleichtbetone mit geschlossenem Gefüge sowie „leichte Normalbetone" hergestellt werden [14]. Die Festigkeitsklasse B 35 bzw. LB 35 läßt sich dabei zielsicher erreichen.

4 Zusammenfassung und Ausblick

Im Voranstehenden wurden Beispiele für bereits genutzte sowie in der Erprobung befindliche Möglichkeiten zur Verwendung von Rückständen industrieller Prozesse für die Betonherstellung erläutert. Diese Aufzählung kann nicht den Anspruch auf Vollständigkeit erheben. Man muß davon ausgehen, daß aus technischer Sicht weit mehr Reststoffe verschiedenster Herkunft zum Herstellen von Beton eingesetzt werden könnten als bisher, ohne daß dadurch die Qualität der damit hergestellten Bauwerke beeinträchtigt würde. Voraussetzung dafür sind jedoch wesentlich über den heutigen Stand erweiterte Kenntnisse der Betonhersteller und -verarbeiter.

Eine weitere Voraussetzung für die Nutzung bestehender technischer Möglichkeiten ist, daß sie für den Anwender rentabel ist. Dies ist derzeit bei den meisten Industrieabfällen, die technisch ohne weiteres zur Betonherstellung eingesetzt werden könnten, nicht der Fall. Sie fallen überwiegend in Regionen an, wo natürliche Zuschläge – noch – reichlich und relativ preiswert zur Verfügung stehen. Noch ist es für den Erzeuger industrieller Reststoffe oftmals wirtschaftlicher, diese zu verkippen, auf Halden zu schaffen oder gar in Sondermülldeponien zu bringen, anstatt sie für eine weitere Nutzung aufzubereiten; der – z. B. für einen Betonzuschlag – erzielbare Erlös steht in keinem Verhältnis zu den hierfür erforderlichen Kosten.

Mit zunehmender Verknappung der bislang üblichen Einsatzstoffe bzw. deren frachtkostenbedingter Verteuerung wird sich diese Kosten/Nutzen-Relation zugunsten der Wiederverwendung von Rückständen verbessern. Doch wird dies allein kaum ausreichen, eine verstärkte Verwendung von umgewandelten Reststoffen für die Betonherstellung herbeizuführen und dem weiteren Wachstum von Industriemüllhalden entgegenzuwirken. Hinzukommen muß ein Umdenken bei der Bewertung von Umweltschädigungen jeglicher Art, das es ermöglicht, das Entstehen von Umweltbelastungen durch frühzeitige Bereitstellung jener Geldmittel zu verhindern, die andernfalls später für die Beseitigung der Folgeschäden aufgewendet werden müssen. Dieses Handeln nach dem Motto „Vorbeugen ist besser als heilen" wird sich vermutlich nur durch Einflußnahme des Staates erreichen lassen – sei es durch gezielt zur Förderung von Recycling-Verfahren eingesetzte Subventionen, sei es durch gesetzgeberische Maßnahmen. Erst wenn entsprechende wirtschaftliche Voraussetzungen gegeben sind, werden die technisch möglichen Verfahren zur Nutzung von Rückständen aus industriellen Fertigungsprozessen einen wesentlichen Beitrag zur Lösung der Entsorgungsprobleme verschiedener Industriezweige leisten und effektiv zur Rohstoffsicherung für die Betonbauweise beitragen.

5 Schrifttum

[1] DIN 1045 – Beton- und Stahlbetonbau; Bemessung und Ausführung – Ausgabe Januar 1972.

[2] BLUNK, G.: Umweltfreundlicher Beton. Vortrag anläßlich des Readymix-Beton-Fachforums 1978, Düsseldorf.

[3] DIN 4226 – Zuschlag für Beton, Blatt 1–3 – Ausgabe Dezember 1971.

[4] NIEMEYER, W.: Kalksteinsplittbetone mit guter Verarbeitbarkeit. Betonwerk + Fertigteil-Technik. (1979), H. 5, S. 277–286.

[5] Verwertung von Wasch- und Grubenbergen. Betonwerk + Fertigteil-Technik. (1973), H. 10, S. 755–756.

[6] KUNZE, W.: Untersuchungen an Leichtzuschlag aus gesintertem Waschbergmaterial. Betonwerk + Fertigteil-Technik. (1974), H. 6, S. 217–222.

[7] Richtlinien für Leichtbeton und Stahlleichtbeton mit geschlossenem Gefüge; Fassung Juni 1973.

[8] CHARISIUS, K., DRECHSEL, W. und HUMMEL, A.: Ziegelsplittbeton – Festigkeitseigenschaften in Abhängigkeit von der Betonzusammensetzung. Deutscher Ausschuß für Stahlbeton, H. 110. W. Ernst & Sohn, Berlin 1952.

[9] DIN 4163 – Ziegelsplittbeton; Bestimmungen für Herstellung und Verwendung – Ausgabe Februar 1951.

[10] DIN 4232 – Wände aus Leichtbeton mit haufwerksporigem Gefüge; Ausführung und Bemessung – Ausgabe Januar 1972.

[11] FRONDISTOU-YANNAS, S.: Waste Concrete as Aggregate for New Concrete. ACI-Journal. (1977), S. 373–376.

[12] SCHULZ, R.: Recycling von Beton. Betonwerk + Fertigteil-Technik. (1978), H. 9, S. 492–497.

[13] PILNY, F.: Schwer- und Leichtbeton aus Müllschlackensinter. Die Bautechnik. (1967), H. 7, S. 230–238.

[14] LÜHR, H. P.: Derzeitiger Stand des Zulassungsverfahrens für Steinkohleflugasche als Bindemittelkomponente im Beton und Stahlbeton in der BRD. Betonstein-Zeitung. (1971), H. 1, S. 16–21.

[15] LÜHR, H. P.: Zur Verwendung von Steinkohleflugasche (Elektrofilterstaub) als Betonzusatzstoff. Betonwerk + Fertigteil-Technik. (1972), H. 7, S. 511–517.

[16] LÜHR, H. P.: Anforderungen an Kraftwerksnebenprodukte bei der Verwendung im Bauwesen. VGB Kraftwerkstechnik. (1978), H. 5, S. 354–358.

[17] KUNZE, W.: Gesinterte Flugaschepellets als Zuschlag für Konstruktionsleichtbeton. Betonwerk + Fertigteil-Technik. (1974), H. 1, S. 50–55.

Gallus Rehm

Zur Frage der Prüfung und Bewertung des Verbundes zwischen Stahl und Beton von Betonrippenstäben

1 Einleitung

Seit Bestehen der modernen Stahlbetonbauweise ist die Frage des Verbundes zwischen Stahl und Beton ein immer wiederkehrendes Diskussionsthema. Dabei geht es weniger um die Bedeutung des Verbundes für die Gebrauchsfähigkeit und Tragsicherheit von Stahlbetonbauwerken allgemein als vielmehr – um nur einige herauszugreifen – um Fragen der Prüfung der Verbundeigenschaften von Stählen mit unterschiedlicher Oberflächengestaltung, Berechnung der Verbundspannung nach Größe und Verteilung entlang eines eingebetteten Stabes und um die Brauchbarkeit sogenannter einfacher, vergleichender Prüfverfahren. Es ist auch nicht so sehr die Praxis, die sich um eine Erweiterung ihres Wissensstandes bemüht, als vielmehr die sogenannte Wissenschaft, die sich in Theorie und Experiment des Verbundproblemes, zeitlich gesehen mit unterschiedlicher Intensität, immer wieder annimmt. Das ist gut so, und man kann feststellen, daß es dabei, insbesondere in den letzten beiden Jahrzehnten, nicht mehr um pragmatische Fragen, sondern um das Bedürfnis einer objektiven Darstellung der Zusammenhänge ging. Daß es dabei zu Meinungsverschiedenheiten zwischen Wissenschaftlern verschiedener „Schulen" kommt, ist nicht nur natürlich, sondern sogar erwünscht. Erst die Notwendigkeit, die eigene Vorstellung gegenüber einer anderen, wohlüberlegten und auch begründeten Konzeption verdeutlichen bzw. in ihrer übergeordneten Bedeutung herausstellen zu müssen, fördert nicht nur die geistige Beweglichkeit, sondern zwingt auch, schärfere Maßstäbe an die eigenen Erkenntnisse anzulegen.

So natürlich der wissenschaftliche Streit auf der einen Seite befruchtend für den Forscher wirkt, ist die Praxis auf der anderen Seite daran interessiert, wenigstens den gesicherten Bereich der Erkenntnisse in einer verbindlichen Form dargelegt und durch nachprüfbare Zahlen vorgetragen zu bekommen. Hier beginnt dann die oft unüberwindliche Schwierigkeit, das theoretisch eindeutig Faßbare praxisgerecht aufzubereiten bzw. die unvermeidlichen, d. h. notwendigen Vereinfachungen in der Betrachtungsweise so zu gestalten, daß einerseits die erwünschte Übersicht gewährleistet bleibt, auf der anderen Seite aber auch die Zusammenhänge nicht verfälscht wiedergegeben werden. Daraus ergeben sich als derzeit wichtigste Fragen:

a) Welche Anforderungen müssen Rippenstähle in bezug auf die Verbundwirkung erfüllen und durch welche Maßnahmen kann man dies erreichen?
b) Welche Prüfverfahren und welche Beurteilungskriterien stehen zur Verfügung, um im Bedarfsfalle die Entscheidung über ausreichenden oder nicht ausreichenden Verbund herbeiführen zu können?
c) Wie sind aus den Versuchsergebnissen Konstruktionsrichtlinien abzuleiten?

Diese Frage ist mit der Anwendung von Verbundankern aktuell. Sie wird im folgenden aber nur soweit als zum Verständnis der Zusammenhänge nötig behandelt. Weitergehende Informationen sind in [3] und [8] enthalten.

2 Notwendige Verbundwirkung

2.1 Einflußgrößen auf den Verbund

Die Ausführungen zu diesem Fragenkomplex können hier unter Hinweis auf die Literatur [1] bis [6] kurz gehalten werden. Es darf als gesicherter Wissensstand angesehen werden, daß das Zusammenwirken zwischen Stahl und Beton in dem uns interessierenden Beanspruchungsbereich überwiegend durch die geometrische Ausbildung der Stahloberfläche beeinflußt wird. Welche spezifische Form sich am besten eignet bzw. welche Oberflächengestalt einen optimalen Verbundeffekt erwarten läßt, diese Fragen sind in den letzten sechs Jahr-

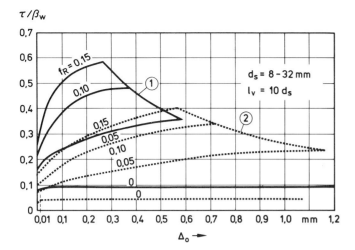

Bild 1
Auf die Betondruckfestigkeit bezogene Verbundspannung
in Abhängigkeit vom Schlupf am unbelasteten Stabende.
Als Parameter wurde die Profilierung der Stäbe
(ausgedrückt durch die bezogene Rippenfläche f_R)
und die Lage der Stäbe beim Betonieren gewählt (nach [4])

zehnten in allen erdenklichen Richtungen und mit großer Gründlichkeit durchleuchtet worden. Als Abschluß
der vielfach empirisch abgeleiteten Erkenntnisse kann
man ohne Überheblichkeit und ohne die Bedeutung anderer Arbeiten einschränken zu wollen, doch die in der
Schule RÜSCH erarbeiteten, theoretisch untermauerten
und durch Versuche belegten Erkenntnisse über die Bedeutung der bezogenen Rippenfläche f_R herausstellen.
Dies ist aus Bild 1 zu ersehen, das die auf die Betondruckfestigkeit β_w bezogene Verbundspannung τ in Abhängigkeit vom Schlupf am unbelasteten Stabende zeigt.
Es wurde aus den Ergebnissen von über 1200 Ausziehversuchen mit Stäben unterschiedlicher Profilierung und
verschiedenen Durchmessern abgeleitet. Danach steigt
die Verbundwirkung mit zunehmenden Werten für f_R
an. Weiterhin sind die Betonfestigkeit und die Lage der
Stäbe beim Betonieren von entscheidendem Einfluß auf
das Verbundverhalten.
Fassen wir diese Erkenntnisse in wenigen Sätzen zusammen, so läßt sich feststellen, daß der sicherste Weg zur
Gewährleistung einer dauerhaften und in ihrer Größe
voraussehbaren Verbundwirkung die Profilierung der
Stahloberfläche durch Rippen ist, die, in regelmäßigen

Abständen angeordnet, einen quasi mechanischen Verbund ergeben. Dabei kommt es entscheidend darauf an,
daß Höhe und Abstand der Rippen sinnvoll aufeinander
abgestimmt sind und daß die Auflagerfläche der Rippen
so groß ist, daß die Relativverschiebungen zwischen
Stahl und Beton in dem zu betrachtenden Beanspruchungsbereich vorgegebene Werte nicht überschreiten.
Weiterhin muß der Abstand zwischen den Rippen so
bemessen sein, daß die sich ausbildenden kleinen Betonkonsolen keinesfalls frühzeitig abgeschert werden.
Die Brauchbarkeit der bezogenen Rippenfläche zur
Kennzeichnung der Güte des Verbundes ist durch zahlreiche Versuche nachgewiesen und wird allgemein anerkannt. Dabei bedarf es keiner weiterführenden Darstellung, daß die Aussagefähigkeit dieser Bezugsgröße nicht
für alle Arten von Profilierungen, sondern nur für einen
begrenzten, in der Praxis jedoch meist ausreichend großen Bereich gilt.

2.2 Anforderungen an den Verbund

An den Verbund von Rippenstäben werden vielfältige
Anforderungen gestellt. Zunächst strebt man in Stahlbetonbauteilen im „Gebrauchszustand" eine enge Riß-
teilung und damit geringe Rißbreiten an. Dazu muß die
zum Reißen des Betons erforderliche Zugkraft auf möglichst kurzer Länge vom Stahl in den Beton geleitet
werden. Dies erfordert hohe Verbundspannungen bei
geringen Verschiebungen, d.h., einen steilen Anstieg

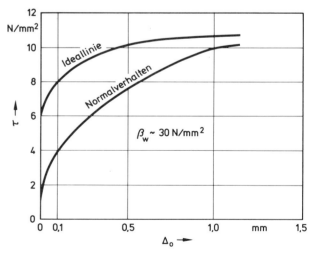

Bild 2
Verbundspannung-Schlupf-Charakteristik,
Vergleich der Ideallinie mit dem Normalverhalten

der Verbundspannung-Schlupf-Charakteristik (Bild 2) oder, weniger wissenschaftlich ausgedrückt, einen „harten" Verbund.

Im Bruchzustand wird ebenfalls eine Verankerung der Stahlzugkraft im Beton auf kurzer Länge gewünscht. Diesem Bestreben sind jedoch bei üblichen Betondeckungen und Stababständen wegen der „Sprengwirkung" Grenzen gesetzt. Die hohen Pressungen unter den Rippen rufen nämlich ringförmig um den Stab verlaufende Zugspannungen im Beton hervor, die Längsrisse in der Betondeckung und/oder deren Abplatzen hervorrufen können (Bild 3). Damit dies erst bei hohen Stahlspannungen geschieht, muß der Verbund mit zunehmender Belastung „weicher" werden. Dadurch kann ein nahezu konstanter Verlauf der Verbundspannungen entlang der Verankerungslänge erhalten und eine über die Länge etwa gleichmäßige Krafteinleitung in den Beton gewährleistet werden. Es sollte also die Rippung so ausgebildet sein, daß die aus den örtlichen Pressungen resultierende Sprengkraft im Vergleich zu der in den Beton eingeleiteten Kraft möglichst gering ist. Werden Betonabplatzungen durch konstruktive Maßnahmen ausge-

schaltet, so erfolgt ein Verbundbruch, d. h. Ausziehen der Stäbe. Damit eine möglichst große Kraft in den Beton eingeleitet werden kann, darf der Verbundbruch nicht bei zu kleinen Bruchverschiebungen erfolgen. Nur dadurch ist nämlich zu erreichen, daß eine möglichst große Stablänge gleichzeitig wirkt.

Bild 2 zeigt die ideale Verbundspannung-Schlupf-Kurve. Sie ist gekennzeichnet durch eine steile Anfangssteigung, einen relativ flach steigenden Verlauf nach Gleitbeginn bei gleichzeitig großen Bruchverschiebungen.

Bekanntlich wird die Verbundwirkung eines beim Betonieren waagerecht liegenden Stabes infolge des Absetzens des Betons an der unteren Stabhälfte abgemindert, weil ein Teil der Rippenfläche ausfällt und der Verformungswiderstand des unmittelbar durch die Rippen belasteten Mörtels abnimmt. Die Abminderung ist hauptsächlich von der Höhe des Stabes über dem Schalungsboden, der Betonzusammensetzung und der Rippenhöhe abhängig. Um die Einsatzfähigkeit eines Stabes nicht zu stark einzuschränken, darf die Abminderung nicht zu groß sein. Daher sind ausreichend hohe Rippen erforderlich.

Diese Anforderungen führten zur Entwicklung der heute bei uns gebräuchlichen Rippenstäbe. Die Rippen sind zur Stablängsachse geneigt. Ein mögliches Verdrehen der Stäbe wird durch Längsrippen oder unterschiedliche Neigung der Rippen auf beiden Stabhälften verhindert. Der Rippenabstand ist groß genug, um ein frühzeitiges Abscheren der Betonkonsolen zu verhin-

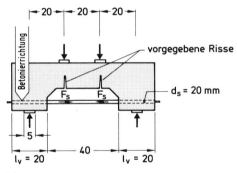

a) Prüfeinrichtung

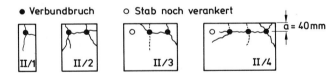

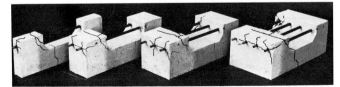

b) Bruchbilder

Bild 3
Risse im Verankerungsbereich (nach [14])

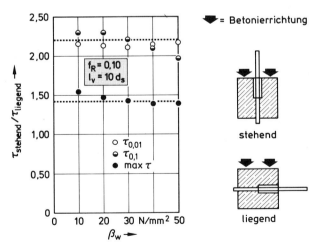

Bild 4
Einfluß der Lage der Stäbe beim Betonieren auf den Verbundwiderstand (nach [4])

103

dern. Außerdem sind die Rippen hoch genug, um die Abminderung der Verbundwirkung bei ungünstiger Lage der Stäbe beim Betonieren in Grenzen zu halten (Bild 4). Damit die Verformungsfähigkeit und die Ermüdungsfestigkeit der Stähle nicht ungünstig beeinflußt werden, sind die Schrägrippen am Fuß ausgerundet und binden nicht in die Längsrippen ein.

In Bild 2 ist das typische Last-Schlupf-Verhalten dieser Stäbe mit eingetragen. Die Verbundspannungen sind bei kleinen Verschiebungen deutlich niedriger als bei der „Idealkurve" und erreichen deren Werte erst bei großen Schlupfwegen. Höhere Verbundspannungen bei Verschiebungsbeginn erreicht man durch Erhöhung der bezogenen Rippenfläche (Bild 1). Wird dazu wie üblich die Rippenhöhe bei Beibehaltung der Rippenform und des Rippenabstandes vergrößert, steigt zwar der Gleitwiderstand, aber auch die Sprengwirkung nimmt zu und die Verschiebung bis zum Verbundbruch wird geringer. Die Auswirkungen sind aus Bild 5 zu ersehen. Es zeigt die ausnutzbare Stahlspannung (Streckgrenze) von 26 mm Stäben in Abhängigkeit von der bezogenen Rippenfläche, wobei für die einzuhaltenden Kriterien:

- Begrenzung der Rißbreiten im Gebrauchszustand;
- ausreichende Sicherheit gegenüber Auftreten von Sprengrissen bzw. Betonabplatzungen und gegen Ausziehen der Stäbe,

unterschiedliche Linienzüge gelten. Die zur Einhaltung einer bestimmten Rißbreite ausnutzbare Streckgrenze steigt zwar mit zunehmender bezogener Rippenfläche an, die beim Ausziehen der Stäbe bzw. bei Auftreten von Sprengrissen zu verankernde Stahlspannung sinkt jedoch ab. Da mit zunehmender bezogener Rippenfläche und Beibehaltung der bisherigen Rippenabstände die Verhältnisse offensichtlich verschlechtert werden, müßte man in der Norm nicht nur Mindestwerte für die Profilierung, sondern auch Höchstwerte ($f_R \gtrsim 0,1$) vorschreiben.

Eine bessere Annäherung an die „Idealkurve" erhält man bei Beibehaltung der Rippenhöhen und Verringerung des Rippenabstandes. In diesem Fall wird der Verbund im Gebrauchszustand verbessert, ohne die Sprengwirkung wesentlich zu erhöhen, da die Pressungen unter den Rippen bei gleicher Verbundspannung abnehmen und die Rippen nicht wie üblich keilförmig, sondern im Grenzfall ganzflächig abscheren [1], [7], [8]. Die „ideale" Verbundcharakteristik läßt sich durch eine Stahloberfläche erreichen, welche neben in regelmäßigen Abständen angeordneten hohen Rippen noch zwi-

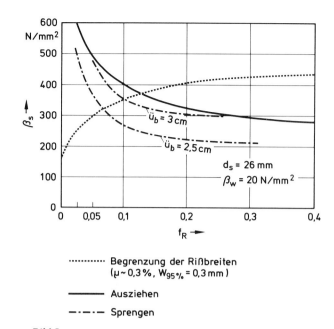

Bild 5
Ausnutzbare Streckgrenze β_s in Abhängigkeit von der bezogenen Rippenfläche f_R (nach [3])

schen diesen angeordnete niedrige Rippen in engem Abstand aufweist. Man würde damit gewissermaßen den erwünschten „Haftverbund" relativ gut annähern und gleichzeitig die Vorteile eines gerippten Stahles nutzen.

Aus herstellungstechnischen und anderen Gründen sind Rippungen dieser Art bisher nicht auf den Markt gekommen. Man muß ehrlicherweise zugeben, daß hierzu auch kein dringendes Bedürfnis besteht, weil die vorhandenen Stähle den gestellten Anforderungen bei Streckengrenzen $\beta_s \leq 500$ N/mm² in ausreichendem Maße gerecht werden.

„Verbesserte" Profilierungen erscheinen allerdings sinnvoll, wenn man höhere nutzbare Stahlfestigkeiten anstrebt oder eine Verringerung der Sprengwirkung der Stäbe wünscht. Während die Ausnutzung höherer Streckgrenzen durch die notwendige Begrenzung der Rißbreiten und die Begrenzung der Durchbiegungen bei Platten erschwert ist [2], wäre die Reduzierung der Sprengwirkung erstrebenswert. Bei der Ableitung der Konstruktionsregeln für Verankerungen und insbesondere Übergreifungsstöße war nämlich oft die Sicherheit gegen Betonabplatzungen maßgebend (vergl. Bild 5) und daher wären für Stäbe mit geringerer Sprengwirkung einfachere Regeln möglich. In [7] wird dazu vorgeschlagen, Rippenhöhe und -abstand bei konstanter bezogener Rippenfläche zu verringern. Dies allein ist jedoch nicht ausreichend, weil dann der Einfluß des Betonierens auf die Verbundwirkung ansteigt. Außerdem sind die möglichen Auswirkungen auf die Biegefähigkeit und die Dauerschwingfestigkeit der Stäbe zu beachten. Daher ist der Spielraum für Verbesserungen der Rippengeometrie verhältnismäßig gering.

2.3 Erforderliche bezogene Rippenfläche

Während die bezogene Rippenfläche als Bezugsgröße für die üblichen Rippenstähle zwischenzeitlich allgemein anerkannt ist, wird über den einzuhaltenden Wert noch teilweise erbittert gestritten. Zunächst ist festzuhalten, daß die Anforderungen an die Profilierung von der ausnutzbaren Streckgrenze und den festgelegten Konstruktionsregeln (z.B. für Verankerungen und Übergreifungsstöße) abhängen. Daher wird im folgenden vom Model-Code des CEB [9] ausgegangen, der im hier interessierenden Bereich genügend genau mit DIN 1045 [10] übereinstimmt.

In Tabelle 1 sind die in einigen Industrieländern geforderten Werte für die bezogene Rippenfläche zusammengestellt, die – soweit erforderlich – aus den geforderten Abmessungen und Abständen der Rippen errechnet wurden. Die Anforderungen an die bezogene

Rippenfläche unterscheiden sich in der BRD, den USA und Schweden – bei etwa gleicher nutzbarer Streckgrenze ($\beta_s \lesssim 500 \, \text{N/mm}^2$) – praktisch nicht ($f_R \sim 0,065$). Nur für den schwedischen Stahl KS 60 mit einer hohen nutzbaren Streckgrenze (600 N/mm²) wird $f_R \sim 0,13$ gefordert; allerdings ist die Profilierung in bezug auf Sprengen sehr günstig [8]. Während die Anforderungen in Großbritannien mit $f_R \sim 0,05$ etwas geringer sind als hierzulande, werden in Österreich nur etwa 50% der Werte nach DIN 488 gefordert. Dabei ist jedoch zu beachten, daß eine Rippenreihe einen sehr geringen Winkel mit der Stablängsachse einschließt und daher die bezogene Rippenfläche als Vergleichsmaßstab problematisch ist.

Trotz den – mit einer Ausnahme – verhältnismäßig gut übereinstimmenden Anforderungen an die Profilierung in den verschiedenen Ländern wurden bei den Beratungen zur EURO-Norm 82 harte Diskussionen darüber geführt, ob die durch die in DIN 488 geforderten Abmessungen der Oberflächenprofilierung bestimmten Verbundwerte wünschenswert, unbedingt erforderlich oder überhöht sind. Dabei äußerten sich vor allem ausländische Betonstahlhersteller sehr kritisch.

Ohne die psychologische Seite dieses gesamten Fragenkomplexes zu gering bewerten zu wollen, muß auf der anderen Seite aber deutlich gesagt werden, daß die Er-

Tabelle 1
Anforderungen an die bezogene Rippenfläche nach verschiedenen Normen (Stäbe mit $d_s \geq 12 \, \text{mm}$)

Norm	Land	Stahlart	Streckgrenze β_s [N/mm²]	min f_R
DIN 488 Zulassung	BRD	BSt 420/500 R BSt 500/550 R	420 500	0,065 0,065
A 615-72	USA	–	≤ 517	$\varnothing 12: 0,05$ $\geq \varnothing 20: 0,063$
SIS 212513 SIS 212515	Schweden	KS 40 KS 60	400 600	0,064 0,127
CP 110	England	Rippenstahl Typ 2	$\varnothing \leq 16: 460$ $\varnothing > 16: 425$	0,048 0,048
CEB Fassung 5.78	–	–	≤ 500	0,055
ÖNORM B 4200, Teil 7	Österreich	Rippentorstahl	≤ 600	$\varnothing 12: 0,026$ $\varnothing 20: 0,034$ $\geq \varnothing 30: 0,040$

kenntnisse aus der wissenschaftlichen Arbeit vieler Jahre nicht einfach deshalb als unbrauchbar beiseite geschoben werden dürfen, weil die daraus resultierenden Anforderungen als unangenehm empfunden werden. Die stundenlangen und unerfreulichen Diskussionen waren für den kritischen Beobachter die Bestätigung für die oft gehegte Befürchtung, die Beschlüsse internationaler Gremien, auch auf technischem Gebiet, würden nicht immer durch Sachkenntnisse getragen, sondern wären vielfach durch subjektive Meinungen Einzelner, durch Ressentiments gegen alles, was nicht aus dem eigenen Hause stammt, und anderen, sachlich nicht vertretbaren Verhaltensweisen bestimmt.

Es wurde eine Abminderung der bezogenen Rippenflächen gefordert und dieses Verlangen mit den Ergebnissen von vereinfachten Verbundversuchen (z.B. Beam-Test, siehe Abschnitt 3) begründet. Dazu wurde das Verhältnis der bei den einzelnen Versuchsserien im Mittel gemessenen Verbundspannung zu den Anforderungen des CEB in Abhängigkeit vom Verhältnis gemessene bezogene Rippenfläche zu Anforderungen nach DIN 488 aufgetragen (Bild 6). Abgesehen davon, daß τ_m als Kenngröße für die Verbundgüte wenig geeignet ist (vgl. Abschnitt 3.2), weist diese Auswertmethode verschiedene Mängel auf.

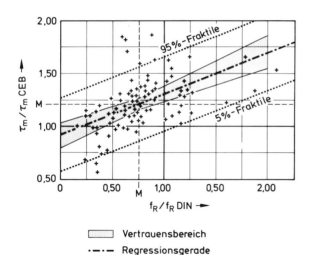

Bild 6
Erfüllung der Anforderungen des CEB bzw. der DIN 488 durch Biegehaftversuche (nach [6])

Die in Bild 6 dargestellten Versuchsergebnisse wurden an Stäben mit unterschiedlichen Durchmessern gewonnen.

Daher wird bei der Auswertung unterstellt, daß der Einfluß des Stabdurchmessers sowohl von den Anforderungen des CEB als auch in DIN 488 richtig erfaßt wird. Da dies jedoch nur in grober Näherung der Fall ist, ergibt sich nach Bild 6 ein wesentlich geringerer Einfluß der bezogenen Rippenfläche als nach Bild 1. Außerdem führt dieses Auswertverfahren zu relativ großen Streuungen. Daher hängt die erforderliche bezogene Rippenfläche entscheidend davon ab, welcher Fraktilenwert als maßgebend angesehen wird.

Soll den Anforderungen des CEB an τ_m mit der 5%-Fraktile der Reihenmittel der Biegehaftversuche entsprochen werden, dann müßten die Anforderungen an die Rippenfläche noch um 15% größer sein, als DIN 488 fordert. Erfolgt die Beurteilung jedoch nach der unteren Grenze des 90%-Vertrauensbereiches für die Mittelkurve, dann ist die Hälfte der von DIN 488 geforderten Rippenfläche ausreichend.

Auf der letzten Sitzung der zuständigen Kommission II des CEB wurde beschlossen, daß das Mittel jeder Versuchsserie (mindestens sind 10 Serien mit jeweils 5 Einzelversuchen durchzuführen) die Anforderungen erfüllen muß. Dies ist nur zu erreichen, wenn die Rippenfläche etwa DIN 488 entspricht.

Der Verfasser hat volles Verständnis dafür, daß sich die Stahlhersteller nicht mehr einengende Vorschriften auferlegen lassen wollen, als nach Lage der Dinge unbedingt erforderlich. Die Stahlhersteller sind an möglichst geringen Werten für f_R interessiert, damit die Walzen möglichst selten nachgeschnitten werden müssen. Dies gilt um so mehr, wenn zusätzlich Höchstwerte für die Profilierung festgelegt werden. Andererseits zeigt die jahrelang geübte Praxis, daß die Erfüllung der Anforderungen der DIN 488 ohne wesentliche wirtschaftliche Nachteile möglich ist. Daher wird der Versuch, das bisher Erprobte als nicht erforderlich darzustellen, nicht verständlich.

Im Model-Code des CEB [9] wurde nach intensiven fachlichen Beratungen festgelegt, daß Rippenstäbe eine bezogene Rippenfläche $f_R \geq 0,055$ (für $d_s \geq 12$ mm) aufweisen müssen. Dieser Wert darf auch dann nicht unterschritten werden, wenn Versuche zum Nachweis der Verbundqualität durchgeführt werden. Dieser Kompromiß kann als gerade noch akzeptabel bezeichnet werden. Bei einer weiteren Verringerung der Anforderungen wäre eine Überarbeitung der Konstruktionsrichtlinien unumgänglich. Diese Beurteilung ist wie folgt zu begründen:

Die im CEB angegebenen Regeln wurden aus Bauteilversuchen abgeleitet, bei denen Stäbe mit $f_R \sim$ 0,06–0,08 verwendet wurden. Allerdings wurden die zulässigen Verbundspannungen im Hinblick auf die Sprenggefahr verhältnismäßig niedrig angesetzt (vgl. Bild 5), so daß die Verminderung der Verbundwirkung bei Reduktion der bezogenen Rippenfläche von $f_R = 0,065$ auf $f_R = 0,055$ noch zu keinem Sicherheitsrisiko führt. Dies gilt um so mehr, als auch die Sprengkräfte etwas abnehmen.

3 Prüfung und Beurteilung des Verbundes

Nach dem bisher Gesagten reicht es für Rippenstäbe mit üblicher Profilierung aus, die vorgegebenen Werte für die bezogene Rippenfläche bzw. für die Abmessungen und den Abstand der Rippen einzuhalten. Weitergehende Versuche sind weder bei der Zulassung des Betonstahls noch im Rahmen der Qualitätskontrolle erforderlich. Die Regelungen sind jedoch in den einzelnen Ländern unterschiedlich.

Tabelle 2 enthält die im Rahmen des Zulassungsverfahrens geforderten Prüfungen. In etwa der Hälfte der Länder ist der o. g. Grundsatz bereits akzeptiert. In vielen Ländern sind Profilierungen angegeben, die ohne weiteren Nachweis als ausreichend angesehen werden können. Werden davon abweichende Profilierungen gewählt, sind Versuche zum Nachweis der Verbundqualität vorgeschrieben, wobei Biegehaft- und Ausziehversuche etwa gleich häufig zulässig sind. Nach dem Model-Code des CEB [9] können zwar auch Verbundversuche durchgeführt werden, jedoch dürfen die Mindestwerte für f_R nicht unterschritten werden. Für Stäbe mit einer Profilierung, die von der bisher üblichen grundsätzlich abweicht, sind immer Versuche erforderlich.

Es besteht Einigkeit darüber, daß der Verbundwiderstand infolge der Vielzahl der möglichen wirksamen Parameter und der verschiedenen Problemstellungen (Verankerungen, Übergreifungsstöße, Rißbildung) ein sehr komplexes Problem ist, das nur mit einer Vielzahl verschiedenster Versuche erfaßt werden kann. Nur wenn die Profilierung von den bisher auf dem Markt befindlichen nicht zu stark abweicht, erscheint es möglich, mit einer einzigen Versuchsart zur Beurteilung der Verbundcharakteristik auszukommen. Allerdings sind

Tabelle 2
Anforderungen an Rippenstäbe zum Nachweis der Verbundeigenschaften (Erstprüfung)

Land	Rippenabmessungen		Versuche	
	Abstände und Abmessungen der Rippen	bezogene Rippenfläche	Biegehaft-versuche	Auszieh-versuche
Belgien	×		×	
BRD	×	×		
Frankreich			×	×
Großbritannien		×		×
Italien	×		×	
Japan	×	×		
Österreich	×		×	
Rumänien	×			
Schweden	×			
Schweiz	×			×
UdSSR	×			
Ungarn	×			
USA	×			
CEB		×	×*)	×*)

*) Die geforderten Werte für f_R dürfen nicht unterschritten werden.

für diese Stäbe, wie schon oben erläutert, Vergleichsversuche entbehrlich. Daher ist es an sich wenig sinnvoll, über die zweckmäßigste Prüfkörperform für Rippenstähle zu diskutieren. Da sich dieser Gesichtspunkt jedoch noch nicht allgemein durchgesetzt hat, wird im folgenden zu dieser Frage Stellung genommen. Vorab sei jedoch darauf hingewiesen, daß es aber auf jeden Fall unstatthaft ist, beispielsweise aus Ausziehversuchen oder Biegehaftversuchen direkt zulässige Verbundspannungen abzuleiten.

Die Wahl des Versuchsverfahrens ist von dem Ziel der Untersuchungen abhängig. Zunächst können die Versuche dem Studium der zahlreichen Einflußgrößen auf das Verbundverhalten der Stähle dienen. Um Folgerungen für die Verankerung und die Rißbildung ziehen zu können, müssen der Zusammenhang zwischen aufgebrachter Last und Gleitweg bis zur Überwindung des Verbundes gemessen und die Art der Überwindung des Verbundes (Abscheren der Betonkonsolen bzw. Spalten des Körpers) beobachtet werden. Bei vereinfachten Versuchsverfahren muß außerdem die Übertragbarkeit der Ergebnisse auf eine möglichst große Zahl von Bauteilen möglich sein. Es muß insbesondere darauf geachtet werden, daß durch das Versuchsverfahren die Wirkung wichtiger Parameter (z.B. Sprengen) nicht wesentlich vermindert oder ganz aufgehoben wird. Zu beachten ist, daß vereinfachte Versuche niemals die speziellen Untersuchungen über Verankerung, Stoß und Rißbildung ersetzen können. Sie können jedoch bei zweckmäßiger Gestaltung eine wertvolle Ergänzung darstellen.

Die Versuche können auch dem Vergleich verschiedener Stahlsorten hinsichtlich ihrer Verbundwirkung dienen, um dadurch dem Verbraucher zu ermöglichen, zwischen „guten" und „schlechten" Stählen zu entscheiden. Zunächst scheint es, daß dazu jedes Verfahren geeignet ist, das reproduzierbare, vergleichbare und für die Verbundwirkung charakteristische Ergebnisse liefert. Um mögliche Mißdeutungen zu vermeiden, sollten jedoch auch die Resultate der Normversuche zumindest eine ungefähre Beurteilung des Verhaltens der geprüften Stähle im Bauwerk erlauben. Daher sollten die Routineversuche die für grundlegende Untersuchungen geltenden Forderungen ebenfalls in etwa erfüllen. Dadurch würde außerdem die Routineprüfung den Anschluß an die Forschung nicht verlieren.

Es wurden eine Vielzahl von Verbundversuchen entwickelt, die die o. g. Anforderungen mehr oder weniger weit erfüllen. Als Standardversuche haben sich der sog.

Biegehaftversuch (Beam-Test, BT) und der Ausziehversuch (Pull-Out-Test, POT) durchgesetzt, die von RILEM genormt sind [12]. Im folgenden werden nur diese Verfahren behandelt. Die weiteren Verfahren sind in [11] ausführlich erläutert und diskutiert.

3.1 Vereinfachte Verbundversuche

3.1.1 Biegehaftversuch

Durch den Biegehaftversuch sollen die in der Verankerungszone von Balken vorliegenden Verhältnisse auf einfache Art nachgeahmt werden.

Der Versuchskörper besteht aus zwei gleichartig ausgebildeten Hälften, die im unteren Teil durch den Stab, dessen Verbundeigenschaften untersucht werden sollen, und im oberen Teil durch ein Stahlgelenk miteinander verbunden sind. Der Balken ist auf zwei Stützen frei drehbar gelagert und wird durch zwei symmetrisch zur Mitte angreifende Einzellasten belastet. Die Versuchskörperabmessungen und die Querbewehrung sind vom Durchmesser der zu prüfenden Stäbe abhängig. Als Beispiel sind die für Stabdurchmesser $d_s \leq 16$ mm verwandten Prüfkörper in Bild 7 dargestellt. Die Einbettungslänge beträgt in allen Fällen 10 d_s. Einzelheiten der

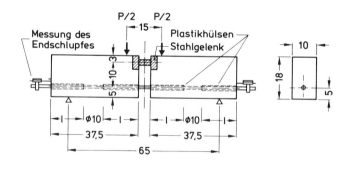

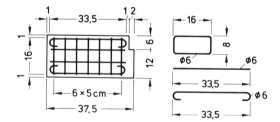

Bild 7
Biegehaftversuch, Abmessungen und Bewehrung der Versuchskörper für Stabdurchmesser $d_s \leq 16$ mm (nach [12]). Im Bild ist als Verbundlänge $\varnothing$ 10 angegeben; richtig muß es heißen 10 d_s

108

Hilfsbewehrung, die aus glattem Rundstahl besteht, sind ebenfalls eingezeichnet.

Die Belastung wird stufenweise bis zur Überwindung des Verbundes in beiden Balkenhälften gesteigert. Bei jeder Laststufe wird der Schlupf an den Stabenden durch Meßuhren oder induktive Geber gemessen. Der Verlauf der Verbundspannungen in Abhängigkeit vom Schlupf am unbelasteten Ende kann aus den Meßergebnissen unter Annahme einer definierten, meist als konstant unterstellten Verbundspannungsverteilung berechnet werden.

3.1.2 Ausziehversuch

Beim Ausziehversuch wird ein in einem Betonwürfel mit einer Kantenlänge von $10\,d_s$ eingebetteter Stab an einem Ende durch eine Zugkraft beansprucht, während das andere Ende spannungslos bleibt (Bild 8). Dabei wird wie beim Biegehaftversuch die Beziehung zwischen

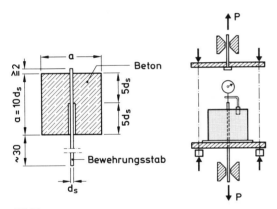

Bild 8
Ausziehversuch, Abmessungen und Versuchsdurchführung (nach [12])

der Zugkraft und der relativen Verschiebung zwischen Stahl und Beton am unbelasteten Stabende als Verbundmaßstab gewählt. Die Belastung wird kontinuierlich bis zum Bruch gesteigert. Der Stab liegt beim Betonieren horizontal. Verbund besteht nur auf einer Länge von $5\,d_s$, während die verbundfreie Vorlänge zur Verringerung des Einflusses der Lasteintragung dient.

3.1.3 Kritik an den Versuchsverfahren

Die beim Biegehaftversuch angestrebte Übereinstimmung mit einem auf Biegung beanspruchten Balken ist

nur in beschränktem Umfang gegeben. Zunächst weicht das Verhältnis Moment zu Querkraft wegen der kurzen Spannweite wesentlich vom üblichen ab. Die Stabenden liegen im Bereich der Auflager nicht im Verbund, um den Einfluß des Querdrucks auszuschalten. Da der Kraftfluß im Balken jedoch nur ungenügend bekannt und der auf den Durchmesser bezogene Abstand zwischen dem Auflager und dem eingebetteten Stababschnitt unterschiedlich ist, kann sich der Auflagerdruck trotzdem und unterschiedlich auswirken. Auch meist nicht zu vermeidende Biegerisse beeinflussen die Ergebnisse mehr oder weniger willkürlich. Weiterhin ist die Betondeckung größer und die Querbewehrung enger als in der Praxis üblich und innerhalb einer Durchmessergruppe konstant. Daher steigt die Sprenggefahr mit zunehmendem Durchmesser (innerhalb der jeweiligen Gruppe) an, so daß der Einfluß des Stabdurchmessers gegenüber den in der Praxis vorkommenden Verhältnissen (Betondeckung und Stababstand konstante Vielfache des Stabdurchmessers) deutlich überschätzt wird [13].

Der Ausziehversuch weicht zwar von den „praktischen Verhältnissen" weit ab, durch ihn lassen sich jedoch die zur Kennzeichnung der Verbundgüte erforderlichen Gesetze auf einfache Weise bestimmen. Wegen des gegenüber anderen Versuchsverfahren vergleichsweise geringen Aufwandes bei der Herstellung und Prüfung der Körper kann der Vergleich neuartiger Profilierungen mit in ihrer Wirkung bekannten mit vertretbarem Aufwand erfolgen. Auch die Untersuchung der die Verbundeigenschaften beeinflussenden Parameter ist auf einfache Weise möglich. Zwar ist ein Einfluß der Körperausbildung auf die Versuchsergebnisse vorhanden, jedoch ist dieser wegen der gewählten Abmessungen für alle Durchmesser konstant. Allerdings ist die Übertragung der Versuchsergebnisse auf das Verbundverhalten in der Konstruktion wegen der Druckbeanspruchung des Betons, des Querdrucks auf den Prüfstab infolge Gewölbewirkung aus den Auflagerkräften und der Behinderung der Querdehnung durch die Reibung an der Auflagerplatte nicht ohne weitere Überlegungen möglich. Dies gilt allerdings in gleichem Maße auch für die Ergebnisse der Biegehaftversuche.

Beim genormten Ausziehversuch sind Aussagen über die Sprengwirkung wegen der großen Betondeckung nur schwer möglich. Dazu wäre eine exzentrische Einbettung der Stäbe erforderlich, wie sie beispielsweise in [11] vorgeschlagen wird. Da jedoch die Auswirkungen der Sprengkräfte auf die Last-Gleitweggesetze und auf die Bildung von Längsrissen bzw. auf das Auftreten von Betonabplatzungen je nach Stababstand, Betondeckung und Lagerungsbedingungen des Körpers unterschiedlich sind [14], sind die mit dem in [11] vorgeschlagenen Versuchskörper gefundenen Ergebnisse ebenfalls nicht allgemeingültig.

Als wesentlicher Einwand gegen den Ausziehversuch wird oft die größere Streuung der Versuchsergebnisse gegenüber Biegehaftversuchen angeführt. Nach den zwischenzeitlich vorliegenden umfangreichen Vergleichsversuchen ist die Streuung bei beiden Versuchsverfahren weitgehend unabhängig von der Belastungshöhe und gleich groß. Sie beträgt $s \sim 1,3$ N/mm [6], [15]. Sie könnte beim Ausziehversuch noch weiter verringert werden, wenn man die Einbettungslänge auf $10\,d_s$ vergrößern würde.

Zusammenfassend ist festzustellen, daß beide Versuchsverfahren reproduzierbare Ergebnisse bei etwa gleichen Versuchsstreuungen liefern und für die gestellte Aufgabe geeignet sind. Die Versuchsergebnisse können in beiden Fällen nicht ohne weitere Überlegungen zur Ableitung von Konstruktionsregeln, beispielsweise für Verankerungen und Übergreifungsstöße, herangezogen werden, da die in den Versuchen vorliegenden Bedingungen mehr oder weniger weit von den in der Praxis vorliegenden Verhältnissen abweichen. Weil also nur Versuche mit beschränkter Aussagefähigkeit zur Diskussion stehen, sieht der Verfasser Ausziehversuche als wesentlich sinnvoller an, da sie die gleichen Erkenntnisse mit geringerem finanziellen Aufwand als Biegehaftversuche liefern.

3.2 Bewertung der Versuchsergebnisse

Die unterschiedlichen Auffassungen über Sinn und Zweck der beiden Versuchsverfahren machen nur den kleineren Teil der Meinungsverschiedenheiten aus, die die Befürworter der einen oder der anderen Richtung untereinander zu klären haben.

Wichtiger als die Frage der Versuchsdurchführung sind die unterschiedlichen Auffassungen zu dem Problem der Versuchsauswertung bzw. dem Bewerten der Ergebnisse. Bei der Aufbereitung von Versuchsergebnissen zur Beschreibung des Verhaltens eines Werkstoffes unter bestimmten Beanspruchungen steht der Wunsch nach möglichst einfacher Darstellung – z.B. in Form einer Materialkonstanten – stets im Vordergrund.

Zur Auswertung des Biegehaftversuchs wurde folgender Vorschlag gemacht:
Die Verbundqualität wird durch Kennwerte τ_m und τ_r beschrieben (Gl. (1)). Der Wert τ_m ist als Mittel aus den bei einer Verschiebung von $\Delta_0 = 0,01$; $0,1$ und $1,0$ mm gemessenen Verbundspannungen definiert; τ_r bezeichnet die maximal im Versuch erreichte Verbundspannung.

$$\tau_m \geq 8 - 0,12 \cdot d_s \qquad \text{N/mm}^2, \qquad (1\,\text{a})$$

$$\tau_r - 13 - 0,19 \cdot d_s \qquad \text{N/mm}^2. \qquad (1\,\text{b})$$

Demgegenüber wurde von MARTIN zusammen mit dem Verfasser für die Auswertung der Ausziehversuche vorgeschlagen, die Verbundspannungen bei einer Verschiebung von $\Delta_0 = 0,01$ mm und $0,1$ mm und den Bruchwert als maßgebend anzusehen und die zu erreichende Endverschiebung beim Bruch vorzuschreiben (Gl. (2)).

$$\tau_{0,01} \geq \frac{45}{5 + d_s} \qquad \text{N/mm}^2, \qquad (2\,\text{a})$$

$$\tau_{0,1} \geq \frac{90}{5 + d_s} \qquad \text{N/mm}^2, \qquad (2\,\text{b})$$

$$\tau_r \geq 12 \qquad \text{N/mm}^2, \qquad (2\,\text{c})$$

$$\max \Delta_0 \geq 0,5 \text{ mm}. \qquad (2\,\text{d})$$

In den Gl. (1) und (2) ist d_s in mm einzusetzen.
Ein Ziel bei der Einführung von τ_m war die Verminderung der Versuchsstreuungen. Dies wurde jedoch nicht erreicht, da die Streuung, wie bereits erwähnt, unabhängig von der Belastungshöhe ist.

Weiterhin sollte τ_m das Verhalten der Stäbe im Gebrauchszustand beschreiben. Da dies jedoch hauptsächlich von der Anfangssteigung der Last-Schlupf-Gesetze abhängt, die besser durch $\tau_{0,01}$ und $\tau_{0,1}$ beschrieben werden, kann durch die vorgeschlagenen kennzeichnenden Werte τ_m und τ_r das tatsächliche Verbundverhalten nur in Sonderfällen genügend genau wiedergegeben werden. Dies soll an einem Beispiel erläutert werden, das [16] entnommen ist.

Es seien zwei Betonstähle, deren charakteristische Ausziehkurven nachstehend dargestellt sind, untersucht (Bild 9).
Es wird vorausgesetzt, daß für diese Gesetze folgende Beziehungen gelten:

$$\tau_{m1} > \text{zul } \tau_m > \tau_{m2}; \quad \tau_{r1} > \text{zul } \tau_r > \tau_{r2}.$$

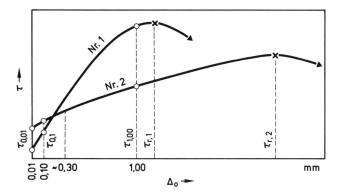

Bild 9
Verbundspannung-Schlupf-Charakteristik
der zu vergleichenden Stähle (nach [16])

Das bedeutet, daß nach der vorgeschlagenen Beurteilungsmethode für den Biegehaftversuch der Betonstahl Nr. 1 die Prüfung bestanden hat und somit zugelassen wird, der Betonstahl Nr. 2 dagegen als ungeeignet angesehen wird, obwohl die Ausziehkurve von Stahl Nr. 2 der „Idealkurve" nahekommt. Aufschluß über die tatsächliche Verbundqualität der beiden verglichenen Betonstähle gibt die Untersuchung des Verlaufes von τ entlang ihrer Eintragungsstrecken (Bild 10).

Im *Gebrauchszustand* – in beiden Fällen gleicher Wert von σ_s am Beginn der Eintragungsstelle vorausgesetzt – benötigt Stahl Nr. 2 eine kürzere Länge ($l_{v,2} < l_{v,1}$). Das bedeutet, daß Stahl Nr. 2 kleinere Rißabstände und Rißbreiten liefern wird als Stahl Nr. 1.

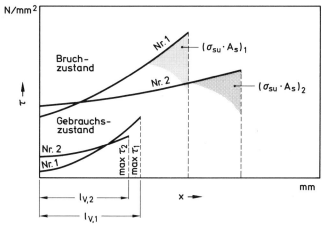

Bild 10
Verlauf der Verbundspannungen entlang der
Einbettungslänge im Gebrauchs- und Bruchzustand
bei den zu vergleichenden Stählen (nach [16])

Im *Bruchzustand* ist die größte Verbundspannung bei Stahl Nr. 1 höher als bei Stahl Nr. 2., d.h., die Sprengwirkung von Stahl Nr. 1 ist größer; Absprengen der Betondeckung wird also bei Stahl Nr. 1 bei geringerer Stahlzugkraft erfolgen ($\sigma_{su,2} > \sigma_{su,1}$, Bruchart: Absprengen). Bei Betrachtung der größten eintragbaren Kraft, bei der der Verbund durch Ausziehen versagt, ist Stahl Nr. 2 Stahl Nr. 1 ebenfalls überlegen ($\sigma_{su,2} > \sigma_{su,1}$, Bruchart: Ausziehen der Stäbe).

Die im vorangegangenen angestellten Überlegungen führen daher zu einem umgekehrten Urteil über die Verbundqualität der zwei verglichenen Betonstähle als es anhand der Beurteilungskriterien aus dem Biegehaftversuch gewonnen wurde.

Diese Diskrepanz kann folgendermaßen erklärt werden:

Den großen τ_m-Wert verdankt Stahl Nr. 1 ausschließlich dem Wert $\tau_{1,0}$. Die größte Verschiebung aber, die im Gebrauchszustand innerhalb der Eintragungsstrecke (an der Eintragungsstelle) eintritt, beträgt nur ca. 0,3 mm – ein Wert, der hinsichtlich der Einhaltung der üblichen charakteristischen Rißbreiten bereits an der obersten Grenze liegt. Das bedeutet, daß für den Gebrauchszustand $\tau_{1,0}$ nicht maßgebend ist und daher auch τ_m, das diesen Wert enthält, eine falsche Aussage liefert. Entscheidend für den Gebrauchszustand ist der Abschnitt der Ausziehkurve bis $\Delta_0 \sim 0,3$ mm und innerhalb dieses Abschnittes verläuft die Kurve Nr. 2 im Mittel höher als die Kurve Nr. 1.

Die beim Verankerungsbruch eingetragene Stahlzugkraft ist beim Stahl Nr. 2 größer als beim Stahl Nr. 1. Das resultiert daraus, daß die Eintragungsstrecken in diesem Zustand für beide Stähle unterschiedlich sind, und zwar zugunsten des Stahles Nr. 2, dessen Bruchpunkt bei höheren Verschiebungen liegt.

Es genügt nun aber nicht, den in der jetzigen Form definierten τ_m-Wert zu korrigieren und die Bruchverschiebungen max Δ_0 zu berücksichtigen, um befriedigende Kriterien für die Beurteilung der Verbundqualität zu erhalten. Diese Aufgabe erfordert vielmehr eingehende theoretische Überlegungen, deren Ergebnis Richtlinien für die rechnerische Auswertung von Last-Verschiebungskurven zur Folge haben müßte. Dabei wären die Rißbildung im Gebrauchszustand und die unterschiedlichen Brucharten (Sprengen, Ausziehen) zu berücksichtigen. Die tatsächlichen Zusammenhänge sind zu komplex, um sie mit Hilfe von zwei oder drei Kennwerten genügend genau zu erfassen. Will man es schon zum jetzigen Zeitpunkt, erscheint ein Vorschlag analog Gl. (2) sinnvoller, da dadurch die Verhältnisse im Gebrauchs- und Bruchzustand getrennt erfaßt werden.

Dabei sind selbstverständlich unterschiedliche Zahlenwerte für die beiden Versuchsverfahren festzulegen, da die Anforderungen nur im Zusammenhang mit dem jeweiligen Versuchsverfahren gesehen werden können.

Die Verbundeigenschaften eines Stabes sollen mit beiden Verfahren gleich beurteilt werden, ein vorgelegter Rippenstab also mit gleicher Wahrscheinlichkeit angenommen oder abgelehnt werden. Die Versuche liefern jedoch signifikant unterschiedliche Last-Schlupf-Charakteristiken (Bild 11). Dabei hängt das Verhältnis der beim Ausziehversuch gemessenen Verbundspannungen zu den beim Biegehaftversuch gemessenen Werten wesentlich von der Belastungshöhe ab und streut bei gleicher Belastungshöhe deutlich, insbesondere wenn verschiedene Stabdurchmesser betrachtet werden (Bild 12). Daher ist das Ziel nur zu erreichen, wenn die Ergebnisse in beiden Fällen nach der gleichen Methode ausgewertet werden (analog Gl. (2)).

Bei Ausarbeitung des Vorschlags zur Auswertung der Ausziehversuche standen nur relativ wenig Versuche zur Verfügung. Mittlerweile ist bekannt, daß selbst relativ schlecht profilierte Stähle diese Bedingungen noch

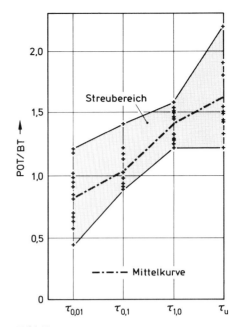

Bild 12
Verhältnis der Verbundspannungen beim Ausziehversuch zu denen beim Biegehaftversuch in Abhängigkeit von der Belastungshöhe (nach [15])

erfüllen können und außerdem der Wert $\tau_{0,01}$ nur wenig durch die Profilierung beeinflußt wird. Daher wird hier zur Zeit an der Überarbeitung des Vorschlages gearbeitet, wobei insbesondere die Anforderungen an $\tau_{0,1}$ wesentlich zu erhöhen sind.

Eine andere Möglichkeit besteht darin, für die als günstig erkannten und mit den Anforderungen übereinstimmenden Stahlsorten sogenannte Nullversuche zu fahren, und zwar an möglichst einfachen und billigen Versuchskörpern. Dies ist zweifellos der Ausziehkörper. Die daraus resultierenden Last-Schlupf-Gesetze werden als Vergleichsmaßstab für neu entwickelte Stäbe angesehen. In der Praxis kann der Verbundbruch durch Ausziehen der Stäbe ohne vorhergehende Sprengrißbildung (z. B. bei großer Betondeckung und/oder starker Querbewehrung) oder durch Absprengen der Betondeckung erfolgen. Daher sind sowohl Versuche mit mittiger als auch exzentrischer Einbettung der Stäbe und verschiedenen Betondeckungen durchzuführen. Die Ergebnisse sind auf theoretischem Wege ähnlich wie in [3], [8] auszuwerten.

Dieses Verfahren ist zwar weniger anschaulich und erfordert eingehende theoretische Kenntnisse, erlaubt jedoch eine „genauere" Beurteilung einer neu entwickelten Profilierung als diejenige mit Kennzahlen.

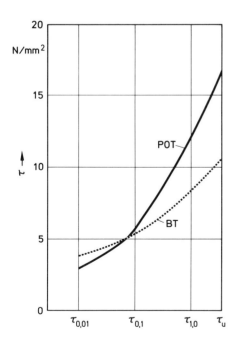

Bild 11
Verbundspannung-Schlupf-Charakteristiken für Biegehaft- und Ausziehversuche (nach [15])

112

4 Zusammenfassung

Die Bedeutung, die dem Verbund von Betonrippenstählen im Stahlbetonbau zukommt, macht es erforderlich, sich mit einigen zur Zeit häufig diskutierten Fragen zu beschäftigen.

Die für den Verbund zwischen Stahl und Beton maßgeblichen Gesetzmäßigkeiten sind im wesentlichen bekannt. Sie werden durch die Art der Profilierung der Staboberfläche bestimmt, wobei bei den meist üblichen Profilierungen die sog. bezogene Rippenfläche als Vergleichsmaßstab zur Kennzeichnung der Verbundgüte ausreicht. Weitergehende Versuche sind nicht erforderlich.

Die in der BRD verwendeten Rippenstähle stellen sowohl hinsichtlich der Art ihrer Formgebung als auch nach der Stärke der Profilierung (bezogene Rippenfläche) eine gute Lösung dar. Eine Verbesserung der Rippengeometrie erscheint nur bei einer generellen Erhöhung der nutzbaren Streckgrenze sowie zur Verminderung der Sprengwirkung notwendig bzw. wünschenswert. Allerdings ist der Spielraum für Verbesserungen bei Berücksichtigung aller Gesichtspunkte verhältnismäßig gering.

Der erforderliche Wert für die bezogene Rippenfläche wurde in der Vergangenheit oft diskutiert. Nach dem Vorschlag des CEB muß die bezogene Rippenfläche von Stäben mit $d_s \geq 12$ mm mindestens $f_R = 0,055$ betragen. Dieser Wert ist zwar etwas geringer als der bei uns geforderte ($f_R = 0,065$), er kann jedoch als gerade noch akzeptabler Kompromiß angesehen werden. Bei einer weiteren Verringerung der Stärke der Profilierung wäre eine Überarbeitung der geltenden Anwendungsrichtlinien unvermeidbar.

Für Stähle, die in ihrer Formgebung von Rippenstäben grundsätzlich abweichen, ist eine Vielzahl von verschiedensten Versuchen zur Beurteilung der Verbundwirkung erforderlich. Demgegenüber erscheint zur Beurteilung der Verbund-Charakteristik von Stäben mit einer Profilierung, die von den bisher auf dem Markt befindlichen nicht zu weit abweicht, eine Versuchsart ausreichend. Allerdings läßt sich das Verbundverhalten im letzteren Fall auch mit Hilfe der bezogenen Rippenfläche beurteilen. Daher ist es an sich wenig sinnvoll, über die zweckmäßigste Prüfkörperform und die Auswertung der Verbundversuche für Rippenstäbe zu diskutieren.

Als Standardversuch haben sich der Biegehaftversuch und der Ausziehversuch durchgesetzt. Beide Verfahren liefern reproduzierbare Ergebnisse bei etwa gleich großen Versuchsstreuungen. Da die in den Versuchen vorliegenden Bedingungen in beiden Fällen mehr oder weniger weit von den in der Praxis vorliegenden Verhältnissen abweichen, können aus den Versuchsergebnissen nicht ohne weiteres beispielsweise zulässige Verbundspannungen abgeleitet werden. Weil also nur Versuche mit beschränkter Aussagefähigkeit zur Diskussion stehen, werden Ausziehversuche als wesentlich sinnvoller angesehen, da sie die gleichen Erkenntnisse mit geringerem finanziellen Aufwand als Biegehaftversuche liefern. Zur Auswertung der Ergebnisse von Biegehaftversuchen werden die Kennwerte τ_m und τ_r herangezogen. Dabei ist τ_m als Mittel aus den bei einer Verschiebung Δ_0 = 0,01; 0,1 und 1,0 mm gemessenen Verbundspannungen definiert und τ_r bezeichnet die maximal erreichte Verbundspannung. Mit diesen kennzeichnenden Werten kann das tatsächliche Verbundverhalten nur in Sonderfällen beschrieben werden. Es ist vielmehr sinnvoller, für die beiden Versuchsverfahren Anforderungen an die Anfangssteigung der Last-Schlupf-Kurve (ausgedrückt durch $\tau_{0,1}$), an die Bruchverbundspannung und den Gleitweg beim Versagen des Verbundes festzulegen. An der Ausarbeitung eines entsprechenden Vorschlages wird zur Zeit gearbeitet.

5 Schrifttum

[1] REHM, G.: Die Grundlagen des Verbundes zwischen Stahl und Beton. Schriftenreihe des DAfStb, H. 138, 1961.

[2] REHM, G.: Kriterien zur Beurteilung von Bewehrungsstäben mit hochwertigem Verbund. In: Stahlbetonbau (Festschrift RÜSCH), Wilh. Ernst & Sohn, Berlin/München, 1969.

[3] MARTIN, H.: Zusammenhang zwischen Oberflächenbeschaffenheit, Verbund und Sprengwirkung von Bewehrungsstählen unter Kurzzeitbelastung. Schriftenreihe des DAfStb, H. 228, 1973.

[4] MARTIN, H. und NOAKOWSKY, P.: Verbundverhalten von Betonstählen. Schriftenreihe des DAfStb, Heft in Vorbereitung.

[5] MENZEL, G. A.: A Proposed Standard Deformed Bar for Reinforcing Concrete. Presented at the 17th Semi-Annual Meeting, Concrete Reinforcing Steel Institute, Colorado Springs, Colorado, Sept. 1941.

[6] SORETZ, ST.: Verbund zwischen Stahleinlagen und Beton als Prüf- und Verwendungseigenschaften. Zement und Beton (1974), H. 75.

[7] HÖLZENBEIN, H. und SORETZ, ST.: Beitrag zur Profilgestaltung von Betonrippenstählen. Schriftenreihe Betonstahl in Entwicklung der TOR-ISTEG Corporation, Luxemburg, H. 63, Juni 1977.

[8] ELIGEHAUSEN, R.: Übergreifungsstöße zugbeanspruchter Rippenstäbe mit geraden Stabenden. Schriftenreihe des DAfStb, Heft in Vorbereitung.

[9] CEB-FIP Model-Code für Stahlbeton- und Spannbetontragwerke. Bulletin d'Information Nr. 125-D, Mai 1978.

[10] DIN 1045, Beton- und Stahlbetonbau, Bemessung und Ausführung. Fassung Dezember 1978.

[11] NOAKOWSKI, P. und JANOVIC, K.: Vorschlag für ein allgemeingültiges Verbundprüfverfahren. Institut für Massivbau, TU München, Bericht in Vorbereitung.

[12] Essais et Spécifications pour des Armatures de Béton et Béton Précontraint. Matériaux et Constructions, Mai-Juni 1970.

[13] KRISHNASWAMY, C.N.: Tensile Lap Splices in Reinforced Concrete. Dissertation an der Universität von Texas in Austin, Dezember 1970.

[14] REHM, G., ELIGEHAUSEN, R. und SCHELLING, G.: Höhe und Verteilung der Querzugspannungen im Beton im Bereich von Stabverankerungen. Bericht der FMPA Stuttgart vom Februar 1978.

[15] SORETZ, ST.: Joint Investigation with Beam-Test and Pull-Out-Test, Evaluation of the Test Results. Bericht für Com. II des CEB vom August 1978.

[16] MARTIN, H. und NOAKOWSKI, P.: Stellungnahme zu Beam-Test-Versuchsergebnissen zum Studium des Einflusses der bezogenen Rippenfläche f_R. Institut für Massivbau, TU München, Bericht Nr. 2377, Mai 1970 und Bericht Nr. 1161, Mai 1972.

114

**Ferdinand S. Rostásy,
Ulrich Schneider
und Günter Wiedemann**

**Ein Beitrag
zum Tieftemperaturverhalten
von Zementmörtel und Beton**

1 Einleitung

Unser Energiebedarf wird in immer stärkerem Umfang durch den umweltfreundlichen Primärenergieträger Erdgas gedeckt. Erdgas bringt kaum Luftverschmutzungsprobleme mit sich, ist ungiftig und besitzt i. d. R. mehr als den doppelten Heizwert als Kokereigas. Nach vorsichtigen Schätzungen bergen die bisher in der Nordsee gefundenen Gasfelder Vorräte von etwa 2000 bis 3000 Mrd. m³ Erdgas. Das entspricht etwa dem 100fachen der gegenwärtig in die Bundesrepublik jährlich importierten Gasmenge. Nördlich des 62. Breitengrades werden darüber hinaus noch große Erdgasvorkommen vermutet [1].

Natürliches Erdgas ist ein Gemisch aus ca. 90% Methan, anderen Kohlenwasserstoffverbindungen und Stickstoff. Es ist wirtschaftlich, Erdgas im flüssigen Aggregatzustand zu transportieren und zu speichern, da bei der Verflüssigung eine Verringerung des Volumens von 1000 l Gas auf etwa 1,7 l Flüssigkeit eintritt. Verflüssigtes Erdgas (LNG) besitzt allerdings unter atmosphärischem Druck eine Temperatur von −162 °C, weshalb zum Transport und zur Speicherung Spezialbehälter erforderlich sind.

Für den europäischen Markt befinden sich gegenwärtig Gasverflüssigungsanlagen in Algerien in der Planung bzw. im Bau. In Südfrankreich, Italien, den Niederlanden und an der deutschen Nordseeküste sollen die für das Flüssigerdgas erforderlichen Umschlaganlagen errichtet werden. Daneben werden natürlich Speicherbehälter für die regionale Gasversorgung benötigt.

Flüssigerdgas kann sowohl unterirdisch als auch oberirdisch gelagert werden. Für oberirdische Behälter werden aus Sicherheitsgründen normalerweise Doppelmanteltanks mit innenliegender Isolierung vorgesehen. Es ist sowohl ein doppelwandiger Spannbetontank möglich als auch die Kombination eines Spannbetontanks mit einem Stahltank. Im Brandfalle ist Spannbeton weit besser in der Lage den Beanspruchungen aus hohen Temperatureinwirkungen zu widerstehen als Stahl. Deshalb und auch aus wirtschaftlichen Gründen dürften doppelwandige Stahltanks in Zukunft wohl kaum noch gebaut werden.

In der Bundesrepublik wurde der erste Flüssigerdgasspeicher (Speicherkapazität 30000 m³) mit außenliegendem Spannbetontank und selbsttragendem Innentank aus 9%igem Nickelstahl von Dyckerhoff & Widmann AG in Stuttgart errichtet. Den ersten Spannbetoninnentank baute Dyckerhoff & Widmann AG für einen Flüssigstickstoffbehälter in Nürnberg. Der Spannbetontank hat dabei die gleiche Temperatur wie das Füllgut. Er ist bei dieser Konstruktion das eigentlich tragende Element. Der Außentank aus St 37 hält lediglich die Wärmeisolierung. Flüssiggasbehälter mit weit über 100000 m³ Fassungsvermögen befinden sich in der Bundesrepublik im Planungszustand und sind in den USA bereits gebaut worden.

Besonders aussichtsreich – auch für den Export von Technologien – ist in diesem Zusammenhang die noch im Entwicklungsstadium befindliche Offshore-Technik. In der Planung und sogar Modellerprobung befinden sich zur Zeit schon schlüsselfertige Systeme für Erdöl- und Erdgas-Gewinnungsanlagen, Produktionsanlagen, Verladeeinrichtungen und Vorratsbehälter im Tiefwasser-Küstenbereich. Für Wassertiefen bis 200 m liegen Lösungen für Plattformen in Stahlbeton vor, die auf den Meeresboden abgesetzt werden. Für größere Wassertiefen kommen fest verankerte „Halbtaucher" in Betracht. Auch für den Transport von Flüssiggas werden Schiffe und Lastkähne in Spannbeton an Bedeutung gewinnen. Ein Lastkahn zur Aufnahme von 45000 m³ Flüssiggas ist für den Einsatz im indonesischen Seegebiet fertiggestellt worden [2]. Pläne für ein Betonschiff (Länge 288 m), das 128000 m³ Flüssiggas transportieren kann, sind von Dyckerhoff & Widmann AG in Zusammenarbeit mit der britischen Tampimex-Gruppe entwickelt worden

[3]. Das Schiff ist aus vielen vorgespannten und schlaff bewehrten Beton-Kugelschalen zusammengesetzt, die innen durch eine aufgesprühte Polyurethan-Schicht isoliert werden.

2 Problemstellung

Spannbetonbauwerke zur Lagerung und Spannbetonschiffe für den Transport verflüssigter Erdgase erfahren bei jeder Befüllung eine Abkühlung, die zwangsläufig mit Temperaturdifferenzen verbunden ist. Man ist deshalb bemüht, durch Vorkühlung und geregelte Befüllung, die Temperatureigenspannungen der Konstruktion so klein wie möglich zu halten. Neben der sich im Betriebsfall langsam einstellenden Abkühlung des Betons, ist im Katastrophenlastfall „Leckage" partiell darüber hinaus mit einer plötzlichen, thermoschockartigen Abkühlung zu rechnen. Dieses Problem ist ebenfalls zu berücksichtigen. Für den Konstruktionsbeton eines Flüssiggasbehälters erheben sich deshalb folgende Fragen:

a) Wie verändern sich die wichtigsten Betoneigenschaften nach langsamer bzw. plötzlicher Abkühlung auf die Temperatur des Flüssiggases (Eigenschaften im eingefrorenen Zustand)?

b) In welcher Richtung werden Festigkeit und Verformbarkeit von Beton durch extrem tiefe Temperaturen, die dauernd oder wechselnd einwirken, gegenüber den für Normaltemperaturen geltenden Werten verändert? Ist mit einer thermischen Zerrüttung des Betongefüges zu rechnen? Führen diese Temperaturen zu Gefügelockerungen, zu erhöhter Porosität, ansteigender Permeabilität und zur Zunahme des Rißwachstums? Steigt die Anfälligkeit für Beton- und Stahlkorrosion?

c) Welche Bindemittel und Zuschlaggesteine (bzw. deren entsprechende Betonkombination) zeigen unter langzeitiger oder wechselnder Temperatureinwirkung im werkstoffphysikalischen Sinne besonders gute Materialeigenschaften (Temperaturunempfindlichkeit bzw. Temperaturwechselbeständigkeit in globalem Sinne)?

3 Kenntnisstand

Über das Verhalten von Beton unter wiederholtem Frost-Tau-Wechsel bis rund −30°C liegen zahlreiche Ergebnisse vor, ohne daß bislang eine endgültige Klarheit über den Mechanismus der Schädigung erzielt werden konnte. Daran gemessen gibt es über das Verhalten von Beton im Tieftemperaturbereich nur wenige Ergebnisse. Diese wurden darüber hinaus i.d.R. im Ausland erzielt. Systematische Untersuchungen in der Bundesrepublik sind spärlich bis kaum vorhanden.

Die bisherigen Erfahrungen zeigen, daß neben anderen Parametern der Feuchtigkeitsgehalt von Mörtel und Beton vor dem Gefrieren einen maßgebenden Einfluß auf die Veränderung der Betoneigenschaften bei sehr tiefen Temperaturen ausübt [4]. Das in den Poren des Betons entstehende Eis wirkt sich – abgesehen von der Volumenvergrößerung bei der Eisbildung – im allgemeinen günstig auf wesentliche Betoneigenschaften aus, sofern diese unter der tiefen Temperatur geprüft wurden. Eine Zusammenstellung der wesentlichen Daten für Konstruktionsbetone ist in der Arbeit von WISCHERS und DAHMS [9] zu finden. An dieser Stelle soll daher nur auf einige wesentliche Versuchsergebnisse eingegangen werden.

J. C. SAEMANN und G. W. WASHA [10] untersuchten Mörtel mit 5 mm Größtkorn ($W/Z = 0,48$ und $0,84$). Die Probekörper wurden in Luft mit einer nicht näher angegebenen Geschwindigkeit auf −18, −48 und −57°C abgekühlt und nach 24stündigem Verweilen unter der Prüftemperatur hinsichtlich ihrer Druck-, Zug- und Biegezugfestigkeit geprüft. Aufschluß über den Einfluß des Feuchtigkeitsgehaltes des Betons auf dessen Tieftemperaturfestigkeit geben die Untersuchungen von G. E. MONFORE und A. E. LENTZ [4]. Sie untersuchten bei verschiedenen Feuchtigkeitsgehalten der Betonproben (Größtkorn 19 mm) die Druck- und Spaltzugfestigkeit bei Temperaturen bis −157°C (Abkühlgeschwindigkeit 19 bzw. 28 K/h). V. M. MOSKVIN und Mitarbeiter [11] untersuchten die Druckfestigkeit von Betonen, die in unterschiedlich feuchtem Zustand auf Temperaturen von −10 bis −60°C eingefroren, anschließend jedoch wieder aufgetaut worden waren. Eine umfangreiche Forschungsarbeit über das Verhalten von Mörtel und Beton im Temperaturbereich von +20°C bis −196°C wurde von G. TOGNON [7] erstellt. In dieser Arbeit wurden u. a. verschiedene Zement- und Zuschlagarten untersucht.

Ein gemeinsames Ergebnis der genannten Festigkeitsuntersuchungen ist, daß Druck- und Spaltzugfestigkeit von Beton bei tiefen Temperaturen je nach Feuchtigkeitsgehalt vor dem Gefrieren mehr oder weniger zunehmen. Die Festigkeit von feuchtem Beton kann durch Gefrieren bis auf den dreifachen Wert ansteigen. Hingegen bleibt die Festigkeit von vor dem Gefrieren ausgetrocknetem Beton nahezu unverändert. Dieses gilt jedoch nur bei einer einmaligen Temperaturbeanspruchung des Betons. Versuchsergebnisse von MOSKVIN und Mitarbeitern [11] deuten darauf hin, daß bei bestimmten Feuchtigkeitsgehalten auch Abminderungen in der Druckfestigkeit eintreten können, wenn der Beton eingefroren ($-60\,°C$) und anschließend wieder aufgetaut wird.

Die Veränderung des Druckelastizitätsmoduls bei tiefen Temperaturen wurde von mehreren Autoren untersucht ([10], [4], [12], [13], [14], [15], [16]). Die meisten Forscher bestimmten den dynamischen E-Modul, SAEMANN und WASHA [10] den statischen E-Modul (Druckbeanspruchung von rd. $^1/_3$ der Bruchlast). Der E-Modul von Zementstein, Mörtel und Beton steigt durch Abkühlen auf sehr tiefe Temperaturen ($-100\,°C$) um rund $50\,\%$. Bei einem zuvor bei $105\,°C$ getrockneten Beton blieb er praktisch gleich. Also auch hier ist der Anteil des freien verdampfbaren Wassers im Zementstein für die Erhöhung maßgebend.

Im Hinblick auf die thermische Beanspruchung von Flüssiggasbehältern spielt die Wärmedehnzahl von Beton eine besondere Rolle, zumal Unterschiede in der Wärmedehnung von Beton und Spannstahl mit Spannkraftänderungen verbunden sind. Über Untersuchungen der Wärmedehnzahl von Beton bei tiefen Temperaturen wird besonders in den Veröffentlichungen [4], [7], [8], [17], [12], [13], [14] und [18] berichtet. Man kann annehmen, daß die Wärmedehnzahl mit abnehmenden Temperaturen kleiner wird und bei ungefähr $-160\,°C$ nur noch rund $50\,\%$ derjenigen bei $20\,°C$ beträgt, wobei die Angaben in der Literatur je nach Feuchtegehalt und Betonsorte jedoch stark schwanken und systematische Änderungen bislang nicht erkennbar sind [9].

4 Versuche

4.1 Allgemeines

Im Rahmen des von der Deutschen Forschungsgemeinschaft geförderten Schwerpunktprogramms „Festigkeit keramischer Werkstoffe" werden z.Z. am Institut für Baustoffe, Massivbau und Brandschutz der TU Braunschweig systematische Untersuchungen über das Ver-

halten von Zementstein, Mörtel und Beton im Tieftemperaturbereich durchgeführt. Es ist das Ziel dieses Vorhabens, über die Veränderung der mechanischen Eigenschaften von Beton im Temperaturbereich von $+20$ bis $-190\,°C$ Erkenntnisse zu gewinnen und zur Klärung der Ursachen dieser Veränderungen beizutragen. Dabei interessiert das Verhalten von Beton bei sowohl dauernder als auch wechselnder Temperaturbeanspruchung. Weiter soll auch der Frage nachgegangen werden, welche Bindemittel und Zuschlagarten (bzw. deren entsprechende Betonkombinationen) unter wechselnder oder langzeitiger Temperatureinwirkung im werkstoffphysikalischen Sinne besonders gute Materialeigenschaften besitzen. Außerdem soll geklärt werden, wie eine thermisch bzw. hygrothermisch bedingte Materialschädigung qualitativ und quantitativ ehestens zu beschreiben ist und welche apparativen Voraussetzungen zum Nachweis solcher Schädigungen geschaffen werden müssen. Die Untersuchungen sollen später noch auf Stahl sowie auf Bauteile aus Stahlbeton und Spannbeton ausgeweitet werden. Versuchseinrichtungen und Prüferfahrungen für die Stahlprüfung liegen bereits vor [23].

4.2 Versuchsprogramm

Die Untersuchungen gliedern sich in zwei Versuchsabschnitte. Im ersten Abschnitt werden hauptsächlich Zementstein und Mörtel, im zweiten Abschnitt ausschließlich Betone untersucht. Das Vorgehen in Abschnitten hat folgenden Grund: An Zementstein- und Mörtelproben sollen zunächst Schädigungen infolge der Volumenvergrößerung des Porenwassers bei der Eisbildung studiert werden, um diese von zusätzlichen Schädigungen, die durch Unterschiede in Wärmedehn-, Wärmeleitzahl, E-Modul u. a. m. von Betonzuschlag und Matrix herrühren, zu trennen. Folgende Untersuchungen werden durchgeführt:

- Druckfestigkeit
- Spaltzugfestigkeit
- Spannungs-Dehnungs-Verhalten
- E-Modul
- Temperatur-Dehnungs-Verhalten
- Feuchtigkeitsgehalt.

Zur Erfassung der hygrothermalen Materialschädigungen in der Betonstruktur werden die Porengrößenverteilung bestimmt und Ultraschallmessungen durchgeführt. Es wird angestrebt, daraus Korrelationen mit den in zerstörender Materialprüfung gefundenen mechanischen Eigenschaften zu erarbeiten. Die genannten Untersuchungen werden jeweils vor (Ausgangssituation) und nach der Temperaturbeanspruchung (Änderung der Festigkeitswerte, Materialschädigung) durchgeführt. Es handelt sich, soweit es die mechanisch-technologischen Untersuchungen betrifft, um isothermische bzw. stationäre Verfahren. Das Temperatur-Dehnungsverhalten wird natürlich unter einer sich kontinuierlich ändernden (instationären) Temperaturbeanspruchung gemessen.

Das Forschungsvorhaben wird voraussichtlich Anfang 1982 abgeschlossen sein. Die im folgenden aufgeführten Versuchsergebnisse sind Ergebnisse der Jahre 1977 und 1978. Zur Zeit werden sie noch ergänzt und vervollständigt, wobei insbesondere das Spannungs-Dehnungs-Verhalten bei unterschiedlichen Temperaturen untersucht wird.

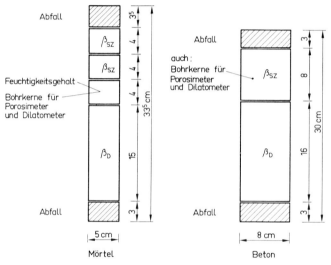

Bild 1
Geometrie der Mörtel- und Betonprobekörper

4.3 Herstellung und Geometrie der Probekörper

Um eine möglichst homogene Temperaturverteilung innerhalb der Probekörper zu gewährleisten und Temperaturspannungen infolge der Gradienten in den Probekörpern klein zu halten, wurde eine zylindrische Probengeometrie gewählt. Die Probekörper werden in Stahlschalungen hergestellt, die ein gleichzeitiges Herstellen und Verdichten von 8 Mörtelprobekörpern ∅ 5 cm bzw. 10 Betonprobekörpern ∅ 8 cm erlauben. Nach dem Ausschalen erfolgte jeweils eine 7tägige Wasserlagerung. Danach wurden die Probekörper für die Einzeluntersuchungen gemäß Bild 1 durch Sägen und Schleifen in Abschnitte unterteilt, wobei die beiden Probenenden mit den hohen bzw. niedrigen Feuchtigkeitsgehalten verworfen wurden.

4.4 Versuchsparameter

4.4.1 Baustoffe

a) Zement

Als Bindemittel kamen die in Tabelle 1 aufgeführten, in der Praxis häufig verwendeten Zemente zur Anwendung:

b) Zuschlag

Für die Mörtelproben wurde grundsätzlich Normsand nach DIN 1164 (Größtkorn 2 mm) verwendet.

Für die Betonprobekörper wurden die Zuschlagstoffe (Kies aus Sonnenberg bei Braunschweig) als trockene Körnung in 3 Korngruppen in folgender Zusammensetzung zugegeben:

0/2 : 34%; 2/8 : 26%; 8/16 : 40%.

c) Mischungsverhältnis

Das Mischungsverhältnis für die Mörtelproben entsprach in erster Linie der Normmischung: 1 GT Ze-

Tabelle 1
Verwendete Zemente

Art und Festig- keits- klasse	Portland- zement- klinker [%]	Hoch- ofen schlacke [%]	Gips- Anhydrit- gemisch [%]	Mahl- feinheit (Blaine) [cm²/g]	Erstarrungs- beginn [Std.]	ende [Std.]	Wasser- anspruch [Gew.-%]	2 Tage	7 Tage	28 Tage Druckfestigkeit [N/mm²]	Klinkerphasen C_3S	C_2S	C_3A	C_4AF
PZ 35 F	95,5	–	4,5	3077	2,3	3,3	24,5	22,1	34,4	47,0	66,9	8,6	10,5	5,3
HOZ 35 L NW HS NA	22	71	7	3046	3,5	5,0	27,5		26,9	44,0				

ment, 3 GT Normsand, 0,5 GT Wasser. Es wurden aber auch wasserreiche Mischungen (z. B. 1:4:0,8 GT u. a.) untersucht.

Die Betone bestanden aus 1 GT Zement, 5,3 GT Zuschlag und 0,54 GT Wasser. Betone mit anderen Mischungsverhältnissen werden zur Zeit untersucht.

4.4.2 Vorlagerung

Um den Einfluß des Feuchtigkeitsgehaltes auf das Tieftemperaturverhalten von Mörtel und Beton zu studieren, schloß sich an die 7 Tage während Wasserlagerung der Proben eine der folgenden Lagerungsarten an:

Wasserlagerung:	20 °C
sehr feuchte Lagerung:	20 °C, 85 % r. F.
	20 °C, 95 % r. F.
normale Lagerung:	20 °C, 65 % r. F.
Ofentrocknung:	20 °C, 65 % r. F.
	vor Versuchsbeginn
	bei 105 °C
	bis GK getrocknet.

Das Alter der Proben bei Versuchsbeginn betrug rund 110 Tage und entspricht damit durchaus den praktischen Verhältnissen, weil Großbauwerke immer sehr lange Bauzeiten aufweisen. Das Betonalter wurde also als Parameter ausgeschlossen.

4.4.3 Temperaturbeanspruchung

Als Abkühl- und Erwärmungsgeschwindigkeit wurde 1 K/min festgelegt, weil dadurch – wie Vorversuche gezeigt haben – geringe Temperaturunterschiede über den Querschnitt auftreten. Bei den einzelnen Versuchen wurde dann noch die Anzahl der Zyklen n und die Temperatur ϑ_u variiert (Bild 2a).

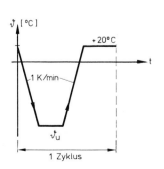 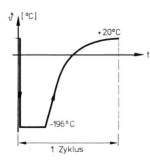

Bild 2
Temperaturzyklen

Einige Proben wurden aber auch einer extremen Beanspruchung unterworfen, indem sie in flüssigen Stickstoff eingetaucht wurden. Nachdem diese Proben durchgefroren waren, wurden sie zum Auftauen bei Raumtemperatur gelagert (Bild 2b).

4.5 Versuchsdurchführung

4.5.1 Untersuchung des thermischen Ausdehnungsverhaltens

Bei der Messung der thermischen Dehnung von Zementstein bzw. Beton im Tieftemperaturgebiet sind verschiedene Einflüsse zu beachten. Durch die Volumenvergrößerung des in den Poren gefrierenden Wassers erfolgt u. U. eine Dehnung der Probe. Weiterhin kann auch die Differenz zwischen den thermischen Ausdehnungskoeffizienten von Zuschlagphase und Zementsteinmatrix bei der Abkühlung die Ursache für innere Zwängungen sein, die bei Überschreitung der örtlichen Zugfestigkeiten Risse und damit Gefügeschädigungen hervorrufen, wodurch sich das Verformungsverhalten der Probe verändern kann. Aus diesen Gründen sollen sowohl die thermischen Dehnungen der Versuchskörper als auch die der Einzelkomponenten Zuschlag und Zementstein bestimmt werden. Bild 3 zeigt die schematische Darstellung des hierzu benutzten Tieftemperatur-Dilatometers.

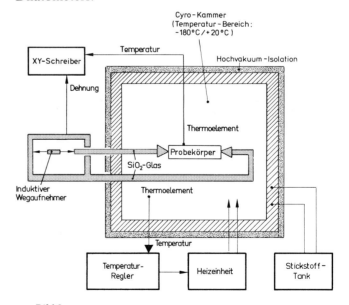

Bild 3
Schematische Darstellung des Tieftemperatur-Dilatometers

Der Prüfkörper (Bohrkern aus großem Probekörper), der eine Länge von 40 mm und einen Durchmesser von 12 mm aufweist, wird so in eine Probenhalterung eingebaut, daß ein Ende sich parallel zur Meßrichtung abstützt. Ein zwischen Kugellagern geführter Abtaststempel aus dem gleichen Material wie das Meßsystem drückt dann mit einstellbarer Federkraft gegen das andere Ende der Probe und überträgt die Längenänderung des Probekörpers auf einen induktiven Wegaufnehmer. Die Kühlung der Probekörper erfolgt über die mit flüssigem Stickstoff gekühlten Wände der Prüfkammer. Zwischentemperaturen werden durch elektrisches Gegenheizen eingestellt. Zur Verbesserung des Wärmeüberganges wird die Prüfkammer zusätzlich mit Helium gefüllt. Die Registrierung der Probentemperatur und -längenänderung erfolgt kontinuierlich mit einem XY-Schreiber.

4.5.2 Festigkeitsuntersuchungen

4.5.2.1 Aufbringen der Temperaturbeanspruchung

Die Temperaturbeanspruchung wird in einer Kammer aufgebracht, in der mit einstellbaren Abkühl- bzw. Erwärmungsgeschwindigkeiten beliebige Temperaturen zwischen −200 und +200°C erzeugt werden können.

Bild 4
Temperaturkammer für Temperaturen von −200 bis +200°C mit Meß- und Regelgeräten

Die Anlage (s. Bild 4) besteht aus:
a) Temperaturkammer
b) Temperaturmeß- und -regelgerät
c) Programmgeber für Temperatur-Zeitverläufe

d) Dewar-Gefäß für flüssigen Stickstoff
e) 6-Punkt-Drucker zur simultanen Registrierung der Feuchte und Temperaturen in der Kammer und im Prüfkörper.

Temperaturen unterhalb der Raumtemperatur werden in der Kammer durch dosierte Injektionen mit verflüssigtem Stickstoff erzeugt. Der Stickstoff wird mit Hilfe eines Propellers im Kühlraum verteilt. Zur Erzeugung von hohen Temperaturen ist ein Heizungselement eingebaut. Mit Hilfe des Meß- und Regelgerätes und des Programmgebers werden von der Anlage bestimmte Temperaturzyklen automatisch durchgeführt.

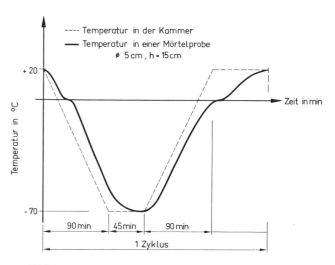

Bild 5
Temperaturzyklus, gemessen mit Thermoelementen

Bild 5 zeigt beispielsweise die gemessenen Temperaturverläufe in der Kammer und in der Achse einer Mörtelprobe (∅ 5 cm; h = 15 cm) während eines Temperaturzyklus (+20°C bis −70°C bis +20°C).
Bei den Versuchen hat sich übrigens gezeigt, daß sich der Feuchtigkeitsgehalt der Versuchskörper während der zyklischen Beanspruchung, z.B. durch die Haltezeit bei +20°C verringert. Um das Austrocknen der Proben zu verhindern und somit definierte bzw. reproduzierbare Feuchteverhältnisse zu schaffen, wurden die Probekörper vor dem ersten Einfrieren „versiegelt", d.h., in eine Polyäthylenfolie diffusionsdicht eingewickelt und verklebt. Gewichtsmessungen haben ergeben, daß sich auch nach mehreren Temperaturzyklen der Feuchtigkeitsgehalt dieser Proben nicht verändert.

4.5.2.2 Ermittlung von Festigkeitskennwerten

Die Prüfung der Druckfestigkeit erfolgte an plangeschliffenen Probekörpern (s. Bild 1).
Die Spaltzugfestigkeit der Mörtelproben wurde an zylindrischen Abschnitten ($\varnothing$ 5 cm; $h = 4$ cm) mit Hilfe einer zu diesem Zweck entwickelten und in die Druckprüfmaschine einzubauenden Prüfvorrichtung gemäß Bild 6 ermittelt.

4.5.3 Strukturuntersuchungen

4.5.3.1 Ultraschallmessungen

Eine mittelbare Möglichkeit, Auskunft über das Auftreten von Mikrorissen in Betonen und Mörteln, z.B. infolge einer Temperaturbehandlung zu erhalten, bietet die Messung der Schallgeschwindigkeit sowie der Absorption von Schallenergie (Intensitätsmessung). Durch

Bild 6
Prüfvorrichtung zur Ermittlung der Spaltzugfestigkeit an Mörtelproben $\varnothing$ 5 cm

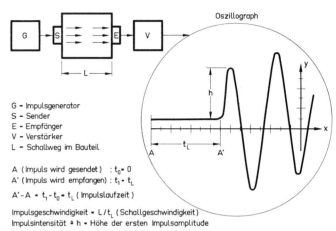

G = Impulsgenerator
S = Sender
E = Empfänger
V = Verstärker
L = Schallweg im Bauteil

A (Impuls wird gesendet) : $t_0 = 0$
A' (Impuls wird empfangen) : $t_1 = t_L$

A'–A = $t_1 - t_0 = t_L$ (Impulslaufzeit)

Impulsgeschwindigkeit = L/t_L (Schallgeschwindigkeit)
Impulsintensität $\triangleq$ h = Höhe der ersten Impulsamplitude

Bild 7
Meßwertanzeige auf dem Bildschirm eines Ultraschall-Oszillographen

Die Spaltzugfestigkeit der Betonproben ($\varnothing$ 8 cm; $h = 8$ cm) wurde gemäß DIN 1048 (ohne die vorgenannte Prüfeinrichtung), allerdings wegen der etwas geringeren Körperabmessungen mit 7 mm (statt 10 mm) breiten Filzstreifen geprüft.
Bei jedem der im folgenden diskutierten Ergebnisse handelt es sich um den Mittelwert aus mehreren Prüfungen. Die mittlere Druckfestigkeit wurde anfangs aus 4 und die Spaltzugfestigkeit aus 8 Proben berechnet. Später konnte die Anzahl der Probekörper wegen der relativ geringen Streuung der Werte auf 2 bzw. 4 reduziert werden.
Zur Prüfung der Festigkeiten im eingefrorenen Zustand bei $-196\,°C$ wurden die Probekörper in ein Gefäß mit flüssigem Stickstoff eingetaucht, nach 6 Stunden einzeln entnommen, mit Styroporhalbschalen isoliert und unmittelbar darauf auf herkömmliche Art und Weise geprüft.

Änderung der Schallgeschwindigkeit können die einsetzenden Gefügezerstörungen bereits zu einem Zeitpunkt qualitativ nachgewiesen werden, an dem andere Verfahren noch keine Anhaltspunkte liefern. Bild 7 zeigt in einem Blockschaltbild das Prinzip einer Ultraschall-Impulslaufzeitmessung (Schallgeschwindigkeitsmessung) und einer Intensitätsmessung (Energieverlustmessung). In einem Impulsgenerator G werden kurze, elektrische Impulse erzeugt, die im Sender S in mechanische (akustische) Impulse umgewandelt und durch eine Koppelschicht auf den Probekörper übertragen werden. Der Schallimpuls durchläuft den Probekörper mit einer für den Baustoff charakteristischen Schallgeschwindigkeit und wird vom Empfänger E aufgenommen. Dort wird das Signal wieder in einen elektrischen Impuls umgewandelt und dem Verstärker V, mit angeschlossenem Laufzeit- oder Intensitätsmeßgerät, zugeführt.
Durch die Intensitätsmessung kann die Aussagekraft der Ultraschallanalyse gesteigert werden. Dabei muß

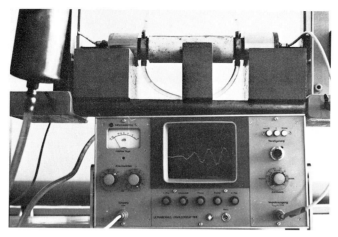

Bild 8
Ultraschallprüfung

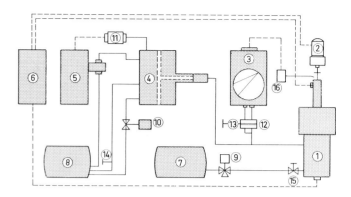

1	Autoklav	9	elektrisches Alkohol-Auslaßventil
2	Kontaktmotor	10	elektrisches Öl-Auslaßventil
3	Meßschreiber	11	Umschaltventil
4	Druckverstärker	12	automatisches Unterbrecherventil
5	Pumpe	13	Hochdruck-Sicherheitsventil
6	Relais	14	Niederdruck-Sicherheitsventil
7	Alkoholbehälter	15	Hochdruck-Handventil
8	Ölbehälter	16	Motor für Registrierstreifenvorschub

Bild 9
Quecksilberdruckporosimeter

vorausgesetzt werden, daß eine reproduzierbare Ankoppelung der Schallprüfköpfe an den Prüfkörper gelingt. Die Ankoppelung wurde bei den durchgeführten Messungen mit Terpentinöl hergestellt, das über Schläuche in Messingringe mit Gummidichtung gefüllt wurde (s. Bild 8). Durch diese Maßnahme kann man das Meßergebnis weitgehend von den Energieverlusten befreien, die bei der Impulsübertragung vom Sender auf den Probekörper und zurück auf den Empfänger eintreten.

4.5.3.2 Porositätsmessungen

Die Porosität ist neben der chemischen und mineralogischen Zusammensetzung des Zementsteins von grundlegender Bedeutung für die chemische und physikalische Widerstandsfähigkeit, (Temperaturwechsel-) Beständigkeit, Festigkeit und Wärmeleitfähigkeit von Zementmörteln und Betonen. Die Veränderung der Porosität der Probekörper als Folge der Temperaturbehandlung wurde mit Hilfe der Quecksilberdruckporosimetrie verfolgt. Bild 9 zeigt schematisch das eingesetzte Druckporosimeter.

Mit diesem Gerät wird automatisch der Volumenanteil offener Poren registriert, der bei Anwendung eines bestimmten Druckes gefüllt wird. Der Druck kann stufenweise bis auf 2000 bar gesteigert werden. Für die Untersuchungen wurden aus den Zementstein- und Mörtelprobekörpern Bohrkerne von 40 mm Länge und 12 mm Durchmesser gezogen. Die Kompressibilität des Quecksilbers wurde in einem Leerversuch ermittelt und bei der Auswertung berücksichtigt.

5 Versuchsergebnisse

5.1 Thermische Dehnung

Bild 10 zeigt das Temperatur-Dehnungsverhalten von Zementstein mit einem Mischungsverhältnis von 1 GT PZ 35 F bzw. HOZ 35 L und 0,3 GT Wasser. Als Prüfkörper wurden Bohrkerne $\varnothing$ 12 mm, $l = 40$ mm, die bis zum Prüfalter von rund 115 Tagen wassergelagert waren, verwendet. Die Messungen erfolgten in dem beschriebenen Tieftemperatur-Dilatometer.

Aus Bild 10 geht folgendes hervor: Bei sinkender Temperatur, jedoch oberhalb des Gefrierpunktes des Wassers, ziehen sich die Proben zunächst zusammen. Im Temperaturbereich von -5 bis $-10\,^\circ$C kann eine sprunghafte Dehnung der Probe eintreten, wenn das in den Poren vorliegende unterkühlte Wasser beim Gefrieren sein Volumen vergrößert. Diese plötzliche Dehnung (gestrichelte Kurve) konnte allerdings nur bei einigen Proben beobachtet werden. Sie trat unabhängig von der Abkühlgeschwindigkeit bei einigen Proben auf, bei anderen nicht. Die auf Bild 10 angegebene Abkühlgeschwindigkeit von 0,25 K/min ist also nicht unbedingt die Ursache für diesen Effekt. Bei weiterer Abkühlung gefriert das Wasser in immer engeren Poren, das auch infolge der fortschreitenden Eisbildung unter einem zusätzlichen Druck steht. Die Probe dehnt sich solange

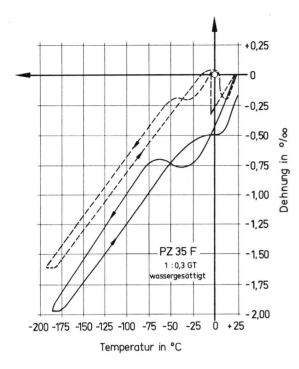

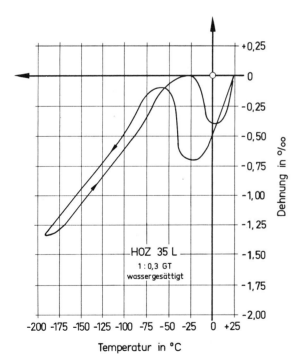

Bild 10
Temperatur-Dehnverhalten von Zementstein
— Abkühlungsgeschwindigkeit 2,5 K/min
--- Abkühlungsgeschwindigkeit bis −70°C
0,25 K/min dann 2,5 K/min

aus, bis das gesamte Porenwasser gefroren ist. Diese Dehnung ist bei Zementstein und Mörtel mit Hochofenzement wesentlich stärker als bei Portlandzement. Hochofenzementstein enthält bei gleichem *W/Z*-Wert offensichtlich mehr eingelagertes Wasser als Portlandzementstein. Bei der 105°C-Trocknung von entsprechenden Zementsteinproben (∅ 5 cm, *h* = 4 cm) aus denen auch die Bohrkerne gezogen wurden, ergab sich, bezogen auf das Trockengewicht, dementsprechend ein Wassergehalt von 18,3% beim PZ und 19,8% beim HOZ.

Die Temperatur, bei der das gesamte Porenwasser, das beim Einfrieren zu einer Dehnung der Probe führt, zu Eis geworden ist, hängt von der Abkühlgeschwindigkeit ab. Diese Temperatur lag bei sämtlichen durchgeführten Versuchen bei sehr langsamer Abkühlung (0,25 K/min) bei ungefähr −40°C (--- Kurve) und bei sehr schneller Abkühlung (bis zu 10 K/min) bei −70°C. Unterhalb dieser Temperatur zeigen die Messungen ein nahezu lineares Temperatur-Dehnungs-Verhalten. Wird der Zementstein wieder erwärmt, dehnt sich die Probe aus. Die Kurve verläuft geringfügig temperaturversetzt. Dieser Versatz ist apparativ bedingt, weil die Temperatur während der Versuche an der Oberfläche der Probe bestimmt wird. Die Messungen zeigen weiterhin, daß das Gefrieren und Schmelzen nicht bei derselben Temperatur stattfindet. Dieser Effekt ist vermutlich auf die Unterkühlung des Porenwassers beim Einfrieren zurückzuführen.

Bild 11 zeigt das Temperatur-Dehnungs-Verhalten von Mörteln aus PZ bzw. HOZ und Normsand unterschiedlicher Zusammensetzung und Vorbehandlung.

Die Messungen ergeben einen deutlichen Einfluß der Art der Vorlagerung: Ein Teil der Mörtelproben war vor dem Versuch rund 120 Tage unter Wasser gelagert worden und demnach wassergesättigt. Ein weiterer Teil der Proben wurde kurz vor dem Versuch bei 105°C bis zur Gewichtskonstanz getrocknet. Bei den getrockneten Probekörpern findet stets eine Kontraktion statt, offenbar weil der Gehalt an gefrierbarem Wasser so gering ist, daß keine Expansion durch Eisbildung möglich ist. Identische Kurven wurden auch bei Proben gemessen, die vor dem Versuch bis zur Gewichtskonstanz bei 20°C und 65 bzw. sogar 85% r.F. gelagert worden waren. Je höher der Anmachwassergehalt der wassergelagerten Proben bei Versuchsbeginn war, um so größer fällt die Ausdehnung während des Gefrierens des Porenwassers aus. Analog zum Zementstein zeigt der HOZ-Mörtel erheblich größere Dehnungen als der PZ-Mörtel.

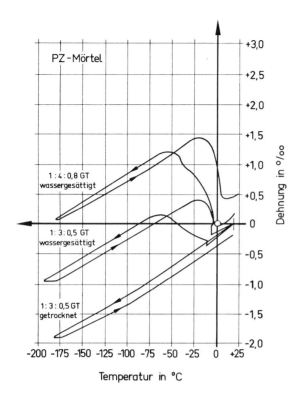

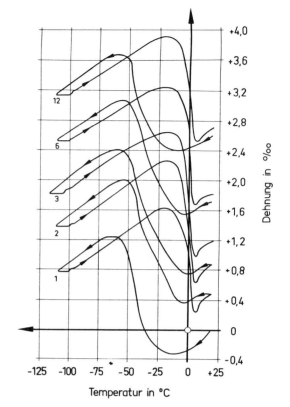

Bild 12
Temperatur-Dehnverhalten von wassergesättigtem HOZ-Mörtel
(1:3:0,5 GT) bei 12 Temperaturzyklen

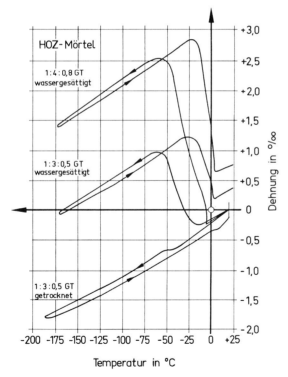

Bild 11
Temperatur-Dehnverhalten verschiedener Mörtel
(Abkühlungsgeschwindigkeit 2,5 K/min)

Bild 12 zeigt das Temperaturverhalten eines wassergesättigten HOZ-Mörtels (1:3:0,5; Alter 133 Tage), der
hintereinander 12 mal auf −110°C (Abkühlgeschwindigkeit 2,5 K/min) gekühlt und erwärmt wurde. Während des letzten Zyklus ergab sich bei −20°C eine positive Dehnung von fast 4‰ und bei +20°C war noch eine
bleibende Dehnung von +2,7‰ vorhanden.
Zur Überprüfung des Einflusses der Probengröße auf
die Meßergebnisse wurde übrigens parallel zu diesen
Versuchen eine wassergesättigte, zylindrische Mörtelprobe (∅ 5 cm; h = 15 cm) mit aufgeklebten Meßplätt-
chen in der Temperaturkammer mit 1 K/min abgekühlt
und ihr Dehnungsverhalten (in Stufen von 10°C) mit
einem Setzdehnungsmesser bestimmt. Die so ermittelten Meßwerte entsprachen den am gleichen Material im
Dilatometer gemessenen Werten. Die häufig erhobenen
Zweifel gegenüber den in Dilatometern an Mörtelproben gewonnenen Meßwerten haben somit keine Bestätigung gefunden.

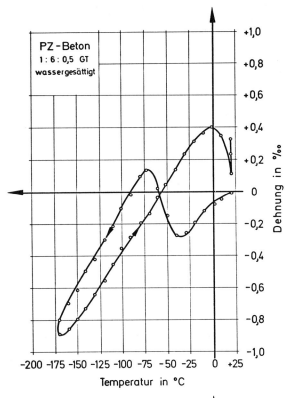

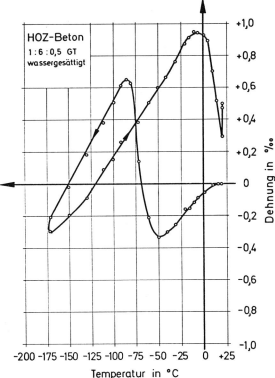

Bild 13
Temperatur-Dehnverhalten von Beton
(Abkühlungsgeschwindigkeit 1,0 K/min)

Bild 13 zeigt das Temperatur-Dehnungsverhalten von Betonprobekörpern mit einem Mischungsverhältnis von 1 GT PZ 35 F bzw. HOZ 35 L, 6 GT Zuschlag (Größtkorn 16 mm) und 0,5 GT Wasser. Die Prüfkörper (∅ 8 cm, *l* = 16 cm) wurden bis zum Prüfalter von 40 Tagen wassergelagert. Die Messungen erfolgten in der Tieftemperatur-Prüfkammer mit einem Setzdehnungsmesser (10 cm Meßlänge).

Die Meßkurven entsprechen qualitativ den an Mörtelproben ermittelten Temperatur-Dehnungs-Kurven (vgl. Bild 11; PZ 1 : 3 : 0,5 GT, wassergesättigt). Das Dehnungsverhalten wird offensichtlich in entscheidendem Maße vom Zementstein und dem Gehalt an Porenwasser beeinflußt. Der Zuschlag scheint beim einmaligen Einfrieren keinen wesentlichen Einfluß auf das Dehnungsverhalten auszuüben. Der Dehnungssprung bei +20 °C ist auf die Temperaturdifferenz zwischen Oberfläche und Achse des Probekörpers zurückzuführen.

5.2 Druck- und Spaltzugfestigkeit

5.2.1 Eingefrorener Zustand

Bild 14 zeigt die Zunahme der Festigkeiten von Mörtelproben im eingefrorenen Zustand in Abhängigkeit von der Vorlagerung. Bei getrockneten Probekörpern steigt die Druckfestigkeit bei −196 °C nur um 20 %, während die Spaltzugfestigkeit sogar um 15 % abfällt. Bei unter Wasser gelagerten Probekörpern steigen die Druckfestigkeit und die Spaltzugfestigkeit grundsätzlich an, und zwar bei HOZ-Mörteln wesentlich stärker als bei PZ-Mörteln. Ähnliche Verhältnisse ergaben sich für die unter 20/65 gelagerten Proben. Allerdings zeigt sich auch hier, daß die Druckfestigkeit stärker ansteigt als die Spaltzugfestigkeit. Bei den PZ-Proben ergab sich in der Spaltzugfestigkeit sogar eine Minderung um 24 %, eine überraschende und bisher nicht vollständig erklärbare Beobachtung.

Weitere Untersuchungen an Betonen, bei denen auch die Prüftemperatur, die Einfriergeschwindigkeit und die Temperaturhaltezeit variiert werden sollen, werden z. Z. durchgeführt.

5.2.2 Zyklische Temperaturbeanspruchungen

Bild 15 zeigt den Abfall der Druck- und Spaltzugfestigkeit von wassergesättigten, versiegelten (vgl. Abschnitt

125

4.4.2.1) Mörtelproben in Abhängigkeit von der Anzahl der durchgeführten Temperaturzyklen. Sowohl die Ausgangsfestigkeiten β_0 als auch die Festigkeiten nach den Temperaturzyklen β_ϑ wurden bei Raumtemperatur ermittelt. Jeder Temperaturzyklus führt offenbar zu einer

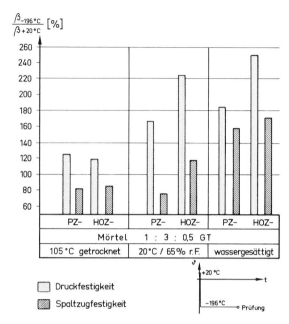

Bild 14
Festigkeit im eingefrorenen Zustand ($-196\,°C$)
bezogen auf die Ausgangsfestigkeit bei $+20\,°C$

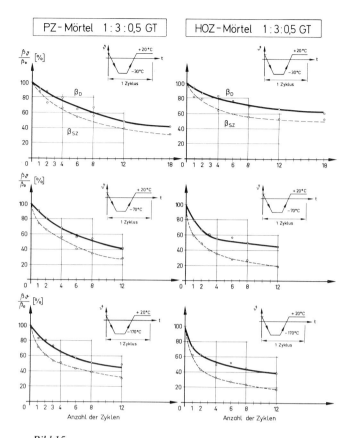

Bild 15
Festigkeit nach *n* Temperaturzyklen bezogen auf die
Ausgangsfestigkeit (Prüftemperatur grundsätzlich $+20\,°C$)
Proben wassergesättigt

zusätzlichen Schädigung, die selbst nach 12 bzw. 18 Zyklen noch nachgewiesen werden kann. Die Spaltzugfestigkeit fällt zunächst rascher ab als die Druckfestigkeit. Nach mehreren Zyklen ist dies nicht mehr der Fall, d.h., die relativen Festigkeitsminderungen sind dann etwa jeweils gleich groß. Die Versuche haben weiter gezeigt, daß der Festigkeitsverlust nicht nur mit steigender Zyklenzahl, sondern auch mit abnehmender Temperatur ϑ_u zunimmt; d.h., die Festigkeitsminderungen steigen im Bereich $+20\,°C$ bis $-70\,°C$ sukzessive an. Eine weitere Abnahme der Temperatur unter $-70\,°C$, bis sogar auf $-170\,°C$, führt dagegen zu keiner wesentlichen zusätzlichen Schädigung. Die Temperaturschwelle $-70\,°C$ scheint diesbezüglich eine kritische Temperatur zu sein. Wie anhand der Temperatur-Dehnungs-Kurven gezeigt wurde, ist die Dehnung der Probekörper infolge Eisbildung, die u.U. zu der Materialschädigung führt, bei $-70\,°C$ weitgehend abgeschlossen, insoweit ergeben

sich also identische charakteristische Temperaturen. Bei Betonproben kann allerdings der unterschiedliche Temperaturausdehnungskoeffizient von Zuschlag und Zementstein bei sehr tiefen Temperaturen zusätzlich noch zu Störungen – z.B. durch Mikrorisse in der Verbundzone – führen. Über entsprechende Untersuchungsergebnisse kann in allernächster Zeit ebenfalls berichtet werden.

Die wassergesättigten Proben mit HOZ-Zement weisen nach zyklischer Temperaturbeanspruchung im Bereich bis $-30\,°C$ einen geringeren Festigkeitsverlust auf als PZ-Mörtelproben. Bei den Zyklen bis -70 und $-170\,°C$ erweist sich allerdings der HOZ-Mörtel als temperaturempfindlicher. Mit steigendem Hüttensandgehalt im Zement nimmt bekanntlich auch der Anteil der Poren mit sehr kleinen Radien zu. Das Porenwasser gefriert dementsprechend bei tieferen Temperaturen. Die Eisbildung in diesen sehr kleinen Poren führt vermutlich zu relativ großen Spannungen und damit zu den stärkeren Schädigungen. Beim HOZ-Mörtel bewirken die ersten zwei Temperaturzyklen größere Schädigungen als beim PZ-Mörtel. Die Temperaturempfindlichkeit zeigt sich vor allem in einem Abfall der Spaltzugfestigkeit. Nach insgesamt 12 Zyklen bis −170°C ist beim wassergesättigten HOZ-Mörtel nur noch eine Restfestigkeit von 39% bei der Druckfestigkeit und 18% bei der Spaltzugfestigkeit vorhanden. Die entsprechenden Werte für PZ-Mörtel betragen 49% und 31%.

wirkung. Bild 17 zeigt den starken Abfall von Druck- und Spaltzugfestigkeit nach der angegebenen Temperaturbeanspruchung bei Mörtelproben mit einem W/Z-Wert von 0,8 im Vergleich zu Mörtelproben mit einem W/Z-Wert von 0,5.

An dieser Stelle sei ausdrücklich darauf hingewiesen, daß die aufgeführten hohen Festigkeitsverluste ausschließlich an Probekörpern, die wassergesättigt waren, bestimmt wurden. Bei Mörtelproben (PZ 1:3:0,5 GT), die bei 20°C und 65% r.F. gelagert worden waren,

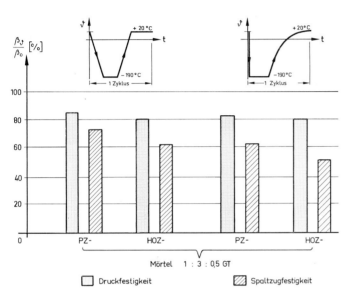

Bild 16
Festigkeit nach einem Temperaturzyklus bezogen auf die Ausgangsfestigkeit (Prüftemperatur grundsätzlich +20°C)
Proben wassergesättigt

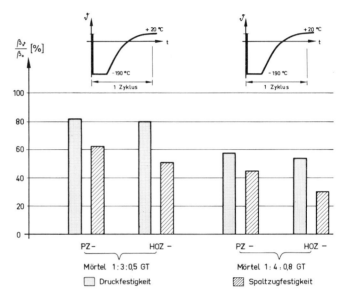

Bild 17
Festigkeit nach einem Temperaturzyklus bezogen auf die Ausgangsfestigkeit (Prüftemperatur grundsätzlich +20°C).
Proben wassergesättigt

Bild 16 zeigt den Festigkeitsverlust von PZ bzw. HOZ-Mörtelproben (1:3:0,5 GT, wassergesättigt), die geregelt abgekühlt und erwärmt wurden, im Vergleich zu entsprechenden Proben, die in flüssigen Stickstoff eingetaucht wurden und dann bei 20°C auftauten. Die schlagartige Abkühlung bewirkt einen um rund 10% höheren Verlust an Spaltzugfestigkeit als die geregelte Abkühlung (1 K/min). Der Einfluß der Versuchsführung auf die Druckfestigkeit ist dagegen überraschend gering; eine bisher nicht vollständig erklärbare Beobachtung.

Je höher der Porengehalt und damit auch der Feuchtigkeitsgehalt der Probekörper ist, um so größer sind auch die Materialschädigungen infolge der Temperatureinwirkung.

konnte nach 8maligem Eintauchen in flüssigen Stickstoff und anschließendem Auftauen bei 20°C nur ein Druckfestigkeitsabfall von 3% und ein Spaltzugfestigkeitsabfall von 14% gemessen werden. Nach den bisher vorliegenden Versuchen an Probekörpern, die bei verschiedenen Feuchtigkeiten gelagert wurden, ist bei langsamer Abkühlung und Erwärmung nur dann mit größeren Festigkeitsverlusten zu rechnen, wenn die Probekörper bei einer relativen Feuchte von >85% gelagert werden. Eine Lagerung gemäß DIN 1048 scheint dagegen unbedenklich. Bei sehr dickwandigen, möglicherweise einseitig diffusionsdicht abgeschlossenen Bauteilen sind diesbezüglich allerdings gesonderte Überlegungen erforderlich, weil eine Austrocknung der dickwandigen Bauteile bis zu dem der relativen Luftfeuchtigkeit von 65% entsprechenden hygrischen Gleichgewichtszustand auch nach vielen Jahren nicht zu erwarten ist.

Bild 18 zeigt den Abfall der Druck- und Spaltzugfestigkeit von wassergesättigten Betonprobekörpern (1:5,3:0,54 GT, Größtkorn 16 mm) nach den angegebenen Temperaturzyklen. Portland- und Hochofenzement unterscheiden sich hier nicht so stark wie beim Mörtel.

5.3 Schallgeschwindigkeit und Impulsintensität

Die Ultraschalluntersuchungen haben ergeben, daß durch die Temperaturbeanspruchung sowohl die Schallgeschwindigkeit als auch die Impulsintensität beträchtlich vermindert werden. Stellt man die Festigkeit nach einer Temperaturbeanspruchung in Abhängigkeit von z.B. der Impulsintensität dar (s. Bild 19), so ergibt sich wegen der Streuung allerdings kein eindeutiger, funk-

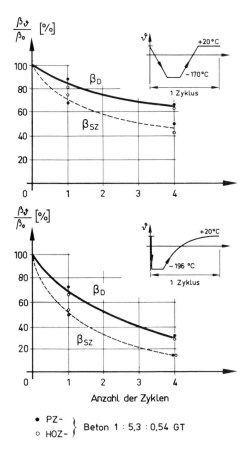

Bild 18
Festigkeit nach *n* Temperaturzyklen bezogen auf die Ausgangsfestigkeit (Prüftemperatur grundsätzlich +20°C) Proben wassergesättigt

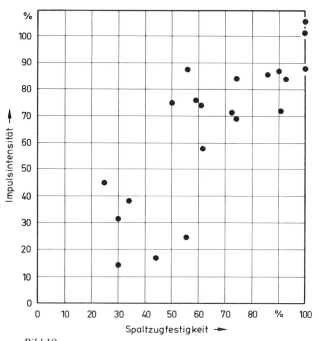

Bild 19
Zusammenhang zwischen Impulsintensität und Spaltzugfestigkeit

tionaler Zusammenhang. Die Materialschädigung ist zwar qualitativ nachweisbar, die Ursachen für die Abnahme der Schallmeßgröße sind aber offenbar nicht unbedingt die gleichen wie die für die Abnahme der mechanischen Festigkeitswerte.

5.4 Porengrößenverteilung

Um trotz unterschiedlicher Vorlagerung der Probekörper (20°C; wassergesättigt, 65% r.F. usw.) gleiche Vorbedingungen für die Porositätsmessungen zu erreichen, wurden alle Proben im Anschluß an die Temperaturbeanspruchung bei 105°C getrocknet. Somit konnte bei

Der relativ hohe Festigkeitsverlust ist auch hier in erster Linie auf die Wasserlagerung vor der Prüfung zurückzuführen. Für trockener gelagerte Proben gilt im wesentlichen das beim Mörtel Gesagte. Der Einfluß der Unterschiede in Wärmedehnzahl und *E*-Modul von bestimmten Betonzuschlägen und Matrix muß noch untersucht werden.

128

allen Proben die Porositätsänderung als Folge der Tieftemperaturbehandlung bestimmt werden. Der Einfluß des Wassergehaltes aus der Vorlagerung entfiel als zusätzlicher Parameter. Im Rahmen dieses Berichtes kann aus der Vielzahl der vorliegenden Untersuchungsergebnisse nur ein typisches Versuchsergebnis herausgegriffen werden. Bei allen Proben wurden jedoch vergleichbare Effekte beobachtet, so daß sie gemeinsam diskutiert werden können.

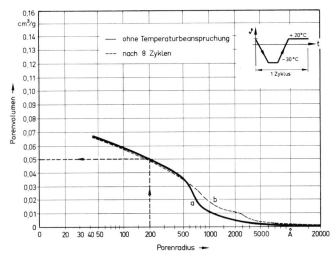

Bild 20
Porengrößenverteilung in PZ-Mörtel 1 : 3 : 0,5 GT vor und nach der angegebenen Tieftemperaturbeanspruchung

Bild 20 zeigt z. B. die Porengrößenverteilung eines PZ-Mörtel-Bohrkerns (1 : 3 : 0,5 GT), der keiner Tieftemperaturbehandlung unterworfen worden war (Kurve *a*). Zum Verständnis der Kurve ein Beispiel:
Alle Poren größer gleich 200 Å nehmen in dieser Probe ein Volumen von 0,05 cm³/g ein.
Die Kurve *b* hingegen wurde an einem Bohrkern der gleichen Mischung gemessen, der achtmal auf −30 °C eingefroren und wieder aufgetaut worden war. Es zeigt sich, daß im Porenradienbereich von 600 bis 5000 Å die beiden Kurvenverläufe deutlich voneinander abweichen. Durch die Tieftemperaturbeanspruchung ist also eine Veränderung in der Porenstruktur eingetreten.
Aus der Porengrößenverteilung erhält man durch Differenzierung die Häufigkeitsverteilung der Porenradien (s. Bild 21). Kurve *a* zeigt, daß in der unbeanspruchten Probe Poren mit einem Radius von 650 Å am häufigsten vertreten sind. Kurve *b* – beanspruchte Probe – weist

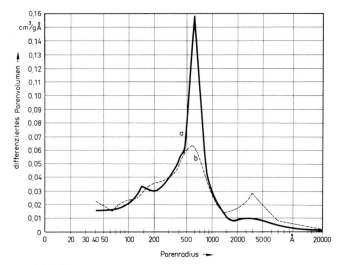

Bild 21
Häufigkeitsverteilung der Porenradien

ein zweites Maximum bei 4000 Å auf, während das erste Maximum bei 650 Å deutlich kleiner ausfällt.
Berücksichtigt man, daß die Messung des Gesamtporenvolumens bei beiden Probekörpern den gleichen Wert (0,066 cm³/g) ergab, läßt die Veränderung der Häufigkeitsverteilung folgende Deutung zu:
Ein Teil der Poren, die im Bereich des Häufigkeitsmaximums liegen (Radius rund 650 Å), hat sich infolge von Gefügezerstörungen (durch Eisbildung) zu Poren mit einem Radius von 3000 bis 4000 Å aufgeweitet. Da sich das Gesamtporenvolumen aber nicht verändert hat, muß man annehmen, daß ggf. Zwischenwände zwischen den einzelnen Poren eingebrochen sind. Man könnte also von einer Porenvergrößerung durch die Tieftemperaturbeanspruchung sprechen. Hiervon sind allerdings nicht alle Porenklassen betroffen, sondern vorzugsweise Poren mit Radien von 400 bis 800 Å.

6 Zusammenfassung

Im Rahmen des Schwerpunktprogramms der Deutschen Forschungsgemeinschaft „Festigkeit keramischer Werkstoffe" werden am Institut für Baustoffe, Massivbau und Brandschutz der TU Braunschweig Untersuchungen über das Verhalten von Zementstein, Mörtel und Beton bei tiefen Temperaturen durchgeführt. Die vorliegende Arbeit berichtet über die ersten Versuchsergebnisse der Jahre 1977 und 1978. Untersucht wurden bisher das

Temperatur-Dehnverhalten, die Festigkeiten im eingefrorenen Zustand und nach zyklischer Tieftemperaturbeanspruchung bei Raumtemperatur sowie Strukturveränderungen mit Hilfe von Ultraschall- und Porositätsmessungen. Die Versuchsergebnisse zeigen, daß die Festigkeit von wassergesättigten Mörteln durch Abkühlen auf sehr tiefe Temperaturen um das 1,5- bis 2,5fache erhöht werden. Die Volumenvergrößerung des Porenwassers bei der Eisbildung führt, wie die gemessenen Temperatur-Dehnkurven zeigen, während der Abkühlung zu einer großen positiven Dehnung. Nach 12maligem Abkühlen und Erwärmen wurde an einer wassergesättigten HOZ-Mörtelprobe eine irreversible Dehnung von ~+2,8‰ gemessen. Diese Dehnung ist mit einer Gefügeaufweitung verbunden und führt zu Festigkeitsverlusten, wenn die Prüfung bei Raumtemperatur erfolgt. Jeder Temperaturzyklus brachte weitere Schädigungen, die auch nach 18 Zyklen noch nachgewiesen werden konnten. Bei HOZ-Mörteln wurden wegen seiner feineren Porenstruktur und seines höheren Wassergehaltes nach Temperaturzyklen bis −170 °C stärkere Schädigungen als bei PZ-Mörtelproben festgestellt.

Strukturveränderungen infolge der Tieftemperaturbehandlung konnten mit Hilfe von Ultraschall- und Porositätsmessungen festgestellt werden. Die Untersuchungen sind allerdings noch nicht abgeschlossen.

An Probekörpern, die bei 20 °C und 65 bzw. sogar 85 % relativer Luftfeuchte gelagert worden waren, wurde beim Abkühlen keine Expansion, sondern stets eine Kontraktion festgestellt. Dementsprechend waren auch die Festigkeitsverluste trotz mehrmaligen Eintauchens der Probekörper in flüssigen Stickstoff gering. Nach den bisherigen Versuchen an Mörtel-Probekörpern, die bei verschiedenen Feuchtigkeiten gelagert wurden, ist bei langsamer Abkühlung und Erwärmung nur dann mit größeren Festigkeitsverlusten zu rechnen, wenn die Probekörper in relativen Feuchten von ≥85 % gelagert worden waren. Bei Betonprobekörpern kann allerdings der unterschiedliche Ausdehnungskoeffizient von Zuschlag und Matrix zu Gefügeschädigungen (Mikrorisse in der Verbundzone) führen. Bei sehr dickwandigen, möglicherweise auch noch einseitig diffusionsdicht abgeschlossenen Bauteilen, ist mit einer völligen Austrocknung auch nach Jahren nicht zu rechnen. Ob bei derartigen Bauteilen mit Schädigungen infolge wiederholter Abkühlung und Erwärmung gerechnet werden muß, wird zur Zeit untersucht. Die laufenden Untersuchungen befassen sich auch intensiv mit dem Span-

nungs-Dehnungs-Verhalten im Tieftemperaturgebiet. Über die Versuchsergebnisse soll in Kürze berichtet werden.

7 Schrifttum

[1] BERGER, E.: Erdgasverflüssigungsanlagen auf dem Meer. Linde-Berichte aus Technik und Wissenschaft, H. 42, 1977.

[2] GOFFIN, H.: Gegenwart und Zukunft des Betonbaus. Beton, Herstellung u. Verwendung 26 (1976), H. 10, S. 347/354.

[3] STANFORD, A. E.: A concrete answer to LNG transportation. DYTAM, Gastech Paper, October 1976.

[4] MONFORE, G. E. and LENTZ, A. E.: Physical properties of concrete at very low temperatures. P. C. A. Research Dept. Bulletin No. 145, May 1962.

[5] LENTZ, A. E. and MONFORE, G. E.: Thermal conductivity of concrete at very low temperatures. Journal of the P. C. A. Research and Development Laboratories May 1965.

[6] LENTZ, A. E. and MONFORE, G. E.: Thermal conductivities of portland cement paste, aggregate, and concrete down to very low temperatures. Journal of the P. C. A. Research and Development Laboratories, Sept. 1966.

[7] TOGNON, G.: Behaviour of mortars and concretes in the temperature range from +20 °C to −196 °C. Supplementary Paper III-24, The Cement Association of Japan, Tokyo 1968.

[8] MOSKVIN, V. M.: The durability of concrete at subzero temperatures. Research Institute of Concrete and Reinforced Concrete of the USSR State Committee on Construction (NII ZB).

[9] WISCHERS, G. und DAHMS, J.: Das Verhalten des Betons bei sehr niedrigen Temperaturen. Beton-Verlag GmbH, Düsseldorf 1970.

[10] SAEMANN, J. C. and WASHA, G. W.: Variation of mortar and concrete properties with temperature. Proc. Amer. Concr. Inst. 54 (1957).

[11] MOSKVIN, V. M., KAPTIEN, M. M. und ANTONOW, L. N.: Einfluß von Temperaturen unterhalb des Frostbereiches auf die Festigkeit und die elastoplastischen Eigenschaften von Beton. Beton i zelezobeton 13 (1967), Nr. 10, S. 18/21 (in russisch).

[12] BERWANGER, C.: The modulus of concrete and the coefficient of expansion of concrete an reinforced concrete at below normal temperatures. ACI special publ., Temperature and Concrete, No. SP 25-8, 1971, pp. 192–233.

[13] BERWANGER, C. and FARNQUE SARKAR, A.: Effect of temperature and age on thermal expansion and modulus of elasticity of concrete. ACI Publication SP 39-1.

[14] CRAN, J. A.: An investigation of the low temperature properties of concrete and reinforced concrete slabs. University of Manitoba. Dissertation.

[15] MARÉCHAL, J. C.: Variations in the modulus of elasticity and poisson's ratio with temperature. ACI Publication SP 34-27.

[16] RADJY, F. and RICHARDS, C. W.: Internal friction and dynamic modulus transitions in hardened cement paste at low temperatures. Matériaux et Constructions Vol. 2, No. 7, 1969.

[17] MARÉCHAL, J. C.: Thermal conductivity and thermal expansion coefficients of concrete as a function of temperature and humidity. ACI-Int. Seminar on CNR, Berlin 1970.

[18] BEAUDOIN, J. J. and MACINNIS, C.: Dimensional changes of hydrated portland cement mortar due to slow cooling and warming. ACI Publication SP 47-3.

[19] ZIMBELMANN, R.: Über das Verhalten von Zementstein und Beton bei niederen Temperaturen. Teil 1 und 2. Schriftenreihe des Otto-Graf-Instituts. H. 67, 1975.

[20] POWERS, T.C.: Freezing effects in concrete. ACI Publication SP 47-1.

[21] FAGERLUND, G.: The significance of critical degrees of saturation at freezing of porous and brittle materials. ACI Publication SP 47-2.

[22] RADJY, F.: A thermodynamic study of the system hardened cement paste and water and its dynamic mechanical response as a function of temperature. Dissertation, Stanford University, Mai 1968. Department of Civil Engineering, Stanford University, Technical Report Nr. 90.

[23] KORDINA, K. und NEISECKE, J.: Die Ermittlung der Gebrauchseigenschaften von Beton und Spannstahl bei extrem tiefen Temperaturen. Betonwerk + Fertigteil-Technik. H. 4, 1978.

Ulrich Schneider

Ein Beitrag zur Klärung des Kriechens und der Relaxation von Beton unter instationärer Temperatureinwirkung

Bezeichnungen und Symbole

Symbol	Dimension	Benennung
c_1	1	Parameter der Kriechfunktion
c_2	1	Parameter der Kriechfunktion
c_3	1	Parameter der Kriechfunktion
E	N/mm²	Elastizitätsmodul
f	h/°C	Temperaturfunktion
g	°C/h	Zeitfunktion
J	1/N/mm²	Kriechfunktion im instationären Fall
LB	1	Leichtbeton
NB	1	Normalbeton
Q	N/mm²h	modifizierte Ausdehnungsfunktion
R	1/h	modifizierte Relaxationsfunktion beim Zwängungsproblem
t	h	Zeit
Δt	h	Zeitdifferenz
u	h	Variable
v	°C	Variable
w	K/h	Aufheizgeschwindigkeit
α	K^{-1}	Ausdehnungskoeffizient
γ_1	$°C^{-1}$	Parameter der Kriechfunktion
γ_2	$°C^{-1}$	Parameter der Kriechfunktion
ε	1	Verformung des Betons
$\dot{\varepsilon}$	1/h	Verformungsgeschwindigkeit
ε_{el}	1	elastische Verformung
ε_{ges}	1	Gesamtverformung
ε_{kr}	1	Kriechverformung
ε_s	1	Schwindverformung
ε_{th}	1	thermische Verformung
$\Delta\varepsilon$	1	Verformungsdifferenz
ϑ	°C	Temperatur
σ	N/mm²	Spannung
$\bar{\sigma}$	N/mm²	konstante Spannung
σ'	N/mm²/°C	Ableitung von σ nach ϑ
τ	h	Zeit

1 Einleitung

Stahlbeton wird auch zukünftig – soweit die uns vorliegenden Erkenntnisse und Erfahrungen solche Prognosen überhaupt erlauben – zu denjenigen Werkstoffen gehören, die auf ihren klassischen Anwendungsgebieten kontinuierlich und ohne sichtbare Konkurrenz zur Anwendung gelangen. Wenngleich auch derzeit keine grundsätzlich neuen Anwendungsmöglichkeiten und -gebiete für den Stahlbeton bekannt sind, so dürfte bei der Erstellung von Großbauwerken doch die Frage der Verwendung umweltfreundlicher und – aus sicherheitstheoretischer Sicht – langfristig zuverlässiger Werkstoffe bei der Materialauswahl eine entscheidende Rolle spielen. Insbesondere durch die hohen Sicherheitsanforderungen, die an bestimmte Bauwerke zu stellen sind – gedacht ist hierbei u.a. an Großbauwerke zur Energiegewinnung und -speicherung wie z.B. Kernkraftwerke, Bohrinseln und Flüssiggasspeicher – wird die Materialfrage interessant, weil die zu erwartenden Kosten des Gesamtbauwerks naturgemäß entscheidend von den gewählten Baustoffen abhängen. Stahlbeton wird bei derartigen Betrachtungen i. allg. günstig zu beurteilen sein, zumal sich bei Bauvorhaben der obenerwähnten Art häufig Abmessungen und Formen ergeben, die bei mindestens gleich hohem Sicherheitsniveau durch andere Werkstoffe als Beton praktisch nicht mehr zu realisieren sind.

Ein hohes Sicherheitsniveau kann allerdings nur dann eingehalten werden, wenn die Eigenschaften und das Verhalten der verwendeten Baustoffe unter allen möglichen Bedingungen eindeutig bekannt sind, so daß über die gesamte Lebensdauer des Bauwerks, sowohl für den Betriebszustand als auch für Störfälle, eine realistische Prognose des Systemverhaltens möglich ist. Solche Prognosen sind bei Stör- bzw. Katastrophenfällen häufig sehr schwierig, weil dabei in vielen Fällen auf einige generelle Voraussetzungen – die z.B. während des Betriebszustands zutreffen – verzichtet werden muß. Der wichtigste thermodynamische Gesichtspunkt ist dabei die Annahme veränderlicher Umgebungsbedingungen, z.B. Druck, Feuchtigkeit und Temperatur. Die Temperatur nimmt in diesem Zusammenhang eine Sonderstellung ein, weil sie hinsichtlich ihres Einflusses auf das Materialverhalten von Beton eine dominierende Rolle spielt. In der vorliegenden Arbeit werden diesbezüglich einige Teilaspekte der im Rahmen des Teilprojekts B 3 des Sonderforschungsbereichs 148 „Brandverhalten von Bauteilen" auf dem Materialsektor erzielten Ergebnisse diskutiert, wobei die Frage des Kriechens und der Relaxation von Beton unter erhöhten, veränderlichen Temperaturen im Vordergrund steht. Die Temperatureinwirkung soll, gemäß den uns vorliegenden Erfahrungen über Temperaturverläufe in Brandfällen, vorzugsweise nur kurzfristig erfolgen, wobei ein rascher Temperaturanstieg an der Bauteiloberfläche vorausgesetzt wird. Aus dieser Vorstellung heraus läßt sich der Verformungsablauf eines unter Druckbeanspruchung stehenden Betonbauteils entsprechend Bild 1 darstellen. Zum Zeitpunkt $t = \tau_1$ erfährt das Bauteil eine bestimmte Belastung, woraus zunächst eine elastische Verformung resultiert, der sich über die Lebensdauer des Bauwerks zusätzliche Verformungen überlagern, die im einfachsten Fall nur aus Kriech- und Schwindverformungen bestehen. Zum Zeitpunkt τ_2 tritt der Brandfall ein, d.h. die ursprüngliche Annahme einer konstanten Temperatur wird verlassen, und zu den bereits akkumulierten Bauteilverformungen treten neue Verformungen hinzu, so daß die Kurve der lastbezogenen Gesamtverformungen in unvorhersehbarer Weise abknickt, wodurch z.B. durch Überschreiten der zulässigen Verformungen oder Verformungsgeschwindigkeiten das Versagen des Bauteils eingeleitet wird.

Ziel dieser Arbeit ist die Aufstellung einer Materialgleichung für Beton, die den Verformungsablauf im Bereich II von Bild 1, d.h. im Brandfall, erfaßt. Dazu wird zunächst ein eindeutiger Zusammenhang zwischen der Temperatur ϑ im Beton und der Zeit t vorgegeben, wobei lediglich vorausgesetzt wird, daß die Temperaturen im Bauteil monoton anwachsen:

$$\mathrm{d}\vartheta = g'(t)\,\mathrm{d}t, \quad g'(t) > 0. \tag{1.1}$$

Unter dieser einschränkenden Annahme werden im folgenden die für Normal- und Leichtbeton im instationären Temperaturfall anzusetzenden Materialgleichungen für Kriechen und Relaxation angegeben, wobei vorzugsweise auf die Meßergebnisse eigener Versuchsreihen zurückgegriffen wird.

2 Stand der Erkenntnisse

Beton gehört zur Vielzahl jener festen Materialien, die unter konstanter Last zeitabhängige Verformungen zeigen. Denjenigen Anteil der auftretenden Gesamtdeformation, der nach Abzug der elastischen Dehnung ε_{el} und des lastunabhängigen Schwindens ε_s verbleibt, wird gemeinhin als „Kriechverformung" ε_{kr} bezeichnet. Dabei wird im allgemeinen stillschweigend vorausgesetzt, daß der Kriechvorgang isotherm abläuft. Die Erscheinung des Kriechens von Beton wurde nach WAGNER [1] erstmals im Jahre 1905 von WOOLSON erwähnt. Wenngleich die Kriecheigenschaft von Beton keine isolierte Erscheinung des physikalischen Verhaltens fester Körper darstellt, so nimmt der Beton aufgrund seiner Heterogenität dennoch gegenüber den meisten anderen Materialien eine Sonderstellung ein.

Zahlreiche Versuche haben gezeigt, daß unterschiedliche Betone ein äußerst differenziertes, qualitativ und quantitativ voneinander abweichendes Kriechverhalten zeigen, das durch Faktoren wie Zementgehalt, W/Z-Wert, Belastungsalter, Zuschlagmaterial, Ausnutzungsgrad beeinflußt wird. Hinzu kommen die Parameter Form und Gestalt, Lagerungsbedingungen – also Umgebungsfeuchte und -temperatur –, um nur die wichtigsten zu nennen. Dies erklärt u.a., warum seit 1905 eine sehr umfangreiche Literatur zur Klärung des Kriechens von

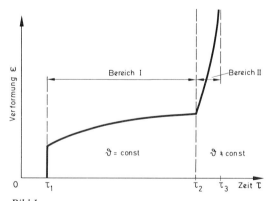

Bild 1
Verlauf der lastabhängigen Verformungen eines Betonbauteils bei Umgebungstemperatur und im Brandfall

Beton bei Raumtemperatur entstanden ist. Von der Vielzahl existierender Veröffentlichungen sind allein 1300 in [2] erfaßt.

Das Kriechen von Beton bei erhöhten, konstanten Temperaturen wurde weniger häufig untersucht. Im Zusammenhang mit der Entwicklung und Erstellung von Kernkraftwerken wurden vor allem Untersuchungen im Temperaturbereich von 20 bis 100 °C durchgeführt. Eine zusammenfassende Darstellung dieses Fragenkomplexes wurde 1970 von GEYMAYER [3] und 1973 von EIBL et al. [4] gegeben. Kriechuntersuchungen bei konstanten Temperaturen deutlich über 100 °C sind ausgesprochen selten durchgeführt worden. Eine knappe Darstellung der auf diesem Gebiet vorliegenden Arbeiten ist in [5] zu finden. Insbesondere sind Hochtemperaturversuche dieser Art an Leichtbeton bisher nicht bekannt geworden. Meßergebnisse über Relaxationsversuche bei erhöhten Temperaturen liegen ebenfalls praktisch nicht vor.

Auf die Erscheinung des Hochtemperaturkriechens unter instationärer Temperatureinwirkung wurde 1963 erstmalig von HANSEN [6] aufgrund von Biegeuntersuchungen an Zementmörtelproben hingewiesen. Es wurde festgestellt, daß bei einer relativ raschen Aufheizung von belasteten Betonproben nichtelastische Verformungen auftreten, die ein Vielfaches der aufgrund stationärer Kriechversuche zu erwartenden Verformungswerte betragen. Zu den gleichen Erkenntnissen haben die 1967 von FISCHER [7] vorgelegten Untersuchungsergebnisse an druckbeanspruchten Mörtel- und Betonproben unter instationärer Temperatureinwirkung geführt. Mit Veröffentlichungen über Torsionsversuche bei veränderlichen Temperaturen haben ILLSTON [8] und THELANDERSSON [9] in den Jahren 1973 und 1974 erneut auf die Besonderheiten im Kriechverhalten des Betons bei veränderlichen Temperaturen hingewiesen.

Im Sonderforschungsbereich 148 der Technischen Universität Braunschweig wird das Verformungsverhalten von Beton unter instationärer Temperatureinwirkung seit 1972 intensiv studiert. In zahlreichen Arbeiten [10] bis [18] wurde über die Ergebnisse dieser Bemühungen berichtet. Vorzugsweise handelt es sich dabei um Darstellungen über experimentelle Ergebnisse und Erfahrungen, die darauf gerichtet waren, der interessierten Fachwelt möglichst rasch einen Überblick über praktisch relevante Zusammenhänge zu verschaffen. Im Rahmen dieser Arbeiten sind jedoch auch weiterführende

theoretische Studien mit dem Ziel durchgeführt worden, die im Hochtemperaturbereich beobachteten Effekte zu analysieren und im Rahmen einer auf werkstoffkundlicher Basis gestützten Theorie so umfassend wie möglich zu beschreiben [19] bis [21]. Eine zusammenfassende Darstellung zum Kriech- und Relaxationsproblem bei hohen Temperaturen ist in [22] zu finden.

3 Theorie des Kriechens bei instationären Temperaturen

Für den allgemeinen Fall des Kriechens unter beliebiger Temperatureinwirkung erhält man das folgende totale Differential:

$$d\varepsilon = \frac{\partial \varepsilon}{\partial \sigma} \cdot d\sigma + \frac{\partial \varepsilon}{\partial t} \cdot dt + \frac{\partial \varepsilon}{\partial \vartheta} \cdot d\vartheta. \tag{3.1}$$

Unter Einbeziehung von Gl. (1.1) ergibt sich daraus

$$\frac{d\varepsilon}{dt} = \frac{\partial \varepsilon}{\partial \sigma} \cdot \dot{\sigma} + \frac{\partial \varepsilon}{\partial t} + \frac{\partial \varepsilon}{\partial \vartheta} \cdot g'(t). \tag{3.2}$$

Betrachtet wird nun nur noch der letzte Term in Gl. (3.2), wobei die folgenden Substitutionen durchgeführt werden:

$$t = \eta(u, v) = f(u); \tag{3.3}$$

$$\vartheta = \xi(u, v) = g(v). \tag{3.4}$$

Für die partiellen Ableitungen ergeben sich dann die Ausdrücke

$$\frac{\partial \varepsilon}{\partial u} = \frac{\partial \varepsilon}{\partial t} \cdot \frac{\partial f(u)}{\partial u} + \frac{\partial \varepsilon}{\partial \vartheta} \cdot \overset{=0}{\frac{\partial g(v)}{\partial u}}; \tag{3.5}$$

$$\frac{\partial \varepsilon}{\partial v} = \frac{\partial \varepsilon}{\partial t} \cdot \overset{=0}{\frac{\partial f(u)}{\partial v}} + \frac{\partial \varepsilon}{\partial \vartheta} \cdot \frac{\partial g(v)}{\partial v}. \tag{3.6}$$

Durch eine weitere Substitution mit $u = \vartheta$ und $v = t$ erhält man schließlich:

$$\frac{\partial \varepsilon}{\partial \vartheta} = \frac{\partial \varepsilon}{\partial t} \cdot f'(\vartheta) \rightarrow \frac{\partial \varepsilon}{\partial \vartheta} \cdot d\vartheta = \frac{\partial \varepsilon}{\partial t} \cdot dt; \tag{3.7}$$

$$\frac{\partial \varepsilon}{\partial t} = \frac{\partial \varepsilon}{\partial \vartheta} \cdot g'(t) \rightarrow \frac{\partial \varepsilon}{\partial t} \cdot dt = \frac{\partial \varepsilon}{\partial \vartheta} \cdot d\vartheta. \tag{3.8}$$

Unter diesen Voraussetzungen, d.h. im instationären Fall, ergibt sich für die lastabhängigen Gesamtverformungen anstelle von Gl. (3.1) bzw. (3.2) aufgrund der

Identitäten von Gl. (3.7) bzw. (3.8) das folgende totale Differential

$$d\varepsilon = \left(\frac{\partial \varepsilon}{\partial \sigma}\right)_t \cdot d\sigma + \left(\frac{\partial \varepsilon}{\partial t}\right)_\sigma \cdot dt. \qquad (3.9)$$

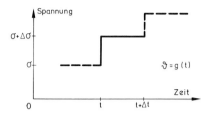

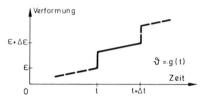

Bild 2
Verformung eines Betonbauteils unter veränderlichen Spannungen und Temperaturen

Die Gesamtverformung des Betons ist entsprechend dieser Gleichung lediglich aus zwei Anteilen zu bilden. Unter der Annahme, daß die nichtelastische Verformung im Intervall $t \leqq \tau \leqq t + \Delta t$ durch eine Funktion $J(\bar{\sigma}, t)$ beschrieben werden kann – wobei für $J(\bar{\sigma}, t)$ zunächst lediglich vorausgesetzt wird, daß sie für konstante Spannungen $\bar{\sigma}$ gilt –, erhält man gemäß Bild 2:

$$\frac{\varepsilon(t + \Delta t) - \varepsilon(t)}{\Delta t} =$$
$$= \frac{1}{E(t)} \left\{ \frac{\sigma(t + \Delta t) - \sigma(t)}{\Delta t} \right\} +$$
$$+ \sigma \left\{ \frac{J(\bar{\sigma}, t + \Delta t) - J(\bar{\sigma}, t)}{\Delta t} \right\}. \qquad (3.10)$$

Für den Grenzwert $\lim\limits_{\Delta t \to 0}$ ergibt sich daraus

$$\frac{d\varepsilon}{dt} = \frac{1}{E(t)} \cdot \frac{d\sigma}{dt} + \sigma \cdot \left(\frac{\partial J(\bar{\sigma}, t)}{\partial t}\right)_\sigma. \qquad (3.11)$$

Ein Vergleich von (3.9) und (3.11) zeigt, daß die Klammerausdrücke von Gl. (3.9) Materialeigenschaften beschreiben, die unter bestimmten Bedingungen zu ermitteln sind. Der erste Term in Gl. (3.9) beinhaltet offenbar einen elastischen Term

$$\left(\frac{\partial \varepsilon}{\partial \sigma}\right)_t = \frac{1}{E(t)}, \qquad (3.12)$$

wobei die Zeit t über Gl. (1.1) mit der Temperatur ϑ verknüpft ist. Der zweite, nichtelastische Verformungsanteil wird durch Vergleich von Gl. (3.9) und (3.11) zu

$$\left(\frac{\partial \varepsilon}{\partial t}\right)_\sigma = \sigma \cdot \left(\frac{\partial J(\bar{\sigma}, t)}{\partial t}\right)_\sigma \qquad (3.13)$$

umgeformt. Die Gln. (3.12) und (3.13) werden addiert, und nach Integration der so erhaltenen Beziehungen erhält man

$$\varepsilon - \varepsilon_0 = \int\limits_{\sigma_0 = 0}^{\sigma} \frac{1}{E(t)} \, d\sigma + \int\limits_{t_0 = 0}^{t} \sigma \cdot \left(\frac{\partial J(\bar{\sigma}, t)}{\partial t}\right)_\sigma \cdot dt. \qquad (3.14)$$

Darin sind σ, E und J Funktionen der Zeit, die entsprechend den allgemeinen Voraussetzungen jedoch auf bestimmte Weise mit der Temperatur verknüpft sind. Durch Einführung einer beliebigen Temperatur-Zeit-Funktion läßt sich zeigen, daß die Gleichung

$$\varepsilon - \varepsilon_0 = \int\limits_{t_0 = 0}^{t} \left\{ \frac{\dot{\sigma}(t)}{E(t)} + \sigma \cdot \left(\frac{\partial J(\bar{\sigma}, t)}{\partial t}\right)_\sigma \right\} \cdot dt \qquad (3.15)$$

auch als reine Temperaturbeziehung aufgefaßt werden kann. So ergibt sich für den Sonderfall der linearen Temperaturfunktion

$$\vartheta = w \cdot t + \vartheta_0 \qquad (3.16)$$

schließlich

$$\varepsilon - \varepsilon_0 = \int\limits_{\vartheta_0}^{\vartheta} \left\{ \frac{\sigma'\left(\dfrac{\vartheta - \vartheta_0}{w}\right)}{E\left(\dfrac{\vartheta - \vartheta_0}{w}\right)} + \right.$$
$$\left. + \sigma\left(\frac{\vartheta - \vartheta_0}{w}\right) \cdot \left(\frac{\partial J}{\partial \vartheta}\right)_\sigma \right\} \cdot d\vartheta, \qquad (3.17)$$

d.h. die in Bild 1 im Bereich II dargestellte Verformungsbeziehung ist nur noch von der Temperatur und der Betonausnutzung abhängig, eine im Hinblick auf die praktische Anwendung im instationären Fall vorteilhafte Eigenschaft.

Der zweite Term in Gl. (3.17) beschreibt gemäß [22] die sogenannten Übergangsverformungen, die nur bei instationärer Temperatureinwirkung auftreten. Das Wort *Übergang* soll in diesem Zusammenhang darauf einen Hinweis geben, daß sich das Material in einem Übergangszustand befindet, der zwar nicht notwendigerweise zum Materialbruch führt, im übrigen aber ehestens mit dem aus der Metallkunde bekannten Phänomen des tertiären Kriechens zu vergleichen ist. Das Übergangskriechen ist nach der gewählten Definition grundsätzlich von dem im angelsächsischen Sprachraum gebräuchlichen *transitional thermal creep* zu unterscheiden. Der letztgenannte Ausdruck geht auf Arbeiten von ILLSTON und SANDERS [8] zurück, die sich, wie bereits vorn schon erwähnt, mit der Frage der Torsionskriechens von Beton bei veränderlichen Temperaturen befaßt haben. ILLSTON definiert als *transitional thermal creep* einen Verformungsterm, der im Fall einer Temperaturänderung gegenüber dem isothermen Kriechterm zusätzlich auftritt, d. h. er setzt mehrere Verformungsterme additiv zusammen, um die bei veränderlichen Temperaturen auftretende Gesamtverformung zu beschreiben. Die vorstehenden Überlegungen zeigen jedoch, daß aus theoretischer Sicht keine Veranlassung besteht, die Kriechfunktion im instationären Fall in mehrere Einzelterme aufzuspalten. Bei der Herleitung der entsprechenden Beziehungen mußte lediglich einschränkend vorausgesetzt werden, daß die Kriechfunktion $J(\bar{\sigma}, t)$ unter Beachtung der jeweiligen thermischen Randbedingungen bestimmt wird.

Die gewählte Vorgehensweise entspricht somit dem in der Thermodynamik üblichen Verfahren, die zur Beschreibung des Verhaltens von Systemen erforderlichen Parameter auf den jeweiligen Zustand des Systems abzustimmen. Ein wesentlicher Vorteil, der sich daraus zwangsläufig ergibt, liegt darin, daß sich schließlich vergleichsweise einfache Beziehungen zur Beschreibung des Systemverhaltens ergeben. Es wird noch gezeigt, daß dies auch im vorliegenden Fall zutrifft.

Die in Gl. (3.14) angegebene Funktion $J(\bar{\sigma}, t)$ bzw. $(\partial J(\bar{\sigma}, t)/\partial t)_{\sigma}$ ist bisher nicht bekannt. Ein Ziel der folgenden Untersuchungen ist somit die Gewinnung einer Kriechfunktion für den thermischen Übergangsbereich (s. hierzu insbesondere Abschnitt 4.3). Diese Funktion soll anhand neuer, teilweise jedoch auch schon veröffentlichter, eigener Forschungsergebnisse entwickelt werden, und zwar jeweils für Konstruktionsleichtbeton und Normalbeton.

4 Verformungsverhalten von Beton bei veränderlichen Temperaturen

4.1 Thermische Dehnung von Beton

Zum Verständnis und für die Anwendung der im folgenden angegebenen Materialgleichungen ist es erforderlich, die thermische Ausdehnung des Betons zu betrachten. Grundsätzlich muß davon ausgegangen werden, daß derartige Verformungen bei hohen Temperaturen u. U. sehr groß werden. Darüber hinaus kann die thermische Dehnung des Betons je nach Betonart und Mischungsaufbau ein sehr unterschiedliches Verhalten aufweisen. Eine dominierende Rolle spielt in diesem Zusammenhang das Zuschlagmaterial. Bild 3 zeigt z. B. die thermische Dehnung von Zuschlagmaterialien und hydratisierter Portlandzementpaste. Die Zuschläge dehnen sich bis 600 °C durchweg aus. Oberhalb dieser Temperatur kommt es bei überwiegend quarzhaltigen Gesteinen zu einem Stillstand in den Dehnungen. Bei anderen Materialien ist häufig sogar ein deutliches

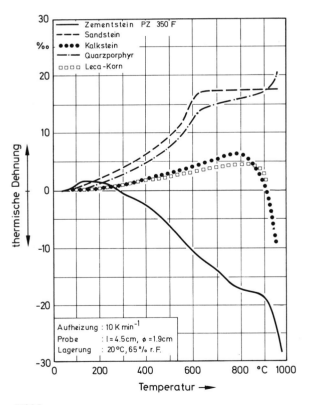

Bild 3
Thermische Dehnung verschiedener Zuschläge im Vergleich zu hydratisiertem Portlandzement

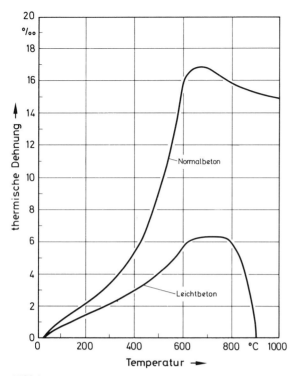

Bild 4
Mittlere thermische Ausdehnung von Konstruktionsleichtbeton und Normalbeton

4.2 Elastische Eigenschaften von Beton bei hohen Temperaturen

Es bereitet offenbar keine Schwierigkeiten, entsprechend Gl. (3.12) den elastischen Verformungsanteil von Beton unter hoher Temperatur zu bestimmen. Ausreichende Versuchserfahrungen und Vorschriften bei Raumtemperatur liegen vor, so daß es hier lediglich darum gehen kann, möglichst reproduzierbare Werte in Abhängigkeit von der Temperatur zu gewinnen. Es hat sich allerdings gezeigt, daß es gerade bei Beton schwierig ist, bezüglich der Reproduzierbarkeit eine gute Übereinstimmung in den Meßwerten zu erreichen. Dieser grundsätzliche Mangel bei der Bestimmung des E-Moduls tritt schon bei Raumtemperaturen auf, und es ist nicht verwunderlich, daß die dort vorliegenden Streuungen von größenordnungsmäßig 10 bis 20% im Hochtemperaturbereich noch deutlich überschritten werden.

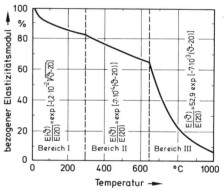

Bild 5
Temperaturfunktion des Elastizitätsmoduls von Leichtbeton mit Blähtonzuschlag

Schrumpfen zu beobachten. Solche Effekte spiegeln sich naturgemäß auch im Ausdehnungsverhalten des Betons wider.

Auf Bild 4 sind die im Rahmen der vorliegenden Arbeit zugrunde gelegten mittleren Dehnungen von Leicht- und Normalbeton angegeben. Dabei handelt es sich um Mittelwerte aus jeweils 4 Messungen an Proben gleichen Mischungsaufbaus, jedoch unterschiedlicher Herkunft, d.h. den so gemittelten Versuchswerten liegen jeweils unterschiedliche Betonserien zugrunde. Es wird davon ausgegangen, daß auf diese Weise möglichst repräsentative Werte gewonnen werden konnten. Bei den in Abschnitt 5 durchgeführten rechnerischen Untersuchungen wurde ebenfalls auf diese Beziehungen zurückgegriffen.

Bei dem hier untersuchten Leichtbeton handelt es sich um einen portlandzementgebundenen Beton mit Blähton-Zuschlag mit einer Rohdichte von 1230 kg/m^3 und einer Würfelfestigkeit nach 28 Tagen von rd. 23 N/mm^2. Der vorliegende Normalbeton wurde mit einem überwiegend quarzhaltigen Kieszuschlag hergestellt. Seine 28-Tage-Würfelfestigkeit liegt bei 48 N/mm^2. Weitere betontechnologische Details sind in [22] zu finden.

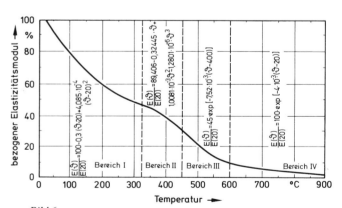

Bild 6
Temperaturfunktion des Elastizitätsmoduls von Normalbeton mit Quarzzuschlag

Da im folgenden bezüglich des Elastizitätsmoduls von Beton des öfteren auf die vorliegenden Messungen Bezug genommen wird, sind auf den Bildern 5 und 6 einige repräsentative Materialbeziehungen für die hier diskutierten Betone explizit angegeben. Sofern auf andere Elastizitätsbeziehungen zurückgegriffen wird, ist dies in den entsprechenden Abschnitten ausdrücklich gesagt.

4.3 Nichtelastische Eigenschaften von Beton bei hohen, veränderlichen Temperaturen

Die bei instationärer Temperatureinwirkung auftretenden lastabhängigen Verformungsanteile sind gemäß Gl. (3.13) definiert. Gleichzeitig beinhaltet diese Beziehung eine Vorschrift zur Ermittlung der unbekannten Kriechfunktion $J(\bar{\sigma}, t)$. Danach ist $J(\bar{\sigma}, t)$ durch Kriechversuche bei veränderlichen, ansteigenden Temperaturen zu ermitteln, wobei die Belastung bzw. Spannung σ während der gesamten Versuchsdauer konstant gehalten werden muß. Solche Versuche sind an Beton bereits durchgeführt worden [11] bis [13]. Das Problem bei diesen Versuchen liegt darin, die Gesamtverformung einer einaxial belasteten Materialprobe während eines Aufheizvorganges zu messen und dem jeweils vorherrschenden Temperaturzustand einen eindeutigen Verformungszustand zuzuordnen, wobei das Schwinden und die thermische Ausdehnung des Materials durch simultan ablaufende Parallelversuche an unbelasteten Proben gesondert untersucht werden. Die so ermittelten Gesamtverformungen werden um das Maß ihrer thermischen Ausdehnung korrigiert und dann in einen elastischen und einen nichtelastischen Anteil aufgespalten, wobei letzterer offenbar genau dem Verformungsanteil $J(\bar{\sigma}, t)$ entspricht. Dabei muß zusätzlich angenommen werden, daß die Spannungsausnutzung nicht zu hoch ist, d. h., daß der Materialzustand bei 20 °C im wesentlichen durch eine elastische Beziehung beschrieben werden kann. $J(\bar{\sigma}, t)$ läßt sich somit ohne weiteres aus den vorliegenden Meßwerten bestimmen. Im folgenden werden diese Materialbeziehungen für Leicht- und Normalbetone ermittelt. Für $\sigma = \bar{\sigma} = \text{const}$ und $\varepsilon_0 = 0$ erhält man aus Gl. (3.17):

$$\varepsilon = \frac{\bar{\sigma}}{E(\vartheta)} + \bar{\sigma} \cdot J(\bar{\sigma}, \vartheta), \qquad (4.1)$$

woraus sich mit

$$J = \frac{1}{E(\vartheta)} \cdot \varphi(\bar{\sigma}, \vartheta) \qquad (4.2)$$

eine Bestimmungsgleichung für J gewinnen läßt. Gl. (4.1) ist identisch mit

$$\varepsilon = \frac{\bar{\sigma}}{E(\vartheta)} [1 + \varphi(\bar{\sigma}, \vartheta)], \qquad (4.3)$$

worin $\varphi(\bar{\sigma}, \vartheta)$ eine noch zu bestimmende Kriechfunktion darstellt. Der Vorteil der hier gewählten Formulierung liegt darin, daß für den Fall der Raumtemperatur und bei nichtisothermer Temperatureinwirkung praktisch gleichartige Beziehungen verwendet werden und somit für den konstruktiven Ingenieur im Fall veränderlicher Temperaturen im Prinzip keine neuerlichen Überlegungen anzustellen sind.

Die im folgenden diskutierten φ-Funktionen wurden anhand umfangreicher Untersuchungen an unversiegelten Leicht- und Normalbetonproben bestimmt. Den Einzelwerten liegen die in [22] ausführlich diskutierten Versuchsergebnisse zugrunde, worauf an dieser Stelle ausdrücklich hingewiesen wird.

In Bild 7 sind die φ-Werte für Konstruktionsleichtbeton dargestellt. Die Ergebnisse zeigen überraschend, daß

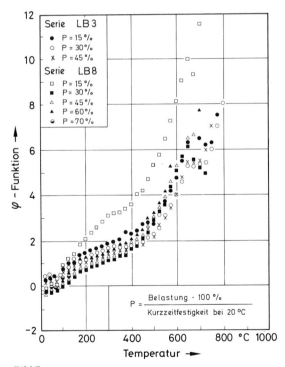

Bild 7
Darstellung der φ-Werte für Konstruktionsleichtbeton mit Blähtonzuschlag

offenbar kein eindeutiger Zusammenhang zwischen den φ-Werten und den jeweils aufgebrachten Spannungen bestehen. Abgesehen von einigen Versuchswerten der Serie $LB\,8$, die bei einer Spannungsausnutzung von 15% gewonnen wurden, liegen sämtliche φ-Werte in einem relativ engen Streubereich. Es ist somit berechtigt zu schreiben

$$\varphi\,(\bar{\sigma},\,\vartheta) = \varphi\,(\vartheta), \qquad (4.4)$$

eine in keiner Weise vorhersehbare, aber sehr nützliche Eigenschaft der φ-Funktion. Die Beziehung (4.4) bedeutet, daß es möglich ist, den Verformungszustand eines Leichtbetonkörpers bei Temperaturerhöhung durch eine relativ einfache Integration z. B. von Gl. (3.17) über die Temperatur zu bestimmen, weil sich der Kriechanteil gemäß Gl. (4.4) verhältnismäßig einfach bestimmen läßt.

Die analytische Beschreibung der gemessenen φ-Werte bereitet im Prinzip keine weiteren Schwierigkeiten. Es wurde jedoch für zweckmäßig gehalten, möglichst geschlossene Ausdrücke zu verwenden. Aufgrund umfangreicher numerischer Untersuchungen wurde schließlich ein Ansatz der Form

$$\begin{aligned}\varphi = c_1 \tanh \gamma_1\,(\vartheta - \vartheta_0) + \\ + c_2 \tanh \gamma_2\,(\vartheta - \vartheta_1) + c_3\end{aligned} \qquad (4.5)$$

gewählt, wobei die angegebenen Parameter die in Tabelle 1 angegebenen Werte umfassen.

Tabelle 1
Parameter der φ-Funktion für Konstruktionsleichtbeton

Parameter	Dimension	Wert
c_1	1	2,51
γ_1	°C^{-1}	$2,72 \cdot 10^{-3}$
ϑ_0	°C	$2,0 \cdot 10^1$
c_2	1	3,0
γ_2	°C^{-1}	$7,5 \cdot 10^{-3}$
ϑ_1	°C	$6,0 \cdot 10^2$
c_3	1	2,9

Es stellt sich die Frage, ob den auf Bild 7 dargestellten Zusammenhängen eine gewisse allgemeine Gültigkeit zugeschrieben werden kann oder diese nur das zufällige Produkt zweier Versuchsserien sind, wobei versuchstechnische Probleme, die bei der Gewinnung solcher

Werte erfahrungsgemäß auftreten, u. U. eine Rolle gespielt haben könnten. Unsere bisherigen Untersuchungen haben jedoch ergeben, daß die Spannungsunabhängigkeit der φ-Funktion auch für andere Betone gilt. Insbesondere wurden auch wassergelagerte und bei 105 °C vorgetrocknete Leichtbetone untersucht, wobei die hier aufgezeigten Ergebnisse bestätigt werden konnten [22]. Eine Darstellung der für Normalbetone gefundenen φ-Werte enthält Bild 8. Danach lassen sich auch für Normalbeton, unabhängig von den jeweils vorliegenden Spannungen, offenbar φ-Werte angeben, die in einem relativ engen Band zwischen 0 und 3 verlaufen. Die größten Streuungen weisen dabei die Meßwerte mit der geringsten Vorlast ($P = 10\%$) auf, ein Effekt, der beim Leichtbeton ebenfalls aufgetreten war und bis jetzt nicht vollständig geklärt ist. Insgesamt ist jedoch festzustellen, daß die vorliegenden Meßpunkte ausreichen, um einen analytischen Ausdruck für φ anzugeben. Dabei hat sich herausgestellt, daß dafür die Funktion

$$\varphi = c_1 \tanh \gamma_1\,(\vartheta - \vartheta_0) \qquad (4.6)$$

besonders geeignet ist, wobei auf die in Tabelle 1 angegebenen Parameter zurückgegriffen werden kann.

Die φ-Funktionen von Leicht- und Normalbetonen unterscheiden sich somit lediglich durch einen Zusatzterm, der oberhalb 500 °C zum Tragen kommt. Eine Begründung dafür ist nicht zweifelsfrei zu geben. Es wird jedoch angenommen, daß das unterschiedliche Verformungsverhalten der beiden Betone im Hochtemperaturgebiet wesentlich durch das Temperaturverhalten der Zuschläge bestimmt wird. Anhand begleitender Ausdehnungsversuche an Betonzuschlägen wurde beispielsweise festgestellt, daß bestimmte Körnungen des Blähtonmaterials bei Temperaturen um 800 °C „erweichen" und bereits im unbelasteten Zustand zu schrumpfen beginnen (s. Bild 3). Da die vorliegenden Betonarten alle mit Portlandzement als Bindemittel hergestellt wurden und insofern signifikante strukturspezifische Unterschiede im Matrixmaterial nicht vorgelegen haben dürften, ist das unterschiedliche Ausdehnungsverhalten der beiden Zuschlagmaterialien bisher praktisch der einzige wesentliche Gesichtspunkt, der zur Erklärung der beobachteten Phänomene herangezogen werden könnte.

Weiterführende Untersuchungen an Normalbeton — beispielsweise bezüglich der Aufheizgeschwindigkeit und des Einflusses der Ausgangsfeuchte des Betons auf die φ-Werte — haben gegenüber dem bisher Gesagten zu keinen zusätzlichen Erkenntnissen geführt. Grund-

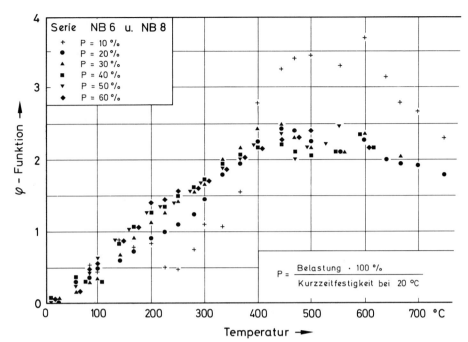

Bild 8
Darstellung der φ-Werte für Normalbeton mit Quarzzuschlag

$$P = \frac{Belastung \cdot 100\,\%}{Kurzzeitfestigkeit \; bei \; 20\,°C}$$

sätzlich läßt sich sagen, daß der Einfluß der Aufheizgeschwindigkeit vergleichsweise klein ist. In dem für den Katastrophenfall Brand praktisch wichtigen Aufheizbereich von 0,5 bis 4,0 K/min wurden bei 10- und 20%iger Ausnutzung des Betons nur sehr geringe Unterschiede in den Verformungen während der Aufheizung beobachtet. Diese Beobachtung ist einigermaßen überraschend, denn sie bedeutet, daß das Übergangskriechen in dem untersuchten Bereich praktisch keinem Zeiteinfluß unterliegt – entscheidend ist die jeweilige Temperaturhöhe. Es zeigt sich somit deutlich, daß die für das Übergangskriechen zugrunde gelegte thermodynamische Betrachtungsweise (vgl. Abschnitt 3) zu erheblichen Vereinfachungen in der theoretischen Beschreibung des Problems führt. Erst bei Beanspruchungen oberhalb 45% der Kurzzeitbruchlast machte sich ein Zeiteinfluß deutlicher bemerkbar, d. h. die langsam aufgeheizten Proben zeigten durchweg größere Verformungen als die schnell aufgeheizten Proben. Bei der Aufheizung von hochbelasteten Betonproben (Ausnutzung $P = 60\%$) mit 0,5 und 4,0 K/min sind nach [22] bei 400°C, bezogen auf die Gesamtverformung – beispielsweise Verformungsdifferenzen von knapp 1‰ zu beobachten. Bedenkt man, daß sich die Aufheizgeschwindigkeiten in diesem Fall um fast eine Zehnerpotenz unterscheiden, so erscheint diese Differenz vergleichsweise klein.

Die Güte der angegebenen Kriechfunktionen wurde durch Vergleich der Meß- und Rechenwerte überprüft. Auf Bild 9 sind u. a. die Werte für den untersuchten Konstruktionsleichtbeton zusammengefaßt. Angegeben ist jeweils die Verformungsdifferenz $\varepsilon_{th} - \varepsilon_{ges}$. Die Rechenwerte geben die Meßergebnisse gut wieder. Bei Temperaturen oberhalb 600°C nehmen die Unterschiede zwischen Messung und Rechnung zu. Man kommt dann allerdings relativ rasch in den Bereich der

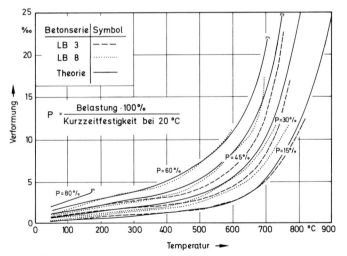

Bild 9
Vergleich der Rechen- und Meßwerte von Konstruktionsleichtbetonen

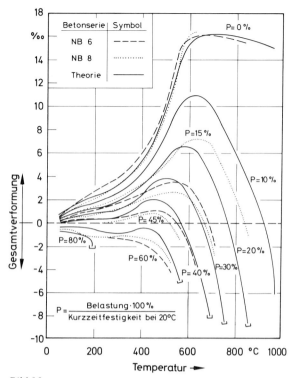

Bild 10
Vergleich der Rechen- und Meßwerte von Normalbetonen

völligen Zerstörung des Materials, so daß sämtliche Prognosen unzuverlässig werden.

Eine etwas geänderte Darstellung für Normalbeton (s. Bild 10) bestätigt den gewonnenen Eindruck. Auf diesem Bild ist die Gesamtverformung ε_{ges} des Betons unter Berücksichtigung der thermischen Ausdehnung angegeben, so daß man die für Warmkriechmessungen typischen Verformungskurven erhält. Wiederum erkennt man, daß Meß- und Rechenwerte gut übereinstimmen. Wenn man bedenkt, welche einfachen Beziehungen zu dieser komplizierten Kurvenschar geführt haben, wird sofort klar, welche Vorteile die neue Materialgleichung gegenüber anderen Kriechformulierungen besitzt.

Aus der Sicht des Baustoffkundlers ist das hier beschriebene instationäre Temperaturverhalten des Betons bisher nicht ausreichend zu erklären. Tatsache ist, daß man bei rascher Aufheizung (2 K/min) eines belasteten Leichtbetons auf 450 °C nach rd. 3,5 h einen φ-Wert von 2,5 erhält. Für einen isothermen Kriechvorgang bei 450 °C benötigt man zur Erreichung des gleichen φ-Wertes etwa 130 h! Dieses unterschiedliche Verhalten kann nach den vorliegenden Erkenntnissen u. a. folgende Gründe haben:

Man kann davon ausgehen, daß im thermisch belasteten Betongefüge grundsätzlich Risse entstehen. Als Ursache dafür kommen u. a. Entwässerungs- und Dehydratationsvorgänge sowie Inkompatibilitätseffekte in Frage. Die Zunahme der Rißdichte äußert sich bei Belastung des Materials durch nichtelastische Verformungen. Der Verformungsablauf wird im instationären Fall allerdings durch drei Effekte zusätzlich beeinflußt: Die Ausdampfung des Betonwassers führt offenbar zu einem raschen Abbau des Quelldruckes in den Mikroporen, so daß sich die nunmehr freien Oberflächen gegenseitig anziehen können (VAN DER WAALS-Kräfte). Weiterhin wird der aus der Porenstruktur austretende Wasserdampf zwischen den Rißflächen als Gleitmittel wirken, so daß sich auch aus diesem Grunde eine höhere Verformungsgeschwindigkeit einstellen kann. Und schließlich dürfte auch das Rißwachstum selbst durch den Wasserdampf beeinflußt werden, z. B. durch Herabsetzung der Oberflächenenergien an den Rißspitzen infolge einer Benetzung.

4.4 Versagenskriterien

Für die Anwendung der hier aufgezeigten Beziehungen ist die Frage des Materialversagens bzw. die Angabe geeigneter Bruchkriterien von größter Bedeutung. Im Prinzip stehen dazu verschiedene Möglichkeiten und Ansätze zur Verfügung, und es ist schwierig, von vornherein zu entscheiden, welche Materialeigenschaften, z. B. kritische Verformungen, Verformungsgeschwindigkeiten oder Betontemperaturen, dazu ehestens geeignet sind. In den bisher vorliegenden Veröffentlichungen über Warmkriecheigenschaften von Betonen wird in diesem Zusammenhang vorzugsweise auf die kritische Betontemperatur Bezug genommen [14]. Darunter versteht man diejenige Temperatur, die ein unter einaxialer, konstanter Druckbeanspruchung stehender, homogen erwärmter Betonkörper bis zum Eintritt des Versagens erreicht.

Auf Bild 11 sind kritische Betontemperaturen für die untersuchten Leicht- und Normalbetone angegeben. Man erkennt deutlich die wesentlichen Unterschiede in den beiden Betonarten. Insbesondere ist bei Leichtbetonen bereits knapp oberhalb 100 °C ein Versagen zu erwarten, wenn die Druckspannungen im Material bei 70 % der Kurzzeitbruchlast liegen. Derartig hohe Belastungen sind bei raschen Aufheizvorgängen (Brandfall) infolge der geringen Wärmeleitfähigkeit des Leichtbe-

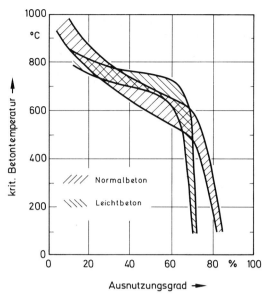

Bild 11
Kritische Betontemperaturen von Leicht- und Normalbetonen

tons (Temperaturspannungen) leicht möglich. Im Hochtemperaturgebiet verwischen sich Unterschiede zwischen Leicht- und Normalbetonen. Teilweise liegen die kritischen Temperaturen des Leichtbetons sogar oberhalb denjenigen des Normalbetons. Im Bereich der Gebrauchsspannungen (30% Belastung) liegen diese in beiden Fällen zwischen 700 und 800 °C – einem gegenüber anderen Konstruktionsbaustoffen vergleichsweise hohen Wert.

Es interessiert nun die Frage, welche maximalen Bruchstauchungen den kritischen Betontemperaturen jeweils zugeordnet werden können. Hierauf eine generelle Antwort zu geben, ist allerdings schwierig, weil kurz vor dem Versagen des Materials kurzzeitig relativ hohe Verformungsgeschwindigkeiten auftreten, so daß der genaue Versagenszeitpunkt in der Bruchphase nur ungefähr zu bestimmen ist. Es ist jedoch bekannt, daß die maximalen Bruchstauchungen von Leicht- und Normalbetonen unter Gebrauchslast während einer instationären Temperatureinwirkung gegenüber den bekannten Werten bei Raumtemperatur deutlich ansteigen. Einen ersten Anhalt über die zu erwartenden Werte liefern u. a. die Bilder 9 und 10. Danach betragen die kritischen Bruchstauchungen beispielsweise bei 45 %iger Druckbeanspruchung für Leichtbeton 20‰, also etwa das Sechsfache der bei Raumtemperatur anzusetzenden Werte. Für andere Ausnutzungsgrade erhält man ähnliche, vergleichsweise hohe Bruchstauchungen – ein typi-

sches Merkmal der vorzugsweise druckbeanspruchten und weitgehend dehydratisierten Betonstruktur.

4.5 Diskussion und Beispiele

Im folgenden werden die vorstehend entwickelten theoretischen Überlegungen auf einige Beispiele angewandt, um die Zweckmäßigkeit und Anwendbarkeit des aufskizzierten Verfahrens zu überprüfen. Zunächst soll ein Fall diskutiert werden, in dem die Betonprobe während der Aufheizung einer kontinuierlichen Spannungsänderung unterliegt. Im Anschluß daran wird der Fall einer diskontinuierlichen Spannungsänderung untersucht.

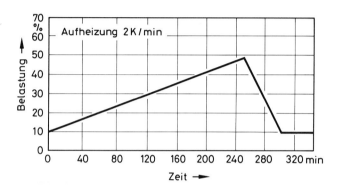

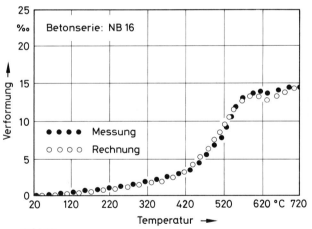

Bild 12
Gesamtverformung von Normalbeton unter veränderlicher Last und Temperatur

Auf Bild 12 sind die gemessenen Verformungen $\varepsilon_{th} - \varepsilon_{ges}$ einer mit 2 K/min aufgeheizten, unter veränderlicher Spannung stehenden Betonprobe den theoretischen Werten gegenübergestellt. Die Betonprobe unterlag dabei zunächst einer kontinuierlichen Belastungszunahme

143

von 10 auf 50% der Kurzzeitbruchlast. Bei 530°C wurde ein ebenfalls kontinuierlicher Lastrückgang vorgegeben. Im Anschluß daran wurde die ursprüngliche Belastung von 10% noch etwa 40 Minuten lang konstant aufrecht erhalten. Das Bild zeigt, daß das Rechenmodell die Meßergebnisse vergleichsweise gut wiedergibt. Abgesehen von der Tatsache, daß die vorliegende Darstellung eine sichere Abschätzung der Verformungen bis 220°C kaum zuläßt (die elastische Anfangsverformung bei 20°C beträgt etwa 0,1‰), geht aus dem Verlauf der theoretischen Kurve und den Meßwerten hervor, daß die Abweichungen auch im Hochtemperaturgebiet kaum mehr als 0,5‰ betragen, wohingegen die absoluten Verformungen zwischen 10 und 15‰ liegen.

Als Ergänzung dazu wurde auch das Verformungsverhalten einer mit 2 K/min aufgeheizten Betonprobe unter jeweils mehrstufiger Be- bzw. Entlastung untersucht. Ausgehend von einer 15%igen Ausnutzung bei 20°C wurde die einachsige Druckbelastung der Probe in diskreten Stufen von jeweils 15% auf maximal 60% gesteigert. Bei 400°C wurde die Maximallast wieder in Stufen von jeweils 15% zurückgenommen. Die unter diesen Bedingungen gemessenen und berechneten Verformungen sind auf Bild 13 dargestellt. Die Übereinstimmung zwischen Messung und Rechnung ist gut. In diesem Fall zeigt sich allerdings ein Unterschied in den spontan elastischen Verformungen beim Be- bzw. Entlasten. Insbesondere der Sprung bei 650°C weist auf eine starke Überschätzung der elastischen Verformungen im Rechenmodell hin, ein Effekt, auf den auch in [22] ausdrücklich hingewiesen wird. Im Prinzip zeigen die theoretischen und die gemessenen Kurven bis 750°C jedoch die gleiche Tendenz. Bei einer Gesamtverformung von fast 20‰ liegen die maximalen Unterschiede ungefähr bei 1‰.

Insgesamt kann somit festgestellt werden, daß die in Abschnitt 4.3 angegebenen Materialgleichungen zur Beschreibung des Verformungsverhaltens von Normalbetonen durchschnittlicher Zusammensetzung unter instationären ansteigenden Temperaturen geeignet sind. Die elastischen Eigenschaften können gemäß Bild 6 abgeschätzt werden. Das Kriechen wird gemäß Gl. (4.3) berücksichtigt. Die thermische Dehnung des Betons ist im vorliegenden Fall Bild 4 zu entnehmen. Die Verformungen sind bei zeitlich veränderlichen Spannungen gemäß Gl. (3.10) bzw. Gl. (3.14) oder Gl. (3.17) zu berechnen. Der dazugehörige Rechenaufwand ist ver-

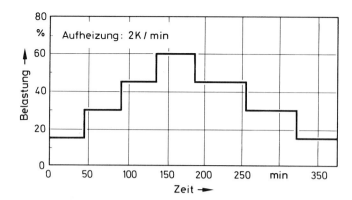

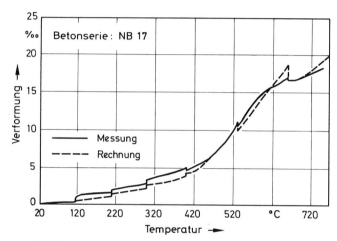

Bild 13
Gesamtverformung von Normalbeton bei veränderlicher Temperatur und diskontinuierlicher Laständerung

gleichsweise gering, die Benutzung einer Rechenanlage ist zu empfehlen, jedoch nicht unbedingt erforderlich.

Ein Vorteil der entwickelten Kriechformulierungen liegt offenbar darin, daß das hier angewandte einfache Superpositionsprinzip genügt, um auch vergleichsweise komplizierte Spannungsgeschichten zu beschreiben. Durch die besondere Definition der φ-Funktionen (vgl. Bild 7 und 8) ist lediglich eine lineare Lastabhängigkeit des Kriechterms übriggeblieben, so daß die Gl. (3.10) bzw. Gl. (3.17) genügen, um die Gesamtverformungen des Betons unter veränderlicher Last und Temperatur zu beschreiben.

Leider ist es gegenwärtig noch nicht möglich, die Verformungen des Betons auch unter fallender Temperatur auf diese Weise zu bestimmen. Nach den bisher vorliegenden Erfahrungen kann man davon ausgehen, daß im Fall der Abkühlung nach einer vorangegangenen Aufheizung.

144

- die elastischen Verformungen des Betons im wesentlichen von der erreichten Maximaltemperatur abhängen,
- die zusätzlichen instationären Kriechverformungen sehr klein sind und möglicherweise vernachlässigt werden können und
- die thermische Dehnung des Betons im allgemeinen irreversibel ist, d.h. der Beton zeigt jeweils in Abhängigkeit von der erreichten Maximaltemperatur nach der Abkühlung auf Raumtemperatur bleibende Dehnungen oder Stauchungen.

Besonders der zuletzt genannte Punkt stellt für realistische Verformungsberechnungen ein entscheidendes Hindernis dar. Die Irreversibilität der thermischen Dehnung hängt vergleichsweise stark von der gewählten Betonart, insbesondere jedoch vom verwendeten Zuschlag ab, so daß generelle Angaben nicht möglich sind. Auf Bild 14 sind beispielsweise die bleibenden Verformungen von im Hochtemperaturdilatometer aufgeheizten und wieder abgekühlten Normalbetonproben mit Quarz- bzw. Kalksteinzuschlag in Abhängigkeit von der erreichten Maximaltemperatur angegeben. Man erkennt daran, daß bis zu Temperaturen von 400 °C durchweg eine bleibende Stauchung der Proben eintritt. Die maximalen Stauchungen – im Prinzip durch thermisches Schwinden des Betons verursacht – betragen 0,5‰. Nach *Durchfahren* höherer Temperaturen weisen die Proben dagegen bleibende Dehnungen auf!

Offenbar treten bei solchen Temperaturen größere Risse im Beton auf, die sich während der Abkühlung nicht mehr schließen können. Insbesondere im Bereich der $\alpha \rightarrow \beta$-Quarzumwandlung bei 573 °C scheint dies der Fall zu sein. Die irreversiblen Dehnungen des Quarzbetons weisen bei Temperaturen oberhalb 600 °C ein deutlich ausgeprägtes Maximum auf. Bei noch höheren Temperaturen gehen sie jedoch zunächst zurück und steigen schließlich wieder an. Bei Beton mit calcitischen Zuschlägen wurde dieser Effekt nicht beobachtet, d.h. die bleibenden Dehnungen des Materials steigen oberhalb 300 °C sukzessive an. Oberhalb 800 °C waren die irreversiblen Verformungen des Kalksteinbetons übrigens größer als die des Quarzbetons.

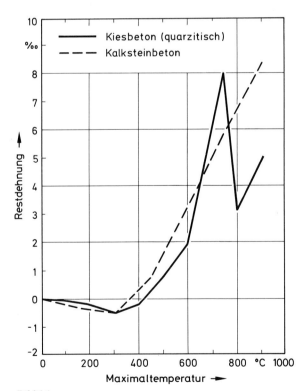

Bild 14
Irreversible Verformung von Normalbeton nach einmaliger Erwärmung und Abkühlung in Abhängigkeit von der erreichten Maximaltemperatur

5 Zwangskräfte in dehnungsbehinderten Betonproben bei Temperaturerhöhung

Das Relaxationsverhalten des Betons kann im Fall einer instationären Temperatureinwirkung nicht in seiner klassischen Art beschrieben werden, weil in den entsprechenden Gleichungen ein zusätzlicher Verformungsterm, nämlich die thermische Ausdehnung des Materials, zu berücksichtigen ist. Die mathematische Beschreibung des Problems ist gemäß

$$\dot{\varepsilon}_{th} = \dot{\varepsilon}_{el} + \dot{\varepsilon}_{kr} \qquad (5.1)$$

vorzunehmen. Da in der Praxis in Stahlbetonbauteilen häufig mit Zwangskräften zu rechnen ist, liegt es nahe, zu versuchen, die vorstehend entwickelten Materialgleichungen auf dieses Problem anzuwenden, um einen weiteren Anhalt über die Anwendbarkeit der gefundenen Beziehungen zu gewinnen. Dabei sollten sowohl Leichtbeton als auch Normalbeton betrachtet werden, weil aufgrund des unterschiedlichen Ausdehnungsverhaltens der beiden Materialien in den Zwangskräften mit deutlichen Unterschieden zu rechnen ist.

Im Fall einer vollständigen Dehnungsbehinderung von unter Temperatureinwirkung stehenden Materialien mit positivem Ausdehnungskoeffizienten stehen nach

Gl. (5.1) die thermischen Verformungsgeschwindigkeiten des Materials mit den elastischen und nichtelastischen Formänderungsgeschwindigkeiten in einem kinematischen Gleichgewicht. Um diesen Gleichgewichtszustand zu erhalten, ist im allgemeinen eine Erhöhung der äußeren Spannungen nötig. Dadurch werden im Material frühzeitig, d. h. auch schon bei relativ geringen Temperaturerhöhungen, Kriechvorgänge aktiviert. Anhand von Überschlagsrechnungen läßt sich zeigen, daß die thermisch bedingte Abnahme der Elastizität allein nicht ausreicht, um die erforderliche Kompensation der thermischen Ausdehnungen herbeizuführen. An der Zwangskraftentwicklung sind somit die thermische Ausdehnung und das Kriechverhalten des Materials gleichermaßen beteiligt. Im folgenden wird u. a. auch die Frage zu klären sein, welche der beiden genannten Einflußgrößen überwiegend zur Zwangskraftentwicklung beiträgt und welchen Einfluß der Elastizitätsmodul besitzt.

Für die thermische Ausdehnungsgeschwindigkeit gemäß Gl. (5.1) läßt sich im allgemeinen schreiben:

$$\dot{\varepsilon}_{th} = (\alpha \cdot \Delta \vartheta)^{\cdot} = \dot{\alpha} \cdot \Delta \vartheta + \alpha \cdot \Delta \dot{\vartheta}, \quad (5.2)$$

woraus sich für den Sonderfall einer linearen Aufheizung des Materials

$$\dot{\varepsilon}_{th} = w \cdot (\alpha + \dot{\alpha} \cdot t) \quad (5.3)$$

ergibt. Die belastungsabhängigen Verformungsgeschwindigkeiten sind gemäß Gl. (4.3) durch

$$\dot{\varepsilon}_{ei} + \dot{\varepsilon}_{kr} = \dot{\sigma}/E(t) + \sigma \cdot \frac{\partial}{\partial t}[\varphi(t)/E(t)]_{\sigma} \quad (5.4)$$

gegeben, so daß man insgesamt die Beziehung

$$\dot{\sigma} = \sigma \cdot R(t) + Q(t) \quad (5.5)$$

erhält, worin

$$R(t) = -E(t) \cdot \frac{\partial}{\partial t}[\varphi(t)/E(t)]_{\sigma} \quad (5.6)$$

und

$$Q(t) = E(t) \cdot \dot{\varepsilon}_{th} \quad (5.7)$$

bedeuten. Die lineare Differentialgleichung erster Ordnung (5.5) läßt sich durch Variation der Konstanten direkt integrieren. Mit $t = t_0 = 0 \rightarrow \sigma = \sigma_0$ erhält man nach der Integration

146

$$\sigma(t) = \left[\sigma_0 + \int_0^t Q(t) \cdot \exp\left(-\int_0^t R(t) \cdot dt\right) \cdot dt \right] \cdot$$
$$\cdot \exp\left(\int_0^t R(t) \cdot dt\right). \quad (5.8)$$

Damit ist die gestellte Aufgabe zunächst gelöst. Man erkennt sofort, daß die thermische Dehnung – in Gl. (5.8) durch $Q(t)$ repräsentiert – offenbar maßgeblich an der Zwangskraftentwicklung beteiligt ist. Die exponentielle Einbeziehung von $R(t)$ in die Lösung der Gl. (5.5) deutet demgegenüber auf einen relativ starken Kriecheinfluß hin, so daß es schwierig ist, anhand der analytischen Beziehung die Haupteinflüsse vorweg voneinander zu trennen.

Für die hier untersuchten Betone liegen experimentelle Ergebnisse aus Zwangskraftuntersuchungen vor [14], und es bot sich an, den Meßergebnissen entsprechende Ergebnisse aus Vergleichsrechnungen gegenüberzustellen. Zunächst wurden die Zwangskräfte von dehnungsbehinderten Leichtbetonproben, die mit 2 K/min aufgeheizt wurden, berechnet. Die in die Berechnung eingeführten Materialgleichungen gemäß Bild 4, 5 und 7 wur-

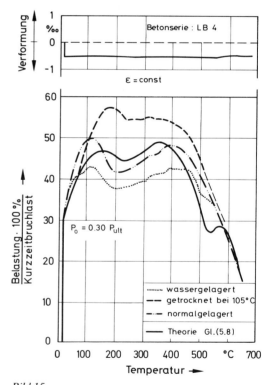

Bild 15
Zwangskraftverlauf einer dehnungsbehinderten, mit 30% der Bruchlast vorbelasteten Leichtbetonprobe unter Temperatureinwirkung

den in Gl. (5.5) eingesetzt. Anschließend wurde die Dgl. numerisch gelöst, wobei eine explizite Lösungsprozedur (RUNGE-KUTTA-Verfahren) zur Anwendung kam.

In Bild 15 ist der für den vorliegenden Blähtonbeton berechnete Zwangskraftverlauf den Meßergebnissen (vgl. auch [14], S. B 3–52) gegenübergestellt. Man sieht deutlich, daß die Berechnung sowohl qualitativ als auch quantitativ die Meßergebnisse mit sehr großer Genauigkeit wiedergibt. Unter den hier gewählten Randbedingungen ergibt sich offenbar ein relativ rascher Aufbau der Zwangskräfte, der bis zu Temperaturen von 150°C anhält. Danach gehen die Zwangskräfte jedoch wieder zurück. Sie steigen erst wieder bei 400°C an, wobei der vordem bei 100°C erreichte Wert erneut erreicht wird. Dieses Verhalten ist bei den verschiedensten Untersuchungen an Leichtbeton wiederholt nachgewiesen worden und kann als materialtypisch angesehen werden. Auffällig ist insbesondere der Rückgang der Zwängungen bei 200°C, der ehestens durch

einen mit der Materialaustrocknung verknüpftem Schwindvorgang zu erklären ist.

Bei Normalbetonen treten vergleichbare Phänomene auf. Bild 16 zeigt typische Meß- und Rechenwerte der Zwangskräfte. Obwohl die Rechenwerte im Anfangsbereich an der oberen Grenze der Meßwerte liegen, kann auch hier im großen und ganzen von einer guten Übereinstimmung zwischen Theorie und Experiment gesprochen werden. Insbesondere sei in diesem Zusammenhang auch auf das Plateau der Zwangskräfte bei Temperaturen knapp oberhalb 500°C hingewiesen. Dieser Effekt wurde bei den durchgeführten Hochtemperaturexperimenten mehrfach beobachtet und läßt sich durch die spontane Volumenzunahme des Materials bei der Umwandlung des Tiefquarzes in den Hochquarz bei 573°C begründen. Obwohl die theoretischen Werte des Plateaus eher bei 520 als bei 570°C liegen, sei hier erwähnt, daß es gegenwärtig, soweit dem Verfasser jedenfalls bekannt ist, keine Verformungstheorie über das Hochtemperaturverhalten von Beton gibt, in der die Quarzumwandlung der Zuschlagphase in dieser vergleichsweise ausgeprägten Art in Erscheinung tritt. Die relativ gute Wiedergabe der bekannten Unstetigkeiten in den Zwangskraftverläufen wird als Beweis für die Anwendbarkeit der theoretischen Überlegungen angesehen.

Nachrechnungen der Versuchsergebnisse von Proben mit anderen Vorlasten haben zu ähnlich guten Ergebnissen geführt. In [22] sind darüber detaillierte Angaben zu finden. Bezüglich des Einflusses der Ausgangsbelastung bei 20°C auf die maximalen Zwangskräfte wurde beispielsweise festgestellt, daß dieser vergleichsweise gering ist. Infolge der sukzessiven Entwässerung bzw. Dehydratation des Materials wird der vor Beginn der Temperatureinwirkung vorliegende Materialzustand so stark verändert, daß die ursprüngliche Ausgangssituation bei 20°C möglicherweise keinen spezifischen Einfluß auf das Materialverhalten im Hochtemperaturgebiet besitzt, d.h. aufgrund der relativ großen Materialschädigungen infolge der Temperatureinwirkung ist es voraussichtlich egal, ob das Material im Gebrauchszustand schon geringfügig geschädigt war oder nicht.

Die Einflüsse willkürlicher Veränderungen in den vorgegebenen Materialgleichungen auf die Zwangskraftentwicklung sind ebenfalls untersucht worden [22]. Insbesondere haben sich dabei zwischen Leicht- und Normalbeton keine grundsätzlichen Unterschiede ergeben, so daß die Untersuchungsergebnisse gemeinsam

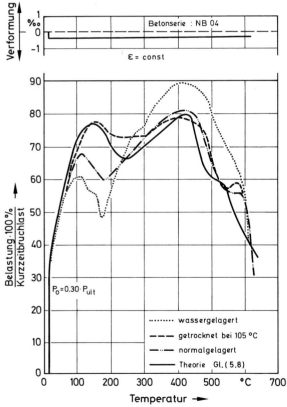

Bild 16
Zwangskraftverlauf einer dehnungsbehinderten, mit 30% der Bruchlast vorbelasteten Normalbetonprobe unter Temperatureinwirkung

diskutiert werden können. Einen relativ großen Einfluß auf die Rechenergebnisse besitzt die Temperaturfunktion für den Elastizitätsmodul. Wie aus den vorhergehenden Bildern hervorgeht, fallen in allen Berechnungen die Zwangskräfte oberhalb 450 °C relativ rasch ab, wohingegen der Steilabfall in den Meßwerten bei 500 °C zu suchen ist. Dieser Effekt läßt sich u. a. durch den jeweils angenommenen Temperaturverlauf des *E*-Moduls erklären, worin ebenfalls ein solcher Steilabfall enthalten ist (vgl. Bild 5 und 6). Die Rechenergebnisse deuten darauf hin, daß der *E*-Modul der hier diskutierten Betone im Hochtemperaturgebiet von den angegebenen Beziehungen geringfügig unterschätzt wird, d. h. der Steilabfall ist 20 bis 50 °C zu früh angenommen. Weitere Erläuterungen und Erklärungen dazu sind übrigens in [22] zu finden, worauf an dieser Stelle aus Platzgründen hingewiesen wird.

6 Schlußbetrachtung und Folgerungen

Das Hochtemperaturverhalten von Beton ist außerordentlich komplex und einer allgemeinen Beschreibung kaum zugänglich. Schwierigkeiten entstehen vor allem dann, wenn der Beton nicht ständig einer bestimmten Temperatureinwirkung unterliegt, sondern erst im Zuge einer nichtplanmäßigen Störfallbeanspruchung aufgeheizt wird. In einem solchen Fall kommt es im Material zu Umwandlungs- und Abbaureaktionen der verschiedensten Art, die erhebliche Veränderungen in den Materialeigenschaften wie Festigkeit, *E*-Modul und Kriechen bewirken.

In der vorliegenden Arbeit wurde auf theoretischem Wege gezeigt, daß die auftretenden Schwierigkeiten vermindert werden können, wenn die Materialeigenschaften als entkoppelte Größen betrachtet werden. Materialeigenschaften, die unter isothermen Randbedingungen gewonnen sind, müssen danach grundsätzlich anders bewertet werden als solche Eigenschaften, die bei instationärer Versuchsführung ermittelt wurden. Im Prinzip ist dieses keine neue Erkenntnis. Gerade bei der Untersuchung von Beton hat es sich wiederholt gezeigt, daß Materialkennwerte immer dann besonders zuverlässig und brauchbar waren, wenn die entsprechenden Grundsatzuntersuchungen in Anlehnung an die praktisch vorliegenden Verhältnisse im Bauwerk durchgeführt wurden. Auf dem Hochtemperatursektor

ist die Konsequenz dieser allgemeinen Erfahrung bisher nur wenig beachtet worden, so daß ein Teil der auf diesem Gebiet vorliegenden widersprüchlichen Aussagen und Angaben vermutlich durch die hier angesprochenen Zusammenhänge und Vorgänge erklärt werden kann.

Im Abschnitt 3 dieser Arbeit wurde in diesem Zusammenhang darauf hingewiesen, daß es auch aus theoretischen Gründen sinnvoll und zweckmäßig ist, zwischen unter isothermen und nichtisothermen Bedingungen bestimmten Kriecheigenschaften von Beton zu unterscheiden. Es wurde nachgewiesen, daß eine derartige Kriechdefinition im Anwendungsfall nicht notwendigerweise neue Rechenoperationen erforderlich macht. Vielmehr hat sich ergeben, daß auch unter solchen Voraussetzungen eine auf bekannte Verfahren zurückgehende Behandlung des Materialproblems möglich ist. Vor allem konnte gezeigt werden, wie man im instationären Fall unter bestimmten Annahmen und Voraussetzungen zu überraschend einfachen Kriechgesetzen für den Beton gelangt. Diese Kriechgesetze sind formal mit konventionellen Ansätzen identisch, wodurch sich erhebliche praktische Vorteile ergeben. Als Versagenskriterien sind verschiedene Möglichkeiten angesprochen worden. Im instationären Fall ist die Angabe einer kritischen Betontemperatur möglich.

Das Zwangskraftproblem wurde in der vorliegenden Arbeit ebenfalls behandelt. Es wurde gezeigt, daß selbst vergleichsweise komplizierte Zwangskraftverläufe theoretisch vorhergesagt werden können, wobei eine lineare Differentialgleichung mit veränderlichen Koeffizienten bereits ausreicht, um den gesamten thermomechanischen Vorgang zu beschreiben. Anhand der entwickelten Gleichungen wurde nachgewiesen, daß bei Normalbetonen gegenüber Leichtbetonen mit deutlich höheren Zwängungen zu rechnen ist. Entscheidend ist dabei die thermische Ausdehnung des Materials, aber auch die eingesetzte Kriechfunktion – oder in diesem Fall besser gesagt Relaxationsfunktion – und die Temperaturabhängigkeit des Elastizitätsmoduls sind zu beachten.

Soweit die theoretischen Beziehungen mit Meßergebnissen verglichen werden konnten, haben sich durchweg gute Übereinstimmungen ergeben. Es hat sich jedoch auch gezeigt, daß Beton aufgrund seiner Heterogenität in jeder Hinsicht eine Vielzahl von Versuchen erforderlich macht, bevor man zu einigermaßen zuverlässigen Aussagen gelangt. Vor allem Materialunstetigkeiten in bestimmten Temperaturbereichen (Steilabfälle o. ä.) können bei einer zu geringen Anzahl von Versuchen dazu führen, daß wichtige Materialeffekte einfach unterdrückt werden, so daß aus solchen Versuchsergebnissen u. U. Schlußfolgerungen gezogen werden, die entweder nicht zutreffen oder nur teilweise den materialspezifischen Eigenschaften Rechnung tragen.

Im Hinblick auf eine praktische Anwendung der hier angegebenen Materialgleichungen und -daten ist zu sagen, daß dagegen durchweg keine Bedenken bestehen, sofern die im Einzelfall betrachteten Betone in ihrem Aufbau den hier speziell untersuchten Mischungen ungefähr entsprechen. Bei Betonen gänzlich anderer Zusammensetzung sind zusätzliche Untersuchungen jedoch unumgänglich. Die Materialgleichungen sind im übrigen bereits schon so formuliert, daß sie ohne wesentliche Ergänzungen bei numerischen Untersuchungen – z. B. bei der Berechung von Betonbauteilen im Brandfall – Eingang finden können.

7 Schrifttum

[1] WAGNER, O.: Das Kriechen unbewehrten Betons. Deutscher Ausschuß für Stahlbeton, H. 131, Wilhelm Ernst & Sohn, Berlin 1958.

[2] NEVILLE, A. M.: Creep of Concrete. North Holland Publishing Company, Amsterdam 1970.

[3] GEYMAYER, H. G.: The Effect of Temperature on Creep of Concrete: A Literature Review. Waterways Experiment Station Paper C-70-1, Vicksburg 1970.

[4] EIBL, J., WAUBKE, N. V., KLINGSCH, W., SCHNEIDER, U. und RIECHE, G.: Spannbeton-Reaktordruckbehälter: Studie zur Erfassung spezieller Betoneigenschaften im Reaktordruckbehälterbau. DAfSt., H. 237, Wilh. Ernst & Sohn, Berlin/München/Düsseldorf 1974.

[5] SCHNEIDER, U.: Festigkeits- und Verformungsverhalten von Beton unter stationärer und instationärer Temperaturbeanspruchung. Die Bautechnik, (1977), H. 4, S. 123–132.

[6] HANSEN, T. C. und ERIKSSON, L.: Temperature change effect on behaviour of cement paste, mortar and concrete under load. Journal of ACI, Vol. 63 (1966), S. 489–504.

[7] FISCHER, R.: Über das Verhalten von Zementmörtel und Beton bei höheren Temperaturen. Mitteilungen aus dem Institut für Massivbau, H. 14, TH Darmstadt 1967.

[8] ILLSTON, J. M. und SANDERS, P. D.: Characteristics and prediction of creep of a saturated mortar under variable temperature. Magazine of Concrete Research, Vol. 26, (1974), No. 88, S. 169–179.

[9] THELANDERSSON, S.: Mechanical Behaviour of Concrete under Torsional Loading at Transient High-Temperature Conditions. Lund Institute of Technology, Bulletin 46 (1974).

[10] KORDINA, K. und SCHNEIDER, U.: Zum mechanischen Verhalten von Normalbeton unter instationärer Wärmebeanspruchung. Beton, 25 (1975), H. 1, S. 19–25.

[11] KORDINA, K. und SCHNEIDER, U.: Über das Verhalten von Beton unter hohen Temperaturen. Betonwerk- und Fertigteil-Technik, 41 (1975), H. 12, S. 572–582.

[12] SCHNEIDER, U. und Kordina K.: On the behaviour of normal concrete under steady state and transient temperature conditions. 3rd Int. Conf. Struct. Mech. in Reactor Techn., Vol. 3, Part H, Paper 1/6, London 1975.

[13] KORDINA, K., et al.: Brandverhalten von Bauteilen. Jahresbericht 1973/74 des Sonderforschungsbereichs 148, Braunschweig 1974.

[14] KORDINA, K., et al.: Brandverhalten von Bauteilen. Jahresbericht 1975/77 des Sonderforschungsbereichs 148, Teil II, Braunschweig 1977.

[15] SCHNEIDER, U.: Kinetische Untersuchung an Normalbeton unter thermischer Beanspruchung. Betonwerk- und Fertigteil-Technik, 41 (1975), H. 9, S. 445–449.

[16] SCHNEIDER, U.: Behaviour of Concrete under Thermal Steady State and Non-Steady State Conditions. Fire and Materials. (1977) H. 1, S. 103–115.

[17] SCHNEIDER, U.: Über den thermischen Abbau zementgebundener Betone und dessen mechanisch-technologische Auswirkungen. Tonindustrie-Zeitung, 101 (1977), H. 12, S. 404–407.

[18] WAUBKE, N. V. und SCHNEIDER, U.: Tensile stresses in concrete due to fast vapour flow. Int. Symp. on Pore Struct. and Prop. of Mat., Part III, Vol. V, S. 213–222, Prag 1973.

[19] WAUBKE, N. V.: Über einen physikalischen Gesichtspunkt der Festigkeitsverluste von Portlandzementbetonen bei Temperaturen bis 1000 °C. Habilitationsschrift, TU Braunschweig 1973.

[20] SCHNEIDER, U.: Zur Kinetik festigkeitsmindernder Reaktionen in Normalbetonen bei hohen Temperaturen. Dissertation, TU Braunschweig 1973.

[21] WEISS, R.: Ein haufwerkstheoretisches Modell der Restfestigkeit geschädigter Betone. Dissertation, TU Braunschweig 1978.

[22] SCHNEIDER, U.: Ein Beitrag zur Frage des Kriechens und der Relaxation von Beton unter hohen Temperaturen. Habilitationsschrift, TU Braunschweig 1979.

Joachim Steinert

Zerstörungsfreie Ermittlung der Wassereindringtiefe in Kiesbeton am Bauwerk

1 Einleitung

Nach DIN 1048 wird die Wasserundurchlässigkeit von Beton geprüft, indem eigens zum Zweck dieser Prüfung hergestellte Probekörper im Alter von 28 Tagen über 96 Stunden einem stufenweise erhöhten Wasserdruck zwischen 1 bar und 7 bar ausgesetzt, im Anschluß hieran aufgespalten und die Druckwasser-Eindringtiefe sowie -Verteilung in einem einzigen Querschnitt festgestellt werden: Der Beton gilt nach DIN 1045 als wasserundurchlässig, wenn die größte Eindringtiefe (Mittel von drei Prüfkörpern) 5 cm nicht überschreitet. Erweist sich jedoch ein Probekörper als wasserdurchlässig, wird durch Beobachtung ermittelt, bei welcher Druckstufe und nach welcher Zeit die Durchfeuchtung eintritt, wobei die Durchlässigkeit nach rein qualitativen Merkmalen beschrieben wird.

Dieses genormte Verfahren gestattet einen Vergleich einzelner Betone unterschiedlicher Zusammensetzung, jedoch

- kann die zur Beurteilung verwendete maximale Eindringtiefe nicht zerstörungsfrei bestimmt werden,
- läßt die an 12 cm dicken Prüfplatten festgestellte Eindringtiefe keinen Rückschluß auf die Wassereindringung am Bauwerk zu: Verdichtungsunterschiede, Schwindrisse im Zementstein oder Arbeitsfugen können eine wesentliche Verschlechterung bewirken,
- setzt die Prüfung der Eindringtiefe das Vorhandensein einer speziellen Apparatur voraus.

Es wurden daher Überlegungen angestellt, die darauf gerichtet waren, die Wassereindringtiefe am Bauwerk abzuschätzen, und zwar möglichst zerstörungsfrei unter Beibehaltung der Norm-Prüfmethodik und weitgehend auch unter Verzicht auf eine spezielle Apparatur.

Im Beton ist nach Beendigung des Abbindeprozesses die hierzu erforderliche Wassermenge in Gel- und Kapillarporen gebunden. Bei größeren W/Z-Werten wird das nicht benötigte Überschußwasser durch Kapillarlei-tung und Diffusion allmählich zur Oberfläche transportiert, wo es verdunstet. Somit besitzt älterer Beton bzw. Zementstein annähernd ein Porensystem, dessen Durchlässigkeit sich zeitlich nicht mehr wesentlich ändert und das deshalb mit einem konstanten Durchlässigkeitskoeffizienten beschrieben werden kann.

Es sollte daher möglich sein, die Wassereindringtiefe entweder aus der als Funktion der Zeit ermittelten Eindringmenge herzuleiten und auf dieser Grundlage ein Prüfverfahren zu entwickeln, das nicht auf der Aufspaltung speziell hergestellter Prüfkörper beruht, oder sie aus dem kapillaren Saugvorgang abzuschätzen, wozu dann nicht einmal eine spezielle Apparatur erforderlich wäre.

Die Anregung zu diesen Überlegungen ergab sich aus der Frage, in welchem Umfang die aus der Zeit um 1940 stammenden Schutzbauten noch eine ausreichende Wasserdichtigkeit aufweisen. Viele dieser Bauwerke, deren Wiederinbetriebnahme oder Abriß in den kommenden Jahren zu erwägen sein wird, zeichnen sich durch die Verwendung minderwertiger Zuschläge, z.B. Schlacken, mangelhafte Verdichtung und Kiesnester im Bereich höherer Bewehrungskonzentration aus. Deshalb wurde in den letzten Jahren im Rahmen der Forschungsarbeit der Schutzkommission beim Bundesminister des Inneren eine Untersuchung durchgeführt, die sich mit der Wasserdichtigkeit von Schutzbauten befaßte [1].

Häufig ist eine Entnahme von Bohrkernen aus Schutzbauten wegen der damit verbundenen Zerstörung der Bewehrung nicht erwünscht. Deshalb mußte eine Apparatur bzw. Prüfmethode entwickelt werden, die am Bauwerk unmittelbar Rückschlüsse auf die Wasserundurchlässigkeit erlaubt.

Eine Abschätzung der Wassereindringung aus dem kapillaren Saugvermögen des Betons – also ohne Verwendung einer speziellen Prüfapparatur – scheint sich aufgrund der theoretischen Verknüpfung mit dem Druckwassertransport anzubieten. Systematische Untersuchungen hierzu wurden noch nicht durchgeführt. Allerdings wäre es letztlich wünschenswert, die beiden o. g. Überlegungen zu verknüpfen, um die Wassereindringtiefe auf einfachste Weise aus dem kapillaren Saugvermögen des Betons zerstörungsfrei am Bauwerk abschätzen zu können. Dabei kann es keinesfalls die Absicht sein, das Norm-Prüfungsverfahren zu verändern, sondern es geht darum, in Zweifelsfällen am Bauwerk erst dann den Bohrer anzusetzen, wenn ein erhärteter Verdacht auf Wasserdurchlässigkeit im Sinne von DIN 1045 vorliegt.

2 Grundlagen

Gemäß dem HAGEN-POISEUILLESCHEN Gesetzt strömt durch ein kreiszylindrisches Rohr mit dem Radius r und der Länge d infolge einer Druckdifferenz $p = p_1 - p_2$ in der Zeit t eine Wassermenge v:

$$v = \frac{m}{\varrho} = \frac{\pi r^4}{8 \eta d} (p_1 - p_2) t = \frac{r^2}{8 \eta} (p_1 - p_2) \cdot \frac{Ft}{d}, \qquad (1)$$

mit

$\eta \approx 0,01$ g/cm · s bei 20°C   Zähigkeit des Wassers
$F = \pi r^2$ Querschnittsfläche des Rohres
m Masse des Wassers
ϱ Dichte des Wassers.

Stellt man sich eine druckwasserbeanspruchte Betonplatte der Dicke d in der Strömungsrichtung als ein Bündel parallel angeordneter Röhren der Gesamtfläche F vor, so ergibt sich im stationären Zustand eine Stromdichte q, d. h. eine auf die Zeit- und Flächeneinheit bezogene Wassermenge, der Größe

$$q = \frac{v}{F \cdot t} = k \frac{p_1 - p_2}{d}. \qquad (2)$$

Dieser Ausdruck wird als DARCYsche Filtergleichung bezeichnet und der Durchlässigkeitskoeffizient k, üblicherweise in cm/s angegeben, experimentell bestimmt. Nach der Modellvorstellung einer „Röhrchen-Platte" gilt aufgrund der eingeführten, üblichen Maßeinheit:

$$k = \frac{r^2}{8 \eta} \varrho g, \qquad (3)$$

wobei

$g = 981$ cm/s²   die Erdbeschleunigung bedeutet.

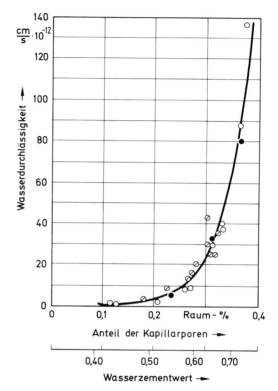

	spez. Oberfläche in cm²/g	Alter in Tagen
○	3400	416
◐	3400	233
●	7800	325

Bild 1
Wasserdurchlässigkeit von Zementstein in Abhängigkeit vom W/Z-Wert nach T. C. POWERS [3]

Die Durchlässigkeit von ideal verdichtetem Beton ist durch die Porosität des Zementsteins gegeben und diese wiederum von Wasserzementwert, Lagerung und Alter abhängig (s. Bild 1).
Bei kleinen Durchlässigkeiten ist die Bestimmung des Koeffizienten k aus dem stationären Durchfluß zeitaufwendig und ungenau, evtl. sogar unmöglich. In diesen Fällen ist es sinnvoller, in vorgegebenen Zeitschritten den instationären Wassereindringvorgang bis zu einer begrenzten Tiefe $e(t)$ zu verfolgen:

$$\frac{de}{dt} = \frac{k}{e} (p_1 - p_2) = \frac{k}{e} p. \qquad (4)$$

Daraus ergibt sich nach Integration unter Berücksichtigung der Anfangsbedingung die Eindringtiefe:

$$e(p;t) = \sqrt{2\,k\,p\,t}, \qquad (5)$$

also ein linearer Zusammenhang zwischen e und $\sqrt{t}$, der ebenfalls zur Bestimmung des Durchlässigkeitskoeffizienten k verwendet werden kann.

Im realen Versuch gilt Gl. (5) zunächst für den Mittelwert der Wassereindringtiefe $\bar{e}$ längs der Achse eines Zylinders, dessen Grundfläche mit der Prüffläche identisch ist. Dieser Mittelwert ist je nach Betonzusammensetzung von Größe und Verteilung der Kapillarporen bestimmt, während die örtlichen Schwankungen der Eindringtiefe besonders von der Verdichtung, also der lokalen Verteilung der Grobporen, abhängen. Da man jedoch aus grundsätzlichen Erwägungen die Wasserundurchlässigkeit von Beton mit der maximalen Eindringtiefe max e beurteilt, muß experimentell geprüft werden, ob auch hierfür noch eine lineare Abhängigkeit von $\sqrt{t}$ besteht, was jedoch durch Untersuchungsergebnisse von BONZEL [3] nahegelegt wird.

Zu beachten ist ferner, daß die Wassereindringung nur dann als einachsialer Vorgang beschrieben werden kann, wenn die Eindringtiefe kleiner ist als der Prüfflächendurchmesser.

Die in eine Fläche der Größe F eindringende Wassermenge v ist, in Abhängigkeit von der Zeit, gegeben durch

$$v = \frac{m}{\varrho} = F u_v e = F u_v \sqrt{2\,k\,p} \cdot \sqrt{t} = \frac{F}{\varrho} A \sqrt{t}; \qquad (6)$$

hierbei kennzeichnet

u_v den sich durch die Druckwasserbeanspruchung im Beton einstellenden volumetrischen Feuchtigkeitsgehalt.

Der Proportionalitätsfaktor zwischen flächenbezogener Masse m/F und $\sqrt{t}$

$$A = u_v \varrho \sqrt{2\,k\,p} \quad \text{bzw.} \quad u_v \varrho \sqrt{2\,k\,h_0} \qquad (7)$$

(h_0 s. Gln. (10) bis (13))

wird in Analogie zum Wärmeeindringvorgang auch als Wassereindringzahl bezeichnet [4].

Erfahrungsgemäß unterscheiden sich die maximalen Eindringtiefen max e in verschiedenen Querschnitten eines Körpers oder in den einzelnen Querschnitten der üblichen drei Prüfkörper durchaus bis zu 100%. Daher sind keine übermäßigen Anforderungen an die Konstanz des Feuchtigkeitsgehaltes zu stellen, wenn man sich im Rahmen der bei der Messung der Wasserun-

durchlässigkeit nach DIN 1048 üblicherweise vorhandenen Meßgenauigkeit bewegen will.

Die Eindringtiefe e_N, die sich bei Prüfungen mit stufenweiser Drucksteigerung $p_1 \rightarrow p_2 \rightarrow p_3$ – wie im Verfahren nach DIN 1048 – ergibt, ist nach VALENTA [2] die Wurzel aus der Summe der einzelnen quadratischen Eindringwerte nach der Gesamtzeit ges $t = t_1 + t_2 + t_3$:

$$e_N = \sqrt{2\,k\,(p_1 t_1 + p_2 t_2 + p_3 t_3)} = \sqrt{e_1^2 + e_2^2 + e_3^2} \qquad (8)$$
$$\text{bzw.} \quad e_N = \sqrt{2\,k\,\text{eff}\,p\,\text{ges}\,t},$$

d. h., die einzelnen Druckstufen p_i werden entsprechend ihrem Zeitanteil t_i so gewichtet, als ob über die gesamte Prüfdauer ges t ein effektiver Druck eff $p = \Sigma p_i t_i / \text{ges}\,t$ vorhanden wäre. Nach DIN 1048 sind für Zeiten und Drücke entsprechend ihrer Reihenfolge 48, 24 und 24 Stunden bzw. 1, 3 und 7 bar einzusetzen. Wollte man – ausgehend von gleichen Beobachtungszeiten bei den drei Drücken – bei jeder folgenden Druckstufe die gleichen Werte für aufgenommene Wassermenge oder Eindringtiefe erreichen, müßten die Druckstufen 1, 3 und 5 bar gewählt werden.

Die sich im Norm-Versuch ergebende Wassereindringmenge läßt sich entsprechend den Gl. (6) und (8) verstehen als

$$v_N = \sqrt{v_1^2 + v_2^2 + v_3^2}, \qquad (9)$$

wobei

v_1, v_2 und v_3 die Wassereindringmengen bei alleiniger Anwendung der Drücke p_1, p_2 und p_3 über die jeweiligen Zeitdauern t_1, t_2 und t_3 bedeuten.

Es ergibt sich somit die Möglichkeit, aus hinsichtlich Druck und Zeit veränderten Versuchsbedingungen auf die Ergebnisse von Norm-Prüfungen zu schließen. Dabei wird wegen der Verwendung von Maximalwerten als Beurteilungsgröße eine Änderung der Prüfbedingungen nur innerhalb bestimmter Grenzen möglich sein, wenn keine unangemessene Einbuße an Übereinstimmung hingenommen werden soll.

Betrachtet man nunmehr die Wassereindringung infolge kapillaren Wassertransports, so ist zunächst daran zu erinnern, daß Kapillarleitung entgegen der Schwerkraft bekanntermaßen bis zu einer maximalen Steighöhe h_0 möglich ist, die jedoch erst nach unendlich langer Zeit erreicht wird. Der Vorgang des kapillaren Saugens kann demgemäß durch die folgende Gleichung beschrieben werden

$$\frac{de}{dt} = k \frac{h_0 - e(t)}{e(t)}, \tag{10}$$

deren Lösung auf die Saughöhe $e(t)$ führt:

$$kt + e = h_0 \ln \frac{h_0}{h_0 - e} \approx h_0 \left(\frac{e}{h_0} + \frac{e^2}{2 h_0^2} + \cdots \right), \tag{11}$$

also für $e \ll h_0$ auf den Gl. (5) entsprechenden Ausdruck

$$e_K(t) = \sqrt{2 k h_0 t}. \tag{12}$$

Der Index K dient zur Unterscheidung von der Wassereindringfront bei Druckwasserbeanspruchung.

Die maximale Steighöhe h_0 entspricht dem Kapillardruck $p_K / \varrho g$ und ist in Abhängigkeit von Kapillarendurchmesser r und Oberflächenspannung α – für Wasser bei 20 °C: $\alpha \simeq 73 \ \mathrm{g/s^2}$ – gegeben durch

$$h_0 = \frac{2 \alpha}{\varrho g} \cdot \frac{1}{r}. \tag{13}$$

Es bietet sich geradezu an, die im Norm-Versuch nach DIN 1048 zu erwartende Wassereindringtiefe aus der kapillaren Steighöhe abzuschätzen. Durch Verknüpfung der Gl. (3), (8), (12) und (13) erhält man:

$$e_N = \frac{\sqrt{\varrho \eta g}}{\alpha} \cdot \sqrt{\mathrm{eff} \, p \, \mathrm{ges} \, t} \cdot \left(\frac{de_K}{d(\sqrt{t})} \right)^2 \tag{14}$$

oder

$$e_N = 0{,}38 \left(\frac{de_K}{d(\sqrt{t})} \right)^2,$$

bei Angabe von e in cm und t in Stunden. Auch hier ist mit einem räumlich unterschiedlichen Verlauf der Saugfront $h(t)$ zu rechnen, so daß der tatsächliche Proportionalitätsfaktor experimentell ermittelt werden muß.

Die vorstehend skizzierten Überlegungen wären mit einer Reihe von Einschränkungen hinsichtlich ihrer Allgemeingültigkeit zu versehen. Allerdings hat über deren ingenieurmäßige Brauchbarkeit ohnehin das Experiment zu entscheiden. Deshalb wurden einige Untersuchungen zur Bestätigung der Gl. (5), (6) und (8) durchgeführt, die in den folgenden Abschnitten beschrieben werden.

3 Untersuchungen des Zusammenhanges zwischen Eindringtiefe und Eindringmenge

Zur Überprüfung des Zusammenhanges zwischen Wassereindringtiefe max e und bezüglich einer stationären Durchlässigkeit korrigierten Wassereindringmenge $v = \mathrm{ges} \, v - v_\Phi$ sind folgende Untersuchungen durchgeführt worden.

Aus acht zu verschiedenen Zeiten hergestellten Betonmischungen – Zusammensetzung und Eigenschaften siehe Tabelle 1 – mit im wesentlichen zwei extrem unterschiedlichen Mischungsverhältnissen, die eine normale ($W/Z = 0{,}65$) und eine extreme ($W/Z = 0{,}95$) Wassereindringung erwarten ließen, wurden jeweils 15 Würfel mit 20 cm Kantenlänge hergestellt. Davon dienten je drei Würfel zur Bestimmung der Druckfestigkeit und damit zur Kennzeichnung der Festbetoneigenschaften, während aus den restlichen 12 Würfeln durch Sägen die zur Prüfung der Wasserdurchlässigkeit in Anlehnung an DIN 1048 erforderlichen 12 cm dicken Platten und aus den Restabschnitten der einzelnen Gütewürfel 4 Satz à 3 Scheiben – Dicke $d \geq 2{,}5$; $\geq 3{,}5$ und $\geq 4{,}5$ cm – zur Bestimmung der stationären Wasserdurchlässigkeit gewonnen wurden. Damit standen je Betonmischung 24 Versuchskörper zur Verfügung.

Die Wasseraufnahme der Betone wurde durch die Lagerung wesentlich beeinflußt: Bis zur Prüfung sind die ersten beiden Versuchsserien (Vorversuche) an der Luft und die weiteren Serien normgemäß unter Wasser gelagert worden.

Zur Durchführung der Untersuchungen wurde eine handelsübliche Prüfeinrichtung zur Bestimmung der Wasserdurchlässigkeit nach DIN 1048 benutzt. Diese ist mit Meßrohren zur Bestimmung der vom Prüfkörper unter Druck aufgenommenen Wassermenge ausgestattet und besitzt konische Wasservorratsbehälter, so daß auch kleine Eindringmengen relativ genau ermittelt werden können.

Insgesamt sind 69 Platten und 66 Scheiben in folgender Weise geprüft worden: Von den 12 Platten und Scheiben der Hauptserien B 2 bis B 6 sind je drei einer leicht modifizierten Norm-Prüfung – Prüfdauer bei 1 bar Druck nur 24 Stunden – unterworfen und die restlichen neun einem konstanten Wasserdruck („Konstantdruckversuch") bei 1, 3 oder 7 bar Druck über 24, 48 oder 72 Stunden ausgesetzt worden. Mit den Serien B 7 und B 8 wurden abgekürzte Normprüfungen mit einer Beanspruchungsdauer von nur 4 Stunden je Druckstufe

Tabelle 1
Zusammensetzung und Eigenschaften der untersuchten Betone

Betonmischung Mischungs-Nr.		B1 386	B2 413	B3 44/74	B4 45/74	B5 51/74	B6 52/74	B7 65/75	B8 66/75
Zement									
Art und Klasse		PZ 350 F	PZ 350 F	PZ 350 F	PZ 350 F	PZ 350 F	PZ 350 F	PZ 350 F	PZ 350 F
Gehalt	[kg/m^3]	293	190	207	296	206	294	207	297
Wasser									
Gehalt	[kg/m^3]	211	200	196	193	192	191	196	193
W/Z-Wert		0,72	0,95	0,95	0,65	0,93	0,65	0,95	0,65
Zuschlag									
Gehalt, davon	[kg/m^3]	1838	1906	1970	1861	1962	1849	1967	1869
0/1	[kg/m^3]	37	–	–	37	–	37	–	37
0/3 oder 0/2	[kg/m^3]	937	762	788	949	785	943	787	953
3/7 oder 2/8	[kg/m^3]	404	667	689	409	687	407	688	411
7/15 oder 8/16	[kg/m^3]	276	286	296	279	294	277	295	280
15/30 oder 16/32	[kg/m^3]	184	191	197	186	196	185	197	187
Konsistenz									
Ausbreitmaß	[cm]	37	37	37	35,5	37,5	35,5	38	36
Verdichtungsmaß		1,09	1,14	1,12	1,14	1,14	1,14	1,12	1,11
Frischbeton									
Rohdichte	[kg/dm^3]	2,34	2,35	2,37	2,35	2,36	2,34	2,37	2,36
Festbeton									
Rohdichte nach 28 Tg.	[kg/dm^3]	2,31	2,26	2,32	2,31	2,31	2,32	2,31	2,31
Druckfest. nach 28 Tg.	[N/mm^2]	39,2	22,5	23,4	44,1	26,7	47,8	23,3	37,6

Tabelle 2
Durchlässigkeitskoeffizienten aus Durchfluß und Eindringung

Betonmischung	Wasser-Durchlässigkeitskoeffizienten k_e und k_Φ				
	Versuchskörper Art/Anzahl	$10^9\,k_\Phi$ [cm/s]	Versuchskörper Art/Anzahl	$10^9\,k_e$ [cm/s]	Wassergehalt [%]
B2	S/1	26	–	–	–
B2	P/3	97	P/3	250	9,4
B3	S/5	4,1	S/3	18	–
B3	⎫		P/9	35	7,3
B4	⎪		S/9	1,9	–
B4	⎬ keine Durchlässigkeit ⎰		P/9	2,6	6,5
B5	⎪		S/9	3,4	–
B5	⎪		P/9	3,1	9,8
B6	⎪		S/9	2,9	8,0
B6	⎭		P/9	1,6	6,7

Versuchskörper: Platten (P) nach DIN 1048, 12 cm dick
Scheiben (S), zwischen 2,5 und 5 cm dick

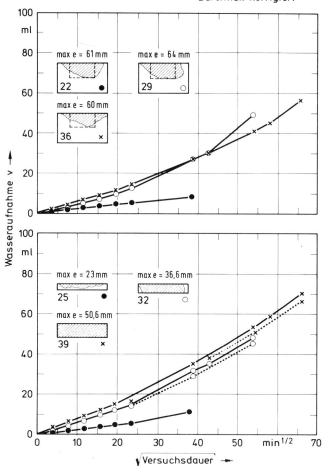

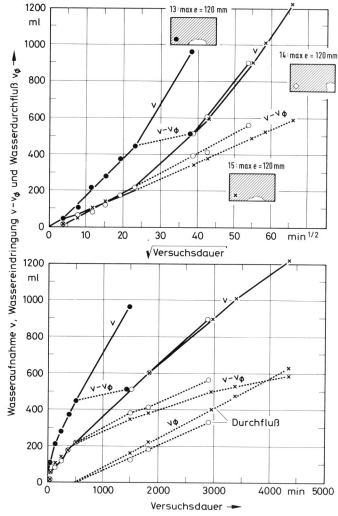

Bild 2

1. Spaltfläche | 2. Spaltfläche

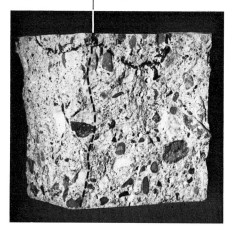

Bild 3

Bild 4

Bild 2 (links oben)
Beispiele für annähernd $\sqrt{t}$-proportionale Wasseraufnahme
von Betonplatten und -scheiben im Konstantdruckversuch.
Überproportionales Verhalten durch wesentliches Überschreiten
der Prüfflächenkontur bei großer Eindringtiefe
bzw. bei Wasserdurchlässigkeit

Bild 3 (links unten)
Prüfkörper nach Wassereindringversuch
Der Körper wurde zweiachsial aufgespalten
1. Spaltfläche max $e = 12$ mm
2. Spaltfläche max $e = 24$ mm

Bild 4 (oben)
Beispiel für den Zeitmaßstab als Kriterium für Eindringung ($v - v_\Phi$)
und Durchfluß (v_Φ)

durchgeführt. Die Ablesezeiten für die Wassereindringmengen wurden entsprechend dem erwarteten $\sqrt{t}$-Ge-
setz gestaffelt (vgl. Bild 2). Sofern die Scheiben eine
stationäre Durchlässigkeit zeigten, ist neben der Registrierung der Eindringmenge ges v auch die Durchflußmenge v_Φ möglichst genau ermittelt worden. Durch
Wahl unterschiedlicher Zeitmaßstäbe ist häufig eine
Trennung der beiden Vorgänge möglich (vgl. Bild 4).
Nach Versuchsende wurden die Prüflinge aufgespalten
und die Wassereindringtiefe $\bar{e}$ und max e ermittelt (s.
Bild 3).
Von den insgesamt 135 geprüften Versuchskörpern
konnte bei fünf dünnen Scheiben wegen vorzeitigen
Bruchs unter Wasserbeanspruchung die Eindringtiefe
nicht ermittelt werden. Aus einer Abschätzung der
Bruchspannungen ergab sich für 7 bar Wasserdruck eine
statisch erforderliche Plattendicke von 4 cm. Damit
war jedoch eine meßbare stationäre Durchströmung
(Durchflußmenge > Verdunstungsmenge) nur noch bei
extrem porenreichem Beton ($W/Z \geq 0,90$) zu erwarten.

3.1 Vergleich der Durchlässigkeitskoeffizienten k_e und k_Φ

Der Durchlässigkeitskoeffizient k konnte aus Eindringung (k_e) und Durchlässigkeit (k_Φ) zugleich nur an einigen wenigen Proben ermittelt werden. Bei dichtem Beton ist eine relativ langsame Eindringung zu beobachten, während bei porösem Beton die stationäre Durch-

lässigkeit relativ schnell einsetzt. Immerhin ergab sich
eine größenordnungsmäßige und somit bereits als gut zu
bezeichnende Übereinstimmung der Durchlässigkeitskoeffizienten (vgl. Tabelle 2).
Die Durchlässigkeitskoeffizienten der untersuchten
Körper liegen zwischen $1,6 \cdot 10^{-9}$ und $2,5 \cdot 10^{-7}$ cm/s
und sind vermutlich infolge praxisüblicher Verdichtung
erheblich größer als die des reinen Zementsteins bei
einem angenommenen Hydratationsgrad von 80% (vgl.
Bild 1). Es ist daher nicht möglich, den Wassereindring-
widerstand am Zementstein allein zu bestimmen und
aus den Ergebnissen auf den des Betons zu schließen,
wie gelegentlich vorgeschlagen worden ist, da die Einflüsse von Kornabstufung und Verdichtung dabei nicht
berücksichtigt werden.
Die Anzahl der an Platten und Scheiben aus ein und
derselben Betonmischung sowohl aus der Eindringung
wie aus der Durchströmung gemessenen Durchlässigkeitskoeffizienten ist nicht groß. Dennoch ergibt sich
aus den wenigen Werten kein Hinweis darauf, daß die
stationäre Durchströmung zu einer eventuellen Auslau-
gung des Betons und damit zu einem größeren k-Wert
führt als beim instationären Eindringvorgang; im letzteren Falle könnte zeitlich zunehmend ein Verschluß der
Kapillarporen eintreten.
Der Feuchtigkeitsgehalt der Proben variierte nur zwischen 6,5 und 9,8%. Damit ist der Schluß erlaubt, daß
die Eindringtiefe bei verschiedenen Betonmischungen
im Mittel auf etwa $\pm 20\%$ genau abgeschätzt werden
kann.

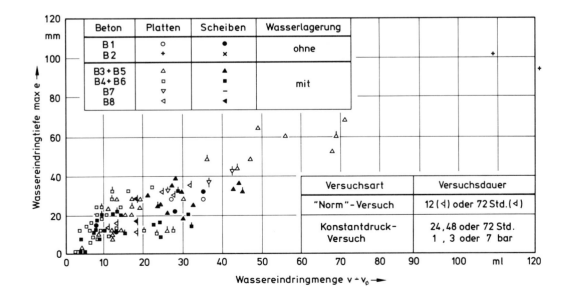

Bild 5
Zusammenhang zwischen
maximaler Eindringtiefe
und Eindringmenge

157

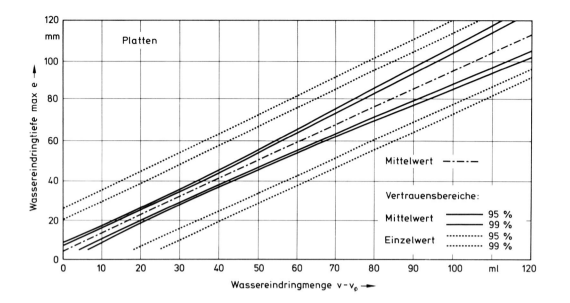

Bild 6
Regressionsgerade und
Vertrauensbereich
für Konstantdruckversuche
an Platten

Tabelle 3
Statistische Auswertung der Konstantdruckversuche für die Betone B 3 bis B 6

1 Art der Versuche	2 Art der Prüflinge	3 Anzahl der Prüflinge	4 a [mm]	5 b [mm/ml]	6 r_{ist}	7 $r_{<99,9\%}$	8 max Mittel [kg/m²]	9 VB 95% [kg/m²]	10 VB 99% [kg/m²]	11 EW 95% [kg/m²]	12 EW 99%
			Lineare Regression				Begrenzung der Eindringmenge				
			$\max e = a + b(v - v_\Phi)$								
Konstant-Druck-Versuche	Platten	36	4,36	0,904	0,993	0,528	6,43	5,92	5,73	4,14	3,73
	Scheiben + Platten	70	3,57	0,943	0,942	0,316	6,26	5,86	5,73	4,33	3,69
„Norm"-Versuche	Platten	12	0,15	1,507	0,839	0,823	4,21	3,14	2,70	1,64	0,56
	Scheiben + Platten	21	-1,37	1,549	0,833	0,665	4,23	3,44	3,16	2,27	1,53

Erläuterungen:

Spalte 4: Achsenabschnitt der Regressionsgeraden

Spalte 5: Regressionskoeffizient

Spalte 6: Korrelationskoeffizient

Spalte 7: Beurteilungsgröße für 99,9% Sicherheit der linearen Regression

Spalte 8: $v - v_\Phi = \dfrac{50 - a}{b}$: wahrscheinlicher Regressionswert für max $e = 50$ mm

Spalte 9: Untere Vertrauensgrenze des Mittelwerts in Spalte 8 für 95% Sicherheit und max $e = 50$ mm

Spalte 10: Untere Vertrauensgrenze des Mittelwerts in Spalte 8 für 99% Sicherheit und max $e = 50$ mm

Spalte 11: Untere Vertrauensgrenze für die Vorhersage eines weiteren,
von den vorliegenden Meßwerten unabhängigen Wertes für 95% und max $e = 50$ mm

Spalte 12: wie Spalte 11, jedoch für 99% Sicherheit

Tabelle 2 läßt auch erkennen, daß die bei Betonmischung B 5 angestrebte große Durchlässigkeit ($W/Z = 0,95$) im Vergleich zur Mischung B 3 merkwürdigerweise nicht erreicht worden ist. Der erhebliche Unterschied zwischen den ebenfalls nahezu identisch zusammengesetzten Betonen B 2 und B 3 ist auf die verschiedenartige Lagerung zurückzuführen.

3.2 Korrelation zwischen Eindringtiefe und Eindringmenge

Eine stationäre Wasserdurchlässigkeit max $e \geq d$ zeigte sich bei vier Platten und 18 Scheiben. Ausreichende Wasserundurchlässigkeit nach DIN 1045 oder Eindringtiefe von mehr als 5 cm wiesen 113 Prüflinge auf. Die Gegenüberstellung von Eindringtiefe und Wasseraufnahme zeigt Bild 5. Die Korrelation zwischen max e und $v - v_{\varphi}$ ist augenscheinlich, wenngleich sie bei getrennter Auftragung von Norm- und Konstantdruckversuchen noch deutlicher zum Ausdruck kommt.

Die Wertepaare der Hauptserien B 3 bis B 6 wurden einer statistischen Auswertung unterzogen, um insbesondere die Korrelation zu prüfen: Für beide Größen konnte sowohl für Konstantdruck- als auch für Norm-Prüfungen ein straffer linearer Zusammenhang nachgewiesen werden, siehe Tabelle 3 und Bild 6. Die Streuung nimmt mit der Wassereindringtiefe zu, was wegen der wachsenden Differenz zwischen max e und $\bar{e}$ grundsätzlich zu erwarten und auch durch den geringen Werteumfang zu erklären ist.

Aus Tabelle 3 ist beispielsweise zu entnehmen, daß Eindringtiefen max $e < 5$ cm erwartet werden dürfen, wenn die Wassereindringmengen unter einer Norm-Prüfung im Mittel 4,21 kg/m² nicht überschreiten. Hingegen darf bei einem Einzelwert die Eindringmenge nur 1,64 kg/m² betragen, wenn mit 95 %iger Sicherheit Wasserundurchlässigkeit attestiert werden soll. Ein Rückschluß auf Eindringtiefen kleiner als etwa 2 cm ist wegen der Versuchsstreuung nicht möglich.

In die statistische Auswertung wurden drei Wertepaare deshalb nicht einbezogen, weil sie erheblich von der gefundenen Linearität abwichen und im statistischen Sinne als Ausreißer zu werten waren: Es handelte sich um wassergelagerte Prüfkörper großer Porosität, die bereits durch kapillare Saugvorgänge vor Beginn der Druckwasserbeanspruchung so durchnäßt waren, daß bei 1 bar Druck zunächst keine zusätzliche Wassereindringung auftrat, sondern im Laufe der Zeit die Ein-

dringtiefe infolge Verdunstung auf der Proben-Rückseite mit zunehmender Versuchsdauer abnahm (vgl. Bild 7, Beton 3).

3.3 Eindringtiefe in Abhängigkeit von Druck und Beanspruchungsdauer

Laut Versuchsprogramm wurden Wasserdruck und Beanspruchungsdauer getrennt variiert, so daß eine Aussage über das Fortschreiten der Wassereindringfront gemäß Gl. (5) möglich ist. In Bild 7 sind diese Werte für die Wassereindringtiefe, wiederum für die vier Hauptserien, dargestellt. Das Ergebnis ist wenig befriedigend. Weder die Druckabhängigkeit noch die Zeitabhängigkeit entspricht den theoretischen Erwartungen: In erster Näherung kann bereits bei einer Druckbeanspruchung von 1 bar nach 24 Stunden entschieden werden, in welche Kategorie ein gegebener Beton einzuordnen ist.

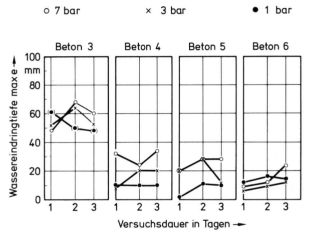

Bild 7
Abhängigkeit von Wasserdruck und Beanspruchungsdauer für die Betone B 3 bis B 8 im Konstantdruckversuch

Bei diesem Ergebnis muß man allerdings bedenken, daß alle in Bild 7 eingetragenen Werte an verschiedenen Prüfkörpern gewonnen wurden und beispielsweise die Zeitabhängigkeit einer einzelnen Probe durchaus in befriedigender Weise den Erwartungen entspricht (vgl. Bild 2).

Trotz dieser Mängel ist es mit erstaunlicher Genauigkeit möglich, entsprechend Gl. (8) aus der Wassereindringtiefe in Konstantdruckversuchen auf die Eindringtiefe im Normversuch zu schließen, wie Bild 8 zeigt.

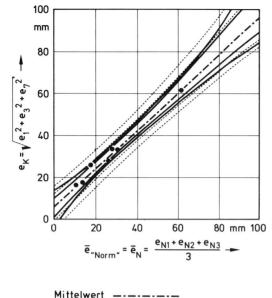

$e_K = \sqrt{e_1^2 + e_3^2 + e_7^2}$ →

$\bar{e}_{"Norm"} = \bar{e}_N = \dfrac{e_{N1} + e_{N2} + e_{N3}}{3}$ →

Mittelwert — · — · — · —

Vertrauensbereiche:

Mittelwert	———	95 %
	———	99 %
Einzelwert	·········	95 %
	·········	99 %

Bild 8
Prüfung von Gl. (8)

4 Erprobung eines transportablen Meßgerätes

Im Hinblick auf die Zielsetzung, die Wasserdurchlässigkeit aus der Wasseraufnahmemenge am Bauwerk möglichst zerstörungsfrei zu prüfen, wurde eine transportable Prüfapparatur entwickelt. Dieser wurde das Prinzip des Schutzrings zugrunde gelegt, wie es z. B. vom Schutzringkondensator oder von Apparaturen zur Messung der Wärmeleitfähigkeit her bekannt ist, um einen eindimensionalen Wassereindringvorgang etwa bis zur selben Eindringtiefe, wie ihn die Normapparatur besitzt, zu gewährleisten, aber mit einem kleineren Prüfflächendurchmesser. Für den vorliegenden Fall bedeutet das die Anordnung zweier konzentrischer Druckkammern – Querschnitt kreis- bzw. kreisringförmig –, die auf gleichem Druck gehalten werden, wobei aber nur der Wasserverbrauch der inneren Kammer gemessen wird. Gleichheit der Eintrittsflächen ist hierbei nicht erforderlich, jedoch ist auf gleiche Volumina beider Kammern zu achten, um bei großem Wasserverbrauch eine gleichmäßige Entleerung der Kammern zu erzielen.

Beide Kammern werden von einem Vorratsbehälter mit Wasser versorgt und von Preßluftstahlflaschen mit Luftdruck beaufschlagt. Zwischen Preßluftflaschen und Hauptkammer befindet sich zur Messung der Wassereindringmenge ein Hochdruck-Wasserstandsrohr gleichen Fabrikats wie in normgemäßen Meßeinrichtungen. Durch diverse Ventile ist es möglich, den Druck einzustellen bzw. zu begrenzen und Kammern sowie Verbindungsschläuche zu entlüften (s. Bild 9).

Bild 9
Meßapparatur zur Bestimmung der Wassereindringung am Bauwerk.
Teilansicht ohne Druckmeßdose, s. Bilder 11 und 12, und ohne Wasservorratsbehälter.
Prüfung bei 1 bar Druck; momentane Wassereindringmenge 35 ml

Da die Aufstandsflächen von Flansch und Trennwand zwischen Innen-/Außenkammer unterschiedlich groß sind und eine Unterwanderung dieser Trennwand durch Druckwasser noch vor dessen Eindringen in den Beton vermieden werden soll, ist die Innenkammer von der Außenkammer getrennt und gegen diese axial verschiebbar hergestellt. Mit einer Überwurfmutter kann die Innenkammer gegen Außenkammer und Beton verspannt werden.

Zur Anbringung des Gerätes am Bauwerk ist der Fuß der Außenkammer der Druckdose als ringförmiger Flansch ausgebildet, über den T-förmige Stahlleisten gespannt werden können. Die Befestigung erfolgt mit Gewindestangen und Messing-Spreizdübeln im Beton, wobei auf einen möglichst großen Abstand zwischen Befestigungsbohrungen und Rand der Prüffläche zu achten ist. Diese Anbringungsart ist nicht wirklich zerstörungsfrei, jedoch wird die Bewehrung nicht beschädigt; außerdem ist das Anbringen der Spreizdübel im

160

Tabelle 4
Rückschluß auf die Wassereindringtiefe in Beton-Massivblöcke aus der gemessenen Eindringmenge

Beton-mischung	Meßgröße/ Schätzwert	Wassereindringmenge v_{T4} in [ml] gemessene Wassereindringtiefe max e in [mm] geschätzte Wassereindringtiefe e_r in [mm]				Versuchs-körper/ Meßrichtung
		1	2	3	mittel*)	
B 7	v_{T4}	73,0	71,5	(891)	53,5 … 72,3	P/v
	max e	36	44	120	40,0	
	e_r	–	–	–	34,8 … 47,0	
B 7	v_{T4}	46,5	39,0	53,0	44,8 … 46,2	M/v
	e_r	–	–	–	29,1 … 30,0	
B 7	v_{T4}	210	124,5	113	130,0 … 172,5	M/h
	e_r	–	–	–	84,5 … 112,1	
B 8	v_{T4}	31,0	61,5	53,5	30,1 … 48,7	P/v
	max e	23	11	33	22,3	
	e_r	–	–	–	19,6 … 31,7	
B 8	v_{T4}	74,0	50,3	62,0	37,2 … 62,1	M/v
	e_r	–	–	–	24,2 … 40,4	
B 8	v_{T4}	88,0	69,0	65,0	57,2 … 74,0	M/h
	e_r	–	–	–	37,2 … 48,1	

*) Es wurden mehrere Ausgleichsverfahren angewandt, um den Schätzwert v_{T4} einzugrenzen; deshalb sind für v_{T4} und e_r Wertebereiche angegeben. Schätzwert $e_r = 0{,}65\ v_{T4}$ in [mm/ml]; v_{T4} Eindringmenge mit dem transportablen Meßgerät im 4-Stunden-Kurzprüfverfahren.

Bild 10
Zur Prüfung vorbereitete Meßstelle mit Kunstkautschuk-Imprägnierung – Voranstrich zum Verschluß von Kleinporen und als Haftgrund für die Dichtung. Zur Halterung der Druckdose sind 12 Metallspreizdübel angebracht. Anmerkung: 75 µm breiter Riß – außerhalb der Meßstelle mit Kunstharz abgedichtet (dunkle Verfärbung)

Bild 11
Prüfstelle wie in Bild 10. Druckmeßdose angebracht – fortgeschrittene Durchfeuchtung unter 7 bar Druck. Im Umkreis von 50 cm tritt Wasser aus der Wand aus, jedoch nicht unmittelbar unter der Dose

Bild 12
Prüfstelle wie in Bild 10. Starke Durchfeuchtung
unter 7 bar Druck mit von der Wand ablaufendem Wasser –
Gesamtprüfdauer unter 7 bar Druck: 4 Stunden

Bild 13
Prüfstelle wie in Bild 10. Zustand nach Abtrocknung
der Feuchtigkeit mit Probebohrung zur Ermittlung
der tatsächlichen Eindringtiefe.
Kreideumrandung: Bereich größter Durchfeuchtung.
Weiße Tropflinien: Ausgewaschenes Kalziumhydroxid

Gegensatz zur Entnahme von Bohrkernen mit einer Handbohrmaschine möglich.

Zwischen Prüfgegenstand und Druckdose sind Dichtungen anzuordnen. Hierfür haben sich Zellgummiringe als

geeignet erwiesen, die auf die Prüffläche mit Kautschukkleber aufgeklebt werden, wobei zugleich der Porenverschluß der nicht beanspruchten Betonoberfläche bewirkt wird.

Zur Erprobung der Apparatur wurden im Rahmen des o. g. Forschungsvorhabens $90 \times 70 \times 46$ cm^3 große Betonblöcke verwendet und die aus Mengenmessungen abgeschätzte Wassereindringtiefe durch Entnahme von Bohrkernen kontrolliert. Einige Ergebnisse sind in Tabelle 4 zusammengefaßt. Wie ersichtlich, ist bei horizontaler Anbringung der Apparatur und porösem Beton eine Fehleinschätzung möglich, und zwar deshalb, weil dann Wasser z. T. durch die Poren außerhalb der Prüfdose austritt und somit eine erhöhte Wassereindringung vortäuscht.

Die Bilder 10 bis 13 zeigen die Anwendung der Apparatur am Bauwerk, wobei die Wasserwanderung im Beton bei ungenügender Verdichtung und vermutlich auch ungeeigneter Zusammensetzung augenscheinlich ist. Zusammenfassend läßt sich also feststellen, daß eine Beurteilung der Wassereindringtiefe am Bauwerk zerstörungsfrei durch Ermittlung der Wassereindringmenge möglich ist.

5 Schrifttum

[1] STEINERT, J.: Bestimmung der Wasserundurchlässigkeit von Kiesbeton aus dem Wassereindringverhalten. Zivilschutzforschung Band 7. Osang-Verlag, Bad Honnef-Erpel 1977 – dort 62 weitere Literaturhinweise.
[2] VALENTA, O.: Propustnost a pronikani vody do betonu. Stavernicky Casopis Sav XVIII, 8. Bratislava 1970.
[3] BONZEL, J.: Der Einfluß des Zements, des W/Z-Wertes, des Alters und der Lagerung auf die Wasserundurchlässigkeit des Betons. Betontechnische Berichte 1966. Beton-Verlag GmbH, Düsseldorf 1967.
[4] KÜNZEL, H. und SCHWARZ, B.: Die Feuchtigkeitsaufnahme von Baustoffen bei Beregnung. Berichte aus der Bauforschung, H. 51. Wilhelm Ernst & Sohn, Berlin/München 1968.

**Nils Valerian Waubke
und Gerhard Rustler**

Untersuchungen über die Eignung alkoholischer Frostschutzmittel für den Einsatz bei Betonarbeiten unter 0 °C

1 Einleitung

In zunehmendem Umfang geht die Bauindustrie dazu über, die Einrichtung von sogenannten Winterortbetonbaustellen zur besseren und gleichmäßigeren Auslastung der vorhandenen Kapazität im Baugewerbe als wirtschaftliche Alternative anzusehen ([1] bis [3]). Auf die Planung und Einrichtung solcher Ortbetonbaustellen in der kalten Jahreszeit waren dementsprechend auch die meisten bisherigen Untersuchungen der Witterungseinflüsse auf den erhärtenden Frischbeton und auf den erhärteten Beton ausgerichtet ([4] bis [11]):

Bei der Einwirkung von Frost auf den Frischbeton kommt es danach – je nach Abkühlungsgeschwindigkeit – zur Ausbildung von Eislinsen oder fein verteilten Eisnadeln. Der Eisdruck, der sich aus der Volumenvergrößerung des gefrierenden Wassers um 9 % ergibt, führt zu einer bleibenden Gefügestörung im Frischbeton, was sich festigkeitsmindernd auf den später erhärteten Beton auswirkt. In einem genügend erhärteten Beton besitzt der Zementstein bereits ausreichend Festigkeit, dem Eisdruck zu widerstehen, was zur Folge hat, daß sich nur mikroskopisch kleine Eislinsen im Zementstein entwickeln können; gefährlich ist hierbei jedoch die mögliche Entstehung von kleinen Eisnadeln zwischen Zuschlagkörnern und Zementsteinmatrix, was zu einer bleibenden Schädigung des Verbundes zwischen Zuschlagstoff und Zementstein führen kann. Ganz allgemein muß im Beton zwischen „gefrierbarem" und „nicht gefrierbarem" Wasser unterschieden werden. Zu dem nicht gefrierbaren Wasser zählen das bei der Hydratation des Zementes chemisch gebundene Wasser und das erst bei Temperaturen unterhalb von −78 °C gefrierende Gelwasser [4]. Als „gefrierbar" ist danach nur das freie Kapillarwasser anzusehen.

Die Zementhydratation wird, wie alle chemischen Reaktionen, von der Temperatur beeinflußt, und zwar durch steigende Temperaturen beschleunigt und durch

sinkende verzögert. Niedrige Temperaturen haben jedoch auch thermodynamische Vorteile im Hinblick auf die Zementhydratation [12]: Das Prinzip des kleinsten Zwanges gilt insoweit auch für diesen irreversiblen Prozeß, als eine Abkühlung während der Zementhydratation eine Zunahme der Masse der exothermen Hydratationsprodukte zur Folge hat und so die Vollständigkeit des Hydratationsprozesses erhöht.

DIN 1045, Abschnitt 11, und die RILEM-Richtlinien für das Betonieren im Winter [13] beinhalten Hinweise und Forderungen für die Planung, Einrichtung und Durchführung von Winterortbetonbaustellen. Die darin empfohlenen Schutzmaßnahmen beruhen ausnahmslos entweder auf dem Vorerwärmen der Betonbestandteile oder auf dem Warmhalten bzw. Isolieren des eingebrachten Frischbetons oder auf der Verwendung von schnellerhärtenden Zementen mit hoher Hydratationswärme. Eine völlig andere Frostschutzmaßnahme bei Winterbaustellen stellt die Zugabe von Chemikalien zur Gefrierpunktserniedrigung des Frischbetonanmachwassers dar. Vorzugsweise wurden dafür über längere Zeit Alkali- und Erdalkalichloride verwendet [7], [13], [14], die jedoch eine ausgeprägte Korrosionsgefährdung der im Beton befindlichen Stahlbewehrungen darstellen. Allerdings sind bei einer derartigen chemisch-physikalischen Frostschutzmaßnahme weder eine Wärmebehandlung noch ein Wärmeschutz des Frischbetons bzw. des erhärtenden Betons notwendig.

So erschien es lohnend, den Gedanken der chemisch-physikalischen Maßnahme aufzugreifen und nach solchen Zusatzmitteln zu suchen, welche weder betonschädigend noch korrosionsfördernd noch umweltbelastend sind, und deren Eignung – zunächst in Versuchen mit Zementmörtelprismen 4 × 4 × 16 cm (DIN 1164) – im Labor zu untersuchen. Die Versuchstemperaturen sollten dabei so weit abgesenkt werden, daß den in der Bundesrepublik Deutschland im Winter zu registrierenden Tiefst-Lufttemperaturen (ca. −20 °C) durch entsprechende Lagerungstemperaturen von $-10\,°C$ bis $-15\,°C$ Rechnung getragen wird. Eine Kosten-Nutzen-Gegenüberstellung unter Berücksichtigung der besonderen betrieblichen Vorhaltungen auf Winterbaustellen sollte schließlich Hinweise dafür geben, wo die untersuchten Frostschutzmittel für die Baupraxis empfehlbar scheinen.

2 Versuche

2.1 Frostschutzmittel

Für die Zementmörtelversuche wurden als Frostschutzmittel die organischen Flüssigkeiten Methanol und Glycol und als Zement ein PZ 350 F ausgewählt. Einige Autoren führten bereits Tastversuche mit Alkohol als Frostschutzmittel durch [16], [17], ausführliche Untersuchungen zu dieser Frage wurden jedoch bislang nicht bekannt.

Als preiswerte, gut mit Wasser mischbare, nicht korrosionsfördernde und nur wenig toxische Alkohole wurden Methanol und Glycol für die hier beschriebenen Untersuchungen ausgewählt. Die mit diesen Mitteln in Vorversuchen tatsächlich erzielte Gefrierpunkterniedrigung des Mörtelanmachwassers entspricht weitgehend den theoretisch zu erwartenden Werten.

Zunächst wurde der Einfluß verschienener Konzentrationen dieser Mittel auf die bei Raumtemperatur erreichbare 28-Tage-Zementmörtelfestigkeit nach DIN 1164 untersucht, wobei sich zeigte, daß bei konstantem W/Z-Faktor sowohl die Druck- als auch die Biegezugfestigkeit mit zunehmender Frostschutzmittelkonzentration abnehmen:

Die Festigkeitseinbußen lagen in dem für die Praxis vermutlich zu bevorzugenden Konzentrationsbereich bei 15 %. Erstarrungsversuche mit einem automatischen Vicat-Gerät ergaben, daß sowohl bei $t = +20\,°C$ als auch bei $t = +5\,°C$ Glycol erstarrungsbeschleunigend, ein Methanolzusatz dagegen erstarrungsverzögernd wirken. Ausbreitversuche mit konstantem W/Z-Faktor bei Temperaturen von $t = +20\,°C$ und $t = +5\,°C$ führten zu dem Ergebnis, daß mit sinkender Temperatur die Konsistenz des Zementmörtels etwas ansteigt und ein Methanol- oder Glycolzusatz in einer wirtschaftlich und technisch interessanten Konzentration von ca. 3 bis ca. 12 Gew.-% die ordnungsgemäße Verarbeitung des Zementmörtels nicht beeinträchtigt.

2.2 Lagerungstemperatur $t = -5\,°C$ (268 K)

Normensand und Wasser sowie Mischbehälter und Prismenschalung wurden so vorgekühlt, daß die bei Raumtemperatur gemischten und verdichteten Zementmörtelprismen mit einer Mörteltemperatur von maximal $+5\,°C$ in den Klimaschrank gestellt werden konnten, in dem bereits eine Lufttemperatur von $t = -5\,°C$ herrschte. Temperaturmessungen ergaben, daß die Mörtelkörper in ihrem Innern spätestens nach 5 Stunden auf die Lagerungstemperatur $t = -5\,°C$ abgekühlt waren. Diese so behandelten Prismen wurden bei unveränderter Temperatur nach 7 Tagen ausgeschalt und danach weiter im Klimaschrank gelagert. Die Festigkeitsprüfungen an den bei $t = -5\,°C$ erhärteten Zementmörtelprismen wurden dann entweder im „kalten" oder im „erwärmten" Zustand durchgeführt. Bei der Festigkeitsprüfung „im kalten Zustand" wurde der jeweilige Prüfling unmittelbar nach der Entnahme aus dem Klimaschrank hintereinander Biegezug- und Druckprüfung unterworfen; bei der Festigkeitsprüfung „im erwärmten Zustand" wurden die Mörtelprismen jeweils vor der Biegezug- und Druckprüfung 3 Stunden lang in $+20\,°C$ warmem Wasser auf Raumtemperatur erwärmt.

In einer ersten Versuchsreihe wurde, für die Lagerungstemperatur $t = -5\,°C$, die Abhängigkeit der erreichbaren 28-Tage-Festigkeit von Frostschutzmittelart und -konzentration untersucht, wobei das Frostschutzmittel dem Anmachwasser in Gew.-% (bezogen auf das Anmachwasser bei konstantem W/Z-Faktor) zugegeben wurde. Die Ergebnisse dieser Versuchsreihe für Methanol, die auch gut mit den entsprechenden Ergebnissen für Glycol übereinstimmen, sind in Bild 1 dargestellt: Als Ordinaten sind die relativen 28-Tage-Festigkeiten in Prozent von β_{Dr}^{28} bzw. β_{BZ}^{28} (Raumtemperatur) aufgetragen.

Bild 1 zeigt für die Lagerungstemperatur $t = -5\,°C$ eine ausgeprägte Abhängigkeit der erreichbaren relativen 28-Tage-Festigkeit von der Konzentration des Frostschutzmittels Methanol. Die relativen 28-Tage-Festigkeiten nehmen mit steigender Frostschutzmittelkonzentration zu, erreichen bei einer optimalen Frostschutzmittelkonzentration ihr Maximum und nehmen dann mit steigender Konzentration wieder ab.

Ersichtlich liegt der Verlauf der relativen Biegezugfestigkeit stets über dem der relativen Druckfestigkeit. Diese Erscheinung ist für die Festigkeitsprüfung „im kalten Zustand" allgemein deutlicher ausgeprägt als für die Festigkeitsprüfung „im erwärmten Zustand". Die darin manifestierte generelle Begünstigung der Zementsteinzugfestigkeit hat vermutlich 2 Gründe:

1. Die in die Zementmörtelmatrix bei niedrigen Frostschutzmittelkonzentrationen eingelagerten Eislinsen wirken bei der Festigkeitsprüfung „im kalten Zustand" als eine Art Bindeglied innerhalb der Mörtelmatrix, was insbesondere die Zementsteinzugfestigkeit begünstigt.

2. Bei niedrigen Temperaturen liegen für die exotherme Zementhydratation thermodynamisch günstigere Bedingungen vor. Dies hat eine „vollständigere" Hydratation und somit längere und stabilere C-S-H-„Fasern" zur Folge, was insbesondere die Zementsteinzugfestigkeit verbessert [7], [14], [18], [19]. Ein Absinken der Temperatur verlangsamt außerdem die Zementhydratation, so daß die Fasern gleichmäßiger und fehlerfreier wachsen können.

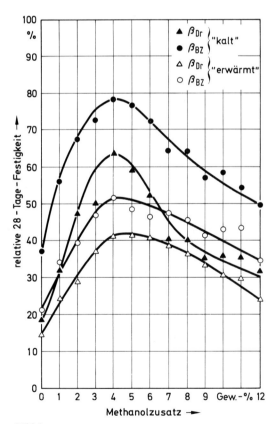

Bild 1
Abhängigkeit der Mörtelfestigkeit nach 28 Tagen Kaltlagerung bei −5 °C von der Konzentration des Frostschutzmittels Methanol

Außerdem liegt in Bild 1 die zur Erzielung maximaler Festigkeiten bei −5 °C notwendige Methanolkonzentration (ca. 4 Gew.-%) niedriger als die nach den experimentellen Gefrierpunktsuntersuchungen mit Wasser-Methanol-Gemischen für eine Gefrierpunktserniedrigung um 5 K notwendige Konzentration von ≈8,5 Gew.-%. Hierfür gibt es mehrere, sich zum Teil ergänzende Erklärungen:

1. Bei der Hydratation von C_3S und C_2S entsteht $Ca(OH)_2$, welches im Anmachwasser bzw. Porenwasser gelöst wird. Nach [20] liegt der Gefrierpunkt des Anmachwassers während des Abbindens des Zements deshalb bei $t = -0,4$ °C.

2. Aufgrund der einsetzenden, wasserverbrauchenden Hydratationsreaktionen steigt die ursprüngliche Frostschutzmittelkonzentration im verbleibenden Anmachwasser an.

3. Mit der Zunahme der Frostschutzmittelkonzentration nehmen die Frostwirkung und die daraus resultierenden Gefügeschäden in der Zementmörtelmatrix ab.

4. Mit steigender Frostschutzmittelkonzentration wird andererseits, wie zu Beginn dieses Kapitels festgestellt, die unter normalen Bedingungen erreichbare Zementmörtelfestigkeit abgemindert.

Die unter Punkt 3 und 4 genannten Einflußfaktoren wirken bei Zunahme der Frostschutzmittelkonzentration gegenläufig und bestimmen so wechselseitig die optimale Frostschutzmittelkonzentration.

In Bild 1 liegen, selbst bei höheren Frotschutzmittelkonzentrationen, die Ergebnisse der Festigkeitsprüfung „im kalten Zustand" stets über denen der Prüfung „im erwärmten Zustand". Das muß im Zusammenhang mit Beobachtungen von MONFORE gesehen werden, der selbst bei der Abkühlung von bei 105 °C getrockneten Betonwürfeln unter den Gefrierpunkt noch minimale Festigkeitssteigerungen fand [21]. Dieses Phänomen ist daher wohl als Hinweis darauf einzustufen, daß die Festigkeitssteigerungen von Betonen infolge Abkühlung nicht allein auf dem Gefrieren des Betonporenwassers, sondern auch auf der abkühlungsbedingten Veränderung der Kompressibilität und der „Gleitebenenbeweglichkeit" der Zementsteinmatrix beruhen. Da der Zementsteinanteil bei Zementmörtelprismen höher liegt als bei Betonen, wirken sich diese Veränderungen bei den Mörteln naturgemäß noch deutlicher auf die Festigkeit aus als bei Betonen.

Neben der Abhängigkeit der erreichbaren 28-Tage-Festigkeit von der Frostschutzmittelkonzentration wurde auch die zeitliche Entwicklung der Festigkeiten der Zementmörtelprismen bei einer Lagerungstemperatur von $t = -5\,°C$ verfolgt: Bild 2 zeigt – als Beispiel für die Ergebnisse dieser Messungen – den Erhärtungsverlauf einer Mörtelmischung mit einem Methanolzusatz von 3 Gew.-%, für den Bild 1 bereits eine deutliche Verbesserung der erreichbaren 28-Tage-Festigkeiten gegenüber frostschutzmittelfreiem Mörtel ausweist.

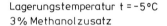

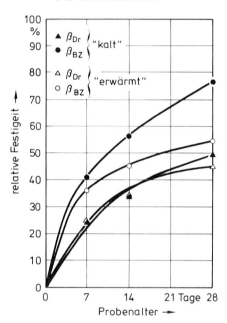

Bild 2
Festigkeitsentwicklung eines Mörtels mit Methanolzusatz bei $-5\,°C$

Bild 2 zeigt für die Lagerungstemperatur $t = -5\,°C$ den von der Zementerhärtung bei Raumtemperatur her bekannten Verlauf der Festigkeitsentwicklung sowohl für die Festigkeitsprüfung „im kalten Zustand" als auch für die „im erwärmten Zustand"; das gleiche Ergebnis wurde auch bei einer entsprechenden Versuchsreihe mit 5 Gew.-% Glycolzusatz erreicht. Die dargestellten Ergebnisse decken sich auch mit den Folgerungen aus Bild 1 – sieht man einmal davon ab, daß sich die Werte für die Druckfestigkeit etwas überschneiden, was mit der Streuung der dazugehörigen Versuchsergebnisse zusammenhängt.

Für eine baupraktische Anwendung der ausgewählten Frostschutzmittel Methanol und Glycol ist neben den bei winterlichen Temperaturen erreichbaren Festigkeiten auch das sich einstellende Mörtelgefüge von Bedeutung. Aus diesem Grunde wurden die bei $t = -5\,°C$ erhärteten Mörtelprismen weiterer Untersuchungen unterworfen:

1. Schwindversuche ergaben, daß die bei $t = -5\,°C$ mit verschiedenen Methanol- und Glycolzusätzen erhärteten Prismen ein um 50 bis 100% höheres Schwindmaß erreichen als entsprechend lang, aber ohne Frostschutzmittelzusatz bei Raumtemperatur erhärtete.

2. Karbonatisierungsversuche in Raumluft ergaben, daß die bei $t = -5\,°C$ mit verschiedenen Frostschutzmittelzusätzen erhärteten Zementmörtel aufgrund ihrer höheren Porosität während der ersten 6 Monate einen 2- bis 4mal schnelleren Karbonatisierungsfortschritt erfahren als frostschutzmittelfreie, bei Raumtemperatur ausgehärtete Vergleichsproben.

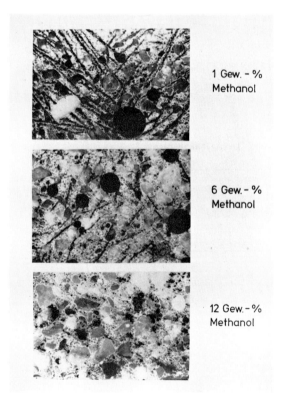

Bild 3
Imprägnierte Anschliffe von Prismenbruchflächen (Hohlräume dunkel gefärbt)

3. Zur Untersuchung der Frost- und Gefügeschäden der bei $t = -5\,°C$ erhärteten Mörtel wurden Anschliffe von Prismenbruchflächen angefertigt, welche zur Verdeutlichung der Frostrisse imprägniert wurden. In Bild 3 sind Aufnahmen solcher Anschliffe aus Mörtelprismen mit unterschiedlichen Methanolzusätzen zusammengefaßt, welche 28 Tage bei $t = -5\,°C$ erhärteten und vor der Präparation in Wasser auf Raumtemperatur erwärmt wurden: Größe und Anzahl der Frostrisse im Mörtelgerüst nehmen mit zunehmender Frostschutzmittelkonzentration erkennbar ab.

2.3 Lagerungstemperatur $t = -15\,°C$ (258 K)

Die Untersuchung der Erhärtung von Zementmörtelprismen mit Frostschutzmittelzusätzen bei $-15\,°C$ diente der Suche nach dem Grenztemperaturbereich, unterhalb dessen trotz Frostschutzmittelzusatz keine bzw. keine technisch interessante Erhärtung mehr stattfindet. Für diese Versuche wurde der W/Z-Faktor der Mörtel auf 0,45 erniedrigt; die Ergebnisse einer derartigen Versuchsreihe mit 10 Gew.-% Methanolzusatz sind in Bild 4 dargestellt.

Ersichtlich verläuft die Festigkeitsentwicklung „im kalten Zustand" für zunehmendes Probenalter durchaus in der gewohnten Weise asymptotisch – jedoch weisen die Kurven, im Unterschied zum allgemein bekannten Er-

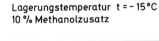

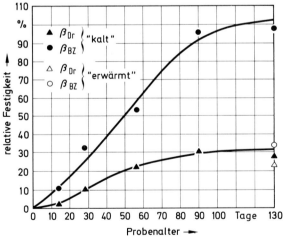

Bild 4
Festigkeitsentwicklung eines Mörtels mit Methanolzusatz bei $-5\,°C$

härtungsverlauf, in jüngerem Mörtelalter einen Wendepunkt auf, der nur auf den besonderen und wachsenden Festigkeitseinfluß der Eislinsen bei der Temperatur $t = -15\,°C$ zurückgeführt werden kann, will man nicht das Gesetz von ARRHENIUS in Frage stellen. Die 130-Tage-Festigkeitsprüfung „im erwärmten Zustand" erbrachte – je nach Frostschutzmittel und Festigkeitsart – relative Festigkeiten zwischen 20% und 40%, die mit Sicherheit nicht von einer Erhärtung bzw. Nacherhärtung im Verlauf der 4-stündigen Aufwärmung in Wasser von $+20\,°C$ herrühren.

3 Technisch-wirtschaftliche Aspekte

Ein Betonieren unter winterlichen Bedingungen mit den untersuchten organischen Frostschutzmitteln Methanol und Glycol würde sich nicht vom normalen Betoniervorgang auf Ortbetonbaustellen unterscheiden und zeichnet sich somit gegenüber allen anderen Winterbetonierverfahren durch seine einfache technische Handhabung aus. Es bedarf keines Einsatzes und keiner Vorhaltung irgendwelcher technischer Geräte, Dämmaterialien oder Baustellenumkleidungen. Aus den genannten Gründen ergibt sich hinsichtlich der personellen Ausstattung einer mit Methanol und Glycol als Frostschutzmittel arbeitenden Winterortbetonbaustelle, daß erstens weniger Arbeitskräfte benötigt werden und zweitens z. T. ungelernte Arbeitskräfte eingesetzt werden können. Bei allen anderen Winterbetonierverfahren ist mehr und technisch geschultes Personal notwendig.

Die Versuchsreihen mit Methanol und Glycol ergaben, daß sie sich hinsichtlich ihrer Eignung als Frostschutzmittel praktisch nicht unterscheiden, Methanol jedoch aufgrund seines geringeren Molekulargewichts eine höhere gefrierpunktserniedrigende Wirkung besitzt und somit in geringerer Konzentration eingesetzt werden kann als Glycol:

Geht man von 150 l Anmachwasser pro m³ Frischbeton und einem Methanolzusatz von 5 Gew.-% aus, so entstehen dadurch Mehrkosten von ca. 20 DM pro m³ Frischbeton, die bei Großabnahme von Methanol noch zu senken sein sollten.

Im Prinzip ist das Betonieren mit Methanol oder Glycol als Frostschutzmittel auf jeder Winterbaustelle möglich und anwendbar. Der praktische Einsatz bietet sich insbesondere für kleinere und mittlere Baustellen, bei plötzlichen oder kurzzeitigen Frosteinbrüchen, für das Ausmörteln von Fertigteilfugen und schließlich für Regionen an, in denen das ganze Jahr über mit Frost gerechnet werden muß und die Möglichkeit, überhaupt ohne zusätzliche personelle und technische Vorhaltungen im Freien betonieren zu können, ungeachtet der Erhärtungszeiten und Materialpreise bereits einen Fortschritt darstellt.

4 Zusammenfassung

Ziel der Untersuchungen war es, in Mörtelversuchen die Zementerhärtung bei Temperaturen unter 0 °C nach Zugabe alkoholischer Frostschutzmittel experimentell zu erfassen. Zu diesem Zwecke wurden die organischen Flüssigkeiten Methanol und Glycol als mit Zement gut verträgliche und nicht korrosionsfördernde Mittel ausgewählt und hinsichtlich ihrer gefrierpunktserniedrigenden Wirkung im Mörtel untersucht. Ausbreitversuche bei Raumtemperatur und bei $t = +5 °C$ ergaben, daß Zementmörtel-Glycol- und Zementmörtel-Methanol-Gemische auch mit relativ hohen Frostschutzmittelkonzentrationen – und daher wohl auch entsprechende Frischbetonmischungen – ordnungsgemäß verarbeitet werden können.

Erhärtungsversuche mit Zementmörtelprismen bei einer Lagerungstemperatur von −5 °C haben insbesondere nachgewiesen, daß

- ein Methanol- oder Glycolzusatz die erreichbaren Festigkeiten erhöht,
- dabei prinzipiell mit beiden Mitteln auch in etwa die gleichen Festigkeiten erzielt werden können,
- die maximalen relativen 28-Tage-Festigkeiten, je nach Festigkeitsart (β_{Dr} oder β_{BZ}) und Zustand der Probekörper bei der Festigkeitsprüfung (,,kalt`` oder ,,erwärmt``), zwischen 40 und 80%, bezogen auf die 28-Tage-Festigkeit bei Raumtemperatur, betragen,
- die Zugfestigkeit des Zementsteins aufgrund der thermodynamisch günstigeren Hydratationsbedingungen gegenüber der Druckfestigkeit begünstigt wird,
- die Werte der Festigkeitsprüfung ,,im kalten Zustand`` über denen der ,,im erwärmten Zustand`` liegen,
- die zeitliche Festigkeitsentwicklung den gleichen asymptotischen Verlauf wie die Erhärtung reiner Mörtel bei Raumtemperatur zeigt,

- die optimalen Frostschutzmittelkonzentrationen im Mörtel niedriger liegen als die aus reinen Wasser-Frostschutzmittel-Gemischen herleitbaren,
- die bei −5 °C unter Frostschutzmittelzusatz erhärteten Zementmörtelprismen allerdings eine höhere Schwindung aufweisen und schneller karbonatisieren als reine Mörtel bei Raumtemperatur,
- Anzahl und Größe der Gefügeschäden im Mörtel mit der Frostschutzmittelkonzentration abnehmen.

Bei einer Lagerungstemperatur von −15 °C findet, bei ausreichendem Frostschutzmittelzusatz, ebenfalls noch eine Zementerhärtung statt. Nach bisheriger Auffassung sollte die Zementerhärtung bei etwa −15 °C praktisch zum Stillstand kommen [6], [7]: Die hier vorgelegten Versuchsergebnisse widerlegen nicht nur diese Annahme, sondern lassen darüber hinaus erwarten, daß selbst bei Temperaturen um −20 °C noch eine, wenn auch langsame, so doch nennenswerte Zementerhärtung sichergestellt werden kann.

Versuche zur Bestätigung dieser Feststellungen für Konstruktionsbetone – insbesondere zur Prüfung der Frage der Übertragbarkeit der Verarbeitungs- und Verdichtungseigenschaften, des Schwindverhaltens und der Korrosionsanfälligkeit von Mischungen mit Methanol- oder Glycolzusatz bei Temperaturen unter 0 °C – müssen sich nun anschließen.

5 Schrifttum

[1] KLEINLOGEL, A.: Winterarbeiten im Beton- und Stahlbetonbau. Wilhelm Ernst und Sohn, Berlin 1953.

[2] OTTO, W.: Winterarbeiten im Hochbau. Bauverlag, Wiesbaden/Berlin 1966.

[3] RÖTHIG, H.: Winterbau ist notwendig. Baumarkt 19 (1978), S. 1073–1076.

[4] POWERS, T. C.: Resistance of concrete to frost at early ages. RILEM-Symposium Winter Concreting, Kopenhagen 1956.

[5] POWERS, T. C.: Prevention of frost damage to green concrete. RILEM-Bulletin Nr. 14, März 1962, S. 120–124.

[6] NYKÄANEN, A.: Hardening of concrete at different temperatures, especially below the freezing point. RILEM-Symposium Winter Concreting, Kopenhagen 1956.

[7] NYKÄANEN, A. und PIHLAJAVAARA, S.: The hardening of concrete under winter concreting conditions. Julkaisu 35 Publication, Helsinki 1958.

[8] ZILLICH, V. C.: Fugenverguß von Fertigteilen bei winterlichen Temperaturen. Betonwerk + Fertigteil-Technik 11 (1975), S. 537–541.

[9] ZIMBELMANN, R.: Über das Verhalten von Zementstein und Beton bei niederen Temperaturen. Schriftenreihe des Otto-Graf-Instituts der Universität Stuttgart, Heft 67 und 68 (1975).

[10] LITVAN, G. G.: Frost action in cement paste. Matériaux Et Constructions, Vol. 6–34 (1973), S. 293–298.

[11] Colloque de Moscou 1975: Bétonnage en hiver, Analyse des rapports généraux. Matériaux Et Constructions. Vol. 9–50 (1976), S. 129–139.

[12] Mtschedlow-Petrossian, O. P. und Tschernjawski, W. L.: Einfluß niedriger Temperaturen auf den Hydratationsprozeß von Portlandzement. Silikattechnik 18 (1967), S. 72–76.

[13] RILEM: Richtlinien für das Betonieren im Winter.

[14] Mironov, S. A. und Krylov, B. A.: Concrete with chloride salts in winter conditions. RILEM-Symposium Winter Concreting, Kopenhagen 1956.

[15] Klieger, P.: Einfluß der Beton- und Lagerungstemperatur auf die Festigkeit. Zement-Kalk-Gips 5 (1959), S. 228–233.

[16] Meyer, E. V.: The influence of alcohol on concrete in cold weather. RILEM-Symposium Winter Concreting, Kopenhagen 1956.

[17] Bouvy, J. J.: Proceedings of the RILEM-Symposium Winter Concreting Kopenhagen 1956.

[18] Hummel, A. und Wesche, K.: Von der Erhärtung verschiedener Bindemittel bei niedrigen Wärmegraden. Zement-Kalk-Gips 8 (1955), S. 322–325.

[19] Walz, K. und Bonzel, J.: Festigkeitsentwicklung verschiedener Zemente bei niederer Temperatur. Forschungsbericht des Landes Nordrhein-Westfalen Nr. 1005, Westdeutscher Verlag, Köln/Opladen 1961.

[20] Kirejenko, J. A.: Neues über die Betontechnologie. Zement (1933), S. 556–572.

[21] Monfore, G. E. und Lentz, A. E.: Physical properties of concrete at very low temperatures. Journal of the PCA Research and Development Laboratories 7 (1965), Nr. 2, S. 33–39.

Schnittgrößenermittlung und Bemessung

Walter Diettrich

Schnittgrößen aus Vorspannung für Balken mit räumlicher Krümmung von Spannglied- und Tragwerksachse nach der Umlenkkraftmethode

1 Allgemeine Vorbemerkungen zur Schnittgrößenermittlung aus Vorspannung

Zur Berechnung von Schnittgrößen aus Vorspannung bei einfachen Balkentragwerken macht man in der Regel wahlweise von zwei Verfahren Gebrauch, die begrifflich unterschiedlichen Wirkungen zugeordnet werden können.

Im ersten Fall geht man – im üblichen Schnittverfahren am Balken – von der Überlegung aus, daß die Summe der äußeren Kräfte und Momente des abgeschnittenen Teils mit den inneren Kräften im Gleichgewicht stehen:

$$\Sigma \vec{K} = 0, \quad \Sigma \vec{M} = 0.$$

Bei statisch bestimmter Systemausbildung können sich Formänderungen zwanglos vollziehen; somit sind die aus äußeren Kräften und Momenten herrührenden Anteile gleich Null. Es verbleiben nur Aufsummationen von Spannungen über die Querschnittsfläche, die aus Gleichgewichtsgründen auch gleich Null sein müssen:

$$\Sigma \vec{K}^0 = 0: \int_F \tau \, dF = 0 \text{ und } \int_F \sigma \, dF = 0;$$

$$\Sigma \vec{M}^0 = 0: \int_F \sigma \cdot y \, dF = 0.$$

Diese drei Gleichungen drücken einen Eigenspannungszustand aus; die aufsummierten Spannungen über den Flächenelementen lassen sich im allgemeinen nicht zu Schnittgrößen zusammenfassen. Man spricht deshalb bei der Vorspannung auch von einem „Eigenspannungszustand". Weil aber Größe und Richtung der Spannkraft angegeben werden können, ist die Betonbeanspruchung separierbar:

$$\int_{F_b} \sigma_{b,v} \, dF + Z_v \cos \alpha = 0; \quad \int_{F_b} \tau_{b,v} \, dF + Z_v \sin \alpha = 0;$$

$$\int_{F_b} \sigma_{b,v} \cdot y_b \, dF + Z_v \cos \alpha \cdot y_{b,z} = 0.$$

Mit den Werten der Integrale

$$\int_{F_b} \sigma_{b,v} \, dF = N_{b,v}; \quad \int_{F_b} \tau_{b,v} \, dF = Q_{b,v};$$

$$\int_{F_b} \sigma_{b,v} \cdot y_b \, dF = M_{b,v}$$

ergeben sich für einfachste Fälle die bekannten Gleichungen zur Bestimmung der Betonschnittgrößen aus Vorspannung zu:

$$\left.\begin{array}{l} N_{b,v} = -Z_v \cos \alpha; \\ Q_{b,v} = -Z_v \sin \alpha; \\ M_{b,v} = -Z_v \cos \alpha \cdot y_{b,z}. \end{array}\right\} \tag{1}$$

Die im Schnittverfahren an statisch bestimmten Systemen gewonnenen Schnittgrößen aus Vorspannung sind ggf. durch Zwangsschnittgrößen des statisch unbestimmten Systems zu ergänzen. Hiermit wird deutlich, weshalb das Schnittverfahren wenig oder gar nicht geeignet ist, Schnittgrößen aus Vorspannung bei innerlich vielfach statisch unbestimmten Systemen – wie etwa bei Flächentragwerken – bestimmen zu wollen.

Diesem Mangel des Schnittverfahrens kann durch die „Umlenkkraftmethode" begegnet werden. Sie besteht darin, daß die Spanngliedwirkungen (Ankerkräfte, normal zur Spanngliedachse gerichtete Umlenkpressungen und tangential verlaufende Reibungskräfte) als Aktionskräfte auf den Beton aufgebracht werden. Beschränkt man sich dabei auf senkrecht zur Balkenachse wirkende Umlenkpressungen und auf Ankerkräfte, können bei statisch unbestimmten Systemen Schnittgrößen angegeben werden, wenn die Umlenkpressungen längs der Balkenachse mit Belastungsannahmen eines bereits berechneten statisch unbestimmten Systems übereinstimmen (Tabellenwerke) und wenn die Schnittgrößenverteilung aus Randmomenten (exzentrisch angreifende Ankerkraft) bekannt ist. Hierauf bauen eine Reihe von Berechnungsverfahren auf, die bis zur Auswertung von Einflußlinien [4] oder zur Bereitstellung von Grundwerten für ein Weggrößenverfahren reichen

[5], [8]. Verfeinerungen dieser Methode schließen dann auch die tangential zum Spannglied verlaufende Reibungskraft ein [2], [6], [7] oder geben entsprechende Ergänzungen an.

Weil die Vorspannung bei statisch unbestimmten Systemen im allgemeinen auch zu Zwangschnittgrößen führt, erklärt sich, daß die Vorspannung gelegentlich als „Zwängungszustand" bezeichnet wird. Darüber hinaus erlaubt die Umlenkkraftmethode einen Einblick in die durch Vorspannung erreichten Wirkungen am Gesamtsystem: Die Bilanz zwischen Auftriebskräften (Umlenkpressungen aus Vorspannung) und Abtriebskräften (Eigen- und Nutzlastanteile) zeigt unmittelbar den durch Vorspannkraft und Krümmungsradius allein getragenen, manipulierbaren Lastanteil auf.

2 Schnittgrößen aus Umlenkkräften

2.1 Elementare Zusammenhänge bei reibungsfreier Spanngliedführung

Die im Abschnitt 1 beschriebenen Methoden müssen zu gleichen Ergebnissen führen. Man erhält die Schnittgrößen nach Gl. (1), wenn die Umlenkkräfte und Ankerkräfte am abgeschnittenen Trägerteil aufsummiert werden.

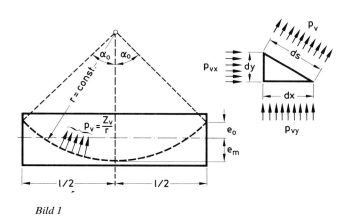

Bild 1

Benutzt man an Stelle der Pressungen p_v die den Koordinatenrichtungen zugeordneten Pressungen p_{vx} und p_{vy} (Bild 1), gilt

$$p_v = p_{vx} = p_{vy} = \frac{Z_v}{r}.$$

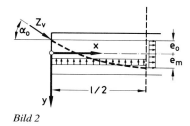

Bild 2

Es wird das Moment für die Trägermitte berechnet (Bild 2):

Aus vertikalen Kraftkomponenten (y-Richtung)

Ankerkraft: $\qquad M_{vyA} = - Z_v \sin \alpha_0 \cdot \dfrac{l}{2};$

Umlenkpressungen: $\quad M_{vyp} = + p_{vy} \dfrac{l}{2} \dfrac{l}{4} = + \dfrac{Z_v l^2}{8\,r}.$

Aus horizontalen Kraftkomponenten (x-Richtung)

Ankerkraft: $M_{vxA} = + Z_v \cos \alpha_0 \cdot e_0.$
Umlenkpressungen:

$$M_{vxp} = + p_{vx} \frac{1}{2}(e_0^2 - e_m^2) = + \frac{Z_v}{2\,r}(e_0^2 - e_m^2).$$

$$M_{vm} = M_{vyA} + M_{vyp} + M_{vxA} + M_{vxp} =$$

$$= Z_v \left[\frac{l^2}{8\,r} - \frac{l}{2} \sin \alpha_0 + e_0 \cos \alpha_0 + \frac{(e_0^2 - e_m^2)}{2\,r} \right].$$

Mit $\sin \alpha_0 = \dfrac{l}{2\,r}$ und $\cos \alpha_0 = \dfrac{r - (e_0 + e_m)}{r}$ erhält man

$$M_{vm} = - \frac{Z_v}{2\,r} \left[\frac{l^2}{4} + e_0^2 + e_m^2 - 2\,e_0 \cdot r + 2\,e_0 \cdot e_m \right].$$

Nach Bild 1 folgt aus der Spanngliedgeometrie

$$\frac{l^2}{4} + e_0^2 + e_m^2 = 2\,r e_0 + 2\,r e_m - 2\,e_0 \cdot e_m.$$

Eingesetzt in die Gleichung für M_{vm}, ergibt schließlich

$$M_{vm} = - Z_v e_m.$$

Für Normal- und Querkraft erhält man aus Anker- und Umlenkkraftanteilen in Trägermitte

$$N_{vm} = - Z_v \cos \alpha_0 - p_{vx}(e_0 + e_m) =$$

$$= - \frac{Z_v}{r}(r - e_0 - e_m + e_0 + e_m) = - Z_v;$$

$$Q_{vm} = -Z_v \sin \alpha_0 + p_{vy} \frac{l}{2} = -Z_v \left(\frac{l}{2r} - \frac{l}{2r} \right) = 0.$$

Diese Ergebnisse entsprechen denen des Schnittverfahrens. Hierzu mußte allerdings auch der Anteil aus Umlenkpressungen in x-Richtung hinzukommen, was bei der üblichen „Umlenkkraftmethode" im allgemeinen unterbleibt. Der Fehler – bezogen auf das wirklich vorhandene Vorspannmoment – kann angegeben werden zu:

$$\Delta = \frac{M_{vxp}}{M_{vm}} \rightarrow -\frac{1}{2r} \frac{(e_0^2 - e_m^2)}{e_m}$$

Δ wird bei $e_0 = e_m$ zu Null; bei Endverankerung in Tragwerksachse zu

$$\Delta_0 = \frac{e_m^2}{\left(\frac{l}{2} \right)^2 + e_m^2}$$

Spannbetonträger üblicher Abmessungen weisen Schlankheiten von $l/d \cong 15$ auf. Im Fall „Anker in Tragwerksachse" wäre mit $l/e_m \sim 30$ zu rechnen; dies ergibt einen bezogenen Fehler von Δ_0 rd. 0,5%, der bei Trägern vorgenannter Schlankheit vernachlässigbar ist. Die strenge Erfüllung der Gleichgewichtsbedingungen ist aber nur unter Berücksichtigung der auch parallel zur Trägerachse vorhandenen Umlenkpressungen möglich, was bei gedrungenen Trägern erforderlich werden kann. Randmomente aus evtl. vorhandenen Ankerexzentrizitäten sind immer zu erfassen.

Die unter der Annahme eines konstanten Krümmungsradius der Spanngliedführung für die Trägermitte gefundene Übereinstimmung der Ergebnisse ist natürlich nicht an diese Vorgaben gebunden; sie gilt allgemein für einen beliebig vorgegebenen Krümmungsradius und für jede Trägerstelle. Dies kann in einfacher Weise folgendermaßen gezeigt werden: Nach der elementaren Balkenbiegung gilt $d^2M/dx^2 = -q$. Die Belastung q entspricht hier dem Wert $(-) p_{vy}$; dann gilt für den senkrecht zur Balkenachse gerichteten Lastanteil

$$\frac{d^2 M_{vy}}{dx^2} = +\frac{Z_v}{r_{(s)}}.$$

Aus parallel zur Trägerachse gerichteten Umlenkpressungen folgt

$$M_{vx} = -\int p_{vx} \cdot y \cdot dy + C;$$

hierin ist C aus einer evtl. vorhandenen Ankerexzentrizität zu bestimmen. Differenziert man M_{vx} zweimal nach

x, erhält man

$$\frac{d^2 M_{vx}}{dx^2} = -\frac{d}{dx} (p_{vx} \cdot y \cdot y').$$

Aus

$$\frac{d^2 M_v}{dx^2} = \frac{d^2 M_{vy}}{dx^2} + \frac{d^2 M_{vx}}{dx^2} \quad \text{und} \quad r_{(s)} = -\frac{(1 + y'^2)^{3/2}}{y''}$$

folgt die Differentialgleichung für das Vorspannmoment am geraden Balken zu:

$$\frac{d^2 M_v}{dx^2} = -Z_v \frac{y''}{(1 + y'^2)^{3/2}} + Z_v \frac{d}{dx} \left(\frac{y \cdot y' \cdot y''}{(1 + y'^2)^{3/2}} \right).$$

Diese Differentialgleichung wird durch den vom Schnittverfahren bekannten Ansatz

$$M_v = -Z_v \cdot y \cdot \cos \alpha + [C_1 x + C_2]$$

mit

$$\cos \alpha = 1/\sqrt{1 + y'^2}$$

erfüllt, wovon man sich durch Bilden des Differentialquotienten überzeugen kann (die eckige Klammer im Lösungsansatz enthält die Zwanganteile).

Damit ist die Identität der Ergebnisse aus Schnittverfahren und Umlenkkraftmethode gezeigt. Entsprechende Nachweise ließen sich auch unter Einschluß der Reibungsverluste führen; dieser Anteil wird jedoch in den nachfolgenden, für räumlich gekrümmte Spanngliedführung allgemein gültig entwickelten Ansätzen berücksichtigt.

2.2 Umlenkkräfte für räumlich gekrümmte Spanngliedführung

Die Berechnung der Umlenkpressungen für räumliche Krümmung des Spanngliedes wird übersichtlich, wenn man die gerichteten Kräfte als Vektoren darstellt. Hierzu werden rechtwinklige, dreiachsige, rechtshändige Koordinatensysteme zugrunde gelegt. Die differentialgeometrischen Zusammenhänge sind z.B. in [1] dargelegt.

Aus Bild 3 folgt die Geometrie der Spanngliedachse: Raumkurve der Spanngliedachse beschrieben von Ortsvektor $\vec{x}$

Bogenkoordinate der Spanngliedachse s

Tangenteneinheitsvektor $d\vec{x}/ds = \vec{x}^+$

allgemein: $\dfrac{d(./.)}{ds} = (./.)^+$

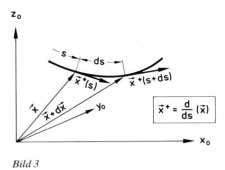

Bild 3

Die Herstellung des Kräftegleichgewichts am Bogenelement ds erfolgt mit den vom Beton ausgeübten Reaktionskräften aus Umlenkung und Reibung, wenn bei dem an $\vec{x}$ gelegenen Ende des Spanngliedes angespannt wird (Bild 4). Das Bogenstück ds liegt in einer durch die Tangenteneinheitsvektoren $\vec{x}^+_{(s)}$ und $\vec{x}^+_{(s+ds)}$ gebildeten Ebene, in der die Darstellung des Kraftecks erfolgt. Dieser Ebene, der „Schmiegebene", gehört geometrisch auch der Vektor $\vec{x}^{++}_{(s)}\, ds$ an.

Der zwischen den Tangenteneinheitsvektoren liegende Winkel hat den Betrag

$$1 \cdot d\varphi = |\vec{x}^{++}| \cdot ds\,.$$

Mit der aus der Differentialgeometrie bekannten Beziehung

$$|\vec{x}^{++}_{(s)}| = \frac{1}{r_{(s)}}$$

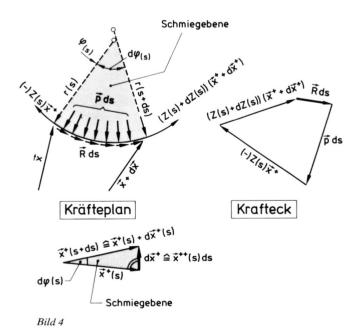

Bild 4

gilt für die Schmiegebene ($\triangleq$ Hauptkrümmungsebene), der die skalaren Größen des Krümmungsradius $r_{(s)}$ und des Winkels $d\varphi_{(s)}$ zugeordnet sind:

$$ds = r_{(s)} \cdot d\varphi_{(s)} \tag{2}$$

Die Gleichgewichtsbedingung $\Sigma \vec{K} = 0$ ergibt nach Bild 4:

$$0 = (Z_{(s)} + dZ_{(s)})\,(\vec{x}^+ + d\vec{x}^+) + \vec{R}\,ds + \vec{p}\,ds - Z_{(s)}\vec{x}^+\,.$$

Mit dem COULOMBschen Ansatz gilt für den Betrag der Reibungskraft:

$$R\,ds = |\vec{p}|\,\mu\,ds$$

Hierbei ist $|\vec{p}|$ aus dem Krafteck von Bild 4 mit den skalaren Größen von $Z_{(s)}$, dem zwischen $\vec{x}^+$ und $(\vec{x}^+ + d\vec{x}^+)$ bestehenden Winkel $d\varphi_{(s)}$ unter Vernachlässigung der Größen, die von höherer Ordnung klein sind, bestimmbar zu:

$$Z_{(s)}\,d\varphi_{(s)} = |\vec{p}|\,ds\,;$$

und es folgt mit Gl. (2)

$$|\vec{p}| \Rightarrow p = \frac{Z_{(s)}}{r_{(s)}}\,. \tag{3}$$

Der Quotient $1/r_{(s)}$ stellt geometrisch den auf die Bogenlänge $s = 1$ entfallenden „planmäßigen Umlenkwinkel" in der Schmiegebene dar. Diesem soll nach [9] bzw. der Auslegung von Angaben in den Zulassungsbescheiden der Spannverfahren der Winkel einer ungewollten – konstruktiv bedingten – Ablenkung, der Welligkeit des Spanngliedes (β^0/m), überlagert werden. Ohne auf die Richtung der durch Welligkeit bedingten Winkeländerung einzugehen, wird $\hat{\beta}$ dem planmäßigen Winkel zugerechnet. Dann ist der Betrag der auf die Bogenlänge „1" entfallenden Reibungskraft:

$$\left.\begin{aligned} R &= Z_{(s)} \cdot \mu \left(\frac{1}{r_{(s)}} + \hat{\beta}\right); \quad \text{und} \\[2mm] \vec{R} &= Z_{(s)} \cdot \mu \left(\frac{1}{r_{(s)}} + \hat{\beta}\right) \cdot \vec{x}^+ \end{aligned}\right\} \tag{4}$$

Setzt man den Wert für $\vec{R}$ in die Gleichgewichtsbedingung $\Sigma \vec{K} = 0$ ein und vernachlässigt wiederum Glieder, die von höherer Ordnung klein sind, erhält man folgende Beziehung:

$$-\vec{p} = Z_{(s)}\vec{x}^{++} + Z^+_{(s)}\vec{x}^+ + Z_{(s)}\mu \left(\frac{1}{r_{(s)}} + \hat{\beta}\right)\vec{x}^+\,.$$

Laut Definition sollen Umlenkpressungen an jeder Stelle der Spanngliedachse zu dieser senkrecht stehen;

176

es muß also hierfür die Bedingung $\vec{p}\,ds \cdot \vec{x}^+ = 0$ gelten. Auf vorstehende Gleichung angewandt, ergibt sich unter Berücksichtigung von $\vec{x}^{+2} = 1$ und $\vec{x}^+\vec{x}^{++} = 0$ die skalare lineare Differentialgleichung zur Bestimmung von $Z_{(s)}$:

$$Z_{(s)}^+ + Z_{(s)}\,\mu\left(\frac{1}{r_{(s)}} + \hat{\beta}\right) = 0 \quad \text{mit der Lösung}$$

$$Z_{(s)} = Z_{(0)}\,e^{-\mu\,(\Sigma\varphi + \hat{\beta}\cdot s)}. \tag{5}$$

Dieses von der ebenen Spanngliedkrümmung her bekannte Ergebnis gilt entsprechend für das räumlich gekrümmte Spannglied, wenn die Aufsummation des Winkels φ in den „Schmiegebenen" vorgenommen wird. Hierzu werden in [2] Hinweise gegeben.

Mit Gl. (5) schreibt sich die Gleichgewichtsbedingung $\Sigma\vec{K} = 0$ bei Verwendung des Hauptnormaleneinheitsvektors $\vec{n}$ mit dem Zusammenhang

$$\vec{n} = r_{(s)}\vec{x}^{++} \text{ und } \vec{n} \begin{cases} x_{0n} & \text{(Komponenten sind die} \\ y_{0n} & \text{Richtungskosinusse von} \\ z_{0n} & \vec{n} \text{ mit } x_0 - y_0 - z_0\text{-System)} \end{cases}$$

$$\vec{p} = -Z_{(s)}\vec{x}^{++} \text{ mit } \vec{p} \begin{cases} p_{x0} \\ p_{y0} \\ p_{z0} \end{cases}; \begin{pmatrix} p_{x0} \\ p_{y0} \\ p_{z0} \end{pmatrix} = -\frac{Z_{(s)}}{r_{(s)}}\begin{pmatrix} \cos\beta x_{0n} \\ \cos\beta y_{0n} \\ \cos\beta z_{0n} \end{pmatrix}. \tag{6}$$

Die nach Gl. (4) und (6) bestimmten Umlenkkräfte sind vorzeichenmäßig auf das Spannglied einwirkende Reaktionskräfte des Betons.

Gl. (6) ist die für räumliche Spanngliedkrümmung gültige Darstellung der Umlenkpressungen in Komponenten des x_0-y_0-z_0-Bezugssystems; hieraus läßt sich z.B. das in Abschnitt 2.1 verwendete Ergebnis durch Multiplikation mit ds angeben:

$$\begin{pmatrix} p_{x0} \\ p_{y0} \\ p_{z0} \end{pmatrix} ds = -\frac{Z_{(s)}}{r_{(s)}}\begin{pmatrix} \cos\beta x_{0n}\,ds \\ \cos\beta y_{0n}\,ds \\ 0 \end{pmatrix} = -\frac{Z_{(s)}}{r_{(s)}}\begin{pmatrix} dy_0 \\ dx_0 \\ 0 \end{pmatrix}.$$

2.3 Schnittgrößen aus Umlenkkräften der Spanngliedführung bei räumlich gekrümmter Tragwerksachse

Im rechtshändigen, rechtwinkligen Koordinatensystem wird die Tragwerksachse (Bogenkoordinate t) durch den Ortsvektor $\vec{y}$ mit gleichem Ursprung wie Ortsvektor $\vec{x}$ (Verlauf der Spanngliedachse) beschrieben. Seine Ab-

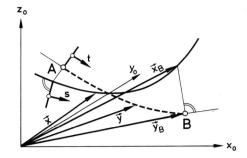

--- Spanngliedachse
----- Trägerachse
Pkt. A $\cong$ Trägerende (Ankerende)
Pkt. B $\cong$ Trägerschnittstelle (Schnittebene senkrecht zur Trägerachse)
$Z_{(0)}$ = Ankerkraft am Trägerende

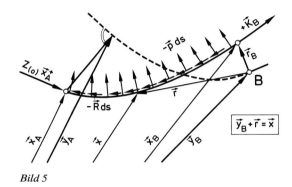

$$\boxed{\vec{y}_B + \vec{r} = \vec{x}}$$

Bild 5

leitungen nach der Bogenlänge werden mit $d(./.)/dt = (./.)'$ bezeichnet.

Das Kräftegleichgewicht am abgeschnittenen Träger ergibt nach Bild 5

$$Z_{(0)}\vec{x}_A^+ + \int(-)\vec{p}\,ds + \int(-)\vec{R}\,ds + \vec{C} + \vec{K}_B = 0.$$

Mit Gl. (4), (5), (6) und der Randbedingung bei

$$\vec{x}^+ \to \vec{x}_A^+ : Z_{(s)} \to Z_{(0)}$$

und

$$\vec{K}_A = -Z_{(0)}\vec{x}_A^+$$

erhält man nach Integration

$$\vec{K}_B = -Z_{(s)}\vec{x}_B^+. \tag{7}$$

Die Lage dieser Kraft in Bild 5 kann aus dem Momenten-Gleichgewicht – bezogen auf Punkt B (Schnittstelle Tragwerksachse) – bestimmt werden:

$$\vec{r}_A \times Z_{(0)}\vec{x}_A^+ + \int\vec{r}\times(-\vec{p})\,ds$$
$$+ \int\vec{r}\times(-\vec{R})\,ds + \vec{C} + \vec{M}_B = 0.$$

177

Mit Gl. (4), (5), (6) und der Randbedingung bei

$$\vec{x}^+ \to \vec{x}_A^+ : Z_{(s)} \to Z_{(0)}$$

und

$$\vec{M}_A = - \vec{r}_A \times Z_{(0)} \vec{x}_A^+$$

ergibt die Integration dieser Gleichung

$$\vec{M}_B = - Z_{(s)} \, (\vec{x}_B - \vec{y}_B) \times \vec{x}_B^+ . \tag{8}$$

Hierbei entspricht der Differenzvektor dem Abstandsvektor $\vec{r}_B$

$$\vec{M}_B = + \, \vec{r}_B \times \vec{K}_B . \tag{9}$$

Legt man den Abstandsvektor in die senkrecht zur Tragwerksachse aufgespannte Querschnittsfläche, bezeichnet er die bei der Balkenbiegung im Schnittverfahren gebräuchliche Spanngliedexzentrizität. Die Schnittgrößen $\vec{K}_B$ und $\vec{M}_B$ nach den Gl. (6), (7) bzw. (8) stellen dann die zum Gleichgewicht erforderlichen, über die Querschnittsfläche zusammengefaßten inneren Spannungen dar.

Zur Ermittlung dieser Querschnittsspannungen ist es zweckmäßig, die Schnittgrößen in die Richtung der Querschnittshauptachsen und in die durch den Schnittpunkt der Hauptachsen gehende Querschnittsnormale (die Tragwerksachse) zu zerlegen. Hiermit erhält man in der Regel beim räumlichen System:

> Eine Normalkraft senkrecht zur Querschnittsfläche,
> zwei Querkräfte in der Querschnittsfläche,
> zwei Biegemomente um die Querschnittshauptachsen drehend und ein Torsionsmoment um die Tragwerkslängsachse drehend.

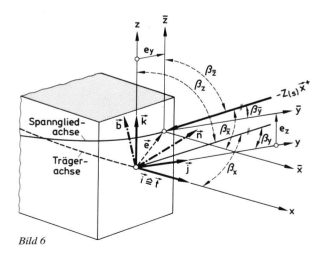

Bild 6

Dieses mit den Achsen x und y in der Querschnittsebene liegende Achsenkreuz ist in Bild 6 dargestellt. Gleichzeitig ist das hierzu mit dem Exzentrizitätsvektor parallel verschobene, auf die Spanngliedachse ausgerichtete $\bar{x}$-$\bar{y}$-$\bar{z}$-System dargestellt, dessen Ursprung im Durchstoßungspunkt der Spanngliedachse mit der Querschnittsfläche liegt.

Die Koordinaten der Vektoren $\vec{r} \to \vec{e}$ und $\vec{x}^+$ sind:

$$\vec{e}: \begin{cases} 0 \\ e_y, \\ e_z \end{cases} \vec{x}_B^+ \to \vec{x}^+: \begin{cases} \cos \beta_{\bar{x}} \\ \cos \beta_{\bar{y}} & \text{mit } |\vec{x}^+| = 1 \text{ und} \\ \cos \beta_{\bar{z}} & \cos^2 \beta_{\bar{x}} + \cos^2 \beta_{\bar{y}} + \cos^2 \beta_{\bar{z}} = 1. \end{cases}$$

Da beide Achssysteme parallel gegeneinander verschoben sind, gilt:

$$\vec{a} \begin{cases} x \\ y = \vec{e} \\ z \end{cases} \begin{cases} 0 \\ e_y + \vec{a} \\ e_z \end{cases} \begin{cases} \bar{x} \\ \bar{y} \\ \bar{z} \end{cases} \Rightarrow \begin{cases} \bar{x} \\ e_y + \bar{y} \\ e_z + \bar{z} \end{cases} \tag{10}$$

und für den (freien) Tangenteneinheitsvektor

$$\vec{x}^+: \begin{cases} \cos \beta_{\bar{x}} \\ \cos \beta_{\bar{y}} \\ \cos \beta_{\bar{z}} \end{cases} \triangleq \begin{cases} \cos \beta_x \\ \cos \beta_y \\ \cos \beta_z \end{cases} \tag{11}$$

Für das Moment nach Gl. (9) erhält man über

$$\vec{M}_B \triangleq \begin{pmatrix} M_{xv} \\ M_{yv} \\ M_{zv} \end{pmatrix} \to - Z_{(s)} \begin{vmatrix} i & j & k \\ 0 & e_y & e_z \\ \cos \beta_x & \cos \beta_y & \cos \beta_z \end{vmatrix}$$

$$\vec{M}_B \triangleq \begin{pmatrix} M_{xv} \\ M_{yv} \\ M_{zv} \end{pmatrix} = - Z_{(s)} \begin{pmatrix} e_y \cos \beta_z - e_z \cos \beta_y \\ e_z \cos \beta_x \\ - e_y \cos \beta_x \end{pmatrix} \tag{12}$$

M_{xv} Torsionsmoment
M_{yv} und M_{zv} Biegemomente

und für die Kräfte:

$$\vec{K}_B \triangleq \begin{pmatrix} N_{xv} \\ Q_{yv} \\ Q_{zv} \end{pmatrix} = - Z_{(s)} \begin{pmatrix} \cos \beta_x \\ \cos \beta_y \\ \cos \beta_z \end{pmatrix} \tag{13}$$

N_{xv} Balkenlängskraft
Q_{yv} und Q_{zv} Querkräfte.

Hiermit ist zur Schnittgrößenbestimmung die Ermittlung der Richtungskosinusse zwischen Spanngliedachse und Querschnitts-(haupt)-achsen sowie Tragwerkslängsachse erforderlich; darüber hinaus ist die Kenntnis des Spannglied-Achsverlaufs nur notwendig, um $Z_{(s)}$ in bezug auf die Reibungsverluste beim Anspannen nach

Gl. (5) angeben zu können. Die Gl. (12) und (13) gelten allgemein für räumlich gekrümmten Verlauf von Spannglied- und Trägerachse.

3 Darstellung der Schnittgrößen für bautechnisch bedeutsame Fälle

3.1 Aufgabenstellung und getroffene Voraussetzungen

Die Richtungskosinusse ergeben sich als innere Vektorprodukte zwischen dem Tangenteneinheitsvektor der Spanngliedachse und den Einheitsvektoren $\vec{i}$, $\vec{j}$, $\vec{k}$ in Richtung der Achsen x, y und z am Schnitt. Letztgenanntes Achssystem sollte für y und z zweckmäßigerweise mit den Querschnittshauptachsen zusammenfallen.

Eine mit dem Achsverlauf des Balkens gegebene und geometrisch leichter zu fassende Koordinatensystemannahme ist mit den Tangenten-, Hauptnormalen- und Binormalenrichtungen möglich: Das „begleitende Dreibein" (Bild 7) erfüllt mit den entsprechenden Einheitsvektoren sofort einige Voraussetzungen: Der Tangenteneinheitsvektor fällt in die Richtung der Trägerachse, und die beiden rechtwinklig zueinander stehenden Haupt- und Binormaleneinheitsvektoren liegen in der Querschnittsfläche senkrecht zur Trägerachse. Als *Einheits*vektoren sind sie geeignet, zusammen mit dem Tangenteneinheitsvektor der Spanngliedachse die Richtungskosinusse zu bilden.

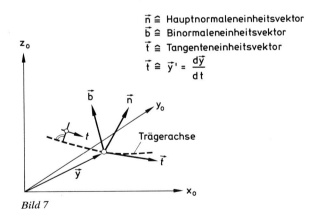

$\vec{n} \cong$ Hauptnormaleneinheitsvektor
$\vec{b} \cong$ Binormaleneinheitsvektor
$\vec{t} \cong$ Tangenteneinheitsvektor
$\vec{t} \cong \vec{y}' = \dfrac{d\vec{y}}{dt}$

Bild 7

Wenn aber die Achsen $\vec{n}$ und $\vec{b}$ des Dreibeins nicht mit denen der Querschnittshauptachsen zusammenfallen, ist die Schnittgrößentransformation nachträglich noch in die Hauptachsenrichtung vorzunehmen. Außerdem

wird sich im allgemeinsten Fall das Dreibein längs der Bogenkoordinate t um die Trägerachse drehen, was bei der Transformation auch noch zu berücksichtigen wäre.

Die zuletzt genannte Unbequemlichkeit wird dadurch ausgeschaltet, daß im folgenden nur „Böschungslinien" als Trägerachsen betrachtet werden, bei denen die Richtung des Hauptnormalenvektors stets senkrecht zu einer Bezugsachse (Achse z_0 in Bild 7) und zur Drehachse weisend verläuft, womit die unverdrehte Lage des Dreibeins und damit auch die des Querschnittsachsenkreuzes mit positiver Achsrichtung festliegt.

Mit diesen Einschränkungen für räumlich gekrümmte Trägerachsen werden solche miterfaßt, bei denen die Steigung längs der Bogenkoordinate t konstant verläuft bzw. bei denen der Hauptkrümmungsradius die Koordinate Null in Ganghöhenrichtung aufweist. Bautechnisch heißt das: Balken mit konstanter Steigung längs der Trägerachse bei beliebigem, gleichsinnig gekrümmtem Verlauf ihrer Grundrißprojektion gehören zur Gruppe der hier betrachteten Raumkurven, womit vielleicht weitestgehend „räumlich gekrümmte Bauglieder" erfaßt werden. (Bei Böschungslinien mit gegensätzlicher Krümmung der Grundrißkurve wechselt der Krümmungsradius seine Lage zur Raumkurve. Dadurch dreht sich das mitgleitende Dreibein um 180° um den Tangenteneinheitsvektor.)

3.2 Darstellung der Richtungskosinusse

Die mit dem Ortsvektor $\vec{x}$ beschriebene Spanngliedachse wird durch den Ortsvektor der Tragwerksachse $\vec{y}$ und dem in der Querschnittsfläche gelegenen Vektor der Spanngliedexzentrizität

$$\vec{e}_{(t)} = e_{n(t)}\vec{n} + e_{b(t)}\vec{b} \tag{14}$$

entsprechend Gl. (10) angegeben zu:

$$\vec{x}_{(s)} = \vec{y}_{(t)} + \vec{e}_{(t)}. \tag{15}$$

Die Differentiation ergibt

$$\frac{d}{dt}(\vec{x}_{(s)}) = \vec{x}_{(s)}^+ \frac{ds}{dt} = \vec{y}_{(t)}' + \vec{e}_{(t)}'. \tag{16}$$

Differentiation von (14) führt mit den FRENETschen Gleichungen zu

$$\vec{e}' = (e_n' - \tau \cdot e_b)\vec{n} + (e_n \cdot \tau + e_b')\vec{b} - \varkappa e_n \vec{y}', \tag{17}$$

wobei $\tau = -\vec{b}' \cdot \vec{n}$ und aus Gl. (16) durch Einsetzen und Quadrieren mit $\varkappa = 1/\varrho_{(t)}$ schließlich zu

179

$$\frac{ds}{dt} = \sqrt{\left(1 - \frac{e_n}{\varrho_{(t)}}\right)^2 + (e_n' - \tau \cdot e_b)^2 + (\tau \cdot e_n + e_b')^2}. \quad (18)$$

Hierin bedeuten τ die „Windung" und $\varrho_{(t)}$ den „Krümmungsradius" der Tragwerksachse. Für die Richtungskosinusse

$$\cos\beta_t = \vec{y}' \cdot \vec{x}^+ = \vec{y}'\,(\vec{y}' + \vec{e}')\,\frac{dt}{ds}$$

$$\cos\beta_n = \vec{n} \cdot \vec{x}^+ = \vec{n}\,(\vec{y}' + \vec{e}')\,\frac{dt}{ds}$$

$$\cos\beta_b = \vec{b} \cdot \vec{x}^+ = \vec{b}\,(\vec{y}' + \vec{e}')\,\frac{dt}{ds}$$

erhält man mittels der Gleichungen (15) bis (18)

$$\cos\beta_t = \frac{1}{W}\left(1 - \frac{e_n}{\varrho_{(t)}}\right); \quad \cos\beta_n = \frac{1}{W}\,(e_n' - \tau \cdot e_b);$$

$$\cos\beta_b = \frac{1}{W}\,(e_b' + \tau \cdot e_n) \quad (19)$$

mit

$$W = \sqrt{\left(1 - \frac{e_n}{\varrho_{(t)}}\right)^2 + (e_n' - \tau \cdot e_b)^2 + (e_b' + \tau \cdot e_n)^2}.$$

3.3 Darstellung der Schnittgrößen

Aufgrund der in Abschnitt 3.1 getroffenen Voraussetzungen erfährt das Dreibein beim Weitergleiten keine Drehung um die Tragwerksachse; es soll mit den Querschnittsachsen y und z und der Längsachse x gleichgesetzt werden.
Mit

$$t \to x \quad \cos\beta_t \triangleq \cos\beta_x$$
$$n \to y \quad \cos\beta_n \triangleq \cos\beta_y$$
$$b \to z \quad \cos\beta_b \triangleq \cos\beta_z$$

erhält man durch Einsetzen in die Gleichungen (12) und (13) unmittelbar die Schnittgrößen zu:

$$N_{xv} = -\frac{Z_{(s)}}{W}\left(1 - \frac{e_y}{\varrho}\right); \quad Q_{yv} = -\frac{Z_{(s)}}{W}(e_y' - \tau \cdot e_z);$$

$$Q_{zv} = -\frac{Z_{(s)}}{W}(e_z' + \tau \cdot e_y)$$

$$M_{xv} = -\frac{Z_{(s)}}{W}\left[e_y(e_z' + \tau \cdot e_y) - e_z(e_y' - \tau \cdot e_z)\right]$$

$$M_{yv} = -\frac{Z_{(s)}}{W}\left(1 - \frac{e_y}{\varrho}\right)e_z; \quad M_{zv} = +\frac{Z_{(s)}}{W}\left(1 - \frac{e_y}{\varrho}\right)e_y$$

$$\left.\right\} \quad (20)$$

mit

$$W = \sqrt{\left(1 - \frac{e_y}{\varrho}\right)^2 + (e_y' - \tau \cdot e_z)^2 + (e_z' + \tau \cdot e_y)^2}.$$

Hierbei sind die Werte e_y, e_z, ϱ und τ Funktionen von (t).

Vorzeichenregel: Schnittgrößen und Querschnittswerte ergeben sich aus den getroffenen Ankopplungen an das mitgleitende Dreibein; positive Werte folgen dabei den positiven Richtungen des Dreibeins. Entsprechend ist die Interpretation nach Bild 6 vorzunehmen: Die auf den Achsen y und z gelegenen Einheitsvektoren $\vec{j}$ und $\vec{k}$ sind durch Drehen des x-y-z-Systems um die Achse x mit den Einheitsvektoren $\vec{n}$ und $\vec{b}$ zur Deckung zu bringen. Positive Spanngliedexzentrizitäten (e_y, e_z), Kräfte (N_{xv}, Q_{yv}, Q_{zv}) und Momente (M_{xv}, M_{yv} und M_{zv} – als Doppelpfeile dargestellt –) sind dann mit ihren Pfeilen bzw. Doppelpfeilen in die positiven Achsrichtungen des x-y-z-Systems weisend anzunehmen. Sind diese an das mitgleitende Dreibein gekoppelten Querschnittsachsen nicht identisch mit den Hauptachsen, muß die Transformation der Schnittgrößen in die Hauptachsen erfolgen. Der Krümmungsradius $\varrho_{(t)}$ ist stets positiv, die Windung $\tau_{(t)}$ ist nur für rechtsgewundene Kurven positiv.

4 Hinweise für einige Grundfälle

4.1 Grundfälle für den Tragwerksachsverlauf

4.1.1 Spirale mit konstantem Radius und konstanter Steigung (Bild 8)

In Parameterdarstellung $\vec{y} = \begin{cases} r_0\cos u & w \triangleq \text{Ganghöhe} \\ r_0\sin u & \text{„}u\text{"} \triangleq \text{Parameter} \\ \dfrac{w}{2\pi}u & \dfrac{d}{du}(./.) \triangleq (\dot{./.}) \end{cases}$
Ortsvektor

Krümmungsradius $\varrho_{(t)}$

$$\frac{1}{\varrho_{(t)}} = |\vec{y}''|$$

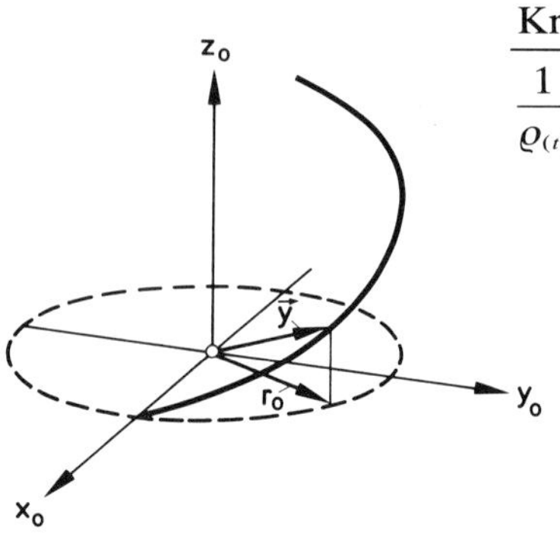

Bild 8

In Parameterdarstellung (allgemein):

$$\vec{y}'' = \frac{\ddot{\vec{y}}}{\dot{t}^2} - \frac{\dot{\vec{y}}\,\ddot{y}}{\dot{t}^4}\,\dot{\vec{y}}$$

ergibt sich hierfür

$$\vec{y}'' = \frac{-1}{r_0^2 + \left(\dfrac{w}{2\pi}\right)^2} \begin{pmatrix} r_0 \cos u \\ r_0 \sin u \\ 0 \end{pmatrix} \quad \text{und}$$

$$|\vec{y}''| = \sqrt{\vec{y}''^2} \rightarrow \frac{r_0}{r_0^2 + \left(\dfrac{w}{2\pi}\right)^2}$$

$$\varrho_{(t)} = \frac{r_0^2 + \left(\dfrac{w}{2\pi}\right)^2}{r_0} \triangleq \text{konst.}$$

Windung τ (allgemein):

$$\tau_{(t)} = -\vec{b}'\,\vec{n} = \frac{(\dot{\vec{y}}\,\ddot{\vec{y}}\,\dddot{\vec{y}})}{\dot{\vec{y}}^2\,\ddot{\vec{y}}^2 - (\dot{\vec{y}}\,\ddot{\vec{y}})^2}$$

führt zu

$$\tau = \frac{\dfrac{w}{2\pi}}{r_0^2 + \left(\dfrac{w}{2\pi}\right)^2} = \text{konst.} \qquad \text{positive Werte bei ,,rechts`` gewundenen Schrauben}$$

4.1.2 Ebener Kreisringträger

$$\varrho_{(t)} \equiv r_0 = \text{konst.} \quad \tau = 0$$

4.1.3 Gerader Balken

$$\varrho_{(t)} \rightarrow \infty, \quad \tau = 0$$

4.2 Allgemeine Bewertung für das Entstehen von Schnittgrößen

Aus Gleichungsgruppen (20) ist – wenn man von dem Trivialfall $Z_{(s)} = 0$ absieht – erkennbar, daß bis auf die Längskraft N_{xv} Spanngliedexzentrizitäten und/oder Änderungen der Spanngliedexzentrizitäten erforderlich sind, um Schnittgrößen aus Vorspannung entstehen zu lassen. Dabei spielen die Größe des an der Schnittstelle vorhandenen Krümmungsradius und bei räumlichen Kurven des Tragwerksachsverlaufes auch die Windung der Kurve eine Rolle, deren Einflüsse nur bei großem r

und kleinem Verhältnis w/r vernachlässigt werden können. Eine Windung würde sich ohnehin nur bei Querkräften und beim Drillmoment spürbar auswirken.

Beim Übergang zum Kreisringträger ist die Windung gleich Null; dies trifft für alle ebenen Kurven zu, die der Schnittgrößenermittlung nach den Gl. (20) ganz allgemein mit $\tau = 0$ zugrunde gelegt werden können. Der Sonderfall des Kreisringträgers wird z. B. auch in [3] – mit allerdings anderer Zielsetzung als hier – behandelt.

Zum Beispiel ergibt sich Torsionsmomentenfreiheit eben gekrümmter Träger, wenn nach Gl. (20) $e_y \cdot e_z' = e_z \cdot e_y'$ ist. Nach Integration erhält man die Bedingungsgleichung $e_z/e_y = \text{const}$ für jeden Punkt längs der Trägerachse. Dies bedeutet geometrisch: Vorhandene Änderungen der Spanngliedexzentrizitäten e_z und e_y (Durchstoßung der Querschnittsfläche durch das Spannglied) müssen auf einer Geraden liegen, welche die Trägerachse zum Ursprung hat. Diese Gerade gehört für $e_z \neq 0$ nicht der Hauptkrümmungsebene an; folglich ist die in diese Geradenrichtung fallende Umlenkpressung nur eine Komponente von der in Hauptkrümmungsrichtung anfallenden Gesamtumlenkpressung (s. Abschnitt 2.2). Die andere Komponente fällt in die Richtung der Trägerkrümmung und steht dort mit Umlenkkräften aus Normalspannung infolge N_{xv} und deren Versatz aus dem Biegemoment M_{yv} im Gleichgewicht. Es ist einleuchtend, daß in diesem Fall keine Torsionsmomente entstehen, weil die in der Geradenrichtung zur Trägerachse hin wirkende Komponente der Umlenkpressungen keinen Hebelarm gegen die Trägerachse besitzt.

Mit Übergang zum geraden Balken verschwinden in den Gl. (20) auch die mit dem Krümmungsradius versehenen Glieder. Bezüglich des Entstehens von Torsionsmomenten gilt das im Absatz zuvor Gesagte; die ,,Gerade`` liegt jetzt in der Hauptkrümmungsebene des Spanngliedes. Es ergeben sich weiter für $e_y = 0$, $e_z \neq 0$ mit $\cos\alpha = 1/\sqrt{1 + e_z'^2}$ und $\sin\alpha = e_z'/\sqrt{1 + e_z'^2}$ die für den einfachen Fall – eben gekrümmte Spanngliedführung mit Tragwerksachse in der Krümmungsebene – bekannten Beziehungen der Gleichungen (1).

5 Zusammenfassung

Ausgehend von allgemein gültigen Darstellungen der Umlenkkräfte, werden für räumlich gekrümmten Achsverlauf des Spanngliedes (bzw. des Spannstranges) und der Trägerachse die Schnittgrößen aus Vorspannung für zwängungsfreie Balkentragwerke (stat. bestimmte Systeme) nach dem Schnittverfahren angegeben. Dabei wurde der Spanngliedachsverlauf in der für den Konstrukteur gewohnten Weise durch Angabe einer Exzentrizität zur Trägerachse erfaßt. Die räumliche Krümmung der Trägerachse wurde zwecks Rechenvereinfachung auf „Böschungslinien" – im differentialgeometrischen Sinn – beschränkt, was im Hinblick auf bautechnische Anwendungsbereiche als gerechtfertigt erschien.

Die Gültigkeit der entwickelten Gleichungen für die Schnittgrößen ist aber nicht dieser zuletzt genannten Einschränkung unterworfen. Sobald man die bei beliebig räumlich gekrümmtem Trägerachsverlauf gegenüber einer Ausgangslage mögliche Drehung des mitgleitenden Dreibeins um die Trägerachse berücksichtigt, kann die insgesamt erforderliche Drehung zur Transformation in die Querschnittshauptachsen vollzogen werden.

6 Schrifttum

[1] BAULE, B.: Die Mathematik des Naturforschers und Ingenieurs. 5. Aufl., S. Hirzel, Leipzig 1961.

[2] DE ROECK, G.: Vorspannverluste bei beliebig gekrümmtem Spanngliedverlauf. Beton- und Stahlbetonbau 73 (1978), S. 123–124.

[3] EGGER, H.: Torsion und Vorspannung bei gekrümmten Balken. Wilhelm Ernst & Sohn, Berlin/München 1968.

[4] HEES, G. und STEIN, E.: Beitrag zur Auswertung von Einflußlinien für konstante und veränderliche Vorspannung. Die Bautechnik 40 (1963), S. 117–123.

[5] HOFMEISTER, G.: Praktische Hinweise zur Berechnung des Lastfalles Vorspannung mit Momentenausgleichverfahren. Beton- und Stahlbetonbau 57 (1962), S. 85–93.

[6] PETER, J.: Biegemomente beim vorgespannten Kreisring infolge Reibung der Spannglieder. Beton- und Stahlbetonbau 59 (1964), S. 69–71.

[7] PETERS, H. L.: Ermittlung der Reibungs- und Umlenkkräfte unter Berücksichtigung ungewollter Umlenkwinkel bei Spannbetontragwerken mit nachträglichem Verbund, Beton- und Stahlbetonbau 73 (1978), S. 102–103.

[8] ROSE, E. A.: Die Berechnung der Vorspannmomente nach der Umlenkkraftmethode. Die Bautechnik 39 (1962), S. 153–160.

[9] Richtlinien für Bemessung und Ausführungen von Spannbetonbauteilen (Fassung Juni 1973) unter Berücksichtigung von DIN 1045 (Ausgabe Januar 1972), als vorläufiger Ersatz des Normblattes DIN 4227 (Ausgabe Oktober 1953), Deutscher Ausschuß für Stahlbetonbau.

Josef Eibl und Klemens Pelle

Zur Schnittgrößenermittlung des schiefen, einzelligen Hohlkastens im Betonbrückenbau

1 Allgemeines

Die Bedeutung des schiefgelagerten Kastenträgers im Massivbrückenbau bedarf keiner besonderen Erörterung. Trotz seiner häufigen Anwendung findet jedoch der Praktiker, der sich vor die Aufgabe gestellt sieht, ein solches Tragwerk zu entwerfen, keine leistungsfähigen Rechen- und Bemessungshilfen.

Für den orthogonal gestützten Kasten wurden im Rahmen der in den letzten Jahrzehnten entwickelten Biege- und Verdrehtheorie dünnwandiger Stäbe, wie sie u. a. in [2], [5], [7], [10], [11], [12], [13], [14], [15], [16], [17], [19] dargestellt ist, umfangreiche Untersuchungen durchgeführt. Für den *schief* gelagerten Kastenträger findet man im Vergleich hierzu nur sehr wenig Literatur [1], [3], [4]. Eine Anzahl von Veröffentlichungen, die auf jüngst entwickelten numerischen Verfahren beruhen, ist ohne Großrechenanlage kaum nachvollziehbar; einzelne durchgerechnete Beispiele können höchstens das qualitative Wissen um solche Tragwerke fördern (vgl. u. a [6]).

Im Rahmen eines Forschungsvorhabens, das mit Mitteln der Deutschen Forschungsgemeinschaft gefördert wurde, haben deshalb die Verfasser versucht, allgemeingültige Angaben zur Schnittkraftermittlung mit Hilfe eines numerischen Verfahrens zu entwickeln. Im einzelnen erwies sich folgendes Vorgehen zweckmäßig:

- Zunächst wurden einfache statisch unbestimmte Stabmodelle entwickelt, die es erlauben, die *Auflagerkräfte* eines schiefgestützten Kastens zutreffend zu ermitteln.
- Mit Hilfe der Methode der Finiten Elemente (FEM) wurden sodann schiefe Kastenträger als Flächentragwerke untersucht
- und daraus ergänzende „Eigenspannungszustände" bestimmt, mit deren Hilfe die Ergebnisse der erwähnten Stabwerkstheorien den wirklichen Beanspruchungen angepaßt werden können.

Eine ausführliche Darstellung aller durchgeführten Untersuchungen findet sich in [8] und [9]. Wegen des für die vorliegende Veröffentlichung gebotenen Umfanges wird hier nur die unmittelbare Anwendung der gewonnenen Erkenntnisse erörtert. Auf eine Begründung wird zugunsten dieser Literatur prinzipiell verzichtet.

2 Stabmodelle

Als zweckmäßig für die einfache Ermittlung der Auflagerkräfte und eines speziellen Gleichgewichtszustandes als Ausgangsbasis haben sich folgende Stabmodelle erwiesen:

- Ein Balkenmodell (BT I) für „steife" Kastenträger, wobei aus den resultierenden Schnittkräften an *einem* Gesamtquerschnitt die Beanspruchungen ermittelt werden,
- ein Zweiträgermodell (BT II) für „weiche" Systeme mit unterschiedlichen Biegemomenten und Spannungen in Längsrichtung.

Beide Modelle haben die Elastizitätstheorie mit linearer Verteilung der Längsspannungen und der primären Schubspannungen zur Voraussetzung. Sie sind so konzipiert, daß beide zu gleichen Auflagerkräften als Grundlage der Schnittkraftermittlung führen.

2.1 Das Stabmodell BT I

Dabei wird der schiefe Kasten (Bild 1a) mit Einzellast P im Punkt A durch ein Balkenmodell (Bild 1b) ersetzt. Die Einzellast wird dabei mit Rücksicht auf das noch zu behandelnde Trägermodell BT II und die Zusatzlösungen nach Abschnitt 4 in den Punkt C versetzt unter Hinzunahme der Einzelmomente M_T und M_ξ.

Da der „schiefe Stab" für das Einzelmoment M_ξ äußerlich statisch bestimmt gelagert ist, lassen sich hierfür die Auflagerkräfte sofort anschreiben. Es gilt

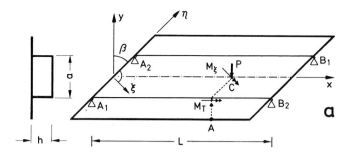

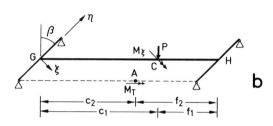

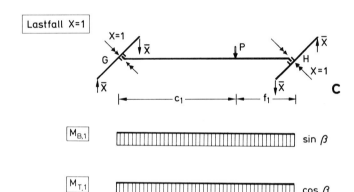

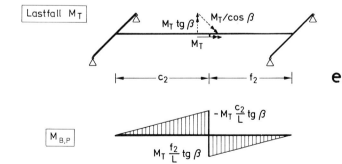

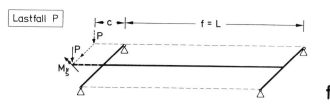

Bild 1
Stabmodell BT I

$$A_1 \atop A_2 = \pm\, M_\xi \frac{f}{L}\frac{\cos\beta}{a}; \qquad B_1 \atop B_2 = \mp\, M_\xi \frac{c}{L}\frac{\cos\beta}{a}. \tag{1}$$

Die Auflagerkräfte für P und M_T können am einfach statisch unbestimmten, schiefgestützten Stab nach Bild 1c berechnet werden.

Lastfall X:

Mit der statisch unbestimmten Lastgruppe:

$$X = 1$$

erhält man die Auflagerkräfte:

$$\frac{A_{1,x}}{A_{2,x}} = \pm\, \frac{X\cos\beta}{a} = \pm\, \overline{X}; \qquad \frac{B_{1,x}}{B_{2,x}} = \pm\, \overline{X} \tag{2}$$

und daraus mit den Zustandsgrößen $M_{B,1}$ und $M_{T,1}$:

$$\delta_{11} = \frac{L\cos^2\beta}{EI}\,(\bar{k} + \mathrm{tg}^2\beta), \tag{3}$$

wobei

$$\bar{k} = \frac{EI}{GI_t}. \tag{4}$$

Dabei wurden die Endquerträgerverformungen vernachlässigt, eine Vereinfachung, die bei den üblichen massiven Kastenträgern gerechtfertigt ist (vgl. [8], [9]).

Lastfall P:

Aus dem Schnittkraftverlauf am statisch bestimmten Einfeldbalken (Bild 1d) ergibt sich $\delta_{1,P}$:

$$\delta_{1,P} = P\,\frac{f_1 c_1}{2\,EI}\sin\beta \tag{5}$$

184

und aus der Kontinuitätsbedingung:

$$X_1 \cdot \delta_{11} + \delta_{1,P} = 0 \qquad (6)$$

schließlich

$$X_1 = -\frac{f_1 c_1}{2 L \cos \beta} \cdot k, \qquad (7)$$

wobei

$$k = \frac{\operatorname{tg} \beta}{\bar{k} + \operatorname{tg}^2 \beta}. \qquad (8)$$

Lastfall M_T:

Das Torsionsmoment M_T wird zerlegt in die Momente:

$$M_\xi = \frac{M_T}{\cos \beta}; \quad M_x = M_T \cdot \operatorname{tg} \beta. \qquad (9)$$

Für M_ξ lassen sich die Auflagerkräfte wiederum direkt anschreiben:

$$\begin{aligned} A_1 \\ A_2 \end{aligned} = \pm M_T \frac{f_2}{aL}; \qquad \begin{aligned} B_1 \\ B_2 \end{aligned} = \mp M_T \frac{c_2}{aL}. \qquad (10)$$

Tabelle 1
Einseitige Linienlast

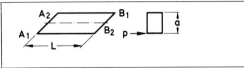

$$A_1 = \frac{pL}{4} \left(2 - \frac{kL}{3a} \right)$$

$$A_2 = \frac{pL}{4} \cdot \frac{kL}{3a}$$

$$B_1 = -\frac{pL}{4} \cdot \frac{kL}{3a}$$

$$B_2 = \frac{pL}{4} \left(2 + \frac{kL}{3a} \right)$$

Tabelle 3
Einzelbiegemoment

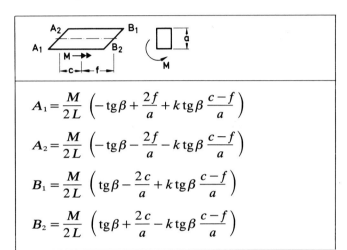

$$A_1 = \frac{M}{2L} \left(-\operatorname{tg} \beta + \frac{2f}{a} + k \operatorname{tg} \beta \frac{c-f}{a} \right)$$

$$A_2 = \frac{M}{2L} \left(-\operatorname{tg} \beta - \frac{2f}{a} - k \operatorname{tg} \beta \frac{c-f}{a} \right)$$

$$B_1 = \frac{M}{2L} \left(\operatorname{tg} \beta - \frac{2c}{a} + k \operatorname{tg} \beta \frac{c-f}{a} \right)$$

$$B_2 = \frac{M}{2L} \left(\operatorname{tg} \beta + \frac{2c}{a} - k \operatorname{tg} \beta \frac{c-f}{a} \right)$$

Tabelle 2
Einzellast

$$A_1 = \frac{Pf}{2L} \left(2 - \frac{ck}{a} \right)$$

$$A_2 = \frac{Pf}{2L} \cdot \frac{ck}{a}$$

$$B_1 = -\frac{Pc}{2L} \cdot \frac{fk}{a}$$

$$B_2 = \frac{Pc}{2L} \left(2 + \frac{fk}{a} \right)$$

Tabelle 4
Einseitiges Linienmoment

$$A_1 = \frac{mL}{2a} \left[1 - \frac{1}{4} \xi^2 - k \operatorname{tg} \beta \left(\xi - \frac{1}{4} \xi^2 \right) \right]$$

$$A_2 = -\frac{mL}{2a} \left[1 + 2\xi - \frac{1}{4} \xi^2 - k \operatorname{tg} \beta \left(\xi - \frac{1}{4} \xi^2 \right) \right]$$

$$B_1 = -\frac{mL}{a} - A_2; \quad \xi = \frac{a \operatorname{tg} \beta}{L}$$

$$B_2 = \frac{mL}{a} - A_1$$

Den Zwängungszustand infolge M_x bestimmt man ebenfalls mit Hilfe einer statisch unbestimmten Rechnung. Für den Biegemomentenverlauf nach Bild 1e ergibt sich:

$$\delta_{1,T} = \frac{M_T \, \mathrm{tg}\, \beta}{2\,EI}\,(f_2 - c_2)\sin\beta \qquad (11)$$

und somit

$$X_1 = -k\,\mathrm{tg}\,\beta\left(\frac{1}{2} - \frac{c_2}{L}\right)M_T. \qquad (12)$$

In analoger Weise findet man für die übrigen interessierenden Lastfälle die im folgenden angegebenen Auflagerkräfte.

Einflußflächen für die Auflagerkräfte können gewonnen werden, indem man die zwei Leitkurven für „Einzellast" über den beiden Stegen nach nebenstehender Tafel aufträgt und diese linear senkrecht zur Kastenlängsachse verbindet. Dabei sind gegebenenfalls die beiden Leitlinien in den stumpfen Ecken über das tatsächliche Trägerende hinaus zu verlängern.

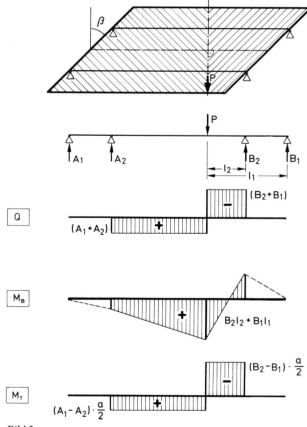

Bild 2
Schnittkraftermittlung für BT I

Die Auflagerkräfte für diesen Lastfall erhält man nach Bild 1f zu:

$$A_1 = \frac{P}{2}\left(\frac{c}{L} + \frac{c}{a}\,k\right); \qquad B_1 = \frac{P}{2}\left(-\frac{c}{L} + \frac{c}{a}\,k\right);$$
$$A_2 = \frac{P}{2}\left(2 - \frac{c}{L} + \frac{c}{a}\,k\right); \qquad B_2 = \frac{P}{2}\left(-\frac{c}{L} - \frac{c}{a}\,k\right). \qquad (13)$$

Mit bekannten Auflagerkräften sind sodann die „Stabschnittkräfte" nach den Regeln der Stabstatik zu errechnen. Die maßgebenden Lasten für eine solche Schnittkraftermittlung in einem Punkt x der Längsachse werden dabei durch die Senkrechte zur Längsachse in diesem Punkt abgegrenzt. Auszugehen ist von den tatsächlichen Laststellungen, d.h. den nicht versetzten Lasten (Bild 2). Einen derartigen Schnittkraftverlauf, der im folgenden nur für den Normalbereich, d.h. den Bereich zwischen den beiden stumpfen Ecken herangezogen wird, zeigt beispielhaft Bild 2.

2.2 Das Trägermodell (BT II)

Dieses Modell (Bild 3) geht aus von zwei Längs- und zwei Endquerträgern, die aus drill- und biegeweichen Scheiben, sowie einer biege- und drillweichen oberen und unteren Platte bestehen. Zwischen Endquerträger und oberer bzw. unterer Platte soll dabei keine Schubverbindung (Bild 3c) bestehen.

Führt man in einem Schnitt durch die Mittellängsachse die statisch unbestimmte Längsschubkraft $T^o(x) \cong T^u(x) \cong X(x)$ unter Vernachlässigung von Normalkräften senkrecht zum Längsschnitt ein, so erhält man die Auflagerkräfte $\overline{X}$ infolge der statisch Unbestimmten aus der Gleichgewichtsbedingung:

$$2\,h\int_0^L X(x)\,dx = 2\,X_m L h = \overline{X}L \quad (\text{Bild 3a}). \qquad (14)$$

$$\overline{X} = 2\,X_m\,h. \qquad (15)$$

Den Wert von X_m bestimmt man näherungsweise aus der Verträglichkeitsbedingung im Mittellängsschnitt. Für eine zur jeweiligen Längsträgermitte symmetrische Belastung erhält man die in Bild 3a dargestellte linearisierte $u(x_i)$-Verschiebung am entkoppelten System

$$u(x) = \max u \cdot \frac{2}{L}\cdot x_1 \qquad (16)$$

und damit bei gleicher Belastung beider Träger eine Relativverschiebung

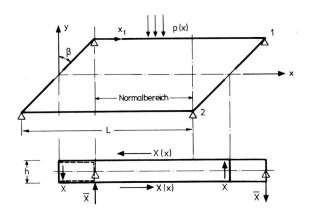

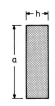

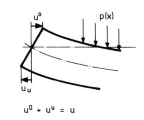

a

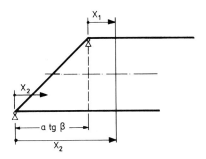

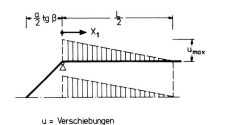

b

u = Verschiebungen

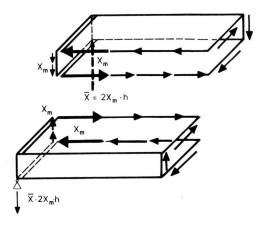

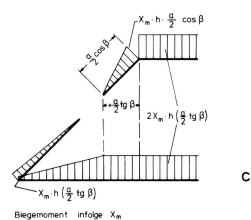

c

Biegemoment infolge X_m

Bild 3
Trägermodell BT II

$$\Delta_{u,p} = \frac{2}{L} \max u \, a \, \mathrm{tg}\,\beta = \frac{2 \, a \, \mathrm{tg}\,\beta}{L} \int_0^{L/2} 2 \, \varepsilon_R(x) \, dx$$

$$\Delta_{u,p} = \frac{2 \, a \, \mathrm{tg}\,\beta}{L} \int_0^{L/2} \frac{M}{EI_T} \, h \, dx, \qquad\qquad (17)$$

wobei

EI_T Biegesteifigkeit eines Längsträgers

ε_R Randdehnung

oder verkürzt:

$$\Delta_{u,p} = \left(a \, \mathrm{tg}\,\beta \, h \, \frac{\max M}{EI_T} \right) \alpha. \quad (h, EI_T = \text{const.}) \qquad (18)$$

So gilt z. B. für zwei Einzellasten jeweils in Stegmitte:

$$\Delta_{u,p} = \frac{2 \, a \, \mathrm{tg}\,\beta}{L} \int_0^{L/2} \frac{P}{2} \cdot x \cdot \frac{h}{EI} \, dx = \left(a \, \mathrm{tg}\,\beta \, h \, \frac{PL}{4 \, EI_T} \right) \frac{1}{2}$$

d. h.

$$\alpha = \frac{1}{2} \cdot \qquad (19)$$

In analoger Weise erhält man:

$$\alpha = \frac{2}{3} \text{ für Linienlast} \qquad (20)$$

$\alpha = 1$ für konstantes Moment.

Die Relativverschiebung infolge der unbestimmten Kopplungskraft $X_m = 1$ setzt sich aus einem Biege- und einem Schubverformungsanteil zusammen. Für den Biegeanteil gilt wegen Gl. (18) und (20)

$$\Delta_{u,B} = - \frac{M}{EI_T} \, h \, a \, \text{tg} \beta , \qquad (21)$$

woraus man mit

$$M = 2 X_m h \frac{a}{2} \text{tg} \beta \qquad (\text{Bild 3 c})$$

$$\Delta_{u,B} = - \frac{h^2 a^2 \text{tg}^2 \beta}{EI_T} \quad (X_m = 1\,!) \qquad (22)$$

erhält.

Die entsprechende Relativverschiebung für $X_m = 1$ infolge Schub beträgt

$$\Delta_{u,T} = \sum_i \gamma_i s_i = - \frac{1}{2} \frac{1}{G} \oint \frac{ds}{t}, \qquad (23)$$

wenn s, t die Abmessungen der Hohlkastenelemente bezeichnet.

Die Verträglichkeitsbedingung für den Mittellängsschnitt

$$\Delta_{u,p} + X_m \cdot \Sigma \, \Delta u, _{Xm=1} = 0 \qquad (24)$$

führt sodann unter Beachtung von Gl. (15) zur Gleichung

$$\overline{X} = \frac{2\alpha}{a} \max M \frac{\text{tg} \beta}{\text{tg}^2 \beta + \dfrac{EI}{GI_t}}, \qquad (25)$$

wobei

$$EI = 2 \, EI_T$$

$$I_t = 4 \, a^2 h^2 / \oint \frac{ds}{t}.$$

Für ein und denselben Lastfall liefern die Gln. (25) und (9) identische Auflagerkräfte.

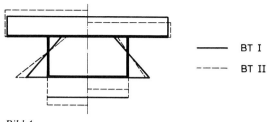

Bild 4
Längsspannungsverteilung BT I – BT II

Bezüglich Längsbeanspruchung und Torsion bestehen jedoch Unterschiede zum Modell BT I. Im Falle BT II sind den beiden Längsträgern unterschiedliche Längsspannungen zugeordnet (vgl. Bild 4).

3 Der Kastenträger als Flächentragwerk

Wie einleitend berichtet, bildet die Basis der vorliegenden Veröffentlichung eine umfangreiche numerische Untersuchung des schiefen Kastenträgers als Flächentragwerk mit der Methode der Finiten Elemente (FEM), wobei die „Scheiben- und Plattenbeanspruchungen" der einzelnen Tragelemente in gleicher Weise berücksichtigt wurden.

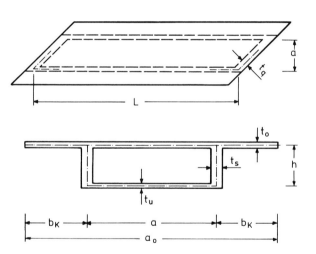

Repräsentativquerschnitt						
$a/L = 0,15$	$a/h = 3$	$b_K/a = 0,5$	$a/t_o = 20$	$t_o/t_s = 2$	$t_u/t_s = 0,6$	$t_q/t_s = 2$

(t_q = Dicke des Endquerträgers)

Bild 5
Repräsentativquerschnitt

Zur Verwendung kamen Rechteck- und Dreieckelemente mit jeweils 6 Freiheitsgraden je Knoten (vgl. [8], [9]).

Von der Vielzahl möglicher Querschnittswerte wurde ein Repräsentativquerschnitt nach Bild 5 ausgewählt, und an diesem der Einfluß der in der folgenden Tabelle 5 angegebenen Parameter unter den verschiedenen Lasten systematisch studiert.

Dabei konnte u.a. gezeigt werden, daß sich mit dem Stabmodell BT I unter der Voraussetzung „voll mittra-

Tabelle 5

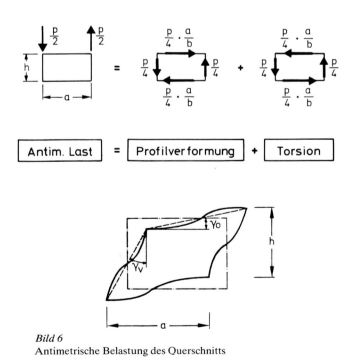				
β	a/L	a/h	b_k	
60°	0,10 0,15 0,25	3	$a/2$	$2\,t_s$
	0,10	3	$a/2$	$2\,t_s$
		1,5	$a/2$	$2\,t_s$
		2	$a/2$	$2\,t_s$
45°	0,15	3	$a/2$	$\boxed{2\,t_s}$ t_s $0,1\,t_s$ 0
			$a/4$ 0	$2\,t_s$
		4	$a/2$	$2\,t_s$
	0,25	3	$a/2$	$2\,t_s$
30°	0,10 0,15 0,25	3	$a/2$	$2\,t_s$
15°	0,15	3	$a/2$	$2\,t_s$
0°	0,10 0,15 0,25	3	$a/2$	$2\,t_s$

gender" Plattenbreite die tatsächlichen Auflagerkräfte in jedem Fall sehr genau errechnen lassen. Dies gilt für Einzellasten an beliebiger Stelle, beid- und einseitige Linienlast sowie einseitige Linienmomente in gleicher Weise.

Somit ist gewährleistet, daß in einem Schnitt senkrecht zur Brückenlängsachse die *resultierenden* Schnittkräfte der Balkenmodelle die Gesamtbeanspruchung des ganzen Kastenquerschnitts richtig wiedergeben. Die tatsächlichen Spannungen im Querschnitt können sodann in der Form

$$\sigma = \sigma_G + \Delta\sigma \qquad (26)$$

angegeben werden, wobei σ_G die Spannungen des genannten Grundzustandes BT I, BT II bezeichnet und $\Delta\sigma$ „Zusatzspannungen" darstellt. Letztere sind aus der „genauen Rechnung" abgeleitet und stellen bezüglich des betrachteten Querschnitts einen Eigenspannungszustand dar. Beim orthogonalen Kastenträger sind diese Zusatzspannungen $\Delta\sigma$, wie bekannt, durch Profilverformung und Wölbkrafttorsion bestimmt.

Als sinnvoller Parameter zur Charakterisierung der „Zusatzbeanspruchungen" bzw. zur Abgrenzung von BT I gegen BT II hat sich der die Profilverformung eines orthogonalen Kastenträgers kennzeichnende Steifigkeitsparameter $\lambda_P\,L$ (vgl. Gl. (28)) erwiesen.

Bild 6
Antimetrische Belastung des Querschnitts

Dies wird verständlich, wenn man bedenkt, daß weitgehend die Profilsteifigkeit entscheidet, inwieweit die unterschiedlichen Auflagerkräfte durch Querkraft und Biegemomente in beiden Längsträgern unabhängig voneinander abgetragen bzw. in eine „Gesamtstab-Torsion" umgesetzt werden.

Für diese Profilverformung gilt z.B. nach STEINLE [16] – Entkopplung von Profilverformung und Wölbkrafttorsion vorausgesetzt – gemäß Bild 6 folgende DGL.:

$$\gamma^{IV} + 4\lambda_P^4 \cdot \gamma = \frac{\frac{p}{4} \cdot a}{EI_P} \qquad (27)$$

mit dem charakteristischen Wert

$$\lambda_P = \sqrt[4]{\frac{EI_R}{4\,EI_P}}, \quad \left[\frac{1}{m}\right] \qquad (28)$$

bei der sich die Analogie zur DGL. des Balkens auf elastischer Bettung

$$y^{IV} + 4\lambda^4 \cdot y = \frac{p}{EI}$$

$$\lambda = \sqrt[4]{\frac{c}{4\,EI}} \quad (c = \text{Bettungsziffer})$$

i. a. als hilfreich erweist.

Im einzelnen gilt (vgl. Bild 5):

I_R Biegesteifigkeit des Kastenrahmens je Längeneinheit [m²]

I_P Wölbsteifigkeit der Profilverformung [m⁶]

$$I_o = \frac{t_o^3}{12(1-\mu^2)}; \qquad I_u = \frac{t_u^3}{12(1-\mu^2)};$$

$$I_s = \frac{t_s^3}{12(1-\mu^2)}$$

$$\eta = 1 + \frac{2\frac{a}{h} + 3\frac{I_o + I_u}{I_s}}{\frac{I_o + I_u}{I_s} + 6\frac{h}{a}\frac{I_o I_u}{I_s^2}}.$$

$$\bar{\alpha}_o = \left(\frac{a_o}{a}\right)^3 \left(\frac{a}{h}\right) \left(\frac{t_o}{t_s}\right); \qquad \bar{\alpha}_u = \left(\frac{a}{h}\right) \left(\frac{t_u}{t_s}\right)$$

$$I_R = \frac{24\,I_s}{\eta \cdot h};$$

$$I_P = \frac{a^2 h^2}{48} b\,t_s \left[\frac{3 + 2(\bar{\alpha}_o + \bar{\alpha}_u) + \bar{\alpha}_u \bar{\alpha}_o}{6 + (\bar{\alpha}_o + \bar{\alpha}_u)}\right]. \qquad (29)$$

Mit diesen Angaben, insbesondere mit $\lambda_P L$ und den Auflagerkräften nach Abschnitt 2.1 bzw. 2.2 lassen sich

nun die gewonnenen Erkenntnisse zu den nachfolgenden Rechenhinweisen zusammenfassen.

4 Schnittkraftermittlung bzw. Spannungsermittlung

Die folgenden Anweisungen zur Schnittkraftermittlung stellen das Ergebnis der durchgeführten „genauen" Untersuchungen dar. Auf eine Begründung wird, wie bereits ausgeführt, in dieser Veröffentlichung verzichtet.

4.1 Lastfall „beidseitige Linienlast"

4.1.1 Längsspannungen in den Stegen

Aus Bild 7 ist zu entnehmen, ob mit BT I oder BT II zu rechnen ist. Außerdem sind Bereiche mit Korrekturen ΔM_1, ΔM_2 angegeben.

Weiter ist gezeigt, wie die Längsspannungen in den Stegen (1, 2) bzw. in Hohlkastenmitte (3) zu bestimmen sind. Die Endeinspannmomente zu BT II können dabei dem Bild 3c entnommen werden. Für BT I an der Stelle $x = a \cdot \text{tg}\,\beta/2$ beträgt dabei das Biegemoment

$$M_B = A_1\,a\,\text{tg}\,\beta - \frac{p}{4}(a\,\text{tg}\,\beta)^2. \qquad (30)$$

Die Auflagerkräfte sind in beiden Fällen mit

$$A_i = p\,\frac{L}{4} \pm \overline{X} \qquad (31)$$

gleich groß.

In Bild 7 sind für den Längsträger im Endbereich zwei Grenzlinien angegeben, zwischen denen das Endmoment in Abhängigkeit von der Endquerträgersteifigkeit schwanken kann.

Es genügen jedoch sehr geringe Querträgerbreiten $t_q/t_s > 0,1$, damit sich das Endeinspannmoment wieder den ausgezogenen Werten von BT II bzw. BT I nähert, mit denen praktisch zu rechnen sein wird.

Für die Korrekturmomente ΔM kann ein linearer Abfall vom Schnitt durch die stumpfe Ecke bis zum Schnitt

$$x = \frac{\pi}{2\lambda_p} \quad \text{aber} \quad x \leq \frac{L}{2}\left(1 - \frac{a}{L}\,\text{tg}\,\beta\right)$$

angesetzt werden.

Auch im Schnitt durch die stumpfe Ecke, wo der Kragarm fehlt, ist bei der Spannungsermittlung vom Gesamt-

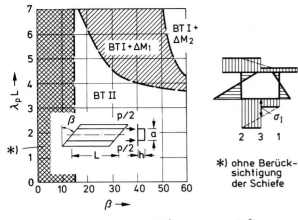

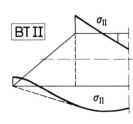

$$\sigma_1 = \frac{M_{BTII}^1}{W_E}; \quad \sigma_2 = \frac{M_{BTII}^2}{W_E}$$

$$\sigma_3 = \frac{M_{BTI}}{W} = \frac{1}{2}(\sigma_1 + \sigma_2)$$

$W_E \,\hat{=}\,$ Widerstandsmoment des
Teilquerschnitt ($= W/2$)

$$x < \frac{\pi}{2\lambda p} \quad \text{aber} \quad x \leqq \frac{L}{2}\left(1 - \frac{a}{L}\,\text{tg}\,\beta\right)$$

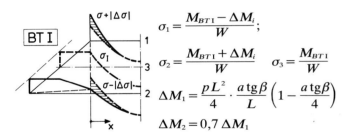

$$\sigma_1 = \frac{M_{BTI} - \Delta M_i}{W};$$

$$\sigma_2 = \frac{M_{BTI} + \Delta M_i}{W} \quad \sigma_3 = \frac{M_{BTI}}{W}$$

$$\Delta M_1 = \frac{pL^2}{4}\cdot\frac{a\,\text{tg}\,\beta}{L}\left(1 - \frac{a\,\text{tg}\,\beta}{4}\right)$$

$$\Delta M_2 = 0,7\,\Delta M_1$$

Bild 7
Längsspannung bei „beidseitiger Linienlast"

querschnitt auszugehen (Bild 8). Für die tatsächlich im Steg auftretende Spannungserhöhung bestimmt man die Zusatzspannungen aus den äquivalenten Schnittkräften

$$N = \int_{b_k} \sigma_k\,dF; \quad M = N \cdot \frac{h}{2}$$

$$\sigma_o = \frac{4N}{t_s \cdot h}; \quad \sigma_u = -\frac{2N}{t_s \cdot h}$$

und den Querschnittswerten des Steges. In Längsrichtung kann ein Abklingen dieser Wirkung, auf der Strecke 1,5 h beginnend, von der stumpfen Ecke des Kastens, vorausgesetzt werden.

Diese Näherung hat sich im übrigen auch bei allen anderen untersuchten Lastfällen als zutreffend erwiesen.

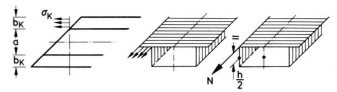

Bild 8
Querschnittsveränderung im Endbereich

4.1.2 Schubkraftbeanspruchung

In einem Schnitt I-I (Bild 9) wirkt in einem torsionssteifen Kasten (BT I) unter Berücksichtigung der Last $p/2$ auf den Träger 2 entlang der Strecke $a\,\text{tg}\,\beta$ ein Gesamt-Torsionsmoment:

$$M_T = \bar{X}a - \frac{p}{2}a\,\text{tg}\,\beta \cdot \frac{a}{2} \tag{32}$$

und eine Gesamt-Stabquerkraft:

$$Q = \left(p\frac{L}{2} - \frac{p}{2}\cdot a\,\text{tg}\,\beta\right). \tag{33}$$

Unter Beachtung von:

$$S_T = \pm\frac{M_T}{2a}$$

erhält man im Schnitt I-I die resultierende Schubkraft S für Träger 1

$$S_1 = -\frac{M_T}{2a} + \frac{Q}{2}$$

$$S_1 = \left(-\frac{\bar{X}}{2} + \frac{p}{8}a\,\text{tg}\,\beta\right) + \left(p\frac{L}{4} - p\frac{a}{4}\,\text{tg}\,\beta\right) = \tag{34}$$

$$= -\frac{\bar{X}}{2} + p\frac{L}{4} - p\frac{a}{8}\,\text{tg}\,\beta$$

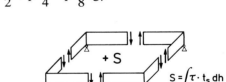

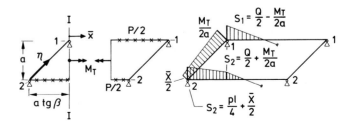

Bild 9
Schubkraftverteilung für „beidseitige Linienlast" nach BT I

191

und für Träger 2

$$S_2 = + \frac{\overline{X}}{2} + p \frac{L}{4} - \frac{3}{8} p \, a \, \mathrm{tg}\, \beta. \tag{35}$$

Für den Bereich $\bar{x} < 0$ darf außerdem angenommen werden, daß sich die Schubkraft S wie beim orthogonalen Kasten mit einseitiger Last $p/2$ ändert. Dafür gilt am belasteten Steg

$$\frac{dS}{dx} = \frac{p}{2} \cdot \frac{1}{2} + \frac{m_T}{2\,a\,h}\, h = \frac{p}{4} + \frac{p}{2} \cdot \frac{a}{2} \cdot \frac{1}{2a} = \frac{3}{4} \cdot \frac{p}{2} \tag{36}$$

und für den unbelasteten Steg

$$\frac{dS}{dx} = \frac{1}{4}\frac{p}{2}. \tag{37}$$

Damit erhält man für die spitze Ecke des Trägers 2 aus Gl. (35)

$$S_2 = p \frac{L}{4} + \frac{\overline{X}}{2}. \tag{38}$$

So ergibt sich die BT I zugeordnete Schubkraft-Verteilung wie in Bild 9 dargestellt.
Die tatsächliche Schubkraftverteilung findet man dann nach Bild 10.

4.1.3 Platten-Schubkräfte

Als „Grenzlinie" für die Schubkräfte T_β^o, T_β^u im Schnitt zwischen Platte und Querträger parallel zu diesem dienen die Angaben in Bild 11.
Die resultierende Schubkraft $S_K(x)$ im Plattenkragarm wird ungünstigst mit Hilfe von BT I errechnet. Es gilt

$$S_K = \frac{1}{2} \left(b_K \cdot \frac{QS}{I} \right). \tag{39}$$

Dies gilt vom „Feld" kommend bis zum Schnitt I-I durch die stumpfe Ecke. Am Kragarm im Bereich der spitzen Ecke ist der Maximalwert durch die stumpfe Ecke bis zum Kragarmende beizubehalten (Bild 12 a).

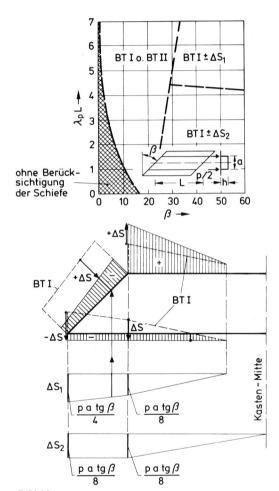

Bild 10
Tatsächliche Schubkraft bei „beidseitiger Linienlast"

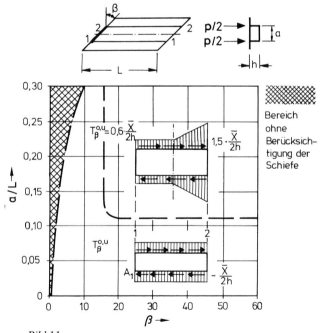

Bild 11
Schubkräfte am Plattenanschnitt bei „beidseitiger Linienlast"

192

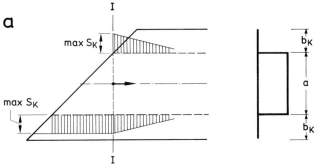

a

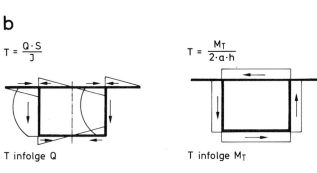

b

$$T = \frac{Q \cdot S}{J}$$

$$T = \frac{M_T}{2 \cdot a \cdot h}$$

T infolge Q

T infolge M_T

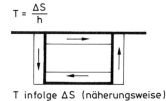

$$T = \frac{\Delta S}{h}$$

T infolge ΔS (näherungsweise)

Bild 12
Schubkräfte an den Kragarmenden für „beidseitige Linienlast"

Für die Bemessung der oberen und unteren Platte an der Steginnenseite im Endbereich des Kastens wären drei Anteile

● aus Querkraft
● aus Torsion und
● aus den Korrekturschubkräften nach Abschnitt 4.1.2

zu überlagern.

Verzichtet man auf den dritten Anteil, der den Schubfluß infolge M_T reduziert (Bild 12b), so ergeben sich die maximalen Schubbeanspruchungen im Schnitt I-I durch Überlagerung von T infolge Q und T infolge M_T.

4.1.4 Endquerträger-Beanspruchung

Die Schubkraft kann Bild 9 bzw. 10 entnommen werden. Die Biegebeanspruchung in η-Richtung wird hinreichend durch eine Kombination (vgl. Bild 17)

$$M_q = 0,1\,\eta\,\overline{X}\,; \qquad \frac{a}{2\cos\beta} < \eta < \frac{a}{\cos\beta}$$

$$N_q = 0\,;$$

$$M_q = 0,1\,\frac{a}{2\cos\beta}\cdot\overline{X}\,; \quad 0 < \eta < \frac{a}{2\cos\beta} \qquad (40)$$

erfaßt, wobei M_q das Endquerträger-Biegemoment bezeichnet. Vorausgesetzt ist dabei, daß die Spannungsermittlung unter Außerachtlassen einer mittragenden Plattenbreite erfolgt.

Auf die Berücksichtigung eines Torsionsmomentes kann verzichtet werden. Bei schlaff bewehrten Konstruktionen führt – wie Vergleichsrechnungen gezeigt haben – die Schubkraft nach Bild 9 bzw. 10 zu einer ausreichenden Gesamtbewehrung, wenn auf eine reduzierte Schubdeckung nach DIN 1045 § 17.5.5 verzichtet wird. Bei vorgespannten Konstruktionen, bei denen die Vorspannung der Längsträger dem Eigengewicht entgegenwirkt, kann hingegen das Endquerträger-Torsionsmoment in der Regel vernachlässigt werden.

4.1.5 Plattenmomente

Den Verlauf der Plattenanschnittsmomente $m_y^{o,u}$ zeigt Bild 13. Es gilt:

$$m_y^o \cong \frac{0,05\cdot\Delta M}{a\,(1+\varepsilon)}\,; \quad m_y^u = \varepsilon\cdot m_y^o \qquad (41)$$

wobei

$$\varepsilon = \frac{3 + \left(\dfrac{a}{h}\right)\left(\dfrac{t_s}{t_o}\right)^3}{3 + \left(\dfrac{a}{h}\right)\left(\dfrac{t_s}{t_u}\right)^3}$$

und

$$\Delta M = p\,\frac{L^2}{2}\cdot\frac{a\,\mathrm{tg}\,\beta}{L}\left(1 - \frac{a}{L}\,\mathrm{tg}\,\beta\right) =$$
$$= p\,\frac{L\,a\,\mathrm{tg}\,\beta}{2}\left(1 - \frac{a}{L}\,\mathrm{tg}\,\beta\right).$$

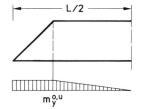

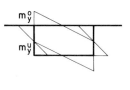

Bild 13
Plattenmomente bei „beidseitiger Linienlast"

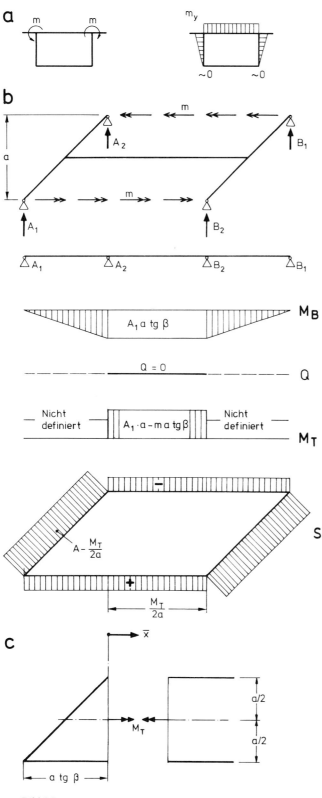

Bild 14
Lastfall „beidseitiges Linienmoment"

4.2 Lastfall „beidseitiges" Linienmoment

Der Beanspruchung des Kastenquerschnitts infolge von gleichmäßigen Linienmomenten kommt nur sekundäre Bedeutung zu, da es sich hier um betragsmäßig kleine Momente handelt. Es genügt daher, die Momente und Normalkräfte m_y, n_y nach Bild 14 a abzuschätzen.

Für die übrigen Beanspruchungen geht man zweckmäßigerweise von einem Gleichgewichtszustand nach Bild 14 b, c aus.

Mit der Auflagerkraft A_1 im Lastfall „beidseitiges Linienmoment" erhält man für den Innenbereich des schiefen Stabes (BT I)

$$M_T = A_1 \cdot a - m \cdot a \operatorname{tg} \beta \qquad (42)$$

und daraus die resultierenden Schubkräfte nach Bild 14 b, wobei die Angabe von S außerhalb des Innenbereiches durch die „genaue Rechnung" gesichert ist.

4.3 Lastfall „einseitige" Linienlast

In den üblichen Fällen des Brückenbaues resultieren hieraus keine nennenswerten zusätzlichen Längsbeanspruchungen $\Delta \sigma$ im Vergleich zu den Zusatzspannungen infolge SLW-Belastung. Im Zweifelsfalle können sie jedoch rasch wie folgt bestimmt werden.

Man spaltet die Last in einen symmetrischen und einen antimetrischen Anteil auf. Für ersteren ermittelt man die Spannungen nach Abschnitt 4.1. Für die antimetrischen Belastungen bestimmt man die entsprechenden σ_x-Anteile nach BT I und sodann die Zusatzspannungen $\Delta \sigma_x$ (Bild 15 a) näherungsweise am orthogonal gestützten Kasten der Länge $L' = L - a \operatorname{tg} \beta$ und den Randbedingungen $\gamma = \gamma'' = 0$.

Im einzelnen gilt z. B. nach [16]:

$$M_P = -EI_P \cdot \gamma''(\bar{x})$$

$$M_P \cong \frac{p\,a}{8\,\lambda_P^2} \cdot e^{-\lambda_P \bar{x}} \sin \lambda_P \bar{x}. \qquad 0 < \bar{x} \le \frac{L'}{2} \qquad (43)$$

$$\Delta \sigma(\bar{x}) = \frac{M_P}{I_P} \cdot \omega_P, \qquad (44)$$

wobei der Verlauf von ω_P über den Querschnitt Bild 15 b zu entnehmen ist. Für den Wert $\omega_{P,A}$ gilt dabei:

$$[\omega_{P,A}] = \frac{ah}{4} \frac{3 + \bar{\alpha}_u}{6 + \bar{\alpha}_o + \bar{\alpha}_u} = \frac{ah}{4(1 + \nu)}$$

$$\nu = \frac{3 + \bar{\alpha}_o}{3 + \bar{\alpha}_u}. \qquad (45)$$

In gleicher Weise erhält man die resultierende *Schubkraft* infolge des Profilverformungsanteiles:

$$\Delta S(\bar{x}) \cong \frac{1}{8\lambda_P} \cdot p\, e^{-\lambda_P \bar{x}} (\cos \lambda_P \bar{x} + \sin \lambda_P \bar{x}), \qquad (46)$$

womit sich sodann der Gesamtschubkraft-Verlauf bestimmen läßt.

Im Schnitt „rechts" von I-I (Bild 15 d) erhält man nämlich aus der Querkraft des Stabes nach BT I:

$$Q = \frac{p}{2} \cdot a\,\mathrm{tg}\,\beta \qquad (47)$$

und aus dem Stabtorsionsmoment:

$$M_T = p\,\frac{L}{4} \cdot a - \frac{p}{2}\, a\,\mathrm{tg}\,\beta \cdot \frac{a}{2} = p\,\frac{La}{4}\left(\frac{1 - a\,\mathrm{tg}\,\beta}{L}\right) \qquad (48)$$

für den Steg 1 die Schubkraft:

$$S = -\frac{Q}{2} + \frac{M_T}{2a} + \Delta S(\bar{x}) =$$

$$= -\frac{p}{4}\, a\,\mathrm{tg}\,\beta + p\,\frac{L}{4}\left(1 - \frac{a}{L}\,\mathrm{tg}\,\beta\right) + \Delta S(\bar{x}) = \qquad (49)$$

$$= p\,\frac{L}{8}\left(1 - 3\,\frac{a}{L}\,\mathrm{tg}\,\beta\right) + \Delta S(\bar{x})$$

und für den Steg 2 die Schubkraft:

$$S = -\frac{p}{4}\, a\,\mathrm{tg}\,\beta - p\,\frac{L}{8}\left(1 - \frac{a}{L}\,\mathrm{tg}\,\beta\right) - \Delta S(\bar{x}) =$$

$$= -p\,\frac{L}{8}\left(1 + \frac{a}{L}\,\mathrm{tg}\,\beta\right) - \Delta S(\bar{x}). \qquad (50)$$

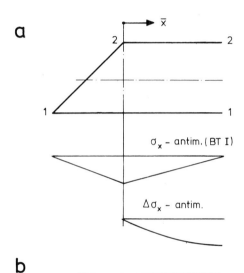

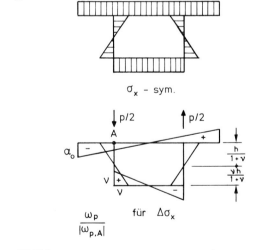

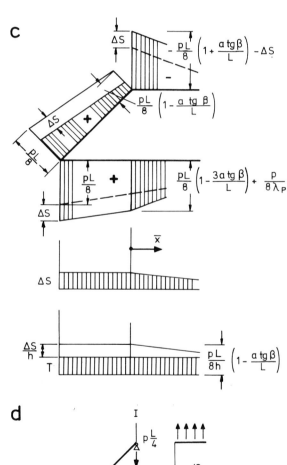

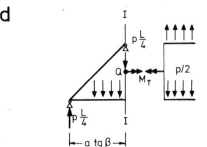

Bild 15
Lastfall „einseitige Linienlast"

Für den Bereich $\bar{x} < 0$ darf außerdem angenommen werden, daß sich die resultierende Schubkraft S wieder wie bei einem orthogonalen Kasten, der einseitig mit $p/2$ belastet ist, ändert [vgl. (36), (37)].

In diesem Bereich nimmt mithin die Schubkraft vom Wert

$$p \frac{L}{8}\left(1 - 3 \frac{a}{L} \, \mathrm{tg}\,\beta\right) + \Delta S \quad \text{in } \bar{x} = 0$$

auf

$$p \frac{L}{8}\left(1 - 3 \frac{a}{L} \, \mathrm{tg}\,\beta\right) + \frac{3}{8} \, p \, a \, \mathrm{tg}\,\beta + \Delta S \quad \text{in } \bar{x} = -a\,\mathrm{tg}\,\beta$$

zu.

Für die Schubflüsse T_y^o, T_y^u in Boden- und Dachplatte folgt dann (vgl. Bild 12):

$$T = T_y^o = T_y^u = \frac{M_T(\bar{x})}{2 a h} - \frac{2 \Delta S \cdot a}{2 a h}$$

$$T|_{\bar{x}=o} = p \frac{L}{4}\left(1 - \frac{a}{L} \, \mathrm{tg}\,\beta\right) \cdot \frac{1}{2 a h} - \frac{\Delta S}{h}$$

$$= p \frac{L}{8 h}\left(1 - \frac{a}{L} \, \mathrm{tg}\,\beta\right) - \frac{\Delta S}{h} \quad \text{[vgl. (49)]} \quad (51)$$

Für den antimetrischen Lastanteil – für den symmetrischen gilt Abschnitt 4.1.5 – erhält man außerdem unter Berücksichtigung der Profilverformung die Plattenbiegemomente:

$$m_y^o = \pm \frac{EI_R \cdot \gamma}{2(1 + \eta_m)}; \qquad m_y^u = \mp \eta_m \cdot m_y^o \quad (52)$$

mit

$$\gamma = \frac{p\,a}{4\,EI_R} \cdot \left[1 - \frac{2\,\mathrm{ch}\,\dfrac{\lambda_P L'}{2}\cos\dfrac{\lambda_P L'}{2}}{\mathrm{ch}\,\lambda_P L' + \cos\lambda_P L'}\right] \leq \frac{p\,a}{4\,EI_R}$$

und

$$\eta_m = \frac{3 + \dfrac{a I_s}{h I_o}}{3 + \dfrac{a I_s}{h I_u}}.$$

4.4 Lastfall „einseitiges" Linienmoment

Mit ausreichender Genauigkeit kann dieser Lastfall für die Zustandsgrößen σ und S bzw. τ nach der Balkentheorie BT I (Bild 16a) untersucht werden.

Die Zusatzbeanspruchungen $\Delta\sigma$ und die Plattenmomente m_y lassen sich unter Beachtung der Lastumordnung entsprechend Bild 16b am orthogonal gestützten Ersatzstab mit der Länge $L' = L - a\,\mathrm{tg}\,\beta$ und den Randbedingungen $\gamma = \gamma'' = 0$ ermitteln. Dabei ist ledig-

lich in den Gln. (43) und (52) $p/4$ durch $\varrho m/(2a)$ zu ersetzen.

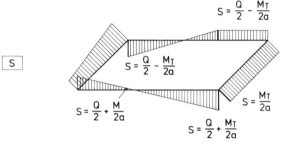

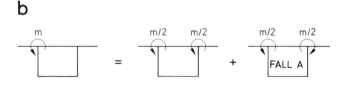

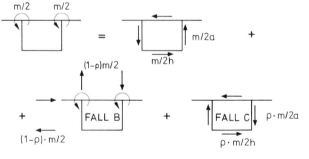

Querbiegung am unverschieblichen Rahmen   Profilverformung

Bild 16
Lastfall „einseitiges Linienmoment"

Der für die Profilverformung maßgebende Parameter ϱ ergibt sich zu:

$$\varrho = 2 \; \frac{1 + 3\left(\dfrac{h}{a}\right)\left(\dfrac{t_u}{t_s}\right)^3}{1 + 2\left(\dfrac{h}{a}\right)\left(\dfrac{t_u}{t_s}\right)^3 + 2\left(\dfrac{h}{a}\right)\left(\dfrac{t_o}{t_s}\right)^3 + 3\left(\dfrac{h}{a}\right)^2\left(\dfrac{t_u}{t_s}\right)^3\left(\dfrac{t_o}{t_s}\right)^3} - 1 . \tag{53}$$

4.5 Lastfall „Einzellast"

4.5.1 Längsspannungen in den Stegen

Für den Lastfall „Einzellast" werden im folgenden Hinweise gegeben, die es u.a. erlauben, die maßgebenden Grenzlinien zu ermitteln.

Die Biegespannungen werden nach BT I für die gewünschte Laststellung ermittelt. Bei den Zusatzspannungen ist zu unterscheiden zwischen randfernen und randnahen Bereichen, wobei letztere durch negative Balkenmomente bestimmt werden.

Im randfernen Bereich $a/2 \; \mathrm{tg}\,\beta \gtrsim \bar{x}$, x (Bild 17), d.h., zwischen den Schnitten durch die beiden stumpfen Ecken, können die Zusatzspannungen in der Regel am unendlich langen Stab ermittelt werden. Lediglich bei

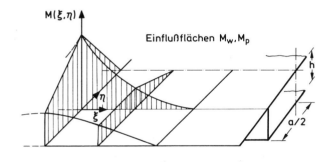

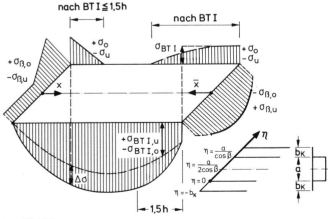

Bild 17
Grenzspannungslinien für „Einzellast"

sehr weichen Systemen $\lambda_p L \leq 3$ wird der Einfluß der Auflager spürbar, so daß genauer mit der Ersatzstützweite $L' = L - a\,\mathrm{tg}\,\beta$ gerechnet wird.

Zweckmäßigerweise bestimmt man die Zusatzspannungen im gesamten Innenbereich mit Hilfe der gleichen, vereinfachten Einflußflächen $M_w\,(\xi,\eta)$, $M_P\,(\xi,\eta)$ (Bild 17) für alle Aufpunkte, wie im folgenden erläutert wird. Im Bereich zwischen dem Schnitt durch die stumpfe Ecke und der spitzen Ecke

$$-\frac{a}{2}\,\mathrm{tg}\,\beta < x < +\frac{a}{2}\,\mathrm{tg}\,\beta$$

können diese Zusatzspannungen linear auf Null ablaufend angenommen werden, ebenso wie auf einer Strecke von etwa $1{,}5\,h$ im Bereich der stumpfen Ecke.
Im einzelnen gilt:

$$\Delta\sigma = \Delta\sigma_w + \Delta\sigma_P$$

$$\Delta\sigma_w = \sum_i P_i M_w\,(\xi,\eta)\cdot\frac{\omega_w}{I_w}$$

$$\Delta\sigma_P = \sum_i P_i M_P\,(\xi,\eta)\cdot\frac{\omega_P}{I_P} \quad\text{(vgl. auch Bild 15 b),}\tag{54}$$

wobei der Index w die Wölbkrafttorsion, P die Profilverformung bezeichnet und ω_w die auf den Schubmittelpunkt bezogene Einheitsverwölbung angibt (vgl. z.B. [13], [16]). Anders als bei den bisherigen Untersuchungen kann der Einfluß der Wölbkrafttorsion bei den Zusatzspannungen bis zu 30% aus Profilverformung betragen, so daß diese Einflüsse bei Einzellast i.a. nicht vernachlässigt werden dürfen.

Die Einheitswölbung gewinnt man nach Bild 18 wie folgt:
Aus der Verwölbung am offenen Querschnitt:

$$\omega_o = \int_s r\,ds$$

und aus der Einheitswölbung $\dfrac{\psi}{t_i}$:

$$\psi = \frac{2\,F_K}{\oint\dfrac{ds}{t}}$$

bestimmt man die Grundverwölbung ω:

$$\omega = \omega_o - \int_s \frac{\psi}{t_i}\,ds ,$$

197

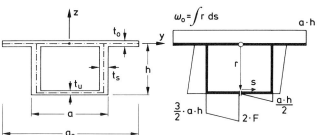

Verwölbung des offenen Querschnittes ω_0

$\omega_0 = \int r\, ds$

$\frac{3}{2} \cdot a \cdot h$ $2 \cdot F$ $a \cdot h$ $\frac{a \cdot h}{2}$

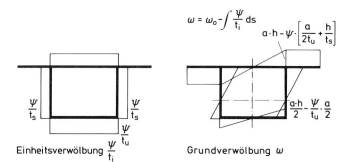

$\omega = \omega_0 - \int \frac{\psi}{t_i}\, ds$

$a \cdot h - \psi \cdot \left[\frac{a}{2t_u} + \frac{h}{t_s}\right]$

$\frac{a \cdot h}{2} - \frac{\psi}{t_u} \cdot \frac{a}{2}$

Einheitsverwölbung $\frac{\psi}{t_i}$ Grundverwölbung ω

$z_m = -\dfrac{\int y \cdot \omega\, dF}{\int y \cdot y\, dF}$ $\omega_w = \omega + z_m \cdot y$

Funktionsverlauf y Endgültige Verwölbung ω_w

Bild 18
Ermittlung der Querschnittswerte für Wölbkrafttorsion

und mit Hilfe des Abstandes

$$z_m = -\frac{\int y \cdot \omega\, dF}{\int y^2\, dF}$$

schließlich

$$\omega_w = \omega + z_m \cdot y.$$

Danach kann dann auch

$$I_w = \int_F \omega_w^2\, dF$$

bestimmt werden.

Die notwendigen *Einflußflächen* in Gl. (54) für M_P bzw. M_w werden durch Leitkurven mit folgenden Vereinfachungen charakterisiert

198

- negative Anteile der M_P-Linie bleiben außer Ansatz
- für die M_w-Linie wird im Schnitt

$$\eta = -b_K \quad \text{und} \quad \eta = \frac{a}{2\cos\beta}$$

der M_P-Verlauf zugrunde gelegt.

Im einzelnen gilt sodann für diese Leitlinien (Bild 17)

Schnitt: $\eta = -b_K$

$$M_w = \frac{\left(\frac{a}{2} + b_K\right)}{2\lambda_w} \cdot \frac{1}{\lambda_w b_k} \cos 2\lambda_P \xi$$

$$M_P = \frac{a}{16\lambda_P}\left[1 + \varrho\left(1 - \frac{2\left(\frac{a}{2} + b_K\right)}{a}\right)\right] e^{-\lambda_P \cdot b_K} \times$$

$$\times \frac{\sin \lambda_P b_K}{b_K \lambda_P}\cos 2\lambda_P \xi \tag{55}$$

mit ϱ nach Gl. (53)
und

$$\lambda_w = \sqrt{\frac{GI_T}{EI_w}}, \quad \left[\frac{1}{m}\right]$$

$$I_T = \frac{4F_K^2}{\oint \frac{d_s}{t}}$$

Schnitt: $\eta = 0$

$$M_w = \frac{a}{4\lambda_w}\, e^{-\lambda_w \cdot \xi}$$

$$M_P = \frac{a}{16\lambda_P}\, e^{-\lambda_P \xi}\,(\cos\lambda_P \xi - \sin\lambda_P \xi) \tag{56}$$

Schnitt: $\eta = \frac{a}{2\cos\beta}$

$$M_w = 0$$
$$M_P = 0. \tag{57}$$

Die eigentliche Fläche wird sodann durch eine lineare Verbindung dieser Leitkurven senkrecht zur Mittelachse des Kastens erzeugt.

Die Längsspannungen infolge „negativer" Momente – randnaher Bereich – in der *spitzen* Ecke sind nur bei Winkel $\beta \geq 30°$ von Bedeutung. Die dafür nach BT I errechneten maximalen Werte im Schnitt durch die stumpfe Ecke werden jedoch erst im Schnitt $\bar{x} = 0$ (Bild 17) erreicht.

Die Spannungen infolge „negativer" Momente in der *stumpfen* Ecke erhält man

- aus BT I unter Berücksichtigung des fehlenden Kragarmes nach Abschnitt 4.1.1 (Bild 8) und
- aus der Verformungsbehinderung durch den Endquerträger

$$\Delta\sigma = M_{T,q} \cdot a \, \frac{\omega_P}{I_P} \, , \qquad (58)$$

wobei $M_{T,q}$ nach Gl. (62) zu bestimmen ist,

- sowie aus einer möglichen Zusatzbeanspruchung, die sich aus dem Anteil des Differenzmomentes ΔM zwi-

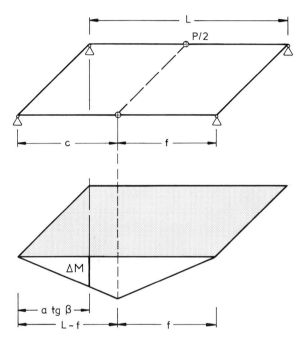

Bild 19
Differenzmoment bei unabhängigen Längsträgern,
Lastfall „Einzellast"

schen den beiden unabhängig gedachten Längsträgern (BT II) errechnet. Mit einer Lastaufteilung nach Bild 19 erhält man für ΔM:

$$\Delta M = \frac{P}{2} \cdot \frac{f(L-f)}{L} \cdot \frac{a \, \mathrm{tg}\,\beta}{(L-f)} \qquad (59)$$

oder

$$\Delta M = \frac{Pf}{2L} \, a \, \mathrm{tg}\,\beta \, .$$

Der Verlauf der entsprechenden Spannungen kann nach Bild 7 angenommen werden.

4.5.2 Schubkräfte in den Längsstegen

Die Schubkräfte in den Längsstegen können mit Hilfe von BT I ermittelt werden. Da praktisch immer drei Einzellasten zu berücksichtigen sind, kann auf Zusatzspannungen infolge Profilverformung und Verwölbung verzichtet werden.

Bei Last im Bereich $x < a/2 \, \mathrm{tg}\,\beta$ (Bild 20) kann man die Schubkraft der Stege wie folgt bestimmen:

Aus BT I ist die Verteilung bis unmittelbar rechts vom Schnitt I-I bekannt. Die entsprechende Schubkraft am belasteten Träger ist über den Schnitt I-I nach „links" bis zur Last beizubehalten. Eine einfache Gleichgewichtsbedingung liefert sodann die Schubkraftverteilung für den Restbereich bei bekannten Auflagerkräften. Bei der Spannungsermittlung genügt es, von einer gleichmäßigen Schubspannungsverteilung über den Steg:

$$\tau \sim \frac{S}{F_{steg}}$$

auszugehen.

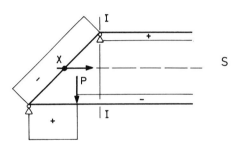

Bild 20
Schub im Endbereich für Lastfall „Einzellast"

4.5.3 Beanspruchung der Endquerträger

Für die Schubkräfte des Endquerträgers gelten die Ausführungen in Abschnitt 4.5.2.

Für die Schubkräfte T_β am Anschnitt zwischen Boden- und Deckplatte bei negativem Torsionsmoment – die Richtung des positiven Torsionsmomentenvektors ist in Bild 14 markiert – gilt

$$T_\beta = \frac{M_T}{2 \, a h} \, , \qquad (60)$$

wobei der Verlauf Bild 11 zu entnehmen ist. Dort ist lediglich $\bar{x}/2 \, h$ durch $M_T/2 \, a h$ zu ersetzen.

Bei positivem Torsionsmoment ist der Wert nach Gl. (60) konstant über den ganzen Querträger beizubehalten. Aus positivem und negativem Torsionsmoment kann sodann die maßgebende Grenzlinie bestimmt werden.

Die Grenzlinie für das negative Endquerträgerbiegemoment erhält man analog zu den Ausführungen in Abschnitt 4.1.4 (Bild 17) zu:

$$M_q = 0,15\,\eta \cdot \frac{M_T}{a} \quad \text{für} \quad \frac{a}{2\cos\beta} \leq \eta \leq \frac{a}{\cos\beta},$$
$$M_q = 0,15\,\frac{a}{2\cos\beta} \cdot \frac{M_T}{a} \quad \text{für} \quad 0 \leq \eta \leq \frac{a}{2\cos\beta}. \tag{61}$$

Diese Werte ergeben die tatsächlichen Längsbeanspruchungen jedoch nur, wenn keine mittragende Breite der anschließenden Platte beim Spannungsnachweis berücksichtigt wird.

Der Minimalwert von M_T wird dabei im allgemeinen erreicht, wenn der SLW in Feldmitte am äußersten Kragarmende steht. Gegebenenfalls kann dieser Extremwert von

$$M_T = (A_1 - A_2) \cdot \frac{a}{2}$$

mit Hilfe der Einflußflächen für A_1, A_2 nach Abschnitt 2.1 genauer bestimmt werden.

Das positive Endquerträgerbiegemoment wird unmittelbar aus der Laststellung „SLW über Querträger" bestimmt.

Für das maximale Torsionsmoment des Endquerträgers geht man von einem fiktiven Torsionsmoment M_T am orthogonal gestützten Kasten aus.
Mit

$$m_{T,q} \cdot h = M_{T,q} \qquad \text{(Bild 21)}$$

und

$$a \cdot M_{T,q} = M_P \qquad \text{Bimoment der Profilverformung}$$
$$m_{T,q} \qquad\qquad\quad \text{Drillmoment des Endquerträgers}$$

gilt

$$M_{T,q} \cdot \varphi_{11} + \varphi_{10} = 0 \tag{62}$$

wobei

$$\varphi_{10} \cong \frac{M_T}{2\,GJ_T} + \frac{2\,M_T}{8\,EJ_R} \cdot \lambda_P^2\,\frac{2\,sh\,\dfrac{\lambda_P L}{2}\,\sin\dfrac{\lambda_P L}{2}}{ch\,\lambda_P L + \cos\lambda_P L}$$
$$\varphi_{11} = \frac{1}{c} + \frac{2\,\lambda_P^3}{EJ_R}$$

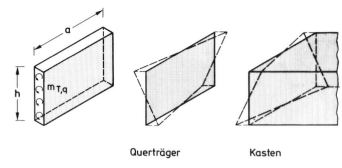

Bild 21
Endquerträgertorsionsmoment für Lastfall „Einzellast"

$\varphi_{11},\ \varphi_{10}$	Verdrehung infolge Profilverformung und Torsion
M_T	Torsionsmoment des orthogonal gestützten Kastenträgers am betrachteten Endquerträger
$c = \dfrac{E\,t_q^3\,ah}{12\,(1-\mu^2)}$	Drehsteifigkeit des Querträgers
GJ_T	Torsionssteifigkeit des Kastenträgers

Für den *schief gestützten* Stab erhält man damit das maßgebende maximale Bemessungsmoment näherungsweise zu:

$$\overline{M_{T,q}} = M_{T,q} \cdot \cos\beta. \tag{63}$$

5 Zusammenfassung

Finanziell unterstützt durch die Deutsche Forschungsgemeinschaft war in einer früheren Studie das Tragverhalten schief gestützter Kastenträger mit Hilfe der Methode der Finiten Elemente systematisch untersucht und erörtert worden.

In der vorliegenden Arbeit werden konkrete Bemessungsanweisungen für alle wesentlichen Tragglieder eines solchen Kastens gegeben.

6 Schrifttum

[1] BASLER, K.: Zur Statik schief gelagerter Träger. Schweizerische Bauzeitung 82 (1964), H. 16, S. 269/279.
[2] BORNSCHEUER, F. W.: Systematische Darstellung des Biege- und Verdrehvorganges unter besonderer Berücksichtigung der Wölbkrafttorsion. Der Stahlbau 21 (1952), Nr. 1, S. 1/9.

[3] HEES, G.: Formänderungsgrößenverfahren bei Trägern mit schiefen Lagerlinien. Die Bautechnik 46 (1970), Nr. 4, S. 122/128.

[4] HOMBERG, H. und MARX, W. R.: Schiefe Stäbe und Platten. Düsseldorf, Werner-Verlag 1958.

[5] KNITTEL, G.: Zur Berechnung des dünnwandigen Kastenträgers mit gleichbleibendem symmetrischen Querschnitt. Beton- und Stahlbetonbau 60 (1965), Nr. 9, S. 205/211.

[6] KORDINA, K., EIBL, J. und PELLE, K.: Bericht über das Tragverhalten massiver unausgesteifter Hohlkastenträger – Kritische Zusammenstellung der vorhandenen theoretischen Lösungen. Unveröffentlichte Arbeit im Rahmen eines Forschungsauftrages.

[7] KUPFER, H.: Kastenträger mit elastisch ausgesteiftem Querschnitt unter Linien- und Einzellasten. In Stahlbetonbau (Festschrift Rüsch). Wilhelm Ernst & Sohn, Berlin/München 1969.

[8] PELLE, K.: Beitrag zur Berechnung schiefgelagerter, einzelliger massiver Kastenbrücken. Diss. Universität Dortmund 1976.

[9] PELLE, K.: Beitrag zur Berechnung schiefgelagerter, einzelliger massiver Kastenträger. Schriftenreihe der Abteilung Bauwesen, Konstruktiver Ingenieurbau. H. 1, Universität Dortmund 1977.

[10] ROIK, K.-H., CARL, J. und LINDNER, J.: Biegetorsionsprobleme gerader dünnwandiger Stäbe. Wilhelm Ernst & Sohn, Berlin/München 1972.

[11] SCHARDT, R.: Eine Erweiterung der technischen Biegelehre für die Berechnung biegesteifer prismatischer Faltwerke. Der Stahlbau 35 (1966), Nr. 6, S. 161/171.

[12] SCORDELIS, A. C. und MEYER, C.: Wheel Load Distribution in Concrete Box Girder Bridges. University of California Berkeley, Rep. SESM 69.-1 (1969).

[13] SEDLACEK, G.: Systematische Darstellung des Biege- und Verdrehvorganges für prismatische Stäbe mit dünnwandigem Querschnitt unter Berücksichtigung der Profilverformung. VDI-Fortschrittberichte 1968, Reihe 4, Nr. 8.

[14] SEDLACEK, G.: Die Anwendung der erweiterten Biege- und Verdrehtheorie auf die Berechnung von Kastenträgern. Straße Brücke Tunnel 23 (1971), Nr. 9, S. 241/244, Nr. 12, S. 329/335.

[15] STEINLE, A.: Torsion und Profilverformung. Diss. Technische Universität Stuttgart 1967.

[16] STEINLE, A.: Torsion und Profilverformung bei einzelligen Kastenträgern. Beton- und Stahlbetonbau 65 (1970), Nr. 9, S. 215/222.

[17] STEINLE, A.: Praktische Berechnung eines durch Verkehrslasten unsymmetrisch belasteten Kastenträgers am Beispiel der Henschbachtalbrücke. Beton- und Stahlbetonbau 65 (1970), Nr. 10, S. 249/253.

[18] WANSLEBEN, F.: Beitrag und Berechnung schiefer drillsteifer Brücken. Der Stahlbau 26 (1957), Nr. 3, S. 224/225.

[19] WLASSOW, W. S.: Dünnwandige elastische Stäbe. VEB-Verlag für Bauwesen, Berlin 1964.

Helmut Ertingshausen

**Eine Flächendruckmeßdose
zur Ermittlung
von Auflagerpressungen**

1 Einleitung

Bei allen Bauwerken müssen die Auflagerbereiche, wo Lasten in mehr oder weniger große Tragquerschnitte ein- oder umgeleitet werden, mit besonderer Sorgfalt berechnet oder ausgebildet werden. Auflager- und Kantenpressungen werden im Bereich zulässiger Beanspruchungen nachgewiesen, und bei quasi punktförmiger Lasteinleitung werden die Auflagerbereiche durch zusätzliche konstruktive Maßnahmen, im Stahlbetonbau z.B. durch eine Spaltzugbewehrung, besonders abgesichert; zum Ausgleich von Unebenheiten, Verschiebungen und Verdrehungen der Auflager werden im Stahlbetonbau in zunehmendem Umfange Zwischenlagen aus unterschiedlichen Baustoffen – z.B. Zementmörtel, Platten aus Hartfasern, Metall oder Elastomeren, Folien u.a.m. – zwischen den Kontaktflächen der Bauglieder eingebaut. Aus mehreren wissenschaftlichen Untersuchungen ist ebenso wie aus Schadensfällen bekannt, daß der Kraftfluß nicht gleichmäßig über die Auflagerflächen verteilt ist, sondern mehr oder minder große Spannungsspitzen Reaktionskräfte im Auflager- und Stützbereich auslösen. In verschiedenen Veröffentlichungen sind theoretische Untersuchungen oder Versuche zur Ermittlung des Tragverhaltens und der Verformungen von Auflagern bzw. Auflagerwerkstoffen bekannt gemacht worden (s. Literaturangaben). In fast allen Fällen sind dabei die lastabhängigen Verformungen als Stauchung der Zwischenlagen und die Lastausbreitung bzw. der Kräftefluß durch Dehnungsmessungen an den Außenflächen, vereinzelt auch mit einbetonierten Meßelementen in den Auflagerkörpern ermittelt worden. Dies erforderte in den meisten Fällen eine große Anzahl von Versuchskörpern, die bis zum Auftreten von Rissen bzw. zum Bruch belastet wurden und danach unbrauchbar waren.

Es erschien deshalb zweckmäßig, eine geeignete Meßeinrichtung zu entwerfen, um die in den Kontaktflächen zwischen Auflast, Zwischenlage und Auflager tatsächlich vorhandenen Lastverteilungen zu untersuchen und darzustellen. Daraus können für die richtige konstruktive Gestaltung der Auflager Berechnungshilfen für die verschiedenen Lagerbaustoffe gewonnen werden.

2 Überlegungen zur Konstruktion einer Flächendruckmeßdose

Die Messungen von Kräften, die auf einen Baustoff einwirken, setzen voraus, daß das Verformungsverhalten der Meßelemente nahezu mit dem Verformungsverhalten der belasteten Baustoffe übereinstimmt. Wenn also eine Meßdose aus Stahlprofilen zusammengesetzt werden soll, muß sichergestellt sein, daß die Druckverformung der aus Stahl gefertigten Einzelelemente annähernd gleich groß wie die Stauchung eines entsprechenden Betonelementes ist. Im vereinfachten Fall eines einachsigen Spannungszustandes folgt nach dem HOOKEschen Gesetz $\varepsilon = \sigma/E$, daß der Unterschied zwischen den Elastizitätsmoduln des Stahls und des Betons durch eine Verminderung der Fläche des belasteten Stahls auszugleichen ist, um gleichgroße Verformungen unter einer Druckbeanspruchung zu erhalten.

3 Vorversuche für eine Druckmeßdose aus I-Profilen (St 37)

Für den Vorversuch wurde ein Profil I30 gewählt, aus dem mehrere 25 mm lange Abschnitte abgetrennt wurden. An beiden Seiten der Stege wurde jeweils ein DMS aufgeklebt und am Einzelelement Druckversuche durchgeführt. Dabei zeigte sich, daß bei sorgfältiger Applikation der DMS keine Abweichungen der Verformungen bei Versuchen mit verschiedenen Lagermaterialien bei gleicher Flächenbelastung auftraten. Außerdem konnte dieser I-Profilabschnitt mit Hilfe einer besonderen Einspannvorrichtung auch in Richtung senkrecht zum Steg durch Einleitung einer Last in den oberen Flansch beansprucht werden, um Verformungen aus Querzug- oder Druckkräften zu verfolgen. Es stellte sich aber heraus, daß die Flansche des Walzprofils nicht hinreichend planparallel und in sich uneben waren.

4 Die Flächendruckmeßdose aus I-Profilen

4.1 Abmessungen

Die Druckmeßdose wurde für eine Belastungsfläche von 20×20 cm² vorgesehen, weil für die späteren Versuche geschliffene Betonprobewürfel mit 20 cm Kantenlänge und Zwischenlagen gleicher Größe zweckmäßig erschienen.

Als größte Druckspannung wurde $\sigma = 15$ N/mm² in Aussicht genommen, so daß entsprechende Auflagerlasten im Versuch bis 600 kN aufgebracht werden konnten. Die Größe der einzelnen Meßelemente ergab sich aus der Überlegung, daß die Spannungsverteilung in x- und y-Achse jeweils mit 7 Meßelementen ermittelt werden sollte. Dabei lieferten die zwischen den mittleren und am Rand vorhandenen beiden Meßzellenreihen die zur Darstellung einer Meßkurve ausreichenden Werte.

Um die eingeleitete mit der gemessenen Last verglechen zu können, wurde die ganze FDM mit Meßzellen ausgestattet, die jeweils mit 2 auf dem Steg gegenüberliegend angebrachten DMS beklebt waren. Damit war eine ausreichende Sicherheit zur Bestimmung der mittleren Stauchung jeder Meßzelle gegeben. Hierdurch standen insgesamt $7 \times 7 \times 2 = 98$ DMS zur Verfügung, die zusammen mit 14 Kompensations-DMS an einer Vielstellenmeßanlage angeschlossen wurden. Als Seitenlänge der quadratischen Belastungsfläche der einzelnen Meßelemente ergaben sich 27,7 mm.

4.2 Herstellung

Aus den Vorversuchen war bekannt, daß die Walzprofile nicht in den gewünschten Abmessungen zur Verfügung standen. Deshalb wurden die I-Querschnitte aus Vollmaterial St 37 herausgearbeitet. Als Höhe der I-Profile wurden 40 mm und als Flanschdicken 5 mm gewählt; der Steg wurde im Verformungsmeßbereich 4 mm dick und darunter 6 mm dick vorgesehen (s. Bild 1).

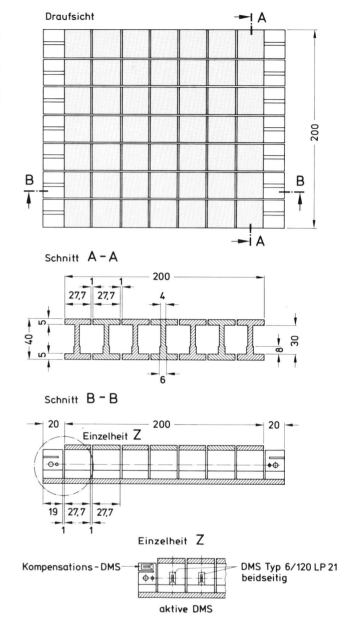

Bild 1
Flächen-Druckmeßdose aus I-Profilen St 37

Mit den vorstehend genannten Abmessungen wurden 7 I-Profil-Stäbe von 240 mm Länge aus Vollmaterial St 37 hergestellt. Die einzelnen Meßelemente wurden in Abständen von 27,7 mm durch einen 1 mm breiten Schnitt durch Oberflansch und Steg abgetrennt; der Unterflansch blieb als Verbindungsteil erhalten. An beiden Enden des Stabes wurde von den verbliebenen Reststücken der Oberflansch abgesägt und der obere 4 mm dicke Steg an den Stabenden 16 mm tief in Längsrichtung eingeschnitten. Auf diesen Abschnitten wurden später Kompensations-Dehnungsmeßstreifen befestigt. Der untere Stegabschnitt wurde durchbohrt, um eine Gewindestange zur Querversteifung aufzunehmen.

Die I-Profilstäbe wurden anschließend in der Weise zusammengesetzt, daß Abstandshülsen einen 1 mm breiten Spalt zwischen 2 Stäben sicherten und eine durch die Bohrlöcher an den Endstegen und durch die Abstandshülsen geführte Gewindestange verschraubt wurde. Diese – noch nicht mit DMS beklebte – Flächendruckmeßdose wurde nun in einer Flächenschleifmaschine planeben geschliffen, wieder auseinander genommen und die Einzelelemente verchromt. Anschließend wur-

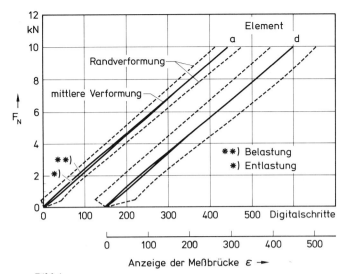

Bild 4
Last-Verformungsbeziehung nach mehrmaliger Vorbelastung, Meßstab 7

de an beiden Stegflächen je ein DMS 6/120 aufgeklebt, wobei die am Übergang der Stegdicke von 4 mm auf 6 mm hohe Kante ein guter Anhalt für die Höhenlage der DMS war. Die Meßkabel, die alle dieselbe Länge hatten, wurden an die DMS angeschlossen, jeweils zu einem Ende des I-Profilstabes geführt und am Unterflansch locker angeklebt. Die Meßkabel der zu jedem Stab gehörenden Meßelemente bildeten ein im einzelnen genau bezeichnetes Kabelbündel (s. Bild 2 und 3).

4.3 Eichung

Die Meßelemente jedes Einzelstabes wurden in einer Druckprüfmaschine (20 kN) unter Belastung in Stegrichtung geeicht. In allen Fällen zeigte sich eine sehr gute Übereinstimmung der an den einzelnen Elementen ermittelten Meßwerte (s. Bild 4). Danach wurden die I-Profilstäbe wieder zusammengebaut und die Flächendruckmeßdose konnte für Belastungsversuche eingesetzt werden.

5 Belastungsversuche mit der Flächendruckmeßdose (FDM)

5.1 Anschluß der FDM an die Meß- und Registriereinrichtungen und Meßwerterfassung

Die Meßkabel der FDM wurden an eine Vielstellenmeßanlage für 100 Meßwertgeber angeschlossen, wobei

Bild 2
Flächen-Druckmeßdose (FDM) aus I-Profilen

Bild 3
Seitenansicht der FDM mit abgedeckten DMS

205

die DMS als Viertelbrücken geschaltet wurden. Die einzelnen DMS wurden anschließend – und bei jeder nach einer Unterbrechung folgenden neuen Versuchsreihe – auf Null abgeglichen. Die Meßwerte wurden auf einem PCS-Rechner verarbeitet und für jede Belastungsstufe und für jeden DMS ausgedruckt. Anschließend wurden die Mittelwerte der von beiden zu jedem Meßelement gehörenden DMS gelieferten Ergebnisse gebildet und aus den jeweiligen Eichkurven die Lastanteile, die von jedem Meßelement aufgenommen waren, ermittelt. Die zu den einzelnen Versuchen angefertigten Spannungs-verteilungsbilder geben das Verhältnis der

am Einzelelement ermittelten Flächenpressung σ_i

zu der auf die gesamte FDM einwirkenden Spannung

$$\bar{\sigma} = \frac{F \text{ (Last)}}{A \text{ (400 cm}^2)}$$

in Prozenten wieder.

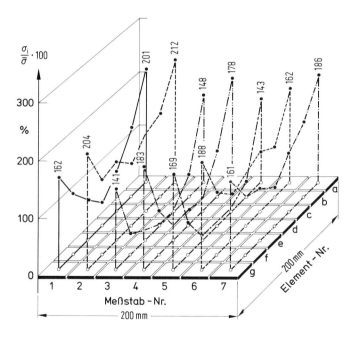

Bild 5
Verteilung der Flächenpressung auf die FDM bei mittiger Belastung zwischen den Druckplatten der Druckprüfmaschine

5.2 Flächendruckmeßdose (FDM) zwischen den Druckplatten der 2-MN-Druckprüfmaschine

Dieser zur Funktionskontrolle durchgeführte Versuch zeigte die große Empfindlichkeit der FDM gegen Unebenheiten der Auflagerflächen. Die Druckplatten der Druckprüfmaschine, die im allgemeinen für Festigkeitsprüfungen an Betonbohrkernen bis 20 cm ∅ eingesetzt wird, waren 6 Monate vor den hier beschriebenen Versuchen plangeschliffen worden.

Die FDM wurde auf der unteren starren Druckplatte genau zentrisch aufgelegt und eingemessen. Anschließend wurde – nach dem Nullabgleich der DMS – die obere, gelenkig gelagerte Druckplatte auf die FDM abgesenkt. Die Last wurde danach über die untere Druckplatte der Prüfmaschine in die FDM eingeleitet.

Die bei einer Last von 500 kN ermittelte mittlere Flächenpressung von $\sigma = 12,5$ N/mm² war auf die einzelnen Meßelemente sehr unterschiedlich verteilt. Bild 5 zeigt deutlich, daß die Druckplatte im mittleren Bereich bereits wieder abgenutzt ist und die Lastübertragung im Randbereich stattfindet. – Die Summation der den einzelnen Meßelementen zuzuordnenden Lastanteile ergab nur einen Fehlbetrag von 1% gegenüber der auf die gesamte FDM aufgebrachte Last.

5.3 Flächendruckmeßdose zwischen 2 geschliffenen Betonprobewürfeln

Für die nachfolgenden Versuche mit Zwischenlagen aus verschiedenen Werkstoffen war vorgesehen, die Last nicht unmittelbar über die Druckplatten der Prüfmaschine sondern über zwei Betonprobewürfel auf die FDM zu übertragen. Deshalb wurden 2 Betonwürfel von 20 cm Kantenlänge planeben und planparallel geschliffen.

Zusammen mit diesen Betonprobewürfeln hergestellte Proben genügten bei der Druckfestigkeitsprüfung den Anforderungen an einen Beton B 45 (β_{w28} i.M. = 51,5 N/mm²).

Die FDM wurde zwischen die mit augenscheinlich größter Genauigkeit zentrisch aufgesetzten Betonwürfel eingebaut. Zwischen die FDM und die Betonprobewürfel wurde an beiden Kontaktflächen eine Zwischenlage von 0,3 mm dickem Zeichenkarton eingelegt. Anschließend wurde die Last stufenweise bis zu 400 kN aufgebracht. Diese Last entspricht einer mittleren Flächenpressung von $\bar{\sigma} = 10$ N/mm².

Die in Bild 6 wiedergegebene Darstellung der auf die einzelnen Meßelemente entfallenden Spannungsanteile zeigt eine ungleichmäßige Verteilung über die FDM mit einem diagonal verlaufenden Größtwertrücken. Dies läßt darauf schließen, daß die Planparallelität beider Betonwürfel im Bereich der Kontaktfläche mit der FDM noch nicht optimal erreicht war.

5.4 Flächendruckmeßdose mit Zwischenlage aus Sperrholz

Die FDM wurde auf dem unteren, mit einem 0,1 mm dicken Blatt Papier abgedeckten Betonwürfel eingerichtet und danach eine 20×20 cm^2 große, 6,7 mm dicke Sperrholzplatte (Rohdichte 0,673 g/cm^3) aufgelegt.

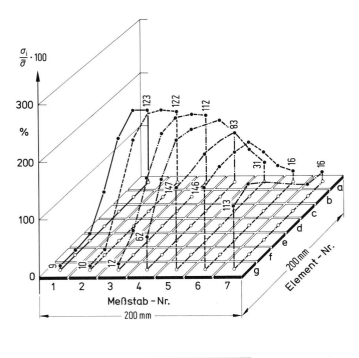

Bild 6
Verteilung der Flächenpressung auf die FDM bei mittiger Belastung zwischen 2 geschliffenen Betonwürfeln

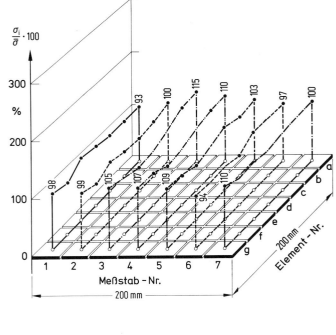

Bild 7
Verteilung der Flächenpressung auf die FDM bei mittiger Belastung und Zwischenlager aus Sperrholz $d = 6,7$ mm

Die Auswertung der einzelnen Lastanteile ergab einen Mehrbetrag von 12,3 % bezogen auf die Flächenlast.

Andererseits zeigte die FDM wieder ihre Empfindlichkeit gegen Unebenheiten in den Kontaktflächen ebenso wie im Versuch, der im vorigen Abschnitt 5.2 beschrieben worden ist.

Auf ein Nachschleifen der Betonflächen wurde jedoch verzichtet, weil solche Unebenheiten bei den nachfolgenden Versuchen mit Zwischenlagen durch das Material ausgeglichen werden sollten.

Dann wurde der obere Betonprobewürfel aufgesetzt und die Last bis zu 400 kN aufgebaut, was einer mittleren Flächenpressung $\bar{\sigma} = 10$ N/mm^2 entspricht.

Die Meßwerte, die umgerechnet auf Lastanteile in Bild 7 wiedergegeben werden, zeigen eine weitgehende gleichmäßige Spannungsverteilung über die FDM ohne Spannungsspitzen.

Die Summation der Lastanteile aller Meßelemente ergab einen Lastüberhang von 8,8 %.

5.5 Flächendruckmeßdose mit Zwischenlage aus Betoplan

Bei dem Versuch wurde der gleiche Aufbau wie vorher gewählt, allerdings eine 9,3 mm dicke, 20×20 cm² große Betoplanplatte (Rohdichte 0,666 g/cm³) als Zwischenplatte gewählt.

Die mit gleicher Flächenpressung ermittelten Ergebnisse zeigten keine deutlichen Abweichungen von den vorhergehenden (Abs. 5.4), so daß auf die graphische Darstellung verzichtet wird. Der Meßfehler betrug +7,3%, bezogen auf die eingeleitete Flächenpressung.

5.6 Flächendruckmeßdose mit Zwischenlage aus einer Hartfaserplatte

Bei den nachfolgenden Versuchen wurde ein 20×20 cm² großer Abschnitt einer 6,4 mm dicken Hartfaserplatte auf die FDM so aufgelegt, daß die glatte Oberfläche auf der FDM lag und der obere Betonwürfel auf die rauhe Oberfläche gelegt wurde. – Die Rohdichte der Hartfaserplatte betrug 1,063 g/cm³.

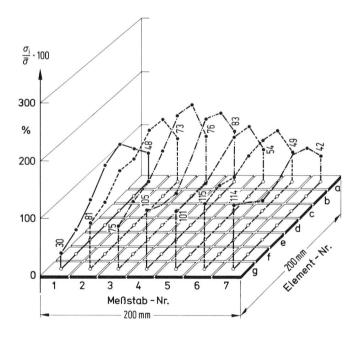

$$\bar{\sigma} = F/A = 10 \, \text{N/mm}^2$$
σ_i = Spannung im Meßelement i

Bild 8
Verteilung der Flächenpressung auf die FDM bei mittiger Belastung aus einer Hartfaserplatte $d = 6,4$ mm

5.6.1 Versuch bei mittiger Belastung

Wie bei den vorhergegangenen Versuchen wurde die Last mit großer Sorgfalt mittig in den Prüfkörperaufbau eingeleitet. Die Last wurde wiederum stufenweise bis auf 400 kN gesteigert, so daß schließlich eine mittlere Flächenpressung $\bar{\sigma} = 10$ N/mm² erreicht war. Die Auswertung der Versuchsergebnisse, die in Bild 8 graphisch wiedergegeben ist, zeigt jedoch eine geringe ungewollte Ausmittigkeit, aber keine signifikanten Spannungsspitzen, die nach den bei den vorhergehenden Versuchen benutzten ähnlichen Werkstoffen auch nicht zu erwarten war.

5.6.2 Versuch mit ausmittiger Belastung

Für diesen Versuch wurde der untere Betonwürfel aus der Maschinenachse um den Betrag $e = 33$ mm $= d/6$ bis an den Kernrand verschoben und genau eingemessen; anschließend wurden die FDM und die Hartfaserplatte aufgelegt und der obere Betonwürfel aufgesetzt. Zwischen oberer Druckplatte und Würfel wurde ein zweiachsig wirksames Linienkipplager so angeordnet, daß auch am oberen Auflager die Last in den Kernrand

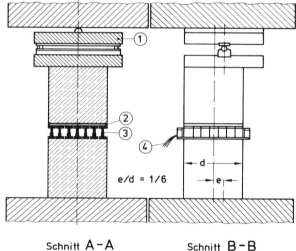

Schnitt **A–A**   Schnitt **B–B**

① zweiachsiges Linien-Kipplager
② Zwischenlager
③ FDM
④ Meßkabel

Bild 9
Versuchsaufbau für ausmittige Belastung (Kernrand)

eingeleitet werden konnte (s. Bild 9). Die Last wurde stufenweise bis auf 200 kN gesteigert, was einer mittleren Flächenpressung von $\bar{\sigma} = 5$ N/mm² entsprach. Aus den in Bild 10 aufgetragenen Lastanteilen der einzelnen Meßelemente ist zu erkennen, daß die Belastung auf beide Achsen der FDM bezogen ausmittig eingeleitet wurde, wobei die Meßelemente $d-g$ fast alle Lasten übernehmen mußten und im Randelement a nahezu keine Lasten gewirkt haben. Damit konnte die lastbedingte ungleichmäßige Flächenpressung gut nachgewiesen werden, obwohl die ausmittige Belastung in die beiden 20 cm hohen Betonwürfel eingeleitet wurde und der Kraftfluß bis zur Überleitung in die FDM abgelenkt worden sein kann.

gen 20×20 cm² auf die zwischen Betonwürfeln eingesetzte FDM aufgelegt. Die Belastung wurde mittig eingeleitet.

5.7.1 Versuch mit Neoprene d ~ 5 mm

An dem aus dem Handel bezogenen Neoprene wurde die Dicke mit 5,2 mm und die Rohdichte $\gamma = 1,347$ g/cm² bestimmt. Nachdem der Versuch aufgebaut war, wurde die Last aufgebracht und dabei die Querdehnung des Neoprene beobachtet. Die Last wurde bis 200 kN, einer entsprechenden Flächenpressung von $\bar{\sigma} = 5$ N/mm², gesteigert. Dabei war das Lagermaterial an den Mitten der Seitenflächen 3,5 bis 5 mm weit herausgequetscht

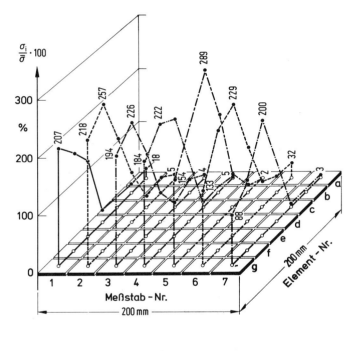

$$\bar{\sigma} = F/A = 5 \text{ N/mm}^2$$
$$\sigma_i = \text{Spannung im Meßelement i}$$

Bild 10
Verteilung der Flächenpressung auf die FDM bei ausmittiger Belastung ($e/d = 1/6$) und Zwischenlage aus einer Hartfaserplatte $d = 6,4$ mm

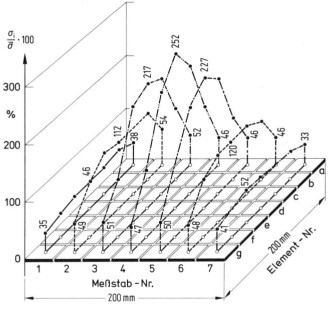

$$\bar{\sigma} = F/A = 5 \text{ N/mm}^2$$
$$\sigma_i = \text{Spannung im Meßelement i}$$

Bild 11
Verteilung der Flächenpressung auf die FDM bei mittiger Belastung und Zwischenlage aus Neoprene $d = 5,2$ mm

5.7 Flächendruckmeßdose mit Zwischenlagen aus Neoprene „CR 362"

Bei den folgenden Versuchen wurden Abschnitte aus Neoprene mit verschiedenen Dicken in den Abmessun-

worden. Die Zusammendrückung des Neoprene unter den jeweiligen Lasten wurde bei diesem Versuch nicht gemessen.
Die Auswertung der auf die einzelnen Meßelemente entfallenden Lastanteile, die in Bild 11 wiedergegeben

ist, zeigt eine Lastkonzentration in der Mitte der FDM und kennzeichnet eine deutliche Keilwirkung der mit einer Zwischenlage aus Neoprene ausgeführten Übertragung von Auflast auf Auflager. Die Spitzenwerte der Lastanteile in der Mitte der FDM betrugen 252 v. H. der mittleren Flächenpressung $\bar{\sigma} = 5$ N/mm², d. h. 12,6 N/mm² Teilflächenbelastung.

5.7.2 Versuche mit Neoprene d ~ 10 mm

Die Dickenmessungen an dem mit 10 mm Dicke bestellten Neoprene ergaben einen gleichmäßigen Wert von 10,3 mm; die Rohdichte betrug $\gamma = 1,356$ g/cm³. Der

daß die Lastverteilung in der FDM noch ungleichmäßig ist und in der Mitte der FDM ein Spitzenwert von 234 v. H. der mittleren Flächenpressung $\bar{\sigma} = 3$ N/mm² auftrat. Dem entspricht eine Teilflächenbelastung von 7,01 N/mm². Die Laststeigerung wurde noch nicht erwogen, weil befürchtet wurde, daß die Querbeanspruchung der Kanten an dem Betonwürfel zu Schäden führen könnte.

5.7.3 Versuche mit Neoprene d ~ 25 mm

Das angelieferte Material wurde ausgemessen und gewogen. Die Probendicke betrug 25,1 mm und die Rohdichte $\gamma = 1,402$ g/cm³. Bei diesem Versuch wurde die

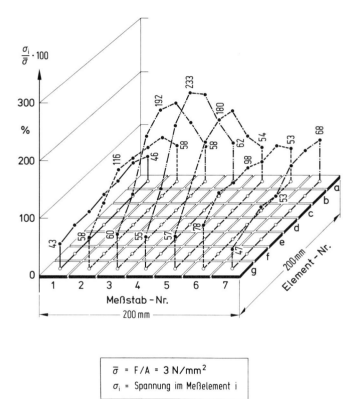

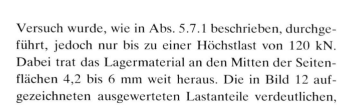

Bild 12
Verteilung der Flächenpressung auf die FDM bei mittiger Belastung und Zwischenlage aus Neoprene *d* = 10,3 mm

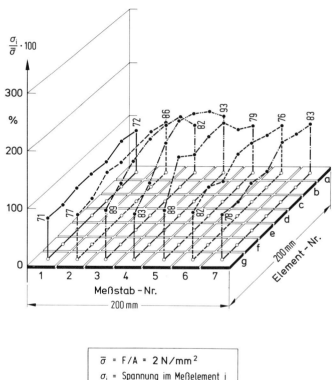

Bild 13
Verteilung der Flächenpressung auf die FDM bei mittiger Belastung und Zwischenlage aus Neoprene *d* = 25,1 mm

Versuch wurde, wie in Abs. 5.7.1 beschrieben, durchgeführt, jedoch nur bis zu einer Höchstlast von 120 kN. Dabei trat das Lagermaterial an den Mitten der Seitenflächen 4,2 bis 6 mm weit heraus. Die in Bild 12 aufgezeichneten ausgewerteten Lastanteile verdeutlichen,

Höchstlast nur mit 80 kN gewählt, weil das Neoprene sich bei einer Zusammendrückung (Stauchung) um 3 mm bzw. $\varepsilon_D = 12,5\%$ um 8,5 bis 10 mm aus der Lagerfuge herausquetschte. Die mittlere Flächenpressung betrug 2 N/mm²; die Verteilung der Lastanteile über die

FDM, die in Bild 13 wiedergegeben ist, zeigt eine geringere Lastkonzentration in der Mittelfläche als bei den vorangegangenen Versuchen, aber dennoch betrug die Teilflächenlast in der Mitte der FDM bei der geringen mittleren Flächenpressung von 2 N/mm² noch 1,66 $\bar{\sigma}$ = 3,33 N/mm².

5.8 Flächendruckmeßdose unter einer Mörtelschicht

Der Versuch entspricht der im Stahlbetonfertigteilbau häufig angewandten Praxis, die Lasten auf Stützen über eine Bettung aus Zementmörtel zu übertragen. Deshalb wurde ein Zementmörtel in der Zusammensetzung

    1 GTL Portlandzement Z55 : 3 GTL Sand 0,2 mm : 0,4 GTL Wasser

hergestellt. Die Meßdose, die auf dem mit 0,1 mm dickem Karton belegten Betonwürfel auflag, wurde mit einer Plastikfolie (d = 0,1 mm) abgedeckt, damit der Frischmörtel nicht zwischen die Meßelemente fließen konnte. Der Zementmörtel wurde in einer Dicke von ~23 mm auf die so vorbereitete Unterlage aufgetragen

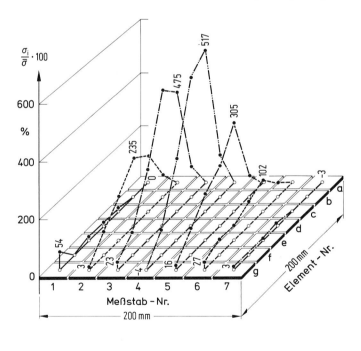

$\bar{\sigma}$ = F/A = 4 N/mm²

σ_i = Spannung im Meßelement i

Bild 14
Verteilung der Flächenpressung auf die FDM bei mittiger Belastung und Zwischenlage aus Zementmörtel d = 20 mm

und nach etwa 1 Minute Wartezeit der obere Betonwürfel vorsichtig aufgesetzt. Danach wurde die obere Druckplatte abgesenkt und langsam eine Druckkraft bis 10 kN aufgebracht, wodurch die Mörtelschicht zusammengedrückt wurde. Der herausgequetschte Mörtel wurde glatt abgestrichen und mit der Kelle geglättet. Die Mörtelschichtdicke wurde allseitig mit 20 mm gemessen.

An gleichzeitig hergestellten Mörtelprismen, die nach Abstreichen bei Normalklima (20 °C / 65 % rel. Luftf.) 3 Tage in der Form und danach neben der Prüfmaschine 4 Tage lagerten, wurde nach 7 Tagen die Druckfestigkeit β_{D7} = 44,9 N/mm² und die Biegezugfestigkeit β_{BZ7} = 5,1 N/mm² ermittelt. Die Rohdichte betrug 2193 g/cm³.

Der Belastungsversuch der FDM erfolgte ebenfalls 7 Tage nach dem Auftragen des Mörtels. Dabei wurde als 1. Laststufe 80 kN und als 2. Laststufe 160 kN gewählt, d. h. die mittleren Flächenpressungen betrugen $\bar{\sigma}$ = 2 N/mm² bzw. $\bar{\sigma}$ = 4 N/mm². Bei der zweiten Laststufe waren bereits feine Risse am Rande des Mörtelbettes zu erkennen, so daß von einer Erhöhung der Last Abstand genommen wurde.

Die Auswertung des Versuchs, wovon die 2. Laststufe in Bild 14 wiedergegeben ist, zeigt an den Randbereichen fast gar keine Lastspannungen, aber unerwartet hohe Spannungskonzentration in der Mitte der FDM, wo die Meßstelle 4d mit 5,17 $\bar{\sigma}$ den Höchstwert mit einer Teilflächenpressung $\bar{\sigma}_i$ = 20,7 N/mm² anzeigte. (In der Abbildung ist der verkleinerte Meßstab bei der Wiedergabe der Spannungsverhältnisse zu beachten.)

6 Zusammenfassung

Angeregt durch einige Schadensfälle und nach dem Studium mehrerer Veröffentlichungen wurden Vorversuche unternommen, um eine Meßeinrichtung zur Bestimmung der Verteilung von Auflagerpressungen unter Stahlbetonfertigteilen zu entwickeln.

Die Flächendruckmeßdose (FDM) aus I-Profilstäben mit Sägeschnitt durch Oberflansch und Steg konnte mit 49 Einzelelementen für eine Auflagerfläche von 20 × 20 cm² erprobt werden. Die FDM wurde zwischen den Stahldruckplatten einer 2000-kN-Druckprüfmaschine, zwischen 2 geschliffenen Betonprobewürfeln mit 20 cm Kantenlänge und auf die FDM aufgelegten Zwischenlagen aus Sperrholz, Schalungsmaterial „Betoplan", Hartfaserplatte, Neoprene und Zementmörtel belastet.

Es zeigte sich, daß die gegen Unebenheiten sehr empfindliche FDM bei Anordnung zwischen zwei geschliffenen Betonwürfeln zur Ermittlung der jeweiligen Teilflächenpressungen unter elastischen, elastisch-plastischen und spröden Lagerwerkstoffen gut geeignet ist. Die Flächenpressungen waren bei den elastischen Werkstoffen mit geringer Querdehnung nahezu gleichmäßig über die Auflagerflächen verteilt. Dagegen war bei dem unbewehrten Neoprene-Lager eine Konzentration der Flächenpressungen in der Auflagermitte zu beachten, die um so deutlicher ausgeprägt war, je dünner die Zwischenlage war; eine parabelförmige Verteilung war dabei nicht als Regelfall zu beobachten. Unerwartet hohe Spannungsspitzen zeigten sich bei der Zwischenlage aus Zementmörtel.

Die Frage nach der Größe und Verteilung der Flächenpressungen in Kontaktflächen zwischen Stahlbetonfertigteilen, Zwischenlagen und Auflagern kann mit Hilfe der hier vorgestellten Flächendruckmeßdose aus I-Stahlprofilen einer Lösung beträchtlich näher gebracht werden.

7 Schrifttum

[1] TOPALOFF, B.: Gummilager für Brücken – Berechnung und Anwendung. Der Bauingenieur. 39 (1964), 2.
[2] HAHN, V. und HORNUNG, K.: Untersuchungen von Mörtelfugen unter vorgefertigten Stahlbetonstützen. Betonstein-Zeitung. (1968), 11.
[3] GROTE, J.: Unbewehrte Elastomere-Lager. Der Bauingenieur. 44 (1969), 4.
[4] SCHORN, H.: Beitrag zum Verformungsverhalten elastomerer Lagerwerkstoffe. Dissertation Aachen 1972.
[5] PASCHEN, H.: Bauen mit Beton-, Stahlbeton- und Spannbetonfertigteilen. Betonkalender 1975/II. Wilh. Ernst & Sohn, Berlin/München/Düsseldorf 1975.

Emil Grasser und Nelson Szilard Galgoul

Zur Bemessung von schlanken Stahlbetonstützen für schiefe Biegung mit Achsdruck

1 Einleitung

Die wirklichkeitsnahe Berechnung der Traglast von schlanken Stahlbetondruckgliedern erfordert die Berücksichtigung sowohl der geometrischen Nichtlinearität (Stabauslenkungen nach Theorie II. Ordnung) als auch der physikalischen Nichtlinearität (nichtlineares Werkstoffverhalten). Für den Normalfall der einachsigen Biegung, wenn die exzentrisch angreifende Druckkraft also auf einer der beiden Querschnittshauptachsen liegt und die Auslenkung in dieser Richtung erfolgt, wurde dieses Problem schon frühzeitig in zahlreichen Arbeiten behandelt, auf die hier nicht im einzelnen eingegangen werden kann. KORDINA hat 1956 in seiner an der TH München vorgelegten Dissertation [1], die sich mit der Berechnung der Traglast schlanker Stahlbetondruckglieder befaßte, als einer der Ersten das Verhalten von Stahlbetonbauteilen wirklichkeitsnah berücksichtigt. Einfach anzuwendende Lösungen nach DIN 1045 für häufig vorkommende praktische Fälle haben z. B. KORDINA und QUAST in [2] und [3] bereitgestellt.

Die Bemessung von schlanken Stahlbetonstützen für Druckkraft mit zweiachsiger Biegebeanspruchung ist, obwohl in der Praxis auch nicht selten vorkommend, bisher nur von wenigen Forschern untersucht worden. In [1] schlug KORDINA für eine erste Näherung vor, die bezogenen Ausmitten $\bar{e}_x$ und $\bar{e}_y$ ($\bar{e} = e/k$; e = Exzentrizität, k = Kernweite) der Längskraft geometrisch zu addieren ($\bar{e}_r = \sqrt{\bar{e}_x^2 + \bar{e}_y^2}$) und die Stütze an Hand eines Ersatzstabes zu bemessen. Für diesen Ersatzstab wird ein Kreisquerschnitt mit gleicher Fläche wie die des Rechteckquerschnittes angenommen, wobei die Schlankheit des Ersatzstabes der Schlankheit der schwächeren Hauptrichtung des Rechteckstabes entspricht.

Weitere wichtige Näherungsmethoden wurden von RAFLA [4] und MENEGOTTO/PINTO [5] entwickelt. Bei der ersteren wird die Bemessung einer beidseits gelenkig gelagerten Stahlbetonstütze mit Rechteckquerschnitt unter zweiachsiger Biegung mit Achsdruck ebenfalls auf den Fall der Bemessung eines einachsig biegebeanspruchten Ersatzstabes unter Zuhilfenahme der entsprechenden Bemessungstafeln nach [2] oder [3] zurückgeführt. Dabei wurden allerdings die bezogene Ersatzausmitte $\bar{e}_r$ und die Ersatzschlankheit λ_r in umfangreichen Vorberechnungen unter Berücksichtigung wirklichkeitsnaher Annahmen abgeleitet. Bei schiefer Biegung ist diese Berechnung dadurch stark erschwert, daß zur Bestimmung der Lage der Nullinie (im Gegensatz zu einachsiger Biegung bzw. Stabauslenkung) eine zweifache Iteration erforderlich ist. Diese Näherungslösung hat Eingang in [3] gefunden und ist nach DIN 1045 für allgemeine Fälle anzuwenden, sofern nicht von der ebenfalls in DIN 1045 zugestandenen Erleichterung Gebrauch gemacht werden kann, den Nachweis getrennt für jede der beiden Richtungen zu führen. Dies ist der Fall, wenn sich die mittleren Drittel der Knickfiguren nicht überschneiden.

Die Näherungsmethode von MENEGOTTO/PINTO ist anwendbar auf Stahlbetonstützen mit beliebigen Lagerungsbedingungen und Querschnitten mit zwei Symmetrieachsen. Bei dem Verfahren wird unterstellt, daß die linearisierte Interaktionsbeziehung zwischen den als bekannt vorausgesetzten, getrennt für jede der beiden Hauptrichtungen ermittelten Traglasten in der Regel auf der sicheren Seite liegende Ergebnisse liefert. Ein strenger Nachweis mit wirklichkeitsnahen Annahmen für das Verhalten von Stahlbetonbauteilen wird aber in [5] nicht geführt. Die im folgenden beschriebenen Untersuchungen zeigen, daß die Ergebnisse nach MENEGOTTO/PINTO in bestimmten Bereichen spürbar auf der unsicheren Seite liegen können. Da bei dem hier vorgestellten neuen Verfahren im Prinzip die Methode der Interaktionsbeziehung zwischen den Traglasten in Richtung der beiden Hauptachsen beibehalten wird, soll zunächst das Verfahren von MENEGOTTO/PINTO kurz erläutert werden.

2 Die Methode von MENEGOTTO/PINTO

Der in Bild 1 gezeigte Stab mit doppeltsymmetrischem Querschnitt wird durch eine konstant gehaltene Längsdruckkraft N und beliebige, in Richtung der beiden Querschnittsachsen y und z wirkende Querbelastungen $\overline{Y}$ und $\overline{Z}$ beansprucht. Solche Querbelastungen beinhalten auch an den Stabenden angreifende Einzelmomente. Wenn der Stab jeweils nur einachsig bean-

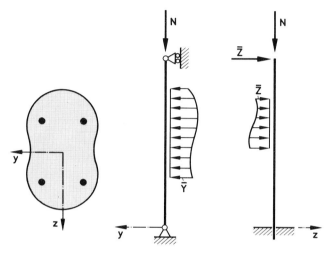

Bild 1
Stab mit doppeltsymmetrischem Querschnitt unter Längsdruckkraft N und beliebigen Querbelastungen $\overline{Y}$ und $\overline{Z}$

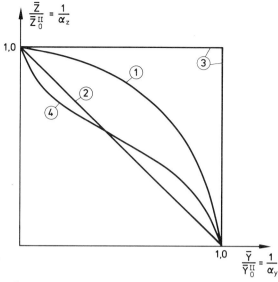

Bild 2
Interaktion zwischen den bezogenen aufnehmbaren Querbelastungen in y- und z-Richtung eines beidseits kugelgelenkig gelagerten Stahlbetonstabes mit unterschiedlichen Schlankheiten λ_y und λ_z für eine konstant gehaltene Normalkraft.

Die einzelnen Kurven bedeuten:
① Interaktionskurve, bezogen auf die maximal aufnehmbare einachsige Querbelastung (ohne Berücksichtigung des Seitwärtsknickens; vgl. Abschnitt 4)
② Zur Vereinfachung vorgeschlagene Linearisierung, z. B. nach [5]
③ Theoretische Grenzlinien ohne gegenseitige Beeinflussung der Tragfähigkeit für Querbelastungen bei Auslenkung nach den beiden Querschnittshauptachsen
④ Unterschreitung der Linearisierung nach [5] in bestimmten Fällen

sprucht und ausgelenkt wird (hierfür wird im folgenden der Index 0 verwendet), können die maximal aufnehmbaren Querbelastungen $\overline{Y}_0^{II} = \alpha_y \cdot \overline{Y}$ und $\overline{Z}_0^{II} = \alpha_z \cdot \overline{Z}$ der beiden Hauptrichtungen getrennt voneinander bestimmt werden. Wirken die Belastungen $\overline{Y}$ und $\overline{Z}$ gemeinsam, so muß nach [5] die folgende zusätzliche Tragfähigkeitsbedingung erfüllt sein:

$$\frac{\overline{Y}}{\overline{Y}_0^{II}} + \frac{\overline{Z}}{\overline{Z}_0^{II}} \leq 1$$

bzw.

$$\frac{\overline{Y}}{\alpha_y \cdot \overline{Y}} + \frac{\overline{Z}}{\alpha_z \cdot \overline{Z}} \leq 1$$

oder:

$$\frac{1}{\alpha_y} + \frac{1}{\alpha_z} \leq 1. \tag{1}$$

Gleichung (1) hat auch Eingang in die CEB/FIP-Mustervorschrift für Tragwerke aus Stahlbeton und Spannbeton (3. Ausgabe, 1978) gefunden.

Diese Bedingung nach Gl. (1) entspricht einer Linearisierung (Kurve 2) der in Bild 2 dargestellten Interaktionskurve, die auf der sicheren Seite bleibt, solange der wahre Verlauf der Kurve konvex ist (Kurve 1). Ein entsprechender Ansatz nach Gl. (1) wurde für das Beulen von Zylinderschalen von FLÜGGE schon etwa um 1930 vorgeschlagen.

Das Kriterium nach Gl. (1) liegt vor allem dann auf der sicheren Seite, wenn die kritischen Querschnitte für die Beanspruchung in den beiden Richtungen nicht zusammenfallen. Bei einem Abstand der kritischen Querschnitte von einem Viertel der Knickbiegewelle und bei elastischem Materialverhalten nähert sich die Kurve der rechteckigen Umrandung (Linie 3). Für nichtelastisches

Materialverhalten und einem geringeren Abstand der kritischen Querschnitte liegt die Tragfähigkeitskurve (1) zwischen dem Dreieck (2) und dem Rechteck (3). Bereits MENEGOTTO und PINTO haben in [5] darauf hingewiesen, daß in bestimmten Fällen die Interaktionskurve zum Teil unterhalb der Geraden liegt (Kurve 4 in Bild 2). Dabei wird aber unterstellt, daß die aufnehmbare Querbelastung bei einachsiger Exzentrizität und Auslenkung in Richtung dieser Exzentrizität von der Schlankheit in der anderen Richtung nicht beeinflußt wird, daß also stets die Grenztragfähigkeiten $1/\alpha_y = 1,0$ bzw. $1/\alpha_z = 1,0$ erreicht werden. Die im folgenden skizzierten Untersuchungen, die einen Auszug aus [6] darstellen, zeigen, daß unter Berücksichtigung des wirklichkeitsnahen Verhaltens des Baustoffes Stahlbeton in gewissen Fällen, vor allem bei bestimmten Querschnittsformen, noch ungünstigere Ergebnisse auftreten können.

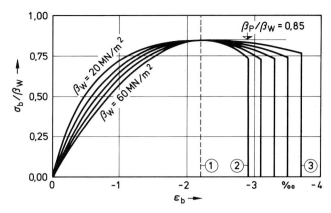

① Für alle Festigkeitsklassen: zentr $\varepsilon_b = -2,2\%_o$

② $\beta_W = 60\ MN/m^2$; max $\varepsilon_b = -2,9\%_o$

③ $\beta_W = 20\ MN/m^2$; max $\varepsilon_b = -3,7\%_o$

Bild 3
Spannungs-Dehnungs-Linien in der Biegedruckzone von Stahlbetonquerschnitten unter Kurzzeitbelastung nach [7]

3 Grundlagen für die Berechnung der Tragfähigkeit zweiachsig beanspruchter schlanker Stahlbetonstützen

Zur Berechnung zweiachsig knickgefährdeter Stahlbetonstützen wurde in [6] von folgenden Annahmen ausgegangen:

- Die Arbeitslinie für den Betonstahl wurde in Übereinstimmung mit DIN 1045 bilinear angenommen.
- Für den Zusammenhang zwischen Spannung und Dehnung beim Beton wurde das für die Bemessung unter rechnerischer Bruchlast gültige Parabel-Rechteck-Diagramm nach DIN 1045 verwendet. Für Verformungsrechnungen bei kurzzeitiger Belastung sind krummlinige Spannungsdehnungslinien, z.B. nach Bild 3 aus [7], deren Form aber von der Betonfestigkeit abhängt, besser geeignet. In Vergleichsrechnungen konnte gezeigt werden, daß auch mit dem Parabel-Rechteck-Diagramm in weiten Bereichen der Anwendung zufriedenstellende Ergebnisse erzielt werden. Größere Abweichungen treten lediglich bei Druckgliedern mit sehr großen Schlankheiten auf, deren tatsächliche Tragfähigkeit in der Nähe der EULERschen Knicklast liegt (vergleiche hierzu Abschnitt 4).
- Ebene Querschnitte bleiben auch bei Belastung eben (Hypothese von BERNOULLI).

- Die Zugfestigkeit von Beton wird vernachlässigt.
- Torsions- und Querkraftwirkungen werden vernachlässigt.

Zur Berücksichtigung des nichtlinearen Materialverhaltens bei der Berechnung der Traglasten wurde das Iterationsverfahren mit Sekantensteifigkeiten gewählt. Dabei wird bei festgehaltener Gesamtbelastung die Steifigkeit als Sekantenmodul der Moment-Krümmungs-Beziehung iterativ solange verändert, bis der Gleichgewichtszustand erreicht ist. Für jede Iterationsstufe muß die Steifigkeitsmatrix verbessert werden. Diesem Verfahren wurde zur Verringerung der Rechenzeit der Vorzug vor der sogenannten inkrementellen Methode gegeben, bei der die Belastung stufenweise erhöht wird, wobei die Steifigkeit eines Stabelementes für eine bestimmte Laststufe aus dem zur vorhergehenden Laststufe gehörenden Tangentenmodul der wahren Moment-Krümmungs-Beziehung bestimmt wird. Der Vorteil dieser Methode besteht vor allem darin, daß der Zusammenhang zwischen Belastung und Verformung für den gesamten Belastungsvorgang mit anfällt. Bei zu groben Laststufen liegen die Ergebnisse jedoch zu sehr auf der unsicheren Seite. Im vorliegenden Fall war der geringere Aufwand an Rechenzeit maßgebend für die Wahl der iterativen Methode mit Sekantensteifigkeiten, weil zur Entwicklung eines praktischen Verfahrens sehr viele Parameteruntersuchungen durchgeführt werden mußten.

Für die Darstellung des Zusammenhanges zwischen den Schnittgrößen N_x, M_y und M_z und den Verformungen ε_0, K_y und K_z werden die Querschnitte in Elemente zerlegt, die auch die Bewehrung erfassen. Auf diese Weise können im Prinzip beliebige Querschnittsformen, beliebige Arbeitslinien von Beton und Stahl und Kriech- und Schwindverformungen berücksichtigt werden. Vergleichsrechnungen haben gezeigt, daß für den Rechteckquerschnitt eine Unterteilung in 100 Elemente (10 × 10) ausreicht, um den aus der Diskretisierung resultierenden Fehler kleiner als 0,1 % zu halten.

Die geometrische Nichtlinearität wird mit Hilfe finiter Stabelemente behandelt, deren Elementsteifigkeitsmatrizen in einen elastischen und einen geometrischen Anteil aufgeteilt sind.

Auch die Einflüsse von Kriechen und Schwinden auf die Stabauslenkungen und damit auf die Traglast wurden auf der Grundlage der Formulierungen für das zeitabhängige Verhalten des Betons nach RÜSCH/JUNGWIRTH [8] berücksichtigt. Die Berechnung der zeitabhängigen Zusatzverformungen erfolgte intervallweise durch Unterteilung der Kriechzahl in n gleichgroße Abschnitte. Nach jedem Kriechintervall wird die Verträglichkeit zwischen den Verformungen der einzelnen vorerwähnten Querschnittselemente hergestellt. Auf diese Weise werden neben den zeitabhängigen Verformungen der Stabachse (Systemkriechen) gleichzeitig auch die Spannungsumlagerungen innerhalb eines Querschnittes zwischen Beton und Stahl erhalten. Wie Vergleichsrechnungen gezeigt haben, kann mit nur 5 Intervallen der Fehler bereits auf etwa 5 % begrenzt werden.

4 Ergebnisse der theoretischen Untersuchungen und Vergleich mit Versuchen und Richtlinien

Auf der Grundlage der im Abschnitt 3 skizzierten Annahmen konnte mit Hilfe eines umfangreichen Rechenprogrammes eine große Zahl von Vergleichsrechnungen durchgeführt werden.

Zunächst wurden die Ergebnisse mehrerer Versuchsserien verschiedener Autoren (insgesamt 41 Einzelversuche aus 5 Veröffentlichungen; Literaturangaben siehe [6]) nachgerechnet. Es handelte sich dabei um Stahlbetonstützen mit rechteckigem Querschnitt, die zum Teil einachsig, zum Teil zweiachsig exzentrisch belastet wur-

den und zwar teilweise auch unter Dauerlast. Die Übereinstimmung von Rechnung und Versuch ist sehr zufriedenstellend. Der für jede Versuchsserie berechnete Mittelwert des Verhältnisses von berechneter Traglast zur Versuchslast schwankte zwischen 0,94 und 1,00, die zugehörigen Variationskoeffizienten zwischen 6,8 und 11,6 %.

Der Einfluß einiger Vereinfachungen, die in dem Verfahren zur Verminderung der Rechenzeit eingeführt wurden, ist meist gering. Dies gilt z. B. für die Nichtberücksichtigung der Mitwirkung des Betons auf Zug zwischen den Rissen. Lediglich bei sehr schwach bewehrten (ebenso wie bei unbewehrten) Druckgliedern führt diese Vernachlässigung zu einer Unterschätzung der Tragfähigkeit, da in diesen Fällen Risse nur in verhältnismäßig großen Abständen entstehen und deshalb die größere Steifigkeit zu einer beträchtlichen Zunahme der kritischen Last führt. Nach bestehenden Richtlinien, nämlich DIN 1045 bzw. Heft 220 DAfStb [2], CEB/FIP-Mustervorschrift für Tragwerke aus Stahlbeton und Spannbeton (3. Ausgabe, 1978) und ACI-Standard 318-71, bemessene Stahlbetondruckglieder weisen solch große Unterschiede jedoch nicht auf, weil die geforderte Mindestbewehrung einen kleineren Rißabstand erzwingt.

Stärker wirkt sich die Wahl der Spannungs-Dehnungs-Beziehung des Betons aus. Das Parabel-Rechteck-Dia-

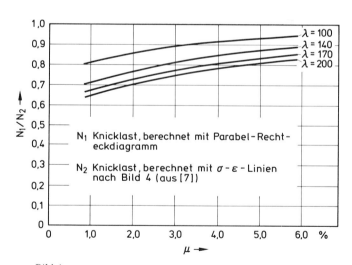

Bild 4

Einfluß von Annahmen über die Spannungsverteilung in der Biegedruckzone auf die nach Theorie II. Ordnung berechnete Traglast von Stahlbetonstützen mit unterschiedlichem Bewehrungsgrad μ und unterschiedlicher Schlankheit λ

gramm nach DIN 1045 liefert vor allem bei schlanken Stahlbetonstützen mit gering exzentrisch wirkender Längsdruckkraft stark konservative Traglasten. Bild 4 zeigt einen rechnerischen Vergleich der Traglasten für Stahlbetonstützen mit unterschiedlichem Bewehrungsgrad und für verschiedene Schlankheiten zwischen der Anwendung des Parabel-Rechteck-Diagrammes und den für kurzzeitige Belastung geltenden Spannungs-Dehnungs-Beziehungen nach Bild 3. Für einen Bewehrungsgrad von 3% beträgt der Traglastunterschied etwa 10% für eine Schlankheit von $\lambda = 100$ und etwa 25% für $\lambda = 200$.

Der Vergleich von Traglasten zwischen dem neuen Verfahren und verschiedenen Rechenanweisungen aus den vorerwähnten Richtlinien zeigte interessante Ergebnisse, von denen hier die wichtigsten hervorgehoben seien. Dabei wurde jeweils nur der Fall betrachtet, daß die Momente m_y bzw. m_z über die Stützenlänge konstant sind.

Nach DIN 1045 dürfen die Knicksicherheitsnachweise bei Druckgliedern, die nach zwei Richtungen (Hauptachsenrichtungen) ausweichen können, getrennt für jede der beiden Richtungen geführt werden, wenn sich die mittleren Drittel der den beiden Richtungen zugeordneten Knickfiguren nicht überschneiden. Vergleichsrechnungen für verschiedene Schlankheiten in den beiden Richtungen, für verschiedene Bewehrungsgrade und für verschiedene bezogene Längskräfte zeigten, daß diese Näherung nur für stark bewehrte Stäbe unter geringer Längskraftbeanspruchung zufriedenstellende Ergebnisse liefert.

Nach DIN 1045 darf ferner der Knicksicherheitsnachweis auch dann getrennt für jede der beiden Hauptachsenrichtungen geführt werden, wenn das Verhältnis der kleineren bezogenen planmäßigen Lastausmitte zur größeren der Bedingung $|e_x/b| : |e_y/d| \leq 0{,}2$ genügt. Es konnte gezeigt werden, daß diese Näherung für Stäbe mit gleichen oder annähernd gleichen Schlankheiten in den beiden Hauptrichtungen hinreichend genau ist. Je unterschiedlicher die Schlankheiten der beiden Hauptrichtungen sind, desto größer wird der Fehler.

Falls getrennte Nachweise nach DIN 1045 nicht mehr zulässig sind, ist der Knicksicherheitsnachweis für schiefe Biegung mit Achsdruck z.B. nach dem Verfahren von KORDINA/QUAST [2] zu führen, das auf die Arbeit von RAFLA [4] zurückgeht. Zur Überprüfung dieses Verfahrens wurden zahlreiche Vergleichsrechnungen durchgeführt. Dabei wurde ein gelenkig gelagerter Stab

mit gleichförmig verteilter Bewehrung an allen vier Querschnittsseiten unter exzentrischer Längsdruckkraft untersucht. Insgesamt wurden 15 Kombinationen der Schlankheiten in den beiden Hauptrichtungen, 11 unterschiedliche mechanische Bewehrungsgrade, 7 bezogene Längsdruckkräfte und 7 Kombinationen der beiden bezogenen Exzentrizitäten der Längskraft untersucht. Dabei wurde festgestellt, daß dieses Verfahren immer dann auf der sicheren Seite liegt, wenn die Schlankheiten der beiden Hauptrichtungen ungefähr übereinstimmen. Bei stark unterschiedlichen Schlankheiten in den beiden Hauptrichtungen kann jedoch das

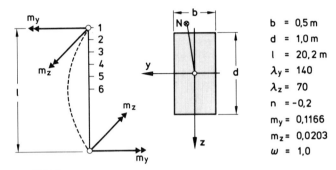

Bild 5
Kugelgelenkig gelagerter Stab unter zweiachsig exzentrischem Angriff einer Längsdruckkraft

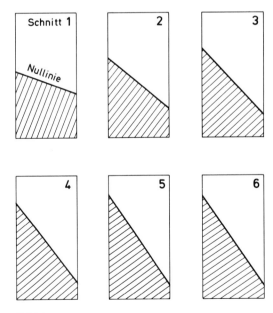

Bild 6
Drehung der Nullinie längs der Stabachse für das in Bild 6 angegebene Beispiel eines zweiachsig exzentrisch belasteten Stabes

217

Näherungsverfahren nach [2] unsichere Ergebnisse liefern. Hierfür sind die im folgenden erläuterten Ursachen maßgebend.

Betrachtet werde ein beidseits kugelgelenkig gelagerter Stab nach Bild 5 mit einem Querschnittsverhältnis $d/b = 2$, bei dem die Längskraft in den beiden Hauptrichtungen exzentrisch angreift, wobei jedoch die Exzentrizität in der schlankeren Richtung sehr klein ist. Nach [4] ist für die Berechnung der Ersatzschlankheit zunächst die Neigung der Nullinie zu bestimmen. Die daraus resultierende Knickrichtung gilt jedoch nur für den Querschnitt 1 in Bild 5. Infolge der Momente nach Theorie II. Ordnung wächst das Moment in der schlankeren Richtung wesentlich schneller an als in der weniger schlanken Richtung, wodurch sich die Nullinie bis zur Stabmitte weiterdreht, wie in Bild 6 angedeutet. Mit der Nullinienneigung im Schnitt 1 wird hingegen die Ersatzsteifigkeit für den Stab zu groß, die Ersatzschlankheit zu

klein eingeschätzt. Die Ergebnisse müssen in diesem Fall auf der unsicheren Seite liegen. Auch ein zusätzlicher getrennter Nachweis für die schlankere Richtung genügt nicht.

Betrachtet man nun einen entsprechenden Stab (Bild 7), bei dem die Druckkraft nur in Richtung der größeren Querschnittskantenlänge exzentrisch angreift, so würde die Last für die y-Richtung von dieser Exzentrizität bekanntlich nicht beeinflußt, wenn es sich um einen Stab aus linear-elastischem Material handelt. Im nichtlinearen Bereich wird jedoch die von der Last abhängige Steifigkeit kleiner und verringert damit die Knicklast. Dieser Einfluß wird aus Bild 7 deutlich, in dem die Verminderung der Knicklast für Auslenkung in y-Richtung in Abhängigkeit von der bezogenen Exzentrizität in der

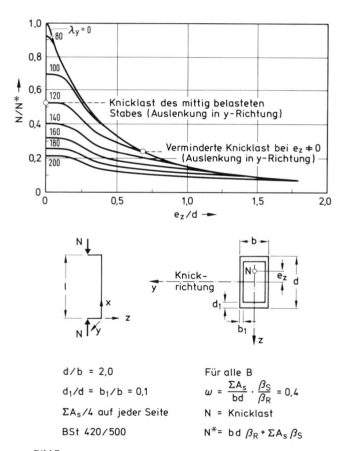

$d/b = 2{,}0$

$d_1/d = b_1/b = 0{,}1$

$\Sigma A_s/4$ auf jeder Seite

BSt 420/500

Für alle B

$\omega = \dfrac{\Sigma A_s}{bd} \cdot \dfrac{\beta_S}{\beta_R} = 0{,}4$

N = Knicklast

$N^* = bd\,\beta_R + \Sigma A_s\,\beta_S$

Bild 7
Verminderung der Knicklast für Auslenkung in y-Richtung in Abhängigkeit von der bezogenen Lastexzentrizität e_z/d in z-Richtung

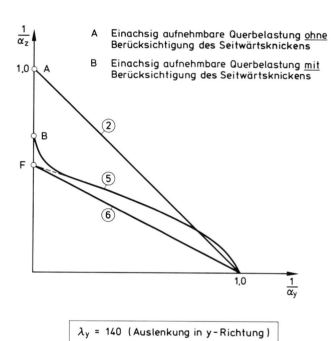

$\lambda_y = 140$	(Auslenkung in y-Richtung)
$\lambda_z = 70$	(Auslenkung in z-Richtung)
$\omega = 0{,}80$	
$n = -0{,}30$	

Bild 8
Interaktion zwischen den bezogenen aufnehmbaren Querbelastungen in y- und z-Richtung eines beidseits kugelgelenkig gelagerten Stahlbetonstabes mit stark unterschiedlichen Schlankheiten λ_y und λ_z.

Die einzelnen Kurven bedeuten:
② Linearisierung, z. B. nach [5] (vgl. auch Bild 2)
⑤ Wahrer Verlauf auf Grund der durchgeführten strengen Berechnung
⑥ Durch Linearisierung und durch Verwendung des Reduktionsfaktors F vereinfachte Interaktionsbeziehung unter Berücksichtigung des Seitwärtsknickens

z-Richtung für ein konkretes Beispiel dargestellt ist. Dabei soll Ausknicken in der z-Richtung (d.h. Momente nach Theorie II. Ordnung in dieser Richtung) nicht möglich sein. Man erkennt, daß sich die Knicklast infolge der Exzentrizität in der nicht knickgefährdeten Richtung z teilweise bis zu 50% verringert. Dieses Phänomen wird mit „Seitwärtsknicken" bezeichnet.

Mit diesem Ergebnis können nun die in Bild 2 dargestellten Interaktionskurven zwischen den aufnehmbaren Querbelastungen eines im allgemeinen Falle beidseits kugelgelenkig gelagerten Stahlbetonstabes mit stark unterschiedlichen Schlankheiten λ_y und λ_z ergänzt werden. In Bild 8 ist für einen solchen Fall neben der Linearisierung (Kurve 2 von Bild 2) der mit vorstehenden Annahmen berechnete wahre Verlauf als Kurve 5 eingetragen. Es ist also festzustellen, daß der Tragfähigkeitsnachweis eines z.B. in z-Richtung einachsig exzentrisch beanspruchten, jedoch in y- und in z-Richtung knickgefährdeten Stahlbetonstabes nicht mehr unabhängig von der Schlankheit λ_y (Auslenkung in y-Richtung) geführt werden darf.

5 Ableitung eines Näherungsverfahrens

5.1 Näherungsansatz für die Interaktionsbeziehung zwischen $\overline{Y}$ und $\overline{Z}$

Eine genaue Berechnung schlanker Stahlbetonstützen für schiefe Biegung mit Achsdruck nach den im vorstehenden beschriebenen Grundlagen ist in der Praxis wegen des damit verbundenen Aufwandes nicht möglich. Aber auch die Ableitung von zuverlässigen Näherungsverfahren bereitet wegen der Vielzahl der Einflußgrößen (Schlankheiten, Einspanngrade, Querschnittsform, Menge und Verteilung der Bewehrung, Materialfestigkeiten, Art der Belastung usw.) Schwierigkeiten. Ein praktikables Verfahren sollte nur von wenigen Basisvariablen abhängen, welche zusammenfassend die Vielzahl der tatsächlich vorhandenen Einflußgrößen vertreten und dabei trotzdem in einem möglichst großen Anwendungsbereich eine zufriedenstellende Genauigkeit liefern. Im vorliegenden Fall wurde deshalb das auf der Grundlage der Interaktion zwischen den aufnehmbahren Querbelastungen in den beiden Hauptrichtungen beruhende Näherungsverfahren so weiterentwickelt [6], daß auch der durch das „Seitwärtsknicken" hervorgerufene Abfall der Traglast berücksichtigt wird. Zur Ab-

leitung allgemein anzuwendender Bemessungsregeln wurde nur der Fall betrachtet, daß die Momente m_y und m_z über die Stützenlänge konstant sind. Nachrechnungen für andere Momentenverläufe, d.h. für andere Querbelastungen $\overline{Y}$ und $\overline{Z}$, haben gezeigt, daß die damit erhaltenen Ergebnisse genügend genau sind.

Hierzu wurden sogenannte Nichtlinearitätsfaktoren $\varkappa_y$ und $\varkappa_z$ eingeführt, welche indirekt alle die Knicksicherheit beeinflussenden Parameter berücksichtigen.

$$\varkappa_y = \frac{\overline{Y}_0^I}{\overline{Y}_0^{II}}; \quad \varkappa_z = \frac{\overline{Z}_0^I}{\overline{Z}_0^{II}}. \quad (2)$$

Hierbei sind:

$\overline{Y}_0^I$, $\overline{Z}_0^I$ maximal aufnehmbare Querbelastungen der jeweiligen Richtung y bzw. z nach Theorie I. Ordnung,

$\overline{Y}_0^{II}$, $\overline{Z}_0^{II}$ maximal aufnehmbare Querbelastungen der jeweiligen Richtung y bzw. z nach Theorie II. Ordnung.

Hierbei ist die maximal aufnehmbare Querbelastung einer Hauptrichtung unabhängig von der anderen Richtung zu bestimmen.

Zur Charakterisierung des Seitwärtsknickens eignet sich das Verhältnis

$$Q = \frac{\varkappa_y}{\varkappa_z} \quad (3)$$

wobei $\varkappa_y$ den größeren der beiden $\varkappa$-Werte darstellt.

Umfangreiche Vergleichsrechnungen zeigten nun, daß der Abfall der Tragfähigkeit für Auslenkung in der schlankeren Richtung y, wenn gleichzeitig die Lastexzentrizität in dieser Richtung klein ist im Verhältnis zu der in der z-Richtung (vgl. Bild 7), stark korreliert ist mit dem Verhältniswert Q. Die Beziehung zwischen diesem Tragfähigkeitsabfall (Punkt B statt Punkt A in Bild 8) und dem Verhältniswert Q konnte dadurch wesentlich vereinfacht dargestellt werden, daß der steile Anstieg der Kurve 5 in Bild 8 etwa vom Wendepunkt der Kurve aus durch ein tangential anschließendes Geradenstück ersetzt wurde. Dies führte zu dem Punkt F auf der $1/\alpha_z$-Achse. In der gewählten dimensionslosen Darstellung des Bildes 8 stellt F also einen Reduktionsfaktor für den erwähnten bezogenen Abfall der Tragfähigkeit für Auslenkung in der schlankeren Richtung unter den vorgenannten Bedingungen dar.

Für den Zusammenhang zwischen F und Q wurden insgesamt 559 Interaktionskurven nach Bild 8 berechnet, wobei als Parameter neben den Lagerungsbedingungen des Stabes die beiden Schlankheiten, der Bewehrungsgrad und die bezogene Längskraft variiert wurden. Das Problem des Seitwärtsknickens ist dabei in 132 Fällen eingetreten. In jedem dieser 132 Fälle (und nur in diesen) war Q größer als 3.

Zur Bestimmung des Reduktionsfaktors F konnten aus den 132 Fällen des Seitwärtsknickens folgende gemittelte Beziehungen abgeleitet werden.

$$F = 1,00 \qquad\qquad\qquad \text{für } Q \leq 3 \qquad (4\,a)$$

$$F = 0,20 + 0,24\left[\lg\frac{200}{Q}\right]^2 \qquad \text{für } 3 < Q < 200 \quad (4\,b)$$

$$F = 0,20 \qquad\qquad\qquad \text{für } Q \geq 200 \qquad (4\,c)$$

Die Interaktionsbeziehung nach Bild 2 bzw. 8 kann nun dadurch verbessert werden, daß die Ordinatenachse $1/\alpha_z$ so transformiert wird, daß der Punkt F den Wert 1,0 erhält. Damit lautet die modifizierte Bedingung der Tragfähigkeit, wenn man zunächst zur Vereinfachung die Linearisierung beibehält (Kurve 6 in Bild 8):

$$\frac{1}{\alpha_y} + \frac{1}{F \cdot \alpha_z} \leq 1. \qquad (5)$$

Dieser Vorschlag liegt immer auf der sicheren Seite, weil die Linearisierung zum Teil eine sehr konservative Näherung darstellt. Weitere Auswertungen in [6] führten daher zu dem folgenden verbesserten Vorschlag, bei dem statt der Geraden eine von dem Exponenten ν abhängige Kurve eingeführt wurde:

$$\left(\frac{1}{\alpha_y}\right)^\nu + \left(\frac{1}{F \cdot \alpha_z}\right)^\nu \leq 1. \qquad (6)$$

Die Bestimmung des Exponenten ν gestaltete sich wegen der Parametervielzahl schwierig. Für den Fall des beidseits gelenkig gelagerten Stabes wurden in [6] rund 2700 Parameterkombinationen durchgerechnet. Die in Bild 9 dargestellte Näherungslösung ist mit einem Mittelwert von 1,07 und einer Streuung von 0,054 der aufnehmbaren Querbelastungen (Vergleich zwischen Näherung und genauer Lösung) zufriedenstellend. Der Parameter ν wurde dabei nur von den stärksten Einflußgrößen, nämlich vom mechanischen Bewehrungsgrad ω und von dem Nichtlinearitätsfaktor $\varkappa_y$ abhängig gemacht. Für $Q > 3$ (Seitwärtsknicken) wird zur Vereinfachung der auf der sicheren Seite liegende Wert $\nu = 1$ empfohlen.

Mit dieser erweiterten Näherungsmethode ist es in verhältnismäßig einfacher Weise möglich, die Bemessung

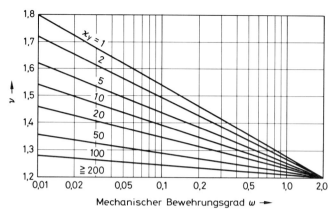

Bild 9
Vereinfachter Vorschlag zur Bestimmung des Exponenten ν in der Grenzzustandsbedingung nach Gl. (6) in Abhängigkeit von dem Nichtlinearitätsfaktor $\varkappa_y$ und dem mechanischen Bewehrungsgrad ω

eines zweiachsig beanspruchten Stabes unter gegebener Belastung iterativ durchzuführen, indem der Bewehrungsgrad solange verändert wird, bis ein Gleichgewichtszustand erreicht ist. Dies ist der Fall, wenn die zuletzt gewählte Bewehrung ausreicht, die aus der äußeren Belastung entstehenden Schnittgrößen einschließlich der Momente nach Theorie II. Ordnung aufzunehmen. Es handelt sich dabei um ein linear-konvergierendes Verfahren, wobei im allgemeinen 8 bis 10 Iterationsschritte notwendig sind. Für die praktische Anwendung ist auch dieser Aufwand noch zu groß.

5.2 Aufbereitung des Näherungsverfahrens für die praktische Bemessung

Im folgenden wird gezeigt, wie die Bemessung – aufbauend auf dem dargestellten „strengen" Verfahren – weiter vereinfacht werden kann, indem sie auf die Bemessung eines zweiachsig exzentrisch beanspruchten *Querschnittes* zurückgeführt wird. Dabei können Bemessungsdiagramme verwendet werden, ähnlich wie sie z.B. in [9] bereitgestellt sind. Für den vorliegenden Zweck müssen jedoch solche Bemessungsdiagramme für einen konstanten Sicherheitsbeiwert ($\gamma = 1,75$) aufbereitet werden. Bei diesem Verfahren wird Konvergenz im allgemeinen schon nach drei Iterationsschritten erreicht. Dieses – ebenfalls in [6] entwickelte – Verfahren beruht auf der Tatsache, daß ein Stahlbetonstab unter vorgegebener Längsdruckkraft um so steifer wird, je größer sein Bewehrungsgehalt ist. Als Folge verringern sich die Effekte aus der Theorie II. Ordnung. Dies wird aus Bild 10 deutlich, in dem das Verhältnis K zwischen den maximal aufnehmbaren Momenten eines einachsig exzentrisch belasteten, gelenkig gelagerten Stabes unter konstanter Längsdruckkraft nach Theorie I. und II. Ordnung in Abhängigkeit vom mechanischen Bewehrungsgrad und für einige Schlankheiten beispielhaft dargestellt ist. Dieser Vergrößerungsfaktor K muß im allgemeinen Fall für jede Richtung α bekannt sein, die durch die zweiachsige Lastexzentrizität (nach Theorie I. Ordnung) gegeben ist.

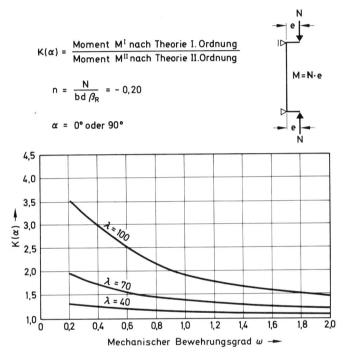

Bild 10
Zur Definition des Vergrößerungsfaktors K, der das Verhältnis zwischen den maximal aufnehmbaren Momenten eines exzentrisch belasteten, gelenkig gelagerten Stabes unter konstanter Längsdruckkraft nach Theorie I. und II. Ordnung in Abhängigkeit vom Bewehrungsgrad ω und von der Schlankheit λ angibt.

Ausführliche Rechnungen in [6] haben gezeigt, daß es für den Fall eines beidseits kugelgelenkig gelagerten Rechteckstabes unter exzentrischer Normalkraft genügt, die K-Werte für die Stützstellen $\alpha = 0°$, 45° und 90° anzugeben, da dazwischen genügend genau linear interpoliert werden kann. Diese K-Werte sind in [6] tabellarisch für folgende Parameter angegeben; sie umfassen damit für diesen Fall den ganzen in der Praxis vorkommenden Anwendungsbereich:

$\alpha = 0°/45°/90°$;
λ_y, $\lambda_z = 40/70/100/140/200$;
$n = 0/-0,1/-0,2/-0,3/-0,4/-0,6/-0,8/-1,0$.

Die Bestimmung des K-Wertes für beliebige Lagerungsbedingungen und für beliebige Querbelastungen ist darüber hinaus näherungsweise mit Hilfe von Gl. (6) möglich. Bei der praktischen Anwendung dieses Verfahrens wählt man zunächst einen mechanischen Bewehrungsgrad ω_0 und bestimmt dafür den K-Wert. Eine Bemessung nach Theorie I. Ordnung, z.B. mit ähnlichen Hilfsmitteln wie in [9], liefert für die mit dem K-Wert multiplizierten Querbelastungen $\overline{Y}$ und $\overline{Z}$ aus der Theorie I. Ordnung am maßgebenden Querschnitt einen verbesserten Bewehrungsgrad ω_1. Als Ausgangswert ω_2 für die folgende Iterationsstufe wählt man zweckmäßig den Mittelwert $\omega_2 = (\omega_0 + \omega_1)/2$.

Bei diesem Verfahren wurde der Sicherheitsbeiwert für Theorie I. und II. Ordnung gleich angenommen. Nach Abschluß der Iteration ist daher nach DIN 1045 eine zusätzliche Bemessung (mit den Schnittgrößen nach Theorie I. Ordnung) durchzuführen, bei der der veränderliche Sicherheitsbeiwert $(1,75 \leq \gamma \leq 2,10)$ zu berücksichtigen ist.

5.3 Kurze Zusammenfassung des Ablaufes der Rechenschritte für das Bemessungsverfahren nach Abschnitt 5.2

Für einen Stahlbetonstab, z.B. nach Bild 1, seien folgende Größen gegeben:

- Statisches System, Stablänge
- Querschnitt (mit Bewehrungsanordnung)
- Baustoff-Festigkeiten (β_R, β_S)
- Konstante Längsdruckkraft N und Querbelastungen $\overline{Y}$, $\overline{Z}$ (Gebrauchslast).

Gesucht wird der erforderliche Bewehrungsgrad:

$$\omega = \frac{A_s}{bd} \cdot \frac{\beta_S}{\beta_R}.$$

Im folgenden sind die einzelnen Schritte zur Bestimmung des Bewehrungsgrades wiedergegeben. Die verwendeten Bezeichnungen und Zusammenhänge sind der Anschaulichkeit halber in Bild 11 nochmals zusammengestellt.

a) ω_0 schätzen.

b) $\overline{Y}_0^I = \overline{Y}_0^I(N, \omega, \ldots)$ Größte zulässige Querbelastung
   $\overline{Z}_0^I = \overline{Z}_0^I(N, \omega, \ldots)$ (in y- bzw. z-Richtung) für den

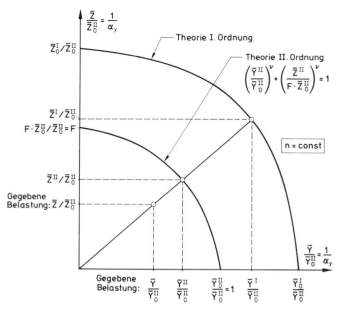

Bild 11
Interaktion zwischen den aufnehmbaren Querbelastungen einer schlanken, auf schiefe Biegung mit Achsdruck beanspruchten Stahlbetonstütze

Fall der einachsigen Beanspruchung nach Theorie I. Ordnung. Sie kann aus dem resultierenden größten Moment (mit dem geschätzten Bewehrungsgrad ω_0 und der vorhandenen Längskraft N) unter Verwendung bekannter Bemessungsdiagramme, jedoch mit $\gamma = 1,75 = $ const bestimmt werden.

c) $\overline{Y}_0^{II} = \overline{Y}_0^{II}(N, \omega, \lambda, \dots)$
$\overline{Z}_0^{II} = \overline{Z}_0^{II}(N, \omega, \lambda, \dots)$
Größte zulässige Querbelastung (in y- bzw. z-Richtung) für den Fall der einachsigen Beanspruchung nach Theorie II. Ordnung, z. B. unter Verwendung der von KORDINA/QUAST entwickelten Bemessungshilfen [2, 3] zu bestimmen.

d) $\varkappa_y = \dfrac{\overline{Y}_0^I}{\overline{Y}_0^{II}}; \quad \varkappa_z = \dfrac{\overline{Z}_0^I}{\overline{Z}_0^{II}}$

wobei: $\varkappa_y \geq \varkappa_z$.

e) $Q = \dfrac{\varkappa_y}{\varkappa_z}$ $\begin{array}{l} \leq 3 \\ > 3 \end{array}$ $\begin{array}{l} \rightarrow \text{kein Seitwärtsknicken} \\ \rightarrow \text{Seitwärtsknicken} \end{array}$

f) $\nu = \nu(\varkappa_y, \omega)$
für $Q \leq 3$ $\qquad \rightarrow \nu$ aus Bild 9
für $Q > 3$ $\qquad \rightarrow \nu = 1,0$

g) $F = F(Q)$
für $Q \leq 3$ $\qquad \rightarrow F = 1,0$
für $3 < Q < 200$ $\qquad \rightarrow F = 0,20 + 0,24 \left[\lg \dfrac{200}{Q} \right]^2$
für $Q \geq 200$ $\qquad \rightarrow F = 0,20$

h) $\overline{Y}^I$ und $\overline{Z}^I$
Die größten zulässigen, gleichzeitig wirkenden Querbelastungen für den Fall der zweiachsigen Beanspruchung nach Theorie I. Ordnung, wobei gilt:

$$\frac{\overline{Y}^I}{\overline{Y}} = \frac{\overline{Z}^I}{\overline{Z}}. \qquad (7)$$

Diese Querbelastungen können aus dem resultierenden Größtmoment (mit dem Bewehrungsgrad ω und der vorhandenen Längskraft N) unter Verwendung bekannter Bemessungsdiagramme, z. B. nach [9], jedoch mit $\gamma = 1,75 = $ const bestimmt werden.

i) $\overline{Y}^{II}$ und $\overline{Z}^{II}$
Die größten zulässigen, gleichzeitig wirkenden Querbelastungen für den Fall der zweiachsigen Beanspruchung nach Theorie II. Ordnung, wobei gilt:

$$\frac{\overline{Y}^{II}}{\overline{Y}} = \frac{\overline{Z}^{II}}{\overline{Z}} = a. \qquad (8)$$

$\overline{Y}^{II}$ und $\overline{Z}^{II}$ werden mit Hilfe von Gleichung (6) bestimmt, die wie folgt umgeschrieben werden kann:

$$\left(\frac{\overline{Y}^{II}}{\overline{Y}_0^{II}} \right)^\nu + \left(\frac{\overline{Z}^{II}}{F \cdot \overline{Z}_0^{II}} \right)^\nu = 1.$$

Mit $\overline{Y}^{II} = \alpha \overline{Y}$ und $\overline{Z}^{II} = \alpha \overline{Z}$ aus Gl. (8) erhält man:

$$\left(\frac{a \cdot \overline{Y}}{\overline{Y}_0^{II}} \right)^\nu + \left(\frac{a \cdot \overline{Z}}{F \cdot \overline{Z}_0^{II}} \right)^\nu = 1$$

$$a = \left[\left(\frac{\overline{Y}}{\overline{Y}_0^{II}} \right)^\nu + \left(\frac{\overline{Z}}{F \cdot \overline{Z}_0^{II}} \right)^\nu \right]^{-1/\nu}.$$

Damit ergeben sich $\overline{Y}^{II}$ und $\overline{Z}^{II}$ aus Gleichung (8).

k) $K = \dfrac{\overline{Y}^{\mathrm{I}}}{\overline{Y}^{\mathrm{II}}} = \dfrac{\overline{Z}^{\mathrm{I}}}{\overline{Z}^{\mathrm{II}}}$ ($\geq 1{,}0$).

l) Die Querbelastungen $\overline{Y}$ und $\overline{Z}$ werden mit dem Vergrößerungsfaktor K multipliziert:

$$\overline{Y}_{\mathrm{neu}} = K \cdot \overline{Y}$$
$$\overline{Z}_{\mathrm{neu}} = K \cdot \overline{Z}.$$

m) Für die aus diesen neuen Querbelastungen resultierenden größten Momente (nach Theorie I. Ordnung) wird eine Bemessung mit Bemessungsdiagrammen für schiefe Biegung durchgeführt, die für Theorie I. Ordnung aufgestellt sind (zum Beispiel ähnlich wie in [9], jedoch für $\gamma = 1{,}75 = \mathrm{const}$). Daraus folgt ein verbesserter Bewehrungsgrad ω_1.

n) Stimmt ω_1 nicht genügend genau mit dem anfangs gewählten Bewehrungsgrad ω_0 überein, so wird empfohlen, die Iteration mit einem gemittelten Bewehrungsgrad

$$\omega_2 = \frac{\omega_0 + \omega_1}{2}$$

bei b) beginnend zu wiederholen.

5.4 Rechenbeispiel

Das folgende Beispiel folgt den Rechenschritten des Abschnittes 5.3.
Gegeben ist die in Bild 12 dargestellte Stahlbetonstütze. Die Schnittgrößen gelten für den Gebrauchszustand.

$$\overline{Y} = m_z = 0{,}0355$$
$$\overline{Z} = m_y = 0{,}0756$$
$$n = -0{,}10.$$

Hierbei sind n, m_y und m_z bezogene Größen.

a) Geschätzt: $\omega_0 = 0{,}40$.

b) $\overline{Y}_0^{\mathrm{I}} = m_{z0}^{\mathrm{I}} = 0{,}1163$; $\overline{Z}_0^{\mathrm{I}} = m_{y0}^{\mathrm{I}} = 0{,}1163$.

c) $\overline{Y}_0^{\mathrm{II}} = m_{z0}^{\mathrm{II}} = 0{,}0304$; $\overline{Z}_0^{\mathrm{II}} = m_{y0}^{\mathrm{II}} = 0{,}0834$.

d) $\varkappa_y = \dfrac{0{,}1163}{0{,}0304} = 3{,}83$; $\varkappa_z = \dfrac{0{,}1163}{0{,}0834} = 1{,}39$.

e) $Q = \dfrac{3{,}83}{1{,}39} = 2{,}74 < 3{,}0 \rightarrow$ kein Seitwärtsknicken.

f) Aus Bild 9 folgt: $\nu = 1{,}33$.

g) Wegen $Q = 2{,}74 < 3{,}0$ folgt: $F = 1{,}0$.

h) $\overline{Y}^{\mathrm{I}} = m_z^{\mathrm{I}} = 0{,}0463$; $\overline{Z}^{\mathrm{I}} = m_y^{\mathrm{I}} = 0{,}0986$.

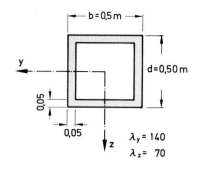

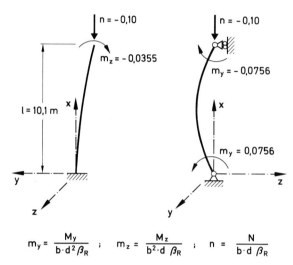

$$m_y = \frac{M_y}{b \cdot d^2\, \beta_R} \quad ; \quad m_z = \frac{M_z}{b^2 \cdot d\, \beta_R} \quad ; \quad n = \frac{N}{b \cdot d\, \beta_R}$$

Bild 12
Zum Bemessungsbeispiel: Stab mit unterschiedlichen Randbedingungen für beide Hauptrichtungen

i) $a = \left[\left(\dfrac{0{,}0355}{0{,}0304}\right)^{1{,}33} + \left(\dfrac{0{,}0756}{1{,}0 \cdot 0{,}0834}\right)^{1{,}33}\right]^{-1/1{,}33} = 0{,}571$

$\overline{Y}^{\mathrm{II}} = m_z^{\mathrm{II}} = 0{,}571 \cdot 0{,}0355 = 0{,}0203$
$\overline{Z}^{\mathrm{II}} = m_y^{\mathrm{II}} = 0{,}571 \cdot 0{,}0756 = 0{,}0432.$

k) $K = \dfrac{0{,}0463}{0{,}0203} = \dfrac{0{,}0986}{0{,}0433} = 2{,}28.$

l) $\overline{Y}_{\mathrm{neu}} = m_{z,\,\mathrm{neu}} = 2{,}28 \cdot 0{,}0355 = 0{,}0809$
$\overline{Z}_{\mathrm{neu}} = m_{y,\,\mathrm{neu}} = 2{,}28 \cdot 0{,}0756 = 0{,}1724.$

m) $\omega_1 = 0{,}94$.

n) $\omega_2 = \dfrac{0{,}40 + 0{,}94}{2} = 0{,}67 \gg 0{,}40$.

Der nächste Iterationsschritt liefert:

$\omega_3 = 0{,}64 \simeq 0{,}67$.

Der so näherungsweise ermittelte Bewehrungsgrad ergab sich um 9% größer als der nach einer strengen Berechnung entsprechend [6]. Ein zusätzlicher Nachweis nach Theorie I. Ordnung entsprechend DIN 1045 ist mit $\omega = 0,22$ nicht maßgebend.

6 Zusammenfassung

Der vorliegende Beitrag beschreibt ein Verfahren, das die Bemessung und Berechnung von schlanken Stahlbetonstützen für Längsdruckkraft mit beliebiger, schiefe Biegung erzeugender Querbelastung unter wirklichkeitsnaher Berücksichtigung des Verhaltens des Baustoffes Stahlbeton erlaubt [6]. Mit einem elektronischen Rechenprogramm konnten vereinfachte Regeln verschiedener Bemessungsvorschriften (DIN 1045, CEB, ACI) überprüft werden. Zahlreiche Vergleichsrechnungen zeigten, daß die auf Grund der Angaben von DIN 1045 bzw. von Heft 220 DAfStb erhaltenen Ergebnisse vor allem für stark unterschiedliche Schlankheiten in den beiden Hauptrichtungen beträchtlich auf der unsicheren Seite liegen können. Dies ist hauptsächlich auf das Phänomen des „Seitwärtsknickens" zurückzuführen.

Neben dem „strengen" Verfahren wurde für die praktische Bemessung ein Näherungsverfahren für Stäbe mit beliebigen Randbedingungen unter Berücksichtigung des durch Seitwärtsknicken bedingten Tragfähigkeitsabfalles abgeleitet. Die Veröffentlichung noch weiter aufbereiteter Bemessungshilfen auf der Grundlage dieses Verfahrens, z. B. in Form von Diagrammen, die für häufig vorkommende Fälle eine direkte Bemessung gestatten, ist vorgesehen.

Mit dem neuen Verfahren wurden auch die Angaben von DIN 1045 zur Berücksichtigung des Kriecheinflusses bei der Bemessung schlanker Stahlbetonstützen überprüft. Hier zeigte sich eine gute Übereinstimmung. Erhebliche Abweichungen wurden hingegen bei einem Vergleich mit Resultaten festgestellt, die sich auf Grund der Angaben im CEB-Model Code ergeben.

Herrn Dipl.-Ing. Udo Kraemer sei für seine wertvollen Anregungen und für seine Hilfsbereitschaft herzlich gedankt.

7 Schrifttum

[1] Kordina, K.: Stabilitätsuntersuchungen an Beton- und Stahlbetonsäulen. Dissertation TH München 1956 (Referenten: A. Habel und H. Rüsch).

[2] Grasser, E., Kordina, K. und Quast, U.: Bemessung von Beton- und Stahlbetonteilen nach DIN 1045, Ausgabe Dezember 1978. H. 220 der Schriftenreihe des DAfStb, 2. Aufl. Wilh. Ernst & Sohn, Berlin/München/Düsseldorf 1979.

[3] Kordina, K. und Quast, U.: Bemessung von schlanken Bauteilen – Knicksicherheitsnachweis. Beitrag im Beton-Kalender 1979, Teil I. Wilh. Ernst & Sohn, Berlin/München/Düsseldorf 1979.

[4] Rafla, K.: Praktisches Verfahren zur Bemessung schlanker Stahlbetonstützen mit Rechteckquerschnitt bei schiefer Biegung mit Achsdruck. Der Bauingenieur 49 (1974), S. 429–436.

[5] Menegotto, M. und Pinto, P.: A Simple Design Criterion for Biaxially Loaded Columns. International Association for Bridge and Structural Engineering, Symposium Québec, Final Report (1974), S. 69–74.

[6] Galgoul, N. S.: Beitrag zur Bemessung von schlanken Stahlbetonstützen für schiefe Biegung mit Achsdruck unter Kurzzeit- und Dauerbelastung. Dissertation TU München 1978 (Referenten: E. Grasser, K. Kordina und H. Werner).

[7] Grasser, E.: Darstellung und kritische Analyse der Grundlagen für eine wirklichkeitsnahe Bemessung von Stahlbetonquerschnitten bei einachsigen Spannungszuständen. Dissertation TH München 1968 (Referenten: H. Rüsch und H. Kupfer).

[8] Rüsch, H. und Jungwirth, D.: Stahlbeton und Spannbeton, Band 2, Berücksichtigung der Einflüsse von Kriechen und Schwinden auf das Verhalten der Tragwerke. Werner-Verlag, Düsseldorf 1976.

[9] Grasser, E. und Linse, D.: Bemessungstafeln für Stahlbetonquerschnitte. Werner-Verlag, Düsseldorf 1972.

Herbert Kupfer und Wolfgang Moosecker

Beanspruchung und Verformung der Schubzone des schlanken profilierten Stahlbetonbalkens

Liste der Bezeichnungen

E_{b1} — Elastizitätsmodul des Betons auf Zug in Richtung der Hauptzugspannung unmittelbar vor der Trennrißbildung (gerechnet für die volle Betonquerschnittsfläche)

E_{b2} — Elastizitätsmodul des Betons auf Druck

E_s — Elastizitätsmodul des Stahles

M — Biegemoment

N_α — resultierende Druckstrebenkraft, unter dem Winkel α gegen die Balkenachse geneigt

Q — $= \mathrm{d}M/\mathrm{d}x =$ Querkraft (für Balken ohne angreifendes Streckenmoment)

Q_D — Querkraft der Biegedruckzone

Q_s — schuberzeugende Querkraft

Z — Biegezugkraft

$Z'_{b\ddot{u}}$ — Bügelzugkraft pro Längeneinheit

a — Schrägrißabstand in Balkenlängsrichtung

b_0 — Stegdicke

f — gegenseitige Verschiebung der oberen und unteren Bügelverankerung senkrecht zur Balkenachse

n_{b2} — $= E_{b2}/E_{b1}$

n_{sD} — $= E_s/E_{b2}$

n_{sZ} — $= E_s/E_{b1}$

s — Länge der Stegdruckstreben

v — Versatzmaß der Zugkraftdeckungslinie

v_{I} — Versatzmaß unmittelbar vor der Schrägrißbildung (bei Berücksichtigung von $E_{b1} < E_{b2}$)

v_{II} — Versatzmaß nach der Schrägrißbildung bei Schubbewehrung senkrecht zur Balkenachse

v_s — Summe des oberen und unteren Verankerungsschlupfes der Bügel

x — Koordinate in Richtung der Balkenachse

z — Hebelarm der inneren Kräfte

α — Neigungswinkel der resultierenden Stegdruckkraft gegen die Balkenachse unmittelbar vor dem Stegdruckbruch

α_{I} — Neigungswinkel der Hauptdruckspannung bei Annahme eines isotropen Formänderungsverhaltens

α_R — Neigungswinkel der Schrägrisse gegen die Balkenachse

$\Delta\alpha$ — $= \alpha - \alpha_R$

$\Delta\alpha_{\mathrm{I}}$ — $= \alpha_R - \alpha_{\mathrm{I}}$ bei anisotropem Formänderungsverhalten und ungerissenen Gurten

β_{RS} — Rechenwert der Druckfestigkeit des Betons in einer durch Schrägrisse begrenzten Druckstrebe

γ — Schubverformungswinkel

$\varepsilon_1, \varepsilon_2$ — Dehnungen in Hauptspannungsrichtung

$\varepsilon_{b\ddot{u}}$ — Bügeldehnung

$\bar{\varepsilon}_{b\ddot{u}}$ — $= \varepsilon_{b\ddot{u}} + v_s/z =$ Bügeldehnung einschl. des auf z verteilten beidseitigen Verankerungsschlupfes

μ_s — Schubbewehrungsgrad (Querschnittsfläche der Bügelstäbe zur Fläche des zugehörigen Horizontalschnittes durch den Steg)

σ_1, σ_2 — Hauptspannungen

σ_x — Längsspannung der betrachteten Stegfaser unmittelbar vor der Schrägrißbildung (unter Berücksichtigung der Abminderung des Elastizitätsmoduls E_{b1} in Richtung der schiefen Hauptzugspannung σ_1)

σ_{x0} — zwischen den unmittelbar vor der Schrägrißbildung vorhandenen Spannungen von Ober- und Untergurt interpolierte gedachte Spannung der betrachteten Stegfaser

σ_{x0}/E_{b2} — Längsstauchung des Steges unmittelbar vor der Schrägrißbildung (unter Berücksichtigung von E_{b1} bzw. der dadurch verursachten erhöhten Längsspannung σ_x im Stegbereich)

τ — Schubspannung im Zustand I

τ_0 — $= Q_s/b_0 z =$ Schubspannung im Biegezustand II (Längszugspannungen $\sigma_{bx} = 0$)

τ_{0u} — ebenso, aber im Bruchzustand

τ_R — durch Rißverzahnung über die Schrägrisse übertragene mittlere Schubspannung

1 Zur geschichtlichen Entwicklung der Schubbemessung im Stahlbetonbau

Es gibt wohl kaum eine Frage des Stahlbetonbaues, die im Laufe der Entwicklung der Bemessungsregeln so umstritten war und bis heute umstritten ist wie das Schubtragverhalten. So sahen z.B. die Richtlinien des Deutschen Ausschusses für Eisenbeton und die Preußischen Stahlbetonbestimmungen im Jahre 1904 einen konstanten Abzugswert von 0,45 MN/m² von der Schubspannung vor und verlangten die Aufnahme der restlichen Schubkräfte durch Schubbewehrung nach der Mörsch/Ritterschen Fachwerkanalogie mit Druckdiagonalen unter 45° [1]. Die Bestimmungen für die Ausführung von Bauwerken aus Eisenbeton, die 1916 von allen deutschen Bundesstaaten übernommen wurden, führten dagegen eine volle Abdeckung der Schubspannungen mit der beschriebenen Fachwerkanalogie in den Bereichen ein, in denen die Schubspannung den Wert von 0,4 MN/m² überschreitet. Die Bestimmungen des Deutschen Ausschusses für Eisenbeton vom September 1925 legten dann die volle Schubdeckung im ganzen Querkraftbereich nach der beschriebenen Fachwerkanalogie fest. Diese Regelung galt in Deutschland unverändert bis zum Jahr 1972. Die seitdem gültige DIN 1045 gestattet bekanntlich im Bereich mittlerer Schubspannungen eine Abminderung der nach der beschriebenen Fachwerkanalogie ermittelten Schubbewehrung unter Berücksichtigung einer quadratischen Formel, während sie bei dem neu hinzugekommenen oberen Schubspannungsbereich bei der vollen Schubdeckung blieb.

Das CEB (Comité Euro-International du Béton) hat in seiner Mustervorschrift [2] für die Schubbemessung zwei Methoden zur Wahl gestellt. Bei der Standardmethode wird – ähnlich wie 1904 – ein über die Balkenlänge konstanter Abzugswert verwendet, der allerdings von der Betonzugfestigkeit abhängt, wobei für die Aufnahme der verbleibenden Schubkräfte wiederum die Bemessung nach der Fachwerkanalogie mit Druckdiagonalen unter 45° durchgeführt wird. Damit hat sich der Kreis bemerkenswerterweise wieder geschlossen. In Bild 1 ist diese Entwicklung schematisch für ein Beispiel dargestellt. Dies soll jedoch nicht heißen, wir hätten bei der Bemessung der Schubbewehrung von Stahlbetonbalken wieder den Stand von 1904 erreicht. Wesentlich verbesserte Materialeigenschaften insbesondere bezüglich des Verbundverhaltens und bessere konstruktive

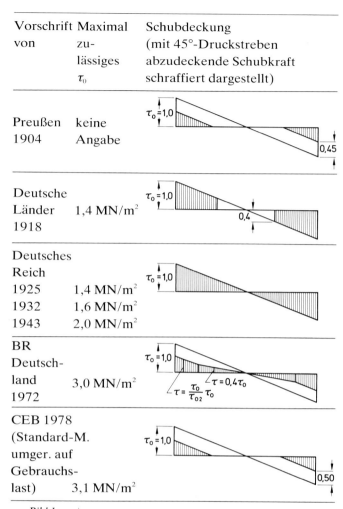

Vorschrift von	Maximal zulässiges τ_0	Schubdeckung (mit 45°-Druckstreben abzudeckende Schubkraft schraffiert dargestellt)
Preußen 1904	keine Angabe	$\tau_0 = 1{,}0$ 0,45
Deutsche Länder 1918	1,4 MN/m²	$\tau_0 = 1{,}0$ 0,4
Deutsches Reich 1925 1932 1943	1,4 MN/m² 1,6 MN/m² 2,0 MN/m²	$\tau_0 = 1{,}0$
BR Deutschland 1972	3,0 MN/m²	$\tau_0 = 1{,}0$ $\tau = \dfrac{\tau_0}{\tau_{02}}\tau_0$ $\tau = 0{,}4\tau_0$
CEB 1978 (Standard-M. umger. auf Gebrauchslast)	3,1 MN/m²	$\tau_0 = 1{,}0$ 0,50

Bild 1
Schematische Darstellung der Entwicklung der Schubbemessungsvorschriften für ein Beispiel (Balken unter Gleichlast max $\tau_0 = 1{,}0$ MN/m², B 300 ≅ Bn 250 bzw. B 25 ≅ C 20)

Regeln ermöglichen heute, ganz erheblich höhere Beanspruchungen aufzunehmen.

Als weiteres Verfahren zur Bemessung der Schubbewehrung wird in der CEB-Mustervorschrift die sogenannte verfeinerte Methode angegeben, bei der im Bereich mittlerer und hoher Schubspannungen eine Druckstrebenneigung $\alpha = \arctan 0{,}6 = 31°$ angenommen werden darf. Bei sehr hohen Schubspannungen (über 88% des zulässigen Höchstwertes) sieht die verfeinerte Methode vor, den Winkel der Druckdiagonalen ziemlich rasch auf 45° ansteigen zu lassen. Im Bereich kleiner Schubspannung darf zusätzlich noch ein von τ_0 und der Betonzugfestigkeit abhängiger Abzugswert berücksichtigt werden, wobei die Neigung der Druckstreben unverändert mit 31° anzusetzen ist.

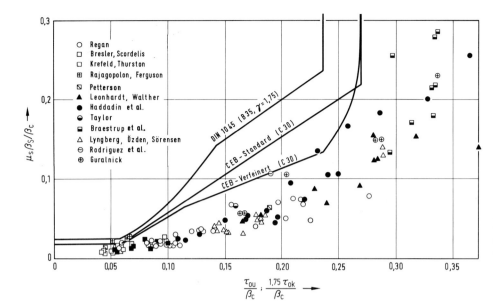

Bild 2
Vergleich der Bruchschubspannungen
von Versuchsbalken mit den rechnerischen
Werten nach DIN und CEB (B 35 ≅ C 30)

Bild 2 zeigt die erforderliche Schubbewehrung in Form lotrechter Bügel in Abhängigkeit von der Schubspannung unter rechnerischer Bruchlast für die Regelung der DIN 1045 und die beiden Methoden des CEB im Vergleich zu den Ergebnissen entsprechender Bruchversuche (bei den CEB-Regeln wurde die Schubspannung unter rechnerischer Bruchlast der 1,75fachen Schubspannung bei charakteristischer Last gleichgesetzt). Auch wenn man die Bemessungskurve nach DIN 1045 außer acht läßt, weil sie gegenüber den Arbeiten des CEB auf veralteten Grundlagen beruht, macht das Bild deutlich, daß die Schubbemessung im Stahlbetonbau noch nicht voll befriedigend gelöst ist. Die Streuung der Versuchswerte legt es nahe, in Zukunft in stärkerem Maße sicherheitstheoretische Untersuchungen auf probabilistischer Grundlage durchzuführen, wie dies beispielsweise in einer ersten Arbeit vor kurzem geschehen ist [3].

2 Verformungs- und Tragverhalten einer durch zwei Schrägrisse begrenzten Druckstrebe

2.1 Gleichgewichtsbetrachtungen

Bei den folgenden theoretischen Überlegungen wird davon ausgegangen, daß der Verlauf des Hebelarmes z der inneren Kräfte (Abstand zwischen Biegezug- und Biegedruckkraft) längs des Balkens bekannt und damit die

Änderung dZ/dx der Biegezugkraft statisch bestimmt ist. Es gilt dann (unter Vernachlässigung der Veränderung des Versatzmaßes in Balkenlängsrichtung und eines eventuell angreifenden Streckenmomentes):

$$\frac{dZ}{dx} = \frac{Q_s}{z} \tag{1a}$$

mit

$$Q_s = Q - \frac{M}{z}\frac{dz}{dx}. \tag{1b}$$

Bei einem schlanken profilierten Träger konstanter Bauhöhe kann in dem hier betrachteten Bruchzustand der Hebelarm der inneren Kräfte, abgesehen von einem kurzen Störungsbereich in Auflagernähe, als konstant angenommen werden, so daß $dz/dx = 0$ und damit

$$\frac{dZ}{dx} = \frac{Q}{z}. \tag{2}$$

Außerdem ist aus Gleichgewichtsgründen

$$b_0\,\tau_0 = \frac{dZ}{dx} \tag{3a}$$

und daraus folgt

$$\tau_0 = \frac{Q}{b_0 \cdot z}. \tag{3b}$$

Mit der Annahme eines konstanten Hebelarms z der inneren Kräfte wird auch die Zugkraftdeckung beim Parallelträger nach der Fachwerkanalogie unter Be-

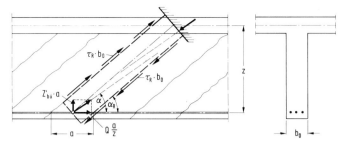

Bild 3
Kräfte an einer durch Schrägrisse begrenzten Druckstrebe
in der Schubzone eines schlanken Stahlbetonbalkens
mit Schubbewehrung rechtwinklig zur Balkenachse

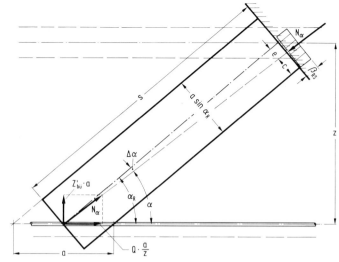

Bild 4
Exzentrische Beanspruchung einer Druckstrebe nach Bild 3
bei Vernachlässigung der Rißverzahnung

rücksichtigung eines Versatzmaßes v durchgeführt. Entsprechende Versuche [4, S. 25], [5, S. 38], [6, S. 21] stützen diese Annahme bei schlanken Balken hinreichend genau. Die bei der Schubbemessung angewendeten Regeln müssen zur Vermeidung eines „Widerspruches in sich" mit diesen bei der Zugkraftdeckung angewendeten Regeln in Einklang stehen. So wird die Schubbeanspruchung bereits durch den Verlauf der Biegezugkraft Z über Gl. (3a) bestimmt. Die aus dem Versatzmaß sich ergebende zusätzliche Längsbewehrungsmenge ist somit ein Teil der zur Aufnahme der Schubkräfte erforderlichen Bewehrung. Bild 3 zeigt die inneren Kräfte an einer durch Schrägrisse begrenzten Druckstrebe bei Schubbewehrung rechtwinklig zur Balkenachse. Die Verdübelungswirkung der Längsbewehrung ist dabei vernachlässigt. Man erkennt, daß der Neigungswinkel α der Resultierenden aus Bügelzugkraft $Z'_{bü} \cdot a$ und aus der Änderung $Q \cdot a/z$ der Biegezugkraft erheblich kleiner sein kann als der Neigungswinkel α_R der Risse, wenn eine exzentrische Beanspruchung der Druckstrebe und/oder eine Rißverzahnungswirkung durch Schubspannungen τ_R an den Rißufern unterstellt wird. Diese Verzahnungswirkung nimmt aber mit zunehmender Rißbreite der Schrägrisse stark ab und kann deshalb in bruchnahen Zuständen meist vernachlässigt werden.

Den weiteren theoretischen Betrachtungen wird daher zunächst eine exzentrisch beanspruchte Druckstrebe ohne Schubspannung τ_R an den Schrägrissen gemäß Bild 4 zugrunde gelegt. Die Betrachtungen gelten aber auch bei veränderlichem Hebelarm z, wenn anstelle von Q die schuberzeugende Querkraft Q_s nach Gl. (1b) angesetzt wird. Der Schrägrißabstand a stellt einen wesentlichen Parameter der Untersuchung dar. Die größtmögliche Änderung $Q \cdot a/z$ der Biegezugkraft wird von der Strebe und den Bügeln aufgenommen, wenn im Stre-

benanschnitt zur Biegedruckzone die schiefe Druckspannung in der Strebe den Wert β_{RS} erreicht und die Exzentrizität der Strebenkraft an dieser Stelle mit den Verformungen der Schubzone, d. h. der Bügeldehnung, der Strebenverbiegung und der Strebenverkürzung verträglich ist. Der Wert β_{RS} stellt dabei eine abgeminderte Druckfestigkeit des Betons unter den besonderen Bedingungen der Strebenbegrenzung durch unregelmäßige Risse und der Gefügestörungen durch kreuzende Bügel dar. Nach den bisher vorliegenden Versuchen, vor allem von ROBINSON [7], kann angenommen werden, daß die abgeminderte Druckfestigkeit β_{RS} der Strebe etwa 85% der Prismenfestigkeit beträgt. Es wäre allerdings denkbar, daß bei sehr engem Schrägrißabstand bzw. bei starken Unebenheiten oder Konvergenzen der Schrägrisse die Abminderung größer wird, weil dann Achse und Querschnitt der Strebe über die Strebenlänge stark ungleichmäßig verlaufen. Die Gleichgewichtsbedingungen gegen Verschieben in Richtung der Resultierenden N_α liefert

$$N_\alpha = 2\,b_0\,c\,\beta_{RS}\cos\Delta\alpha = Q\,\frac{a}{z}\frac{1}{\cos\alpha} \qquad (4)$$

und daraus

$$\frac{\tau_{0u}}{\beta_{RS}} = 2\,\frac{c}{a}\cos\alpha \cdot \cos\Delta\alpha. \qquad (5)$$

Setzt man die Beziehungen für den Randabstand

$$c = \frac{1}{2}\,a\sin\alpha_R - s\tan\Delta\alpha \qquad (6)$$

und für die Strebenlänge

$$s = \frac{z}{\sin \alpha_R} \qquad (7)$$

in die Gl. (5) ein, so ergibt sich

$$\frac{\tau_{0u}}{\beta_{RS}} = \left(\sin \alpha_R - 2\,\frac{z}{a}\,\frac{\tan \Delta\alpha}{\sin \alpha_R}\right)\cos\alpha \cdot \cos\Delta\alpha. \qquad (8)$$

Die durch Gl. (8) beschriebene Abhängigkeit des Winkels $\Delta\alpha$ zwischen der Richtung der Risse und der resultierenden Strebendruckkraft vom Verhältnis τ_{0u}/β_{RS} der Bruchschubspannung zur Strebendruckfestigkeit ist in Bild 5 für einige Werte von α_R und a/z aufgetragen.

Es sei der Vollständigkeit halber noch darauf hingewiesen, daß die Betrachtung des Gleichgewichtes in der Schubzone häufig an einem Schnitt längs eines Schrägrisses durchgeführt wird (siehe Schnitt A-A in Bild 6). Man erkennt, daß die Querkraft sich dann auf eine Bügelzugkraft $Z'_{b\ddot{u}} \cdot z \cot \alpha_R$ und einen Querkraftanteil Q_D der Biegedruckzone aufteilen läßt. Es wird aber ausdrücklich darauf hingewiesen, daß die Tragwirkung von Q_D sich nicht der Tragwirkung mit Druckdiagonalen unter dem Winkel α nach Bild 4 überlagert. Die Querkraft Q_D ist vielmehr eine Folge der von der Rißrichtung α_R abweichenden Richtung der resultierenden Stegdruckkraft. Aus Bild 6 erkennt man weiterhin, daß die Querkraft Q_D im Schnitt A-A im Druckgurt nur sehr kleine Exzentrizitäten der Biegedruckkraft erzeugt, weil das Kräftepaar Q_D mit den in diesem Bereich angreifenden Momenten M_s aus den Exzentrizitäten der Stegdruckkräfte im Gleichgewicht steht. Diese Betrachtung gilt auch bei längs des Trägers veränderlichem, aber eindeutig sowohl für die Zugkraftdeckung als auch für die Schubbemessung definiertem Hebelarm z der inneren Kräfte.

2.2 Erweiterung der Betrachtungen auf die Verformungen von Strebe und Schubbewehrung

Verträglichkeitsbetrachtungen für die Schubzone von Stahlbetonbalken sind bisher verhältnismäßig selten durchgeführt worden. Eine Untersuchung des gesamten, sehr komplizierten inneren Kräfte- und Verformungszustandes des gerissenen Stahlbetonbalkens hat JUNGWIRTH in [8] auf Vorschlag von RÜSCH [9] durchgeführt.

Im folgenden wird vereinfachend die Verträglichkeit der Verformungen von Strebe und Bügel betrachtet. Da

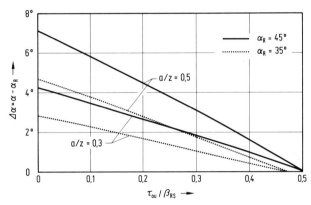

Bild 5
Abhängigkeit des maximal möglichen Winkels $\Delta\alpha$ zwischen der Richtung der Schrägrisse und der resultierenden Strebendruckkraft von der bezogenen Bruchschubspannung τ_{0u}/β_{RS}

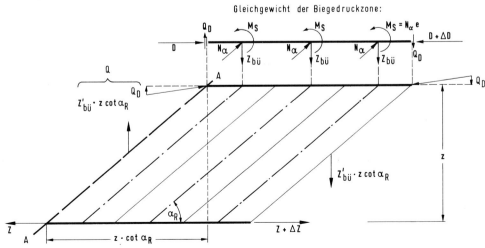

Bild 6
Gleichgewicht an einem durch Schrägrisse begrenzten Balkenabschnitt und Gleichgewicht der Biegedruckzone

229

die Längenänderungen des Druckgurtes und der Biege-zugbewehrung nur eine Biegekrümmung des Trägers, aber keine (bzw. nur eine von höherer Ordnung kleine) Winkeländerung zwischen Druckdiagonalen und Druckgurt zur Folge haben, kann der Druckgurt bei der Betrachtung der Schubverformung als vollkommen steif angesehen werden. Die Druckdiagonalen sind daher im Druckgurt voll eingespannt und die Bügel dort gelenkig gelagert angenommen. Bild 7 zeigt das betrachtete Modell. Man erkennt, daß die Verlängerung f des Bügels im

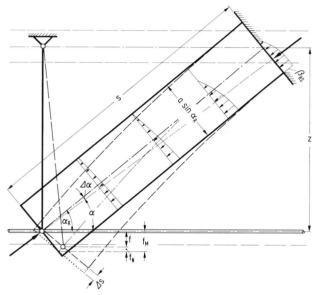

Bild 7
Verformungen von Stegdruckstrebe und Bügel bei exzentrischer Beanspruchung der Strebe

Einklang stehen muß mit der aus der Strebenverkrüm-mung resultierenden vertikalen Strebenverbiegung f_M abzüglich der durch die Strebenverkürzung bedingten Verringerung f_N dieses Durchbiegungsmaßes:

$$f = f_M - f_N. \tag{9}$$

Die Berechnung der Werte f_M und f_N wurde mit Hilfe eines elektronischen Rechenprogrammes durchgeführt. Dabei wurde, wie im Bild 7 angedeutet, der Stab in Abschnitte unterteilt und jeweils an den Abschnitts-grenzen der Dehnungszustand unter der Annahme eines linearen Verlaufes der Dehnungen über die Streben-dicke iterativ ermittelt. Als Formänderungsgesetz wurde bei dieser Untersuchung das Parabel-Rechteck-diagramm nach DIN 1045, Bild 13, aber mit β_{RS} statt β_R als Größtspannung zugrunde gelegt.

Der Wert f/z entspräche der Bügeldehnung, wenn kein Schlupf an den Verankerungen der Bügel auftreten würde. Da in Wirklichkeit immer ein mehr oder weniger großer Schlupf v_s der Bügel in Abhängigkeit vom Biege-rollendurchmesser an der Abbiegung des Bügels, der Vorlänge in der Druckzone und der Anordnung der Längsbewehrung in der Bügelkrümmung der Zugzone auftritt, gilt für die Bügeldehnung:

$$\bar{\varepsilon}_{b\ddot{u}} = \frac{f - v_s}{z} = \bar{\varepsilon}_{b\ddot{u}} - \frac{v_s}{z}, \tag{10a}$$

wobei:

$$\bar{\varepsilon}_{b\ddot{u}} = \frac{f}{z} = \frac{f_M - f_N}{z}. \tag{10b}$$

Die sich mit den beschriebenen Annahmen ergebenden Werte $\bar{\varepsilon}_{b\ddot{u}}$ sind in Abhängigkeit von τ_{0u}/β_{RS} in Bild 8 dargestellt, wobei das Verhältnis a/z (Schrägrißabstand in Balkenlängsrichtung zu Hebelarm der inneren Kräfte) und der Schrägrißwinkel α_R als Parameter er-scheinen. Zum Vergleich wurden in dieses Diagramm noch Versuchsergebnisse von Regan [10], Versuchs-reihe *W,* eingetragen, wobei eine Abschätzung für den eingetretenen Schlupf durchgeführt werden mußte. Da die Bügel bei diesen Versuchen mit einem relativ gro-ßen Biegerollendurchmesser $d_B = 10\,d_s$ gebogen waren (d_s = Stabdurchmesser des Bügels), ergab die Abschät-zung der Summe des Schlupfes am oberen und unteren Bügelende im Bruchzustand nur etwa $v_s = 0,4$ mm; die Stahlspannung der Bügel wurde bei der Abschätzung zu

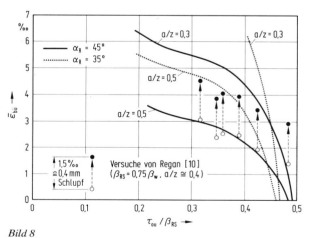

Bild 8
Abhängigkeit der Bügeldehnung $\bar{\varepsilon}_{b\ddot{u}}$
(einschließlich Verankerungsschlupf) von der bezogenen Bruchspannung τ_{0u}/β_{RS}

500 MN/m² angenommen. Die aufgrund dieser Abschätzung ermittelten Dehnungswerte einschließlich Schlupf ergeben sich dann aus der Beziehung

$$\bar{\varepsilon}_{b\ddot{u}} = \varepsilon_{b\ddot{u}} + \frac{v_s}{z}. \qquad (11)$$

Die so umgerechneten Versuchswerte von REGAN sind in Bild 8 als volle Kreise eingetragen (Werte ohne Berücksichtigung des Bügelschlupfes als leere Kreise). In Anbetracht der Tatsache, daß bei den Versuchen Schrägrißwinkel α_R von etwa 40° bis 45° und Werte a/z von ungefähr 0,4 beobachtet wurden, kann die Übereinstimmung der Versuchspunkte mit den theoretischen Bruchkurven als befriedigend angesehen werden.

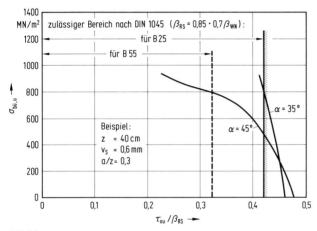

Bild 9
Abhängigkeit der maximalen, mit den Strebenverformungen verträglichen Bügelspannung $\sigma_{b\ddot{u}, u}$ für ein Beispiel

Man erkennt aus dieser Betrachtung, daß die zulässige Bügeldehnung $\varepsilon_{b\ddot{u}} = \bar{\varepsilon}_{b\ddot{u}} - v_s/z$ in erheblichem Maße von der Höhe der Schubspannung und dem bezogenen Schrägrißabstand a/z, aber auch vom Verhältnis des Bügelschlupfes zur Balkenhöhe abhängt. In Bild 9 sind die Bügelspannungen im Bruchzustand unter der Annahme elastischen Verhaltens der Bügel für ein Beispiel dargestellt. Für die Summe des Bügelschlupfes ist, mittleren Verhältnissen entsprechend, $v_s = 0,6$ mm, für die Balkennutzhöhe $z = 40$ cm ($d_0 = 45$ cm, entsprechend Grenze für τ_{03} in DIN 1045) und für den Schrägrißabstand $0,3\, z$ zugrunde gelegt. Wenn man berücksichtigt, daß sowohl DIN 1045 als auch DIN 4227 derzeit die Schubspannungen τ_{0u} im Bruchzustand auf etwa max τ_{0u} $= 0,4\, \beta_{RS}$ begrenzt (für B 25 ist $\beta_R = 17,5$ MN/m², $\beta_{RS} =$

15 MN/m² und max $\tau_{0u} = 3,0 \cdot 2,1 = 6,3$ MN/m², so daß max $\tau_{0u}/\beta_{RS} = 6,3 / 15 = 0,42$), so könnten vom Standpunkt der Sicherheit gegen Schubbruch bzw. Stegdruckbruch im Bruchzustand Bügelspannungen bis zu annähernd 500 MN/m² ausgenützt werden. Dabei ist aber, vor allem bei niedrigen Balken, darauf zu achten, daß der Bügelschlupf keine zu großen Werte annimmt. Einschränkend ist zu bemerken, daß die Untersuchung nur für Normalbeton, nicht aber für Leichtbeton, durchgeführt wurde.

3 Ergänzende Betrachtungen

3.1 Zum Einfluß der Rißverzahnung

Bei geringen Bügeldehnungen sind die Schrägrisse nicht sehr weit geöffnet, so daß eine zusätzliche Tragwirkung durch Rißverzahnung möglich ist. Auf diese Tragwirkung hat vor allem TAYLOR in seinen Arbeiten hingewiesen [11]. Da die Druckstreben in diesem Zustand nur sehr gering exzentrisch beansprucht sein können, wird die Exzentrizität der Beanspruchung vernachlässigt, so daß sich das in Bild 10 dargestellte Kräftespiel ergibt.

Das Momentengleichgewicht um den oberen Strebenendpunkt B liefert die Bedingung

$$M_B = \tau_R b_0 s a \sin \alpha_R - Q \frac{a}{z} z + Z'_{b\ddot{u}} a z \cot \alpha_R = 0. \qquad (12)$$

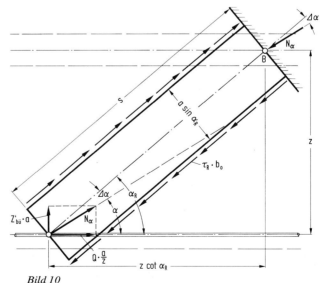

Bild 10
Kräfte an einer Stegdruckstrebe mit Rißverzahnung bei zentrischer Beanspruchung der Strebe

Berücksichtigt man, daß

$$Z'_{b\ddot{u}} = \frac{Q}{z} \tan \alpha,\tag{13}$$

so ergibt sich nach Umformung

$$\frac{\tan \alpha}{\tan \alpha_R} = 1 - \frac{\tau_R}{\tau_0}.\tag{14}$$

Als Grenzwert für τ_R kann bei geringer Rißöffnung etwa der Wert $\beta_{bZ}/2$ angesetzt werden (β_{bZ} = zentrische Betonzugfestigkeit), wenn man den günstigen Fall einer völlig symmetrischen Rißverzahnung unterstellt. Bei größerer Schrägrißbreite sinkt die Schubspannung τ_R, die durch die Rißverzahnung übertragen wird, stark ab. Der genaue Zusammenhang ist derzeit noch nicht erforscht. Bild 11 veranschaulicht das Ergebnis der Gleichung (14), wobei für τ_R als Parameter auch Werte unter $\beta_{bZ}/2$ berücksichtigt sind. Man erkennt aus dieser Darstellung, daß der Einfluß der Rißverzahnung auf die er-

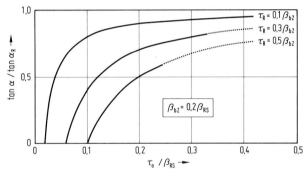

Bild 11
Abhängigkeit des für die Beanspruchung der Schubbewehrung (rechtwinklig zur Balkenachse) maßgebenden Winkels α von der Schubspannung τ_0 bei Berücksichtigung einer Rißverzahnung

forderliche Bügelzugkraft, dargestellt durch den Quotienten $\tan \alpha/\tan \alpha_R$ nach Gl. (14) besonders bei kleinen Schubspannungen τ_0 erheblich ist. Es ist jedoch anzunehmen, daß bei großen Schubspannungen wegen der dann meist großen Bügeldehnungen die Wirkung der Rißverzahnung, wie dies in Abschnitt 2 geschehen ist, vernachlässigt werden muß.

3.2 Überlegungen zum Schrägrißabstand

Der Schrägrißabstand hängt nicht nur – wie meist angenommen wird – von der Verbundwirkung der Schubbe-

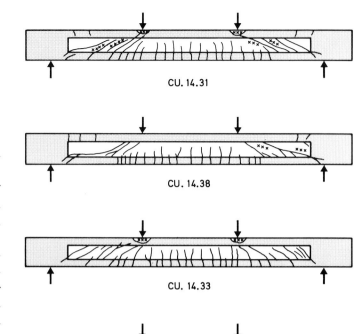

Bild 12
Rißbilder von Versuchsbalken von Bruce [10] mit Schubbewehrung ohne Verbund

wehrung ab. Vielmehr ergibt sich auch ohne Verbund, d. h. bei reiner Endverankerung der Schubbewehrung, ein unerwartet geringer Schrägrißabstand. Dies zeigen die Versuche von Bruce [12] deutlich. Bild 12 gibt als Auszug aus dieser Arbeit Schrägrißbilder wieder, die bei einer Bügelanordnung in offenen Hüllrohren beobachtet wurden. Die Bügel waren dabei in den anschließenden Gurtplatten mit Ankerplatten verankert und bei einigen Versuchsbalken vorgespannt. Man kann danach davon ausgehen, daß bei höheren Schubspannungen auch bei ungünstigen Verbundverhältnissen der Schubbewehrung, aber bei guter Verankerung derselben, der Schrägrißabstand a (in Balkenlängsrichtung gemessen) den Wert $0,5\,z$ kaum überschreitet.

Ein guter Verbund zwischen Schubbewehrung und Stegbeton, der z. B. durch gute Aufteilung der Bügel und Verwendung von Rippenstahl erreicht werden kann, verringert den Schrägrißabstand. Dadurch werden die Druckstreben biegeweicher, so daß höhere Bügeldehnungen ausgenützt werden können, wie dies aus Bild 8 hervorgeht. Einschränkend muß allerdings bemerkt werden, daß die Strebendruckfestigkeit β_{RS} möglicherweise durch einen allzu engen Schrägrißabstand geschwächt werden kann. Untersuchungen hierzu fehlen noch (vgl. auch Bemerkungen zu 2.1).

3.3 Überlegungen zur Schrägrißneigung bei ungerissenen Gurten

Die Schrägrißneigung wird erheblich von der Belastungsgeschichte und eventuellen Vorspannzuständen bzw. Längsdruckkräften beeinflußt. Insbesondere, wenn die Gurte eines profilierten Trägers bei Erreichen der Schrägrißlast im betrachteten Trägerabschnitt noch ungerissen sind, bilden sich die Schrägrisse verhältnismäßig flach aus. Dies gilt z.B. bei Spannbetonträgern, auch über den Bereich der Zone a hinaus, oder bei Stahlbetonpfeilern mit Kasten- oder I-Querschnitt und Schubspannungen aus Seitenkräften. In diesen Fällen sind die Schrägrisse etwas flacher geneigt als die Hauptdruckspannungen, die sich bei isotropem Materialverhalten ergeben würden. Dies liegt daran, daß die Anzahl und die Oberfläche der im Beton vorhandenen Mikrorisse unmittelbar vor der Trennrißbildung senkrecht zur Hauptzugspannungsrichtung sehr stark zunimmt, so daß die Dehnsteifigkeit des Betons in Hauptzugrichtung wesentlich absinkt. Dieses Phänomen wurde von VOELLMY [13] schon 1944 überzeugend nachgewiesen. Er zeigte, daß bei verschieden stark ringbewehrten Rohren gleicher Wanddicke, gleichen Durchmessers und gleicher Betonfestigkeit ganz unterschiedliche Wasserinnendrücke zur Rißlast führen und daß man die geringste Streuung der rechnerischen Betonzugfestigkeit erhält, wenn man mit einem ideellen Querschnitt rechnet, bei dem die Mitwirkung der Bewehrung mit

$$n_{sZ} = \frac{E_s}{E_{b1}} = 18,5 \qquad (15)$$

berücksichtigt ist. Dies bedeutet, daß der Elastizitätsmodul E_{b1} des Betons unmittelbar vor der Trennrißbildung auf den vollen Betonquerschnitt gerechnet auf einen Wert von

$$E_{b1} = \frac{210\,000}{18,5} = 11\,400 \text{ MN/m}^2 \qquad (16)$$

absinkt. Der Elastizitätsmodul E_{b2} auf Druck kann bei dem von VOELLMY verwendeten hochfesten Beton ($\beta_W \cong 60$ MN/m^2) etwa gleich $^1/_6$ des Elastizitätsmoduls von Stahl angesetzt werden:

$$n_{sD} = \frac{E_s}{E_{b2}} \cong 6. \qquad (17)$$

Für das Verhältnis E_{b2}/E_{b1} der Elastizitätsmoduln des Betons auf Druck und Zug ergibt sich also unmittelbar vor der Trennrißbildung

$$n_{b2} = \frac{E_{b2}}{E_{b1}} = \frac{18,5}{6} \cong 3. \qquad (18)$$

Diese Abminderung des Elastizitätsmoduls des Betons in der Nähe der Rißlast kann dazu führen, daß sich die Richtung der Hauptspannungen gegenüber der Richtung der Hauptspannungen in einem isotropen oder quasiisotropen Medium verändert. Voraussetzung hierfür ist, daß der Druckgurt und Zuggurt keine Biegerisse aufweisen, so daß eine Umlagerung von Längsdruckspannungen von den Gurten zum Steg hin auftreten kann. Eine ähnliche, wenn auch noch stärkere Umlagerung tritt im übrigen im Falle lotrechter Schubbewehrung bei der Schrägrißbildung auf und wird durch das Versatzmaß v berücksichtigt.

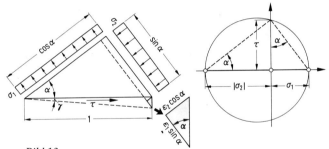

Bild 13
Kräfte und Verformungen an einem Element der Schubzone eines Balkens vor Ausbildung eines schrägen Trennrisses unter Berücksichtigung eines abgeminderten Elastizitätsmoduls für die Hauptzugspannungen

Zunächst wird die Richtung der Hauptdruckspannung (und damit die wahrscheinlichste Rißrichtung α_R) für den Fall eines Stegelementes mit auf Druck und Zug unterschiedlichen Elastizitätsmoduln abgeleitet. Dabei wird eine reine Schubverformung des Steges mit einem Schubverformungswinkel γ und $\sigma_y = 0$ angenommen und die Dehnung in Balkenlängsrichtung gleich Null gesetzt (der Einfluß einer Längsstauchung z.B. durch Längsvorspannung wird im Anschluß daran untersucht). Die Skizze in Bild 13 zeigt ein dreieckiges rechtwinkliges Stegelement. Vernachlässigt man die Querkontraktion, so ergibt sich:

$$(\varepsilon_2 \cos \alpha) \cos \alpha - (\varepsilon_1 \sin \alpha) \sin \alpha = 0 \qquad (19)$$

und daraus

$$\frac{\varepsilon_2}{\varepsilon_1} = \tan^2 \alpha . \qquad (20)$$

Mit

$$\varepsilon_1 = \frac{\sigma_1}{E_{b1}} \qquad (21\,\mathrm{a})$$

$$\varepsilon_2 = \frac{|\sigma_2|}{E_{b2}} \qquad (21\,\mathrm{b})$$

erhält man

$$\frac{|\sigma_2|}{\sigma_1} = \frac{E_{b2}}{E_{b1}} \tan^2 \alpha = n_{b2} \tan^2 \alpha . \qquad (22)$$

Andererseits ergibt sich aus dem Mohrschen Spannungskreis, der ebenfalls in Bild 13 dargestellt ist,

$$|\sigma_2| = \frac{\tau}{\tan \alpha} \qquad (23\,\mathrm{a})$$

$$\sigma_1 = \tau \tan \alpha , \qquad (23\,\mathrm{b})$$

so daß

$$\frac{|\sigma_2|}{\sigma_1} = \frac{1}{\tan^2 \alpha} . \qquad (24)$$

Setzt man dies in Gl. (22) ein, so erhält man für den Neigungswinkel $\alpha_R = \alpha$ der wahrscheinlichen Erstrißrichtung:

$$\tan \alpha_R = \sqrt[4]{\frac{1}{n_{b2}}} , \qquad (25\,\mathrm{a})$$

wobei n_{b2} wiederum das Verhältnis der Elastizitätsmoduln des Betons auf Druck und Zug unmittelbar vor der Trennrißbildung ist. Da man nach Gl. (18) $n_{b2} \cong 3$ setzen kann, ergibt sich in solchen Fällen auch ohne Vorhandensein von Längsdruckspannungen im Steg – wenn nur die anschließenden Gurte sehr dehnsteif bzw. ungerissen sind – nach Gl. (25 a) bereits eine Erstrißrichtung von

$$\alpha_R = \mathrm{arc}\,\tan \left(\sqrt[4]{\frac{1}{3}} \right) = 37° . \qquad (25\,\mathrm{b})$$

Beobachtungen an Stahlbetonbalken mit I-Querschnitt [6] bestätigen dieses Ergebnis.

Es sei noch vermerkt, daß sich aus der hier angenommenen Umlagerung $\sigma_x = \tau \cdot z \cot 2\alpha$ vor der Schrägrißbildung ein Versatzmaß von $v_{\mathrm{I}} = z \cdot \cot 2\alpha$ ermitteln läßt. Für $\alpha = 37°$ liegt dieses Versatzmaß mit $v_{\mathrm{I}} = 0,28\,z$

234

deutlich unter dem Wert, der sich für $\alpha = \alpha_R = 37°$ nach der Schrägrißbildung bei lotrechten Bügeln mit $v_{\mathrm{II}} = z/2 \cdot \cot \alpha = 0,66\,z$ ergibt.

Man kann die vorstehende Herleitung der wahrscheinlichen Erstrißrichtung α_R für den Fall einer vorgegebenen Längsstauchung $|\sigma_{x0}| / E_{b2}$ verallgemeinern. σ_{x0} kann dabei als die Spannung interpretiert werden, die sich aus der Interpolation der Spannungen von Ober- und Untergurt für die betrachtete Stegfaser im Zustand unmittelbar vor der Schrägrißbildung ergibt.

Die Horizontalkomponenten der Verschiebungen nach der linken Seite der Gl. (19) sind dann gleich $|\sigma_{x0}| / E_{b2}$ zu setzen:

$$(\varepsilon_2 \cos \alpha) \cos \alpha - (\varepsilon_1 \sin \alpha) \sin \alpha = \frac{|\sigma_{x0}|}{E_{b2}} . \qquad (26)$$

Mit Hilfe der Gleichungen (21) und (23) ergibt sich daraus nach Umformung für den Neigungswinkel $\alpha_R = \alpha$ der wahrscheinlichen Erstrißrichtung:

$$\frac{2}{\tan 2\alpha_R} \cdot \frac{1 - n_{b2} \tan^4 \alpha_R}{1 - \tan^4 \alpha_R} = \frac{|\sigma_{x0}|}{\tau} . \qquad (27\,\mathrm{a})$$

Mit $\tan 2\alpha_R = 2\tau / \sigma_x$ (wobei σ_x die gegenüber σ_{x0} erhöhte Längsdruckspannung des Steges darstellt) ergibt sich daraus

$$\frac{\sigma_{x0}}{\sigma_x} = \frac{1 - n_{b2} \tan^4 \alpha_R}{1 - \tan^4 \alpha_R} . \qquad (27\,\mathrm{b})$$

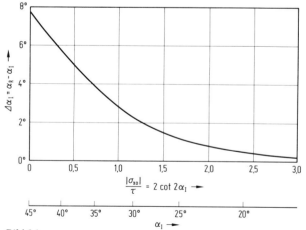

Bild 14
Abhängigkeit des Winkels $\Delta \alpha_{\mathrm{I}}$ zwischen der wahrscheinlichen Schrägrißrichtung α_R und der Richtung α_{I} der Hauptdruckspannungen bei isotropem Formänderungsverhalten vom Verhältnis der Längsdruck- und Schubspannung

Es interessiert noch, um welchen Betrag $\Delta\alpha_I$ der Winkel α_R nach Gl. (27a) kleiner ist als der Winkel α_I, der sich für die Längsspannung σ_{x0} ergibt. Der Winkel α_I entspricht der Richtung der Hauptspannungen unter Annahme eines isotropen Verformungsverhaltens ($E_{b1} = E_{b2}$), wenn die Gurtquerschnitte wesentlich größer als der Stegquerschnitt sind. Es sei also

$$\Delta\alpha_I = \alpha_R - \alpha_I \qquad (28)$$

mit

$$\tan 2\,\alpha_I = \frac{2\,\tau}{|\sigma_{x0}|}. \qquad (29)$$

Der Verlauf von $\Delta\alpha_I$ in Abhängigkeit von $|\sigma_{x0}|/\tau$ ist in Bild 14 dargestellt. Nach Versuchen an Spannbetonbalken [5] ist keine signifikante Abweichung zwischen Rißrichtung und Hauptdruckspannungsrichtung im Zustand I festzustellen. Dies steht im Einklang mit dem errechneten Verlauf von $\Delta\alpha_I$. Bereits bei Werten $|\sigma_{x0}|/\tau > 1,5$ ist $\Delta\alpha$ kleiner als 1,5°.

4 Zusammenfassung

Für einen als bekannt vorausgesetzten Verlauf des Hebelarms z der inneren Biegelängskräfte eines Stahlbetonbalkens im Bruchzustand ist die Änderung dZ/dx der Biegezugkräfte statisch bestimmt gleich Q_s/z mit $Q_s = Q - (M/z) \cdot dz/dx$. Im Einklang mit der Zugkraftdeckung in Balkenlängsrichtung, für die ein definierter Verlauf von z längs des Balkens angenommen werden muß, kann dabei davon ausgegangen werden, daß die Differenzkraft $a \cdot dZ/dx$ von einer durch zwei Schrägrisse im Abstand a (in Balkenlängsrichtung gemessen) begrenzten Druckstrebe und der zugehörigen Schubbewehrung aufgenommen wird.

Zunächst wird aus Gleichgewichtsbetrachtungen an diesem vereinfachten System ohne Rißverzahnung der in Bild 5 dargestellte Zusammenhang zwischen der Bruchschubspannung τ_{0u} und der Differenz $\Delta\alpha$ zwischen der Richtung α_R der Schrägrisse und der Richtung α der resultierenden Strebendruckkraft hergeleitet ($\Delta\alpha = \alpha_R - \alpha$). Die Bedingung der Verträglichkeit der Bügeldehnung mit der Verbiegung und Verkürzung der Druckstrebe liefert dann zusammen mit der Gleichgewichtsbetrachtung eine Beziehung zwischen der Bruchschubspannung τ_{0u} und der Bügeldehnung $\bar\varepsilon_{bü}$ einschließlich

Verankerungsschlupf (Bild 8). Daraus ergibt sich unter Annahme eines bestimmten bezogenen Schlupfes v_s/z im Hinblick auf den Stegdruckbruch eine Beziehung für die ausnützbare Bügelspannung $\sigma_{bü,u}$ im Bruchzustand in Abhängigkeit von der Schubspannung τ_{0u}. Ein Beispiel hierfür zeigt Bild 9.

Der günstig wirkende Einfluß der Rißverzahnung wird mit vereinfachenden Annahmen untersucht und in Bild 11 dargestellt. Aus Versuchen [12] mit einer Schubbewehrung ohne Verbund wird gefolgert, daß der Schrägrißabstand nach Abschluß der Schrägrißbildung einen Grenzwert von etwa $0,5\ z$ nicht überschreitet.

Für den Fall eines profilierten Querschnitts mit ungerissenen Gurten wird eine Beziehung für die wahrscheinliche Schrägrißneigung unter Berücksichtigung der durch Mikrorisse verminderten Dehnsteifigkeit des Stegbetons (in Richtung der schiefen Hauptzugspannungen) hergeleitet. Es ergibt sich, daß die Schrägrißneigung bei kleinem Verhältnis von Längsdruck- zu Schubspannungen bis zu 8° flacher werden kann als die Richtung der für isotropes Formänderungsverhalten ermittelten schiefen Hauptdruckspannungen, während bei größerem Verhältnis σ_x/τ, wie es bei Spannbetonträgern bei der betrachteten Laststufe unmittelbar vor der Schrägrißbildung im allgemeinen gegeben ist, die Abweichung vernachlässigt werden kann.

5 Schrifttum

[1] Vorläufige Leitsätze für die Vorbereitung, Ausführung und Prüfung von Eisenbetonbauten. Beton und Eisen, 3 (1904), H. II, S. 83–88.
[2] CEB-FIP: Mustervorschrift für Tragwerke aus Stahlbeton und Spannbeton. London 1978.
[3] MOOSECKER, W.: Zur Bemessung der Schubbewehrung von Stahlbetonbalken mit möglichst gleichmäßiger Zuverlässigkeit, Dissertation TU München, Jan. 1979 (Referenten: H. KUPFER und G. KNITTEL).
[4] LEONHARDT, F.; ROSTÁSY, F. S.; MacGREGOR, J. G. und PATZAK, M.: Schubversuche an Balken und Platten bei gleichzeitigem Längszug. Schriftenreihe des DAfSt., H. 275 Berlin/München/Düsseldorf 1977.
[5] LEONHARDT, F.; KOCH, R. und ROSTÁSY, F. S.: Schubversuche an Spannbetonträgern. Schriftenreihe des DAfSt., H. 227 Berlin/München/Düsseldorf 1973.
[6] KUPFER, H. und BAUMANN, T.: Versuche zur Schubsicherung und Momentendeckung von profilierten Stahlbetonbalken. Schriftenreihe des DAfSt., H. 218 Berlin/München/Düsseldorf 1972.
[7] ROBINSON, J. R. und DEMORIEUX, J. M.: Essais de modèles d'âme de poutres en double Té. Annales de l'Institut Technique du Bâtiment et des Travaux Publics Nr. 354, Okt. 1977, S. 77–95.

[8] Jungwirth, D.: Elektronische Berechnung des in einem Stahlbetonbalken im gerissenen Zustand auftretenden Kräftezustandes unter besonderer Berücksichtigung des Querkraftbereiches. Schriftenreihe des DAfSt., H.211 Berlin/München/Düsseldorf 1970.

[9] Rüsch, H.: Über die Grenzen der Anwendbarkeit der Fachwerkanalogie bei der Berechnung der Schubfestigkeit von Stahlbetonbalken. Festschrift Prof. Campus, Lüttich, 1964.

[10] Regan, P.E.: Shear in reinforced concrete – an experimental study. Technical Note No.45. Construction Industry Research and Information Association, London, April 1971.

[11] Taylor, H.P.J.: Investigations of the forces carried across cracks in reinforced concrete beams in shear by interlock of aggregate. Technical Report 42.4277. Cement and Concrete Association, London, 1970.

[12] Bruce, R.N.: An experimental study of the action of web reinforcement in prestressed concrete beams. University of Illinois, Sept. 1962.

[13] Voellmy, A.: Superbeton – Rohrleitungen. Hunziker-Mitteilungen, Juli 1944.

Heinrich Paschen und Volker Zillich

Versuche zur Erfassung des Verhaltens von Stößen in Stahlbetonfertigstützen

Bezeichnungen

a	Stabendabstand von der Fuge
a_W	Ganghöhe einer Wendelbewehrung
a_{Ste}	Stabendabstand korrespondierender Längsstäbe $(a_{Ste} = 2 \cdot A + d_m + 2 d_p)$
b, d	Breite und Dicke des Versuchskörpers
d_K	Kerndurchmesser bei Umschnürung (Wendeldurchmesser)
d_m	Dicke der Mörtelfuge
d_p	Stahlplattendicke
d_{sl}	Stabdurchmesser der Längsbewehrung
d_{sw}	Stabdurchmesser der Wendelbewehrung
$h_{Bü}$	Bereich erhöhter Querbewehrung im Stoßbereich $(h_{Bü} = h_v + h_ü)$
$h_ü$	Übergangsbereich zwischen dem Bereich der verstärkten und der normalen Querbewehrung
h_v	Bereich der verstärkten Querbewehrung
$ü$	Betonüberdeckung
A_1	belastete Teilfläche
A_b	Querschnittsfläche des Betons
A_{sl}	Querschnittsfläche der Längsbewehrung
A_{sq}	Querschnittsfläche der Querbewehrung
A_M	Querschnittsfläche des Mantelbetons
A_K	Querschnittsfläche des Querschnittskernes
A_W	Querschnittsfläche eines Wendelstabes
A_{St}	Querschnittsfläche des Versuchskörpers
D	Druckkraft
E_b	E-Modul des Betons
E_m	E-Modul des Mörtels
F	Belastung
ΔF	durch eine Wendelbewehrung aufnehmbarer Lastanteil
$F_{0, u}$	Bruchlast der durchgehend bewehrten Stütze
$F_{p, u}$	Bruchlast der unbewehrten Stütze bzw. des Prismas
F_s	Traganteil der Längsbewehrung
$F_{u, vers}$	Bruchlast der gestoßenen Stütze im Versuch

F_M	Traganteil des Mantelbetons
F^*	Umlenkkräfte erzeugender Lastanteil der Stütze $(F^* = F_s + F_M)$
V_W	Volumen der Wendel (vgl. DIN 1045, Gl. (7) A_W)
Z	Zugkraft
$Z_{q, u}$	gesamte Querzugkraft im Bruchzustand
Z_s	Spaltzugkraft
Z_W	Zugkraft der Wendelbewehrung
Z_μ	Querzugkraft aus Aktivierung des dreiaxialen Druckspannungszustandes
β_p	Prismendruckfestigkeit
β_s	Streckgrenze des Stahles
$\beta_{W, b}$	Würfeldruckfestigkeit des Betons
$\beta_{W, m}$	Würfeldruckfestigkeit des Mörtels
β_{WN}	Nennfestigkeit der Betongüte
cal β	Rechenwert der Betondruckfestigkeit
σ_m	Spannung in der Mörtelfuge
σ_s	Stahlspannung
$\sigma_{s, uBü}$	Stahlspannung der Bügel im Bruchzustand
μ_l, μ_q	geometrisches Bewehrungsverhältnis (längs, quer)
μ	Querdehnung

Fußanzeiger für geometrische Größen und Baustoffe

b	Beton
l	längs
m	Mörtel
q	quer
s	Stahl
u	Bruchzustand

1 Vorbemerkungen

Der Stoß von Fertigteilstützen ist ein seit Jahrzehnten diskutiertes Problem. Zwar lassen sich Stützen in Längen vorfertigen, die durch zwei, drei, ja sogar vier Geschosse ungestoßen durchgehen, doch sind damit

Schwierigkeiten verknüpft, die mit der Länge des vorgefertigten Teiles wachsen:

> Transport- und Montage, Justierung und Festhaltung werden aufwendiger.

Die Stützen erfahren beim Transport und bei der Montage, bei letzterer infolge einseitiger Belastungszustände, Verformungen, die z.T. bleibender Natur sind und erhebliche Maßabweichungen zur Folge haben können. Man begrenzt deshalb die Fertigteillänge meist auf zwei, höchstens auf drei Geschosse. Vielfach werden Stützen auch nur geschoßhoch ausgebildet.

Die erste sich stellende Frage ist dann die, ob ein solcher Stoß biegesteif sein muß oder nicht. Die Gebäudeaussteifung eines Mehrgeschoßbaus mit Hilfe eines vorgefertigten Tragskeletts bewirken zu wollen, ist abwegig, so daß die Aussteifung durch Scheiben und Kerne vorausgesetzt werden kann. Insofern ist ein biegesteifer Anschluß also entbehrlich, obzwar ein steifer Stoß bezüglich der Gebäudestabilität nur erwünscht sein könnte. Vor allem aber brächte er Vorteile für Montage und Bauzustände mit sich: Die Festhaltung der Stütze könnte kurz nach der Montage entfallen und die nächstfolgende Decke wäre nicht labil, es müßte nicht vom Kern oder dem Aussteifungssystem aus montiert werden, weil biegesteif angeschlossene Stützen auf Geschoßhöhe normalerweise ausreichende Stabilisierung gewährleisten können. Besondere Vorteile können entstehen, wenn der biegesteife Anschluß mit einer Justiermöglichkeit verknüpft und ohne Mörtelverguß funktionsfähig ist [32]. Leider haben sich solche Lösungen bisher in anderer Hinsicht als aufwendig erwiesen.

In den ersten Jahrzehnten des Fertigteilbaus hat man vielfach angestrebt, durch geeignete Verbindung der Fertigteile im Endzustand ein möglichst monolithisches, der Ortbetonbauweise entsprechendes Baugefüge zu erhalten. Demgemäß hat man sich auch um die Herstellung biegesteifer Stützenstöße bemüht [33], wenngleich die in Betracht gezogenen Lösungsmöglichkeiten aus verschiedenen Gründen nicht befriedigt haben. 1974 haben BRANDT und SCHÄFER eine systematische Zusammenstellung aller Stoßelemente und -formen für biegesteife Stützenstöße vorgelegt [9], ohne jedoch eine in jeder Hinsicht überzeugende Lösung anbieten zu können.

In der Industrie hatte man zu dieser Zeit den biegesteifen Stoß weitgehend verlassen und statt dessen Stumpfstöße bevorzugt, die in verschiedener Art und Weise z.B. unter Einschaltung von Neoprenlagern oder Stahlplatten, aber ohne Durchführung der Bewehrung ausgebildet wurden.

Das Problem solcher Stumpfstöße ist vordergründig, daß sie nicht nur nicht biegesteif sind, sondern daß im Stoßbereich der Stahl auch für die Aufnahme der Normalkraft fehlt. Generell ist man im Skelettbau bemüht, die Stützenabmessungen durch möglichst viele Geschosse beizubehalten. Das hat zur Folge, daß ein bestimmter Stützenquerschnitt am oberen Ende nicht ausgenutzt, d.h., gering bewehrt oder nur mit der Mindestbewehrung versehen ist, während seine Bewehrung der zunehmenden Belastung wegen am unteren Ende den zulässigen Grenzwerten – normal 6% – zustrebt. Das Stoßen hochbewehrter Stützen ist also notwendig, wenn häufiger Querschnittswechsel vermieden werden soll.

Es ist, gestützt auf theoretische Überlegungen, in verschiedener Weise versucht worden, den Stoßbereich in Querrichtung so zu verstärken, daß er die erhöhte Belastung aufzunehmen vermag. Ausreichende experimentelle Bestätigung solcher Überlegungen steht aber noch aus, was um so schwerwiegender ist, als sich im Bereich eines solchen Stoßes sowohl bezüglich der Beanspruchungshöhe als auch bezüglich des Werkstoffverhaltens komplizierte und rechnerisch schwer erfaßbare Vorgänge abspielen.

Das Bundesministerium für Raumordnung, Bauwesen und Städtebau und der Hauptverband der Deutschen Bauindustrie e.V. haben deshalb gemeinsam ein Forschungsvorhaben in Auftrag gegeben, mit dessen Hilfe experimentelle Grundlagen für Bemessung und Ausführung von stumpfgestoßenen Stahlbetonfertigteilstützen geschaffen werden sollten. Im Rahmen dieses Forschungsvorhaben wurden 1975 bis 1977 am Institut für Baustoffkunde und Stahlbetonbau der TU Braunschweig unter beratender Mitwirkung der Herren Dr. BOEDEKER und KLINKERT 40 Großversuche mit Stützenstößen durchgeführt, über die im folgenden berichtet wird.

2 Problemstellung

Beim Kontaktstoß von Fertigteilstützen treten folgende Probleme auf:

1. Infolge Unterbrechung der Längsbewehrung muß der Beton in Fugennähe die gesamte Stützenlast, also auch den Stahlanteil, mit übernehmen. In diesem Be-

reich tritt also eine Überlastung des eigentlichen Betonquerschnitts ein.

2. Die im ungestörten Stützenbereich von der Bewehrung übernommenen Lastanteile können im Fugenbereich nur sehr begrenzt über Spitzenwiderstand, d.h., in ihrer ursprünglichen Wirkungslinie übertragen werden. Überwiegend wird der Traganteil des Stahles über Haftung an den Beton abgegeben und von diesem in der Fuge mehr oder weniger verteilt übertragen. Die dabei auftretende Kraftumlenkung erzeugt Querzugspannungen.

3. Die unbehinderte Querdehnungsfähigkeit des Fugenmörtels am Fugenrand bedingt, daß dieser Bereich sich gegen die zu übertragenden Längskräfte weicher verhält als das Innere der Fuge. Dadurch und erst recht durch Abplatzen des Fugenmörtels am Fugenrand vor Erreichen der Bruchlast wird eine Spannungskonzentration im Inneren der Fuge herbeigeführt, die sich als Teilflächenbelastung auswirkt und ebenfalls zu Querzugspannungen führt.

4. Das unterschiedliche Querdehnungsverhalten von Stützenbeton und Fugenmörtel erzeugt zwar im Fugenmörtel einen dreiachsigen Druckspannungszustand, in den kontaktierenden Stützenenden jedoch Querzugspannungen.

Einerseits müssen also die in den vorstehenden Ziffern 2, 3 und 4 beschriebenen Querzugspannungen in den Stützenendbereichen aufgenommen werden können, andererseits müssen Stützenenden und Mörtelfuge dazu befähigt werden, die um den Stahlanteil erhöhte Last zu übertragen. Über die Tragfähigkeit solcher stumpfgestoßener Stützenelemente liegen bisher nur wenige Erfahrungen vor (z.B. [4] bis [8]). Die Frage ist, ob die erhöhte Beanspruchung im Fugenbereich durch eine verstärkte Querbewehrung aufgenommen werden kann und wie diese ggf. zu bemessen ist bzw. ob und welche Traglastminderungen gegenüber dem ungestörten Bereich eintreten. Sie soll durch die im folgenden beschriebenen Untersuchungen beantwortet werden.

3 Überblick über bisherige Untersuchungen

In der Literatur sind es insbesondere drei Themenkreise, die die hier anstehende Problematik berühren, nämlich:

1. Untersuchungen, die sich mit der Belastbarkeit der Mörtelfuge befassen,

2. Untersuchungen mit Mörtelfugen zwischen längsbewehrten Stahlbetonstützen,

3. Untersuchungen, die sich mit der Erhöhung der Traglast von Betonkörpern durch eine Querbewehrung befassen.

Darüber wird im folgenden berichtet.

3.1 Untersuchungen zur Erfassung der Belastbarkeit von Mörtelfugen

3.1.1 Versuche von v. HALÁSZ und TANTOW über die Ausbildung von Fugen im Großtafelbau [1]

Die Autoren haben das Verhalten von Mörtelfugen verschiedener Dicke und verschiedener seitlicher Ausdehnung studiert, wobei diese zwischen zwei steifen Stahlplatten eingebettet waren. Untersucht wurden die Fugendicken $d_m = 1,5$ cm und $d_m = 3,0$ cm und die Fugenausdehnungen 10/10, 14/14, 14/40 und 18/18 cm. Der verwendete Fugenmörtel hatte eine mittlere Würfelfestigkeit von $\beta_{W28} = 26,8$ N/mm^2.

Die Versuche ergaben:

- Die Bruchspannung der Mörtelfuge wächst, wenn deren Dicke abnimmt.
- Die Bruchspannung und die Steifigkeit ergab sich bei kleinerer Fugenausdehnung größer, als bei größerer Fugenausdehnung, insbesondere gilt dies bei größerer Fugendicke.
- Die Bruchspannung des Fugenmörtels erreichte den doppelten bis dreifachen Wert der Würfelfestigkeit.

3.1.2 Versuche des Instituts TNO voor Bouwmaterialen en Bouwconstructies, Delft [2]

In Delft wurden Mörtel- bzw. Sandfugen zwischen unbewehrten bzw. bewehrten Prismen und zwischen Stahlplatten unter jeweils zentrischer Last untersucht. Die Kurve 1 in Bild 1 läßt das Verhalten der Mörtelfugen zwischen Stahlplatten erkennen, das sich weitgehend mit den Untersuchungsergebnissen von v. HALÁSZ/TANTOW deckt. Die Kurve 3 zeigt die Festigkeit der Mörtelfuge zwischen Betonprismen in Abhängigkeit von ihrer relativen Dicke. Daraus ist ersichtlich, daß bei $d/d_m = 10$ die Säule mit Mörtelfuge dieselbe Festigkeit erreicht, wie die monolithische Säule ohne Mörtelfuge, sofern $\beta_{W28,m}/\beta_{W28,b} \geqq 0,33$ ist.

Sowohl die Delfter Versuche als auch die Versuche von v. HALÁSZ und TANTOW haben weiter ergeben, daß die

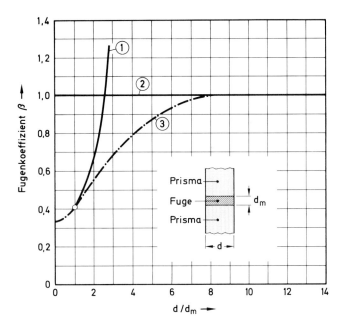

① Fuge zwischen Stahlplatten

② Festigkeit des monolithischen Prismas

③ Fuge zwischen Betonprismen,wobei die Fugenqualität gleich einem Drittel der Prismenfestigkeit ist

$$\text{Fugenkoeffizient } \beta = \frac{\text{Festigkeit der Anordnung Prisma-Fuge-Prisma}}{\text{Festigkeit des monolithischen Prismas}}$$

Bild 1
Versuche des Instituts TNO, Delft [2]:
Abhängigkeit der Festigkeit einer Fugenverbindung
von der relativen Fugendicke d/d_m

Mörtelfuge bei steigender Belastung am Rand ausgequetscht wird. Einerseits führt ja die größere Querdehnung des Mörtels dazu, daß er sich stärker ausdehnt als der anschließende Beton der Prismen. Andererseits hat der Mörtel am Rand der Fuge die Möglichkeit seitlich auszuweichen, was im Inneren der Fuge aufgrund einer sich in der Mörtelschicht ausbildenden Gewölbewirkung nicht möglich ist. Das wird besonders deutlich an den mit angefeuchtetem Sand als Fugenmaterial durchgeführten Versuchen. Selbst mit Sand anstelle von Mörtel ließen sich beachtliche Tragfähigkeiten erreichen, wobei aber der Sandinhalt des jeweils äußeren Fugenbereichs in der Breite von ca. $2{,}5\,d_m$ seitlich ausgequetscht wurde. Dies führt zu einer Konzentration der Last im Inneren des Querschnittes. Die größere Querdehnung des Mörtels bzw. des Sandes wird allerdings durch Reibungskräfte in den Kontaktfugen behindert, die auch die

vorerwähnte Gewölbewirkung herbeiführen. Der Fugenmörtel gerät in einen dreiachsigen Druckspannungszustand, der seine Tragfähigkeit wesentlich erhöht. Andererseits wird die zugehörige Aktio in Form von Querzugkräften in die die Fuge begrenzenden Kontaktflächen der Prismen bzw. der Stahlplatten eingeleitet. Diese Querzugkräfte müssen um so größer sein, je größer die Dicke der Mörtelschicht ist. Je geringer die Nachgiebigkeit der Begrenzungsbauteile in Querrichtung ist, um so höher muß der Querdruck in der Mörtelfuge und daher ihre Tragfähigkeit werden, wohingegen dieser Querdruck in den Begrenzungsbauteilen entsprechend große Querzugkräfte hervorruft. In den angrenzenden Prismen überlagern sich die quergerichteten Kräfte aus Teilflächenbelastung und Mörtelquerdehnung.

3.1.3 *Untersuchung von GRASSER und DASCHNER* [3]

GRASSER und DASCHNER haben sowohl selbst Versuche mit Mörtelfugen zwischen Betonprismen durchgeführt, als auch Versuchsergebnisse anderer mit ausgewertet. Ihre Arbeiten resultierten in einer Formel, die die zulässige Spannung in Mörtelfugen in Abhängigkeit von dem Dickenverhältnis d_m/d und den Würfelfestigkeiten sowohl für den Stützenbeton $\beta_{W,b}$ als auch für den Fugenmörtel $\beta_{W,m}$ angibt:

$$\text{zul } \sigma_m = \frac{1}{3}\left[\beta_{w,b} + 5 \cdot (\beta_{w,m} - \beta_{w,b}) \cdot \left(\frac{d_m}{d}\right)^2\right]. \qquad (1)$$

Die Mörtelfuge führt danach bei sehr geringer Fugendicke zu keiner Festigkeitsminderung (die Festigkeit der Prismen wurde im Versuch erreicht) und das auch dann, wenn der Fugenmörtel nur geringe Eigenfestigkeit besaß.

3.1.4 *Versuche von HAHN und HORNUNG* [4]

HAHN und HORNUNG haben Versuche durchgeführt mit Mörtelfugen und Betonprismen, wobei erstere teilweise eingeschnürt und letztere teilweise querbewehrt waren. Die Güte des Fugenmörtels wurde verändert, die Prismen hatten einheitlich die Betongüte B 55.
Bei einer Fugendicke von 3,6 bzw. 4,0 cm wurde bei geringer Mörtelgüte beim Bruch nur etwa die Halbe Festigkeit der Betonprismen erreicht. Eine Querbewehrung erlaubte aber bereits bei geringer Mörtelgüte eine wesentliche Laststeigerung. Besonders hohe Pressungen

240

wurden bei hochwertigem Mörtel und Querbewehrung erreicht. Die Forscher empfehlen die Bemessung der Querbewehrung nach der Beziehung

$$\text{erf } A_{sq} = \frac{0{,}15 \cdot \text{rechn } F_{0,u}}{\beta_s}. \qquad (2)$$

3.2 Versuche mit Mörtelfugen zwischen längsbewehrten Stahlbetonstützen

3.2.1 Versuche von BECK, HENZEL und NICOLAY [5]

BECK, HENZEL und NICOLAY berichten über die Tragfähigkeit stumpfgestoßener Fertigteilstützen. Untersucht wurde:

1. Der Tragfähigkeitsabfall in Abhängigkeit von Fugendicke, Bewehrungsgrad der Längsbewehrung und Betongüte im Vergleich zur ungestoßenen Stütze bei einem Längsbewehrungsgehalt μ_l von 2,71% bzw. 5,42%.
2. Die Auswirkung einer zusätzlichen Mattenbewehrung in den Säulen im Fugenbereich bei $\mu_l = 2{,}71\%$ und 5,42%.

Die Ergebnisse dieser Versuche gehen aus Bild 2 hervor. Die Diagramme auf Bild 2 oben lassen den auf den rechnerischen Lastanteil der Bewehrung F_s bezogenen Abfall der Säulentragfähigkeit in Abhängigkeit von Betongüte, Bewehrungsgrad und Fugendicke erkennen. Er ist bei hoher Betongüte vergleichsweise klein und fällt bemerkenswerterweise unterhalb einer Fugendicke von 3 cm nur noch geringfügig ab (der Endwert 0 entspricht der Säule ohne Fuge, der Anfangswert 1 entspricht der Traglast eines Betonprismas).

Die Diagramme auf Bild 2 unten zeigen die Auswirkung einer Querbewehrung in den Stützen im Bereich um die Fugen. Verwendet wurden eine, zwei oder drei Lagen (Baustahlmatten) mit $A_{s,x} = A_{s,y} = 2$ cm² bzw. 3 cm² pro Lage. Es wurden zwei Serien mit unterschiedlicher Materialgüte, nämlich

$$\beta_{W,b} = 58 \text{ N/mm}^2, \beta_{W,m} = 44{,}2 \text{ N/mm}^2$$

und

$$\beta_{W,b} = 41{,}5 \text{ N/mm}^2, \beta_{W,m} = 21{,}3 \text{ N/mm}^2$$

untersucht. Die Diagramme lassen erkennen, daß bei hoher Betongüte drei Lagen von Bewehrungsmatten sowohl bei geringem als auch bei hohem Längsbeweh-

rungsgrad die volle Last der ungestoßenen Stütze zu erreichen erlauben. Hierbei entsprach der Stabendabstand der Längsbewehrung allerdings der Mörtelfugendicke von einheitlich $d_m = 3$ cm.
Erwähnenswert ist auch die Beschreibung des Bruchverhaltens:

- Bei fehlender Querbewehrung traten unmittelbar vor dem Bruch Risse über den Eckstäben auf,
  die über den Bewehrungsstäben liegende äußere Betonschale platzte ab, und
  der einzige über der Fuge liegende Bügel mit einer Schenkellänge Überdeckung und Hakenverankerung öffnete sich.

- Bei Vorhandensein von zwei bzw. drei Lagen Mattenbewehrung platzte bei etwa 0,8facher Bruchlast der Fugenmörtel am Rand aus, ohne daß Risse bzw. Abplatzungen an der Stütze auftraten.
  Die Schweißverbindungen an der Netzbewehrung hielten stand, auch wenn nur eine Lage zur Anwendung kam.

Diese Versuchsreihe zeigt, daß es möglich ist, bei stumpf und mit Mörtelfuge gestoßenen Stahlbetonstützen die volle Traglast zu erreichen, wenn hochwertiger Fugenmörtel und eine geeignete und entsprechend bemessene Querbewehrung verwendet werden.

3.2.2 Versuche von v. HALÁSZ und BOHLE [6]

VON HALÁSZ und BOHLE haben ebenfalls Stöße in bewehrten Stützen untersucht. Dabei wurde bei etwa gleichbleibender Güte von Mörtel und Beton ($\beta_{W,b} = 64 \text{ N/mm}^2$, $\beta_{W,m} = 42$ N/mm²) und konstanter Längsbewehrung ($\mu_l = 6{,}14\%$) der Einfluß eines unterschiedlichen Querbewehrungsgehaltes zu erfassen versucht. Die Fugendicke betrug nur 1 cm, der Stabendabstand der Längsstäbe voneinander 3 cm. Die Fuge wurde mit einem Spezialmörtel durch Injektion von oben her durch das Stützeninnere geschlossen.

An solchen Fugen wurde auch der zusätzliche Einfluß eines „Kragens" aus T-Stahl untersucht, der um die Mörtelfugen herumgelegt war.

Auch hier hat sich ergeben, daß mit Hilfe hochwertigen Fugenmörtels und angemessener Querbewehrung eine wesentliche Tragfähigkeitssteigerung der Fuge erreicht werden kann (s. Bild 3).

Bedeutend war der Lastanstieg, der durch den zusätzlichen Stahlkragen – wie er ja vor allem in den Ostblockstaaten verwendet wird – erreicht werden kann.

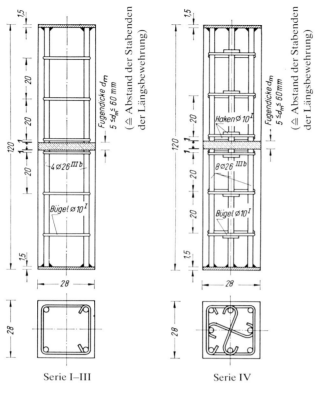

Serie I–III

Serie IV

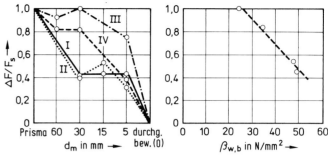

Abfall des bezogenen Stahltraganteils $\Delta F/F_s$ in Abhängigkeit von der Fugendicke

Maximaler Abfall des bezogenen Stahltraganteils $\Delta F/F_s$ in Abhängigkeit von der Betonfestigkeit

$$\Delta F = F_{0,u} - F_u, \quad F_s = F_{0,u} - F_{p,u}$$

Serie I: $\mu_l = 2{,}71\%$, $\beta_{w,b}^{20} = 49{,}6 \text{ N/mm}^2$, Fuge durchbetoniert
Serie II: $\mu_l = 2{,}71\%$, $\beta_{w,b}^{20} = 47{,}3 \text{ N/mm}^2$, $\beta_{w,m}^{10} = 56{,}4 \text{ N/mm}^2$
Serie III: $\mu_l = 2{,}71\%$, $\beta_{w,b}^{20} = 22{,}3 \text{ N/mm}^2$, $\beta_{w,m}^{10} = 22{,}1 \text{ N/mm}^2$
Serie IV: $\mu_l = 5{,}42\%$, $\beta_{w,b}^{20} = 34{,}0 \text{ N/mm}^2$, $\beta_{w,m}^{10} = 38{,}5 \text{ N/mm}^2$

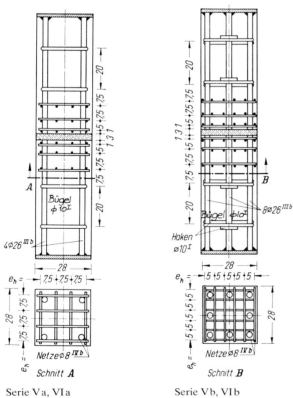

Serie Va, VIa
$A_{s,x} = A_{s,y} = 2{,}0 \text{ cm}^2/\text{Lage}$

Serie Vb, VIb
$A_{s,x} = A_{s,y} = 3{,}0 \text{ cm}^2/\text{Lage}$

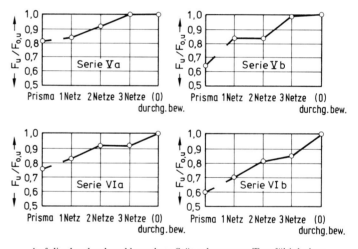

Auf die durchgehend bewehrte Stütze bezogene Tragfähigkeiten.
Fugenstärke 3 cm $\triangleq$ Abstand der Stabenden der Längsbewehrung

Serie Va: $\mu_l = 2{,}71\%$ $\Big\}$ $\beta_{w,b}^{20} = 58 \text{ N/mm}^2$, $\beta_{w,m}^{10} = 44{,}2 \text{ N/mm}^2$
Serie Vb: $\mu_l = 5{,}42\%$
Serie VIa: $\mu_l = 2{,}71\%$ $\Big\}$ $\beta_{w,b}^{20} = 41{,}5 \text{ N/mm}^2$, $\beta_{w,m}^{10} = 21{,}3 \text{ N/mm}^2$
Serie VIb: $\mu_l = 5{,}42\%$

Bild 2
Versuche von BECK, HENZEL und NICOLAY [5]:
Ausbildung der Versuchskörper und Versuchsergebnisse

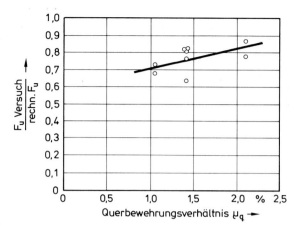

Einfluß des Querbewehrungsverhältnisses auf die Tragfähigkeit von stumpfgestoßenen Fertigteilstützen.

rechn. $F_U = (A_b - A_s) \cdot 0,82\,\beta_{W,b} + A_s \cdot \beta_S$

Längsbewehrung: $\mu_l = 6,14\%$
Betonfestigkeit: Mittelwert $\beta_{W,b} = 62,4\,\text{N/mm}^2$
Mörtelfestigkeit: Mittelwert $\beta_{W,m} = 41,2\,\text{N/mm}^2$

Bild 3
Versuche von v. HALÁSZ und BOHLE [6]

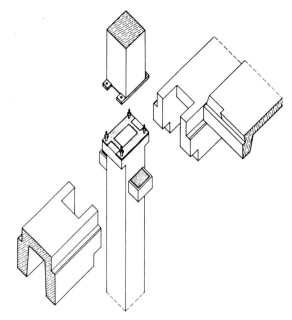

Knotenpunkt des „Darmstädter Systems"

3.2.3 Versuche von WEIGLER/NICOLAY und ZIMMERMANN/DIETERLE

WEIGLER/NICOLAY [7] und ZIMMERMANN/DIETERLE [8] berichten über Versuche am sogenannten „Darmstädter Stoß" (s. Bild 4).

Hier sind beide in der Stoßfuge zusammentreffenden Stützenenden mit Stahlblechen „bewehrt". Außerdem war eine Querbewehrung aus quadratischen Wendeln und lotrecht stehenden Steckbügeln vorhanden, über deren Bemessung BRANDT und SCHÄFER in [9] Angaben gemacht haben.

1. Versuche von WEIGLER/NICOLAY

   Untersucht wurden Stützen mit einem Längsbewehrungsgehalt von 5,8% und den Materialgüten $\beta_{W,b} = 57,9\,\text{N/mm}^2$ und $\beta_{W,m} = 34,3\,\text{N/mm}^2$ sowie $\beta_{W,b} = 61,8\,\text{N/mm}^2$ und $\beta_{W,m} = 50,0\,\text{N/mm}^2$ für die gestoßenen Prüfkörper und für die durchgehend bewehrte Stütze $\beta_{W,b} = 59,9\,\text{N/mm}^2$.

   Die Bruchlasten ergaben im ersten Fall ($\beta_{W,m} = 34,3$ N/mm^2) 88%, im zweiten Fall 97% der Bruchlast einer zum Vergleich durchgehend bewehrten Stütze mit $\beta_{W,b} = 59,9\,\text{N/mm}^2$.

2. Versuche von ZIMMERMANN/DIETERLE

   Die entsprechenden Daten waren hier: $\mu_l = 4,52\%$, $\beta_{W,b} = 59,8\,\text{N/mm}^2$, $\beta_{W,m} = 57,7\,\text{N/mm}^2$. Untersucht wurden nur gestoßene Stützen.

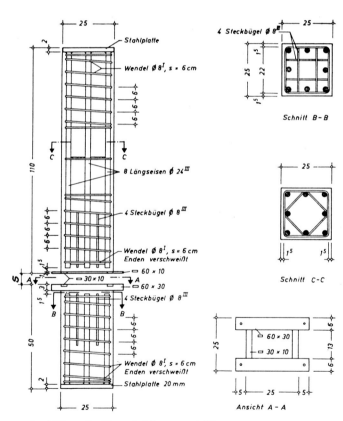

Ausbildung des Versuchskörpers nach [7]

Bild 4
Stützenstoß nach dem „Darmstädter System"

243

Unter der Höchstlast der Druckpresse von 10 000 kN, das entsprach 1,03facher rechnerischer Bruchlast nach DIN 1045, Ausgabe 11/1959, konnten im Fugenbereich keinerlei Risse oder sonstige Schäden festgestellt werden.

So wie die Versuchsergebnisse interpretiert wurden, ist es danach bei dieser Stoßausbildung bei einer Stütze aus B 60 mit einem Bewehrungsgehalt μ_l von 4,5% bis 6% und einem Fugenbeton der Güte B 45 möglich gewesen, die volle Gebrauchslast nach DIN 1045, Ausgabe 11/1959, das entspricht ungefähr 86% der Gebrauchslast nach DIN 1045, Ausgabe 12/1978, durch die Fuge zu übertragen. Dabei hat wohl auch das Vorhandensein der beiden ebenen Stahlblechrahmen durch die von ihnen ausgehende „Kragenwirkung" günstigen Einfluß gehabt.

3.2.4 Zusammenfassung der Ergebnisse der angeführten Versuche

Über die Versuche mit Mörtelfugen zwischen längsbewehrten Stahlbetonstützen kann zusammenfassend gesagt werden:

1. Die volle Belastbarkeit von Stütze bzw. Stoß konnte nur erreicht werden bei höchstwertigem Beton B 55 und einem Fugenmörtel der Güteklasse ≥ B 45, wenn gleichzeitig eine wirkungsvolle Querdehnungsbehinderung des Stoßbereiches durch Baustahlmatten (Versuche von BECK u. a., Prüfkörper mit dreilagiger Netzbewehrung) oder durch „Stahlkragen" (Versuche von v. HALÁSZ/BOHLE, Prüfkörper mit Kragen aus T-Profilen, Versuche von WEIGLER/NICOLAY, Prüfkörper mit ebenen Stahlblechrahmen) erfolgte.

In allen anderen Fällen ergaben die Versuche nicht die volle Belastbarkeit der Stütze. Als diese wurde entweder die an durchgehend bewehrten Prüfkörpern ermittelte Bruchlast oder der Rechenwert für den ungestoßenen Bereich nach der Formel

$$\text{rechn. } F_{0,u} = (A_b - A_{sl}) \cdot \beta_p \xi + A_{sl} \cdot \beta_s \qquad (3)$$

angesehen, worin ξ ein Faktor zur Berücksichtigung der Versuchsdauer ist [34].

Dabei ist bewußt von der Prismenfestigkeit β_p (Mittelwert der eigenen Versuche $\beta_p = 0,82 \, \beta_{W,b}$) ausgegangen, d.h., mit Rücksicht auf die Kurzzeitbeanspruchung im Versuch ist lediglich die Abminderung der Mörtelfestigkeit auf die Prismenfestigkeit vorgenommen worden.

2. Ein Vergleich der Versuche, die eine Querbewehrung aus Bügeln bzw. aus Baustahlmatten erhielten, zeigt, daß der Traglastabfall bei Verwendung von Matten wesentlich geringer ausfällt als bei Bügeln. Für die Prüfkörper mit einer Querbewehrung aus Baustahlmatten ergaben sich Verhältniswerte $F_u / F_{0,u}$, die i. M. um 25% oberhalb der Werte für bügelbewehrte Stützen lagen.

3.3 Traglasterhöhung von Betonkörpern durch Querbewehrung

Der Überlastung des Betons im Fugenbereich, bedingt dadurch, daß hier der Lastanteil des Stahls zusätzlich aufgenommen werden muß, kann durch Behinderung der Querdehnung, z.B. durch eine Umschnürung, entgegengewirkt werden, wie das in ähnlicher Weise bei umschnürten Säulen zur Steigerung der Belastbarkeit des Betons geschieht.

3.3.1 Versuche von WURM und DASCHNER [13]

WURM und DASCHNER untersuchten den Einfluß einer Querbewehrung auf das Trag- und Verformungsverhalten von Betonprismen unter Teilflächenbelastung. Der überwiegende Teil der Probekörper besaß eine Querbewehrung aus Wendeln. Untersucht wurden aber auch Querbewehrungen aus Schlaufen, Gittern und Matten. Zur Einleitung und Zentrierung der Last wurde eine 30 mm dicke Stahlplatte verwendet.

Die Versuche zeigten, daß vor allem mit Wendeln und Baustahlmatten besonders wirkungsvolle Querdehnungsbehinderungen und damit verbundene Laststeigerungen zu erzielen sind. Dabei wurden in der Teilfläche $A_1 = A_{st}/4$ Bruchpressungen bis zum dreifachen Wert der Würfeldruckfestigkeit gemessen.

Die wichtigsten Erkenntnisse aus den Versuchsergebnissen waren:

1. Bei annähernd gleicher Stahlmenge im Lastausbreitungsbereich und annähernd gleichem Bewehrungsbereich stellte sich die Wendel als die günstigste Bewehrungsform heraus, wobei die KARI-Matte ein gleichwertiger Ersatz zu sein scheint (die Einschränkung bei der KARI-Matte erfolgt, weil nur drei Prüfkörper diese Querbewehrung enthielten.). Bewehrungsgitter und Schlaufen erreichten ungefähr 90%, Bügel ungefähr 75% der Bruchlast der wendelbewehrten Körper.

244

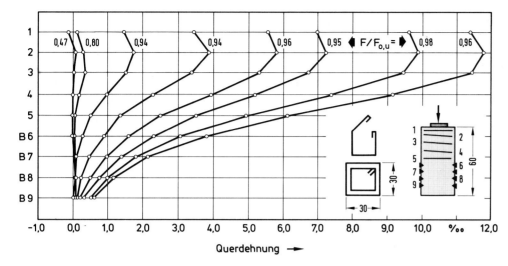

$B \triangleq$ Meßstelle auf dem Beton;
ohne Symbol: Meßstelle auf dem Stahl

Versuch III^F:
Bewehrung: Bügel $\varnothing$ 12 BSt 240/320,
$a = 6{,}0$ cm, $i_w = 27$ cm

Bild 5
Versuche von WURM und DASCHNER
[13]:
Verteilung der Querdehnung über die
Probekörperhöhe
bei verschiedenen Belastungsgraden
$F/F_{0,u}$

Querdehnung →

2. Die Rißlast ergab sich als weitgehend unabhängig von der Bewehrungsform und der Stahlgüte. Mit Ausnahme der bügelbewehrten Prüfkörper ließen sich jedoch noch Laststeigerungen erreichen, die im Mittel um 50% oberhalb der Rißlast lagen.

3. Besonders die oberste Bewehrungslage, i. M. ca. 2 cm unterhalb der Lastplatte, wies beträchtliche Dehnungen auf (s. Bild 5), obwohl dort nach der Elastizitätstheorie überwiegend Druckspannungen zu erwarten wären.

4. Dauerstandsversuche ergaben, daß für die bewehrten Körper ein Abminderungsfaktor von 0,8, der die Verminderung der Druckfestigkeit unter hoher und dauernd einwirkender Last berücksichtigt, ausreichend ist. Der gleiche Faktor gilt bekanntermaßen auch für den unbewehrten, vollflächig belasteten Beton.

3.3.2 Versuche von WEIGLER und HENZEL [10]

WEIGLER und HENZEL untersuchten den Einfluß einer netzförmigen Querbewehrung auf die Tragfähigkeit von ungestoßenen Betonsäulen. Für den Großteil der Versuche wurde eine Querbewehrung aus Baustahlmatten gewählt. In einigen wenigen Fällen wurde das Netz aus sich kreuzenden, nicht verschweißten Rundstäben (BSt 500/550 RK, 420/500 RK und 240/320 GU) gebildet.
Die Versuche zeigten, daß bei quadratischen Säulen mit einer mehrlagigen Netzbewehrung eine wirkungsvolle Querdehnungsbehinderung und eine damit verbundene Laststeigerung erreichbar ist. Bei sinngemäßer Anwendung der in DIN 1045 angegebenen Gl. (7) auf die

Querbewehrung aus Baustahlmatten bei einer quadratischen Säule ist es damit möglich, die durch die Querbewehrung bedingte Laststeigerung abzuschätzen.
Die wesentlichen Erkenntnisse der von WEIGLER/HENZEL durchgeführten Untersuchungen waren:

1. Die größte Tragfähigkeitssteigerung ergab sich bei einer Querbewehrung, bestehend aus Baustahlmatten aus quergeripptem Stahl BSt 500/550 RK.

2. Mit enger werdendem Mattenabstand, dichterer Lage der Querstäbe und größerem Stahldurchmesser, mit anderen Worten, mit wachsendem und dichterem Bewehrungsquerschnitt steigt auch die Tragfähigkeit.

3. Die durch die Querbewehrung herbeigeführte Tragfähigkeitssteigerung nimmt bei geringer Querbewehrung mit wachsender Betongüte ab. Das wird damit zu begründen sein, daß die Querdehnungsfähigkeit des Betons mit wachsendem E-Modul abnimmt, so daß insbesondere bei höherwertigen Stählen deren Lastaufnahmevermögen nicht mehr voll mobilisiert werden kann (s. Bild 6).

4. Die im Versuch erzielten Traglasten zeigen bei den Festigkeitsklassen $\geqq$ B 25 im Bereich niedriger Querbewehrungsgehalte ($\mu_q < 1\%$) eine gute Übereinstimmung mit den Rechenwerten nach DIN 1045, Gl. (7). Bei größerem Querbewehrungsgehalt ergeben sich aus den Versuchen um 15% bis 20% höhere Traglasten (s. Bild 7).
Bei der Festigkeitsklasse B 15, bei der nach DIN 1045, Abs. 17.3.2 der traglaststeigernde Einfluß einer Umschnürung nicht in Rechnung gestellt werden darf, wird – weil hier im Nenner der Rechenwert

245

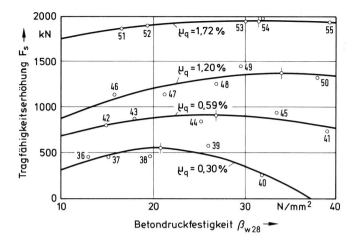

Bild 6
Mittlere Tragfähigkeitserhöhung F_s [kN] $= F_{0,u} - 0{,}7 \cdot \beta_{w28} \cdot F_b$
der mit BStM bewehrten Versuchskörper gegenüber einer Betonsäule ohne Querbewehrung.
($0{,}7 =$ an unbewehrten Versuchskörpern ermittelter mittlerer
Abminderungsfaktor der Würfeldruckfestigkeit
auf die Gestaltungsfestigkeit nach [10])

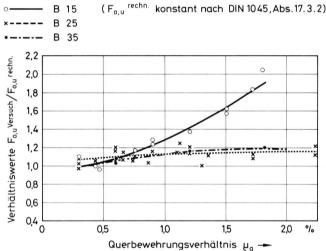

Bild 7
Gegenüberstellung der bei den Versuchen ermittelten
Bruchlasten mit den bei sinngemäßer Anwendung der Gl. (7)
in DIN 1045 nach [10] ($F_{0,u}^{rechn.} = A_b \cdot 0{,}82\,\beta_{w,b} + \gamma \cdot A_{s,w} \cdot \beta_{s,w} -$
$(A_b - A_k) \cdot 0{,}82\,\beta_{w,b}$)
errechneten Höchstlasten für B 25 und B 35
(nur Versuche mit Baustahlmatten aus BSt 500/550 RK
als Querbewehrung bei ungestoßenen Stützen)

ohne Berücksichtigung der Bewehrung stehen muß –
die absolute, auch bei B 15 – auftretende, durch die
Bewehrung herbeigeführte Traglaststeigerung besonders deutlich (vgl. Bild 7).

Auf die Schilderung weiterer Versuche bzw. Angaben im Schrifttum soll hier verzichtet werden, da daraus keine weiteren Erkenntnisse mehr gewonnen werden können. Bemerkenswert scheint allerdings noch der Hinweis auf „Stützenstöße" mit Epoxydharz-Mörtel [11]. In Rußland sind derartige Stützenstöße erfolgreich verwendet worden. Dabei wurde ein mit Epoxydharz verfüllter Hülsenstoß der Bewehrung angewendet und auch die Fuge selbst bei Fugendicken von 10–50 mm mit Epoxydharz-Mörtel gefüllt. Es wird dort erstaunlicherweise berichtet, daß Tests mit solchen Stößen im Brandversuch erfolgreich verliefen, obwohl bei Epoxydharzmörtel bereits bei geringen Temperaturen (70–100°C) beträchtliche Festigkeitseinbußen zu erwarten sind [12]. Allerdings wird in [11] empfohlen, einen Fugenverstrich von 30 mm Dicke mit Zementmörtel vorzusehen.

4 Theoretische Untersuchungen

Im in- und ausländischen Schrifttum gibt es zahlreiche Arbeiten, die sich mit Spaltzugspannungen bei Teilflächenbelastung bzw. im Bereich konzentrierter Lasteintragung befassen. Darum handelt es sich hier im Prinzip, da sowohl die Nachgiebigkeit des Fugenmörtels an den Fugenrändern als auch die Übertragung des normal in der Bewehrung konzentrierten Lastanteils im gesamten Fugenquerschnitt auf das o.a. Problem führt. Die Elastizitätstheorie liefert unmittelbar unter der Eintragungsstelle der konzentrierten Last Querdruckspannungen, weiter entfernt davon Querzugspannungen. Betrachtet man allerdings die Bereiche seitlich der Lasteintragung, so kehren sich dort die Spannungsverhältnisse um, d.h., neben der Lasteintragungsstelle herrschen am Querschnittsrand Querzugspannungen (z.B. [14], [15]). Insbesondere die Einleitung von Vorspannkräften ist genauer untersucht worden (z.B. [16]), und man erkennt auch hier, daß in der Nachbarschaft des Krafteinleitungsbereiches Querzug auftritt (s. Bild 8).
Zur Ermittlung der beim stumpfen Stoß von Betonfertigteilstützen mittels Mörtelfugen auftretenden Querzugspannungen stehen verschiedene Wege offen:
1. über ein Fachwerkmodell,
2. über ein Scheibenmodell und
3. mit Hilfe spannungsoptischer Untersuchungen.
Allen Verfahren ist gemeinsam, daß sie das räumliche Problem näherungsweise auf ein ebenes zurückführen,

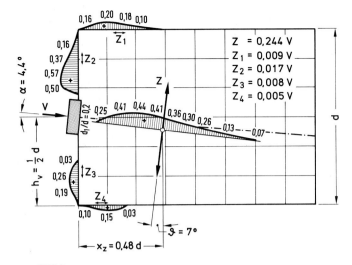

Bild 8
Größe der Querzugspannungen in der Lastachse und am Querschnittsrand bezogen auf $\sigma_0 = v/b \cdot d$ nach [16]

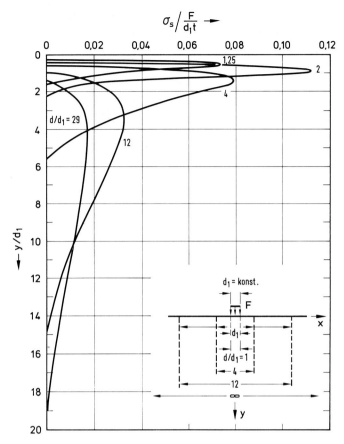

Bild 9
Bezogene Spaltzugspannung $\sigma_s/(F/d, t)$ in einer Scheibe der Dicke t
in Abhängigkeit vom Abstand y/d_1, von der Druckfläche und vom Lastkonzentrationsfaktor d/d_1 [23]

wobei beide Koordinatenrichtungen getrennt betrachtet werden. Lösungen für räumliche Erfassung von Spaltzugkräften existieren nur für Sonderfälle (z. B. [18]).

4.1 Modelle zur Ermittlung von Spaltzugkräften

Vor allem durch die Entwicklung des Spannbetonbaues wurde es erforderlich, sich genauer mit dem Problem der konzentrierten Lasteintragung in Konstruktionen zu befassen. Genannt seien hier die Arbeiten von GUYON [14], BARTSCH [20], SIEVERS [21] und IYENGAR [22], die das Problem rechnerisch untersuchten, und von SARGIOUS [16] und HILTSCHER/FLORIN [15], die spannungsoptische Untersuchungen durchführten. Bild 9 zeigt Größe und Verlauf der Spaltzugspannungen bei konzentrierter Lasteintragung und ebenem Beanspruchungszustand für verschiedene Verhältnisse d/d_1. Aus dem Diagramm ersieht man, daß sich dicht unter der Last ein ausgeprägtes Maximum der relativen Spaltzugspannung ausbildet.

Die Ergebnisse verschiedener Autoren hat LEONHARDT in [17] verglichen und gibt, basierend auf den Untersuchungen IYENGARS [22] und SARGIOUS [16], die Spaltzugkraft Z_s an zu (s. Diagramm Bild 10):

$$Z_s = 0,3 \cdot F \cdot (1 - d_1/d). \tag{4}$$

Die vorstehend angeführten Arbeiten ([14] bis [16], [19] bis [22]) gehen bei Ermittlung der Spaltzugspannungen bzw. -kräfte bei konzentrierter Lasteintragung

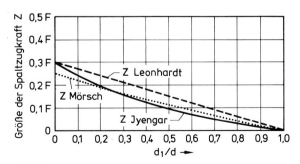

Bild 10
Größe von Spaltzugkräften bei ebener Teilflächenbelastung

247

von einer gleichförmigen Spannungsverteilung im ungestörten Bereich aus. Ist das Bauteil jedoch längsbewehrt, wie das bei Stützen der Fall ist, so ist die Annahme einer gleichförmigen Spannungsverteilung nicht mehr zutreffend, da die Stahlspannungen ein Vielfaches der Betonspannungen betragen. Den Querspannungen aus der Umlenkung bei Teilflächenbelastung sind daher quer gerichtete Spannungen aus der Krafteinleitung der Stahlkräfte in den Beton zu überlagern. Beim Stützenstoß können die Formeln von MÖRSCH und LEONHARDT somit nur für die Ermittlung der Spaltzugkräfte angewendet werden, die sich aus dem Anteil des Betons an der Gesamttraglast der Stütze ergeben.

Die in geringem Umfang vorhandene Literatur, die sich mit der Lasteintragung von Stahlkräften in den Beton bei Druckgliedern befaßt, behandelt entweder den Bewehrungsstoß ([24], [25]) oder den Kräftefluß bei Stützen, die auf ein querbewertes Bauteil stoßen ([26], [27]).

Die einzigen bekannten Arbeiten, die sowohl die Teilflächenbelastung als auch die Krafteinleitung aus den Stählen in den Beton berücksichtigen, sind die von BRANDT/SCHÄFER [9] und SACK [28].

Zur Ermittlung der Spaltzugkraft werden bei BRANDT/SCHÄFER [9] mehrere Gedankenmodelle miteinander verglichen:

1. Ein Scheibenmodell, bei dem der Lastanteil der Bewehrungsstäbe über Haftung und Scherkräfte an den umgebenden Beton abgegeben wird. Dieses Modell wurde mit Hilfe der Methode der finiten Elemente berechnet. Bild 11 zeigt ein auf diese Weise erhaltenes Spannungsbild. Interessant daran ist, daß die größten Hauptzugspannungen nicht in der Mittelachse des Querschnitts auftreten, sondern in den unteren Querschnittsecken etwa im Abstand von 1/5 d vom unteren und vom seitlichen Rand.

2. Zum Vergleich zogen BRANDT/SCHÄFER ein Ersatz-Scheibenmodell gemäß Bild 12 heran, bei dem die Kräfte als Gleichgewichtsgruppe am Scheibenrand angreifen. Der Angriff der $F^*/4$-Kräfte (F^* = Umlenkkräfte erzeugender Lastanteil: $F^* = F_s + F_M$) am Fugenrand stellt zwar eine Vereinfachung dar, wurde aber gewählt, weil aus der Literatur für diesen Belastungsfall verschiedene Näherungslösungen bekannt sind (z.B. [21], [29], [30]). Die Länge des Störbereiches wurde nach dem ST. VENANTschen Prinzip gleich der Stützenbreite gewählt.

Zur Berechnung der Querspannungen benutzten

248

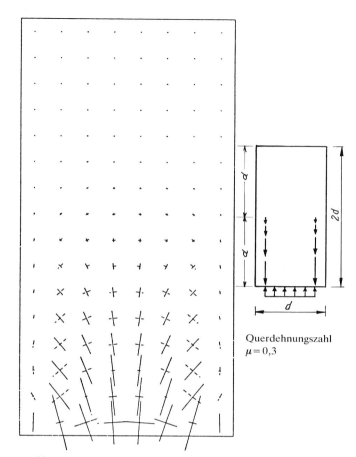

Querdehnungszahl
$\mu = 0,3$

Hauptspannungen im Lasteinleitungsbereich
——— Druck ————— Zug

Bild 11
Trajektorienverlauf beim Scheibenmodell nach [9]

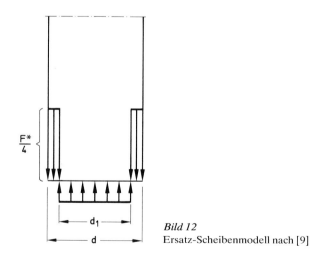

Bild 12
Ersatz-Scheibenmodell nach [9]

BRANDT/SCHÄFER die Lösung von SIEVERS [21] und [29], wobei sie die gegebene Belastung in zwei Teilbelastungen zerlegten.

Für den ungünstigsten Lastfall, den Grenzfall $F^*/4$ am äußeren Rand, erhält man nach Integration der Querspannungen über den Zugbereich die Spaltzugkraft:

$$Z_s = 0,147 \cdot F^*. \tag{5}$$

3. Als drittes Rechenverfahren benutzten BRANDT/SCHÄFER ein Fachwerkmodell.

Daraus erhält man die gesamte Spaltzugkraft zu

$$Z_s = 0,125 \cdot F^*. \tag{6}$$

Keines der bislang aufgeführten Rechenmodelle berücksichtigt bei der Ermittlung der Spaltzugkräfte die von den unterschiedlichen E-Moduli bei Mörtel und Beton herrührende größere Querdehnung des Fugenmörtels gegenüber dem Stützenbeton.

Spaltzugkräfte infolge Querdehnungsbehinderung der Mörtelfuge hängen ab von der unterschiedlichen Querdehnung von Beton und Mörtel. BASLER und WITTA [31] geben für die im Mörtel entstehende Querdruckspannung σ_y die folgende Beziehung an:

$$\sigma_y = \mu \cdot \sigma_x \cdot \left(1 - \frac{E_m}{E_b}\right) \approx 0,16\, \sigma_x. \tag{7}$$

Die Querdruckspannungen in der Mörtelfuge stehen im Gleichgewicht mit quergerichteten Zugspannungen in den benachbarten Bereichen der Säulenenden. Bei der Fugenbreite d, der Fugendicke d_m und σ_{ym} als Querdruckspannung im Mörtel ergibt sich die Querdruckkraft in der Mörtelfuge zu

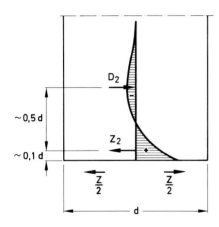

$$\frac{Z}{2} \cdot 0,6\, d \approx Z_2 \cdot 0,5\, d \longrightarrow Z_2 \approx 0,6\, Z$$
$$D_2 \approx 0,1\, Z$$

Bild 13
Querzugkraft infolge Mörtelquerdehnung

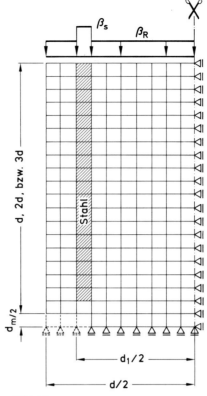

Bild 14
Scheibenmodell der eigenen Untersuchung (finite Elemente Modell) nach [28]

$$D = \sigma_{ym} \cdot d \cdot d_m \approx 0,16 \cdot \sigma_x \cdot d \cdot d_m. \tag{8}$$

Daraus ergibt sich die in die jeweiligen Stützenenden einfließende Spreizkraft zu

$$\frac{Z}{2} \approx \frac{1}{2} \cdot 0,16\, \sigma_x \cdot d \cdot d_m = 0,08 \cdot \sigma_x \cdot d \cdot d_m. \tag{9}$$

Dadurch wird die in Bild 13 dargestellte Spannungsverteilung im Stützenbereich hervorgerufen.

Eine eigene Untersuchung [28] des auch als eben betrachteten Problems mit Hilfe der Methode der finiten Elemente gestattete die Simulierung des Stahles einerseits und des Fugenmörtels andererseits durch Einführung verschiedener E-Moduli bei allerdings jeweils gleicher Querdehnzahl (s. Bild 14).

Die wesentlichsten Erkenntnisse aus dieser Arbeit waren: (s. Tabelle 1 und Bild 15):

1. Der Einfluß der Querdehnung des Mörtels ist bei durchgehender Mörtelfuge relativ groß. Im Vergleich zu einer mittleren Mörtelqualität ($E_m/E_b = 0,25$)

Tabelle 1
Untersuchung von SACK [28]: Ergebnisse

Modell	beispielhafte Spannungsverläufe der Querspannungen σ_y in der Stützenachse	$\dfrac{E_m}{E_b}$	B 25		B 45		Zugkraft nach dem Ersatzscheibenmodell von BRANDT/ SCHÄFER (Gl. (6))	
			resultierende Zugkraft Z [kN]	$\dfrac{Z}{F_{0,u}}$	resultierende Zugkraft Z [kN]	$\dfrac{Z}{F_{0,u}}$	B 25 [kN]	B 45 [kN]
	① $\frac{E_m}{E_b}=0{,}125$, B 25, B 45 ② $\frac{E_m}{E_b}=0{,}25$ B 25, B 45	0,125 0,25	11,57 9,63	0,0511 0,0425	11,46 9,47	0,0441 0,0364	23,52 $\dfrac{Z}{F_{0,u}}=$ 0,1039	$\dfrac{Z}{F_{0,u}}=$ 0,0905
	① B 45, $\frac{E_m}{E_b}=0{,}125$ ② B 25, $\frac{E_m}{E_b}=0{,}125$	0,125 0,25 0,50	27,12 25,02 22,64	0,1198 0,1105 0,1000	29,04 26,75 24,16	0,1117 0,1029 0,0930		
	① B 45, $\frac{E_m}{E_b}=0{,}125$ ② B 25, $\frac{E_m}{E_b}=0{,}125$	0,125 0,25	28,69 27,24	0,1267 0,1203	30,83 29,24	0,1186 0,1125	25,48 $\dfrac{Z}{F_{0,u}}=$ 0,1126	26,54 $\dfrac{Z}{F_{0,u}}=$ 0,1021

—— Spannungen σ_y in der Stützenachse

---- Außerhalb der Stützenachse liegen Querzugspannungen, wenn diese größer sind als in der Stützenachse

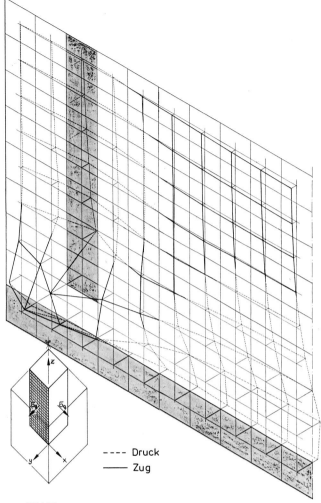

Bild 15
Untersuchung von SACK nach [28]:
Verlauf der Querspannungen bei voller Mörtelfuge

---- Druck
—— Zug

steigt die Spreizkraft bei schlechter Mörtelqualität ($E_m/E_b = 0,125$) um rund 20% an. Eine wesentlich kleinere Auswirkung der Mörtelgüte läßt sich bei teilweise ausgeplatztem Fugenmörtel feststellen. Dominierend wird in diesem Fall die Teilflächenbelastung: Die resultierenden Spaltzugkräfte erreichen dann die 2,5- bis 3fachen Werte gegenüber denen der vollen Fuge.

Bei der dünnen, ausgeplatzten Fuge ($d_m/d = 1/10$, $d_1/d = 0,8$) ergibt sich, bezogen auf eine mittlere Mörtelqualität ($E_m/E_b = 0,25$), der Einfluß der Mörtelgüte auf die Größe der Spaltzugkraft bei einem schlechten ($E_m/E_b = 0,125$) zu +10%, bei einem guten ($E_m/E_b = 0,5$) Mörtel zu −10%. Bei der dicken,

ausgeplatzten Fuge ($d_m/d = 1,5$, $d_1/d = 0,8$) ist dieser Einfluß nur noch rund 5%.

2. In allen Fällen traten bis zu einer Höhe von ungefähr 0,2 d von der Fuge aus die größten Querzugspannungen nicht in der Stützenachse, sondern sehr viel weiter zu den Stützenflanken hin auf, eine Feststellung, die auch schon an Hand der wiedergegebenen Trajektorienverläufe von BRANDT/SCHÄFER [9] (Bild 11) getroffen werden konnte. Die überhaupt größte Zugspannung wurde immer in unmittelbarer Umgebung der Stabenden der Längsbewehrung ermittelt, worauf bei Ausbildung der Querbewehrung Rücksicht genommen werden muß.

Das Auftreten hoher Spaltzugkräfte an den Stabenden ist zum einen auf den Spitzendruck unter den Längsstäben, zum anderen auf die Krafteinleitung der Stahlkräfte in den Beton zu erklären. So wurde der Anteil des Spitzendrucks an der Krafteinleitung bei der voll ausgefüllten Fuge zu etwa 25%, bei den ausgeplatzten Fugen zu etwa 10% ermittelt. Die Länge des Krafteinleitungsbereiches, bei welchem der Stahl etwa 90% seines Traganteiles aufgenommen hat, ergab sich zu ungefähr 8 d_s, wobei zum Stabende hin die größten Lastzuwachsraten zu verzeichnen waren.

Abschließend sei zu diesem Kapitel vermerkt, daß bislang noch mit keinem der Rechenmodelle der Einfluß einer Querbewehrung bzw. Umschnürung auf den inneren Spannungszustand erfaßt werden konnte.

4.2 Vergleich der Ergebnisse der Rechenmodelle

Ein Vergleich sämtlicher Rechenmodelle ist nur für Querschnitte mit einer gleichmäßigen Spannungsverteilung, d.h., also nur für den *Traganteil des Betons,* möglich. Um die aufgezeigten Lösungen miteinander vergleichen zu können, wird der Ansatz $d_1 = d - 2ü$ benutzt. Für die einzelnen Modelle ergibt sich dann die Spaltzugkraft wie folgt (s. Bild 16):

MÖRSCH [19]:

$$Z_S = 0,25 \cdot F \cdot \left(1 - \frac{d_1}{d}\right); \quad Z_S = 0,5 \cdot F \cdot \frac{ü}{d}.$$

LEONHARDT [17]:

$$Z_S = 0,3 \cdot F \cdot \left(1 - \frac{d_1}{d}\right); \quad Z_S = 0,6 \cdot F \cdot \frac{ü}{d}.$$

BRANDT/SCHÄFER [9], Ersatz-Scheibenmodell:

$$Z_s = \frac{1}{7} \cdot F_M \, ;$$

$$F_M = F - \frac{d_1^2}{d^2} \cdot F = F \cdot \left(1 - \frac{d_1^2}{d^2}\right) =$$

$$= 4 \cdot F \cdot \left[\frac{ü}{d} - \left(\frac{ü}{d}\right)^2\right] \, ;$$

$$Z_s = \frac{4}{7} \cdot F \cdot \left[\frac{ü}{d} - \left(\frac{ü}{d}\right)^2\right] \, .$$

BRANDT/SCHÄFER [9], Fachwerkmodell:

$$Z_s = \frac{1}{8} \cdot F_M \, ;$$

$$Z_s = 0,5 \cdot F \cdot \left[\frac{ü}{d} - \left(\frac{ü}{d}\right)^2\right] \, .$$

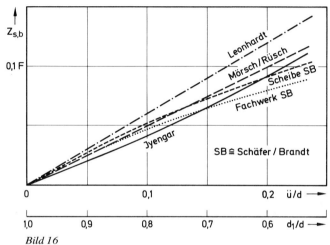

Bild 16
Größe von Spaltzugkräften $Z_{s,b}$ aus dem Betontraganteil
nach verschiedenen Autoren

Die Umsetzung der numerisch gefundenen Einzelergebnisse des eigenen Rechenmodells in einen einfachen, verallgemeinernden Formelansatz gelang bislang noch nicht. Die Ergebnisse können aber wohl dazu dienen, die Anwendbarkeit der anderen Lösungsansätze für den Stützenstoß zu überprüfen.

Setzt man die maximale Betonüberdeckung mit 4 cm an (das entspricht den Forderungen für die Feuerwiderstandsklasse F180 für Stützen) und weiter die minimale Stützenbreite mit 20 cm, so erhält man die obere Grenze für das in den vorstehenden Formeln auftretende Verhältnis $ü/d = 0,2$.

Für die Stützenstöße ist folglich der Bereich $0 < ü/d \le 0,2$ zu betrachten.

LEONHARDT [17] war vor allem zu einer Geraden-Gleichung gelangt, weil die Untersuchungen von IYENGAR [22] ergeben hatten, daß ein Teil der gefundenen Werte, nämlich die bei konzentrierter Lasteinleitung, über denen lagen, die nach der Gleichung von MÖRSCH [19] ermittelt wurden. Der nach IYENGAR für $d_1/d \approx 0$ geltende Wert wurde von LEONHARDT als Endpunkt seiner Geraden gewählt, die folglich im ganzen Bereich etwas höher als alle anderen Kurven liegt. Wie das Z-F-Diagramm von IYENGAR (s. Bild 10) zeigt, treten größere Werte als bei MÖRSCH erst bei $d_1/d < 0,2$ ($= ü/d = 0,4$) auf. Beim Stützenstoß gilt jedoch als untere Grenze für $d_1/d = 0,6$ ($\hat{=} ü/d = 0,2$).

Für $ü/d = 0,2$ wird nach den angeführten Gleichungen die jeweils folgende Spaltzugkraft errechnet:

MÖRSCH: $Z = 0,10 \ F$
LEONHARDT: $Z = 0,12 \ F$
BRANDT/SCHÄFER:
  Fachwerk: $Z = 0,08 \ F$
  Ersatzscheibe: $Z = 0,09 \ F$

Der Wert $ü/d = 0,2$ entspricht dem Verhältnis $d_1/d = 0,6$. Aus dem IYENGARschen Diagramm (Bild 10) wird an dieser Stelle für die Spaltzugkraft abgelesen: $Z \approx 0,09 \ F$. Da die Untersuchung von IYENGAR bislang wohl die genaueste war (vgl. die Arbeiten von HILTSCHER/FLORIN [18] und [23]), kann gefolgert werden, daß im Bereich $0,14 \le ü/d \le 0,20$ das Fachwerk von SCHÄFER und BRANDT zu kleine Werte, das Ersatz-Scheibenmodell dagegen recht genaue Werte liefert. Die Gleichung von MÖRSCH ergibt danach etwas zu hohe Ergebnisse. Bei Verhältnissen $ü/d < 0,14$ liegen die Rechenwerte aller hier erläuterten Modelle über den Werten von IYENGAR. Als rechnerischer Ausgangspunkt bzw. Vergleichsmaßstab für die Prüfkörper der eigenen Versuche wurde der Ansatz nach dem Ersatz-Scheibenmodell von BRANDT/SCHÄFER gewählt, weil

● er vor allem im oberen, für den Stützenstoß in Frage kommenden Bereich von $ü/d$ die beste Übereinstimmung mit den Werten von IYENGAR liefert,

● er außer dem Einfluß der Mörtelqualität sämtliche, Umlenkkräfte erzeugende Anteile berücksichtigt und

● sich bislang aus dem eigenen Rechenmodell kein allgemeiner Formelansatz ableiten ließ.

4.3 Querzugkräfte aus Aktivierung des dreiaxialen Druckspannungszustandes des Betons

Wie im 1. Abschnitt dieses Berichtes erläutert, tritt neben der erzwungenen Kraftumlenkung auch eine Überlastung des Betonquerschnitts im Stoßbereich auf. Die Aufnahme zusätzlicher Lasten durch den Beton ist aber nur möglich bei Ausbildung eines dreiaxialen Druckspannungszustandes. Erreichbar ist dies durch eine Behinderung der Querdehnung, ähnlich wie zur Erhöhung der Traglast bei wendelbewehrten Stützen.

Die auf die Längeneinheit der Stütze bezogene Zugkraft Z_w der Wendel ergibt sich zu:

$$Z_w = A_w \cdot \beta_s \cdot \frac{1}{a_w}, \tag{10}$$

worin

$$A_w = \frac{d_{sw}^2 \cdot \pi}{4} \tag{11}$$

ist.
Schreibt man für

$$V_w = \pi \cdot d_K \cdot A_w \cdot \frac{1}{a_w} \quad \text{(Volumen der Wendel)} \tag{12}$$

woraus folgt:

$$A_w = \frac{V_w \cdot a_w}{\pi \cdot d_K} \tag{13}$$

so ergibt das in die Gleichung (10) eingesetzt:

$$Z_w = \frac{V_w \cdot \beta_s}{\pi \cdot d_K} \tag{14}$$

bzw.

$$V_w = \frac{Z_w \cdot \pi \cdot d_K}{\beta_s}. \tag{15}$$

Gemäß DIN 1045 Gl. (7) gilt für den durch die Wendel aufnehmbaren Lastanteil ΔF:

$$\Delta F = \gamma \cdot V_w \cdot \beta_s = \gamma \cdot \beta_s \cdot \frac{Z_w \cdot \pi \cdot d_K}{\beta_s}. \tag{16}$$

Somit gilt:

$$Z_w = \frac{1}{\pi \cdot \gamma} \cdot \frac{\Delta F}{d_K}. \tag{17}$$

BRANDT/SCHÄFER [9] setzen statt dessen bei einer quadratischen Stütze:

$$Z_w = \frac{1}{2\gamma} \cdot \frac{\Delta F}{d_K} \approx 0{,}285 \frac{\Delta F}{d_K}. \tag{18}$$

Sie nehmen ferner für die Zunahme der Betonbelastung im Stoßbereich einen durch die Funktion

$$\frac{F(\xi)}{F^*} = 1 - \sqrt{\xi(2-\xi)} \quad \text{mit } \xi = \frac{x}{d}, \ 0 \leqq \xi \leqq 1 \tag{19}$$

(Kreisbogen) beschriebenen Verlauf an und erhalten dann durch Integration über diesen Bereich:

$$Z_\mu = 0{,}061 \ F^* \tag{20}$$

als Querzugkraft infolge behinderter Querdehnung aus örtlicher Überlastung des Betons.

5 Versuchsparameter und Versuchsprogramm

5.1 Versuchsparameter

Die Tragfähigkeit einer Mörtelfuge zwischen stumpfgestoßenen Fertigteilstützen kann von einer größeren Anzahl von Parametern beeinflußt werden. Tabelle 2 gibt einen Überblick über die in Betracht gezogenen Parameter. In ihr sind in den Spalten eins bis vier auch gleichzeitig die Varianten vorgestellt, die im Rahmen der Versuche untersucht wurden. Diesbezüglich wurden die folgenden Überlegungen angestellt:

1. Querschnittsgröße und Form der Stütze

   Ein Zusammenhang zwischen der spezifischen Belastbarkeit der Mörtelfuge und der Querschnittsgröße bzw. -form schien möglich:

   Je größer nämlich die Kantenlänge und damit die Querschnittsfläche der Stütze ist, um so größer wird das Verhältnis d/d_m bei gleichbleibender Dicke d_m der Mörtelfuge. Die bisherigen Versuche ließen erkennen, daß die Belastbarkeit der Mörtelfuge mit dem Verhältnis d/d_m ansteigt.

   Da der Fugenmörtel am Fugenrand auszuweichen vermag und sich dort folglich weicher verhält als im Querschnittskern, entsteht immer eine Art von Teilflächenbelastung. Je größer allerdings die Querschnittsfläche der Stütze, um so kleiner ist der Anteil der Randfläche, innerhalb derer sich der Mörtel der Last teilweise oder ganz entzieht. Der an der Kraftübertragung beteiligte Querschnittsanteil der Mörtelfuge wächst also mit wachsenden Stützenabmessungen.

   Bei größeren Querschnitten ist allerdings die Konzentration der Bewehrung an der Querschnittsperipherie größer als bei kleinen. Das bedingt größere

Tabelle 2
Versuchsparameter

Parameter		Varianten Nr.			
		1	2	3	4
1	Querschnittsformen b/d [cm]	28×28	20×40	35×35	
2	Betongüte B	B 35	B 55		
3	Mörtelgüte MG [N/mm²]	35	$\geqq 55$		
4	Mörtelfugendicke d_m [cm]	1	4		
5	Stahlspannung $\sigma_{s,u\,Bü}$ und Querbewehrung A_{sq} [mm²]	β_s	nach gemessenen Dehnungen		
6	Verbügelungsbereich $h_{Bü}$	8 d_s bis 20 d_s, zum Teil gestaffelt			
7	Endausbildung STE der Stähle	geschnitten	gesägt	ohne Spitzendruck	
8	Bügelform BF	Bügel A	Matte B	Wendel C	
9	Stababstand a_{Ste} [cm] $= 2\,a + d_m$	$2 \times 2 + 1 = 5$	$2 \times 2 + 4 = 8$	$2 \times 4 + 1 = 9$	$2 \times 4 + 4 = 12$
10	Längsbewehrungsgehalt μ_l	6 %	4 %		
11	Längsstabdurchmesser d_{sl} [mm]	22	28		
12	Querdehnungsbehinderung bzw. Ausplatzfähigkeit der Mörtelfuge	Fugenbewehrung	Stahlplatte		

Umlenkkräfte. Wenn, dann würde sich dieser Einfluß allerdings auch bei schlanken Rechteckquerschnitten bemerkbar machen müssen.

Von der Form des Stützenquerschnittes hängt auch die mögliche Form der Querbewehrung ab, die ihrerseits als Einflußgröße anzusehen ist.

Zur Erfassung des Einflusses der Querschnittsgröße wurden zwei Querschnitte in Quadratformen

$$A_1 = 28 \times 28 = 784 \text{ cm}^2$$

und

$$A_2 = 35 \times 35 = 1225 \text{ cm}^2 \approx 1,5\, A_1$$

und ein rechteckiger Querschnitt mit

$$A_3 = 20 \times 40 = 800 \text{ cm}^2 \approx A_1$$

untersucht.

2. Betongüte der Stütze

Je höher die Betongüte, um so geringer ist unter sonst gleichen Verhältnissen der relative Lastanteil der Bewehrung, um dessen Übertragung im Stoßbereich es geht. Höhere Betongüte ließ günstigere Ergebnisse erwarten und umgekehrt.

Andererseits haben bisherige Versuche erkennen lassen (z. B. [10]), daß bei hochwertigem Beton aufgrund seiner geringeren Querdehnfähigkeit die Querbewehrung u. U. nicht mehr voll ausgenutzt werden kann. Deshalb wurde B 35 als häufig verwendete Normalgüte und B 55 als hochwertige Variante gewählt.

3. Die Mörtelgüte des Fugenmörtels

Wie die bisherigen Versuche ergaben (z. B. [3] [5]), hat die Festigkeit des Fugenmörtels, zumindest bei dickeren Fugen, einen erheblichen Einfluß auf die Belastbarkeit der Fuge. Außerdem wurde erwartet, daß der Lastanteil der Bewehrung z. T. über Spitzendruck übertragen werden könnte. Dann wäre die

254

Mörtelfugenqualität auch von Bedeutung. Als normale Mörtelqualität wurde auf der Grundlage von Eignungsprüfungen ein Fugenmörtel der Güte B 35 aus Wasser, Zement und den beim Verpressen von Spannkanälen üblichen Zusätzen mit folgender Rezeptur gewählt:

Zement PZ 350 F
Wasserzementfaktor 0,45
Traß 20 Gew.-% vom Zement
Tricosal 183 1 Gew.-% vom Zement

Im einzelnen sei hierzu folgendes angemerkt:

a) Der Zusatz von Tricosal 183 wurde aus zwei Gründen gewählt:

erstens, weil durch seine Treibwirkung eine möglichst vollflächige Auflagerung gewährleistet werden kann und

zweitens, weil die plastifizierende Wirkung das einwandfreie Ausgießen der Fuge erleichtert.

b) Die Proben ohne Traß als Füller zeigten in der Mehrzahl starke Wasserabsonderungen (Bluten); ein Quellen war nicht feststellbar. Mit Traß hingegen traten kaum Wasserabsonderungen auf. Auch konnte ein geringfügiges Quellen des Mörtels registriert werden.

Alternativ kam ein hochwertiger Spezialmörtel (Topolit-Grout bzw. Embeco-Grout) mit B 55 bis B 75 zum Einsatz.

4. Dicke der Mörtelfuge

Aus Versuchen mit Mörtelfugen (z.B. [3]) ist bekannt, daß deren Dicke großen Einfluß auf die Fugentragfähigkeit hat. Es kamen deshalb Fugen mit 1 cm und 4 cm Dicke zur Ausführung. In beiden Fällen wurde der Mörtel unter Ausnutzung eines hydrostatischen Druckgefälles nachträglich in die Fugen eingegossen.

5. Querschnitt der Querbewehrung

Die entscheidende Festigkeitsreserve sollte der Stoßbereich durch eine kräftige Querbewehrung erhalten. Hier war der Zusammenhang zwischen Querbewehrungsmenge und möglicher Traglaststeigerung zu untersuchen.

Bisherige Versuche (z.B. [7], [8], [10]) haben gezeigt, daß die Wirksamkeit der Querbewehrung in Zusammenhang steht mit der Querdehnfähigkeit des Betons. Dem muß sich also die Bemessungsspannung der Bügel anpassen. Eine der wesentlichen Fragestellungen des Versuchsprogramms mußte daher die Frage nach dem optimalen Querbewehrungsgehalt

und der Bemessungsspannung der Bügel sein. Bezugsgröße war hier zunächst der Rechenwert nach SCHÄFER/BRANDT [9].

6. Lage und Ausdehnung des Verbügelungsbereichs sowie die Verteilung der Bügelspannungen

Die Kenntnis der Größe und Verteilung der aus den geschilderten verschiedenartigen Ursachen auftretenden Querzugspannungen ist die Grundlage für die optimale Bemessung der Querbewehrung. Die Querbewehrung wurde deshalb in verschiedener Weise verteilt.

7. Endausbildung der Stähle

Da dem Spitzendruck und seiner Übertragung Bedeutung beigemessen werden mußte, sollte festgestellt werden, ob durch Sägen der Längsstäbe eine mögliche Keilwirkung vermieden und die Traglast gesteigert werden könnte. Außerdem war zu untersuchen, wie ganz fehlender Spitzenwiderstand sich auswirken würde.

8. Art und Form der Querbewehrung

Für die Verbügelung im Stoßbereich bestanden mehrere Alternativen: Vier- oder achtschnittige Bügel mit einfachem oder doppeltem Schloß, Wendelbewehrung und Mattenbewehrung. Es war zu klären, mit welcher Form die günstigsten Resultate erhalten werden können.

Im einzelnen ist folgendes anzumerken:

Die optimale Umschnürung eines Querschnitts liefert eine Wendelbewehrung: Sie erfaßt aber bei quadratischem oder gar rechteckigem Querschnitt nur den Kern und nicht die besonders gefährdeten Eckbereiche. Dennoch schien es interessant, eine Kombination von Bügeln – zur Sicherung dieser Eckbereiche – und Wendelbewehrungen zu untersuchen.

Besonders gut haben sich in den geschilderten Versuchen von WEIGLER und HENZEL [10], von BECK, HENZEL und NICOLAY [5] Netzbewehrungen aus Betonstahlmatten bewährt. Andererseits sind diese Matten wenig anpassungsfähig, da nur Maschenweiten von 5, 7,5 und 10 cm geliefert werden, mit denen beliebige Stützenquerschnitte zumindest nicht so bewehrt werden können, daß die Matten die Längsbewehrungsstäbe umgreifen. Dennoch, und im Blick auf standardisierbare Abmessungen, wurden Baustahlmatten als Querbewehrung untersucht.

Die Querbewehrung kann natürlich auch aus Bügeln üblicher Art bestehen. Solche Bügel haben aber den Nachteil schlechter Verankerung und müssen deshalb „doppeltes Schloß", d. h., Übergreifung um Schenkellänge erhalten, was viel Platz erfordert. Andererseits lassen sie sich der Kräfteverteilung im Querschnitt gut anpassen.

9. Gegenseitiger Abstand der Bewehrungsstäbe

Der Stababstand der Längsstäbe sollte natürlich so gering wie möglich sein. Er wird aber nicht nur durch die Fugendicke, sondern auch durch die unvermeidbaren Ungenauigkeiten beim Ablängen und Verlegen der Längsbewehrung beeinflußt. Als Maximalwert wurden 4 cm Abstand zwischen Stabende und Fugenstirnfläche angesetzt. Als Variante wurde der Minimalwert zu 2 cm gewählt.

10. Längsbewehrungsgehalt

Ebenso wie von der Betongüte, so mußte aus ähnlichen Gründen vom Längsbewehrungsgehalt ein signifikanter Einfluß erwartet werden. Deshalb kamen 6% als praktischer Höchstwert und alternativ 4% zur Anwendung.

11. Durchmesser der Längsbewehrung

Der Stabdurchmesser kann sich in zweierlei Hinsicht ungünstig auswirken. Zum einen erfahren die sowieso besonders gefährdeten Eckbereiche der Stützen mit wachsendem Stabdurchmesser bei gleichem Querbewehrungsverhältnis eine zunehmende Lastkonzentration, zum anderen weisen Stäbe mit größerem Durchmesser einen ungünstigeren Haftverbund als solche mit kleinem Durchmesser auf. Die Durchmesser der Längsbewehrung wurden deshalb zu 22 und 28 mm gewählt.

12. Querdehnungsbehinderung bzw. Ausplatzfähigkeit der Mörtelfuge

Die erwähnten Ergebnisse anderer Versuche haben gezeigt, daß sich plattenförmige Fugeneinlagen (Darmstädter Stoß), Profilstahlkranz oder gar Versenken des Stoßbereiches in den Deckenbeton günstig auswirken. Natürlich erschien auch eine Querbewehrung des Fugenmörtels erfolgversprechend. Deshalb wurden sowohl Platteneinlagen als auch Fugenbewehrung in das Versuchsprogramm aufgenommen.

5.2 Versuchsprogramm

Das Versuchsprogramm bestand aus 40 Einzelversuchen.

In kostenmäßiger Hinsicht war von wesentlicher Bedeutung die Frage, ob die Versuchskörper ein- oder zweiteilig ausgebildet werden sollten. Mit einteilig ist ge-

meint, daß unterhalb der Mörtelfuge gegebenenfalls nach Einfügung einer Gleitschicht direkt das zweite Pressenhaupt folgt, während unter zweiteilig eine Anordnung verstanden wird, bei welcher zwei Stützenteile mit dazwischenliegender Mörtelfuge untersucht werden. Eine entscheidende Rolle für das Tragverhalten der Fuge spielt einerseits das Verhältnis der auftretenden Querdehnungen und andererseits die Kraftübertragung zwischen den Längsbewehrungsstäben.

Die Querdehnungsverhältnisse im Fugenbereich können jedoch nur dann wirklichkeitsnah gestaltet werden, wenn die Anordnung als solche symmetrisch ist.

Dasselbe trifft für den Kräftefluß zwischen den Bewehrungsstäben zu. Dessen wirklichkeitsnahe Ausbildung erfordert, daß ein zweiter Stützenschuß anschließt, der in der selben Weise gestaltet und bewehrt ist, wie der primär zu untersuchende.

6 Versuchskörper

6.1 Bewehrung der Versuchskörper

6.1.1 Längsbewehrung

Die Längsbewehrung wurde aus Betonrippenstahl BSt 420/500 RK gefertigt und mit Ausnahme eines Versuches gleichmäßig entlang dem Querschnittsumfang verteilt. Eingebaut wurden:

$$A_1 = 28 \times 28 \text{ cm:} \quad 8 \varnothing 22, \mu_l = 3,88\%$$
$$12 \varnothing 22, \mu_l = 5,82\%$$
$$8 \varnothing 28, \mu_l = 6,28\%$$
$$A_3 = 20 \times 40 \text{ cm:} \quad 12 \varnothing 22, \mu_l = 5,70\%$$
$$A_2 = 35 \times 35 \text{ cm:} \quad 8 \varnothing 28, \mu_l = 4,02\%$$
$$12 \varnothing 28, \mu_l = 6,03\%$$

6.1.2 Querbewehrung

6.1.2.1 Bemessung, Art und Form der Querbewehrung

Die Bemessung erfolgte nach den Ansätzen von BRANDT/SCHÄFER [9] (Gl. (5) und (20), s. Abschnitt 4). Danach ergibt sich die Gesamtzugkraft im Bruchzustand zu

$$Z_{q,u} = 0,147 \cdot F_u^* + 0,061 \cdot F_u^* = 0,208 \cdot F_u^*.$$

Der die Umlenkkräfte erzeugende Lastanteil F_u^* ergibt sich bei den anstehenden Versuchen aus dem Traganteil

$F_{M,u}$ des Mantelbetons und dem Traganteil $F_{s,u}$ der Längsstäbe.

Die Ermittlung der erforderlichen Querbewehrung erf $A_{s,q}$ erfolgte mit verschieden hoher Ausnutzung der Stahlspannung. Zunächst wurde die Bemessungsspannung zu β_s gewählt. Variiert wurde dann im Bereich:

$$0.8 \text{ erf } A_{sq} \leqq \text{ vorh } A_{sq} \leqq 1.6 \text{ erf } A_{sq}.$$

Bei den wendelbewehrten Versuchen wurde die Querbewehrung wie folgt ermittelt:
Die Traglasterhöhung durch die Wendeln sollte gleich dem Lastanteil der innerhalb der Wendel liegenden Längsstäbe sein. Der verbleibende Anteil von F_u^* wurde außenliegenden Bügeln zugewiesen.
Die Querbewehrung wurde aus Betonrippenstahl BSt 420/500 RK und BSt 500/550 RK gefertigt.

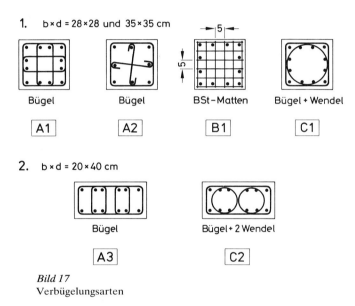

Bild 17
Verbügelungsarten

Die zur Anwendung gekommenen Bewehrungsanordnungen sind aus Bild 17 ersichtlich. Mit Ausnahme von drei Versuchen waren sämtliche Außenbügel mit Schenkellängeüberdeckung geschlossen. An den Bügeln vorgenommene Dehnungsmessungen zeigten, daß die Innenbügel bei den quadratischen Stützenquerschnitten i. a. eine geringere Beanspruchung erfuhren als die Außenbügel. Aus diesen und aus Gründen der Platzersparnis wurden ab der 2. Versuchsserie die Innenbügel bei den quadratischen Stützen anstatt mit Schenkellänge nur noch mit einfachem Hakenschloß geschlossen. Bei den Wendeln erfolgte der Schluß durch Übergreifung einer vollen Windung.

6.1.2.2 Verteilung der Querbewehrung

Die Querbewehrung wurde bei den allerersten Versuchen entsprechend dem ST. VENANTschen Prinzip gleichmäßig über eine Höhe entsprechend der Stützenbreite verteilt ($h_{B\ddot{u}} \approx 28$ cm $\triangleq \approx 13 \ d_{sl}$).

Aufgrund der Meßergebnisse bei den ersten Versuchen wurde der Verbügelungsbereich vergrößert und endgültig aufgeteilt in einen verstärkt zu bewehrenden Bereich $h_v = 8\text{--}10 \ d_{sl}$ und in einen Übergangsbereich $h_{\ddot{u}}$ von ebenfalls $8\text{--}10 \ d_{sl}$.

Im Anschluß an den Verbügelungsbereich $h_{B\ddot{u}}$ wurde eine konstruktive Verbügelung nach den Angaben der DIN 1045 vorgenommen.

Die Auswertung der ersten Versuche ergab weiter, daß die Krafteinleitung der Längskräfte in den Stützenbeton im wesentlichen in einem eng begrenzten Störbereich beidseits der Fuge stattfand. Es erschien deshalb geboten, die Bewehrung zur Fuge hin zu konzentrieren. Die Konsequenz war, auch die die Fuge begrenzenden Stirnflächen zu bewehren. Am besten schien hierfür eine gerippte Baustahlmatte geeignet. Wie die nachfolgenden Versuche zeigten, wurde durch diese Maßnahme das Tragverhalten entscheidend verbessert, so daß weiterhin in die die Fuge begrenzenden Stirnflächen jeweils zwei Matten $50 \times 50 \times 5 \times 5$ mm eingelegt wurden.

Der Stabendabstand a_{Ste} ist maßgebend dafür, wie groß die Höhenausdehnung des Bereiches ist, in dem die Stützenkraft nur durch den Beton bzw. den Fugenmörtel übertragen werden muß. Deshalb lag der Gedanke nahe, neben der Stirnflächenbewehrung auch die dicke Mörtelfuge ($d_m = 4$ cm) ihrerseits zusätzlich mit einer gerippten Betonstahlmatte zu bewehren. Dies geschah bei insgesamt 5 Versuchen.

6.2 Bei den Versuchen durchgeführte Messungen

Auf Schilderung von Herstellung und Montage der Versuchskörper sowie der Versuchsdurchführung muß hier aus Raumgründen verzichtet werden. Dagegen sind die durchgeführten Messungen und insbesondere deren Ergebnisse von allgemeinem Interesse.

Die während der Versuche durchgeführten Messungen sollten Aufschluß geben

1. über den Verlauf der Stahlspannungen in den Längsstäben, ermittelt an jeweils 2 oder 4 diagonal gegenüberliegenden Eckstäben in verschiedenen Abständen von der Fuge mit Hilfe von Dehnmeßstreifen

(DMS), die in eine gefräste Nut von $20 \times 10 \times 2$ mm eingeklebt wurden. Der Verguß der Nuten erfolgte mit dem Epoxydharz Araldid AW 106 + Härter HV 9034, hergestellt von der Firma CIBA,

2. über den Verlauf der Betonstauchungen im Stoßbereich, ermittelt mit Hilfe eines Setzdehnungsmessers (SDM) mit 100 mm Meßlänge auf zwei gegenüberliegenden Stützenseiten,

3. über die Beanspruchungshöhe der Querbewehrung im Stoßbereich, ermittelt mit Hilfe von DMS, die mittig auf Bügelschenkel bzw. Mattenstäbe geklebt wurden. Die DMS wurden durch Umwickeln mit Isolierband gegen Feuchtigkeit geschützt,

4. über die Querdehnung des Betons im Stoßbereich, ermittelt mit Hilfe eines SDM mit 100 mm Meßlänge auf zwei gegenüberliegenden Stützenseiten.

7 Allgemeine Beschreibung der Versuchs- und Meßergebnisse

7.1 Verhalten der Stützenstöße im Versuch

Sämtliche bisher durchgeführten Versuche lassen sich zwei Gruppen zuordnen, einer, bei der das Verhältnis der gemessenen Bruchlast $F_{u,\text{vers.}}$ zur rechnerischen Bruchlast rechn $F_{0,u}$ der ungestoßenen Stütze zwischen 0,5 und 0,75 liegt, und einer zweiten, bei der das Verhältnis $F_{u,\text{vers.}}/\text{rechn } F_{0,u} \geqq 0{,}85$ ist. Mit wenigen Ausnahmen gehören alle Versuche, bei denen in die Stirnflächen, die die Fuge begrenzen, keine Baustahlmatten eingelegt wurden, zur ersten Gruppe. Daraus folgt, daß es für die volle Ausnutzung der Tragfähigkeit der gestoßenen Stütze von wesentlicher Bedeutung ist, daß eine solche Mattenbewehrung angeordnet wird und direkt hinter der Stirnfläche liegt, bzw. daß der unmittelbar an die Fugen angrenzende Bereich auf andere Weise eine wirkungsvolle Querdehnungsbehinderung erhält, z.B. durch einen Winkelstahlrahmen (Kragen).

Es zeigte sich ferner, daß bei Stababständen >2 cm vom Fugenrand und Fugendicken >1 cm in die Fuge selbst eine Bewehrung aus Baustahlmatten eingelegt werden sollte, um den gefährdeten Bereich ausreichend zu verstärken. Dazu wird dann allerdings eine Fugendicke von 4 cm erforderlich.

Die Wirksamkeit einer derartigen Mattenbewehrung läßt sich auch an den Bruchbildern erkennen:

Bild 18   Bild 19

Bild 18
Bruchbild bei unbewehrter Fuge und Stabendabstand von 12 cm

Bild 19
Bruchbild bei bewehrter Fuge und Stabendabstand von 12 cm

In den Fällen, in denen im Fugenbereich oder bei Stabendabständen von 12 cm in die Fugen keine Baustahlmatten eingelegt waren, bildete sich frühzeitig ein örtlich begrenzter „Bruch" (Abplatzung der Betonüberdeckung und Risse) in einer Höhe etwa gleich der Stützenbreite aus (Bild 18). Es trat ein Versagen des Stoßbereiches ein, ohne daß der übrige Stützenteil eine wesentliche Beeinträchtigung erfuhr. In den anderen Fällen breiteten sich Risse fast über die gesamte Stützenhöhe aus und die Überdeckungsschale löste sich in einem wesentlich größeren Umfang (Bild 19). Dieses Versagensbild entsprach weitgehend dem des durchgehend bewehrten Versuchskörpers, d.h., dem Verhalten der Stütze ohne Stoß.

Vereinfacht kann das Verhalten der untersuchten Stützen wie folgt beschrieben werden:

Erste sichtbare Anzeichen für hohe Materialbeanspruchung, wie Abblättern der Betonschlämpe und Knittererscheinungen im Fugenbereich sowie feine Risse in den Eckbereichen traten bei den Versuchen ohne eine Mattenbewehrung in den Stirnflächen im Fugenmörtel und Beton bei einer Last auf, die um 5–30% unterhalb der Gebrauchslast nach DIN 1045 lag.

Bei den Versuchen mit mattenbewehrten Stirnflächen

wurden ähnliche Erscheinungen erst bei einer Belastung $\geqq 1{,}15$facher Gebrauchslast festgestellt.

Bemerkenswert sind noch ein Versuch mit durchbetonierter Fuge und $a_{\text{Ste}} = 5$ cm Abstand der Längsstabenden und ein Versuch mit 5 mm starken Stahlplatten als Abschluß jeder Fugenstirnfläche. Ersterer wies bei 1,8facher Gebrauchslast, der zweite bei 2,15facher Gebrauchslast erste Rißbildungen auf. Letzteres macht die Bedeutung einer steifen Querdehnungsbehinderung in der Fuge selbst erneut klar.

Nach den ersten sichtbaren Anzeichen für hohe Materialbeanspruchung veränderte sich das Aussehen fast aller Stützen innerhalb der nächsten zwei bis vier Laststufen (das entsprach je nach erreichter Belastungshöhe ca. 5–10% der rechnerischen Bruchlast pro Laststufe) kaum. Bei weiter wachsender Last traten allmählich deutlich sichtbare und merklich zunehmende Abplatzungen des Betons in den Eck- und Fugenbereichen und verstärkte, von der Fuge ausgehende Risse auf. Enthielten die Stützen die bereits mehrfach erwähnte Mattenbewehrung bzw. wurde bei großen Stababständen ($a_{\text{Ste}} = 12$ cm) die Fuge bewehrt, so konnten trotzdem noch erhebliche Laststeigerungen vorgenommen werden, bevor die endgültige Bruchlast erreicht wurde.

Das endgültige Versagen kündigte sich durch immer weiter aufklaffende Risse und ein deutlich wahrnehmbares Knistergeräusch an. Der „Bruch" trat meist begleitet von mehrseitigem Abplatzen der Betondeckungsschale auf und war dadurch gekennzeichnet, daß die Stütze die aufgebrachte Last nicht mehr halten konnte. Die Abplatzungen reichten im Bereich der erhöhten Querbewehrung ($h_v + h_{\ddot{u}}$) meist bis auf die Bügel und oberhalb bis auf die Längsstäbe. In allen Fällen ging das Versagen der Stütze von der Fuge aus und hier im wesentlichen von den Eckbereichen, die auch stets als erste abplatzten. Im Inneren der Stütze waren nur vereinzelt auf den Stirnflächen des Fugenbereiches feine Risse feststellbar.

Beim Fugenmörtel auftretende Ausplatzungen waren geringer als erwartet und zeigten sich abhängig von der Fugendicke bzw. von der Stirnflächenbewehrung. Bei den Versuchen mit 1 cm starker Fuge bzw. bei solchen mit Fugenbewehrung reichten die Mörtelausplatzungen ungefähr bis zu den äußeren Enden der in die Stirnflächen bzw. Fuge eingelegten Baustahlmatten, d.h., also bis 1–1,5 cm Tiefe. Bei der 4 cm starken unbewehrten Mörtelfuge traten Ausplatzungen in einer Größenordnung von 2–4 cm auf.

7.2 Meßergebnisse

7.2.1 Dehnungen in den Längsbewehrungsstäben (Krafteinleitung in die Längsstäbe)

Die Längsstabstauchungen weisen ganz allgemein im ungestörten Bereich der Stützen einen nahezu konstanten Verlauf auf und fallen im Verbügelungsbereich $h_{B\ddot{u}}$ auf den Wert am Stabende ab (s. Bild 20).

Der Verlauf der Längsstabdehnungen war bei Vorhandensein von Spitzendruckübertragung dadurch gekennzeichnet, daß die Krafteinleitung in die Längsstäbe im wesentlichen im verstärkt verbügelten Bereich h_v auf einer Länge von 8–10 d_{sl} erfolgte.

Bei den Stützen ohne Spitzendruckübertragung stellte sich unabhängig vom Vorhandensein einer Mattenbewehrung in den Stirnflächen ein Krafteinleitungsbereich von $\approx 14\ d_{sl}$ ein.

Weitere signifikante Einflußgrößen auf den Krafteinleitungsbereich ließen sich nicht feststellen.

Der Lastanteil, der über Spitzendruck in die Längsstäbe eingetragen wurde – gemessen 2 cm vom Stabende entfernt – lag im allgemeinen bei Lasten bis ca. 70% der rechnerischen Bruchlast zwischen 25 und 50% des Gesamtanteiles. Ein um nahezu 50% größerer Spitzendruckanteil wurde bei starker Bewehrungskonzentration nahe den Stirnflächen gemessen. Oberhalb dieser Last war bei 5 von 15 Versuchen, bei denen die Messungen an den Längsstäben am Stabende bis zum Bruch verfolgt werden konnten, ein z.T. nicht unerheblicher Abfall des Spitzendruckanteils feststellbar. Vermutlich, weil die nunmehr vorhandene, extrem hohe Betonbeanspruchung unter den Stabenden zu örtlicher Gefügestörung bzw. Verminderung der Steifigkeit geführt haben.

7.2.2 Betonstauchung in Längsrichtung der Stützen

Aus dem Verlauf der Betonlängsstauchungen ergab sich etwa die gleiche Ausdehnung des Krafteinleitungsbereichs, wie er durch die Dehnungsmessungen an den Längsstäben festgestellt wurde.

Die Stauchungen im Fugenbereich lagen bei einer Pressung entsprechend dem Rechenwert cal β zwischen 1‰ und 4‰.

Ein Einfluß der Querbewehrung und ihrer Verteilung auf die Betonlängsstauchung wurde nur insofern festge-

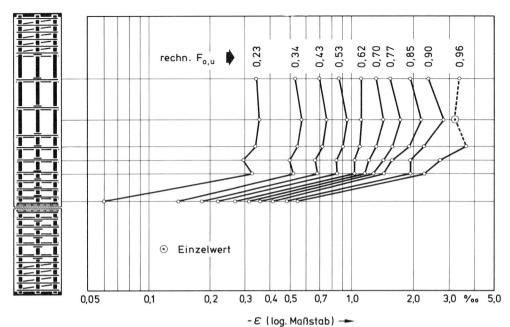

Bild 20
Stauchung der Längsstäbe
(beispielhaft)

$- \varepsilon$ (log. Maßstab) →

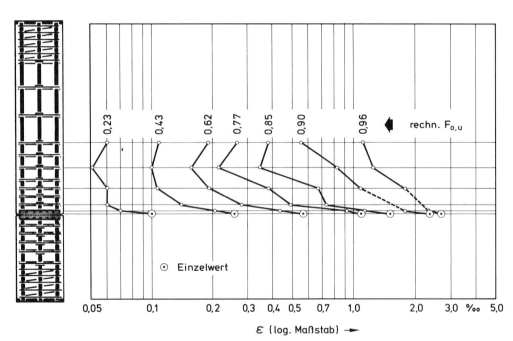

Bild 21
Dehnung der Bügel und Baustahlmatten (beispielhaft)

ε (log. Maßstab) →

stellt, als bei Bewehrungskonzentration zu den Stirnflächen hin ein besonders steiler Anstieg der Betonstauchungen im Stoßbereich zu verzeichnen war.

Beim Rechteckquerschnitt 20 × 40 wichen die Betonlängsstauchungen auf der schmalen und breiten Seite nur unwesentlich voneinander ab.

7.2.3 Beanspruchung der Bügel und Baustahlmatten

Der Bereich einer erhöhten Bügelbeanspruchung deckte sich bei Laststufen bis zu ungefähr 1,5facher rechnerischer Gebrauchslast ($\approx 0,7 \times$ rechn $F_{0,u}$) etwa mit dem Bereich, in dem die Haupteinleitung der Kräfte in die Längsstäbe erfolgte, verblieb also innerhalb des verstärkt verbügelten Bereiches. Bei den Stützen ohne Mattenbewehrung in den Stirnflächen war damit gleichzeitig die Höchstlast erreicht.

Bei höheren Laststufen, vor allem in der Nähe der Bruchlast, dehnte sich dieser Bereich im allgemeinen bis auf eine Höhe von $2\,h_v$ aus, was etwa $16-18\,d_{sl}$ entspricht. Außerdem war bei den Bügelbeanspruchungen ein kräftiges Anwachsen der Dehnungen zur Fuge hin zu verzeichnen (s. Bild 21).

Bei dem Versuch, bei dem in die Begrenzungsflächen der Fugen jeweils eine 5 mm starke Stahlplatte eingelegt wurde, stellte sich ein Dehnungsverlauf ohne ein ausgeprägtes Maximum ein. Die Spannungswerte unterschieden sich auch im Fugenbereich nur unwesentlich von denen der durchgehend bewehrten Stütze. Mit 103% von rechn $F_{0,u}$ erbrachte dieser Versuch die gleiche Traglast wie die durchgehend bewehrte Stütze.

Bei den Versuchen, bei welchen die Querbewehrung ausschließlich mit Baustahlmatten erfolgte, ergab sich im Übergangsbereich Fuge–Stütze im Dehnungsverlauf eine „Einschnürung", die auf eine besonders wirksame Querdehnungsbehinderung durch die gewählte Mattenbewehrung hinwies.

Die Bügel- bzw. Mattendehnungen an der Fuge lagen bei einer Belastung entsprechend der rechnerischen Gebrauchslast im Durchschnitt zwischen 0,3 und 0,5‰.

Im Bruchzustand wuchsen die Dehnungen im allgemeinen auf Werte zwischen 2 und 4‰ an, wenn die Stirnflächen eine Mattenbewehrung erhielten. In den anderen Fällen ergaben sich Werte zwischen 0,6 und 1,8‰.

8 Diskussion der einzelnen Parameter

8.1 Querschnittsform und -größe, Stabdurchmesser

Aus den gewonnenen Resultaten kann bei den gewählten Querschnittsabmessungen kein signifikanter Einfluß weder der Querschnittsgröße noch des Bewehrungsdurchmessers gefolgert werden. Allerdings können diese Ergebnisse nicht beliebig verallgemeinert werden. Es spricht einiges dafür, daß bei sehr kleinen bzw. sehr großen Querschnitten ein etwas anderes Verhalten auftreten könnte.

Was die Querschnittsform anbetrifft, so läßt sich zunächst feststellen, daß der Rechteck-Querschnitt ein abweichendes Querdehnungsverhalten zeigt. Große Quer-

dehnungen sowohl des Betons als auch der Bügel treten nur parallel zur kurzen Säulenabmessung auf.

Der Rechteckquerschnitt hat allerdings im Mittel nur 3% ungünstigere Werte geliefert.

Obwohl der größeren Kraftkonzentration und des weniger guten Haftverbundes wegen bei Verwendung des größeren Stabdurchmessers ungünstigere Ergebnisse erwartet worden waren, zeigten die Versuchsergebnisse diesbezüglich keine signifikanten Unterschiede.

8.2 Betongüte

Die Versuche haben die Überlegung bestätigt, daß die Anhebung der Betonfestigkeit auf B 55 zu besseren Resultaten führen kann. Die dabei festgestellte Steigerungsrate war allerdings stark davon abhängig, wie hoch der erreichte Anteil der theoretischen Bruchlast aufgrund der übrigen Parameterkombination ausfiel.

8.3 Mörtelgüte

Die Versuche, insbesondere diejenigen mit hochfesten Spezialmörteln, haben bestätigt, daß die Festigkeit des Fugenmörtels eine Rolle spielt, daß sie aber in ihrer Bedeutung – sofern die Mindestgüte B 35 für den Fugenmörtel gewährleistet ist – gegenüber anderen Parametern in den Hintergrund tritt.

8.4 Mörtelfugendicke und Stabendabstand der Längsbewehrung

Nach bisher vorliegenden Arbeiten mußte die Mörtelfugendicke erheblichen Einfluß haben. Das hat sich auch bestätigt, wenngleich die anderen beteiligten Parameter die Größenordnung sehr beeinflussen.

Insbesondere spielt es eine Rolle, ob die Fuge selbst zusätzlich bewehrt ist (mit einer Baustahlmatte), ob die Stützenenden mit Baustahlmatten querbewehrt sind und ob der Bereich verstärkter Querbewehrung mit Bügeln oder mit Matten bewehrt ist. Die Zusammenhänge gehen aus Bild 22 hervor. Man erkennt, daß die Vergrößerung der Mörtelfugendicke von 1 cm auf 4 cm bei ausschließlicher Mattenquerbewehrung und Fugenbewehrung eine Traglastminderung von $\approx 2\%$ mit sich bringt, die jedoch sofort sehr viel größer wird, wenn man als Querbewehrung Bügel verwendet bzw. auf die Fugen- und Stirnflächenbewehrung verzichtet.

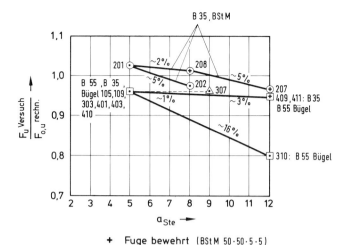

Bild 22
Einfluß des Stabendabstandes auf die Traglast

8.5 Bügelquerschnitt und -form, Verbügelungsbereich

Bei stetiger Verbügelung nimmt die Bügelbeanspruchung – entsprechend der Spannungszunahme in den Längsstäben – mit wachsendem Abstand von der Fuge ab. Optimal ist ein stark verbügelter Bereich mit der Länge $h_v = 8{-}10\ d_{sl}$ und ein schwächer bewehrter Übergangsbereich mit etwa derselben Länge, so daß ein Bereich verstärkter Querbewehrung mit der Länge 16–20 d_{sl} beidseits der Fuge entsteht. Die Außenbügel erwiesen sich im Vergleich mit den Innenbügeln als höher beansprucht und müssen mit Schenkelübergreifung gestoßen werden.

Bei den Innenbügeln der quadratischen Stützen ist das nicht erforderlich, solange für diese der gleiche oder der nächstniedrigere Stabdurchmesser wie für die Außenbügel gewählt wird. Bei Querschnitten mit nur acht Längsstäben, d.h., mit vier Eckstäben und vier Stäben in der Mitte der Stützenflanken, können auch „Fleischerhaken" verwendet werden. Beim Rechteckquerschnitt müssen sowohl die Außenbügel als auch die Innenbügel mit Schenkellänge gestoßen werden.

Von entscheidender Bedeutung ist das Vorhandensein von je zwei Baustahlmatten $50 \times 50 \times 5 \times 5$ mit höchstens 1 cm Betondeckung in jeder Stirnfläche. Bei größerer Dicke der Mörtelfuge ($d_m = 4$ cm) hat sich eine weitere Matte als Bewehrung im Fugenmörtel selbst als außerordentlich wirksam herausgestellt.

Wie schon bei früheren, von anderer Seite durchgeführten Versuchen haben sich die Betonstahlmatten $50 \times 50 \times 5 \times 5$ überhaupt als die wirksamste Querbewehrung erwiesen. Sie sind nicht teurer aber wirkungsvoller als Bügel und bieten den zusätzlichen Vorteil, daß relativ dichte Anordnung dennoch Raum für die Betoneinbringung läßt, worauf es an dieser Stelle ja besonders ankommt, was aber bei gleichwertiger Verbügelung mit mehrschnittigen Bügeln üblicher Art kaum gelingt. Die Überlegenheit der Baustahlmatten ist von solcher Größenordnung, daß man bei Stützenstößen nur noch Matten mit 5 cm Maschenweite als Querbewehrung verwenden sollte. Bild 23 zeigt Möglichkeiten der Anordnung. Was die Menge der Querbewehrung anlangt, so hat sich der Bemessungsansatz nach BRANDT/SCHÄFER bisher als brauchbares Instrument erwiesen. Bei Bügelbewehrung sollte im Bereich $h_v = 8{-}10\ d_{sl}$ ca. 90% der BRANDT/SCHÄFER-Bewehrung (unter Einrechnung der Stirnflächenmatten) und im Übergangsbereich $h_ü$ von ebenfalls $8{-}10\ d_{sl}$ ca. 30% davon angeordnet werden. Die entsprechenden Zahlen für reine Mattenbewehrung lauten 80% und 20%.

8.6 Ausbildung der Stabenden

Als Varianten wurden in Betracht gezogen:
normal geschnittene Stabenden, gesägte Stabenden und Stabenden mit aufgehobenem Spitzenwiderstand.

Der Vergleich ergab, daß mit gesägten Stabenden keine nennenswerte Verbesserung gegenüber geschnittenen Stabenden erreichbar ist.

Bei aufgehobenem Spitzenwiderstand zeigte sich, daß der Verankerungsbereich der Längsstäbe entsprechend größer wird und daß deshalb auch der Bereich erhöhter Querdehnung, der stärkere Querbewehrung erfordert, weiter in die Höhe reicht. Die Stöße verhielten sich etwas günstiger als diejenigen mit Spitzenwiderstand. Trotz der Querdehnungsmessungen am Beton kann jedoch ohne ergänzende Versuche nicht mit Sicherheit gesagt werden, ob bei fehlendem Spitzenwiderstand eine andere Verteilung der Querbewehrung zu insgesamt fühlbar günstigeren Ergebnissen führt.

8.7 Längsbewehrung, Gehalt und Lage

Das Fehlen der Längsbewehrung im Stoßbereich ist die Ursache der dort eintretenden Schwächung. Je höher

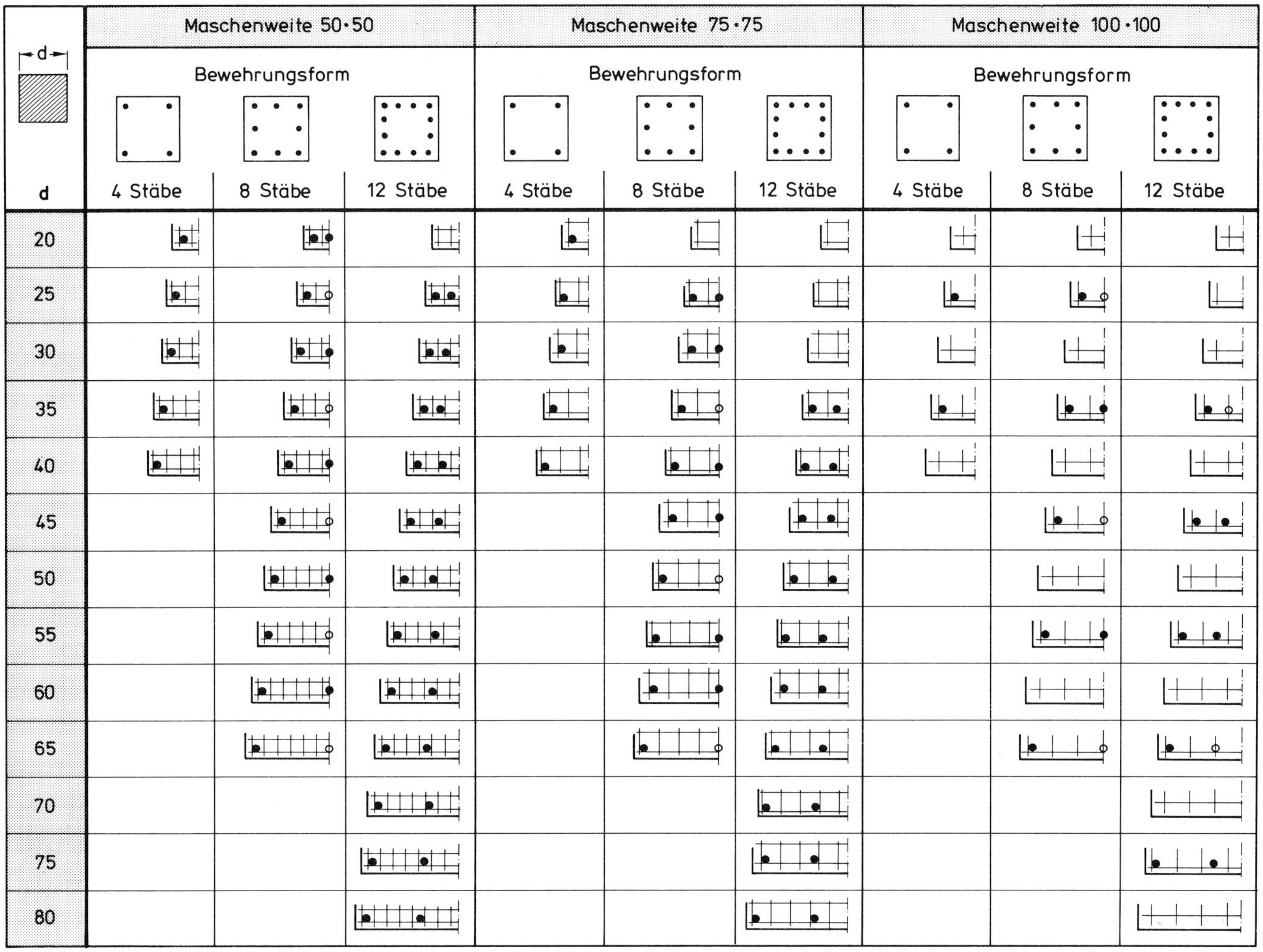

	Maschenweite 50·50			Maschenweite 75·75			Maschenweite 100·100		
	Bewehrungsform			Bewehrungsform			Bewehrungsform		
d	4 Stäbe	8 Stäbe	12 Stäbe	4 Stäbe	8 Stäbe	12 Stäbe	4 Stäbe	8 Stäbe	12 Stäbe
20									
25									
30									
35									
40									
45									
50									
55									
60									
65									
70									
75									
80									

Bild 23
Bewehrungsmöglichkeiten von Stützen bei BStM als Querbewehrung

der Längsbewehrungsgehalt ist, um so stärker muß sich die dadurch bedingte Querschnittsschwächung bemerkbar machen. Die Verminderung des Längsbewehrungsanteils von 6% auf 4% ergab auch eine erkennbare Anhebung der relativen Traglast, nämlich beim Querschnitt 28 × 28 um 3% und beim Querschnitt 35 × 35 um 6%.

Bei allen Versuchen war die Längsbewehrung an allen Seiten der Stützen gleichmäßig verteilt, d.h., mit gleichmäßigen Abständen angeordnet. Bei einem Versuch wurden je 3 ⌀ 28 in den Ecken konzentriert. Es sollte damit geklärt werden, ob sich eine Bewehrungskonzentration in diesen Bereichen ungünstig auswirkt. Das war jedoch nicht der Fall.

8.8 Querdehnungsbehinderung

Das unterschiedliche Querdehnungsverhalten von Stützenbeton und Fugenmörtel erzeugt zwar im Fugenmörtel einen traglaststeigernden dreiaxialen Druckspannungszustand, in den kontaktierenden Stützenenden jedoch Querzugspannungen.

Zur Verminderung bzw. gar Ausschaltung dieser Querzugspannungen erschiene eine Querbewehrung des Fugenmörtels bei dicken Fugen bzw. eine Platteneinlage in der Berührungsfläche Fuge–Stütze erfolgversprechend. Während die Fugenquerbewehrung in erster Linie die Querdehnfähigkeit des Fugenmörtels und damit die in die Stützenenden einfließenden Horizontalkräfte ver-

263

ringert, behindert die Stahlplatte die Querdehnung des Fugenmörtels und des Stützenbetons und schafft damit besonders günstige Verhältnisse im Stoßbereich.

Der Einfluß einer Fugenquerbewehrung wurde bereits ausführlich erläutert. Bei vorhandener Fugenquerbewehrung fiel die Traglastminderung bei Vergrößerung des Stabendabstandes a_{Ste} von 5 cm auf 12 cm mit max 7% relativ gering aus im Vergleich zu der Minderung um bis zu 30% bei fehlender Fugenbewehrung.

Als voller Erfolg kann das Einlegen von jeweils einer nur 5 mm dicken Stahlplatte in die Fugenbegrenzungsflächen bezeichnet werden. Bei allerdings kleinstem Stabendabstand $a_{Ste} = 2 \times 2 + 1 + 2 \times 0,5 = 6$ cm wurde mit 103% der rechnerischen Bruchlast die gleiche relative Traglast wie bei der durchgehend bewehrten Stütze erreicht.

8.9 Weitere bislang nicht oder nicht ausreichend untersuchte Parameter

Hier wären zu nennen:

Stärker von der Flucht abweichende Längsbewehrungsstäbe, deren gegenseitige Lage bedingt, daß eine direkte Kraftübertragung zwischen den Bewehrungsstäben nicht mehr möglich ist. Dieser Fall tritt praktisch an der Stoßstelle zweier verschieden dicker Stützen auf.

Beabsichtigt oder auch unbeabsichtigt exzentrischer Lastangriff. Die hierbei schnell anwachsenden Kantenbeanspruchungen lassen in Anbetracht der erwiesenen Schwäche des Mantelbereichs schnelle Abnahme der Traglast erwarten.

Verhalten eines Stützenstoßes unter Dauerlast. Die ungewöhnlich hohe Beanspruchung im Stoßbereich bereits unter Gebrauchslast läßt befürchten, daß der Traglastabfall unter Dauerlast hier größer ausfallen könnte, als sonst bei Beton üblich.

In diesem Zusammenhang gewinnt die Frage an Bedeutung, ob die Aufhebung des Spitzenwiderstands unter den Längsstäben gerade unter Dauerlast zu günstigeren Ergebnissen führen könnte. Dafür spricht, daß hierdurch der besonders gefährdete Fugenbereich, wenn auch auf Kosten einer größeren Lasteintragungszone – mit wahrscheinlich im ganzen höherem Querbewehrungsbedarf – entlastet wird.

Ergänzende Versuche zur Klärung dieser Fragen sind im Gange. Aus diesem Grunde sollen aus den bisherigen Versuchen Folgerungen im Sinne einer Bemessungsempfehlung bewußt noch nicht gezogen werden.

9 Vorschlag für eine besondere Stoßausbildung

Die bisherigen Versuchsergebnisse haben gezeigt, daß – bislang auch nur im Kurzzeitversuch – die volle Stützentraglast im Stoß bei hohem Bewehrungsgrad (4–6%) nur erreicht werden kann mit

- minimaler Fugendicke (1 cm) und hochwertigem Mörtel ($\geqq$ B 35)
- minimalem Längsstababstand ($\geqq$ 5–8 cm)
- Bewehrung der Fugenstirnflächen mit je 2 Baustahlmatten $50 \times 50 \times 5 \times 5$ möglichst ohne Betonüberdeckung
- Dichte Querbewehrung im Stoßbereich mit denselben Baustahlmatten entsprechend den Vorschlägen in Bild 23
- oder durch Stahl- bzw. auch entsprechend bewehrte Betonplatten als Fugeneinlage bzw. die Fuge kreuzend.

Das alles setzt eine Exaktheit der Arbeit voraus, die nicht ohne weiteres erwartet werden kann. Es wäre daher viel gewonnen, wenn der Fugenbereich noch auf eine andere Weise als durch Querbewehrung verstärkt werden könnte.

An sich läßt sich mit Hülsen, wie von REHM und MARTIN beschrieben [35], ein einwandfreier Bewehrungsstoß herstellen. Was die Anwendung dieses Prinzips bei Stützenstößen ausschließt, ist die Anzahl der bei hoch bewehrten Querschnitten zu stoßenden Längsstäbe, der Platzbedarf dafür und die Schwierigkeiten des Einfädelns bei der Montage.

Die Verhältnisse wären jedoch ungleich günstiger, wenn lediglich vier Eckstäbe zur Stoßdeckung herangezogen würden. Das ist möglich, wenn man die Stoßdeckungsstäbe aus hochwertigem Stahl ausbildet (z.B. St 800/1000 $\varnothing$ 28 oder $\varnothing$ 35) und bei größeren Stützenquerschnitten auf die Abdeckung des vollen Stahl-Lastanteils verzichtet.

Nachdem die bisherigen Versuche gezeigt haben, daß man ohne jegliche Stoßausbildung bei den Bewehrungsstäben schon zumindest nahe an die Traglast der ungestoßenen Stütze herankommt, ist zu erwarten, daß ein zusätzlicher Bewehrungsstoß, auch wenn er die Stahl-Lastanteile nicht voll abdeckt, bessere Ergebnisse, d.h., die volle Traglast erbringt.

Die Verwendung hochwertiger Stähle zur Bewehrung von Stützen ist von LEONHARDT und TEICHEN [36] bereits einmal getestet und grundsätzlich als möglich be-

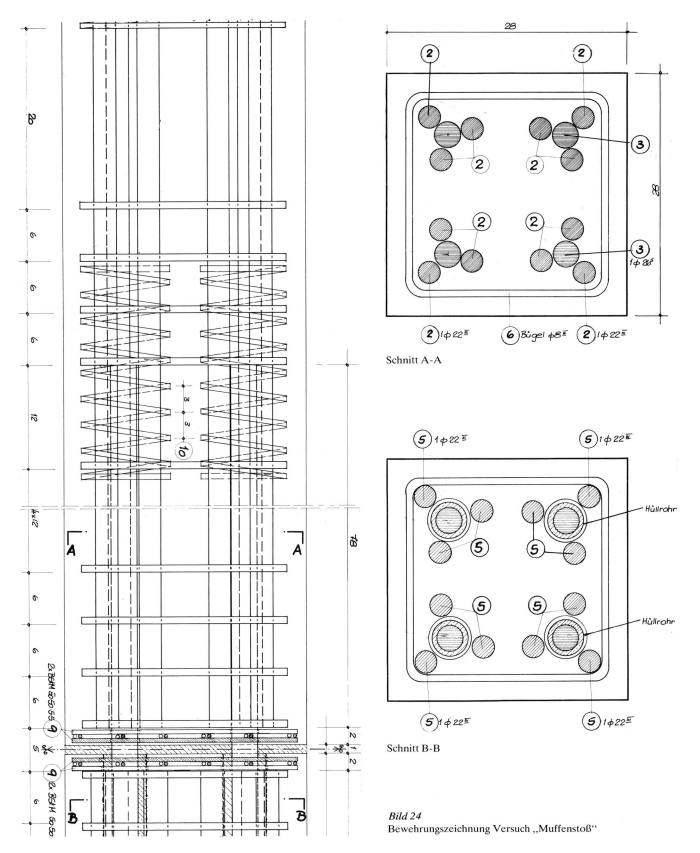

Schnitt A-A

Schnitt B-B

Bild 24
Bewehrungszeichnung Versuch ,,Muffenstoß''

265

funden worden. Sofern ein solcher Stahl nur zur Stoßdeckung verwendet würde, würde er die maximale Stauchung auch nur in einem sehr kurzen Bereich erhalten, in einem Bereich aber, in welchem den durchgeführten Versuchen zufolge der unbewehrte Betonstoß noch größere Stauchungen zeigt.

Das Vorhandensein der Stoßdeckungsstäbe aus hochwertigem Stahl kann die Verhältnisse im Stoß also nur verbessern. Es kommt hinzu, daß auf diese Weise gleichzeitig eine zumindest teilweise Biegesteifigkeit des Stoßes erreichbar ist.

Diesen Gedanken folgend wurde unter Einsatz eigener Mittel ein Testversuch mit vier Längsstäben im Stoß gefahren.

Die zugehörigen Daten waren:
Betongüte Stützenbeton B 35
Stützenquerschnitt 28 × 28 cm
Mörtelfestigkeit B 35
Fugendicke 1 cm
Längsstababstand 5 cm
Stoßdeckung: Stoßstäbe 4 ⌀ 26,5 mm, BSt 850/1050,
                 Stützenlängsbewehrung 12 ⌀ 22 mm,
                 BSt 420/500
Stoßgrad: 70% von F_s (30% über Spitzendruck).
Die Stoßausbildung geht aus Bild 24 hervor.

Der so gestoßene Versuchskörper erreichte 100% der rechnerischen Bruchlast, d.h., praktisch das Maximum, das zu erreichen ist.

Es würde sich daher offensichtlich lohnen, die Verwendbarkeit dieser Stoßausbildung durch einige weitere Versuche ausreichend abzusichern. Leider wurden Anträge auf Bereitstellung entsprechender Mittel bislang stets abschlägig beschieden.

10 Schrifttum

[1] v. Halász R. und Tantow, G.: Ausbildung der Fugen im Großtafelbau. Berichte aus der Bauforschung, H. 39.

[2] Institut TNO vor Bouwmaterialen en Bouwconstructies, Delft: Rapport No.: BI-68-42/4 N7-1, Mai 1968, Onderzoek naar de sterkte van ongewapende kolomvoegen.

[3] Grasser, E. und Daschner, F.: Die Druckfestigkeit von Mörtelfugen zwischen Betonfertigteilen. DAfSt, H. 221.

[4] Hahn, V. und Hornung, K.: Untersuchungen von Mörtelfugen unter vorgefertigten Stahlbetonstützen, Betonstein-Zeitung 1968, S. 553–562.

[5] Beck, H., Henzel, J. und Nicolay, J.: Zur Tragfähigkeit stumpfgestoßener Fertigteilstützen, Festschrift-Franz. Aus der Theorie und Praxis des Stahlbetons, Wilhelm Ernst & Sohn, Berlin/München 1969.

[6] v. Halász, R. und Bohle, H.: Tragfähigkeit von flachen Mörtelfugen stumpfgestoßener Stahlbetonfertigteilstützen. TU Berlin, Institut für Baukonstruktion und Festigkeit.

[7] Weigler, H. und Nicolay, J.: Prüfung von Fertigteil-Stützenstößen auf ihre Tragfähigkeit. T.H. Darmstadt, Institut für Massivbau, Prüfungsbericht Nr. 568.66 vom 15.8.1966.

[8] Zimmermann, W. und Dieterle, H.: Belastungsversuche an gestoßenen Stützen. Otto-Graf-Institut an der TH Stuttgart, Amtliche Forschungs- und Materialprüfanstalt für das Bauwesen, Prüfungsbericht Nr. S 11 659, vom 25.3.1970.

[9] Brandt, B. und Schäfer, H.G.: Verbindungen von Stahlbetonfertigteilstützen. Forschungsreihe der Bauindustrie, B. 18, 1974.

[10] Weigler, H. und Heinzel, J.: Untersuchungen über die Tragfähigkeit netzbewehrter Betonsäulen. DAfSt, H. 174.

[11] Stützenstöße mit Epoxidharzmörtel, Bauplanung-Bautechnik, 1974, S. 358.

[12] Keller, E.: Epoxidharzzementmörtel. Dissertation TU Stuttgart, 1970.

[13] Wurm, P. und Daschner, F.: Versuche über Teilflächenbelastung von Normalbeton. DAfSt, H. 286.

[14] Guyon, Y.: Béton précontraint. Étude théoréque et expérimentale. Éditions Eyrolles, Paris 1954, (Auszug in [7], Kapitel 9).

[15] Hiltscher, R. und Florin, G.: Spalt- und Abreißzugspannungen in rechteckigen Scheiben, die durch eine Last in verschiedenem Abstand von einer Scheibenecke belastet sind. Die Bautechnik (1963), H. 12, S. 401–408.

[16] Sargious, M.: Beitrag zur Ermittlung der Hauptzugspannungen am Endauflager vorgespannter Betonbalken. Dissertation TH-Stuttgart 1960 und Bautechnik (1961), S. 91–97.

[17] Leonhardt, F.: Spannbeton für die Praxis. 3. Aufl. Wilhelm Ernst & Sohn, Berlin/München/Düsseldorf 1973.

[18] Hiltscher, R. und Florin, G.: Spaltzugspannungen in kreiszylindrischen Säulen. Bautechnik (1972), S. 90–94.

[19] Mörsch, E.: Über die Berechnung der Gelenkquader. Beton und Eisen (1924), H. 12, S. 156–161.

[20] Bartsch: Wälzgelenke und Stelzenlager aus Eisenbeton. Beton und Eisen (1935), S. 61 und (1938), S. 315.

[21] Sievers, H.: Über den Spannungszustand im Bereich der Ankerplatten von Spanngliedern vorgespannter Stahlbetonkonstruktionen. Der Bauingenieur (1956), S. 134–135.

[22] Iyengar, K.T.: Der Spannungszustand in einem elastischen Halbstreifen und seine technischen Anwendungen. Dissertation TH Hannover 1960.

[23] Hiltscher, R. und Florin, G.: Darstellung der Spaltzugspannungen unter einer konzentrierten Last nach Guyon-Iyengar und nach Hiltscher und Florin. Die Bautechnik (1968), H. 6, S. 196–200.

[24] Leonhardt, F. und Teichen, K.-T.: Druck-Stöße von Bewehrungsstäben. DAfSt, H. 222.

[25] Leonhardt, F., Rostásy, F. und Patzak, M.: Versuche zum Tragverhalten von Drucküübergreifungsstößen in Stahlbetonwänden. DAfSt, H. 207.

[26] Eisenbiegler, W.: Das Verbundverhalten druckbeanspruchter Betonrippenstähle im Beton. Dissertation TH Karlsruhe 1975.

[27] Müller, F.P. und Eisenbiegler, W.: Experimentelle und theoretische Untersuchungen zur Lasteintragung in die Bewehrung von Stahlbetondruckgliedern. DAfSt, H. 284.

[28] Sack, W.-M.: Ausbildung von Stützenstößen im Betonfertigteilbau. Diplomarbeit am Lehrstuhl für Baukonstruktion und Vorfertigung der TU Braunschweig, 1975.

[29] Sievers, H.: Die Berechnung von Auflagerbänken und Auflagerquadern von Brückenpfeilern. Der Bauingenieur (1952), S. 209–213.

[30] SCHLEEH, W.: Die Rechteckscheibe mit beliebiger Belastung der kurzen Ränder. Beton- und Stahlbetonbau (1961), S. 72–83.

[31] BASLER, E. und WITTA, E.: Grundlagen für kraftschlüssige Verbindungen in der Vorfabrikation. Beton-Verlag, Düsseldorf 1967.

[32] PASCHEN, H.: Bauten mit Beton- und Stahlbetonfertigteilen. Betonkalender 1975, Bd. II. Wilhelm Ernst & Sohn, Berlin/München/Düsseldorf 1975.

[33] Die Montagebauweise mit Stahlbetonfertigteilen. Internat. Kongress 1954 TH Dresden, VEB-Verlag Technik, Berlin 1956.

[34] GRASSER, E.: Darstellung und kritische Analyse der Grundlagen für eine wirklichkeitsnahe Bemessung von Stahlbetonquerschnitten bei einachsigen Spannungszuständen. Dissertation TH München, 1968.

[35] REHM, G. und MARTIN, H.: Biegefeste Verbindung von Stahlbetonfertigteilen. Betonstein-Zeitung (1970), H. 7, S. 447–453.

[36] LEONHARDT, F. und TEICHEN, K.-Th.: Stahlbetonstützen mit hochfestem Stahl St 90. DAfSt 1972, H. 222.

Ulrich Quast

Schlanke Stahlbetonstützen einfach berechnet

Zusammenstellung der Formelzeichen

A — Fläche

A_b — Querschnittsfläche des Betons (brutto)

A_{s1} — Querschnittsfläche der Bewehrung mit Randabstand d_1

A_{s2} — Querschnittsfläche der Bewehrung mit Randabstand d_2

B — Biegesteifigkeit des Querschnitts

B_I — Biegesteifigkeit EI des Querschnitts im Zustand I (ungerissene Zugzone)

B_{II} — Biegesteifigkeit des Querschnitts im Zustand II (gerissene Zugzone) oder Anstieg der Ersatzgeraden für die M/k-Beziehung

E — Elastizitätsmodul

E_b — Elastizitätsmodul des Betons

E_s — Elastizitätsmodul des Betonstahls

E_0 — Elastizitätsmodul für $\varepsilon = 0$

F — Last

H — Horizontallast

I — Flächenmoment 2. Grades

I_b — Flächenmoment 2. Grades der Betonfläche A_b

I_i — Ideelles Flächenmoment 2. Grades mit Einrechnung der $(E_s/E_b - 1)$fachen Bewehrung

I_s — Flächenmoment 2. Grades der Bewehrung A_s

K — Krümmung in bezogener Form $K = k \cdot d$, indizierte Größen K sinngemäß wie indizierte Größen k

M — Moment

M_a^I — Moment nach Theorie 1. Ordnung an der Stelle a

M_b^{II} — Moment nach Theorie 2. Ordnung an der Stelle b

M_u — Grenzmoment, rechn. Bruchmoment $M_u = \gamma \cdot M$

M_0 — Moment für $k = 0$ bei Anwendung einer Ersatzgeraden für die M/k-Beziehung

N — Längskraft

N_u — Grenzlängskraft, rechn. Bruchlängskraft $N_u = \gamma \cdot N$

V — Vertikallast

b — Querschnittsbreite

b_I — auf $A_b \cdot d^2 \cdot \beta_R$ bezogene Biegesteifigkeit B_I

b_{II} — auf $A_b \cdot d^2 \cdot \beta_R$ bezogene Biegesteifigkeit B_{II}

b_u — auf $A_b \cdot d^2 \cdot \beta_R$ bezogene Steifigkeit $b_u = m_u / (k_u \cdot d)$

d — Querschnittsdicke

d_1 — Abstand der Bewehrung vom Druckrand

d_2 — Abstand der Bewehrung vom Zugrand

e — Lastausmitte

e_V — Lastausmitte infolge Vorverformung

k — Krümmung eines Stabes ($k = 1/r$)

k_a^I — Krümmung an der Stelle a nach Theorie 1. Ordnung

k_b^{II} — Krümmung an der Stelle b nach Theorie 2. Ordnung

k_u — Grenzkrümmung

k_0 — Krümmung für $M = 0$ bei Anwendung einer Ersatzgeraden für die M/k-Beziehung

l — Stützweite

m — auf $A_b \cdot d \cdot \beta_R$ bezogenes Moment M indizierte Größen m sinngemäß wie indizierte Größen M

n — auf $A_b \cdot \beta_R$ bezogene Längskraft N indizierte Größen n sinngemäß wie indizierte Größen N

r — Radius des Krümmungskreises

s — Stablänge

s_K — Ersatzlänge, sogenannte Knicklänge

v — Stabverformung

v^I — Stabverformung nach Theorie 1. Ordnung

v^{II} — Stabverformung nach Theorie 2. Ordnung

α — Winkel zwischen Querschnittshauptachse und Momentenebene, Stabneigungswinkel

β_R — Rechnungswert d. Betondruckfestigkeit ($\beta_R = \mathrm{cal}\,\beta$)

β_S — Festigkeit an der Streckgrenze der Bewehrungsstahls

ε — Dehnung, als Stauchung negativ

ε_b — Betondehnung

ε_S — Dehnung bei Erreichen der Festigkeit (β_R oder β_S)

ε_s — Stahldehnung

ε_{s1} Stahldehnung der Bewehrung A_{s1}
ε_{s2} Stahldehnung der Bewehrung A_{s2}
ε_u Grenzdehnung
γ Sicherheitsbeiwert
ω_0 auf $A_b \cdot \beta_R / \beta_S$ bezogenes, mechanisches Bewehrungsverhältnis

$$\omega_{01} = A_{s1} \cdot \beta_S / (A_b \cdot \beta_R)$$
$$\omega_{02} = A_{s2} \cdot \beta_S / (A_b \cdot \beta_R)$$

σ Spannung
σ_b Betonspannung
σ_s Stahlspannung

1 Einleitung

Die Einführung des Traglastverfahrens durch DIN 1045 [1] vor sieben Jahren hat für die übliche Biegebemessung von Stahlbetonbauteilen (Regelbemessung) keine nennenswerten Umstellungsschwierigkeiten gebracht. Es standen rechtzeitig Bemessungshilfen in bereits bekannter Form zur Verfügung, so daß die Umstellung in den Grundlagen bei der praktischen Anwendung der neuen Bemessungshilfen oft gar nicht auffiel. Die Bemessungshilfen werden für Schnittgrößen im Gebrauchslastzustand angewendet; es ist deshalb gar nicht unmittelbar zu ersehen, daß die Bemessung auf eine ausreichende Sicherheit gegen Erreichen des Bruchzustands hin erfolgt.

Wegen der erwünschten Gleichartigkeit wurden auch die Bemessungshilfen zur Berechnung schlanker Stahlbetondruckglieder für die Anwendung mit Gebrauchsschnittgrößen aufgestellt. Bei der Berechnung schlanker Stahlbetondruckglieder mit diesen Bemessungshilfen können die Grundlagen des Traglastverfahrens überhaupt nicht erkannt werden. Anders als bei den Bemessungshilfen für die Regelbemessung mag hierin bereits ein grundsätzlicher Nachteil gesehen werden. Die Grundlagen der Berechnung schlanker Stahlbetondruckglieder nach dem Traglastverfahren waren den in der Praxis tätigen Ingenieuren unbekannt. Dies führte allgemein zu einer Abneigung, sich mit den Grundlagen des Traglastverfahrens zu befassen. Dies wäre aber die Voraussetzung, um die zur Zeit der Einführung der DIN 1045 bekannten und unzureichenden Bemessungsverfahren für schlanke Stahlbetondruckglieder verbessern zu können [1], [2].

Mit dem einfach zu handhabenden f-Verfahren (zusätzliche Ausmitte f für die Last) für mäßig schlanke Stahl-betondruckglieder, wie es DIN 1045 enthält, lassen sich die meisten Bemessungen von Stahlbetonstützen im Hochbau durchführen. Das Verstehen der Grundlagen ist hierbei weitgehend entbehrlich. Zweckmäßige Verfahren zur Berechnung sehr schlanker Stahlbetondruckglieder bleiben oft auch deswegen unbekannt, weil sie nur selten benötigt und noch seltener angewendet werden. Die Berechnung schlanker Stahlbetonstützen nach einer vereinfachten Theorie 2. Ordnung wird oft für zu schwierig gehalten; außerdem wird oft der Standpunkt vertreten, daß praktisch anwendbare Verfahren nur auf der Grundlage einer linearen Elastizitätstheorie und nicht nach einem Traglastverfahren aufgebaut sein dürfen.

Es ist Sinn und Zweck dieses Aufsatzes, zu zeigen, in welcher Weise die Theorie 2. Ordnung zur praktischen Berechnung schlanker Stahlbetonstützen vereinfacht werden kann, so daß sie sich ebenso einfach wie mit einer linearen Elastizitätstheorie durchführen läßt. Eine Besonderheit der Berechnungen im Stahlbetonbau ist es, daß die erforderliche Bewehrung direkt errechnet werden soll. Diesem Umstand können viele der bekannten Verfahren zur Berechnung von Bauteilen nach Theorie 2. Ordnung nicht genügen. Die hier nachfolgend beschriebenen Vereinfachungen nehmen auf diese Besonderheit der Berechnung im Stahlbetonbau besondere Rücksicht.

2 Stabkrümmung und -verformung infolge vorgegebener Dehnungen

In der technischen Biegelehre wird der Begriff der Stabkrümmung, die zur Berechnung von Stabverformungen benötigt wird, in der Regel nicht als eine solche ursprüngliche Größe erkannt, weil statt der Stabkrümmung der Quotient aus lastabhängigem Biegemoment und lastunabhängiger Biegesteifigkeit verwendet wird. In der nichtlinearen Elastizitätstheorie wird die Beanspruchbarkeit durch die Begrenzung der Dehnungen festgelegt. Es ist deshalb vorteilhaft, auch die Krümmungen und die aus ihnen folgenden Stabverformungen unmittelbar durch die ausnutzbaren Dehnungen auszudrücken. Dies ist eine völlig andere Vorgehensweise gegenüber der dem Ingenieur geläufigen linearen Elastizitätstheorie. Dadurch ergeben sich aber keine eigentlichen Schwierigkeiten für die Durchführung der Berechnungen, allenfalls können sich anfänglich bei

Ungeübten Schwierigkeiten dadurch einstellen, daß es sich um eine neuartige, weil bisher nicht geübte Betrachtungsweise handelt.

Die Zusammenhänge zwischen den Dehnungen eines Stabelements und seiner Krümmung lassen sich aus Bild 1 ersehen. Es sind zwei ähnliche Dreiecke gekennzeichnet, in denen sich der Winkel $d\alpha$ durch das Verhältnis der Katheten ausdrücken läßt. Als Krümmung k wird der Kehrwert des Halbmessers r des die Stabachse bereichsweise ersetzenden Kreises bezeichnet. Somit ergibt sich die Krümmung k als Differenzen- oder Differentialquotient der Dehnungen in Richtung der Querschnittsordinate z. Ist die Dehnung des Stabelements an zwei Querschnittsstellen mit unterschiedlichem Abstand vom Krümmungskreismittelpunkt bekannt, so ist damit eindeutig die Krümmung des Stabelements beschrieben. Der Größtwert der Krümmung ist durch die Größtwerte der ausnutzbaren Dehnungen festgelegt. Für die Regelbemessung wird die größte Betonstauchung mit $\varepsilon_b = -3{,}5$ mm/m und die größte Stahlzugdehnung mit $\varepsilon_{s2} = 5{,}0$ mm/m begrenzt. Bei Vorgabe einer bestimmten Längskraft N kann in der Regel nur eine der beiden Grenzdehnungen mit ihrem Größtwert ausgenutzt werden. Bei großer Längskraft (Druckbruch) wird $\varepsilon_b = -3{,}5$ mm/m und bei kleiner Längskraft (Zugbruch) wird $\varepsilon_{s2} = 5{,}0$ mm/m bei der Regelbemessung ausgenutzt.

Bei Anwendung der üblichen σ/ε-Linien in DIN 1045 [1] werden die Größtwerte der ausnutzbaren Spannungen bereits bei kleineren Dehnungen, als sie die Grenzdehnungen angeben, erreicht. Für übliche Betonfestigkeitsklassen und übliche Betonstähle ist das Material bei Ausnutzen der Größtwerte für die Grenzdehnungen rechnerisch bereits im plastischen Zustand. Nach dem Erreichen des plastischen Zustandes entweder in der Zug- oder in der Druckbewehrung kann das aus den Querschnittsspannungen resultierende innere Moment nur noch in einem geringen Maße durch weitere Steigerung der Randdehnungen anwachsen, weil die resultierende Zugkraft Z und die resultierende Druckkraft D der Querschnittsspannungen wegen des Gleichgewichts der Schnittgrößen $(N = Z + D)$ nicht mehr anwachsen können. Eine Vergrößerung des resultierenden Moments M ist deshalb nur in dem Maße möglich, wie sich der Hebelarm der inneren Kräfte D und Z noch steigern läßt. Hieraus folgt für schlanke Stahlbetonbauteile, daß sich nur die Dehnung bei Erreichen des Fließzustandes entweder in der Zug- oder in der Druckbewehrung ausnutzen läßt. Bei einer Vergrößerung der Dehnungen über den Fließzustand hinaus, würde der Winkel $d\alpha$ anwachsen, ohne daß das innere Moment M nennenswert größer wird. Infolge einer Vergrößerung des Winkels $d\alpha$ folgt für die Angriffsstelle einer Vertikallast V, im Abstand s eine Vergrößerung der Verformung $v = s \cdot d\alpha$, woraus eine Vergrößerung des einwirkenden Moments $M = -V \cdot s \cdot d\alpha$ folgt. Diese Vergrößerung des einwirkenden Moments kann bei hinreichend schlanken Stahlbetonbauteilen nicht mehr durch eine Vergrößerung des inneren Moments M im Gleichgewicht gehalten werden, wodurch das Versagen des Stahlbetonbauteils eingeleitet wird.

Der Größtwert aller überhaupt ausnutzbaren Krümmungen ergibt sich dann, wenn gleichzeitig in den Fasern der Zug- und Druckbewehrung die Dehnung ε_s bei Erreichen der Stahlfestigkeit β_s ausgenutzt wird. Daraus folgt unmittelbar die für Berechnungen nach Theorie 2. Ordnung ausnutzbare größte Stabkrümmung

$$\max k^{\mathrm{II}} = \frac{\varepsilon_s - (-\varepsilon_s)}{z_2 - z_1}, \tag{1}$$

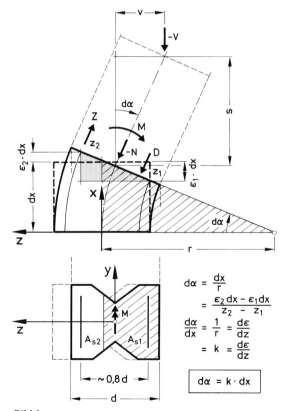

Die Gleichungen im Bild:

$$d\alpha = \frac{dx}{r}$$

$$= \frac{\varepsilon_2\, dx - \varepsilon_1\, dx}{z_2 - z_1}$$

$$\frac{d\alpha}{dx} = \frac{1}{r} = \frac{d\varepsilon}{dz}$$

$$= k = \frac{d\varepsilon}{dz}$$

$$\boxed{d\alpha = k \cdot dx}$$

Bild 1
Verformung eines gekrümmten Stabelements

271

die bei Annahme von $z_2 - z_1 = 0.8\,d$
für BSt 420/500 zu

$$\max k^{\mathrm{II}} = \frac{2 - (-2)}{0.8\,d}\,10^{-3} = \frac{1}{200\,d} \tag{2}$$

wird.

Die Feststellung, daß sich stabile Gleichgewichtszustände bei schlanken Bauteilen nur dann nachweisen lassen, wenn die Fließdehnungen nicht überschritten werden, ist auch für Stahlbauteile in DIN 4114 enthalten. Eine ausführlichere Begründung für die Begrenzung der Dehnungen auf die Werte bei Erreichen der Stahlfestigkeit läßt sich unter anderem auch in [3] nachlesen.

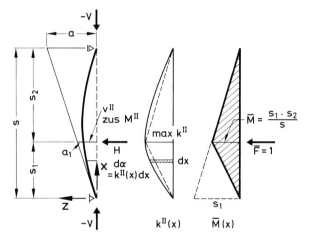

Bild 2
Stütze mit einer Horizontallast

Der Zusammenhang zwischen der Stabkrümmung $k^{\mathrm{II}}(x)$ und der Verformung v^{II} nach Theorie 2. Ordnung soll nachfolgend anhand des Bildes 2 abgeleitet werden. Die Richtungsänderung der Stabachse an der Stelle x infolge Krümmung auf eine Länge dx

$$d\alpha(x) = k^{\mathrm{II}}(x) \cdot dx \tag{3}$$

erzeugt entsprechend Bild 1 am oberen Auflager einen Anteil da an der Strecke a, der

$$\begin{aligned} da &= (s-x) \cdot d\alpha(x) \\ &= (s-x) \cdot k^{\mathrm{II}}(x) \cdot dx \end{aligned} \tag{4}$$

ist. Somit ergibt sich a aus der Integration entsprechend Gl. (5).

$$a = \int_0^s (s-x) \cdot k^{\mathrm{II}}(x) \cdot dx. \tag{5}$$

Die Strecke a_1 an der Stelle der Horizontallast H ergibt sich sinngemäß zu Gl. (5) zu:

$$a_1 = \int_0^{s_1} (s_1 - x) \cdot k^{\mathrm{II}}(x) \cdot dx. \tag{6}$$

Die Verschiebung v^{II} an der Stelle der Horizontallast H ergibt sich aus a und a_1 zu:

$$v^{\mathrm{II}} = \frac{a}{s}\,s_1 - a_1 \tag{7}$$

$$= \int_0^s \frac{s_1}{s}\,(s-x) \cdot k^{\mathrm{II}}(x) \cdot dx \tag{8}$$

$$\quad - \int_0^{s_1} (s_1 - x) \cdot k^{\mathrm{II}}(x) \cdot dx.$$

In diesen beiden Gleichungen läßt sich die MOHRsche Analogie erkennen. Faßt man $k^{\mathrm{II}}(x)$ als eine Streckenlast auf, so ist a gleich dem statischem Moment dieser Streckenlast um das obere Auflager und a/s gleich der Auflagerkraft im unteren Auflager infolge dieser Streckenlast. Der erste Teil des Ausdrucks in Gl. (8) entspricht dem Moment infolge der unteren Auflagerkraft im Abstand s_1, und der zweite Ausdruck entspricht dem Moment im Abstand s_1 vom unteren Auflager infolge der Streckenlast zwischen dem unterem Auflager und dieser Stelle im Abstand s_1.

Des weiteren läßt sich aus Gl. (8) auch der Arbeitssatz ersehen, mit dessen Hilfe sich die Verschiebung v^{II} gemäß Gl. (9) anschreiben läßt.

$$v^{\mathrm{II}} = \int_0^s M(x) \cdot k^{\mathrm{II}}(x) \cdot dx. \tag{9}$$

Der Ausdruck $(s_1/s) \cdot (s-x)$ in dem ersten Integral in Gl. (8) entspricht dem Dreieck in der Figur der virtuellen Momente $\overline{M}(x)$ mit den Katheten s_1 und s. Der Ausdruck $(s_1 - x)$ im zweiten Integral in Gl. (8) entspricht dem Dreieck außerhalb des schraffierten Bereichs; die Differenz aus beiden Ausdrücken ist gleich dem schraffierten Bereich und dieser gleich den virtuellen Momenten $\overline{M}(x)$.

Bei Annahme parabelförmigen Verlaufs der Krümmung, jeweils in den Abschnitten s_1 und s_2, ergibt sich der Größtwert der Verformung nach Theorie 2. Ordnung entsprechend Gl. (10).

$$\max v^{\mathrm{II}} = \frac{5}{12}\max k^{\mathrm{II}}\,\frac{s_1 \cdot s_2}{s}\,s \tag{10}$$

Mit Gl. (2) wird hieraus:

$$\max v^{\mathrm{II}} \simeq \frac{s_1 \cdot s_2}{500\,d}. \tag{11}$$

Bei Annahme geradlinigen Verlaufs der Krümmung in den beiden Abschnitten s_1 und s_2 ergibt sich der Größtwert der Verformung nach Theorie 2. Ordnung zu:

$$\max v^{II} \simeq \frac{s_1 \cdot s_2}{600 \, d}. \tag{12}$$

Mit Gl. (11) oder (12) läßt sich dann unmittelbar das Zusatzmoment infolge der Stabverformung angeben; es ist:

$$\text{zus } M^{II} \simeq - V \cdot v^{II}. \tag{13}$$

Für eine baupraktische Anwendung genügt es oft, die Auswirkung der Stabverformung mit dem Größtwert der Verformung entsprechend Gl. (11) nachzuweisen. Nur in Sonderfällen wird es erforderlich sein, die Berechnung mit einem zutreffenderen Wert der Verformung nach Theorie 2. Ordnung durchzuführen. Zur Entscheidung, ob man die Verformung nach Theorie 2. Ordnung entsprechend Gl. (11) oder Gl. (12) wählen soll, kann gesagt werden, daß Gl. (11) um so zutreffender sein wird, je größer der Anteil des Zusatzmoments am Gesamtmoment ist. Das bedeutet umgekehrt, daß Gl. (12) für die Verformung nach Theorie 2. Ordnung um so zutreffender ist, je kleiner der Anteil des Verformungsmoments am Gesamtmoment ist. Ein kleinerer Wert für den maßgebenden Größtwert der Krümmung nach Theorie 2. Ordnung, als ihn Gl. (2) angibt, läßt sich unter Zuhilfenahme entsprechender Bemessungshilfen (beispielsweise Tabelle 1) gewinnen. Hierauf wird ausführlicher in den folgenden Abschnitten eingegangen werden.

Für die Stütze mit einer Auskragung entsprechend Bild 3 läßt sich für die Stelle des größten Gesamtmoments

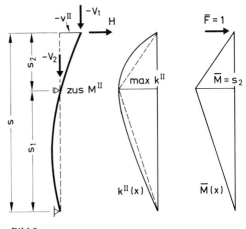

Bild 3
Stütze mit Auskragung

ebenfalls auf einfache Art das Zusatzmoment infolge der Verformung nach Gl. (14) mit Hilfe von Gl. (13) angeben.

$$v^{II} \simeq s_2 \frac{s}{500 \text{ bis } 600 \, d} \tag{14}$$

Mit den oben angegebenen Gleichungen läßt sich eine ausreichend sichere Bemessung schlanker Stahlbetonstützen dadurch erreichen, daß die planmäßigen Momente um die Momente infolge von Vorverformungen und infolge von Stabverformungen nach Theorie 2. Ordnung vergrößert werden und daß dann anschließend für die Gesamtmomente eine Bemessung mit dem Sicherheitswert $\gamma = 1,75$ entsprechend DIN 1045 durchgeführt wird. Die hier angegebenen Formeln für die Verformungen nach Theorie 2. Ordnung sind auch für komplizierte Systeme nicht wesentlich aufwendiger als beispielsweise die bekannten Gleichungen für die Zusatzmitte f nach DIN 1045. Die hier für zwei baupraktisch interessierende Stützensysteme abgeleiteten Verformungen infolge Theorie 2. Ordnung lassen sich sicherlich unschwer auch für andere Systeme ableiten, weil die grundsätzlichen Annahmen ganz allgemein gelten und den Anforderungen des Einzelfalles entsprechend abgewandelt werden können.

Die entscheidenden Vereinfachungen einer baupraktisch anwendbaren Theorie 2. Ordnung für schlanke Stahlbetonbauteile lassen sich aus diesem Abschnitt bereits ersehen:

Ausgehend von den Größtwerten ausnutzbarer Dehnungen (Fließdehnungen ε_s) lassen sich die Größtwerte ausnutzbarer Krümmungen im Gleichgewichtszustand nach Theorie 2. Ordnung ohne vorhergehende Ermittlung von Querschnittswerten unmittelbar angeben und mit ihnen bei Annahme sinnvoller Krümmungsverläufe über die Stablänge unmittelbar die Größtwerte der Verformungen nach Theorie 2. Ordnung, mit denen dann die Zusatzmomente an den Stellen der größten Beanspruchung unmittelbar bestimmt werden können. Der gefürchtete Aufwand in Berechnungen nach Theorie 2. Ordnung entsteht in der Regel nur dann, wenn die Gleichgewichtsbedingung nicht nur für die Stelle mit größter Beanspruchung hinreichend genau eingehalten werden soll, sondern rechnerisch exakt für alle Stellen des Stabes. Dies macht die Lösung entsprechender Differentialgleichungen erforderlich, was in der Regel mit dem bekannt großen Rechenaufwand verbunden ist. Aufgrund der vereinfachten σ/ε-Linien für Stahlbeton und den übrigen Unsicherheiten in der praktischen Berechnung von Stahlbetonbauteilen ist diese übergroße Genauigkeit aber fehl am Platz. Sie würde ohne entscheidende Verbesserung der Ergebnisse nur zu einem ungerechtfertigt großen Aufwand, nicht aber zu einer zutreffenderen Bemessung schlanker Stahlbetondruckglieder führen.

3 Resultierende Schnittgrößen infolge vorgegebener Dehnungen

Der Verlauf der aus den Querschnittsspannungen resultierenden Schnittgrößen infolge vorgegebener Dehnungen ist für einen ausgewählten Querschnittstyp mit einer bestimmten Bewehrungsanordnung und für charakteristische Dehnungen in Bild 4 dargestellt. Dieses Bild enthält die Grenzlinien für die bezogenen Schnittgrößen n und m. Zu jeder der insgesamt vier Grenzlinien gehört ein anderer charakteristischer Dehnungszustand. Die Linie 1 grenzt den ungerissenen Zustand (Stadium I) vom gerissenen Zustand (Stadium II) ab. Entlang der

Grenzlinie ist eine der Betonranddehnungen ε_b bzw. die Stahlzugdehnung $\varepsilon_{s2} = 0$. Die Linien 2 und 3 gehören zu charakteristischen Dehnungszuständen, in denen entweder die Zug- oder die Druckbewehrung gerade den Fließzustand erreicht ($\varepsilon_{s2} = 2{,}0$ mm/m oder $\varepsilon_{s1} = -2{,}0$ mm/m). Die Linie 4 schließlich gehört zu charakteristischen Dehnungszuständen, in denen entweder die Betonranddehnung oder die Stahlzugdehnung den Grenzwert der ausnutzbaren Dehnung für die Regelbemessung erreicht ($\varepsilon_b = -3{,}5$ mm/m oder $\varepsilon_{s2} = 5{,}0$ mm/m).

Der Verlauf der Linie 4 ist dem praktisch tätigen Ingenieur durch die Anwendung entsprechender Bemessungshilfen bekannt. Die Bemessungshilfen für Biegung mit Längskraft enthalten für eine bestimmte Anzahl von Bewehrungsverhältnissen entsprechende Linien, die allerdings für Gebrauchsschnittgrößen wegen des dehnungsabhängigen Sicherheitsbeiwerts nach DIN 1045 im Druckbruchbereich eine Änderung des Verlaufes gegenüber dem für Bruchschnittgrößen erfahren. Der praktisch tätige Ingenieur ist es gewöhnt, diese Grenzlinien nicht im einzelnen zu berechnen, sondern für übliche Querschnitte auf Bemessungshilfen zurückzugreifen. Die Berechnung der resultierenden Schnittgrößen für beliebige Dehnungszustände und beliebige σ/ε-Linien ist an und für sich keine wissenschaftlich anspruchsvolle Aufgabe, aber der rein rechnerische Aufwand ist entsprechend groß und wird deshalb vernünftigerweise nur programmgesteuert durchgeführt.

Für schlanke Stahlbetondruckglieder kann nicht der ganze Bereich, wie ihn die Grenzlinien festlegen, ausgenutzt werden. Für das gewählte Bewehrungsverhältnis und für Bauteile mit Schlankheiten $s/d \geqq 20$ kann je nach planmäßiger Ausmitte e/d nur der Bereich für n zwischen 0 und $-1{,}0$ ausgenutzt werden. Für $s/d \geqq 20$ und $e/d \geqq 0{,}30$ kann nur der Bereich zwischen $n = 0$ und $-0{,}5$ ausgenutzt werden. Ebenfalls nur bis $n = -0{,}5$ kann der Bereich für Bauteile mit Schlankheiten $s/d \geqq 30$ und planmäßiger Ausmitte $e/d \geqq 0$ ausgenutzt werden. Je nach der vorhandenen Längskraft n tritt in dem für schlanke Bauteile ausnutzbaren Bereich ein mehr oder weniger großer ungerissener und gerissener Bereich auf. Aus Bild 4 ist unmittelbar zu ersehen, daß der Bereich zwischen dem Fließzustand (Linie 2 oder 3) und dem Grenzzustand (Linie 4) – verglichen mit der Größe des Gesamtbereiches – nur sehr klein ist. Von verschiedenen Seiten wurde deshalb in vergangenen Jahren wiederholt vorgeschlagen, für die Bemessung nicht die Grenzlinie 4, sondern nur die Grenzlinie 2 und

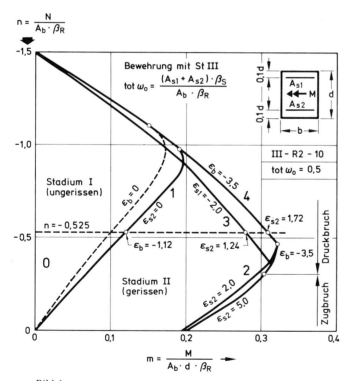

Bild 4
Grenzlinien der bezogenen Schnittgrößen für verschiedene Grenzdehnungszustände (Sicherheitsbeiwert $\gamma = 1{,}0$; ε in mm/m)

274

3 zu verwenden. Die tatsächlich mögliche, größere Beanspruchung bis zum wirklichen Bruch könnte durch entsprechend andere Formulierung des Sicherheitsabstandes aufgefangen werden, ohne daß sich durch diese Verringerung der Bezugsmomente wirtschaftliche Nachteile ergeben müßten. Für die Bemessung schlanker Stahlbetondruckglieder hätte diese Regelung außerdem den großen Vorzug, daß sie den für schlanke Stahlbetondruckglieder ausnutzbaren Dehnungszustand auch für die Regelbemessung vorschreibt, was für den praktisch tätigen Ingenieur den großen Vorzug ergeben würde, daß er mit ein und derselben Bemessungshilfe sowohl die Regelbemessung als auch die Bemessung schlanker Stahlbetondruckglieder durchführen kann.

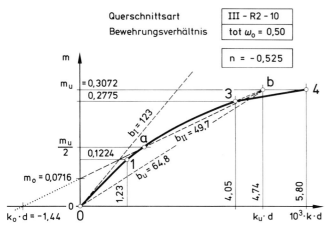

Bild 5
Moment/Krümmungs-Linie in bezogener Form
(Sicherheitsbeiwert $\gamma = 1,0$)

In einer Darstellung des Zusammenhanges zwischen bezogenem Moment m und bezogener Krümmung $k \cdot d$ für eine ausgewählte bezogene Längskraft n, wie sie Bild 5 darstellt, ergeben sich für die Momente nahe den Grenzlinien mehr oder weniger deutliche Unstetigkeiten in der Moment/Krümmungs-Linie. Die Punkte 1, 3 und 4 in Bild 5 markieren die Zustände, wie sie in Bild 4 durch die Grenzlinien 1, 3 und 4 gegeben sind. Die Unstetigkeit der Moment/Krümmungs-Linie bei Erreichen des Fließzustands ist um so deutlicher zu erkennen, je größer der Bewehrungsanteil und je größer die Konzentration der Bewehrung am Querschnittsrand ist.
Verformungsberechnungen mit Zugrundelegen nichtlinearer Moment/Krümmungs-Linien können nicht nach klassischen, analytischen Verfahren erfolgen, sondern

sind nur durch Anwendung numerischer Verfahren möglich, wozu wiederum vernünftigerweise programmgesteuerte Rechenmaschinen verwendet werden. Für Standsicherheitsnachweise kann der praktisch tätige Ingenieur aber Vereinfachungen der Moment/Krümmungs-Linie vornehmen, mit denen er ausreichend genaue Ergebnisse erhält. Wie diese Vereinfachungen sinnvollerweise vorzunehmen sind, wird im folgenden Abschnitt erläutert.

4 Auswirkungen unterschiedlicher Vereinfachungen der Moment/Krümmungs-Beziehung

Die Ersatzgerade durch die Punkte a und b für die tatsächliche Moment/Krümmungs-Beziehung in Bild 5 läßt sich mit den Werten für $m_u = 1,75 \cdot m$, $k_u \cdot d$ und b_{II} festlegen, die aus einer Bemessungshilfe entnommen werden können. Eine solche Bemessungshilfe ist in Tabelle 1 wiedergegeben. Die Koordinaten des Punktes b sind m_u und $k_u \cdot d$. m_u ist das Grenzmoment mit den Grenzdehnungen der Regelbemessung ($\varepsilon = -3,5$ mm/m oder $\varepsilon_{s2} = 5,0$ mm/m). Der tabellierte Wert $k_u \cdot d$ wurde so berechnet, daß der Punkt b auf der Verlängerung der tatsächlichen Moment/Krümmungs-Linie über den Punkt 3 hinaus zu liegen kommt. Der Anstieg der Ersatzgeraden ist gleich der bezogenen Biegesteifigkeit b_{II} im gerissenen Zustand des Stahlbetonquerschnittes. Der in der Bemessungshilfe tabellierte Wert b_{II} wurde für eine Gerade durch die Punkte a und b berechnet, wobei der Punkt a auf der tatsächlichen Moment/Krümmungs-Linie in Höhe des Momentes $m_u/2$ liegt. Der Anstieg der Ersatzgeraden für den ungerissenen Zustand I ergibt sich zu b_I nach Gl. (15).

$$b_I = \frac{E_b I_b + E_s I_s}{A_b \cdot d^2 \cdot \beta_R}$$

$$= \frac{E_b}{12\beta_R} + \frac{\omega_0 (0,5 - d_1/d)^2 \cdot E_s}{\beta_s} \qquad (15)$$

Unter Beachtung des Momentenvorzeichens ergibt sich die Krümmung in bezogener Form für doppelt symmetrische Querschnitte nach der allgemeinen Gl. (16). Kleine Krümmungen für kleine Momente haben nur einen geringen Anteil an der Gesamtverformung, wenn in dem betrachteten Stahlbetonbauteil Krümmungen bis zum Versagenszustand $k_u \cdot d$ ausgenutzt werden. In diesem Fall reicht es aus, die Ersatzgerade b_I zu vernachlässigen und den Gültigkeitsbereich der Ersatzgeraden b_{II} durch die Punkte a und b auf den ganzen Bereich für Krümmungen zwischen 0 und $k_u \cdot d$ auszudehnen. Für diese Ersatzgerade gilt dann Gl. (17).

$$k \cdot d = \text{sign}(m) \cdot Max$$
$$\left[\frac{abs(m)}{b_I}; k_u \cdot d - \frac{m_u - abs(m)}{b_{II}} \right] \quad (16)$$

$$\simeq \text{sign}(m) \cdot Max$$
$$\left[0; k_u \cdot d - \frac{m_u - abs(m)}{b_{II}} \right] \quad (17)$$

Die Ersatzgerade b_{II} entspricht in weiten Bereichen gut der Tangentensteifigkeit der tatsächlichen Moment/Krümmungs-Beziehung. Vielfach wird die Meinung vertreten, daß sich mit einer solchen Ersatzgeraden nicht hinreichend einfach arbeiten läßt, und es wird deshalb die Verwendung einer Ersatzgeraden entsprechend der Sekantensteifigkeit b_u vorgeschlagen. Es wird geltend gemacht, daß bei Verwendung der so definierten Ersatzgeraden alle bekannten Verfahren aus der klassischen Elastizitätstheorie ohne Änderung übernommen werden können und daß diese Vereinfachung stets auf der sicheren Seite liegt, weil wie aus Bild 5 zu ersehen

Tabelle 1
Bemessungshilfe für einen Rechteckquerschnitt wie in Bild 4

Zeile 1:	Bezogenes Moment	$10000 \cdot m = 10000 \cdot M/(A_b \cdot d \cdot \beta_R)$			
Zeile 2:	Bezogene Krümmung	$1000 \cdot K_u = 1000 \cdot k_u \cdot d$			
Zeile 3:	Bezogene Steifigkeit	$10 \cdot b_{II} = 10 \cdot B_{II}/(1{,}75\, A_b \cdot d^2 \cdot \beta_R)$			

$n = \dfrac{N}{A_b \cdot \beta_R}$	Bewehrungsverhältnis $\omega_0 = \text{tot } A_s \cdot \beta_S/(A_b \cdot \beta_R)$								
	0,10		0,30		0,50		1,00		2,00
0,00	243	*2303*	704	*2265*	1157	*2259*	2286	*2269*	4555
	2,86	*2,18*	3,30	*1,39*	3,58	*0,84*	4,00	*0,39*	4,38
	84	*628*	210	*532*	316	*480*	556	*456*	1012
−0,05	445	*2247*	894	*2247*	1344	*2258*	2473	*2273*	4746
	3,54	*1,11*	3,77	*0,97*	3,96	*0,63*	4,27	*0,29*	4,56
	86	*588*	204	*520*	308	*476*	546	*457*	1002
−0,10	624	*2237*	1071	*2254*	1522	*2269*	2656	*2279*	4935
	4,21	*0,23*	4,25	*0,58*	4,37	*0,40*	4,57	*0,17*	4,74
	95	*521*	199	*499*	299	*472*	534	*458*	993
−0,15	774	*2286*	1231	*2286*	1688	*2286*	2831	*2286*	5117
	4,86	*0,40*	4,77	*0,14*	4,80	*0,12*	4,86	*0,05*	4,92
	100	*464*	193	*477*	288	*469*	523	*461*	984
−0,20	869	*2286*	1326	*2286*	1783	*2286*	2926	*2286*	5212
	5,21	*0,75*	5,07	*−0,16*	5,03	*−0,04*	5,01	*−0,01*	5,00
	105	*421*	189	*459*	281	*466*	514	*463*	977
−0,25	917	*2286*	1374	*2286*	1831	*2286*	2974	*2286*	5259
	5,28	*−0,61*	5,16	*−0,21*	5,12	*−0,09*	5,07	*−0,03*	5,04
	111	*390*	189	*440*	277	*461*	507	*463*	971
−0,30	892	*2124*	1317	*2196*	1756	*2241*	2877	*2270*	5146
	4,56	*0,46*	4,65	*0,41*	4,74	*0,21*	4,84	*0,07*	4,91
	132	*355*	203	*403*	284	*447*	508	*462*	969
−0,40	743	*1891*	1121	*2005*	1522	*2127*	2585	*2224*	4809
	3,24	*1,04*	3,45	*1,45*	3,74	*0,89*	4,18	*0,35*	4,53
	181	*401*	261	*327*	327	*387*	520	*450*	970

$n = \dfrac{N}{A_b \cdot \beta_R}$	Bewehrungsverhältnis $\omega_0 = \text{tot } A_s \cdot \beta_S / (A_b \cdot \beta_R)$								
	0,10		0,30		0,50		1,00		2,00
−0,50	469 2,46 159	*2012* *0,83* *698*	872 2,63 298	*1970* *1,46* *438*	1266 2,92 386	*2053* *1,29* *337*	2292 3,56 554	*2180* *0,60* *421*	4473 4,16 975
−0,60	106 0,95 101	*2151* *4,83* *790*	536 1,91 259	*2139* *2,09* *653*	964 2,33 389	*2054* *1,33* *439*	1991 2,99 609	*2146* *0,80* *378*	4137 3,79 987
−0,80					222 0,75 290	*2205* *2,66* *659*	1325 208 620	*2136* *1,00* *432*	3461 3,09 1052
−1,00							560 1,02 544	*2205* *1,43* *566*	2765 2,45 1111
−1,20									2019 1,86 1074

Zwischen den Spalten stehen die Differenzenquotienten $\Delta 10\,000\ m/\Delta\omega_0$

$$\Delta\ \ 1\,000\ K_u/\Delta\omega_0$$

$$\Delta\ \ \ \ \ \ 10\ b_{\mathrm{II}}/\Delta\omega_0$$

ist, für jedes Moment m mit einer zu großen Krümmung $k \cdot d$ gerechnet wird. Diese Behauptungen bedürfen einer Überprüfung, die in den folgenden Abschnitten durchgeführt wird.

Für den Stab in Bild 6 kann bei Annahme des angegebenen Krümmungsverlaufs im verformten Zustand (Momente nach Theorie 2. Ordnung) die Auslenkung nach Theorie 2. Ordnung v^{II} entsprechend Gl. (18) ermittelt werden.

$$v^{\mathrm{II}} = \int_0^s k^{\mathrm{II}}(x) \cdot \overline{M}(x) \cdot dx$$
$$= s^2\left[\frac{5}{12}(k_a^{\mathrm{II}} - k_a^{\mathrm{I}}) + \frac{1}{3} k_a^{\mathrm{I}} + \frac{1}{6} k_b^{\mathrm{I}}\right]$$
$$\simeq \frac{s^2}{10}(4 k_a^{\mathrm{II}} - k_a^{\mathrm{I}} + 2 k_b^{\mathrm{I}}) \tag{18}$$

Das Moment nach Theorie 2. Ordnung an der Einspannstelle a läßt sich entsprechend Gl. (19) ermitteln, deren Herleitung in [3] zu ersehen ist. Diese Gleichung wird vielfach als zu kompliziert bezeichnet, und es wird darauf verwiesen, daß sich eine einfachere Beziehung entsprechend Gl. (23) ableiten läßt, wenn mit der Sekantensteifigkeit gearbeitet wird. Es läßt sich aber ein-

fach zeigen, daß Gl. (19) und Gl. (23) inhaltlich gleich sind.

$$M_a^{\mathrm{II}} = \frac{M_a^{\mathrm{I}} - N \dfrac{s^2}{10}\left(5 k_u - \dfrac{5 M_u + M_a^{\mathrm{I}} - 2 M_b^{\mathrm{I}}}{B_{\mathrm{II}}}\right)}{1 + N \dfrac{s^2}{10} \cdot \dfrac{4}{B_{\mathrm{II}}}} \tag{19}$$

In Gl. (19) kann der Begriff der Knicklast N_K entsprechend Gl. (20) eingeführt werden, und man erhält dann Gl. (21), wenn zusätzlich auch die Ausdrücke der Quotienten aus den Momenten M und der Biegesteifigkeit B_{II} entsprechend Gl. (17) durch die Krümmungen ausgedrückt werden.

$$\frac{10 B_{\mathrm{II}}}{4 s^2} = 1,01 \frac{\pi^2 B_{\mathrm{II}}}{4 s^2} \simeq -N_K \tag{20}$$

$$M_a^{\mathrm{II}} = M_a^{\mathrm{I}} - \frac{N \dfrac{s^2}{10}(3 k_a^{\mathrm{I}} + 2 k_b^{\mathrm{I}})}{1 - \dfrac{N}{N_K}} \tag{21}$$

In diese Gleichung läßt sich die Größe der Stabverformung v^{I} für Momente nach Theorie 1. Ordnung entsprechend Gl. (22) einführen, und man erhält dann diese Gleichung in der Form von Gl. (23).

$$\frac{s^2}{10}\left(3\,k_a^{\mathrm{I}}+2\,k_b^{\mathrm{I}}\right)\simeq s^2\left(\frac{1}{3}\,k_a^{\mathrm{I}}+\frac{1}{6}\,k_b^{\mathrm{I}}\right)=v^{\mathrm{I}} \qquad (22)$$

$$M_a^{\mathrm{II}}=M_a^{\mathrm{I}}-\frac{N\cdot v^{\mathrm{I}}}{1-\dfrac{N}{N_K}} \qquad (23)$$

Gl. (23) ist zweifellos leichter verständlich als Gl. (19) oder aus der klassischen Elastizitätstheorie bereits bekannt. Die Verwendung der beiden Begriffe, Verformung nach Theorie 1. Ordnung v^{I} und Knicklast N_K, ist jedoch nur für sehr einfache Systeme möglich. Für mehrgeschossige Systeme und für aussteifende Bauteile mit auszusteifenden gekoppelten Stützen – entsprechend Bild 20 in [3] – ergeben sich bereits Schwierigkeiten, die Größen v^{I} und N_K zu verwenden, insbesondere auch dann, wenn Fußdrehungen infolge nur elastischer Einspannung oder wenn die Auswirkung gestaffelter Bewehrungsführung berücksichtigt werden sollen. Die vermeintlich leichter verständliche Schreibweise entsprechend Gl. (23) bringt deshalb keine wirklichen Vorteile für eine allgemeine Anwendung. Zur Durchführung der Bemessungsaufgabe ist die Anwendung der Gleichgewichtsbeziehung entsprechend Gl. (23) sogar nachteilig, wie in dem folgenden Abschnitt gezeigt werden wird.

4.1 Ermittlung der erforderlichen Bewehrung (Bemessung)

Die rechnerische Ermittlung der erforderlichen Bewehrung für schlanke Stahlbetonbauteile kann mit Hilfe von iterativen Verfahren durchgeführt werden. In Tabelle 2 sind die Ergebnisse von drei solcher Verfahren aufgeführt, um sie miteinander vergleichen zu können.

Das erste Verfahren bestimmt das Moment nach Theorie 2. Ordnung aus der Verformung für Momente nach Theorie 1. Ordnung entsprechend Gl. (23). Es entspricht in seiner Grundform dem Verfahren, wie es in der Schweiz üblich ist [4]. Die einzelnen Schritte des Bemessungsverfahrens sind aus der Zusammenstellung der verschiedenen Formeln aus Tabelle 2 zu ersehen.

Die Verfahren 2 und 3 werden als direkte Verfahren bezeichnet, weil sie die Verformung für Schnittgrößen nach Theorie 2. Ordnung entsprechend Gl. (18) berechnen und für den Ausdruck k_a^{II} direkt die ausnutzbare Grenzkrümmung k_u verwenden, weil nämlich durch die Bemessung die Ausnutzung der möglichen Grenzkrüm-

mung bewirkt wird. Das zweite Verfahren entspricht der Methode des Buches [5], und das dritte Verfahren entspricht dem Verfahren in [3]. Das zweite Verfahren arbeitet mit der Sekantensteifigkeit, das dritte Verfahren mit der Tangentensteifigkeit entsprechend der Moment/Krümmungs-Beziehung nach Gl. (17).

Die Vorteile der direkten Verfahren sind in der geringeren Anzahl erforderlicher Iterationen zu sehen. Bei beiden Verfahren ist es so, daß bereits der erste Rechenschritt die für praktische Anwendungen erforderliche Genauigkeit ergibt, obwohl bewußt mit einem schlechten Anfangswert begonnen wurde. Mit Gl. (2) ließe sich vorweg $m^{\mathrm{II}}=0{,}1022+0{,}525\cdot28{,}4^2/(10\cdot200)=0{,}3139$ abschätzen. Direkte Verfahren verlieren den Charakter iterativ anzuwendender Verfahren. Sie ermöglichen es, die erforderliche Bewehrung unmittelbar zu errechnen. Die Unterschiede aufgrund unterschiedlicher Vereinfachung der tatsächlichen Moment/Krümmungs-Beziehung sind für praktisch anwendbare Fälle unbedeutend. Das dritte Verfahren ergibt die beste Übereinstimmung mit der rechnerisch exakten Lösung, erfordert aber das Ablesen von insgesamt drei Werten aus der Bemessungshilfe nach Tabelle 1, wohingegen das zweite Verfahren nur das Ablesen einer einzigen Größe erfordert. Es mag aus diesem Grunde bevorzugt werden, wenn die Durchführung der Berechnung nicht mit Hilfe von programmgesteuerten Rechnern durchgeführt wird.

Weil die Biegesteifigkeit EI bei Anwendung des ersten Verfahrens von der erst noch zu bestimmenden Bewehrung abhängt, sind bei diesem Verfahren mehrere Iterationsschritte erforderlich. Dies liegt offensichtlich daran, daß Gl. (23) nicht die Größen verwendet, die zur Durchführung der Bemessungsaufgabe zweckmäßig sind. Die für die Bemessung zweckmäßige Größe ist die ausnutzbare Krümmung im Grenzzustand, weil sie weitgehend unabhängig von der noch erst zu ermittelnden erforderlichen Bewehrung ist. Aus der Bemessungshilfe in Tabelle 1 ist zu ersehen, daß für eine bekannte Normalkraft stets hinreichend zutreffende Werte für die ausnutzbare Krümmung abgelesen werden können, weil der ebenfalls abzulesende Differenzenquotient für die bezogene Krümmung stets nur einen sehr kleinen Wert hat. Bei den direkten Verfahren wird von dem grundsätzlichen Zusammenhang Gebrauch gemacht, daß die ausnutzbare Krümmung aufgrund der Festlegung ausnutzbarer Dehnungen von vornherein bekannt ist, so wie es in Abschnitt 2 erläutert wurde.

Tabelle 2
Vergleich der iterativen Bemessung einer schlanken Stütze

Gelenkige Endlagerung; Querschnittsart: III-R2-10, wie in Bild 4

Berechnung mit dimensionslosen 1,75fachen Größen

Gegeben: $\qquad n = -0,525 \qquad m = -0,1022$ (const) $\qquad s/d = 28,4$

Erforderliche Bewehrung: $\qquad \omega = A_s \cdot \beta_S / (A_b \cdot \beta_R) = 0,50$

1. Vergrößerung der Verformung nach Theorie 1. Ordnung

Aus der Bemessungshilfe:	m_u und K_u für ω_i
Sekantensteifigkeit:	$ei = m_u / K_u$
Verformung (Theorie 1. Ordnung):	$v/d = m \cdot (s/d)^2 / 8\, ei$
Knicklast:	$n_K = ei\, \pi^2 / (s/d)^2$
Moment (Theorie 2. Ordnung):	$m^{II} = m - n\,(v/d) / (1 - n/n_K)$
Aus der Bemessungshilfe:	ω für m^{II}
Iteration:	$\omega_{i+1} = 0,5\,(\omega_i + \omega)$

i	ω_i	m_u	K_u	ei	v/d	n_K	m^{II}	ω
1	1,0000	0,5034	0,004845	103,90	0,0992	1,2714	0,1909	0,2032
2	0,6016	0,3471	0,004761	72,91	0,1413	0,8922	0,2825	0,4367
3	0,5192	0,3148	0,004744	66,36	0,1553	0,8120	0,3328	0,5651
4	0,5421	0,3238	0,004749	68,19	0,1511	0,8344	0,3161	0,5225
5	0,5323	0,3200	0,004747	67,41	0,1529	0,8249	0,3229	0,5399
6	0,5361	0,3215	0,004748	67,71	0,1522	0,8285	0,3203	0,5331
7	0,5346	0,3209	0,004747	67,59	0,1524	0,8271	0,3213	0,5358
8	0,5352	0,3211	0,004747	67,64	0,1523	0,8277	0,3209	0,5347
9	0,5349	0,3210	0,004747	67,62	0,1524	0,8274	0,3211	0,5351
10	0,5350	0,3210	0,004747	67,63	0,1524	0,8275	0,3210	0,5350

2. Direktes Verfahren (Sekantensteifigkeit)

Aus der Bemessungshilfe:	K_u für ω_i
Rechengrößen:	$B = -n \cdot (s/d)^2 \cdot K_u / 10$
	$C = m + B$
Moment (Theorie 2. Ordnung):	$m^{II} = (C + \sqrt{C^2 + m \cdot B})/2$
Aus der Bemessungshilfe:	ω für m^{II}
Iteration:	$\omega_{i+1} = \omega$

i	ω_i	K_u	B	C	m^{II}	ω
1	1,0000	0,004740	0,2052	0,3074	0,3236	0,5415
2	0,5415	0,004740	0,2011	0,3033	0,3194	0,5308
3	0,5308	0,004740	0,2010	0,3032	0,3193	0,5305
4	0,5305	0,004740	0,2010	0,3032	0,3193	0,5305

Tabelle 2 (Fortsetzung)

3. Direktes Verfahren (Tangentensteifigkeit)

Aus der Bemessungshilfe: m_u, K_u und b_{II} für ω_i

Krümmung (Theorie 1. Ordnung): $K = \max\,[0;\ K_u - (m_u - m)\,/\,b_{II}]$

Moment (Theorie 2. Ordnung): $m^{II} = m - n \cdot (s/d)^2 \cdot (K_u + K/4)\,/\,10$

Aus der Bemessungshilfe: ω für m^{II}

Iteration: $\omega_{i+1} = \omega$

i	ω_i	m_u	K_u	b_{II}	K	m^{II}	ω
1	1,0000	0,5034	0,004845	88,81	0,000328	0,3108	0,5090
2	0,5090	0,3108	0,004742	50,40	0,000603	0,3094	0,5053
3	0,5053	0,3094	0,004741	50,11	0,000607	0,3094	0,5053

4.2 Berechnen des Moments für vorhandene, nicht voll ausgenutzte Bewehrung

Für einen Stab mit einem System, wie es Bild 6 zeigt, soll für eine bezogene Stablänge $s/d = 10,0$, eine bezogene Längskraft $n = -0,525$ und ein bezogenes Moment nach Theorie 1. Ordnung $m^{I} = 0,125$ das bezogene Moment nach Theorie 2. Ordnung m^{II} berechnet werden. Für diese Aufgabenwerte gilt die Moment/Krümmungs-Linie nach Bild 5. Es soll gezeigt werden, wie sich die Verwendung der Ersatzgeraden mit $b_u = 64,8$ (Sekantensteifigkeit) gegenüber der Verwendung der Ersatzgeraden mit $b_{II} = 49,7$ (Tangentensteifigkeit) auswirkt.

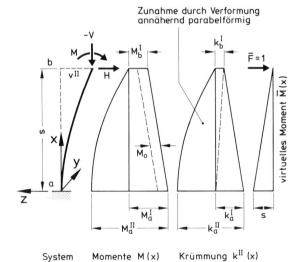

Bild 6
Auskragende Stütze

Die rechnerisch exakte Lösung bei Zugrundelegen einer Ersatzgeraden, die auf der m-Achse um das Moment m_0 verschoben ist, kann beispielsweise nach [6] ermittelt werden. Mit der Stabkennzahl

$$\alpha = \sqrt{\frac{-n}{b_{II}}} = \sqrt{\frac{0,525}{49,7}} = 0,1028$$

ergibt sich das Moment nach Theorie 2. Ordnung zu:

$$m^{II} = \frac{m^{I} - m_0}{\cos\left(\alpha \cdot \dfrac{s}{d}\right)} + m_0$$

$$= \frac{0,1250 - 0,0716}{\cos\,(0,1028 \cdot 10,0)} + 0,0716 = 0,1749$$

zus $m^{II} = m^{II} - m^{I} = 0,1749 - 0,1250 = \underline{0,0499}$.

Die vereinfachte Berechnung, die anstelle des Lösungsansatzes aufgrund einer Differentialgleichung den Lösungsansatz für die Verformung nach Theorie 2. Ordnung entsprechend Gl. (18) verwendet, ergibt folgende Lösung: Mit der bezogenen Krümmung für die Momente nach Theorie 1. Ordnung entsprechend Gl. (17)

$$k^{I} \cdot d = 4,74 \cdot 10^{-3} - (0,3072 - 0,1250)\,/\,49,7$$
$$= 1,074 \cdot 10^{-3}$$

errechnet sich die bezogene Verformung für Momente nach Theorie 1. Ordnung nach Gl. (22) zu:

$$\frac{v^{I}}{d} = \frac{1}{10}\left(\frac{s}{d}\right)^2 \cdot (3+2) \cdot k^{I} \cdot d$$
$$= 0,5 \cdot 10,0^2 \cdot 1,074 \cdot 10^{-3} = 0,0537.$$

Die bezogene Knicklast nach Gl. (20) wird:

$$n_K = -\frac{10 \cdot 49,7}{4 \cdot 10,0^2} = -1,2425.$$

Damit errechnet sich das Zusatzmoment infolge der Verformung nach Theorie 2.Ordnung unter Verwendung von Gl. (23) zu:

$$\text{zus } m^{\mathrm{II}} = \frac{-n\,\dfrac{v^{\mathrm{I}}}{d}}{1-\dfrac{n}{n_K}} = \frac{0,525 \cdot 0,0537}{1-\dfrac{0,525}{1,2425}}$$
$$= \underline{\underline{0,0488}}.$$

Dieser Wert steht in guter Übereinstimmung mit dem Ergebnis der rechnerisch exakten Lösung. Die geringe Abweichung ist ausschließlich auf den vereinfachten Verformungsansatz gemäß Gl. (18) zurückzuführen. Bei Verwendung der Ersatzgeraden mit dem Anstieg b_u ergeben sich größere Abweichungen, wenn das Gesamtmoment nach Theorie 2.Ordnung erheblich kleiner als das aufnehmbare Grenzmoment m_u bleibt. Mit der bezogenen Verformung für Momente nach Theorie 1.Ordnung

$$\frac{v^{\mathrm{I}}}{d} = \frac{1}{2}\left(\frac{s}{d}\right)^2 \frac{m^{\mathrm{I}}}{b_u}$$
$$= \frac{10,0^2 \cdot 0,1250}{2 \cdot 64,8} = 0,0965$$

und der bezogenen Knicklast

$$n_K = -\frac{\pi^2 \cdot 64,8}{4 \cdot 10,0^2} = -1,5989$$

ergibt sich das Zusatzmoment nach Theorie 2.Ordnung infolge der Verformung entsprechend Gl. (23) zu:

$$\text{zus } m^{\mathrm{II}} = \frac{0,525 \cdot 0,0965}{1-\dfrac{0,525}{1,5989}} = \underline{\underline{0,0754}}.$$

Der Vergleich der Ergebnisse zeigt deutlich, daß die Vereinfachung der tatsächlichen Moment/Krümmungs-Linie durch eine Nullpunktgerade erhebliche Abweichungen bringen kann, wenn mit ihr das Moment nach Theorie 2.Ordnung für Stahlbetonbauteile mit nicht voll ausgenutztem Querschnitt berechnet werden soll. Aus den verschiedenen Verfahren zur Berechnung des Moments nach Theorie 2.Ordnung mag aber auch ersehen werden, daß die Verwendung einer Nullpunktgeraden (Sekantensteifigkeit) gegenüber der Ersatzgeraden,

die auf der m-Achse den Abschnitt m_0 markiert, keine nennenswerten Vorteile bringt. Die Verwendung der Tangentensteifigkeit bereitet auch in der praktischen Anwendung keine nennenswerten Schwierigkeiten, vermeidet aber möglicherweise nicht gewünschte Abweichungen zur sicheren Seite.

4.3 Berechnung der erforderlichen Bewehrung in verschieblichen Rahmen (Bemessung)

Die Stiele des verschieblichen Dreigelenkrahmens nach Bild 7 sollen für einen Querschnitt entsprechend Bild 4, unter Verwendung der Bemessungshilfe nach Tabelle 1, bemessen werden. Im Unterschied zu den Rechenbeispielen in den vorangegangenen Abschnitten handelt es

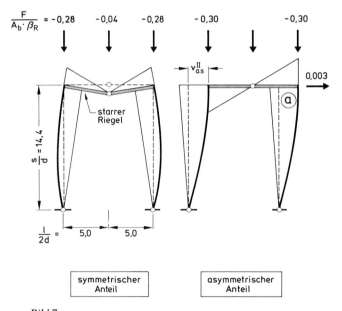

Bild 7
Momentenverlauf bei einem Dreigelenkrahmen mit starrem Riegel
(Die Stielmomente wurden auf der Druckseite angetragen, um die Momentenvergrößerung infolge der Verformung unmittelbar ersehen zu können)

sich bei den in Bild 7 eingetragenen Lasten nicht um die γ-fachen Gebrauchslasten, sondern um die 1,0fachen Gebrauchslasten, für die auch die Bemessungshilfe der Tabelle 1 aufgestellt ist. Entgegen der üblichen Darstellungsweise wurden in Bild 7 die negativen Stielmomente eingetragen. Das hat hier den Vorteil, daß die Momentenvergrößerung infolge der Verformung unmittelbar zu ersehen ist. Infolge der symmetrischen Momentenanteile ergeben sich ebenfalls nur symmetrische Verformungsanteile, die in den Stielen zu keinem größeren Gesamtmoment als nach Theorie 1. Ordnung am oberen Anschnitt vorhanden zu führen brauchen. Infolge der asymmetrisch verteilten Momente vergrößert sich das Moment an der Stelle a, und das Gesamtmoment m^{II} infolge symmetrischem Anteil m_s^I, asymmetrischem Anteil m_{as}^I und Verformungsanteil $-n \cdot v_{as}^{II}/d$ tritt in dem oberen Stielquerschnitt a auf. Mit der Annahme einer parabelförmig verteilten Krümmung infolge asymmetrisch verteilter Momente $m_{as}^{II} = m^{II} - m_s^I$ nach Theorie 2. Ordnung, was im vorliegenden Fall mit Sicherheit auf der sicheren Seite liegt, ergibt sich die Verformung infolge asymmetrisch verteilter Momente nach Gl. (24) zu:

$$\frac{v_{as}^{II}}{d} = \frac{5}{12}\left(\frac{s}{d}\right)^2 k_{as}^{II} = \frac{5}{12}\left(\frac{s}{d}\right)^2 \frac{m^{II} - m_s^I}{b_{II}}. \tag{24}$$

Für den Stielquerschnitt a läßt sich die Gleichgewichtsbedingung für die Momente nach Theorie 2. Ordnung entsprechend Gl. (25) anschreiben:

$$\text{zul } m = m^{II} = m_s^I + m_{as}^I - n \cdot \frac{v_{as}^{II}}{d}. \tag{25}$$

Diese Gleichung kann als Bestimmungsgleichung der erforderlichen Bewehrung erf tot ω_0 benutzt werden, wenn die entsprechenden Werte in Gl. (25) als Funktion von $\Delta\omega_0$ ausgedrückt werden, dadurch daß beispielsweise die Tabellenwerte und Differenzenquotienten aus der Bemessungshilfe nach Tabelle 1 für $\omega_0 = 0{,}50$ verwendet werden. Gl. (25) mit Ziffern versehen ergibt:

$$0{,}1756 + 0{,}2241 \cdot \Delta\omega_0 = 0{,}1000 + 0{,}0216 +$$
$$+ 0{,}3\frac{5}{12}14{,}4^2\frac{0{,}1756 + 0{,}2241 \cdot \Delta\omega_0 - 0{,}1000}{28{,}4 + 44{,}7 \cdot \Delta\omega_0}$$
$$\Delta\omega_0 = 0{,}1057$$
$$\text{erf tot } \omega_0 = 0{,}5 + 0{,}1057 = \underline{0{,}6057}.$$

Wird zum Vergleich anstelle der Tangentensteifigkeit die Sekantensteifigkeit der tatsächlichen Moment/Krümmungs-Beziehung verwendet, so ändert sich in den Ziffernwerten zu Gl. (25) lediglich der Nenner des Bruches auf der rechten Gleichungsseite. Jeweils aus den Werten m und $k_u \cdot d$ kann die Sekantensteifigkeit b_u aus der Bemessungshilfe nach Tabelle 1 ermittelt werden. Entsprechend ergibt sich auch ihr Differenzenquotient. Für das Berechnen mit der Sekantensteifigkeit wird der Nenner im Bruch auf der rechten Seite der

oberen Bestimmungsgleichung zu $37{,}05 + 44{,}8 \cdot \Delta\omega_0$. Es ergibt sich dann:

$$\Delta\omega_0 = -0{,}0085$$
$$\text{erf tot } \omega_0 = 0{,}5 - 0{,}0085 = \underline{0{,}4915}.$$

Das Ergebnis zeigt deutlich, in welchem Maße bei Verwendung einer Nullpunktgeraden anstelle der tatsächlichen Moment/Krümmungs-Beziehung auch unsichere Bemessungen erhalten werden können. Der Grund hierfür liegt darin, daß die Momentenvergrößerung bei verschieblichen Rahmen allein aus den asymmetrisch verteilten Momenten folgt, zu denen Verschiebungen gehören, die durch den Anstieg der Moment/Krümmungs-Beziehung festgelegt sind. Eine Nullpunktgerade b_u (Sekantensteifigkeit) hat aber einen größeren Anstieg als die tangierende Ersatzgerade b_{II}. Dies führt im Unterschied zu Systemen, in denen die maßgebenden Verformungen nicht nur aus Anteilen der Gesamtmomente resultieren, zu Fehlern auf der unsicheren Seite. In Anbetracht der unerläßlichen Vereinfachungen mag der hier nachgewiesene Unterschied in der Bewehrung für übliche, baupraktische Berechnungen noch hinzuzunehmen sein, aber es kann auch erkannt werden, daß die Verwendung der zutreffenderen Tangentensteifigkeit vom Prinzip her keine zusätzlichen Schwierigkeiten ergibt. Es ist deshalb nicht einzusehen, weswegen die Ersatzsteifigkeit in Form der Sekantensteifigkeit und nicht in Form der Tangentensteifigkeit von verschiedenen Fachleuten bevorzugt wird.

Das hier behandelte einfache verschiebliche Rahmensystem, bei dem es sich zugegebenermaßen nicht um eine typische Stahlbetonkonstruktion handelt, kann auch noch dazu dienen, eine kritische Anmerkung zur Anwendung des Ersatzstabverfahrens zu verdeutlichen. Die Ermittlung der Ersatzlänge für Stiele in verschieblichen Rahmen bereitet bei Anwendung der entsprechenden Bemessungshilfen in [2] keine Schwierigkeiten. In diesem hier vorliegenden Fall wäre die Ersatzlänge (Knicklänge) gleich der zweifachen Stiellänge, weil offensichtlich das asymmetrische Ausweichen maßgebend ist. Das Größtmoment im mittleren Drittel der Knicklänge tritt offensichtlich im Schnitt a auf. Bei der Anwendung des Ersatzstabverfahrens wird nicht unterschieden, welche Anteile am Größtmoment im mittleren Drittel der Knicklänge symmetrisch und welche Anteile asymmetrisch verteilt sind. Man erhält deshalb bei Anwendung des Ersatzstabverfahrens stets gleiche Ergebnisse, ohne Unterschied, ob ein großer Anteil der

Momente asymmetrisch verteilt ist oder nicht. Die Tatsache, daß symmetrisch verteilte Momente zu keiner Vergrößerung der Momente infolge der maßgebenden asymmetrischen Verformungen nach Theorie 2. Ordnung beitragen, kann also bei Anwendung des Ersatzstabverfahrens und der zugehörigen Bemessungshilfen überhaupt nicht berücksichtigt werden und ist deshalb unbefriedigend.

Es soll nicht bestritten werden, daß praktisch tätige Ingenieure bisher aufgrund ihrer Ausbildung und Übung mit größerer Zuverlässigkeit die bekannten Verfahren der Elastizitätstheorie und im besonderen die Verfahren für Knicksicherheitsnachweise anwenden können. Aber ebenso unbestritten ist es, daß die Behandlung der Systeme als Schnittgrößenproblem nach Theorie 2. Ordnung zutreffendere Ergebnisse liefert und daß seine Lösung im Stahlbetonbau auch bei Zugrundelegen wirklichkeitsnaher Zusammenhänge zwischen Moment und Krümmung einfach möglich sein kann. Geeignete Verfahren sind zwar nicht gleichzeitig mit der Änderung von DIN 1045 im Jahre 1972 bekanntgemacht worden, aber dies kann auch zukünftig nicht der Grund dafür sein, daß geeignete Verfahren einfach als unbrauchbar abgetan werden. Vielmehr sollte man in der Anwendung vereinfachter Verfahren nach Theorie 2. Ordnung die Möglichkeit erkennen, die tatsächlichen Zusammenhänge klarer beschreiben zu können, was doch unbestreitbar die Voraussetzung dafür ist, daß beliebige Systeme, wie sie die Praxis bereithält, zuverlässig und mit erträglichem Aufwand bemessen werden können.

5 Berücksichtigen zusätzlicher Einflüsse

Die Ermittlung der Schnittgrößen nach Theorie 2. Ordnung unter Verwendung ausnutzbarer Krümmung wurde in den vorangegangenen Abschnitten anhand einfacher Stabsysteme erläutert. Für manche solcher einfachen Systeme gibt es auch andere ausreichend einfach zu handhabende Bemessungsverfahren [1], [2], [3]. Dies sollte aber nicht als Begründung für die Abneigung herangezogen werden, die möglicherweise nur neuartige Betrachtung des verformungsbeeinflußten Traglastproblems schlanker Stahlbetondruckglieder abzulehnen. Bei den baupraktisch nachzuweisenden Systemen handelt es sich oft um Stützen mit gestaffelter Bewehrung oder veränderlichen Querschnittsabmessungen, um

mehrgeschossige Stützen mit verteilter Lasteintragung, um mehrgeschossige Stützen mit angeschlossenen aussteifenden Stützen oder um Stützen mit nicht starrer Einspannung des Fußes. Die Anwendung des Ersatzstabverfahrens für die Berechnung solcher Systeme ist nicht ohne entsprechende Vereinfachungen möglich und oft auch unzutreffend. Die Ermittlung der Knicklänge für solche Systeme bereitet u. U. gewisse Schwierigkeiten, weil entsprechende Lösungen im Schrifttum nicht vorhanden sind oder weil die Ermittlung der Knicklänge nur aufgrund von Annahmen für die Biegesteifigkeit erfolgen kann, deren Wert aber erst aufgrund der anschließenden Bemessung genügend genau bestimmbar ist.

Gerade solche allgemeinen Systeme lassen sich mit einer vereinfachten Theorie 2. Ordnung genügend einfach berechnen. Die Übertragung der Bestimmungsgleichungen vom einfachen Stab auf allgemeinere Stabsysteme ist in [3] für einige Systeme durchgeführt worden. Hierbei handelt es sich im allgemeinen um das Erfüllen üblicher Gleichgewichtsbedingungen, was dem praktisch tätigen Ingenieur geläufig ist. Deshalb entstehen keine zusätzlichen Schwierigkeiten, die Grundgedanken auf beliebige Systeme zu übertragen. Die unmittelbare Berücksichtigung der Verformungseinflüsse am tatsächlichen System muß einfach verständlicher und deshalb zuverlässiger anwendbar sein als ihre ersatzweise Berücksichtigung bei Anwendung des Ersatzstabverfahrens, für welches oft nicht eindeutig erkennbare Zusammenhänge mit abgeminderten Steifigkeiten und Ersatzlängen (Knicklängen) sowie mit Ersatzwerten der maßgebenden Momente (Größtwert des Moments im mittleren Drittel der Knicklänge) vorausgesetzt werden.

6 Zusammenfassung

Die verformungsbeeinflußte Traglastminderung schlanker Stahlbetondruckglieder kann unmittelbar durch eine Bestimmung der Schnittgrößen nach Theorie 2. Ordnung zutreffend erfaßt werden. Die Anwendung bekannter Verfahren aus der klassischen Elastizitätstheorie würde es erforderlich machen, die Querschnittswerte oder die Biegesteifigkeit entsprechend abzumindern, um dem wirklichen Zusammenhang zwischen Moment und Krümmung gerecht zu werden. Die damit verbundenen Schwierigkeiten lassen sich vermeiden, wenn die Verformungen direkt unter Verwendung der ausnutzbaren Krümmung ermittelt werden, weil diese weitgehend unabhängig von der Querschnittsform und dem Bewehrungsgehalt sind und nur von den ausnutzbaren Dehnungen, den Dehnungen bei Erreichen des Fließzustands, abhängen.

Der Ersatz der tatsächlichen Moment/Krümmungs-Beziehung durch eine Gerade entsprechend der Tangentensteifigkeit bereitet gegenüber dem Ersatz durch eine Nullpunktgerade entsprechend der Sekantensteifigkeit keine zusätzlichen Schwierigkeiten. Es wird gezeigt, daß sich für alle Anwendungsbereiche nur dann zutreffende Ergebnisse ermitteln lassen, wenn die Ersatzgerade der Tangentensteifigkeit entspricht. Mit Verwendung einer Geraden entsprechend der Sekantensteifigkeit können sowohl auf der sicheren als auch auf der unsicheren Seite liegende Ergebnisse erhalten werden.

Schlanke Stahlbetondruckglieder versagen in der Regel dann, wenn die Zug- oder Druckbewehrung den Fließzustand erreicht. Die Grenzdehnungen, wie sie für die Biegebemessung festgelegt sind, können deshalb nicht ausgenutzt werden. Die Anbindung der Rechenverfahren für schlanke Stahlbetondruckglieder an die Rechenverfahren für die Biegebemessung erfordert aus diesem Grunde besondere Korrekturmaßnahmen, die aber vom praktisch tätigen Ingenieur leider nicht erkannt werden können und deshalb oft Anlaß dafür sind, die Anwendung einer vereinfachten Theorie 2. Ordnung grundsätzlich abzulehnen. Alle Zusammenhänge wären dann leicht verständlich, wenn man mit ein und derselben Festlegung der ausnutzbaren Grenzdehnung sowohl bei der Biegebemessung als auch bei der Bemessung schlanker Stahlbetondruckglieder arbeiten würde. Die Begrenzung der ausnutzbaren Dehnungen auf die Dehnungen im Fließzustand würde zu einheitlichen Bemessungshilfen führen, und ihre Grundlagen ließen sich für alle Anwendungen leicht und verständlich darlegen, was eine Grundvoraussetzung dafür ist, Berechnungen mit entsprechender Zuverlässigkeit durchzuführen.

7 Schrifttum

[1] DIN 1045, Beton- und Stahlbetonbau, Bemessung und Ausführung, Ausgabe Januar 1972.

[2] Bemessung von Beton- und Stahlbetonbauteilen nach DIN 1045. Schriftenreihe des DAfStb, H. 220. Wilh. Ernst & Sohn, Berlin/München/Düsseldorf 1972.

[3] KORDINA, K. und QUAST, U.: Bemessung von schlanken Bauteilen – Knicksicherheitsnachweis. Betonkalender, Wilh. Ernst & Sohn, Berlin 1978.

[4] Richtlinie 35 zur Norm SIA 162: Bruchsicherheitsnachweis für Druckglieder. Schweizer Ingenieur- und Architektenverein.

[5] LOHSE, G.: Stabilitätsberechnungen im Stahlbetonbau. 2. Aufl. Werner-Verlag, Düsseldorf 1978.

[6] QUAST, U.: Geeignete Vereinfachungen für die Lösung des Traglastproblems der ausmittig gedrückten prismatischen Stahlbetonstütze mit Rechteckquerschnitt. Dissertation TU Braunschweig 1970.

Robert F. Warner

Simplified two-flange Model of Creep and Shrinkage in Concrete Flexural Members

Notation

A_{co}	area of equivalent concrete compressive flange
A_{cf}	area of concrete in steel-concrete compressive flange
A_f	area of concrete compressive flange
A_{sc}	area of compressive steel
A_{sf}	area of steel in steel-concrete compressive flange
A_{st}	area of tensile steel
d_f	depth of compressive flange below extreme compressive fibre
E_c	elastic modulus for concrete
E_s	elastic modulus for steel
EI	bending stiffness
h	internal lever arm; distance between flanges
k	elastic neutral axis parameter
M	moment
n	E_s/E_c; modular ratio
p	A_{st}/bd; steel proportion
p_c	A_{st}/bd; proportion of compressive steel
R	reduction factor. See Eqs. (37), (43)
α	cross-sectional parameter; see Eqs. (9), (10), (42), (44)
δ	d_c/d; parameter defining depth of compressive steel in sections
ε_f	strain in compressive flange
ε_0	strain in extreme compressive fibre
ε_{sh}^*	final shrinkage strain
ε_{st}	strain in tensile steel
$\varkappa$	curvature
$\varkappa_{sh}'$	$R\varkappa_{sh}^*$
$\varkappa_{sh}^*$	ε_{sh}/D final shrinkage curvature
ϱ	A_{sf}/A_{cf}
σ_f	stress in concrete compressive flange
red $\varphi(t)$	$\varphi(t)R/\alpha$; reduced creep function for analysis of section behaviour
φ^*	final value of creep function $\varphi(t)$

$\varphi(t, \tau)$ creep function for sustained stress applied at time τ

1 Introduction

Creep and shrinkage have a vital effect on the long-term behaviour, and hence on the serviceability, of reinforced concrete flexural members. Various numerical methods have accordingly been developed to study the complexities of time-varying structural behaviour [1], [8]. A non-linear, layered finite-element analysis has been used to study effects such as progressive cracking, non-coincidence of the neutral axes of stress and strain, redistribution of stresses with time in local cross-sections, and overall redistribution of moments in frames and slabs [2], [3], [6].

In early studies of creep buckling in metal columns, an idealised I section with zero web thickness was used as a basis for approximate analysis [5]. This two-flange section analysis was later used to study creep failure of concrete columns [9].

The equivalent two-flange section has also been used to develop a simplified analysis of creep and shrinkage in a singly reinforced beam [7]. In the present paper, this analysis is extended to cover both singly and doubly reinforced members. Although the rate-of-creep theory is used as the basis for the analysis, an alternative approach is outlined in which creep is handled by means of the superposition principle.

While the two-flange analysis clearly cannot provide accuracies comparable with finite element analysis, it does offer several advantages. Firstly, it replaces complex computational algorithms by simple closed-form expressions which allow general trends to be observed. Secondly, the two-flange idealisation provides an easily understood physical model of time-varying structural behaviour. Comparisons with more accurate methods show that the two-flange analysis gives useful quantitative results. Some structural applications are briefly considered at the end of the paper.

2 Equivalent two-flange Analysis

The cracked, rectangular beam section in Fig. 1a is subjected to a moment M, which produces the strain distribution shown in Fig. 1b. The idealised two-flange section, Fig. 1c, consists of a thin steel tensile flange and a thin concrete compressive flange, with dimensions chosen such that M produces the same strain distribution as in the original rectangular section.

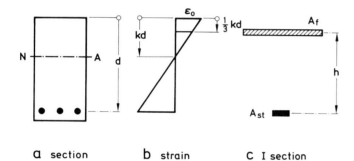

a section **b** strain **c** I section

Fig. 1
Equivalent two-flange section

The neutral axis position for the rectangular section is defined in elastic theory by the parameter k:

$$k = \sqrt{(np)^2 + 2np} - np \tag{1}$$

where n is the modular ratio E_s/E_c and p is the steel proportion A_{st}/bd.

In the two-flange section, the area of steel in the tensile flange is equal to the area of reinforcement, A_{st}. The compressive concrete flange has an area A_f located at the same level as the resultant compressive force in the rectangular section, so that the lever-arm distance between flanges is:

$$h = d\left(1 - \frac{1}{3}k\right) \tag{2}$$

If the extreme fibre strain in the rectangular section due to M is ε_0 (Fig. 1b), then the strain in the compressive flange is:

$$\varepsilon_f = \frac{2}{3}\varepsilon_0. \tag{3}$$

286

By equating the compressive forces produced in the two sections by the same moment M, we obtain the following value for A_f:

$$A_f = \frac{3}{4}kbd \tag{4}$$

The elastic curvature in the two-flange section (and also in the rectangular section) is:

$$\varkappa = \frac{1}{h}\left[\varepsilon_f + \varepsilon_{st}\right] \tag{5}$$

where

$$\varepsilon_f = \frac{M}{hA_fE_c} \tag{6}$$

and

$$\varepsilon_{st} = \frac{M}{hA_{st}E_s} \tag{7}$$

The following expression for the elastic bending stiffness is obtained by substituting (6) and (7) into (5) and rearranging:

$$EI = \frac{M}{\varkappa} = \frac{1}{\alpha}h^2 A_f E_c \tag{8}$$

where

$$\alpha = 1 + \frac{A_f E_c}{A_{st}E_s} \tag{9}$$

or, using Eq. (1),

$$\alpha = 1 + \frac{3}{2}\frac{1-k}{k} \tag{10}$$

Considering now the behaviour of the two-flange section under a time-varying moment $M(t)$, we obtain the corresponding stress histories in the flanges as follows:

$$\sigma_f(t) = \frac{M(t)}{hA_f} \tag{11}$$

$$\sigma_{st}(t) = \frac{M(t)}{hA_{st}} \tag{12}$$

If the DISCHINGER rate-of-creep equation is used to represent concrete behaviour in the compressive flange:

$$\dot{\varepsilon}_f = \frac{\dot{\sigma}_f}{E_c} + \dot{\varphi}(t)\left[\frac{\sigma_f}{E_c} + \frac{\varepsilon_{sh}^*}{\varphi^*}\right] \tag{13}$$

and the steel is assumed to remain elastic:

$$\dot{\varepsilon}_{st} = \frac{\dot{\sigma}_{st}}{E_s} \tag{14}$$

then the rate-of-increase in curvature,

$$\varkappa = \frac{1}{h}[\dot{\varepsilon}_f + \dot{\varepsilon}_{st}] \qquad (15)$$

can be expressed as follows:

$$\dot{\varkappa} = \frac{\dot{M}}{h^2 A_f E_c} + \frac{\dot{M}}{h^2 A_{st} E_s} + \dot{\varphi}\left[\frac{M}{h^2 A_f E_c} + \frac{\varepsilon_{sh}^*}{h\varphi^*}\right]. \qquad (16)$$

Noting the form of Eq. (8) and rearranging accordingly, we obtain the following expression for the rate-of-increase in curvature (7):

$$\dot{\varkappa} = \frac{\dot{M}}{EI} + \dot{\varphi}\left[\frac{M}{\alpha EI} + \frac{\varkappa_{sh}^*}{\varphi^*}\right]. \qquad (17)$$

The first term in Eq. (17) is nothing more than the rate-of-increase in $\varkappa$ due to elastic effects. The third term is moment independent; it represents the effect of concrete shrinkage. According to the two-flange analysis (7), the final shrinkage curvature would be ε_{sh}^*/h. However, since this would imply a shrinkage strain in the extreme fibre of the rectangular section in excess of ε_{sh}^*, we choose here a more realistic limiting shrinkage curvature as follows:

$$\varkappa_{sh} = \frac{\varepsilon_{sh}^*}{D}. \qquad (18)$$

The second term in Eq. (17) accounts for the rate-of-increase in curvature due to creep. This is smaller, by the factor α, than the rate-of-increase in creep strain in plain concrete, as represented by the creep function φ. The α term is thus a „braking" factor, which accounts for the fact that creep only occurs in the compressive concrete above the neutral axis, and not in the lower tensile steel. In treating creep in the cracked section, it is convenient to define a reduced creep function:

$$\text{red }\varphi(t) = \frac{1}{\alpha}\varphi(t) \qquad (19)$$

so that Eq. (17) can be written as follows:

$$\dot{\varkappa} = \frac{\dot{M}}{EI} + \text{red }\dot{\varphi}\left[\frac{M}{EI} + \frac{\varkappa_{sh}^*}{\text{red }\varphi^*}\right] \qquad (20)$$

Eq. (20) is in a form which is similar to that of Eq. (13), the original expression for material behaviour.
The rate-of-creep theory is subject to criticism because is does not represent adequately the creep behaviour of aged concrete. A more accurate model of viscoelastic concrete behaviour is provided by the superposition

integral, which can also be used to relate stress and strain in the compressive flange of the idealised section:

$$\varepsilon_f(t) = \int_{\tau=0}^{t} \frac{\partial\sigma}{\partial\tau}\left[\frac{1}{E_c}(1 + \varphi(t,\tau))\right] d\tau + \varepsilon_{sh}(t). \qquad (21)$$

The generalised expression in Eq. (21) for the creep function, $\varphi(t, \tau)$, takes into account the effect of age of concrete, τ, when any stress increment

$$d\sigma = \frac{\partial\sigma}{\partial\tau}d\tau$$

is applied. An expression for the curvature in the section at time t can be derived in the manner employed above. The resulting equation:

$$\varkappa(t) = \int_{\tau=0}^{t} \frac{\partial M}{\partial\tau}\left[\frac{1}{EI}(1 + \text{red }\varphi(t,\tau))\right] d\tau + \varkappa_{sh}(t) \qquad (22)$$

again parallels the original equation of state chosen for the concrete, in this case, Eq. (21). As before, the creep effect in the cross-section is reduced by the cross-section factor α:

$$\text{red }\varphi(t,\tau) = \frac{1}{\alpha}\varphi(t,\tau). \qquad (23)$$

3 Extension to Doubly Reinforced Sections

Idealisation of a doubly reinforced section (Fig. 2a) along the above lines, leads to a three-flanged section (Fig. 2b) consisting of a tensile steel flange, a compressive steel flange and a compressive concrete flange. The concrete flange, of area:

$$A_c = \frac{3}{4}k\,bd \qquad (24)$$

is located at height:

$$h_c = \left(1 - \frac{1}{3}k\right)d \qquad (25)$$

above the tensile flange. For the doubly reinforced section, the neutral axis parameter is:

$$k = \sqrt{[np + (n-1)p_c]^2 + 2[np + (n-1)p_c\delta]} \\ - [np + (n-1)p_c]. \qquad (26)$$

The two compressive flanges, although close together, do not normally coincide. An obvious simplification is to

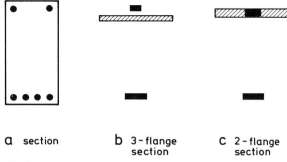

a section   **b** 3-flange section   **c** 2-flange section

Fig. 2
Treatment of doubly reinforced section

use a single reinforced-concrete compressive flange (Fig. 2c), consisting of a steel area A_{sf} and a concrete area A_{cf}. The resulting I section is elastically equivalent to the original section. To satisfy statical requirements, the composite compressive flange must be located at the same depth as the resultant compressive force C:

$$C = C_s + C_c. \tag{27}$$

From modular ratio (elastic) theory, C acts at depth d_f below the top fibre of the rectangular section:

$$d_f = \frac{np_c\delta(k-\delta) + \frac{1}{6}k^3}{np_c(k-\delta) + \frac{1}{2}k^2}\, d. \tag{28}$$

The distance between the tensile flange and the compressive flange becomes:

$$h = (d - d_f). \tag{29}$$

In the resulting composite compressive flange the strains in the steel and concrete are equal so that, in the case of elastic behaviour, the stresses are in proportion to the modular ratio n. The areas of steel and concrete, A_{sf} and A_{cf}, must be chosen in such a way that the bending stiffness of the idealised section is equal to that of the original doubly reinforced section. Clearly, a wide range of values can be used for A_{sf}, provided the corresponding value of A_{cf} is appropriately chosen.

One possibility (Fig. 3a) is to choose A_{cf} and A_{sf} such that the compressive forces C_c and C_s due to elastic action are the same as in the original cracked section. The required values are:

$$A_{sf} = \frac{\varepsilon_{sc}}{\varepsilon_f} A_{sc}$$
$$= \frac{kd - d_c}{kd - d_f} A_{sc}; \tag{30}$$

$$A_{cf} = \frac{\varepsilon_c}{\varepsilon_f} A_c$$
$$= \frac{2}{3}\frac{kd}{kd - d_f}\frac{3}{4}\, b\, kd. \tag{31}$$

Another possibility (Fig. 3b) is to eliminate the compressive steel altogether. Provided the concrete area is then increased to the following value:

$$A_{co} = A_{cf} + n A_{sf}$$
$$= \frac{1}{2}\frac{kd}{kd - d_f}\, b\, kd + n\frac{kd - d_c}{kd - d_f} A_{sc} \tag{32}$$

we again have a two-flange section which elastically is equivalent to the original doubly reinforced section.

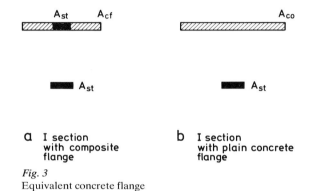

a I section with composite flange   **b** I section with plain concrete flange

Fig. 3
Equivalent concrete flange

Both of the idealised sections in Fig. 3 are equivalent elastically to the original, doubly-reinforced, cracked section. However, the section with plain concrete in the compressive flange will clearly overestimate long-term deformations in the original section, and, from this point of view, the section with the reinforced compressive flange is more appropriate in its overall representation of flexural behaviour. On the other hand, use of a plain concrete compressive flange leads to the very simple equations for beam behaviour already developed above. For this reason, a simple approach will be adopted here, whereby the effects of creep and shrinkage in the plain concrete flange (Fig. 3b) are reduced to approximate those in the reinforced flange (Fig. 3a) and hence, by extension, in the compression zone of the doubly reinforced section (Fig. 2a).

If a moment M is sustained on the idealised I section, the constant force in the compressive flange is

$$C = \frac{M}{h}. \tag{33}$$

As time goes on, an increasing part of C is carried by the steel. Analysis of a column section under constant load by means of the rate-of-creep theory gives the following expressions for concrete stress and increase in strain, as affected by creep:

$$\sigma(t) = \sigma_0 \exp\left[-\frac{n \dfrac{A_{sf}}{A_{cf}} \varphi(t)}{1 + n \dfrac{A_{sf}}{A_{cf}}}\right]. \qquad (34)$$

$$\Delta\varepsilon_f(t) = \frac{A_{cf}}{A_{sf}} \frac{\sigma_0 - \sigma(t)}{E_s}. \qquad (35)$$

The effect of shrinkage has not yet been taken into account in these equations.

In the plain concrete flange, the additional strain is equal to the creep strain:

$$\Delta\varepsilon_{co}(t) = \frac{\sigma_0}{E_c} \varphi(t). \qquad (36)$$

The ratio of the additional strains in the reinforced flange and in the plain concrete flange varies somewhat in time, but is approximately equal to the final value of this ratio at time infinity:

$$R = \frac{1}{n\varrho\varphi^*}\left[1 - e^{-\frac{n\varrho}{1+n\varrho}\varphi^*}\right]. \qquad (37)$$

In this expression, ϱ is the ratio of the areas in the flange:

$$\varrho = \frac{A_{sf}}{A_{cf}}. \qquad (38)$$

An effective function, defined in terms of R:

$$\text{eff } \varphi(t) = R \varphi(t) \qquad (39)$$

can therefore be used, together with the section analysis for the unreinforced flange, to estimate the creep behaviour of the section with the reinforced flange and hence also of the original, doubly reinforced section. Although Eq. (37) has been derived only for the case of constant sustained moment, it is reasonable, in setting up the approximate model here being considered, to apply the reduction factor R also to cases where the moment varies with time.

Just as the compressive steel reduces the total creep strain in the compressive concrete, so too does it reduce the amount of shrinkage deformation. If an analysis is carried out for shrinkage in the compressive flange, it is found that the same reduction factor R, Eq. (37), relates the behaviour in the reinforced and unreinforced cases.

The total shrinkage in a reinforced flange is thus $R\varepsilon_{sh}^*$, where ε_{sh}^* is the free shrinkage of the concrete.

It follows that the creep and shrinkage behaviour of a doubly reinforced beam section can be approximated by that of an idealised two-flange section with a plain concrete compressive flange for which the creep function and shrinkage strain are both reduced by the factor R. By modifying the previous analysis for the singly reinforced section (Eq. (20)), we obtain the following equation of state to represent time-dependent deformation changes in the doubly reinforced beam section:

$$\dot{\varkappa} = \frac{\dot{M}}{EI} + \text{red } \dot{\varphi}\left[\frac{M}{EI} + \frac{\varkappa_{sh}'}{\text{red } \varphi}\right]. \qquad (40)$$

In this expression, EI refers to the bending stiffness of the cracked section. The final shrinkage curvature, given by Eq. (18), is modified to allow for the restraining effect of the compressive steel:

$$\varkappa_{sh}' = R \frac{\varepsilon_{sh}^*}{D}. \qquad (41)$$

The reduced creep function for the doubly reinforced section is

$$\text{red } \varphi(t) = \frac{R}{\alpha} \varphi(t).$$

The factor R, defined by Eq. (37), is less than unity. It allows for the restraining effect of the compressive steel on both creep and shrinkage. The factor α:

$$\alpha = 1 + \frac{A_{cf}E_c + A_{sf}E_s}{A_{st}E_s} \qquad (42)$$

takes account of cracking in the section and of the quantity of tensile steel present.

The emphasis of the present paper is not on rigorous analysis, but rather on the development of simplified, approximate models which lend themselves to clear physical interpretation. It is therefore appropriate to take the process of simplification one step further. To do this, numerical calculations for R were carried out by computer, using Eq. (37), for a wide range of beam sections and material properties. The calculations were treated in the same way as the results of a factorial experiment [4], with analysis of variance methods being used to identify the major parameters affecting the output variable R. A linear regression analysis was finally used to obtain the following simplified and approximate expression for R for a doubly reinforced section.

$$R = 0.79 - 0.35 \frac{p_c}{p} + 1.21\,\delta - 0.04\,\varphi^*. \qquad (43)$$

For a singly reinforced section, R is unity.

A simplified expression for α can also be obtained by assuming, approximately, that the compressive steel is at the same depth as the centre of compression in the concrete. This gives:

$$\alpha = 1 + \frac{0.75\,k + np_c}{np}. \qquad (44)$$

4 Discussion

a) Cross-Sectional Behaviour

The two-flange analysis was developed primarily as a conceptual model to explain in simple physical terms the long-term behaviour of concrete flexural members. Nevertheless, the resulting equations can provide useful quantitative estimates of flexural deformations due to creep and shrinkage. Figs. 4 and 5 shows the increase in curvature in a singly reinforced and in a doubly reinforced concrete section under constant sustained moment. The results of the idealised simplified analysis are compared with results obtained from a more sophisticated nonlinear computer analysis which in turn has

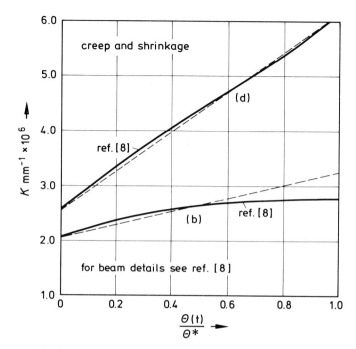

Fig. 5
Comparisons with computer analysis

correlated well with test results [8]. The effects of shrinkage have been computationally eliminated in Fig. 4, but are included in Fig. 5. In all cases shown, the broken line represents the two-flange analysis, while the full-line results are taken from [8].

The results are in quite good agreement, considering the approximate nature, and the prime purpose, of the simplified analysis.

It is clear from the two-flange model that the additional bending deformation in a beam section occurs mainly by compressive strain in the upper beam fibres, with very little change in deformation in the tensile region. There is thus a significant downwards movement of the neutral axis of strain with time. In the real beam section there is also a fall with time of the neutral axis of stress, and hence a redistribution of compressive concrete stresses in the section. The idealised section reflects the change in neutral axis of strain, but obviously ignores any stress redistribution in the concrete. Such stress redistributions apparently tend to be local effects which do not influence significantly the overall behaviour of the cross-section.

In the case of a section under constant moment, $\dot{M} = 0$, the curvature, from Eq. (40), becomes:

$$\varkappa(t) = \varkappa(0)\,[1 + \mathrm{red}\,\varphi(t)] + \varkappa_{sh}(t). \qquad (45)$$

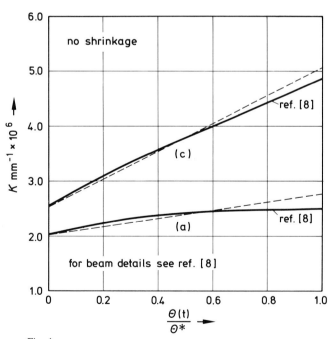

Fig. 4
Comparisons with computer analysis

290

b) Statically Determinate Beams

In a statically determinate beam subjected to constant sustained load, the bending moment in any cross-section is constant, and the increase in curvature is therefore given by Eq. (45). Provided the section details (steel proportions, concrete stiffness) do not vary along the member, the creep curvatures will be distributed in proportion to the initial elastic curvatures, and the deflection curve due to the combined elastic and creep effects becomes:

$$y(x, t) = y(x, 0) [1 + \text{red}\,\varphi(t)], \qquad (46)$$

where $y(x, 0)$ is the initial deflection curve at time of loading. The term in brackets in Eq. (46) is, in effect, a deflection multiplying factor for which the two-flange analysis provides simple closed-form expression in terms of α and R, as developed above.

The shrinkage curvature in each section produces an additional deflection which is load independent; it cannot therefore be calculated as a simple multiple of $y(x, 0)$. For a simple beam on end supports the shrinkage deflection at mid-span is:

$$\delta_{sh}(t) = \varkappa_{sh}(t) \frac{l^2}{8}. \qquad (47)$$

c) Statically Indeterminate Members

The simplified analysis resulting in Eq. (40) allows an investigation to be made of creep-induced and shrinkage-induced redistributions of moment. Provided red φ^* is constant for all sections in an indeterminate member Eq. (40), indicates that there is an overall increase in deformations in time without any change in *shape* of the deflection curve. Again, $y(x, t)$ is a simple multiple of $y(x, 0)$. There is therefore no tendency for the reactions to change in magnitude and hence no tendency for the internal moments to undergo redistribution as a result of creep.

In practice, α will usually be different in positive-moment and negative-moment regions because of variations in steel quantities. This explains the minor moment redistributions, of about 5 to 10 percent, which have been attributed to creep at service load [3].

Shrinkage deformations, being moment independent, do not occur in proportion to $y(x, 0)$ and do in fact contribute much more significantly than concrete creep to moment redistribution. However, the fact that a

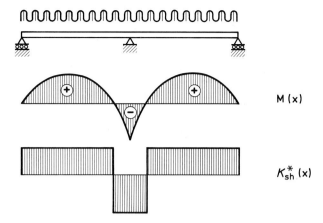

Fig. 6
Shrinkage curvature distribution

cross-section has been cracked by service loading does at least ensure that the subsequent shrinkage curvature is of the same sign as the elastic and creep curvatures. As a first approximation for the evaluation of shrinkage effects, it can be assumed that $\varkappa_{sh}$ does not vary in magnitude along the member, but is of the same sign as the elastic moment diagram, as indicated in Fig. 6.

5 Summary

An idealised two-flange analysis provides a simple alternative to the more complex, computer-oriented methods of analysis of time-dependent behaviour of concrete flexural members. When used to investigate structural behaviour, the simplified model gives results which are broadly similar to the more accurate analysis.

The main advantage of the simplified two-flange method is that it results in an easily understood physical model of structural behaviour. It also yields simple, tractable, approximate expressions for key quantities such as creep and shrinkage and deflection multiplying factors.

To maintain a simple presentation in the present paper, the two-flange analysis has been based on the DISCHINGER rate-of-creep theory. As indicated by Eqs. (21) and (22), the two-flange method of analysis can be combined with any other material constitutive relations. However, the final equation of state for the cross-section will always reflect the form of the adopted constitutive relation for concrete.

6 References

[1] CEDERWALL, K.: Time-Dependent Behaviour of Reinforced Concrete Structures. Statens institut för byggnadsforskning, Stockholm, December 1971.

[2] GILBERT, R.I. and WARNER, R.F.: Time-Dependent Behaviour of Reinforced Concrete Slabs. Proceedings P-12/78 IABSE Periodica 1-1978, Zürich 1978.

[3] LAI, K.L. and WARNER, R.F.: Shrinkage and Creep in Indeterminate Structures. Douglas McHenry International Symposium on Concrete and Concrete Structures, ACI Special Publication SP55, 1978.

[4] LEONG, T.W. and WARNER, R.F.: Long-Term Deflections of Reinforced Concrete Beams. Civ. Engg. Trans., Inst. Engrs. Aust, Vol. CE12, No. 1, April 1970.

[5] PATEL, S.A. and VENKATRAMAN, B.: Creep Behaviour of Columns. PIBAL Report No. 422, Polytechnic Institute, Brooklyn, 1959.

[6] WANCHOO, M.K. and MAY, G.W.: Cracking Analysis of Reinforced Concrete Plates. Journal Struct Div., ASCE, Vol. 101, No. STl, 1975.

[7] WARNER, R.F.: Simplified Model of Creep and Shrinkage Effects in Reinforced Concrete Flexural Members. Civ. Engg. Trans., Inst. Engrs. Aust, Vol. CE15, Nos. 1, 2, 1973.

[8] WARNER, R.F. and LAMBERT, J.H.: Moment-Curvature-Time Relations for Reinforced Concrete Beams. IABSE Publications, Vol. 34, Zurich, 1974.

[9] WARNER, R.F. and THÜRLIMANN, B.: Creep Failure of Reinforced Concrete Columns. IABSE Publications, Vol. 23, Zurich, 1963.

Cölestin Zelger

Versuche zum Verhalten der Biegedruckzone von bewehrtem Mauerwerk

Kurze Darstellung der wesentlichen Ergebnisse aus der Forschungsarbeit „Schaffung von Grundlagen für die Bemessung von bewehrtem Mauerwerk", finanziert vom Bundesminister für Raumordnung, Bauwesen und Städtebau und durchgeführt am MPA für das Bauwesen der TU München.

1 Bezeichnungen

a	Abstand der Biegedruckkraft vom Druckrand
b	Querschnittsbreite
d	Querschnittsdicke
h	Nutzhöhe
x	Höhe der Biegedruckzone
P_{11}, P_{12}, P_2	Kräfte in den 3 Preßtöpfen, siehe Bild 3
N	Normalkraft
M	Biegemoment um den Schwerpunkt des Querschnittes
F_D	Biegedruckkraft
M_D	Moment der Biegedruckkraft um den Schwerpunkt des Querschnittes
α	bezogener Randabstand der Biegedruckkraft
ε_1	Dehnung am Druckrand (Druck negativ)
ε_2	Dehnung am Zugrand
ε_e	Stahldehnung
μ_0	Bewehrungsgrad (Bezugsgröße ist die Querschnittsfläche bd)
ν	Sicherheitsbeiwert
σ_m	Durchschnittswert der Spannungen innerhalb der Biegedruckzone
β_R	Rechenfestigkeit
β_s	Streckgrenze
E	Elastizitätsmodul des Stahls
t	Zeit
U	als Index bedeutet: „beim Maximum von σ_m"
1,2	als zweiter Index bezeichnet die Meßstelle, sofern eine Unterscheidung nötig

2 Derzeitige Situation bei der Bemessung von bewehrtem Mauerwerk

Bewehrtes Mauerwerk ist in Deutschland bis zur Einführung neuer Stahlbetonbestimmungen im Jahre 1972 in gleicher Weise wie Stahlbeton bemessen worden und zwar auf der Grundlage einer geradlinigen Spannungsverteilung in der Druckzone. Gestützt auf umfangreiche Versuche hat man nunmehr im Stahlbetonbau eine nichtlineare Spannungs-Dehnungs-Beziehung, das sogenannte Parabel-Rechteck-Diagramm, zugrunde gelegt. Man hat es aber nicht gewagt, diese nichtlineare Spannungsbeziehung ohne weiteres auch für bewehrtes Mauerwerk gelten zu lassen, weil hierfür keine Versuche durchgeführt worden sind. Es ist ungewiß, ob die Verformung des Mauerwerks ähnlich große plastische Komponenten enthält wie die des Betons. Solange diese Wissenslücke nicht geschlossen ist, muß bewehrtes Mauerwerk auf der Grundlage einer geradlinigen dreiecksförmigen Spannungsverteilung in der Druckzone bemessen werden. Für den entwerfenden Ingenieur ist das sehr unangenehm, weil er unterschiedliche Zahlentafeln und sonstige Konstruktionshilfsmittel für zwei im Prinzip doch sehr ähnliche Baustoffe parat haben muß.

Die Form der Spannungsverteilung in der Druckzone ist beim Mauerwerk aus Vollsteinen und bei reiner Biegebeanspruchung unerheblich, da man in der Regel nicht so viel Bewehrung in den Fugen des Mauerwerks unterbringen kann, um die Festigkeit der Druckzone auszuschöpfen. Wenn aber in Richtung der Bewehrung zusätzlich Druckkräfte wirken, wie z. B. bei einer lotrecht bewehrten, auf Erddruck belasteten Kellerwand eines hohen Gebäudes, dann gewinnt die Form der Spannungsdehnungsbeziehung an Bedeutung.

Zur Verbesserung der Wärmeisolierung verwendet man heute im Hochbau fast ausschließlich Lochsteine. Diese haben senkrecht zur Lochrichtung nur eine sehr geringe

Festigkeit. Liegt die Bewehrung senkrecht zur Lochrichtung, so kann auch schon bei reiner Biegung die durch die Hohlräume stark geschwächte Biegedruckzone voll ausgenutzt sein.

Ob eine unterschiedliche Behandlung von bewehrtem Mauerwerk und Stahlbeton notwendig ist oder ob das im Stahlbetonbau benutzte Parabel-Rechteck-Diagramm auch für bewehrtes Mauerwerk verwendet werden kann, ist die Fragestellung bei den im folgenden beschriebenen Versuchen.

3 Probekörper

3.1 Mauerwerksprismen

Obwohl das Tragverhalten einer auf Biegung oder Biegung mit Achsdruck beanspruchten Konstruktion zu untersuchen ist, sind statt biegebeanspruchter Balken exzentrisch gedrückte Prismen als Probekörper gewählt worden. Das ist versuchstechnisch einfacher, billiger und wissenschaftlich aufschlußreicher. Der prismatische Probekörper kann als rechteckiger Ausschnitt aus einer auf Biegung mit oder ohne Achsdruck beanspruchten Wand aufgefaßt werden. Er eignet sich zur unmittelbaren Bestimmung der folgenden charakteristischen Größen der Biegedruckzone:

a) Die auf die Biegedruckzone bezogene Höchstlast

$$\sigma_{mU} = \frac{F_{DU}}{b \cdot x} \text{ für } x \leq d \text{ bzw. } \frac{F_{DU}}{b \cdot d} \text{ für } x \geq d;$$

sie hat die Dimension einer Spannung und wird im folgenden kurz mit *Bruchspannung* σ_{mU} bezeichnet. Dabei ist zu beachten, daß es sich hier um den Druchschnittswert der Bruchspannung innerhalb der Biegedruckzone handelt.

Meist wird diese Bruchspannung auf eine Festigkeitsgröße, z.B. die Rechenfestigkeit β_R, bezogen. Davon wird hier aber zunächst abgesehen, weil die Rechenfestigkeit nicht von vornherein bekannt, sondern Gegenstand der Fragestellung ist.

b) Der *Abstandsbeiwert*

$$\alpha_U = \frac{a_U}{x} \text{ für } x \leq d \text{ bzw. } \alpha_U = \frac{a_U}{d} \text{ für } x \geq d;$$

α_U ist der Randabstand der Druckresultierenden im Bruchzustand.

294

c) Die *Bruchrandstauchung* ε_{1U}.

Den hier beschriebenen Versuchen liegt ein 24 cm dickes Mauerwerk aus Kalksand-Lochsteinen (KSL 2 DF DIN 106) mit abwechselnder Läufer- und Binderschicht zugrunde.

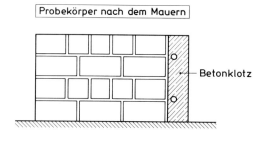

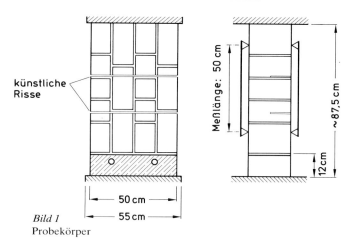

Bild 1
Probekörper

Der verwendete Probekörper ist in Bild 1 dargestellt. An der einen Steitenfläche wurde ein bewehrter Betonklotz angelegt und gleich beim Mauern mit Mörtel angebunden. Der Klotz diente als Unterlage beim späteren Hochkantstellen und Befördern der Probekörper.

Zur Ausschaltung von Zugspannungen, die weder in der Rechnung noch im Versuch berücksichtigt werden sollen, erhielten die Mauerwerksprismen künstliche Risse, die über die ganze Höhe der Zugzone reichten. Innerhalb der Meßlänge von 50 cm wurden zwei Risse erzeugt. Da die Steine im Verband gegeneinander versetzt waren, verliefen die Risse teils durch die Steine, teils in der Stoßfuge. Sie wurden im ersten Fall durch Einschneiden der Steine, im zweiten durch Anstreichen der Steinoberfläche mit einem Trennmittel, beides vor dem Vermauern, erzeugt. Das nachträgliche Einschneiden des erhärteten Mauerwerks erschien zu riskant.

3.2 Kleinkörper

Gleichzeitig mit den Mauerwerksprismen nach Bild 1 wurden sogenannte Kleinkörper zur Bestimmung der Mauerfestigkeit nach [1] „International Recommendations for Masonry Structures" hergestellt. Diese Kleinkörper erhärteten zusammen mit den eigentlichen Probekörpern bis zu deren Prüfung in einem trockenen Innenraum (Prüfhalle). Sie wurden im gleichen Alter wie die im Bild 1 dargestellten Körper geprüft, aber im Gegensatz dazu parallel zur Lochrichtung und stets zentrisch. Ihre Festigkeit betrug im Mittel aus 22 Einzelwerten 12,0 N/mm².

3.3 Steine und Mörtel

Die Mauersteine hatten folgende Druckfestigkeiten:
   parallel zu den Löchern (20 Einzelwerte)
   17,6 ± 1,5 N/mm²,
   senkrecht zu den Löchern (10 Einzelwerte)
   6,7 ± 0,6 N/mm².
Der Mörtel bestand aus 1 Raumteil Zement, 0,2 Raumteilen Kalkhydrat und 5 Raumteilen Sand.

4 Versuche

Man kann zur Bestimmung der gesuchten Kenngrößen nicht ohne weiteres den Probekörper exzentrisch in eine Druckprüfmaschine üblicher Bauart stellen. Wegen der Reibung in den Kalotten und undefinierter Einspanneffekte wäre die Lage der Druckresultierenden unbestimmt und nicht meßbar. Außerdem würde sich im Zug des Belastungsvorganges die Exzentrizität und damit auch die Lage der neutralen Achse zufolge plastischer Formänderungen im Probekörper verändern. Schließlich müßte man einen mehr oder weniger unkontrollierbaren Bruch in Kauf nehmen und könnte die Bruchverformung nicht oder nur sehr ungenau bestimmen. Während die Last ihren Höchstwert durchläuft, würden sich alle Meßwerte rasch verändern. Es wäre kaum möglich, den Bruch zu definieren und ihm bestimmte Meßwerte zuzuordnen.

Die gewählte Versuchseinrichtung ist in den Bildern 2 und 3 dargestellt. Sie erfüllt folgende Bedingungen:

a) Die Nullinie bleibt während des Belastungsvorganges, abgesehen vom Anfangsstadium, an der gleichen Stelle.

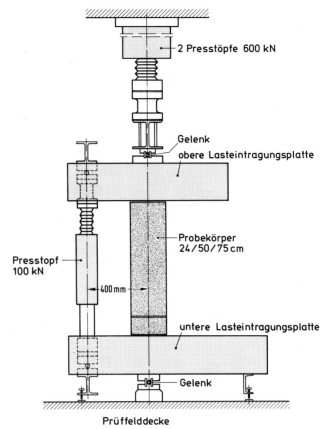

Bild 2
Versuchseinrichtung

b) Die Wirkungslinie der Druckresultierenden ist durch die Gelenke und die Größe der äußeren Kräfte genau festgelegt. Ihr Abstand vom Druckrand ist mit Millimeter-Genauigkeit meßbar.

c) Die Verformungsgeschwindigkeit bleibt konstant, vor allem auch während und nach dem Überschreiten der Höchstlast.

Der Belastungsvorgang wird mit drei Regelkreisen vollautomatisch gesteuert. Zwei sorgen dafür, daß der Druckrand mit gleichbleibender Geschwindigkeit

$$\frac{d\varepsilon_{11}}{dt} = \frac{d\varepsilon_{12}}{dt} \approx 0,1\text{‰/min}$$

verformt wird, der dritte hält das gewünschte Verhältnis $\varepsilon_2/\varepsilon_1$ konstant.

Unmittelbar nebeneinander angeordnet sind jeweils zwei Dehnungsgeber, die unabhängig voneinander die Dehnung nahezu an der gleichen Stelle messen. Der eine wird zum Regeln, der andere nur zur Kontrolle und zum Registrieren der Meßwerte benutzt. Neben den

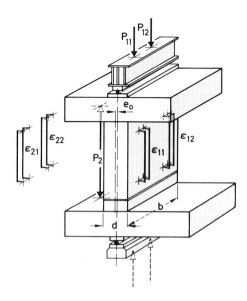

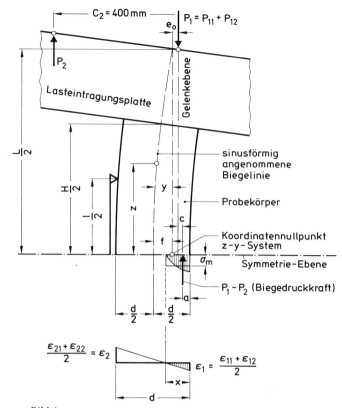

Bild 4
Kräfte, Spannungen und Dehnungen am verformten,
in der horizontalen Symmetrie-Ebene geschnittenen Prisma

▽ Meßgeber

▼ Steuergeber

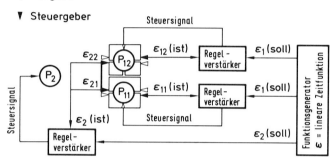

Bild 3
Schematische Darstellung der Versuchs- und
Meßanordnung mit den drei Regelkreisen

Randdehnungen werden die Kräfte in den drei Preßtöpfen laufend registriert.

5 Ergebnisse

Zur Erläuterung der Auswertung, die hier im einzelnen nicht wiedergegeben wird, dient Bild 4. Aus der Geometrie des Probekörpers, den gemessenen Randdehnungen und Kräften lassen sich die gesuchten Kenngrößen für die Festigkeit der Biegedruckzone σ_{mU}, α_U und ε_{1U} im Bruchzustand ableiten. Die Durchbiegung des Prismas wird näherungsweise durch Annahme einer sinusförmigen Biegelinie berücksichtigt.

Auszugsweise sind in den Bildern 5 und 6 für einen zentrischen und einen stark exzentrischen Versuch die

Auswertungsergebnisse aufgetragen. Unter dem Diagramm sind die dem Maximalwert von σ_m zugeordneten bedeutsamen Werte angeschrieben. Ein Vergleich zwischen den Bildern 5 und 6 bestätigt die bekannte Tatsache, daß mit zunehmender Exzentrizität auch die Bruchspannung σ_{mU} und die Bruchstauchung zunehmen. Tabelle 1 faßt die wesentlichen Ergebnisse der bisher durchgeführten Versuche zusammen.

6 Vergleich zwischen bewehrtem Mauerwerk und Stahlbeton

Für die Beanspruchung auf Biegung mit Achsdruck läßt sich die Traglast zweckmäßig in einem Interaktionsdiagramm darstellen. Als Ordinate wird die bezogene Normalkraft N/bd, als Abszisse das bezogene Moment M/bd^2 aufgetragen. Jedes Wertepaar N/bd, M/bd^2, das einen Bruchzustand, bzw. Gebrauchszustand charakterisiert, liefert einen Punkt im Interaktionsdiagramm. Die Verbindungslinie all dieser Punkte scheidet die Berei-

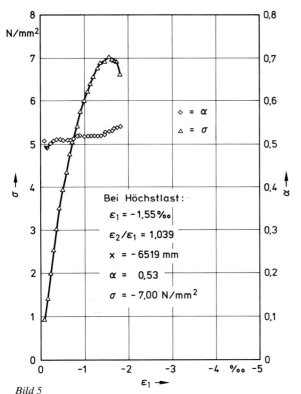

Bild 5
Versuchsergebnis eines zentrisch gedrückten Mauerwerksprismas

Bei Höchstlast:
$\varepsilon_1 = -1,55\text{‰}$
$\varepsilon_2/\varepsilon_1 = 1,039$
$x = -6519$ mm
$\alpha = 0,53$
$\sigma = -7,00$ N/mm²

$\diamond = \alpha$
$\triangle = \sigma$

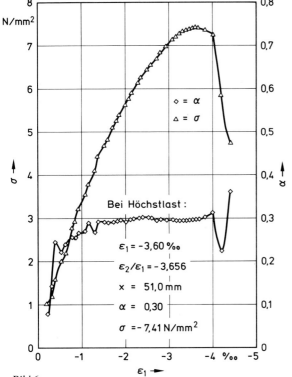

Bild 6
Versuchsergebnis eines stark exzentrisch belasteten Mauerwerksprismas

Bei Höchstlast:
$\varepsilon_1 = -3,60\text{‰}$
$\varepsilon_2/\varepsilon_1 = -3,656$
$x = 51,0$ mm
$\alpha = 0,30$
$\sigma = -7,41$ N/mm²

$\diamond = \alpha$
$\triangle = \sigma$

Tabelle 1
Auszug der wesentlichen Versuchsergebnisse

Angestrebte Dehnungsverteilung $\varepsilon_1 \quad : \quad \varepsilon_2$	$\varepsilon_{2U}/\varepsilon_{1U}$	σ_{mU}	α_U	ε_{1U}
—	—	N/mm²	—	‰
1 [box] 1	1,092	−6,17	0,49	−1,28
	1,039	−7,00	0,53	−1,55
1 [trapez] 0,5	0,566	−7,41	0,47	−1,92
	0,599	−6,24	0,48	−1,88
1 [dreieck] 0	0,175	−5,39	0,46	−2,56
	0,059	−6,09	0,37	−2,51
	0,059	−5,97	0,37	−2,25
1 [dreieck] 0,5	−0,335	−5,25	0,33	−2,32
	−0,545	−5,14	0,48	−4,52
	−0,450	−4,79	0,43	−2,44
	−0,367	−4,08	0,38	−2,50
1 [dreieck] 1	−0,923	−5,47	0,37	−2,45
	−0,909	−4,13	0,37	−2,57
	−0,928	−4,98	0,35	−2,83
	−0,959	−4,35	0,34	−2,26
1 [dreieck] 2	−2,412	−6,33	0,28	−2,66
	−2,098	−6,45	0,32	−3,18
	−1,979	−6,36	0,31	−3,25
	−2,036	−6,29	0,31	−3,60
1 [dreieck] 3	−3,576	−4,02	0,20	−4,02
	−3,231	−6,12	0,34	−3,09
	−3,656	−7,41	0,30	−3,60
	−3,523	−7,17	0,32	−4,24

che diesseits und jenseits des Versagens bzw. des Gebrauchszustandes. Die Bilder 7 bis 9 zeigen solche Interaktionsdiagramme. Sie gelten für den Gebrauchszustand, für ein Verhältnis $h/d = 0,9$ und für einen Betonstahl 420/500 (Streckgrenze 420 N/mm², Zugfestigkeit 500 N/mm²). Der Unterschied zwischen den Bildern 7 bis 9 liegt nur im Bewehrungsgrad μ_0. Bewehrungsgrade über 0,6 % kommen praktisch nicht vor.

Jeder Versuch läßt sich als Punkt in jedem Interaktionsdiagramm darstellen. Aus den beiden Randdehnungen im Bruchzustand gewinnt man die Dehnung in der gedachten Bewehrung.

$$\varepsilon_{eU} = \frac{h}{d} \cdot \varepsilon_{2U} + \left(1 - \frac{h}{d}\right) \varepsilon_{1U} \qquad (1)$$

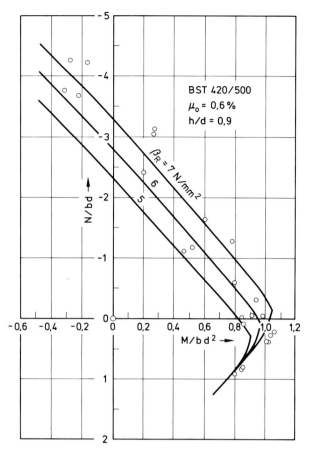

Bild 7
Interaktionsdiagramm bei sehr schwacher Bewehrung

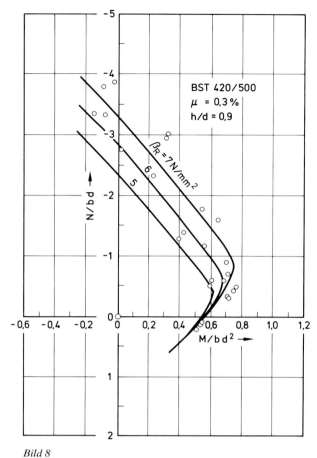

Bild 8
Interaktionsdiagramm bei mittlerer Bewehrung

Die Stahldehnung soll übereinstimmend mit den deutschen Stahlbetonbestimmungen (DIN 1045) auf $\varepsilon_{eU} = 5‰$ beschränkt werden. Überschreitet ε_{eU} nach Gl. (1) diese Grenze, muß dem betreffenden Versuch ein Wertepaar ε_{1U}, ε_{2U} unterhalb der Bruchspannung entnommen werden, das der Bedingung

$$0,005 = \frac{h}{d}\,\varepsilon_{2U} + \left(1 - \frac{h}{d}\right)\varepsilon_{1U} \tag{2}$$

genügt. Der Sicherheitsbeiwert wird gemäß DIN 1045 von der Stahldehnung abhängig gemacht:

$$
\left.
\begin{aligned}
& v = 1,75 && \text{für } \varepsilon_{eU} \geq 0,003 \\
& v = 2,10 - \frac{0,35}{0,003}\cdot \varepsilon_{eU} && \text{für } 0 \leq \varepsilon_{eU} \leq 0,003 \\
& v = 2,10 && \text{für } \varepsilon_{eU} < 0.
\end{aligned}
\right\} \tag{3}
$$

Aus der Stahldehnung ergibt sich in Verbindung mit der

Spannungsdehnungslinie des gewählten Betonstahls die Stahlspannung:

$$
\left.
\begin{aligned}
& \sigma_{eU} = \varepsilon_{eU}\cdot E && \text{für } \varepsilon_{eU}\cdot E \leq \beta_s \\
& \sigma_{eU} = \beta_s && \text{für } \varepsilon_{eU}\cdot E \geq \beta_s.
\end{aligned}
\right\} \tag{4}
$$

Die Versuchsdaten liefern nun direkt die bezogenen Normalkräfte und das bezogene Moment für das Interaktionsdiagramm, wobei die Anteile der Bewehrung rechnerisch hinzugefügt werden müssen.

$$
\left.
\begin{aligned}
& \frac{N}{bd} = \left(\sigma_{mU}\cdot \frac{x}{d} + \mu_0\cdot \sigma_{eU}\right)\cdot \frac{1}{v} && \text{für } x \leq d \\
& \frac{N}{bd} = \left(\sigma_{mU} + \mu_0\cdot \sigma_{eU}\right)\cdot \frac{1}{v} && \text{für } x \geq d
\end{aligned}
\right\} \tag{5}
$$

$$\frac{M}{bd^2} = \left[\frac{M_{DU}}{bd^2} + \mu_0\cdot \sigma_{eU}\cdot \left(\frac{h}{d} - \frac{1}{2}\right)\right]\cdot \frac{1}{v}. \tag{6}$$

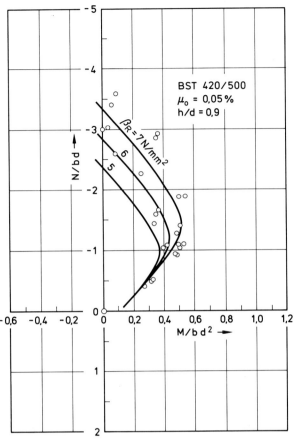

Bild 9
Interaktionsdiagramm bei hoher Bewehrung

Die ausgezogenen Kurven der Bilder 7 bis 9 sind nach den Stahlbetonbestimmungen auf der Grundlage des Parabel-Rechteck-Diagrammes ermittelt worden. Als Rechenfestigkeit sind willkürlich drei runde Werte 5 N/mm², 6 N/mm² und 7 N/mm² angenommen worden. Dementsprechend erhält man drei Kurven.

Beim Betrachten der Bilder erkennt man, daß das bewehrte Mauerwerk (Einzelpunkte) den gleichen Gesetzmäßigkeiten im Interaktionsdiagramm unterworfen ist wie der Stahlbeton (Kurven). Die streuenden Versuchswerte der Mauerwerkskörper passen recht gut zum Verlauf der Kurven des Stahlbetons. Man kann demnach *das bewehrte Mauerwerk nach den Regeln des Stahlbetonbaues bemessen*. Wählt man im vorliegenden Fall die Rechenfestigkeit zu 6 N/mm² (mittlere Kurve), so liegen etwa $^2/_3$ der Versuchswerte oberhalb der theoretischen Kurve. Die Wahl ist also vorsichtig. Man muß bedenken, daß Versuchswerte an Betonkörpern, wären sie in gleicher Weise aufgetragen, ebenfalls um die theo-

retischen Kurven streuen würden. Aus der Literatur [2] ist zu entnehmen, daß die Bemessungsgrundlagen des Stahlbetons etwa so festgelegt worden sind, daß, ähnlich wie bei der hier getroffenen Wahl, die Theorie im Mittel etwas geringere Schnittgrößen liefert als das Experiment.

Um das gewonnene Ergebnis zu verallgemeinern, ist es nötig, die hier gefundene Rechenfestigkeit von 6 N/mm² zur Mauerwerksfestigkeit ins Verhältnis zu setzen. Dabei ist zu beachten, daß die Biegedruckkraft senkrecht zu den Löchern der Mauersteine gewirkt hat. Aus Tabelle 1 kann für zentrische Belastung die Prismenfestigkeit des Mauerwerks senkrecht zur Lochrichtung entnommen werden. Sie beträgt im Mittel (Zeilen 1 und 2, Spalte σ_{mU}) 6,6 N/mm². Berücksichtigt man noch, daß bei langdauernder Lasteinwirkung nach [3] nur etwa 80 % der im Kurzzeitversuch ermittelten Festigkeit erreicht werden, so kann man allgemein folgern, daß das Verhältnis zwischen Rechenfestigkeit und Mauerwerksfestigkeit

$$\frac{0,8 \cdot 6}{6,6} \approx 0,7$$

beträgt.

Das Verhältnis der Mauerwerksfestigkeiten senkrecht und parallel zu den Löchern war hier 6,6/12 = 0,55 (s. auch Abschnitt 2.2). Diese Zahl hängt wahrscheinlich wenig von der Art der Lochung ab. Falls man die Mauerwerksfestigkeit nur parallel zu den Löchern kennt, die Biegedruckkraft aber senkrecht dazu wirkt, muß das oben angegebene Verhältnis zwischen Rechen- und Mauerwerksfestigkeit auf 0,55 · 0,7 = 0,4 abgemindert werden.

Diese Zahlen gelten für Mauerwerk aus Kalksandsteinen. Ergänzende Versuche an Mauerwerk aus hochfesten Ziegeln und niederfesten Leichtbetonsteinen sind geplant.

7 Schrifttum

[1] International Recommendations for Masonry Structures; CEB – W 23 A.
[2] Grasser, E.: Darstellung und kritische Analyse der Grundlagen für eine wirklichkeitsnahe Bemessung von Stahlbetonquerschnitten bei einachsigen Spannungszuständen. Dissertation an der TU München, 1968.
[3] Hierl, J. und Rasch, Ch.: Die Dauerstandfestigkeit von Mauerwerk, Berichte aus der Bauforschung, Wilh. Ernst & Sohn, Berlin/ München/Düsseldorf 1973.

Energieeinsparung – Feuerbeanspruchung

Herbert Ehm

Aspekte der Energieeinsparung durch bauliche Maßnahmen

1 Einleitende Bemerkungen

Seit dem Jahre 1977 ist in der Bundesrepublik ein energiesparender baulicher Wärmeschutz auf Grund des Energieeinsparungsgesetzes verbindliche Vorschrift geworden. Die Anforderungen sind im einzelnen in der Wärmeschutzverordnung enthalten, die sich eng an das technische Regelwerk der DIN 4108 – Wärmeschutz im Hochbau – anlehnt. Die baulichen Maßnahmen werden ergänzt durch energiesparende Anforderungen an heizungstechnische Anlagen sowie Brauchwasseranlagen (Heizungsanlagenverordnung) und energiesparende Anforderungen an den Betrieb der genannten Anlagen (Heizungsbetriebsverordnung).

Die Wärmeschutzverordnung dient der Einsparung von Heizenergie, demzufolge werden sachgerecht im Grundsatz nur globalen Anforderung an die gesamte, mit der Außenwelt wärmetauschende Umfassungsfläche eines Gebäudes gestellt. Nach wie vor ist der bauliche Mindestwärmeschutz zu beachten, der nach bauphysikalischen Kriterien festgelegt wird und Beeinträchtigungen und Schäden an einzelnen Bauteilen verhindern sowie eine hygienisch einwandfreie Nutzung der Räume gewährleisten soll.

Bauliche Energieeinsparung ist ein ökonomisches Problem; die Festsetzung des Anforderungsniveaus, das über dem Mindestwärmeschutz liegt, ist vor allem von betriebswirtschaftlichen, aber auch von energiewirtschaftlichen, bauwirtschaftlichen und technischen Bedingungen abhängig. Eine Anforderung muß nach dem Stand der Technik erfüllbar sein. Ob eine Anforderung als wirtschaftlich vertretbar angesehen werden kann, ist nach § 5 des Energieeinsparungsgesetzes dann gegeben, wenn generell die für den zusätzlichen Wärmeschutz erforderlichen Aufwendungen innerhalb der üblichen Nutzungsdauer durch die eintretenden Einsparungen erwirtschaftet werden. Diese Wirtschaftlichkeitsklausel des Gesetzes folgt betriebswirtschaftlichen Kriterien.

Durch die Anforderungen der Wärmeschutzverordnung wird der Transmissionswärmebedarf, aber auch der gesamte Normwärmebedarf, wie genauere Untersuchungen zeigen [1], zwischen etwa 10 % bis 65 % (bei Bezug auf Gebäude mit Einfachverglasungen) und zwischen etwa 10 % bis 55 % (bei Bezug auf Gebäude mit Isolierverglasungen) abgesenkt. Der Vergleich wird anhand des Mindestwärmeschutzes nach DIN 4108 (Ausg. 1969) vorgenommen. Geringe Absenkungen liegen insbesondere bei sehr kompakten Gebäuden mit geringer Höhe vor; hier wirken sich die bereits in der Vergangenheit relativ hoch angesetzten Dämmwerte in Dächern und Dachdecken günstig aus. Im Mittel wird eine Absenkung des Norm-Wärmebedarfs nach DIN 4701 – Regeln für die Berechnung des Wärmebedarfs von Gebäuden – von etwa 30 % bis 35 % erreicht.

Die Methode der Wärmeschutzverordnung gestattet in Anlehnung an DIN 4701 eine vereinfachte Wärmeverbrauchsrechnung; die Anforderung k_m (F/U) ist bereits ein Maßstab für den Transmissionswärmeverbrauch. Daher gestattet ein Vergleich von k_m-Werten, die auf Grund unterschiedlicher Wärmedämm-Maßnahmen ermittelt werden, einen direkten Vergleich dieses Verbrauchs. Der Vorteil sollte für die Auslegung des Wärmeschutzes in der Weise genutzt werden, daß über die energiesparenden „Mindestanforderungen" der Verordnung hinaus verbesserte Dämm-Maßnahmen vorgesehen und diese sodann quantifiziert angegeben werden. Ein gegenüber der Verordnung erhöhter Wärmeschutz wird bereits vielfach in der Praxis ausgeführt.

Hierbei eröffnet sich ein breites Feld für die Tätigkeit des Planers und des Ingenieurs.

Das Anforderungsniveau der Verordnung wäre unter diesem Gesichtspunkt und bei weiter steigenden Energiepreisen künftig einer kritischen Prüfung zu unterziehen.

Im folgenden wird versucht, Aspekte für eine weitere Verbesserung des baulichen Wärmeschutzes nach technischen und wirtschaftlichen Gesichtspunkten aufzuzeigen.

2 Welche Energieeinsparungen sind möglich? Reduzierung des Transmissionswärmeverbrauches

Der Energieverbrauch setzt sich im wesentlichen zusammen aus einem Transmissionswärmeanteil sowie dem Wärmeverbrauch infolge Undichtheiten in der Gebäudehülle (Fensterfugen, Bauteilfugen) einschließlich des Wärmebedarfs infolge einer erforderlichen Lufterneuerung

$$\text{ges } Q = Q_T + Q_L.$$

Beide Anteile werden nach unterschiedlichen Methoden ermittelt und sollen im folgenden auf weitere Einsparungsmöglichkeiten gesondert geprüft werden.

Verringerungen des Transmissionswärmeverbrauchs über das gegenwärtige Maß hinaus sind zweifellos möglich. Es erscheint zweckmäßig, die heute gegebenen bautechnischen Grenzen für Dämm-Maßnahmen zu prüfen. Hierfür können praktische Erfahrungen über noch einbaubare Dämmschichtdicken oder andere konstruktive und planerische Bedingungen für die Bauteilausbildung herangezogen werden.

Ein anderer Weg besteht in der Auswertung höherer Anforderungen vergleichbarer europäischer Länder, insbesondere, wenn hierbei besonders hohe Dämmwerte vorgesehen werden. Am Beispiel des hohen Anforderungsniveaus in Schweden, das Anfang des Jahres 1977 Gegenstand einer verbindlichen Vorschrift wurde, sollen Vergleichsrechnungen für nachstehende charakteristische Gebäudetypen durchgeführt werden. Die in der nachstehenden Tabelle 1 angeführten Anforderungen bilden zweifellos für die in der Bundesrepublik verwendeten Bauarten z.Z. eine Grenze der technischen Möglichkeiten, sie zeigen aber andererseits, daß es möglich ist, die Anforderungen in der Praxis mit vergleichbaren Baustoffen zu erfüllen.

Wie noch gezeigt wird, erfordern die genannten Einzelanforderungen bereits erhebliche technische und wirtschaftliche Anstrengungen, um im Einzelfall realisiert zu werden. Sie werden daher als ein Beispiel für einen technisch noch realisierbaren Wärmeschutz („Superdämmung") ausgewertet.

Die Berechnung und hierauf aufbauende Vergleiche sollen für charakteristische Bauwerkstypen erfolgen. In Bild 1 sind im Falle a) ein übliches Ein- und Zweifamilienhaus, im Falle b) eine Gebäudezeile mit jeweils unterschiedlichen Geschoßzahlen dargestellt. Diese Fälle können als Prototypen des üblichen Wohnungsbaues betrachtet werden.

Tabelle 1
Auszug aus den für Schweden geltenden Anforderungen (Januar 1977), südliche Region, für Gebäude, die auf Innentemperatur über 18 °C beheizt werden

Bauteil	Wärmedurchgangskoeffizient k in W/m² K	Mindestanforderungen in W/m² K
Wände zwischen Wohnung und Außenluft	0,30	0,60
Decken und Dächer gegen Außenluft	0,20	0,60
Decken über belüfteten Kriechkellern	0,30	0,45
Decken auf Erdreich	0,30	0,40
Fenster und Glas von Außentüren	2,00	3,00

Der Fensterflächenanteil für die ersten 5 m Raumbreite ist mit 15 % beschränkt, zusätzlich dürfen weitere 3 % für noch verbleibende Raumbreiten angesetzt werden.

Unter Einhaltung der Mindestanforderungen ist es erlaubt, auch eine andere Auslegung des Wärmeschutzes vorzunehmen, wenn nachgewiesen wird, daß ein gleicher Energieverbrauch wie bei Anwendung der oben genannten Anforderungen erreicht wird.

In Bild 2 werden Gebäude mit großen Gebäudetiefen, wie sie z.B. im Bürohausbau vorkommen, unter Berücksichtigung unterschiedlicher Geschoßzahlen überprüft. Der Transmissionswärmeverbrauch wird jeweils auf den Verbrauch bei Anwendung der Anforderungen nach der Wärmeschutzverordnung bezogen.

In den Vergleich einbezogen werden ebenfalls die Verbräuche, die sich bei Anwendung des Mindestwärmeschutzes nach DIN 4108 (Ausgabe 1969) und Einfachverglasungen ergeben.

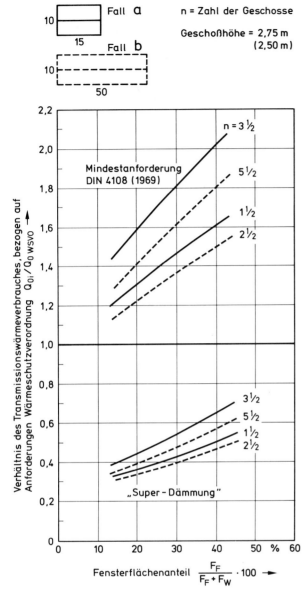

Bild 1
Vergleich des Transmissionswärmeverbrauchs
bei charakteristischen Wohngebäuden, bezogen auf das
Anforderungsniveau der Wärmeschutzverordnung

Mittel für Fensterflächenanteile zwischen 20% und 30% Absenkungen gegenüber dem heutigen Verbrauchsniveau von über 50%. Die Absenkungen nehmen mit kleiner werdender Geschoßzahl zu, da der Fensterflächenanteil im Verhältnis zur wärmetauschenden Gebäudehüllfläche abnehmend ist, sie verringern sich mit steigendem Fensterflächenanteil.

In Bild 2 erkennt man die gleiche Tendenz. Die Anwendung der schwedischen Anforderungen führt jedoch bei dem für diese Gebäudetypen charakteristischen höheren Fensterflächenanteil (z.B. 40% bis 50%) zu Redu-

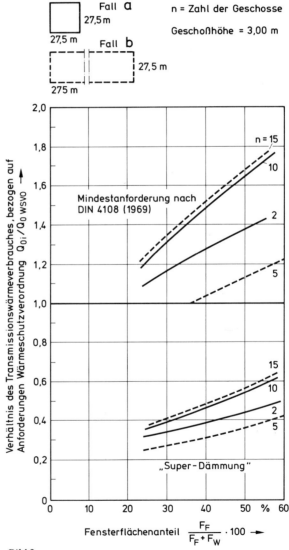

Bild 2
Vergleich des Transmissionswärmeverbrauchs bei großen kompakten Gebäuden (z.B. Bürogebäude), bezogen auf das Anforderungsniveau der Wärmeschutzverordnung

Man erkennt in Bild 1 eine Absenkung des Transmissionswärmeverbrauches, wie sie bereits oben erläutert wurde. Die Reduzierungen nehmen erwartungsgemäß mit steigendem Fensterflächenanteil und steigender Geschoßzahl zu. Bei hohen Gebäuden wirken sich die verhältnismäßig hohen Mindestdämmwerte für Dachdecken nur wenig aus. Bei Anwendung der schwedischen Anforderungen („Superdämmung") ergeben sich im

zierungen des Transmissionswärmeverbrauchs von rd. 50% bis 60%, bezogen auf das Anforderungsniveau der Wärmeschutzverordnung. Diese Aussage bedarf allerdings im Einzelfall der näheren Überprüfung, da Gebäude der gewählten Abmessungen in vielen Fällen große innere Kühllasten aufweisen und daher klimatisiert werden müssen.

Die Auswertungen zeigen, daß mit der Wärmeschutzverordnung der „halbe Weg" zwischen den bauphysikalischen Mindestanforderungen und einem technisch noch möglichen und besonders guten Wärmeschutz zurückgelegt worden ist. Man erkennt demzufolge noch ein breites Feld für wärmeschutztechnische Verbesserungen und bauliche Entwicklungen.

3 Bewertung der Einzelmaßnahmen an Bauteilen

Eine Verbesserung der Dämmungen in Dachdecken und vergleichbaren Bauteilen auf $k = 0{,}20\,\text{W/m}^2\text{K}$ hat den Einbau von Dämmstoffdicken von etwa 15 cm und mehr ($\lambda \approx 0{,}30\,\text{W/mK}$) zur Folge. Der Einbau solcher Dämmstoffschichten in Steildächern ist häufig problemlos und führt nur zu geringfügigen Kostensteigerungen. Bei Flachdächern wird sich der Aufbau von Kaltdächern besonders anbieten.

Anders ist dagegen im Regelfall die Verwirklichung von k-Werten von etwa $0{,}30\,\text{W/m}^2\text{K}$ in den Außenwänden zu bewerten. Die nach der Wärmeschutzverordnung heute noch möglichen einschaligen Wände aus Baustoffen geringer Rohdichte können dieser Anforderung ohne zusätzliche Maßnahmen nicht mehr genügen. Es wird in der Regel ein mehrschaliger Wandaufbau erforderlich, der zu beträchtlichen Kostensteigerungen gegenüber einer einschaligen Wand führen kann. Die erforderliche zusätzliche Dämmschichtdicke beträgt für solche Wände etwa 8 cm und mehr.

Die kostenmäßigen Auswirkungen gegenüber heute eingesetzten einschaligen Wänden werden mit Erhöhungen von etwa 50% bis 100% abgeschätzt (z.B. Sandwich-Konstruktionen, Vorhangfassaden). Bekannt sind aber auch mehrschalige Konstruktionen mit wesentlich geringeren Kostenerhöhungen.

Eine weitere kostensteigernde Maßnahme ist zweifellos der Einsatz von Fenstern mit k-Werten von $2\,\text{W/m}^2\text{K}$ und kleiner. Solche Werte werden z.B. mittels Dreifachverglasung oder Sondergläsern erreicht. Die Ko-

stenerhöhungen gegenüber üblichen isolierverglasten Fenstern sollen mit rd. 30% bis 50% und teilweise mehr abgeschätzt werden.

4 Reduzierung des Lüftungswärmeverbrauches

Neben dem Transmissionswärmeverbrauch bestimmt der Lüftungswärmeverbrauch erheblich den Heizenergieaufwand. Während der Anteil des Lüftungswärmebedarfs bei Anwendung des Mindestwärmeschutzes etwa $\frac{1}{6}$ bis $\frac{1}{3}$ des Gesamtwärmebedarfs ausmachte, beträgt er, wenn man ihn gleich groß hält, bei verbesserter Gebäudedämmung nach den gegenwärtigen Anforderungen bis etwa zu 50% des Gesamtwärmebedarfs. Infolge strenger Dichtheitsanforderungen der Wärmeschutzverordnung werden die rechnerischen Lüftungs-

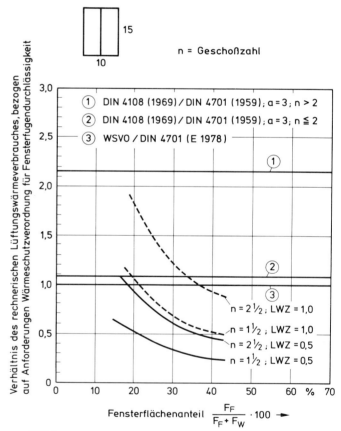

Bild 3
Vergleich des rechnerischen Lüftungswärmeverbrauches, bezogen auf die Dichtheitsanforderungen der Wärmeschutzverordnung; kleines Wohngebäude

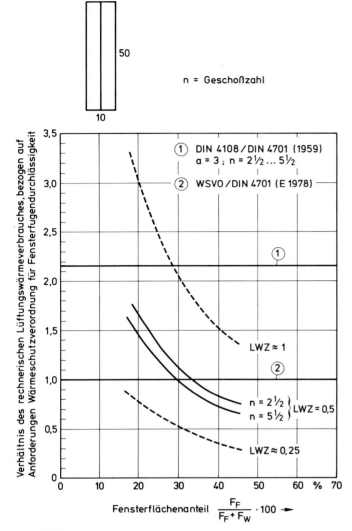

Bild 4
Vergleich des rechnerischen Lüftungswärmeverbrauches,
bezogen auf die Dichtheitsanforderungen
der Wärmeschutzverordnung; großes Wohngebäude

wärmeverluste infolge „Undichtheiten" z.T. erheblich reduziert. Für die untersuchten Fälle des Wohnungsbaues werden die rechnerischen Ergebnisse anhand der früheren und heutigen Anforderungen in den Bildern 3 und 4 gegenübergestellt. Für die Bewertung der Lüftungswärmeverluste infolge der Fugendurchlässigkeit bei Fenstern werden unter Berücksichtigung der Anforderungen der Wärmeschutzverordnung die Rechenwerte im Entwurf DIN 4701 (März 1978) herangezogen.

Die Berücksichtigung der erhöhten Dichtheitsanforderungen sowie andere Unsicherheiten erlauben nur

schwerlich eine Aussage über die tatsächlich auftretenden Lüftungswärmeverluste.

Messungen und andere Untersuchungen [2] zeigen, daß einerseits die effektiv an Gebäuden auftretenden Undichtheiten größer sind als sie mit a-Werten für Fenster und Türen ermittelt werden und andererseits für mehr als die Hälfte der Heizperiode mit gegebenen Windgeschwindigkeiten bis zu 3,5 m/s auch bei bisheriger großer Durchlässigkeit der Gebäude der Luftaustausch mit einer Luftwechselzahl (LWZ) unter 0,5 l/h bewertet werden muß. In Wohnungen und ähnlich genutzten Räumen ist daher eine zeitweise Stoßlüftung erforderlich, die wiederum zu erheblich höheren Luftwechselzahlen führen kann.

In den Bildern 3 und 4 sind ebenfalls die Lüftungswärmeverbräuche auf Grund einer angenommenen Mindestluftwechselzahl von 0,5 1/h aufgetragen. Des weiteren ist der Bereich für eine Luftwechselzahl von 1,0 1/h angegeben. Die Ergebnisse beschreiben deutlich die Unsicherheit bezüglich der Erfassung der effektiv auftretenden Lüftungswärmeverluste.

Diese Zusammenhänge lassen den Schluß zu, daß eine Verbesserung der Energieeinsparung nur möglich erscheint, wenn man von einer möglichst luftundurchlässigen Gebäudehülle bei geschlossenen Fenstern und Türen ausgeht und den notwendigen Luftaustausch durch zusätzliche geeignete Lüftungseinrichtungen sicherstellt. Diese Lüftungseinrichtungen (wozu auch geeignete Fensterbeschläge gehören können) müssen in einem weiten Bereich – von luftdicht verschlossen (Abwesenheit der Nutzer im Winter) bis Sicherstellung eines hohen Luftwechsels (während der Nächte im Sommer) – gut regelbar sein. Für die Energieeinsparung bedeutsam ist, daß eine bedarfsorientierte Lüftung vorgenommen wird. Die Einsparungen werden mit etwa 30 % bis 40 % des Lüftungswärmeverbrauches abgeschätzt. Hinzuweisen wäre des weiteren auf notwendige Entwicklungsarbeiten an einfachen Lüftungseinrichtungen, die auf mechanischem Wege einen kontrollierten und damit energiesparenden Luftaustausch sicherstellen könnten.

5 Das Fenster als Sonnenkollekter

Die Anforderungen der Wärmeschutzverordnung schreiben keine Fensterflächengrößen oder eine Fensterpositionierung vor; sie nehmen nur indirekt auf Fenstergröße und Fensterqualität Einfluß. Es ist bekannt, daß Fenster in Südlage, z.T. aber auch in West- und Ost-Positionierung, bei Sonneneinstrahlung während des Winters Wärmegewinnflächen sein können. Die eingestrahlte Sonne vermindert bei einer geeigneten Regelungstechnik den Heizwärmeverbrauch. Eine zusätzliche zentrale Steuerung der Vorlauftemperatur nach der Außentemperatur ist mit Rücksicht auf ein erforderliches gutes Regelverhalten der Raumtemperaturregelung (Thermostatventile oder Gruppenregelung) empfehlenswert und in der Heizungsanlagenverordnung für bestimmte Anwendungsfälle vorgeschrieben.

Wie HAUSER [3] zeigt, ergeben sich bei Besonnung von Fenstern besonders vorteilhafte energiesparende Lösungen, wenn der Wärmeverlust zu Zeiten ohne Sonneneinstrahlung, insbesondere also während der Nacht, durch Rolladen, Klappladen, Vorhänge u.a. reduziert werden kann.

Das günstige Verhalten von Fenstern unter bestimmten Bedingungen sollte dazu genutzt werden, die Fenster, soweit es von der Nutzung her möglich und mit der Anforderung an den sommerlichen Wärmeschutz vereinbar ist, auf der Südseite eines Gebäudes zu konzentrieren. Hierbei handelt es sich primär um eine planerische und erzieherische Aufgabe, nicht jedoch um neue Erkenntnisse, die zu einer Absenkung des Anforderungsniveaus führen dürfen.

Bezeichnet man den Gesamtenergiedurchlaßgrad einer Verglasung mit g [4], wobei

$$g = \tau + q_i$$

aus dem Anteil der transmittierenden Strahlung τ und der Wärmeabgabe q_i von der Scheibe auf Grund der absorbierten Strahlungswärme gebildet wird, so ist der Wärmeverlust durch eine Verglasung

$$Q = k\Delta\vartheta - gI;$$

hierbei stellt I die Intensität der Sonnenstrahlung dar. $\Delta\vartheta$ ist die Temperaturdifferenz zwischen Innen- (ϑ_i) und Außentemperatur (ϑ_a). Eine Verglasung ist bei Sonnenstrahlung eine Wärmegewinnfläche, wenn

$$I \geqq \frac{k}{g}\Delta\vartheta$$

ist.

Hieraus geht hervor, daß die Grenzintensität der Sonnenstrahlung um so kleiner sein kann, je besser wärmegedämmt das Fenster und je größer der Gesamtenergiedurchlaßgrad einer Verglasung ist. Der Wärmegewinn durch Sonneneinstrahlung hat für einen gegebenen

Raum einen absoluten Wert, der von den Wärmedämm-Maßnahmen, abgesehen von den Fenstereigenschaften, praktisch unabhängig ist. Das bedeutet aber, daß der relative Einfluß der Sonneneinstrahlung auf den Energieverbrauch um so größer sein kann, je besser die Wärmedämmung des Raumes ausgeführt wird. Eine gute Wärmedämmung des Gebäudes in Verbindung mit hoch gedämmten Fenstern ist eine wichtige Voraussetzung für einen geringen Heizwärmeverbrauch und darüber hinaus, für eine verbesserte Wirtschaftlichkeit beim Einsatz von zusätzlichen Solaranlagen und Wärmepumpen.

6 Aspekte der Wirtschaftlichkeit verbesserter Wärmeschutzmaßnahmen

Eine Verbesserung des baulichen Wärmeschutzes hat einerseits in der Regel zusätzliche Investitionskosten, andererseits jährliche Energieminderkosten zur Folge. Wenn man die zusätzlichen Investitionskosten durch die jährlich anfallenden Energieminderkosten dividiert, erhält man das Mehrkosten-Nutzen-Verhältnis (MNV), das angibt, in welcher Zeit in Jahren die Investition durch Energieeinsparungen ausgeglichen wird, wenn der Zinssatz für das eingesetzte Kapital 0% beträgt.

Das Mehrkosten-Nutzen-Verhältnis, die Erwirtschaftungszeit bzw. die zu berücksichtigende Lebensdauer

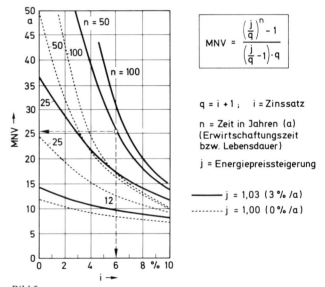

$$MNV = \frac{\left(\frac{j}{q}\right)^n - 1}{\left(\frac{j}{q} - 1\right) \cdot q}$$

$q = i + 1$; i = Zinssatz

n = Zeit in Jahren (a) (Erwirtschaftungszeit bzw. Lebensdauer)

j = Energiepreissteigerung

—— j = 1,03 (3 %/a)

········ j = 1,00 (0 %/a)

Bild 5
Wiedererwirtschaftung und Mehrkosten-Nutzen-Verhältnis (MNV)

von Bauteilen, Anlageteilen u. ä. hängen unter Berücksichtigung des effektiven Kapital-Zinssatzes und einer, wenn erforderlich, zu berücksichtigenden Energiepreissteigerung nach dem dynamischen Ansatz einer Investitionsrechnung [5], wie in Bild 5 dargestellt, zusammen.

Entweder ist die Lebensdauer eines Bau- bzw. Anlageteiles oder die in Betracht zu ziehende Erwirtschaftungszeit einer Untersuchung zugrunde zu legen.

In Bild 5 berücksichtigen die gestrichelten Kurven konstante Energiepreise, die ausgezogenen eine angenommene reale jährliche Energiepreissteigerung von 3%.

Soll z. B. bei einem effektiven Zinssatz von 6% eine zusätzliche Wärmeschutzmaßnahme an einem Bauteil innerhalb dessen angenommener Lebensdauer von 50 Jahren erwirtschaftet werden, so darf bei konstantem Energiepreis das Mehrkosten-Nutzen-Verhältnis höchstens 16, bei einer jährlichen Energiepreissteigerung von rd. 3% (5%) ein solches Verhältnis höchstens 25 (38) betragen (Tabelle 2).

Tabelle 2
Höchstzulässige Mehrkosten-Nutzen-Verhältnisse für Zinssatz von 6%, unterschiedlichen Bauteil-Lebensdauern n und unterschiedlichen realen Energiepreissteigerungen

Lebensdauer (Erwirtschaftungszeit)	jährliche reale Energiepreissteigerung		
n	0%	3%	5%
50	16	25	38
75	16	29	51
100	17	32	61

Die dargelegten Zusammenhänge sollen an einem Beispiel verdeutlicht werden:

Eine Außenwand habe einen k-Wert von 0,70 W/m²K und werde zu einem Preis von 120 DM/m² erstellt. Eine wärmeschutztechnische Verbesserung dieser Wand führe zu einem k-Wert von 0,30 W/m² und Wandkosten infolge Änderung des Wandaufbaues von 180 DM/m².

Unter Berücksichtigung einer Abschätzung für die Vollbetriebsstunden bei der Beheizung, der mittleren Temperaturdifferenz von Raum- und Außentemperaturen sowie des gesamten Heizungswirkungsgrades erhält man für Energiekosten von 0,30 DM/l Öl und 0,45 DM/l Öl eine jährliche Einsparung von 1,05 DM/m²(Wand) und 1,58 DM/m²(Wand). Hieraus ergeben sich die Mehrkosten-Nutzen-Verhältnisse zu

$$\frac{60}{1,05} = 57\,a \quad \text{und} \quad \frac{60}{1,58} = 38\,a.$$

Die Wirtschaftlichkeit dieser Maßnahme im Sinne eines Ausgleichs über die Lebensdauer erscheint für die gewählten Annahmen für Bauteilkosten und Energiepreise problematisch. Geht man allerdings von geringeren Investitionskostenerhöhungen (z. B. 33%) bei einer Verbesserungsmaßnahme oder höheren Energiepreisen aus, so ist die Erwirtschaftung in diesem Falle durchaus sicherzustellen.

Die Beispiele sollen verdeutlichen, wie im Einzelfall eine schnelle Überprüfung der Wirtschaftlichkeit von zusätzlichen Verbesserungsmaßnahmen im Wärmeschutz vorgenommen werden kann. Sie zeigen darüber hinaus, daß im Hinblick auf die derzeitige Energiepreisentwicklung weitere Verbesserungsmaßnahmen wirtschaftlich sinnvoll sind.

7 Zusammenfassung

Die energiesparenden Anforderungen im baulichen Wärmeschutz sind von bau-, finanz- und energiewirtschaftlichen Bedingungen abhängig. Die steigenden Energiepreise sollten für den Investor, aber auch den Ingenieur und Architekten Anlaß sein, die energiesparenden „Mindestanforderungen" im Einzelfall kritisch zu prüfen und darüber hinaus weitere Verbesserungsmaßnahmen vorzunehmen. Es wird darauf hingewiesen, daß das Anforderungsniveau der Wärmeschutzverordnung im Verhältnis zu den technischen Möglichkeiten, die mit einer Reihe bewährter Baustoffe und Bauarten gegeben sind, einen breiten Spielraum für Verbesserungsmöglichkeiten offen läßt.

8 Schrifttum

[1] ESDORN, H.: Auswirkungen der Wärmeschutzverordnung auf die Heizanlagen von Gebäuden. LHZ 29 (1978), Nr. 2, S. 45–58.
[2] HAUSLADEN: Beitrag im Seminar „Energiesparende Lüftungssysteme" im Haus der Technik, Januar 1979, nicht veröffentlicht.
[3] HAUSER, G.: Wärmeschutz von Gebäuden unter besonderer Berücksichtigung der Fenster. Fenster und Fassade 5 (1978), H. 1, S. 2–6.
[4] KÜNZEL H.: Das Fenster als Sonnenkollektor. VDI-Berichte Nr. 316/1978.
[5] KÜSGEN, H.: Planungsökonomie. Was kosten Planungsentscheidungen? Karl-Krämer-Verlag, Stuttgart 1970.

Armand H. Gustaferro

Effects of Fire on the Shear Resistance of Reinforced and Prestressed Concrete Beams and Slabs

1 Introduction

During the past twenty-five years, much has been learned about the behavior of reinforced and prestressed concrete slabs and beams during exposure to fire. Effective procedures have been promulgated to permit designers to guard against flexural failures. Such procedures are given, for example, in the *FIP/CEB Report on Methods of Assessment of the Fire Resistance of Concrete Structural Members* [1], prepared by the FIP Commission on Fire Resistance of Prestressed Concrete Structures under the chairmanship of Professor KARL KORDINA. The report gives some guidance on detailing of simply supported beams to resist shear stresses during fire exposure.

A British joint committee under the chairmanship of JAN BOBROWSKI prepared an interim guide, *Design and Detailing of Concrete Structures for Fire Resistance* [2]. The interim guide treats the subject of shear resistance from a *common sense* approach rather than on the basis of arbitrary rules. The common sense approach is indeed commendable and is applicable not only for fire resistance but for structural engineering in general.

The author is not aware of any series of fire tests directed toward a better understanding of the shear resistance of concrete beams and slabs during fire exposure. Nevertheless, there have been isolated cases in which shear-type failures have occurred both in fire tests and during (or perhaps after) accidental fires.

2 Shear Failures During Fire Tests

In America, more than 80 fire tests have been conducted on simply supported slabs and beams made of reinforced or prestressed concrete. *Shear-type failures did not occur during any of those tests.* Perhaps that is significant. Spans ranged between 3.65 m and 12.2 m and span-depth ratios ranged between 9.5 and 37. The cross sections included rectangular beams, I-shaped beams, T-beams, single and double stemmed floor and roof units, and solid one-way slabs. Some of the specimens were made with structural lightweight concrete, some with siliceous aggregate concrete, but most were made with carbonate aggregate (limestone or dolomite) concrete. All of the specimens were fire tested in accordance with the requirements of ASTM E119, which is similar to ISO/834. (Insofar as these tests are concerned, the requirements of ASTM E119 and ISO/834 are nearly identical.) In nearly all of the tests, the superimposed loads were applied in such a manner to simulate a uniformly distributed load.

Many of the simply supported specimens contained no shear reinforcement, but most were designed in accordance with the Building Code Provisions for Reinforced Concrete (ACI 318), and contained normal amounts of shear reinforcement. It should be noted that the code provisions are not based on behavior at high temperatures, but rather on the behavior of buildings at normal temperatures.

Perhaps different loading conditions – concentrated loads instead of distributed loads – might have precipitated shear-type failures. However when concentrated loads are anticipated, the designer provides for adequate shear and moment resistance.

In many fire tests conducted in America, test specimens are surrounded by heavy restraining frames which restrict longitudinal expansion of the specimen. As specimens are heated, they tend to expand, but thermal expansion is resisted by the restraining frames. More than 100 full-scale fire tests have been conducted on reinforced or prestressed concrete floor or roof assemblies with the specimens contained within restraining frames. Most of these specimens were approximately 4.25 m by 5.5 m in size, and tests were conducted in accordance with ASTM E119. Shear-type failures did not occur during any of these tests, even though many of the tests were continued beyond 4 hours. This is not totally surprising because restraint to thermal expansion acts in a manner similar to an externally applied pre-stressing force which tends to counteract flexural tension and diagonal tension.

Fire tests of continuous concrete beams or slabs can be very severe from a standpoint of shear, particularly in the vicinity of the first interior support. The reason for this is that as the underside of a beam or slab is heated it tends to expand more than the top. Because of the deformations which occur, the reactions at the exterior supports diminish while the reaction at the first interior support increases, resulting in a redistribution of moments *and shear*. In some cases, the redistribution of moments and shear is greater than that anticipated for overloads without fire. Furthermore, it can be anticipated that the shear capacity of the member diminishes during a fire, so shear-type failures during fire exposure are certainly conceivable in continuous beams and slabs. The number of continuous beams or slabs that have been fire tested in America is relatively small compared to the number for simply supported members or restrained assemblies. The author knows of about 15 fire tests of continuous beams or slabs conducted in America. In one series of tests [3], eleven specimens which simulated continuous beams were fire tested. One of the specimens was tested to simulate a simply supported beam, six were tested to simulate interior spans of multi-span beams (negative moments at both supports), and four were tested to simulate exterior spans (negative moment at one support only). Ten of the specimens were made with normal weight concrete and one with lightweight concrete. The lightweight concrete specimen exhibited a premature shear-type failure, that is, a shear-type failure occurred at 1 h 30 min, long before the time that a flexural tension failure was anticipated, about 3 h 30 min.

It is interesting that the failure occurred in a specimen which simulated an interior span condition. However, no shear-type failure occured in a companion normal weight concrete specimen. The loads applied to the lightweight specimen were about 20% greater than those applied to the normal weight companion specimen. The crack that precipitated the shear-failure was located between two vertical stirrups spaced 300 mm apart. The depth of the beam from the centroid of the reinforcing bars to the extreme compression fiber was

about 300 mm. According to ACI 318, the stirrups should have been spaced no more than 150 mm apart, so the shear reinforcement was inadequate. Unfortunately, no specimens were made or tested with the proper stirrup spacing.

The companion normal weight concrete specimen did not suffer a shear-type failure possibly because of the superior shear resistance of normal weight concrete, even though the fire test was conducted for 3 h 30 min. Furthermore, none of the specimens which simulated end span conditions suffered shear-type failures even though the shear force increased dramatically at the first interior support, and in some cases the stirrups were spaced twice as far apart as they should have been. Thus fire test data seem to indicate that reinforced or prestressed concrete beams that are adequately designed to resist shear at normal temperatures will exhibit adequate shear resistance during fire exposure.

3 Shear Failures Noted During Post-Fire Examinations

Reports of post-fire examinations have appeared in various technical journals. In addition, the author has had the opportunity to examine many concrete structures after they have been involved in accidental fires, and has noted one shear-type failure in a reinforced concrete beam.

The fire at the Military Personnel Records Center (MPRC) [4] near St. Louis, Missouri in 1973 was the worst fire, from the standpoint of structural damage, in a concrete building in the United States during the past 25 years. The building was 86 m wide by 222 m long and six stories high. The fire occurred on the top floor where large amounts of paper records were stored and the fire burned for more than two days. Much of the roof of the building collapsed during the fire and two types of shear failures were noted. Expansion of the roof amounted to as much as 600 mm at one end of the building inducing large moments and shear forces in the columns. Many of the columns failed due to the excessive displacement of the tops of the columns. In addition, much of the roof collapsed. The roof was a reinforced concrete flat slab with drop panels and column capitals. In many areas, the roof slab appeared to suffer a shear-type failure just beyond the drop panels. It is quite likely that this type of failure is not primarily a shear failure, but rather a negative moment failure in a region with little or no negative moment reinforcement. Redistribution of moments causes the negative moment region to extend further from the supports, particularly when the superimposed load is minimal. (The fire occurred in mid-summer when there was no snow or other live loads on the roof.)

The author investigated a fire-damaged three-story reinforced concrete warehouse in Canada. The combustible content was reported to be rather high and the fire burned for about 24 hours. The building had been designed and built about 1939 and the construction consisted of reinforced concrete columns, beams and slabs. Two of the beams in the area where the fire appeared to have been most severe had wide diagonal cracks near the first interior column. Collapse did not occur, but the beams were severely damaged. By today's standards, the beams had very few stirrups, but some of the main reinforcing bars were bent up in the region of maximum shear near the columns. The bent-up bars apparently were adequate to prevent collapse. Cracking near the tops of the beams indicated that redistribution of moments had occurred, and the location of the diagonal cracks seem to confirm that there was also a redistribution of shear forces.

During another post-fire examination, stems of double-tee roof units showed evidence of torsion cracking. One room of a manufacturing plant had suffered a complete burn-out. The roof affected by the fire was approximately 23 m by 35 m with two interior columns and four beams. Double tees spanned about 11.5 m. Some of the stems of the double tees were secured to the beams through matching weld plates.

The fire was concentrated near one side of the room. Some of the stems that had been secured at the base to the beams had torsion cracks near the ends of the stems. Apparently the deck slabs of the double tee roof had expanded due to the temperature rise of the relatively thin deck (50 mm), but the large beams did not expand. This caused the tops of the tees to move in a direction transverse to the bases inducing torsion in the stems. Stems that were not secured to the beams showed little or no evidence of torsion distress. None of the roof elements collapsed and the damaged tees were either replaced or repaired.

4 Anticipated Research

Even though shear failures during fires seem to be relatively rare, research on this problem area would be welcome. Research should be directed toward [1] a better understanding of the conditions under which shear-type failures are likely to occur, and [2] development of design or detailing procedures to avoid shear-type failures. It is anticipated that a preliminary experimental investigation will be undertaken in the United States in the near future. Hopefully the test specimens will simulate the end spans of continuous beams where redistribution of moment and shear are most severe.

Because of the nature of shear-type failures and the wide scatter of test results, the data developed from a limited preliminary study must not be considered to be all inclusive. Considerable engineering judgment and common sense must be applied.

5 Suggestions for Avoiding Shear-type Failures in Beams During Fires

From this limited analysis of fire test results and post-fire examinations, it appears that concrete beams and slabs can withstand severe shear forces during fire exposure provided they are properly designed to resist shear at normal temperatures. Nevertheless, consideration should be given to providing additional shear capacity in regions where high shear forced might be anticipated, such as near the first interior support in end spans of continuous beams.

6 References

[1] FIP/CEB Report on Methods of Assessment of the Fire Resistance of Concrete Structural Members. Repared by the FIP Commission on Fire Resistance of Prestressed Concrete Structures, FIP, c/o Cement and Concrete Association, Wexham Springs, Slough SL3 6PL, England, 91 pages, 1978.

[2] Design and Detailing of Concrete Structures for Fire Resistance. Interim guidance by a Joint Committee of the Institution of Structural Engineers and The Concrete Society, The Institution of Structural Engineers, 11 Upper Belgrave St., London SWIX 8BH, England, 59 pages, 1978.

[3] ABRAMS, M.S.: Fire Endurance of Continuous Reinforced Concrete Beams. Proceedings of the Tenth Congress of the International Association for Bridge and Structural Engineers, IABSE, Zurich, 1976.

[4] SHAARY, J.A.: Military Personnel Records Center Fire, Overland, Missouri. Fire Journal, May 1974.

Ataman Haksever und Claus Meyer-Ottens

Brandverhalten von brettschichtverleimten Holzstützen

1 Einleitung

Über das Brandverhalten unbekleideter Holzstützen wurde bisher wenig berichtet. Die wichtigsten bekannt gewordenen Arbeiten [1], [2] beschränken sich darauf, die Feuerwiderstandsdauer von Holzstützen auf empirischem Wege abzuleiten. Dabei wurde in erster Linie der Einfluß der Querschnittsform und des Auslastungsgrades studiert.

Weitergehende Arbeiten entstanden in Schweden [3] und in der BAM [4]. Danach wurden Stützen aus Voll- und Brettschichtholz unter Normbrandbedingungen sowohl experimentell als auch rechnerisch untersucht. Die Versuchsergebnisse zeigten jedoch bei Stützen gleicher Querschnitte und gleicher Schlankheiten zwischen 5 und 15 min unterschiedliche Feuerwiderstandsdauern.

Im folgenden Beitrag werden – aufbauend auf den bisher vorliegenden Ergebnissen – allgemeingültige Bemessungsregeln für die Feuerwiderstandsdauer von unbekleideten, brettschichtverleimten Holzstützen bei allseitiger Beflammung aufgestellt. Die hier wiedergegebenen Kenntnisse sind Grundlage für die Bearbeitung von DIN 4102 Teil 4, in dem die Mindestquerschnittsabmessungen von Holzstützen für bestimmte Feuerwiderstandsklassen angegeben werden.

2 Neue Versuchsergebnisse

2.1 Übersicht

Um das Tragverhalten von brettschichtverleimten Holzstützen im Brandfall klären und gleichzeitig auch die rechnerischen Grundlagen für die Untersuchungen im Normbrand erarbeiten zu können, wurden im Institut für Baustoffe, Massivbau und Brandschutz der Technischen Universität Braunschweig in Ergänzung der bisher bekannten Brandversuche insgesamt 19 Prüfungen an Holzstützen aus Nadelholz durchgeführt (s. Tabelle 1). Die Druckfestigkeit der Probekörper variierte in den Grenzen von 34 bis 47 N/mm^2, wobei die höheren Festigkeiten zu den kleineren Querschnitten gehörten. Die Druck-E-Moduli lagen zwischen 12 300 und 16 500 N/mm^2; die Werte entsprachen somit einem Holz der Güteklasse I DIN 4074.

Bei den nach DIN 4102 Teil 2 durchgeführten Prüfungen wurde außerdem die mittlere Abbrandgeschwindigkeit festgestellt; sie lag bei rd. 0,07 cm/min. Ferner wurden neben den Stützverformungen die Temperaturverteilung im Querschnitt und die Restfestigkeit des Holzes ermittelt. Die unter den angegebenen Randbedingungen und Belastungen erzielten Feuerwiderstandsdauern sind in Spalte 8 von Tabelle 1 angegeben.

2.2 Wichtige Einzelergebnisse

2.2.1 Streuung der Feuerwiderstandsdauer

Der Vergleich der ermittelten Feuerwiderstandsdauern zeigt, daß die Streuung der Ergebnisse bei gelenkiger Lagerung und sonst gleichen Randbedingungen sehr klein ist. Dieser Sachverhalt ist insbesondere bei den Versuchen 2 und 3 sowie 8 und 9 zu beobachten.

2.2.2 Einfluß des Seitenverhältnisses b/d

Wie aus den Angaben von Tabelle 1 ersichtlich ist, hat das Seitenverhältnis der Stützen auf die Feuerwiderstandsdauer einen bestimmten Einfluß: Im Bereich $b/d < 2$ kann bei konstanter Querschnittsdicke und steigender Seitenlänge b eine nicht lineare Traglaststeigerung festgestellt werden; bei $b/d > $ rd. 2 tritt dagegen praktisch keine Verlängerung der Feuerwiderstandsdauer mehr auf (s. Bild 1). Im Gegensatz hierzu wird die Feuerwiderstandsdauer durch eine gleichmäßige Vergrößerung aller Seitenlängen erheblich beeinflußt (s. Bild 4).

Tabelle 1
Zusammenfassung der wichtigsten Versuchsparameter und Prüfergebnisse

1 Versuchs-Nr.	2 Querschnitt	3 Abmessungen d/b [cm/cm]	4 b/d	5 s [cm]	6 Auflager-bedingungen	7 Spannung $\sigma_D\|$ [N/mm²]	8 Feuerwider-standsdauer [min]
1		28/56	2	591	$s_k = s$	11	63
2		28/56	2	591		5	96
3		28/56	2	591		5	96
4		28/28	1	593		11	50
5		28/112	4	582		11	66
6		14/14	1	322		11	17
7		14/28	2	322		11	22
8		14/28	2	322		5	34
9		14/28	2	322		5	35
10		14/42	3	322		11	22
11		14/56	4	322		11	22
12		28/28	1	593	$s_k < s$	11	75
13		28/28	1	593		5	81
14		14/14	1	322		11	41
15		14/14	1	322		5	60
16		20/20 mit Eck-ausklinkungen von jeweils 4/4	1	322	elastische Ein-spannung*)	5	50
17				322		11	35
18				322	$s_k = s$	5	44
19				322		11	31

*) Die Stützenenden wurden stumpf gegen die Belastungseinrichtung gepreßt.

2.2.3 Einfluß der Lagerbedingungen

Der Vergleich der Prüfergebnisse zeigt weiter, daß die untersuchten Lagerbedingungen
- ideale Lagerung entsprechend EULER-Fall 2 und
- elastische Einspannung vergleichbar annähernd EULER-Fall 4

einen erheblichen Einfluß auf die Feuerwiderstandsdauer ausüben. Die Feuerwiderstandsdauern bei den Prüfungen 4 und 12, 6 und 14 sowie 16 und 18 zeigen z.B. deutliche Abweichungen. Durch eine elastische Einspannung wird bei Rechteckquerschnitten eine rd. 50%ige Traglaststeigerung erzielt. Bei den Kreuzquerschnitten fällt die Steigerung wegen des Abbrands an den Eckausklinkungen dagegen nicht so groß aus.

2.2.4 Verformungen

Bei allen Prüfungen wurden mit fortschreitender Branddauer steigende *Querverformungen* (Ausbiegungen) Δu beobachtet, die zum Schluß bei Überschreitung der aufnehmbaren Grenzdehnungen und -spannungen zum Bruch führten. Dabei wurde das Versagen der Stützen durch schneller ansteigende Verformungen eingeleitet (s. Bild 2).

Die *Längenänderungen* Δl der Stützen sind beispielhaft ebenfalls in Bild 2 wiedergegeben. Es treten keine thermischen Dehnungen auf, so daß nur Stützenverkürzungen registriert werden. Sie resultieren aus der reinen Zusammendrückung der Stütze unter Last und aus der geometrischen Nichtlinearität. Durch die Querverfor-

316

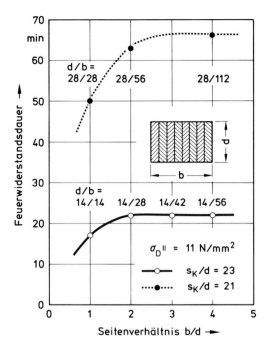

Bild 1
Feuerwiderstandsdauer von Holzstützen mit konstanter Dicke *d*
in Abhängigkeit vom Seitenverhältnis *b/d*

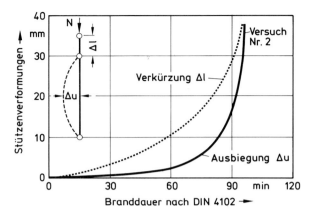

Bild 2
Stützenverformungen infolge Brandbeanspruchung

mungen werden die Stützen naturgemäß in der vertikalen Achse kürzer. Diese geometrische Nichtlinearität enthält dabei den größeren Anteil.
Eine „kritische Verkürzungsgeschwindigkeit" von $\Delta l / \Delta t \simeq 4{,}0$ cm/min wurde unabhängig vom Querschnitt und unabhängig von der Schlankheit jeweils 2 bis 3 min vor dem Bruch erreicht. Bild 3 zeigt eine Stütze im Bruchzustand.

3 Rechnerische Ermittlung der Feuerwiderstandsdauer

3.1 Berücksichtigung der temperaturabhängigen Materialeigenschaften

Druck- und Zugfestigkeit des Holzes sind temperaturabhängig und nehmen mit steigender Temperatur ab, wobei jedoch die Werte der Zug-, Druck- und Biegefestigkeit des Holzes einen unterschiedlichen Verlauf zeigen. Während die Zugfestigkeit des Holzes mit steigender Temperatur wenig beeinflußt wird, zeigen die Druck- und Biegezugfestigkeit des Holzes bei höheren Temperaturen dagegen einen zum Teil steilen Abfall. Die Biegezugfestigkeit beträgt bei 100 °C rd. 35 % der

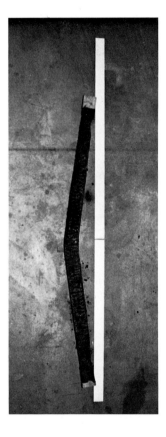

Bild 3
Stütze 6 nach 17 min Branddauer

ursprünglichen Biegezugfestigkeit. Die Druckfestigkeit sinkt bei gleicher Temperatur auf rd. 47 % der Festigkeit bei Raumtemperatur ab. Für die *E*-Moduli des Holzes gelten ähnliche Tendenzen.
Um das temperaturabhängige Materialverhalten in der Computersimulation berücksichtigen zu können, wurde zu jeder betrachteten Branddauer eine „mittlere maßgebende Temperatur" angesetzt.

317

Diese im ganzen Querschnitt konstante, jedoch zeitlich veränderliche Temperatur berechnet sich wie folgt:

$$T = 20 + 1,67 \cdot t. \tag{1}$$

In Abhängigkeit von der Querschnittsdicke ergibt sich:

$$d_{gr} = 14 - 2 \cdot w \cdot t > 0, \tag{2}$$

wobei

d_{gr} die Grenzdicke eines fiktiven Querschnitts
w die Abbrandgeschwindigkeit und
t die Branddauer

wiedergeben. Im Brandfall reduziert sich die vorhandene Querschnittsdicke d_0 mit fortschreitender Branddauer auf

$$d = d_0 - 2 \cdot w \cdot t. \tag{3}$$

Aus den Gl. (1) bis (3) ergibt sich:

$$T_m = T \cdot (d_{gr}/d)^{1/\alpha}. \tag{4}$$

Für α kann der Wert 0,7 angegeben werden. Zum Versagenszeitpunkt ergeben sich daher

$t \rightarrow t_F$ (Feuerwiderstandsdauer) und
$T_m \rightarrow T_F$ (Bruchtemperatur).

Die temperaturabhängigen Materialgesetze können daher wie folgt formuliert werden:

$$E(t)/E(0) = f(T_m) \tag{5}$$
$$\sigma_d(t)/\sigma_d(0) = g(T_m). \tag{6}$$

3.2 Gleichungen für Stützen mit Rechteckquerschnitt

Nach einer bestimmten Branddauer hat eine Holzstütze mit Rechteckquerschnitt die Querschnittsform $b_r \cdot d_r$, wobei sich

$$\left. \begin{array}{l} b_r = b_0 - 2 \cdot w_b \cdot t \\ d_r = d_0 - 2 \cdot w_d \cdot t \quad \text{und} \\ F(t) = b_r \cdot d_r \\ (d_r \leqq b_r \text{ bzw. } d_0 \leqq b_0) \end{array} \right\} \tag{7}$$

berechnen lassen.

w_b und w_d repräsentieren hier die Abbrandgeschwindigkeiten; sie betragen in der Berechnung $w_b = w_d = 0,07$ cm/min. Im Eckbereich der Stützen wird ein kreisförmiger Abbrand angenommen. Die Anfangsbelastung unter Vorgabe einer Gebrauchsspannung σ_g kann nach DIN 1052 Blatt 1, § 7.2, ermittelt werden.

318

Die vorhandene tatsächliche Spannung ohne Berücksichtigung der Stabilität resultiert daher aus

$$\sigma(t) = P_g/F(t). \tag{8}$$

Im Brandfall wird $\sigma(t)$ gleichzeitig mit der Schlankheit $\lambda(t)$ stetig größer. Der Traglastzustand wird dann erreicht, wenn

$$\sigma(t) = \sigma_F \tag{9}$$

wird. Die theoretische Grenzlinie für σ_F wird für den gesamten Bereich von $\lambda(t)$ durch die Gleichung

$$\sigma_F = \frac{1}{2} \left[\sigma_d(t) + \frac{\pi^2 \cdot E(t)}{\lambda^2(t)} (1 + \varepsilon) \right] - \tag{10}$$
$$- \sqrt{\frac{1}{4} \left[\sigma_d(t) + \frac{\pi^2 \cdot E(t)}{\lambda^2(t)} (1 + \varepsilon) \right]^2 - \frac{\pi^2 \cdot E(t)}{\lambda^2(t)} \cdot \sigma_d(t)}$$

bestimmt. In dieser Gleichung repräsentiert ε die ungewollte Ausmitte, die sich nach DIN 1052 Blatt 1, Ausgabe 1964, zu

$$\varepsilon = 0,1 + \frac{\lambda(t)}{125} \tag{11}$$

ergibt. Die Druckfestigkeit des Holzes ist mit σ_d wiedergegeben. Die rechentechnische Lösung des Problems erfolgt auf iterativem Wege; dabei müssen die Zeitschritte so weit fortgeführt werden, bis

$$\sigma(t) > \sigma_F \tag{12}$$

wird. Die Genauigkeit der Berechnung kann in diesem Verfahren naturgemäß mit sehr kleinen Zeitschritten erhöht werden. Im programmgesteuerten Ablauf der Berechnung wird die Einhaltung der Gl. (11) mit Zeitabständen von $\Delta t = 1,0$ min kontrolliert.

3.3 Traglastdiagramme für Stützen mit Rechteckquerschnitt

3.3.1 Feuerwiderstandsdauer in Abhängigkeit von Knicklänge s_k und Querschnittsabmessungen d/b

Bild 4 zeigt als Beispiel ein Traglastdiagramm für quadratische Stützen, wobei die Druckfestigkeit und der E-Modul des Materials berücksichtigt werden. In dem Diagramm wurden gleichzeitig die durch Prüfung in der BAM (Berlin) und in Braunschweig – siehe Abschnitt 2 – ermittelten Werte eingetragen. Sie stimmen mit den Rechenergebnissen gut überein.

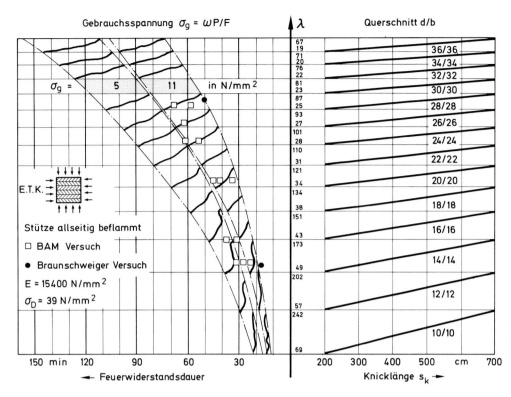

Bild 4
Traglastdiagramm für brettschichtverleimte Holzstützen mit $b/d = 1$

3.3.2 Feuerwiderstandsdauer in Abhängigkeit von der Lagerung

In der Praxis erfahren viele Stützen durch eine stumpfe Auflagerung oder infolge einer Anschlußkonstruktion eine elastische Einspannung. Sie kann durch eine Reduzierung der Knicklänge erfaßt werden. Bei einseitiger elastischer Einspannung liegt in erster Näherung der 3. EULER-Fall, und bei beidseitiger elastischer Einspannung liegt in erster Näherung der 4. EULER-Fall vor. Diese Einspannbedingungen können auf den 2. EULER-Fall zurückgeführt werden, wenn die Systemlänge auf $0,7 \cdot s$ bzw. $0,5 \cdot s$ reduziert wird – d.h. das Traglastdiagramm in Bild 4 kann sowohl für den 2. als auch für den 3. und 4. EULER-Fall verwendet werden.

Es muß hier jedoch ausdrücklich erwähnt werden, daß die Knicklänge nicht erneut reduziert werden darf, wenn bei der „kalten" Bemessung schon mit einer reduzierten Systemlänge gerechnet wurde.

3.3.3 Vereinfachte Traglastdiagramme für Stützen mit Rechteckquerschnitt

Um die für bestimmte Feuerwiderstandsklassen nach DIN 4102 notwendigen Stützenabmessungen schnell und einfach zu ermitteln, wurden alle entsprechend Bild 4 entwickelten Traglastdiagramme vereinfacht. Ein Beispiel für ein derartiges Traglastdiagramm ist – ebenfalls für quadratische Stützen – in Bild 5 wiedergegeben. Entsprechende Diagramme für Stützen mit $b/d \geqq 2$ und für andere EULER-Fälle sind in [5] enthalten. Sie wurden

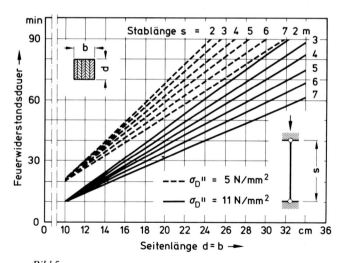

Bild 5
Vereinfachtes Traglastdiagramm für brettschichtverleimte Holzstützen $b/d = 1$

319

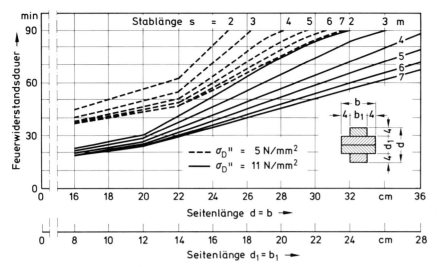

Bild 6
Vereinfachtes Traglastdiagramm für
brettschichtverleimte Holzstützen
mit Kreuzquerschnitt

für die inzwischen verabschiedete Norm DIN 4102 Teil 4 „Zusammenstellung und Anwendung klassifizierter Baustoffe, Bauteile und Sonderbauteile" als Grundlage verwendet.

3.4 Vereinfachte Traglastdiagramme für Stützen mit Kreuzquerschnitt

Die Feuerwiderstandsdauer von brettschichtverleimten Holzstützen mit Kreuzquerschnitt (s. Tabelle 1, Versuch-Nr. 16 bis 19) kann in ähnlicher Weise berechnet werden, wie dies in den Abschnitten 3.1 bis 3.3 für Rechteckquerschnitte erfolgte. Die Grenzdicke d_{gr} entsprechend Gl. (2) muß jedoch beim Kreuzquerschnitt sowohl für den Kernbereich als auch für die „vorstehenden" Querschnittsteile berücksichtigt werden. Für den Brandfall ergaben sich damit zwei unterschiedliche „mittlere maßgebende Temperaturen". Sie bewirken, daß entsprechend Bild 5 aufgestellte vereinfachte Traglastdiagramme „abgeknickte" Geraden enthalten (s. Bild 6).

Zu diesem Diagramm ist zu bemerken, daß die rechnerisch ermittelten Kurven bisher nur für Stützen mit $d = b = 20$ cm mit $d_1 = b_1 = 12$ cm bestätigt werden konnten; Prüfungen für größere Querschnitte müßten zur Bestätigung noch durchgeführt werden.

4 Zusammenfassung

In der vorliegenden Arbeit wurde, aufbauend auf 19 eigenen Prüfungen sowie auf Erfahrungen verschiede-ner in- und ausländischer Arbeiten [1] bis [4], die Feuerwiderstandsdauer unbekleideter Stützen aus Brettschichtholz mit Rechteck- und Kreuzquerschnitt behandelt. Im einzelnen wurden die Parameter Abmessungen, Schlankheit, Lagerungsart und Gebrauchsspannung untersucht.

Abgestimmt auf alle verwendbaren Versuchsergebnisse wurde ein programmgesteuertes Rechenverfahren entwickelt, mit dem es möglich ist, die Feuerwiderstandsdauer der Holzstützen auch ohne Brandprüfungen abzuschätzen. In den Berechnungsgrundlagen wurden, ausgehend von einer instationären Temperaturbeanspruchung, die temperaturabhängigen Materialeigenschaften berücksichtigt.

Für die Praxis wurden vereinfachte Traglastdiagramme aufgestellt. Sie wurden inzwischen Grundlage für die neue DIN 4102 Teil 4.

5 Schrifttum

[1] Neack, J. A.: Fire exposure tests on loaded timber columns. U. W. Underwriters Laboratories Bulletin of Research. No. 13, Chicago, 1939.

[2] Malhotra, H. L., und Rogowski, F. W.: Fire Resistance of Laminated timber columns. Oct. 1967. London: Her Majesty's Stationary Office.

[3] Ödeen, K.: Fire Resistance of glued laminated timber Structures. Oct. 1967. London: Her Majesty's Stationary Office.

[4] Stanke, J., Klement, E. und Rudolphi, R.: Das Brandverhalten von Holzstützen unter Druckbeanspruchung. BAM-Bericht, BAM. Br. 024, Berlin, Nov. 1973.

[5] Kordina, K. und Meyer-Ottens, C.: Brandverhalten von Holzkonstruktionen. Informationsdienst HOLZ. EGH, München, Dezember 1977.

320

Wolfram Klingsch

Traglastanalyse brandbeanspruchter tragender Bauteile

1 Problematik

Die Traglastanalyse brandbeanspruchter tragender Bauteile stellt sich in mindestens zweifacher Hinsicht als ein Sonderfall unter den Grenztragfähigkeitsuntersuchungen dar:

- Der Grenzzustand wird bestimmt durch einen Versagenszeitpunkt innerhalb eines Zeitraumes;
- die stofflichen Eigenschaften des jeweiligen Bauteils unterliegen während der betrachteten Zeitspanne starken zeitlichen Veränderungen.

Beide Eigenschaften resultieren aus der Kopplung an den instationären Erwärmungsvorgang der Brandbeanspruchung. Infolge der Temperatureinwirkung $T(t)$ verändern sich die stofflichen Eigenschaften und bewirken damit eine Veränderung der Grenztragfähigkeit (Bild 1). Der Versagenszeitpunkt t_u wird erreicht, wenn die bei der Bemessung zum Zeitpunkt $t = 0$ vorhandene Sicherheit v_0, verstanden als Quotient von aufnehmbarer zu vorhandener Beanspruchung, sich infolge der Temperatur T auf den Wert „1" reduziert hat:

$$t_u = t \, (v_0 \xrightarrow{T} v(t) = 1).$$

Die stoffliche Beeinflussung eines Bauteils durch die Temperatur bewirkt im allgemeinen Fall die Ausbildung von zeitlich veränderlichen „Stoffwert-Feldern" analog zu den Temperaturfeldern eines Querschnitts. Hier treten jedoch bereits wesentliche Unterschiede zwischen unterschiedlichen Bauteilen auf. Bei allseits beflammten Stahlprofilen beispielsweise kann mit ausreichender Nährung weiterhin mit einem zwar zeitlich veränderlichen, jedoch homogenen Material gerechnet werden, da es – wegen der hohen Wärmeleitfähigkeit des Stahls – kaum zur nennenswerten Ausbildung eines Temperaturgradienten über den Querschnitt kommt.

Stahlbetonbauteile hingegen, bei der Querschnittsanalyse im Normalzustand als Zweikomponenten-Werkstoff – Beton und Bewehrungsstahl – ausreichend differenziert, verwandelt sich bei den hohen instationären Temperatureinwirkungen in einen Vielkomponenten-Werkstoff – Beton und Bewehrungsstahl jeweils in Zeit- und Ortsabhängigkeit. Die wirklichkeitsnahe Erfassung dieser Verhältnisse erfordert eine Erweiterung der gebräuchlichen numerischen Hilfsmittel, zum Teil auch deren Neuentwicklung.

2 Materialgesetze

Die Charakteristiken der thermisch bedingten Materialbeeinflussungen sind sowohl werkstoffspezifisch als auch parameterspezifisch. Zusätzlich zu den unterschiedlichen Dehnungs-Spannungs-Zuordnungen der verschiedenen Materialien im Normaltemperaturbereich, die in Form von Parabel-Rechteck oder bilinearen Charakteristiken als Grundbeziehung näherungsweise beibehalten werden können, sind Festigkeits- und

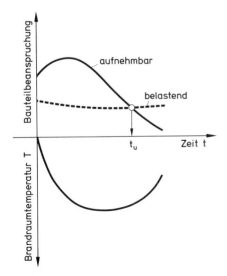

Bild 1
Zeitliche Grenztragfähigkeits-Charakteristik

Verformungseigenschaften jeweils als Einzelparameter mit einer speziellen Temperaturabhängigkeit funktional zu beschreiben. Formuliert man beispielsweise die σ-ε-Beziehung für Beton in Anlehnung an DIN 1045 mittels der drei Parameter Druckfestigkeit, zentrische und exzentrische Bruchstauchung, so sind hierfür gleichfalls drei unterschiedliche Funktionen für die Beschreibung der Temperaturabhängigkeiten erforderlich.

Unterschiedliche Zuschlagstoffe bei Beton, ebenso wie unterschiedliche Stahlarten, beeinflussen dabei diese Charakteristik unterschiedlich. Die in den Bildern 2 und

St : Bewehrungsstahl, Konstruktionsstahl
Z,k: Spannstahl, kaltverformt
Z,n: Spannstahl, naturhart

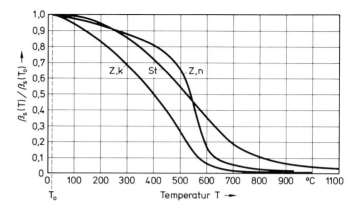

Bild 3
Thermische Festigkeitsveränderungen von Stählen (Rechenwerte)

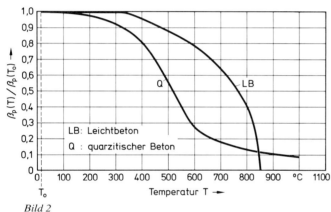

Bild 2
Thermische Festigkeitsveränderungen von Betonen (Rechenwerte)

3 dargestellten Unterschiede der Temperaturabhängigkeiten von Druckfestigkeiten bzw. Streckgrenzen unterschiedlicher Betone bzw. Stähle gelten in ähnlich ausgeprägter Form auch für die zugeordneten Werte der Grenzdehnungen, der *E*-Moduli und der Querdehnzahlen.

Entsprechendes ist für die thermischen Stoffeigenschaften, wie z.B. Wärmeleitfähigkeit und Temperaturdehnung, zu beachten.

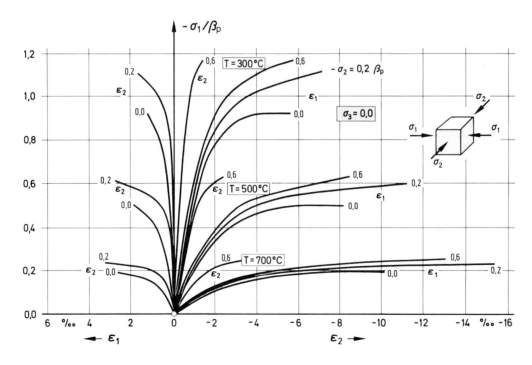

Bild 4
Zweiachsiges Dehnungs-Spannungsverhalten von quarzitischem Normalbeton (Rechenwerte)

322

Durch die Einführung normierter Parameterfunktionen Ω_ϱ können jedoch mit ausreichender Genauigkeit unterschiedliche Werkstoffarten ϱ innerhalb einer Werkstoffgruppe einheitlich beschrieben werden.

Die Festigkeitsveränderungen von quarzitischen Normalbetonen unterschiedlicher Ausgangsfestigkeiten β beispielsweise können dann über die Beziehung

$$\beta(T) = \beta(T_0) \cdot \Omega_\beta(T)$$

allgemein formuliert werden. Die normierte Funktion

$$\Omega_\beta(T) = \beta(T) / \beta(T_0)$$

beschreibt dann die temperaturbedingte Festigkeitsminderung aller quarzitischen Normalbetone (Bild 2) mit den Koeffizienten nach [3]:

$$\Omega_\beta(T) = \sum^n a_n T^n.$$

Entsprechende Funktionen zur Beschreibung der temperaturabhängigen Beeinflussung aller wesentlichen Stoffwerte stehen zur Verfügung und erlauben die Formulierung von Dehnungs-Spannungs-Zuordnungen auch unter mehraxialer Beanspruchung; Bild 4 zeigt eine entsprechende Auswertung für quarzitischen Normalbeton.

3 Berechnungsmethode

Ausgangspunkt einer jeden Berechnung von Bauteilen im Brandfall ist die thermische Analyse zur Bestimmung der Temperaturverteilung innerhalb des Querschnitts. Die Grundbeziehung dafür wird mit der FOURIERschen Differentialgleichung beschrieben:

$$c \cdot \varrho \, \frac{\partial T}{\partial t} = \operatorname{div} \lambda \, (\operatorname{grad} T)$$

ϱ Dichte
c spezifische Wärmekapazität
λ Wärmeleitzahl.

Die Kopplung zum Brandablauf erfolgt über das NEWTONsche Gesetz zum Wärmefluß $\dot{q}$:

$$\dot{q} = \alpha \Delta T.$$

In der Größe α sind dabei radiative und konvektive Wärmeübergänge zusammengefaßt, während ΔT die Temperaturdifferenz zwischen Brandraum und Bauteiloberfläche angibt.

Die Lösung dieses Gleichungssystems erfolgt sinnvollerweise numerisch, wobei die Methode der Finiten Elemente wegen ihrer praktisch universellen Anwendbarkeit dominiert. So stellt heute die thermische Analyse von Bauteilen aus unterschiedlichen Werkstoffen mit Berücksichtigung der jeweiligen nichtlinearen Temperaturabhängigkeiten der zugehörigen thermischen Stoffwerte, beliebiger Form der Querschnittsberandung und gemischter Formulierung von thermischen Übergangs- und Randbedingungen kein prinzipielles Problem mehr dar.

Bei Brandeinwirkung bildet sich, bis auf wenige Sonderfälle, innerhalb eines Bauteilquerschnitts ein Temperaturfeld $T(x, y, t)$ aus. Für die anschließende mechanische Querschnittsanalyse kann die Zeitabhängigkeit t durch Vorgabe entsprechender Zeitschritte Δt bei ausreichender Genauigkeit eliminiert werden. In Verbindung mit den temperaturabhängigen Stoffwerten resultiert dann innerhalb des Querschnitts ein zwar zeitlich konstantes jedoch punktweise unterschiedliches Materialverhalten. Zur numerischen Erfassung dieses Sachverhalts ist eine zweidimensionale Querschnittsdiskretisierung notwendig. Sofern die damit mögliche mechanische Querschnittsanalyse nicht zur Beurteilung des Bauteilverhaltens ausreicht, ist eine zusätzliche Diskretisierung in Richtung der Bauteillängsachse erforderlich. Dies ist bei veränderlichen Querschnitten oder längs der Bauteilachse veränderlichen thermischen Verhältnissen und bei Bauteilen mit Einflüssen aus Theorie 2. Ordnung in der Regel notwendig.

Prinzipiell können für eine solche vollständige Systemanalyse die nachfolgenden numerischen Grundmodelle benutzt werden (Bild 5):

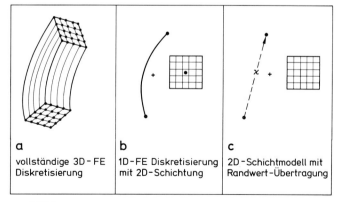

Bild 5
Numerische Grundmodelle zur Analyse stabförmiger Bauteile

1. Dreidimensionale Finite-Element-Diskretisierung:
Bei dieser vollen 3 D-Diskretisierung nach Bild 5 a erfolgen sowohl Querschnitts- als auch Systemanalyse mittels Finiter Elemente. Durch entsprechende Wahl des Variationsansatzes läßt sich der Grad der Approximierungsmöglichkeit steuern und die Diskretisierung in allen drei Koordinatenrichtungen innerhalb gewisser Grenzen minimieren. Es sind keine Zusatzannahmen zur Querschnittsdeformation und zum Biegelinienverlauf erforderlich, und die thermische Analyse kann mit dem gleichen FE-Raster durchgeführt werden.
Die Anwendung dieses numerischen Modells setzt eine leistungsfähige Groß-Rechenanlage voraus.

2. Eindimensionale Diskretisierung mittels geschichteter Finiter Elemente:
Bei dieser Formulierung, vgl. Bild 5 b, wird lediglich ein einfaches Balkenelement zur Diskretisierung in Bauteillängsachse gewählt, das in Erweiterung der bekannten „Layered FE“-Modellierung jetzt allerdings im allgemeinen Fall eine zweidimensionale Schichtung über den Querschnitt als Integrationshilfe erhält. Während der Verlauf der Biegelinie durch das Balkenelement ohne Zusatzannahmen genau beschrieben wird, ist für die Querschnittsverkrümmung die BERNOULLI-NAVIER-Hypothese vom Ebenbleiben der Querschnitte bei der Integration zusätzlich einzuführen. Kontrollrechnungen zeigten, daß sich dadurch praktisch kein Fehler ergibt. Die thermische Analyse ist mittels eines separaten Diskretisierungsverfahrens durchzuführen.
Die Anwendung dieses numerischen Modells ist auch an mittleren Rechenanlagen mit genügender Rechengeschwindigkeit möglich.

3. Schichtenmodell mit Anfangswertkopplung:
Dieses numerische Modell, vgl. Bild 5 c, beinhaltet im allgemeinen Fall eine zweidimensionale Schichtung als Integrationshilfe für die Querschnittsanalyse bei einer nur punktweisen Diskretisierung der Längsachse, die mittels Übertragung von Anfangswerten gekoppelt sind. Bei diesem Verfahren wird die Hypothese vom Ebenbleiben der Querschnitte (vgl. Verfahren Nr. 2) ergänzt durch eine Annahme zum Krümmungsverlauf $\varkappa$ der Längsachse zwischen zwei Diskretisierungspunkten. Ein daraus resultierender möglicher Fehler kann in einfacher Weise durch entsprechend enge Diskretisierung ausreichend kom-

pensiert werden. Die thermische Analyse ist gesondert durchzuführen.
Der numerische Vorteil dieser Methode ist insbesondere im deutlich reduzierten Rechenzeitbedarf zu sehen, da keine größeren Gleichungssysteme zu lösen sind.

Da infolge der vielfachen, sich gegenseitig überlagernden Nichtlinearitäten stets nur eine iterative Bestimmung des Versagenszeitpunktes t_u möglich ist, u.U. zusätzlich beeinflußt von geometrischen Nichtlinearitäten, wurde für die nachfolgend beschriebenen Untersuchungen in der Regel die zuletzt genannte Methode benutzt, da sie den numerischen Aufwand minimiert bei gleichzeitig guter Beschreibung der Versuchsresultate ([1] bis [5]).

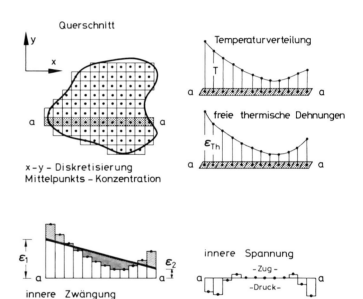

Bild 6
Prinzip der thermischen und mechanischen Querschnittsanalyse

Bild 6 veranschaulicht das Berechnungsprinzip dieser Querschnittsanalyse. Die Mittelpunkttemperaturen T der Querschnitts-„Elemente“ dienen als Steuergrößen zur Festlegung der thermischen Dehnungen ε_{Th} sowie der jeweiligen mechanischen Kenngrößen und damit der Arbeitslinien. Über eine Variationsrechnung werden jene Randdehnungen ε_1 und ε_2 bestimmt, für die Gleichgewicht zwischen inneren und äußeren Kräften erreicht wird.
Für eine Systemanalyse werden diese Werte, einschließlich der zugehörigen Krümmung $\varkappa$, zum nächsten Inte-

324

grationspunkt übertragen, wobei aus der Anfangsneigung und dem Krümmungsverlauf die Zusatzeinflüsse aus Theorie 2. Ordnung berücksichtigt werden können. In einfacher Weise erlaubt dieses Modell auch die Berücksichtigung von Verträglichkeits-Randbedingungen durch die Vorgabe bestimmter Verformungen und somit die Analyse von Zwängungen.

4 Querschnittsanalyse

Die Querschnittsanalyse brandbeanspruchter Bauteile beinhaltet naturgemäß die beiden aufeinanderfolgenden Schritte der thermischen und mechanischen Analyse. Die Ergebnisse dieser Untersuchungen sind sowohl notwendige Voraussetzungen bei einer weitergehenden Systemanalyse als auch zum Teil bereits aussagekräftige Detailinformationen für eine Abschätzung des Bauteilverhaltens.

4.1 Thermische Querschnittsanalyse

Zur wirklichkeitsnahen Berechnung des Erwärmungsvorganges – auch von homogenen Querschnitten – ist

eine Querschnittsdiskretisierung stets dann erforderlich, wenn sich ein Temperaturgradient ausbildet. Die unterschiedlich ausgeprägten Temperaturabhängigkeiten der thermischen Einzelkenngrößen der meisten Baustoffe macht in diesen Fällen deren differenzierte lokale Zuordnung erforderlich. Unter gewissen Umständen können lediglich wenig massige Stahlquerschnitte für die thermische Analyse als zwar stofflich veränderliche, jedoch homogene Querschnitte betrachtet werden. Diese Erleichterung setzt jedoch gleichförmige thermische

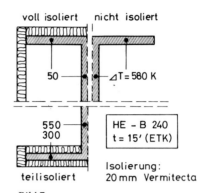

Bild 7
Temperaturverteilung eines Stahlprofils bei unterschiedlicher Isolierung

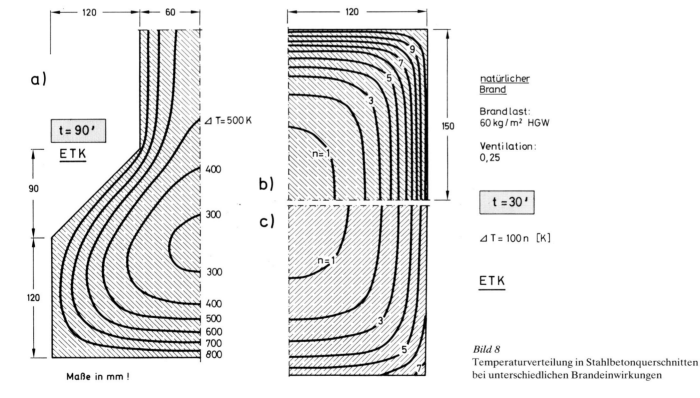

Bild 8
Temperaturverteilung in Stahlbetonquerschnitten bei unterschiedlichen Brandeinwirkungen

325

Randbedingungen längs des Umfanges voraus und entfällt z.B. bereits wieder bei teilisolierten Walzprofilquerschnitten (Bild 7). Massivbauteile und Beton-Stahl-Verbundbauteile bedürfen zur thermischen Analyse in jedem Fall einer Querschnittsdiskretisierung (Bild 8).

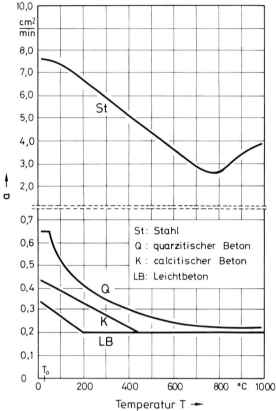

Bild 9
Thermische Veränderung der Temperaturleitzahlen verschiedener Werkstoffe (Rechenwerte)

Bild 9 zeigt die Temperaturabhängigkeit der zur Temperaturleitzahl a zusammengefaßten thermischen Stoffdaten für einige Werkstoffe. Während bei Betonen die thermischen Eigenschaften vor der Zuschlagstoffart sehr stark beeinflußt werden, lassen sich Stähle in ausreichender Form einheitlich beschreiben.

Für überwiegend biegebeanspruchte Bauteile liefert die thermische Analyse, z.B. mittels des zeitlichen Verlaufs der Erwärmung der Biegezugbewehrung, ein in der Regel ausreichend genaues Kriterium zur Versagenszeitbestimmung. Die Tragfähigkeitsgrenze dieser Bauteile ist dann erreicht, wenn die temperaturbedingte Verminde-

rung der Stahl-Fließgrenze β_s auf den Wert der Gebrauchs-Lastspannung σ_0 abgesunken und somit kein Gleichgewichtszustand zwischen inneren und äußeren Schnittgrößen mehr möglich ist.

Diese „kritische Temperatur" ist somit definiert als

$$\text{crit } T = T(\beta_s = \sigma_0).$$

Ihr unterer Grenzwert wird bei Ausnutzung der maximalen zulässigen Spannungen (Sicherheitsbeiwert v) erreicht mit

$$\text{crit } T = T(\beta_s(T)/\beta_s(T_0) = 1/v)$$

und stellt den in DIN 4102 definierten Grenzwert der zulässigen Stahltemperatur dar.

Die Definition crit T zeigt jedoch die Möglichkeit, durch Ausnutzung von Festigkeitsreserven bzw. Verminderung des Niveaus der Spannungs-Ausnutzung die Feuerwiderstandsdauer in einfacher Weise anzuheben. Das damit verfügbare Entwurfs- bzw. Beurteilungskriterium gilt dabei für alle näherungsweise normalkraftfreien Bauteile, unabhängig ob es sich um Stahlbeton-, Verbund- oder Stahl-Träger handelt.

Gleichfalls zur thermischen Analyse ist die Ermittlung der thermischen Dehnungen zu zählen. Deren Zuordnung zur Temperatur verläuft oberhalb 300°C zunehmend überproportional, so daß eine direkte funktionale Darstellung sinnvoll erscheint:

$$\varepsilon_{Th} = \varepsilon_{Th}(T).$$

4.2 Mechanische Querschnittsanalyse

Grundlegende Voraussetzung ist die Kenntnis der Temperaturverteilung über den Querschnitt. Damit ist die punktweise Berechnung der temperaturbedingten Veränderungen der mechanischen Stoffwerte und deren Zusammenfassung zu temperaturabhängigen Arbeitsgesetzen möglich. Diese σ-ε-T-Gesetze gelten somit nur lokal und – wegen der $T(t)$-Kopplung – nur für den jeweiligen Zeitpunkt t. Statt der geschlossenen Spannungsintegration des Gesamtquerschnitts F zur Ermittlung der inneren Schnittkräfte N_i, M_i ist zunächst nur die Ermittlung der Teilgrößen n_i, m_i in den Teilquerschnitten f_i des diskretisierten F-Bereichs möglich. Eine anschließende Summation dieser Anteile liefert dann die inneren Schnittgrößen. Diese können durch Variation der Randdehnungen in einem Gleichgewichtszustand mit den äußeren Lastschnittgrößen gebracht werden (Bild 6).

Erste praktisch verwertbare und ausreichend differenzierte Informationen zum Bauteilverhalten liefert die Querschnittsanalyse in der Form von Interaktionsdiagrammen der aufnehmbaren Bruchschnittgrößen N_u und M_u und der Momenten-Krümmungszuordnung, dem M-$\varkappa$-Diagramm. Während im kalten Normalzustand durch die Formulierung querschnittsbezogener Schnittkräfte eine allgemeine Aussage für untereinander geometrisch ähnliche Querschnitte möglich ist, beeinflussen bei thermischen Einwirkungen nicht nur Querschnittsfläche, sondern auch Querschnittsabmessungen das Erwärmungsverhalten und somit auch die Interaktionsbeziehungen unterschiedlich; eine querschnittsbezogene Normierung ist nicht möglich.

5 Bauteilverhalten

Die nachfolgenden Ausführungen gelten für Bauteile während der Brandbeanspruchung. Fragen zur Resttragfähigkeit, d.h. zur Wiederverwendbarkeit von Bauteilen nach vorangegangener und ohne Versagen überstandener Brandeinwirkung werden gesondert behandelt.

Als Brandbeanspruchung wird im folgenden stets der sogenannte „Normbrand" zugrunde gelegt, d.h. die zeitliche Temperaturentwicklung entspricht der Einheits-Temperatur-Kurve (ETK) nach DIN 4102. Diese Beschränkung wurde nur gewählt, um einen Vergleich zwischen den Ergebnissen von Rechnung und vorhandenen Brandversuchen zu ermöglichen. Die erarbeiteten numerischen Methoden erlauben die Bauteilanalyse bei beliebiger Brandbeanspruchung, also auch für „natürliche Brände".

5.1 Allgemeines

Die Verteilung der thermischen Beanspruchungen über den Umfang – allseitig oder teilweise beflammt – verändert naturgemäß die Tragfähigkeitskapazität eines Querschnitts in signifikanter Weise.
Eine nicht allseitig homogene Temperaturbeanspruchung wirkt sich zunächst qualitativ stets in einem verzögerten Abbau der Querschnittstragfähigkeit aus. Quantitativ hängt der resultierende Gewinn an Feuerwiderstandsdauer vom Beanspruchungszustand – der N_0-, M_0-Kombination – sowie der Lage der nicht oder nur teilweise beflammten Querschnittsseiten ab. Stahl-

betonbauteile mit überwiegender Biegebeanspruchung, deren Grenzzustand durch das Versagen der Biegezugbewehrung gekennzeichnet ist, zeigen naturgemäß eine geringe Verbesserung des Brandverhaltens, wenn statt einer allseitigen Brandbeanspruchung eine dreiseitige Beflammung mit kaltem Druckrand vorliegt. Wirkt hingegen die dreiseitige Brandbeanspruchung nicht auf die Zugseite ein, resultiert daraus u.U. eine Verdopplung der Feuerwiderstandsdauer (Bild 10).

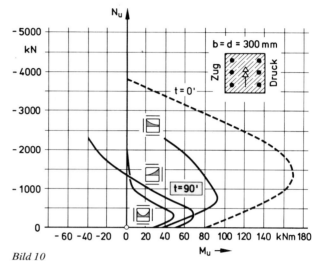

Bild 10
Zeitliche Veränderung der N_u-M_u-Interaktion eines Stahlbetonquerschnitts bei unterschiedlichen thermischen Randbedingungen

Bei Stahlbiegeträgern ist, wegen der Spannungssymmetrie über den Querschnitt, dieser positive Effekt nicht zu erwarten.
Neben dem Effekt der verzögerten Querschnittserwärmung bei Teilbeflammung ist der gekoppelte Einfluß einer zusätzlichen thermischen Verkrümmung besonders zu beachten. Die daraus resultierende lastunabhängige Zusatzverformung überlagert sich dem jeweiligen Last-Verformungszustand. Je nach thermischer Randbedingung, Druckrand heiß oder Zugrand heiß, wird dadurch die Gesamtverformung reduziert oder vergrößert (Bild 11). Insbesondere Bauteile mit verformungsbeeinflußter Traglastcharakteristik, Druckglieder wie Stützen oder Wandscheiben z.B., zeigen in diesen Fällen eine ausgeprägte Versagenszeitveränderung. Die zu erwartenden Auswirkungen – sowohl qualitativ als auch quantitativ – sind dabei abhängig von der Eigensteifigkeit des Bauteils. Während bei Stahlbetonstützen der

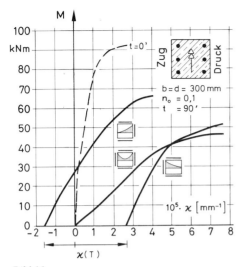

Bild 11
Zeitliche Veränderung der M-$\varkappa$-Interaktion eines
Stahlbetonquerschnitts bei unterschiedlichen thermischen
Randbedingungen

infolge Teilbeflammung geringere Festigkeitsverlust als
Einflußfaktor stets überwiegt, und unabhängig vom
Vorzeichen der thermischen Krümmung eine deutliche
Steigerung der Feuerwiderstandsdauer zu erwarten ist,
dominiert bei Stahlstützen eindeutig der Einfluß der zusätzlichen thermischen Verkrümmung. Auch bei einer
zur Lastkrümmung gegenläufigen thermischen Krümmung ist in diesen Fällen nur mit einer geringen Verbesserung der Feuerwiderstandsdauer zu rechnen ([2], [5]).

5.2 Biegeglieder

Der Versagenszeitpunkt von Einfeldbalken wird beim
Erreichen der kritischen Stahltemperatur bestimmt. In
diesen Fällen ist die thermische Querschnittsanalyse
ausreichend. Bei Durchlaufsystemen ist, wie bei allen
statisch unbestimmten Konstruktionen, mit Lastumla-
gerungen im Brandfall zu rechnen, wodurch eine zusätzliche mechanische Querschnittsanalyse, u. U. auch Systemanalyse, notwendig wird.
Die Verformungsbehinderung an Einspannstellen oder
Zwischenauflagern bewirken die Entwicklung von
Zwangsschnittgrößen ΔN, ΔM, ΔQ. Zusätzlich zum
erwärmungsbedingten Tragfähigkeitsabbau steigt die
Bauteilbelastung an, wodurch u. U. ein verfrühtes Erreichen des Grenzzustandes zu erwarten ist. Ein solcher
Grenzzustand tritt in diesen Fällen jedoch nur lokal auf
und muß nicht notwendigerweise das Systemversagen

bedeuten. Überschreitet beispielsweise die Gesamtmo-
mentenbeanspruchung M das Querschnitts-Grenzmo-
ment M_u, so entkoppelt sich zunächst das System um
eine Stufe; übertragen wird maximal das aktuelle „plastische" Moment M_u:

$$M(t) = M_0 + \Delta M(t) \leq M_u(t).$$

Erst beim Erreichen einer kinematischen Kette ist der
Versagenszeitpunkt des Gesamtsystems erreicht.
Die Größenordnungen dieser Zwangs-Schnittgrößen ist
naturgemäß von der Bauteil- und System-Steifigkeit
und von der Erwärmungs-Charakteristik des Querschnitts abhängig. Exemplarisch gibt Bild 12 den zeitlichen Verlauf von Biegemomenten- und Normalkraft-
Zwängungen für einen Stahlbeton-Plattenstreifen wieder. Die berechneten Werte stellen die jeweils obere
Grenze für zwei unterschiedliche Zwängungsarten bei
Annahme einer ideal-vollständigen Verformungsbehinderung im Auflagerbereich dar.

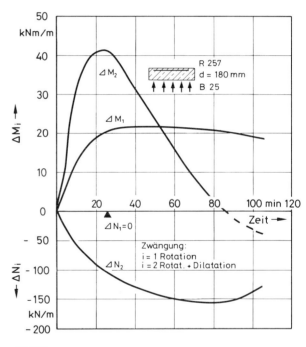

Bild 12
Entwicklung von Zwangsschnittgrößen infolge Deformations-
behinderung im Auflagerbereich

Der Zwängungsabbau nach Durchlaufen eines Maxi-
mums beruht sowohl auf der erwärmungsbedingten Festigkeitsminderung des Querschnitts als auch auf einer
zunehmenden Querschnittszerstörung, insbesondere am

Druckrand. Bei Rotations- und Dilatationsbehinderung bewirkt letzterer Effekt dabei eine Verlagerung der Zwangs-Normalkraft-Resultierenden ΔN_2 in das Querschnittsinnere hinein und somit eine Zwängungs-Zentrierung. Dies ist der Grund für den raschen Abbau der Zwangsbiegung ΔM_2 und deren möglichen Vorzeichenwechsel. Es ist jedoch zu beachten, daß die aufgezeigten $\Delta M(t)$-Verläufe in der Regel temporär vom Querschnitts-Bruchmomentenverlauf $M_u(t)$ begrenzt werden (vgl. Bild 10) [2].

Bei Durchlaufsystemen besteht zudem die Gefahr eines Schubversagens infolge $\Delta Q(t)$. Schätzt man für praxisnahe Stützweiten mittels Bild 12 den $\Delta Q(t)$-Verlauf ab, lassen sich einige aus Experimenten und aus Bränden bekannte Versagensformen erklären.

Die gleichzeitige und gegenläufige Veränderung von aufnehmbaren und belastenden Beanspruchungen in diesen Fällen zeigt bei einer Systemanalyse eine komplexe Interaktion. Einer umfassenden experimentellen Verifizierung stehen zudem erhebliche versuchstechnische Schwierigkeiten gegenüber. Dennoch haben diese ersten Ansätze einer numerischen Analyse bereits eine Reihe vorhandener Versuchsergebnisse interpretieren helfen und die oben dargestellten Zusammenhänge bestätigt.

5.3 Spannbeton

Einen Sonderfall unter den Balkentragwerken nehmen Spannbeton-Konstruktionen ein. Die thermische Bauteildehnung bewirkt eine innere Zwängung und damit eine Zusatzdehnung des Spannstahls, der selbst wiederum einem temperaturbedingten Festigkeitsabbau unterworfen ist (Bild 3). Die gleichfalls abnehmende Dehnsteifigkeit des Betonquerschnitts kompensiert zusätzlich die Zwangsvorspannung ΔV und führt sehr bald zu insgesamt abnehmenden Vorspannkräften:

$$V(t) = V_0(t) + \Delta V(t).$$

Bild 13 zeigt für einen Hohlplattenstreifen und einen gegliederten Fertigteilbalken den Vergleich zwischen gemessenen und gerechneten Zusatzmittendurchbiegungen Δf im Brandfall sowie das Ergebnis der jeweils zugehörigen Querschnittsanalyse in Form der Spannkraftveränderung $V(t)$. Sowohl die Berechnung des Verformungsverlaufs als auch des Versagenszeitpunktes t_u ist für unterschiedlichste Querschnitte bei guter Übereinstimmung mit den Versuchswerten möglich (Bilder

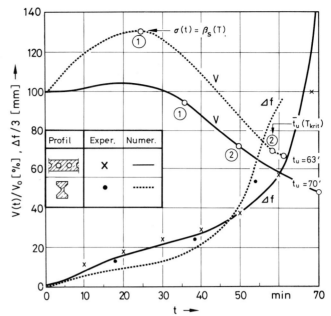

Bild 13
Querschnitts- und Systemanalyse vorgespannter Bauteile

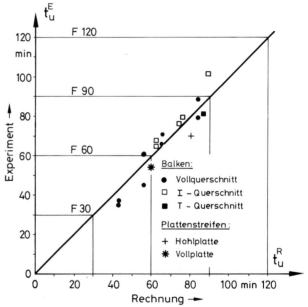

Bild 14
Genauigkeit der numerischen Analyse brandbeanspruchter vorgespannter Bauteile

13 und 14). Die getroffenen Annahmen zur Numerik – Tragmodell und Materialgesetze – werden dadurch gleichfalls bestätigt ([2], [4]).

Die Ergebnisse von thermischer und mechanischer Querschnittsanalyse erklärten zudem einige, zuvor schwer interpretierbare Versuchsergebnisse. Insbesondere zeigt Bild 13, daß die übliche *F*-Klassifizierung von Spannbetonbauteilen, basierend auf den crit *T*-Werten nach DIN 4102, u.U. eine erhebliche Unterschätzung der Feuerwiderstandsdauer bewirkt. Sind ausreichende Schnittkraftumlagerungen im Querschnitt möglich, kann sich der tatsächliche Versagenszeitpunkt t_u erst bei weit höheren Spannstahltemperaturen einstellen als nach Norm mit t_u (crit *T*). Zudem ist die Norm-Definition der kritischen Temperatur über den Sicherheitsfaktor *v* der Bemessung in der Art

$$\text{crit } T = T(\beta_s = \sigma_0)$$

auch physikalisch nicht richtig, da infolge der inneren Zwängungen ΔV sich bereits früher ein Spannstahlfließen einstellen kann, σ somit zeitabhängig wird. Diese Einzeleinflüsse treten qualitativ bereits bei statisch bestimmt gelagerten Spannbetonbauteilen auf, also auch ohne eventuelle zusätzliche System-Zwängungen.

Verallgemeinerte quantitative Aussagen können hingegen nicht formuliert werden, da hier verschiedenste Parameterabhängigkeiten zu beobachten sind. Insbesondere die Betonüberdeckung der Einzelspannglieder bzw. Lage und Anordnung von Einzeldrähten bei Spanngliedern zeigen hierbei einen Einfluß, der die Einzelbeurteilung erforderlich macht.

5.4 Stützen

5.4.1 Stahlbeton-Stützen

Das Versagen von Stützen im Brandfall wird verursacht durch das gemeinsame Wirken von thermisch bedingtem Traglastabbau und zunehmenden Verformungen. Dadurch steigt der Ausnutzungsgrad α, entsprechend dem Reziprokwert des aktuellen Sicherheitsfaktors *v* sowohl unter der Gebrauchslastkombination $\vec{K}_0$ an:

$$\alpha(t) = \vec{K}_0 / \vec{K}_u(t)$$

als auch infolge der zunehmenden Einflüsse nach Theorie 2. Ordnung:

$$\vec{K}(t) = \vec{K}_0 + \Delta \vec{K}_{II}(t).$$

Die Nachrechnung einer Vielzahl von Stützenversuchen (Bild 15) ergab dabei, daß im Brandfall auch bei Schlankheiten unterhalb $s_k/d = 10$ ($\lambda < 35$) der Verfor-

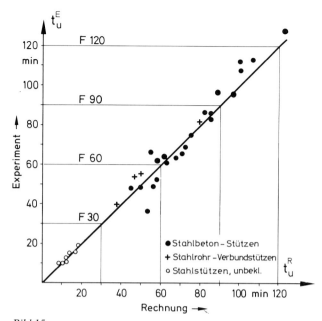

Bild 15
Genauigkeit der numerischen Analyse brandbeanspruchter Stützen

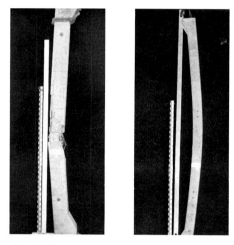

Bild 16 (links)
Bruchfigur einer gedrungenen Stahlbetonstütze nach dem Brandversuch

Bild 17 (rechts)
Bruchfigur einer schlanken Stahlbetonstütze nach dem Brandversuch

mungseinfluß auf die Traglast nicht mehr vernachlässigt werden kann. Dieses Verhalten gilt prinzipiell für alle Stützenarten (Stahlbeton, Stahl, Stahl-Beton-Verbund). Die Bilder 16 und 17 zeigen die Bruchfiguren zweier unterschiedlich schlanker Stützen unter exzentrischer

Belastung nach einem Brandversuch. Während die gedrungene Stütze auf Bild 16 eine ausgesprochene Querschnittszerstörung bei relativ geringen Verformungen aufweist, versagte die schlankere Stütze nach Bild 17 infolge ihrer rasch anwachsenden großen Verformungen bei nur minimalen Querschnittszerstörungen.

Die numerische Analyse des Bruchquerschnitts zur Klärung der jeweiligen Versagensursache im Brandfall ergab, daß bei praxisgerechten Stützenabmessungen und -lastkombinationen das Versagen von der Druckzone ausgeht; die Beanspruchung der „Zugbewehrung" ist häufig noch unterhalb der Fließgrenze. Infolge des stark in seiner Festigkeit reduzierten Druck-Randbereichs verlagert sich die Druckkraftresultierende zunehmend in den kälteren und damit höherfesten Kernbereich hinein, was zu einer kontinuierlichen Verkleinerung des inneren Hebelarmes und damit schließlich zum Systemversagen führt. Das Fließen der Zugbewehrung ist dann lediglich ein Sekundäreffekt während des bereits ablaufenden Versagensvorganges.

Die bislang vorliegenden experimentellen und numerischen Untersuchungen über die Parameterabhängigkeiten des Versagenszeitpunktes von Stahlbetonstützen ergaben, daß der Schlankheitseinfluß überproportional dominiert. Der bei einer Bemessung nach DIN 1045 bereits über eine Abminderung der zulässigen Belastungskombination $\vec{K_0}$ berücksichtigte Schlankheitseinfluß macht sich im Brandfall erneut stark bemerkbar. Dies heißt jedoch, daß – trotz gleichen Bemessungs-Sicherheitsniveaus – schlanke Stützen eine geringere Feuerwiderstandsdauer aufweisen als gedrungenere Stützen. Ein geeignetes Beurteilungskriterium muß somit notwendigerweise schlankheitsabhängig sein; eine nur querschnittsbezogene F-Klassifizierung ist bei Stützen ungeeignet.

Neben dem dominierenden Einfluß der Schlankheit hat lediglich die Belastungskombination noch eine gewisse Bedeutung. Mit zunehmender Normalkraftexzentrizität ist eine weitere Verkürzung der Feuerwiderstandszeit zu beobachten. Die Ursache ist in der gleichzeitig verstärkten Aktivierung von Zugbewehrungen und Druckzone zu sehen, also von zwei Querschnittsanteilen, die verstärkt temperaturbedingten Veränderungen unterliegen ([1] bis [3]).

Bild 18 zeigt die Versagenszeitveränderung in Abhängigkeit von Schlankheit und Lastexzentrizität. Da das traglastverändernde Querschnitts-Erwärmungsverhalten sowohl von dem Verhältnis Umfang/Fläche als auch

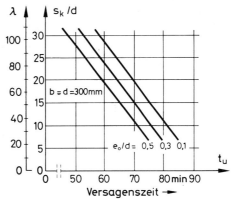

Bild 18
Einfluß von Schlankheit und Gebrauchslastkombination auf die Feuerwiderstandsdauer von Stahlbetonstützen

von den jeweiligen Absolutwerten der Querschnittsabmessungen abhängen, gilt eine solche Parameterdarstellung nur für einen speziellen Querschnitt und kann in ihrer quantitativen Aussage nicht verallgemeinert werden. Vereinfachungen, wie sie z. B. bei den bekannten Bemessungsdiagrammen durch die Einführung auf die Querschnittsfläche bezogener Schnittkräfte möglich sind, entfallen somit. Allein dadurch wird der Umfang einer entsprechenden Bemessungshilfe nicht unerheblich. Ein praktikables Bemessungs- bzw. Beurteilungskonzept sollte dann aber zumindest Variationen von Schnittkraft-Kombination und -Niveau sowie Bewehrungsgehalt ermöglichen. Ein mögliches rechnerisches Verfahren sollte sich zudem an bereits bekannte Berechnungsmethoden anlehnen, um mit möglichst geringem Aufwand diese brandschutztechnische Untersuchung an die übliche baustatische Bemessung zu koppeln. Das in [7] vorgeschlagene Näherungsverfahren orientiert sich an den für Stützenbemessungen bekannten Schnittkraft-Krümmungs-Tabellen (Tabelle 1). Durch Vorgabe einer funktionalen Approximation für den Biegelinienverlauf kann der Parameter „Schlankheit" in den Tafeln entfallen. In Abhängigkeit von der Schnittkraft-Kombination N und M und der Gesamt-Bewehrung Fe kann aus der jeweiligen Tafel der temperaturabhängige Krümmungswert $\varkappa$ abgelesen werden. Mittels der Gleichung

$$w = -s^2(0,381\,\varkappa_u + 0,119\,\varkappa_0)$$

wird die Stützenverformung w geschätzt und der Momentenzuwachs nach Theorie 2. Ordnung iterativ berechnet. Das Verfahren konvergiert rasch, die damit be-

Tabelle 1
M-x-t-Übersicht zur gezielten *F*-Klassifizierung von quarzitischen Stahlbetonstützen mit beliebiger Schlankheit

Querschnittsabmessungen $b/d = 300,0/300,0$ mm   Betonnennfestigkeit = 25,0 N/mm²   Stahlstreckgrenze = 420,0 N/mm²   Betonüberdeckung = 40,0 mm
Branddauer nach ETK = 60,0 min   x = Tafelwert/100

N [kN]	FE [mm²]	M [kNm] = 10,0	20,0	30,0	40,0	50,0	60,0	70,0	80,0	90,0	100,0	110,0	120,0	130,0	140,0	150,0
−700	2160	0,366	0,725	1,072	1,336	1,598	1,960	2,351	2,767	3,189	3,651	4,178	0,000	0,000	0,000	0,000
	2520	0,322	0,649	0,936	1,180	1,416	1,650	1,988	2,358	2,740	3,137	3,553	4,026	4,578	0,000	0,000
	2880	0,288	0,585	0,819	1,042	1,262	1,475	1,710	1,997	2,351	2,702	3,077	3,462	3,888	4,381	0,000
	3240	0,263	0,517	0,720	0,924	1,126	1,326	1,536	1,758	1,994	2,333	2,662	3,010	3,376	3,763	4,211
−750	2160	0,365	0,723	1,076	1,365	1,671	2,019	2,404	2,815	3,248	3,730	4,284	0,000	0,000	0,000	0,000
	2520	0,325	0,646	0,974	1,211	1,446	1,697	2,049	2,415	2,803	3,197	3,633	4,128	4,159	0,000	0,000
	2880	0,290	0,584	0,856	1,077	1,292	1,505	1,724	2,068	2,410	2,770	3,143	3,539	3,990	4,517	0,000
	3240	0,262	0,530	0,755	0,957	1,159	1,355	1,552	1,771	2,067	2,396	2,729	3,085	3,450	3,860	4,334
−800	2160	0,363	0,716	1,058	1,395	1,744	2,088	2,456	2,864	3,314	3,812	4,486	0,000	0,000	0,000	0,000
	2520	0,326	0,647	0,966	1,241	1,475	1,781	2,102	2,475	2,857	3,266	3,722	4,245	0,000	0,000	0,000
	2880	0,292	0,583	0,879	1,109	1,322	1,533	1,792	2,126	2,473	2,837	3,210	3,627	4,099	0,000	0,000
	3240	0,263	0,530	0,790	0,991	1,190	1,384	1,577	1,803	2,135	2,457	2,801	3,153	3,535	3,968	4,484
−850	2160	0,357	0,704	1,046	1,439	1,807	2,156	2,503	2,921	3,383	3,910	0,000	0,000	0,000	0,000	0,000
	2520	0,324	0,645	0,954	1,271	1,526	1,852	2,175	2,531	2,917	3,341	3,812	4,325	0,000	0,000	0,000
	2880	0,294	0,584	0,874	1,139	1,350	1,562	1,872	2,184	2,538	2,897	3,287	3,721	4,226	0,000	0,000
	3240	0,265	0,531	0,799	1,023	1,219	1,412	1,605	1,874	2,193	2,525	2,869	3,227	3,628	4,083	0,000
−900	2160	0,347	0,690	1,034	1,459	1,874	2,218	2,571	2,981	3,455	4,040	0,000	0,000	0,000	0,000	0,000
	2520	0,322	0,639	0,946	1,258	1,605	1,920	2,248	2,583	2,982	3,418	3,924	0,000	0,000	0,000	0,000
	2880	0,294	0,584	0,868	1,155	1,379	1,639	1,942	2,249	2,596	2,964	3,370	3,821	0,000	0,000	0,000
	3240	0,267	0,532	0,797	1,054	1,247	1,440	1,655	1,949	2,256	2,592	2,935	3,309	3,727	4,222	0,000
−950	2160	0,335	0,675	1,054	1,478	1,928	2,277	2,641	3,039	3,547	0,000	0,000	0,000	0,000	0,000	0,000
	2520	0,318	0,629	0,937	1,264	1,670	1,990	2,313	2,648	3,051	3,503	4,077	0,000	0,000	0,000	0,000
	2880	0,292	0,583	0,863	1,143	1,408	1,716	2,014	2,325	2,655	3,037	3,453	3,945	0,000	0,000	0,000
	3240	0,268	0,532	0,795	1,056	1,275	1,467	1,738	2,020	2,322	2,654	3,009	3,399	3,836	0,000	0,000
−1000	2160	0,325	0,662	1,070	1,500	1,937	2,341	2,710	3,112	3,659	0,000	0,000	0,000	0,000	0,000	0,000
	2520	0,311	0,617	0,927	1,299	1,703	2,059	2,380	2,726	3,119	3,608	0,000	0,000	0,000	0,000	0,000
	2880	0,290	0,576	0,856	1,134	1,473	1,784	2,088	2,393	2,721	3,113	3,548	4,144	0,000	0,000	0,000
	3240	0,267	0,533	0,792	1,049	1,302	1,523	1,809	2,096	2,391	2,719	3,088	3,487	3,970	0,000	0,000
−1050	2160	0,319	0,673	1,088	1,515	1,952	2,406	2,782	3,211	3,837	0,000	0,000	0,000	0,000	0,000	0,000
	2520	0,301	0,606	0,930	1,324	1,729	2,119	2,451	2,802	3,201	3,737	0,000	0,000	0,000	0,000	0,000
	2880	0,287	0,568	0,849	1,128	1,505	1,855	2,158	2,466	2,798	3,189	3,666	0,000	0,000	0,000	0,000
	3240	0,266	0,531	0,787	1,042	1,303	1,601	1,880	2,172	2,462	2,791	3,167	3,594	4,201	0,000	0,000

rechneten *F*-Klassen stimmen gut mit Versuchsergebnissen bzw. den Werten aus genauer numerischer Analyse überein.

5.4.2 Stahlstützen

Das Aufheizverhalten eines allseits offenen Stahlprofils kann bei guter Genauigkeit vereinfachend über die Beziehung

$$\Delta T_{st} = \frac{\Sigma \alpha(T)}{\varrho c(T)} \cdot \frac{U}{F} (T_{Br} - T_{st}) \Delta t$$

ermittelt werden. Über den Profilfaktor *U/F* wird die Massigkeit berücksichtigt. Da sich infolge der hohen Temperaturleitzahl (vgl. Bild 9) praktisch kein Temperaturgradient ausbildet, ist das Material des Stützenquerschnitts weiterhin homogen, wenngleich durch den Aufheizvorgang zeitlich veränderlich. Somit kann ein stabiler Stützenzustand nur unterhalb der Fließgrenze erwartet werden. Daraus folgt, daß für Stahlstützen die Formulierung einer kritischen System-Temperatur möglich ist.

Die prinzipielle gute Übereinstimmung zwischen experimentell und rechnerisch ermittelten Versagenszeit-

punkten von unbekleideten Stützen, bei Berücksichtigung der jeweiligen tatsächlichen Materialgüten, zeigt Bild 15. Da in diesem Versagensbereich sehr hohe Aufheizgeschwindigkeiten vorliegen, ist ein Vergleich zwischen berechneten und gemessenen Versagenstemperaturen crit *T* wesentlich schärfer und erlaubt zudem differenziertere Aussagen ([2], [5]).

Bild 19 zeigt die Ergebnisse entsprechender Untersuchungen in Abhängigkeit von der Stützenschlankheit λ. Der nichtkonstante Verlauf der berechneten crit *T*-Werte, der ein deutliches Minimum aufweist, resultiert aus dem benutzten Konzept zur Ermittlung der zulässigen Stützenlasten. Bemerkenswert ist insbesondere, daß die schlankheitsabhängige Gebrauchslastminderung offensichtlich zu spät einsetzt, crit *T* sinkt vorübergehend ab, bei hohen Schlankheiten jedoch eine überproportionale Lastminderung vorliegt, die einen deutlichen Anstieg von crit *T* bewirkt. Die in Bild 19 eingetragenen Meßwerte resultieren aus Brandversuchen in Berlin (BAM) und Braunschweig (SFB 148) und stellen die jeweiligen Mittelwerte identischer Mehrfach-Versuche dar. Für zentrisch belastete Stützen ergibt sich eine relativ gute Übereinstimmung zwischen den Meßwerten und der rechnerisch ermittelten Tendenz. Naturgemäß

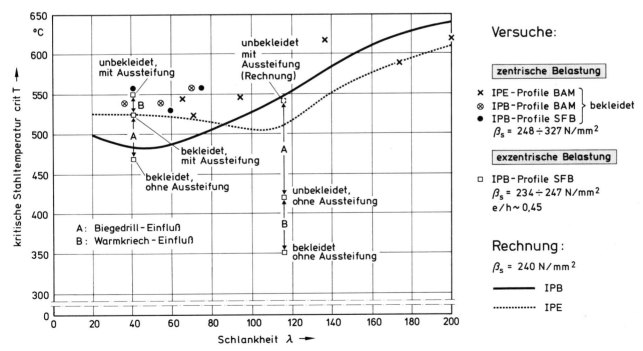

Bild 19
Kritische Temperaturen von Stahlstützen (Belastung entsprechend DIN 4114)

liegen dabei die Meßwerte infolge der höheren tatsächlichen β_s-Werte oberhalb der rechnerischen Kurven, die mit den β_s-Mindestwerten bestimmt wurden, woraus im Versuch niedrigere Lastausnutzungen α resultieren. Die streuenden α-Werte verwischen auch den Unterschied zwischen IPB- und IPE-Profilen (Profilfaktor-Einfluß). Die erstmals in Braunschweig durchgeführten Brandversuche an exzentrisch belasteten Stahlstützen sowie die systematischen Untersuchungen zum Einfluß von Isolierungen zeigen hingegen deutliche Abweichungen gegenüber den theoretischen Werten. Die stark verringerte Aufheizgeschwindigkeit bekleideter Profile bewirkt die Aktivierung von merklichen Stahl-Warmkriecheinflüssen und damit von größeren Stützenverformungen in bezug auf die jeweiligen Querschnitts-Temperatur. Infolge der daraus resultierenden verstärkt anwachsenden Zusatzbeanspruchungen nach Theorie 2. Ordnung versagen diese Stützen bei niedrigeren Temperaturen. Bei bekleideten Stützen sinken somit die crit T-Werte gegenüber unbekleideten Profilen ab.

Bei planmäßig exzentrisch belasteten Stützen ergibt sich, selbst bei unbekleideten Profilen, gleichfalls regelmäßig ein verfrühtes Versagen im Vergleich mit den theoretisch erwarteten Versagenszeiten. Die Verformungsfigur von Stützen dieser Beanspruchungsart läßt nach dem Brandversuch eine deutliche Verdrehung des Stützenquerschnitts erkennen und damit auf ein Biegedrillknicken schließen (Bild 20). Die kontinuierliche Messung der Stützenausbiegungen in Richtung der beiden Querschnitts-Hauptachsen während des Brandversuchs zeigte in diesen Fällen wenige Minuten vor dem

Bild 20
Nicht-querschnittstreue Deformation einer Stahlstütze

Stützenversagen ein sehr schnelles Anwachsen der Ausbiegungen in Richtung der nicht biegebeanspruchten schwachen Achse. Unter exzentrischer Beanspruchung ist dieser Versagensmodus selbst bei geringen Schlankheiten zu beobachten. Die Querschnittsverdrehung als Ursache des verfrühten Versagens konnte mittels Vergleichsversuche mit zusätzlichen Profilaussteifungen experimentell eindeutig bestätigt werden. Die Stützen waren bei all diesen Verfahren in der biegebeanspruchten Hauptträgheitsachse beidseitig gelenkig, in der planmäßig biegemomentenfreien Nebenachse beidseitig eingespannt gelagert. In baupraktischen Einbauzuständen muß daher mit einer möglichen Verschärfung dieser Einflüsse gerechnet werden.

Beide genannten Einflüsse – Warmkriecheinfluß und Biegedrillknicken – können sich addieren und bewirken je für sich bei zunehmender Schlankheit eine zunehmende Verringerung der kritischen Versagenstemperatur. Die theoretische Einbindung dieser Effekte in die numerischen Modelle ist noch nicht abgeschlossen.

Teilisolierte Stützenquerschnitte zeigen bereits bei mittleren Schlankheiten stark reduzierte crit T-Werte als Folge der zusätzlichen thermischen Verkrümmungen. Diese Feststellung gilt prinzipiell unabhängig davon, ob Zug- oder Druckflansch isoliert sind und auch dann, wenn der Biegedrilleffekt verhindert wird. Durch die Wärmeableitung in den isolierten Querschnittsbereich sinkt naturgemäß die auf den Gesamtquerschnitt bezogene Aufheizgeschwindigkeit ab, so daß trotz verminderter Versagenstemperatur die Versagenszeit t_u geringfügig ansteigt.

5.4.3 Ebene Flächentragwerke

Ebene massive Flächentragwerke werden üblicherweise entsprechend ihres Beanspruchungs- und Tragzustandes in normalkraftbeanspruchte Scheiben- und biegemomentenbeanspruchte Platten-Tragwerke unterteilt. Diese Trennung kann im Brandfall nicht beibehalten werden. Der in der Regel bei Flächentragwerken zu erwartende Fall einer einseitigen Brandbeanspruchung bewirkt die Ausbildung eines entsprechend einseitigen Temperaturgradienten und damit einer belastungsunabhängigen thermischen Zusatzverkrümmung. Da Flächentragwerke gleichfalls in der Regel Mehrfeldsysteme sind, kann davon ausgegangen werden, daß zumindest zeitweilig nur eine lokale Brandbeanspruchung vorliegt. Die nicht beflammten kälteren Bereiche bewirken dann, u.a. infolge ihrer größeren Steifigkeit, durch Behinderung der lokalen thermischen Verkrümmungen sowie der gleichzeitig auftretenden thermischen Dehnungen die Ausbildung von Zwangs-Biegemomenten und Zwangs-Normalkräften. Diese in der Regel stets gekoppelten Zusatz-Scheiben- und -Plattenzustände aus Zwängungen überlagern sich den ursprünglichen Lastspannungszuständen. Die Tendenz dieser Zwangs-Schnittgrößen entspricht etwa der in Bild 12 diskutierten Gesetzmäßigkeit.

Erste Untersuchungen zur Abschätzung der Tragverhaltensveränderung lokal brandbeanspruchter Mehrfeld-Stahlbetonplatten zeigten, daß die Bauteilschädigung in bezug auf die Biegezugtragfähigkeit gleichfalls weitgehend lokal begrenzt bleibt. Biegerisse auf der dem Feuer abgekehrten Seite infolge von Zwangs-„Stütz“-Momenten begrenzen den Störbereich. Bei langandauernder Brandeinwirkung kann es zu einem lokalen Plattenversagen kommen. Der damit lokal eintretende totale Verlust der raumabschließenden Funktion des Bauteils, der bei größeren Rissen nach Norm-Definition allerdings wesentlich früher vorliegen kann, wird brandschutztechnisch als Bauteilversagen angesehen. Im Sinne der Bauteilstatik ist damit jedoch nur in den seltensten Fällen ein Systemkollaps verbunden, wie auch zahlreiche Brandschäden an Deckenplatten erkennen lassen. Sowohl die numerische als auch die experimentelle Behandlung dieser Situation ist z.Z. zwar noch nicht abgeschlossen, im Hinblick auf die Beurteilung von Bauwerksverhalten unter lokaler Brandbeanspruchung kann jedoch der Einfluß aus der Veränderung des Biegetragvermögens von Platten als sekundär angesehen werden.

Zusätzlich zur Biegebeanspruchung infolge Zwängung ist der Zwangs-Scheibenspannungszustand zu berücksichtigen. Bild 21 zeigt die Mittelflächen-Hauptspannungsverteilung einer lokal beflammten Platte/Scheibe innerhalb eines Mehrfeldsystems. Während innerhalb des beflammten Bereichs ein Druck-Druck-Spannungszustand herrscht, bildet sich außerhalb ein lokal begrenzter Zugring aus (σ_2). Die geometrischen und statischen Randbedingungen beeinflussen naturgemäß Verlauf und Größenordnung der σ_1- und σ_2-Spannungen erheblich. Charakteristisch ist jedoch in allen Fällen neben der Zugringausbildung die zeitliche Entwicklung der Zwangsspannung. Innerhalb der ersten 60 Minuten hat sich der Größtteil der Zwängungen aufgebaut, oberhalb 90 Minuten erfolgt – zumindest für die baupraktisch üblichen Dicken d – praktisch kein weiterer Anstieg. Die bislang vorhandenen numerischen Ansätze werden bereits mit guter Genauigkeit durch entsprechende experimentelle Ergebnisse bezüglich Rißbereich und zeitlicher Rißentwicklung und damit der zeitlichen und örtlichen Veränderungen der Hauptspannungsverteilung bestätigt. Parameteruntersuchungen zur Zwangs-Normalkraftentwicklung schließen bei genügend langer Brandeinwirkung und ideal vollständiger Dehnungsbehinderung für Dicken bis etwa $d = 200$ mm eine lokale Bauteil-Druckzerstörung nicht aus. In diesen Fällen kann bei Scheibentragwerken mit entsprechend großen Brandbereichen eine Gesamtsystem-Gefährdung die Folge sein ([1], [2], [6]).

Wesentlich kritischer muß jedoch bei hochnormalkraftbeanspruchten Scheibentragwerken die Gefährdung aus der Biegewirkung beurteilt werden. Infolge der thermischen Verkrümmung resultieren Einflüsse aus Theorie 2. Ordnung, für die praktisch keine Tragreserven vorliegen. Hieraus ergibt sich eine hohe Gefährdung, die über das Einzelbauteil hinausgeht und u.U. auch das zugehörige Gesamt-Bauwerk betrifft. Vorliegende experimentelle Erfahrungen an Wandscheiben bestätigen dieses Verhalten.

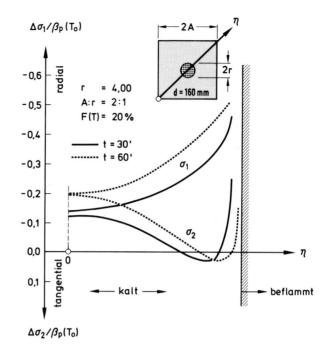

Bild 21
Zwangs-Scheibenspannungszustand in lokal beflammten Stahlbeton-Flächentragwerken (Ränder unverschieblich)

335

6 Resttragfähigkeit

Als Resttragfähigkeit eines Bauteils soll die nach einer definierten Brandeinwirkung verbliebene aufnehmbare Bauteilbeanspruchung verstanden werden. Die Brandcharakteristik – zeitlicher Verlauf und maximale Temperaturhöhe – beeinflussen die Resttragfähigkeit in signifikanter Weise. In den nachfolgenden Ausführungen soll daher zur Gewährleistung reproduzierbarer Ausführungen stets eine vorangegangene ETK-Belastung zugrunde gelegt werden.

6.1 Materialverhalten

Das erneute Erreichen der ehemaligen Ausgangstemperatur nach einem Brand stellt thermisch gesehen das Durchlaufen eines Temperaturzyklus dar. Insofern kann allein aus dem Aufbau der Materialstruktur eine mögliche weitere Veränderung der Materialeigenschaften qualitativ abgeschätzt werden. Nur Materialien, deren temperaturbedingte Festigkeits- und Verformungsveränderungen primär auf eine erhöhte molekulare Beweglichkeit infolge thermischer Energiezufuhr zurückzuführen sind, lassen reversible Veränderungen erwarten. Dies gilt z. B. prinzipiell bei Stählen, wo der Gleitwiderstand des inneren Gittergefüges die Festigkeits- und Verformungseigenschaften steuert. Vorhandene „Verspannungen" im Ausgangsgefüge werden sich naturgemäß bei Energiezufuhr zunehmend ausgleichen und bleiben nach Durchlaufen eines entsprechenden Temperaturzyklus eliminiert. Die Folge ist, daß alle Stähle, deren Festigkeit infolge Kaltverformungen gesteigert wurde, in ihrer Restfestigkeit bis auf den Festigkeitswert ihres Ausgangsmaterials absinken können. Naturharte Stähle zeigen dagegen einen praktisch vollständigen Festigkeitsrückgewinn. Einflüsse aus Veränderungen der im Gittergefüge eingelagerten Legierungsbestandteile können zunächst vernachläßigt werden.

Resultiert die temperaturbedingte Festigkeitsveränderung allein oder auch nur zusätzlich aus Phasenveränderungen, so kann mit einem reversiblen thermischen Festigkeitsverhalten nicht gerechnet werden. Selbst bei reversiblen Phasenveränderungen kann durch Zwängungen im Mikrogefüge die Homogenität verändert und ein reversibler Prozeß verhindert werden. Bei Betonen sind sowohl irreversible Phasenveränderungen während des Erwärmungsvorganges zu beobachten als auch eine zusätzliche Erhöhung des Gefüge-Fehlordnungsgrades. In der Abkühlphase wird der Gesamt-Fehlordnungsgrad weiter erhöht, da durch die Umkehrung der thermisch induzierten Mikrospannungen sich weitere Gefüge-Fehlordnungen aufbauen. Beides zusammen bewirkt eine signifikante weitere Festigkeitsreduzierung des wiedererkalteten Betons.

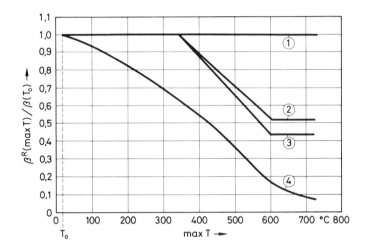

① β_s^R: BSt 220/340 , BSt 420/500U, St 37, St 52

② β_s^R: BSt 420/500 K

③ β_s^R: BSt 500/550 K

④ β_p^R: quarzitischer Beton

Bild 22
Restfestigkeiten verschiedener Werkstoffe (Rechenwerte)

Bild 22 zeigt für verschiedene Materialien in Abhängigkeit von der jeweils erreichten maximalen Temperatur max T einen Vorschlag für normierte Rechenwert-Restfestigkeiten β^R. Bereichsweise steht eine umfassende experimentelle Absicherung noch aus. Mit diesen Werten durchgeführte numerische Begleitungen von experimentellen Rest-Traglastuntersuchungen an Bauteilen bestätigen jedoch prinzipiell die Anwendbarkeit dieser Materialcharakteristiken.

6.2 Querschnittstragfähigkeit

Bei Kenntnis der Rest-Grenzschnittgrößeninteraktion eines Querschnitts kann dessen nach einem Brand verbliebene Sicherheit abgeschätzt werden. Sofern bei Stützen verformungsbedingte Traglastveränderungen zu erwarten sind, ist die entsprechende Rest-Momenten-Krümmungsinteraktion noch hinzuzuziehen. Gedrungene Stützen und alle Biegeglieder können hingegen mit einem N_u^R-M_u^R-Interaktionsdiagramm entsprechend Bild 23 beurteilt werden. Der hochgestellte Index ‚R' zeichnet dabei die jeweiligen Restfestigkeits-Bruchschnittgrößen. In Bild 23 wurde ein vorangegangener allseitig einwirkender ETK-Brand von $\bar{t} = 90$ Minuten Dauer angenommen. Auch hier gilt die bereits eingangs diskutierte Eigenschaft, daß eine allgemeine querschnittsbezogene Darstellung nicht möglich ist.

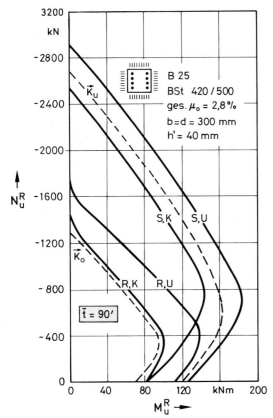

Bild 23
Verbleibende Grenztragfähigkeits-Interaktion nach einem
90-Minuten-ETK-Brand

R Resttragfähigkeit
S sanierter Querschnitt
K Bewehrung aus kaltverformtem Stahl
U Bewehrung aus naturhartem Stahl

Bei der thermischen Analyse ist die Querschnitts-Abkühlphase insbesondere zu untersuchen, um realistische Ergebnisse zu erlangen. So zeigt sich im Querschnittsinneren noch eine längere verzögerte Aufheizphase mit

weiter steigenden Temperaturen, während die Randbereiche schon stark abgekühlt sind. Insofern können Querschnittsbereiche durchaus erst längere Zeit nach Verlöschen des Brandes in einen materialschädigenden Bereich kommen.

Die mit R, K und R, U bezeichneten Kurven in Bild 23 verdeutlichen den Einfluß naturharter (U) bzw. kaltverformter (K) Bewehrungsstähle auf die Rest-Tragfähigkeit (R). In beiden Fällen liegt die gleiche thermische Betonschädigung vor, die Interaktionsveränderung resultiert allein aus dem Festigkeitsrückgewinn des U-Stahles. Naturgemäß ist die Größenordnung dieser Differenz beanspruchungsabhängig; bei zunehmender Normalkraftbeanspruchung geht der Traglastanteil der Bewehrung zurück. Die mit $\vec{K}_0$ bezeichnete Kurve stellt die Interaktion der Gebrauchsschnittgrößen nach DIN 1045 dar. Deren Sicherheitskonzept entsprechend ergeben sich die Norm-Bruchschnittgrößen $\vec{K}_u$ zu

$$\vec{K}_u = v\,\vec{K}_0.$$

Es zeigt sich, daß im vorliegenden Fall nach 90 Minuten ETK-Brand, unabhängig von der Stahlart, die aufnehmbaren Schnittgrößen stets unterhalb der $\vec{K}_u$-Kurve liegen, die nach DIN 1045 geforderten Sicherheiten somit nicht eingehalten werden. Die Resttragfähigkeit des Querschnitts mit kaltverformtem Bewehrungsstahl (K) ist dabei fast gänzlich erschöpft, teilweise beträgt die Sicherheit kaum mehr als 10 %.

Die mit S, K und S, U bezeichneten Kurven stellen die aufnehmbaren Schnittgrößen nach gleichfalls 90 Minuten allseitiger ETK-Einwirkung dar, jedoch mit anschließender Querschnitts-Sanierung (S). Als Sanierung wurde hierbei lediglich die Erneuerung jener randnahen Betonquerschnittsanteile angenommen, die auf über 500 °C aufgeheizt waren; die Bewehrung wurde im Rechenmodell als nicht ausgetauscht angenommen. Sehr deutlich zeigt sich, daß in diesem Fall mit zunehmender Normalkraftbeanspruchung der Rückgewinn an Tragfähigkeit steigt, bei zunehmendem Anteil der Biegebeanspruchung erwartungsgemäß nur eine relativ geringe Verbesserung eintritt. Der mit naturhartem Stahl bewehrte Querschnitt (U) liegt nach dieser Sanierungsmaßnahme im gesamten Interaktionsbereich oberhalb der geforderten $\vec{K}_u$-Kurve, erfüllt somit die Norm-Sicherheitsanforderungen. Bei Verwendung von kaltverformtem Stahl (K) tritt für den reinen Biegefall praktisch keine Verbesserung gegenüber dem nichtsanierten Querschnitt ein. Auch die Tragfähigkeitsverbesserung bei Zunahme der Normalkraft bleibt noch unterhalb der zu fordernden Norm-Grenze.

Eine rechnerische Untersuchung der zu erwartenden Resttragfähigkeitskapazität des hier diskutierten Querschnitts für unterschiedliche ETK-Einwirkungsdauern $\bar{t}$ ergab, daß – unabhängig von der Stahlart – bis einschließlich $\bar{t} = 30$ Minuten für den Bereich $N > N_u$ (max M_u, $t = 0$), also unterhalb des sog. „ballance-point" im kalten Grenzzustand, auch nicht sanierte Querschnitte die DIN-Sicherheitsanforderungen erfüllen; für Brände mit $\bar{t} \geqq 60$ Minuten ist dies nur bei naturharten Bewehrungsstählen und zusätzlicher Sanierung in der oben geschilderten Art zu erreichen.

Neben der mechanischen Kenngröße Rest-Tragfähigkeit ist zur Beurteilung einer möglichen Bauteil-Weiterverwendung auch dessen verbliebene Deformation heranzuziehen. Häufig wird bereits hierdurch der Gebrauchszustand so stark eingeschränkt, daß eine Sanierung der hier diskutierten Art nicht sinnvoll erscheint. Da die thermischen Betondehnungen wegen des veränderten Beton-Fehlordnungsgrades mit daraus resultierenden Gefügezwängungen sich bei Abkühlung nur teilweise reversibel verhalten, ergibt sich auch dann eine bleibende Deformation, wenn der Stahl während des Brandes nicht im Fließbereich war. Bei Druckgliedern kann daraus eine verstärkte Aktivierung der traglastmindernden Einflüsse aus Theorie 2. Ordnung folgen.

Eine abschließende experimentelle und theoretische Klärung des gesamten Problemkreises steht noch aus. So haben erste rechnerische Untersuchungen u.a. gezeigt, daß bei natürlichen Bränden, also den tatsächlichen Schadensfeuern, mit erheblichen Abweichungen gegenüber den unter Normalbrand-Bedingungen erhaltenen Ergebnissen gerechnet werden muß. Auch die Frage der mechanisch richtigen Sanierungs-Technologie, insbesondere bei Druckgliedern, bedarf noch weitergehender Untersuchungen.

7 Entwicklungstendenzen

Die rechnerische Beurteilung des Brandverhaltens von Einzelbauteilen hat einen Zuverlässigkeitsgrad erreicht, der diese Verfahren als zunehmend gleichberechtigt neben die klassischen experimentellen Untersuchungsmethoden treten läßt. Bei Untersuchungen zur Klärung von Parameterabhängigkeiten ersetzt bereits heute die Rechnung die früher notwendigen Versuchsreihen;

diese werden zunehmend, zum Zweck einer punktuellen experimentellen Absicherung, auf einige Einzelversuche reduziert.

Einen deutlich weitergehenden Schritt stellt der Übergang von der isolierten Einzelbauteilbeurteilung hin zur Gesamtbauwerksbeurteilung dar. Erste experimentelle und rechnerische Ergebnisse über Größenordnung und zeitlichen Verlauf der aus Systeminteraktionen herrührenden Zwangsschnittgrößen liegen bereits vor. Vollständige Bauwerksanalysen für Brandbeanspruchungen können in der Regel nur auf numerischem Wege durchgeführt werden. Die hierbei auftretenden Schwierigkeiten sind jedoch erheblich, sofern realistische thermische und statische Verhältnisse simuliert werden sollen. Bild 24 zeigt die Veränderung der Einspannwirkung einer Stahlbetonstütze in einem Unterzug während der Brandeinwirkung. Infolge unterschiedlicher thermischer Randbedingungen erwärmen sich die gekoppelten Bauteile unterschiedlich, woraus ein gleichfalls unterschiedlicher Steifigkeitsabbau resultiert.

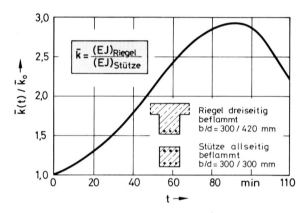

Bild 24
Einspanngrad-Veränderung im Brandfall

Die Steifigkeiten von Anschlüssen und Knoten behindern die freien Endverdrehungen, wie sie in der Regel beim Einzelbauteilversuch möglich sind. Die daraus resultierenden Einspannkräfte bremsen die Einflüsse aus Theorie 2. Ordnung und damit den Versagensablauf. Nennenswerte Auswirkungen auf die Bauteil-Feuerwiderstandsdauer haben diese Effekte allerdings nur bei massigen Konstruktionen, wie z.B. im Stahlbeton- oder Verbundbau. Stahlkonstruktionen hingegen profitieren von diesen Steifigkeitsveränderungen nur in geringem Maße; unbekleidete Profile verzeichnen einen Gewinn in der Größenordnung von 3 Minuten, wie erste Untersuchungen zeigen, bei bekleideten Profilen beträgt die Verbesserung etwa 10 bis 15 Minuten. Negativ sind hingegen Zwängungen aus Endpunktverschiebungen infolge Geschoßplatten-Dehnungen und Endpunktverdrehungen infolge Unterzug-Durchbiegungen zu beurteilen.

Die Gesamttragwerksanalyse kann dabei nur einen notwendigen Zwischenschritt darstellen, um mittels wissenschaftlicher Methoden Grundlageninformationen zu erarbeiten. Für eine baupraktische Anwendung sind aus diesen Ergebnissen jedoch vereinfachte Rechenhilfen zu entwickeln, die sich nach Möglichkeit wieder allein auf das jeweilige Einzelbauteil beschränken sollten, wenngleich durch die Berücksichtigung von wirklichkeitsnaheren Randbedingungen dann in wesentlich differenzierterer und damit realistischerer Form. Eine Verknüpfung mit den bekannten Rechenverfahren der Baustatik ist anzustreben, um den zusätzlichen Arbeitsaufwand für den Brandschutznachweis minimal zu halten. Denkbar wären beispielsweise Tragfähigkeitstafeln, aus denen in Abhängigkeit verschiedener Systemparameter, wie z.B. Stützen-Grundform, -Länge, -Bewehrung, -Anschlußart u.a., die maximale Lastkombination für die jeweils gewünschte Feuerwiderstandsklasse abgelesen werden kann.

Durch das verstärkte Einbeziehen bauphysikalischer Aspekte wird schließlich die Möglichkeit der realistischen numerischen Simulation bzw. Prognose von natürlichen Brandabläufen möglich. Das Erarbeiten und Bereitstellen von Verfahren zur Beurteilung von Brandgefährdung und Brandbelastung schließlich eröffnet dann die Möglichkeit einer vollständigen nutzungsbezogenen brandschutztechnischen Brandbeurteilung. Darauf aufbauend können allgemein anwendbare Kriterien für Bauentwurf und -gestaltung entwickelt werden, um nicht nur den Statiker und Konstrukteur, sondern auch dem Planer quantifizierbare Beurteilungsparameter zur Verfügung zu stellen.

8 Schrifttum

[1] Sonderforschungsbereich 148: Brandverhalten von Bauteilen: Jahresbericht 1973/74, Technische Universität Braunschweig, 1974.

[2] Sonderforschungsbereich 148: Brandverhalten von Bauteilen: Arbeitsbericht 1975/77, Teil I, Technische Universität Braunschweig, 1977.

[3] KLINGSCH, W.: Traglastberechnung instationär thermisch belasteter schlanker Stahlbetondruckglieder mittels zwei- und dreidimensionaler Diskretisierung. Schriftenreihe des Instituts für Baustoffkunde und Stahlbetonbau der Technischen Universität Braunschweig, H. 33, 1976.

[4] RICHTER, E.: Untersuchungen zum Brandverhalten von Spannbetonbauteilen. SFB 148, Technische Universität Braunschweig, Bericht in Vorbereitung.

[5] HOFFEND, F.: Untersuchungen zum Brandverhalten von Stahlbauteilen. SFB 148, Technische Universität Braunschweig, Bericht in Vorbereitung.

[6] WALTER, R.: Untersuchungen zum Brandverhalten von Stahlbetonscheiben. SFB 148, Technische Universität Braunschweig, Bericht in Vorbereitung.

[7] KLINGSCH, W. und HENKE, V.: Feuerwiderstandsdauer von Stahlbetonstützen – baupraktische Bemessung –. SFB 148, Mitteilung 78/6-1, Technische Universität Braunschweig, 1978.

Bildnachweis

Alle Bilder, Diagramme und Tafeln wurden vom Autor im Rahmen der Tätigkeiten für den SFB 148 erstellt.

Lore Krampf

Untersuchungen zum Schubverhalten brandbeanspruchter Stahlbetonbalken

1 Allgemeines; Notwendigkeit und Zweck der Untersuchungen

Im Laufe vieler Jahre wurden Brandversuche und später auch rechnerische Untersuchungen an Stahlbetonbalken durchgeführt, deren Ergebnisse Grundlage für eine Neubearbeitung der DIN 4102 Teil 4 „Brandverhalten von Baustoffen und Bauteilen; Zusammenstellung und Anwendung klassifizierter Baustoffe, Bauteile und Sonderbauteile" waren. Dieser Normteil ist inzwischen als Entwurf März 1978 erschienen.

Bei den Untersuchungen wurde das Verhalten der Biegezugbewehrung und der Beton-Biegedruckzone bei Einfeld- und Mehrfeldsystemen unter mechanischer Gebrauchsbeanspruchung und Brandbeanspruchung nach der Einheitstemperaturzeitkurve (ETK) gemäß DIN 4102 Teil 2 betrachtet. Erforderliche Beton-Mindestquerschnitte sowie Mindestbetondeckungen der Bewehrung konnten danach festgelegt werden, mit denen die Forderungen der zu erreichenden Feuerwiderstandsklassen erfüllt werden.

Die Schubspannungen in den Prüfkörpern wurden nach DIN 1045, Ausgabe 1959, begrenzt, und die Schubsicherung erfolgte durch eine Kombination von Schrägaufbiegungen und Bügeln, wobei dem Wortlaut der Norm: „Es empfiehlt sich, den größeren Teil der Schubspannungen den abgebogenen Einlagen zuzuweisen" gefolgt wurde. Da sich verfrühte Schubbrüche nicht einstellten, wurde auf gezielte Untersuchungen des Schubverhaltens verzichtet.

Mit der Neufassung der DIN 1045 „Beton- und Stahlbetonbau, Bemessung und Ausführung", Ausgabe Januar 1972, wurden für die Schubsicherung von Stahlbetonbalken neue Wege freigegeben:

- Der zulässige Rechenwert der Schubspannungen τ_0 wurde deutlich erhöht,
- bis zu gewissen Grenzwerten von τ_0 wurde verminderte Schubdeckung zugelassen,
- gegenüber Schrägaufbiegungen wurde Bügeln der Vorzug gegeben,
- es wurde zugelassen, den Rechenwert der Querkraft – abhängig von der Lagerungsart – gegenüber der rechnerischen Auflagerkraft abzumindern bis zu dem Wert, der im Abstand $0,5\,h$ vom Auflagerrand auftritt.

Nunmehr mußten Zweifel entstehen, ob bei Anwendung der neuen Regeln der DIN 1045 und gleichzeitiger Beibehaltung der vorgesehenen Mindestforderungen der DIN 4102 ausreichende Sicherheit gegenüber Schubbruch von Balken im Brandfall noch gegeben ist. Bedenken bestanden insbesondere bei Schubdeckung allein durch zweischnittige Bügel:

Die bei konventioneller Schubdeckung aus Schrägaufbiegungen bestehenden „Zugstreben" des angenommenen Schubfachwerks lagen gegen Erwärmung gut geschützt im Innern des Betonquerschnitts. Dagegen liegen im Normalfall die Bügel in den Randzonen des Querschnitts und werden dort besonders schnell erwärmt, womit ein früher Festigkeitsabfall verbunden ist, der unzulässige Größenordnungen annehmen kann.

Die neue Regelung führt in vielen Fällen zu erhöhter Beanspruchung des Betons im Bereich der „Druckstreben". Hinzu kommt, daß die Biegedruckzone nun höher als bisher ausgenutzt werden darf, so daß bei Biegegliedern im Bereich negativer Momente zwei für das Brandverhalten ungünstige Faktoren zusammentreffen können, zusätzlich noch dadurch verschärft, daß bei Durchlaufkonstruktionen unter Brandwirkung Schnittkraftumlagerungen stattfinden, die zu einer Erhöhung der Querkräfte an den Innenstützen führen.

Das Institut für Baustoffkunde und Stahlbetonbau der Technischen Universität Braunschweig unter o. Prof. Dr.-Ing. Kordina hielt daher Forschungen auf diesem Gebiet für notwendig, und das Innenministerium des Landes Nordrhein-Westfalen stellte Mittel zur Verfügung, die die Durchführung einiger Versuchsserien ermöglichten, mit denen die gefährdet erscheinenden Fälle untersucht werden konnten. Dafür sei hier der Dank, besonders an Herrn Ltd. Ministerialrat GOFFIN, ausgesprochen. Ein Forschungsbericht wurde inzwischen vorgelegt [3].

Nicht unbegrenzt zur Verfügung stehende finanzielle Mittel, vor allem aber der Zwang, möglichst schnell praktisch verwertbare Ergebnisse vorzulegen, bestimmten das Versuchsprogramm. Es mußte darauf verzichtet werden, grundlegende Versuche durchzuführen, die ggf. zur Entwicklung einer Schubbruchtheorie für Stahlbetonbauteile unter Brandbeanspruchung beigetragen hätten, was zweifellos wünschenswert gewesen wäre. Vielmehr mußten Grenzbereiche nach DIN 1045 abgetastet werden im Hinblick auf eine Verträglichkeit mit Mindestforderungen der DIN 4102.

2 Untersuchungsprogramm

Wie bereits angedeutet, war eine systematische Untersuchung aller Parameter nicht möglich; das Versuchsprogramm mußte daher nach praktischen Gesichtspunkten zusammengestellt werden.

Es wurde eine mittlere Betonfestigkeitsklasse (B 25) bevorzugt, jedoch auch einige Balken mit höherwertigem Beton (bis B 45) untersucht. In allen Fällen waren die Betonzuschläge im wesentlichen quarzitisch, und als Bindemittel wurde Portlandzement verwendet.

Die Schubbewehrung bestand im allgemeinen ausschließlich aus senkrechten Umschließungsbügeln; nur gelegentlich wurden zu Vergleichszwecken auch Schrägaufbiegungen angeordnet. Die Bügel wurden immer aus kaltverformtem Betonstahl BSt 420/500 RK hergestellt, während für die Biegezugbewehrung außer kaltverformtem gelegentlich auch naturharter Stahl BSt 420/500 RU benutzt wurde.

Der Schubbereich 1 gemäß DIN 1045 wurde nicht untersucht, vielmehr lag die Schubbeanspruchung der Prüfkörper im Schubbereich 2 – untere bis obere Grenze – und im Schubbereich 3 – obere Grenze.

Die Balken wurden entweder durch Einzellasten oder durch gleichmäßig verteilte Belastung, simuliert durch vier Einzellasten in den ungeraden Achtelspunkten der Stützweite, beansprucht. Die erzeugten Momenten-Schubverhältnisse $M/Q \cdot h$ für die Einzellastbalken sind in Bild 1, die gewählten Balkenschlankheiten l/h für die Gleichlastbalken in Bild 2 dargestellt. In diesen Bildern

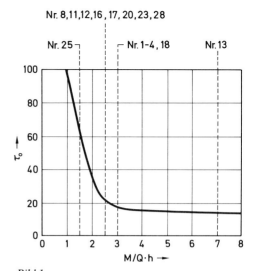

Bild 1
Abhängigkeit der Schubtragfähigkeit vom Momenten-Schubverhältnis bei Einzellastbalken unter Normaltemperatur und Lage der unter Brandbelastung geprüften Balken

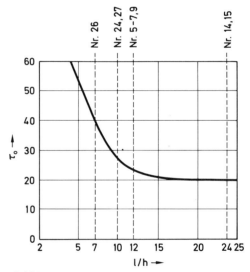

Bild 2
Abhängigkeit von der Schubtragfähigkeit von der Balkenschlankheit bei Gleichlastbalken unter Normaltemperatur und Lage der unter Brandbelastung geprüften Balken

ist gleichzeitig die Abhängigkeit der Schubtragfähigkeit von den genannten Parametern bei Balken unter Normaltemperatur (nach LEONHARDT/WALTHER [4]) eingetragen. Es besteht zunächst kein Grund anzunehmen, daß die Tragfähigkeitstendenz bei Brandbeanspruchung anders als die dargestellte ist.

Hinsichtlich des Brandverhaltens wurde bevorzugt die Feuerwiderstandsklasse F 90 gemäß DIN 4102 Teil 2

342

Tabelle 1
Versuchsprogramm

Ver-such Nr.	Querschnitt	System	Beton-festig-keits-klasse	Rechen-wert der Schub-spannung τ_0 [N/mm^2]/ Schub-bereich	Schub-dek-kungs-grad	Beobachtungen, Versagenszeitpunkt
\multicolumn{7}{l}{Einfeldbalken, gesamte Biegezugbewehrung hinter den Auflagern verankert}
1	$b_0/d_0 = 150/300$ $b/b_0 = 2{,}0$ $d_0/d = 3{,}75$	$l = 3{,}0$ m 2 Einzellasten, symmetrisch $\dfrac{M}{Q \cdot h} \sim 3{,}0$	B 25	1,2/2	0,67	zunächst Bildung von Biegerissen, im weiteren Versuchsablauf auch Schräg-risse im Auflagerbereich, die aber nicht zum Versagen führen; Biegezugbruch nach 85 min
2	$b_0/d_0 = 150/300$ $b/b_0 = 2{,}0$ $d_0/d = 3{,}75$	$l = 3{,}0$ m 2 Einzellasten, symmetrisch $\dfrac{M}{Q \cdot h} \sim 3{,}0$	B 25	1,8/2	1,0	wie Versuch 1, jedoch deutliche Schrägrißbildung auch im Lasteintra-gungsbereich, Versagen aber eindeutig durch Biegezugbruch nach 90 min
3	$b_0/d_0 = 150/300$ $b/b_0 = 2{,}0$ $d_0/d = 3{,}75$	$l = 3{,}0$ m 2 Einzellasten, symmetrisch $\dfrac{M}{Q \cdot h} \sim 3{,}0$	B 35	1,2/2	0,5	wie Versuch 1; Biegezugbruch nach 88 min
4	$b_0/d_0 = 150/300$ $b/b_0 = 2{,}0$ $d_0/d = 3{,}75$	$l = 3{,}0$ m 2 Einzellasten, symmetrisch $\dfrac{M}{Q \cdot h} \sim 3{,}0$	B 35	2,4/2	1,0	wie Versuch 2; hier wurde durch Ruß-bildung die Beobachtung von Schrägris-sen zwischen Lastpunkt und Auflager schon in der 12. Versuchsminute mög-lich, nach Abbrennen der Rußablage-rungen waren die Risse bis zur 60. min nicht mehr erkennbar; Biegezugbruch nach 120 min
5	$b_0/d_0 = 150/300$ $b/b_0 = 2{,}0$ $d_0/d = 3{,}75$	$l = 3{,}0$ m Gleichlast $\dfrac{l}{h} \sim 12$	B 25	1,2/2	0,67	wie Versuch 2, Biegezugbruch nach 81 min
6	$b_0/d_0 = 150/300$ $b/b_0 = 2{,}0$ $d_0/d = 3{,}75$	$l = 3{,}0$ m Gleichlast $\dfrac{l}{h} \sim 12$	B 25	1,8/2	1,0	wie Versuch 2, Biegezugbruch nach 109 min
7	$b_0/d_0 = 80/300$ $b/b_0 = 3{,}75$ $d_0/d = 3{,}75$	$l = 3{,}0$ m Gleichlast $\dfrac{l}{h} \sim 12$	B 25	1,4/2	0,78	bei diesem Balken wurden keine Schrägrisse beobachtet; Biegezugbruch nach 34 min

Ver-such Nr.	Querschnitt	System	Beton-festig-keits-klasse	Rechen-wert der Schub-spannung τ_0 [N/mm²]/ Schub-bereich	Schub-dek-kungs-grad	Beobachtungen, Versagenszeitpunkt
18	I-Querschnitt $b/d = 180/450$ $t\ \ = 80$ mm	$l = 3{,}0$ m 2 Einzellasten, symmetrisch $\frac{l}{h} \sim 12$ indirekte Lagerung	B 25	3,0/3	1,0	infolge Rußablagerung wurden Schräg-risse bereits in der 17. min sichtbar, be-sonders am Anschluß an den Sekundar-balken; im weiteren Versuchsablauf (ab 65′) Biegezugrisse im max. Momenten-bereich, gleichzeitig Wiedererscheinen der Schrägrisse zunächst im Steg; Steg-Schubbruch mit anschl. Druckgurtver-sagen nach 80 min

Einfeldbalken, Staffelung der Biegezugbewehrung im Feld

13	$b_0/d_0 = 150/300$ $b\ /b_0 = 2{,}0$ $d_0/d\ = 3{,}75$	$l = 5{,}0$ m 2 Einzellasten, symmetrisch $\frac{M}{Q \cdot h} \sim 7{,}0$	B 25	1,8/2	1,0	wie Versuch 1, Biegezugbruch nach 106 min
14	$b_0/d_0 = 150/300$ $b\ /b_0 = 2{,}0$ $d_0/d\ = 3{,}75$	$l = 5{,}0$ m Gleichlast $\frac{l}{h} \sim 24$	B 25	1,8/2	1,0	wie Versuch 2, Biegezugbruch nach 112 min
15	$b_0/d_0 = 150/300$ $b\ /b_0 = 2{,}0$ $d_0/d\ = 3{,}75$	$l = 5{,}0$ m Gleichlast $\frac{l}{h} \sim 24$	B 25	1,8/2	0	deutliche Schrägrisse in der 59. Ver-suchsminute sichtbar, Biegezugrisse in der 75. min; Schubbruch nach 96 min

Zweifeldbalken, gesamte Biegezug-Feldbewehrung hinter den Auflagern verankert

8	$b_0/d_0 = 150/300$ $b\ /d_0 = 2{,}0$ $d_0/d\ = 3{,}75$	$l = 2{,}5$ m je Feld 1 Einzellast $\frac{M}{Q \cdot h} \sim 2{,}5$	B 25	1,2/2	0,67	zunächst Biegezugrißbildung auf der Balkenoberseite im Mittelstützenbe-reich, Abstand durch Bügel vorgege-ben, infolge Feuchte sichtbar. Schräg-risse zwischen Lastpunkt und Mittelauf-lager führen zum Schubbruch nach 85 min
9	$b_0/d_0 = 150/300$ $b\ /d_0 = 2{,}0$ $d_0/d\ = 3{,}75$	$l = 3{,}0$ m Gleichlast $\frac{l}{h} \sim 12$	B 25	1,2/2	0,67	wie Versuch 8, Schubbruch nach 104 min

Versuch Nr.	Querschnitt	System	Beton-festig-keits-klasse	Rechen-wert der Schub-spannung τ_0 [N/mm²]/ Schub-bereich	Schub-dek-kungs-grad	Beobachtungen, Versagenszeitpunkt

Zweifeldbalken, Biegezug-Feldbewehrung im Feld gestaffelt

Versuch Nr.	Querschnitt	System	Beton-festig-keits-klasse	Rechen-wert der Schub-spannung τ_0 [N/mm²]/ Schub-bereich	Schub-dek-kungs-grad	Beobachtungen, Versagenszeitpunkt
11	$b_0/d_0 = 150/300$ $b\,/d_0 = 2{,}0$ $d_0/d = 3{,}75$	$l = 2{,}5$ m je Feld 1 Einzellast $\dfrac{M}{Q \cdot h} \sim 2{,}5$	B 25	1,2/2	0,67	wie Versuch 8, Schubbruch nach 114 min
12	$b_0/d_0 = 150/300$ $b\,/d_0 = 2{,}0$ $d_0/d = 3{,}75$	$l = 2{,}5$ m je Feld 1 Einzellast $\dfrac{M}{Q \cdot h} \sim 2{,}5$	B 25	1,8/2	1,0	wie Versuch 8, Schubbruch nach 102 min
16	$b/d = 150/400$	$l = 3{,}0$ m je Feld 1 Einzellast $\dfrac{M}{Q \cdot h} \sim 2{,}5$	B 25	3,0/3	1,0	wie Versuch 8, Schubbruch nach 89 min
28	$b/d = 150/400$	$l = 3{,}0$ m je Feld 1 Einzellast $\dfrac{M}{Q \cdot h} \sim 2{,}5$	B 45	4,5/3	1,0	wie Versuch 8, Schrägrisse durch Feuchteaustritt schon in der 18. min markiert; Schubbruch nach 84 min
17	I-Querschnitt $b/d = 180/450$ $t\ = 80$ mm	$l = 3{,}0$ m je Feld 1 Einzellast $\dfrac{M}{Q \cdot h} \sim 2{,}5$	B 25	3,0/3	1,0	wie Versuch 8, Schubbruch nach 68 min
19	$b/d = 300/400$ zweischnittige Bügel	$l = 3{,}0$ m je Feld 1 Einzellast $\dfrac{M}{Q \cdot h} \sim 2{,}5$	B 25	3,0/3	1,0	wie Versuch 8, durch Rußablagerung Schrägrisse schon nach 6 min sichtbar; Schubbruch nach 95 min
24	$b/d = 300/400$ zweischnittige Bügel und Schräg-aufbiegungen	$l = 3{,}5$ m Gleichlast $\dfrac{l}{h} \sim 10$	B 25	3,0/3	1,0	wie Versuch 8, Schubbruch nach 84 min

Ver-such Nr.	Querschnitt	System	Beton-festig-keits-klasse	Rechen-wert der Schub-spannung τ_0 [N/mm²]/ Schub-bereich	Schub-dek-kungs-grad	Beobachtungen, Versagenszeitpunkt
20	$b/d = 300/400$ vierschnittige Bügel	$l = 3,0$ m je Feld 1 Einzellast $\dfrac{M}{Q \cdot h} \sim 2,5$	B 25	3,0/3	1,0	wie Versuch 8, Schubbruch nach 168 min
21	$b/d = 300/400$ vierschnittige Bügel	$l = 3,0$ m je Feld 1 Einzellast $\dfrac{M}{Q \cdot h} \sim 2,5$	B 25	1,8/2	1,0	wie Versuch 8, Schubbruch nach 137 min
22	$b/d = 300/400$ vierschnittige Bügel und Schräg-aufbiegungen	$l = 3,0$ m je Feld 1 Einzellast $\dfrac{M}{Q \cdot h} \sim 2,5$	B 25	3,0/3	1,0	wie Versuch 8, Schubbruch nach 156 min
23	$b/d = 300/400$ vierschnittige Bügel, zusätzlich Schräg-aufbiegungen	$l = 3,0$ m je Feld 1 Einzellast $\dfrac{M}{Q \cdot h} \sim 2,5$	B 25	3,0/3	1,0	wie Versuch 8, Schubbruch nach 155 min
25	$b/d = 300/400$ vierschnittige Bügel	$l = 3,0$ m je Feld 1 Einzellast $\dfrac{M}{Q \cdot h} \sim 1,5$	B 25	3,0/3	1,0	wie Versuch 8, jedoch kein Versagen erreicht; Versuch nach 200 min abge-brochen
26	$b/d = 300/400$ vierschnittige Bügel	$l = 2,5$ m Gleichlast $\dfrac{l}{h} \sim 7$	B 25	3,0/3	1,0	zunächst Biegezugrisse auf der Balken-oberseite, Bildung von senkrechten und schwach geneigten Rissen im Steg-bereich Feldmitte, die das Versagen einleiten, gefolgt von einem Schub-bruch im Mittelstützenbereich nach 222 min
27	$b/d = 300/400$ vierschnittige Bügel	$l = 3,5$ m Gleichlast $\dfrac{l}{h} \sim 10$	B 25	3,0/3	1,0	wie Versuch 26, Versagen nach 183 min

346

(bauaufsichtliche Bezeichnung „feuerbeständig") angestrebt. Die nach Teil 4 dieser Norm dafür als erforderlich angesehenen Mindestbetonquerschnitte wurden benutzt, und die Biegezugbewehrung wurde mit entsprechender isolierender Betondeckung verlegt, jedoch nicht überbemessen, um eine mögliche unerwünschte Umlagerung von inneren Kräften zu verhindern. Da sich eine vergrößerte Seitensteifigkeit der Prüfkörper versuchstechnisch positiv auswirkt, wurden zunächst anstelle von Rechteckbalken Plattenbalkenquerschnitte gewählt, später jedoch wurde auf Rechteckbalken übergegangen.

Durch einige Balken mit I-Querschnitt wurde das Programm ergänzt.

Die in DIN 1045 für den Schubbereich 3 geforderte Mindestdicke der Balken d bzw. $d_0 \geqq 450$ mm konnte nicht immer eingehalten werden, da die begrenzte Kapazität der vorhandenen hydraulischen Belastungseinrichtung eine volle Spannungsausnutzung der Querschnitte dann nicht mehr erlaubt hätte. In diesen Fällen wurde die Balkendicke auf $d = 400$ mm vermindert.

Die Auflagerung aller Prüfkörper beim Versuch erfolgte möglichst praxisgerecht. Ein Auflager wurde zwar aus versuchstechnischen Gründen als horizontal bewegliches Rollenlager, gegen übermäßige Erwärmung geschützt, also außerhalb des Brandraumes, ausgebildet. Das zweite Endauflager und bei Durchlaufbalken auch das Mittelauflager wurden jedoch dem vollen Wärmeangriff ausgesetzt; hier wurde jeweils Mörtelbettauflagerung gewählt.

Zwei Grundsysteme von Balken wurden untersucht:
● Der statisch bestimmt gelagerte Einfeldbalken,
● der statisch unbestimmte Zweifeldbalken mit gleicher Feldweite und symmetrischer Belastung.

Bei der ersten Gruppe der Einfeldbalken wurde volle Verankerung der Biegezugbewehrung – auch der statisch nicht mehr erforderlichen Stäbe – hinter den Auflagern gewählt. Nachdem dabei keine Schubbrüche erzeugt werden konnten, wurde die Biegezugbewehrung soweit wie möglich nach der Zugkraft-Deckungslinie gemäß DIN 1045 gestaffelt, wobei die nicht mehr benötigten Stäbe stumpf im Feld endeten. Diese Anordnung wurde auch bei den Durchlaufsystemen beibehalten.

Alle Prüfkörper wurden, wie es in DIN 4102 Teil 2 gefordert ist, unter ihrer rechnerisch zulässigen mechanischen Gebrauchsbeanspruchung untersucht; eine Laststeigerung im Versuchsverlauf fand also nicht statt. Die Brandbeanspruchung erfolgte nach dem in dem selben Normteil festgelegten Brandraum-Temperaturverlauf der Einheitstemperaturzeitkurve (ETK), die gemäß ISO Standard 834 auch international gültig ist.

In Tabelle 1 ist das durchgeführte Versuchsprogramm mit den wichtigsten Merkmalen der Prüfkörper und den signifikanten Versuchsbeobachtungen zusammengestellt.

3 Diskussion der Versuchsergebnisse; mögliche Tragwirkung der Systeme

Die Schubbemessung nach DIN 1045 von Balken legt bekanntlich die erweiterte Fachwerksanalogie nach RÜSCH/KUPFER/LEONHARDT/WALTHER/DILGER zugrunde, die auf dem von MÖRSCH entwickelten Modell aufbaut. Dabei sind Betondruckgurt, Betondruckstreben, Stahlzuggurt und Stahlzugstäbe (vertikal oder geneigt) an der Aufnahme der Kräfte beteiligt. Während bei hohen Rechenwerten der Schubspannung τ_0 (Schubbereich 3) parallel verlaufende Zug- und Druckgurte und eine Neigung der Druckdiagonalen von 45° angenommen werden (klassische Fachwerkanalogie), werden bei geringeren τ_0 eine Neigung des Druckgurtes zu den Auflagern und eine flachere Neigung der Druckdiagonalen unterstellt (Bilder 3 und 4).

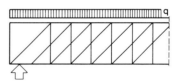

Bild 3
Klassische Fachwerkanalogie nach MÖRSCH

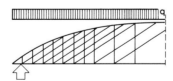

Bild 4
Erweiterte Fachwerkanalogie mit geneigtem Druckgurt und Druckstrebenneigung <45°

Im letzteren Fall werden die Stegzugkräfte vermindert, so daß – bei voller Schubsicherung – weniger Schubbewehrung (verminderte Schubdeckung) ermöglicht wird. Folgt man diesem Modell, so steht bei entsprechender

Bemessung die Schubbewehrung – im allgemeinen Bügel – unter voller Beanspruchung.

Für den Brandfall bedeutet das, daß die Bügel bei Erreichen einer Temperatur von rd. 500°C versagen und den Schubbruch des Balkens einleiten müssen. Bei dieser sog. kritischen Temperatur ist nämlich die Stahlfließgrenze auf rd. 57% ihres Wertes bei Raumtemperatur abgesunken, und es tritt Fließen bei $vorh\,\sigma = \beta_s/v$, dem Bemessungswert, ein. Das Verhalten der untersuchten Balken entsprach jedoch nicht dieser Annahme, vielmehr wurden wesentlich höhere Bügeltemperaturen gemessen, in vielen Fällen ohne Versagen dieser Bügel.

3.1 Einfeldbalken

3.1.1 Balken, bei denen die gesamte Biegezugbewehrung hinter den Auflagern verankert war (für F90 Versuche 1–6, für F30 Versuche 7 und 18)

Das Verhältnis $M/Q \cdot h$ für Einzellastbalken lag bei 3,0, das Verhältnis l/h für Gleichlastbalken lag bei 12. Alle Balken befanden sich im Schubbereich 2, der Schubbereich 3 wurde nicht untersucht, da sich im Verlauf der Untersuchungen die Mehrfeldkonstruktionen als die wichtigeren erwiesen.

Bei keinem Balken (außer Versuch 18) trat ein Versagen infolge Schubbeanspruchung auf. Die senkrechten Schenkel der zweischnittigen Umschließungsbügel wurden dabei auf mehr als 650°C erwärmt, die gemessenen Temperaturen der untenliegenden waagerechten Bügelschenkel betrugen jeweils mehr als 750°C.

Die Tragwirkung der Balken muß sich also so verändert haben, daß keine oder wenigstens eine deutlich geringere Beanspruchung der Bügel auftrat, als das nach der erweiterten Fachwerkanalogie zu erwarten war. Der denkbare Extremfall ist das Modell des Zugbandbogens (bei Gleichlast) bzw. des Sprengwerks (bei Einzellasten) (Bilder 5 und 6).

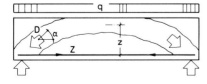

Bild 5
Tragwirkung eines Balkens als Bogen mit Zugband

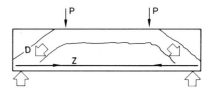

Bild 6
Tragwirkung eines Balkens als Sprengwerk

Nimmt man den Bogen für Gleichlast als Parabel an, so erhält er kein Moment, sondern an beliebiger Stelle die Normalkraft $N = -\max M/z \cdot \cos\alpha$, die Zugbandkraft beträgt $Z = +M/z$, entspricht also der Biegezugkraft der Balkenbemessung.

Bei voller Verankerung der Zugbandkraft Z kann auf vertikale (Bügel) oder geneigte (Schrägaufbiegungen) Zugstreben völlig verzichtet werden, wenn man allein von der Tragfähigkeit ausgeht und gewisse Forderungen für den Gebrauchszustand außer acht läßt.

Im Brandfall ist bei dieser Lastabtragung unter Voraussetzung nicht zu dünner Stege als Bruchursache das Versagen des Zugbandes bei Erreichen seiner kritischen Stahltemperatur zu erwarten.

Das Verhalten der untersuchten Balken entsprach dieser Modellvorstellung. Bild 7 zeigt die für die Balkengruppe typische Bruchform.

Eine Variante stellt das Verhalten eines indirekt gelagerten Balkens mit I-Querschnitt (Versuch 18) dar, der brandschutztechnisch gesehen einen dünnen Steg von $t = 80$ mm hatte. Im Gegensatz zu allen anderen untersuchten Einfeldbalken wurde hier ein Schubbruch erzeugt. Er zerstörte zunächst den Steg und griff dann auf den Biegedruckflansch über. Die Bügel im Balkensteg wurden bei diesem Versuch auf rd. 680°C erwärmt, ohne jedoch zu versagen.

Bild 7
Typischer Bruch eines statisch bestimmt gelagerten Einfeldbalkens (Versuch Nr. 2)

348

Die Ausgangswerte dieses Balkens waren: $\tau_0 = \tau_{03}$, $M/Q \cdot h = 3{,}0$.

Die Tragwirkung entsprach der oben erläuterten. Bei Erwärmung war hier jedoch der relativ schmale Steg das schwächste Glied, so daß er die Versagensart bestimmte.

Bilder 8 und 9 zeigen den zerstörten Balken.

Bild 8
Schubbruch eines indirekt gelagerten Einfeld-I-Balkens (Versuch Nr. 18)

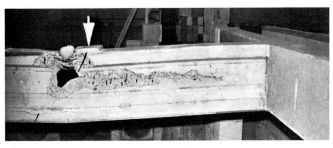

Bild 9
Detail des zerstörten Balkens von Bild 8; Bruch des 80 mm dicken Steges und des Druckgurts

3.1.2 Balken, bei denen die Biegezugbewehrung nach der Zugkraftdeckungslinie gestaffelt war (für F90 Versuche 13 und 14)

Das Verhältnis $M/Q \cdot h$ betrug 7, das Verhältnis $l/h = 24$, die Balken lagen im Schubbereich 2, wobei $\tau_0 = \tau_{02}$, also volle Schubdeckung, gewählt wurde.

Es wurden keine signifikanten Unterschiede gegenüber der Gruppe 3.1.1 festgestellt; auch hier wurden nur Biegebrüche bzw. Zugbandbrüche erzeugt.

Eine Tragwirkung nach der der Bemessung zugrundeliegenden erweiterten Fachwerkanalogie fand offenbar nicht statt, das beweisen die ohne Versagen erreichten hohen Bügeltemperaturen (in den vertikalen Schenkeln mehr als 700 °C).

Auch der ausschließliche Lastabtrag nach dem Zugbandbogen- bzw. Sprengwerksmodell konnte nicht erfolgen, da das dafür erforderliche Zugband (Biegezugbewehrung) nicht über die ganze Balkenlänge vorhanden war. Vielmehr endeten 34% bzw. 47% der Längsstäbe im Feld.

Eine Kombination der beiden Modelle ist hier vorstellbar. Durch sie erklärt sich das einwandfreie Tragverhalten der Balken: Während ein großer Anteil der Lasten über Sprengwerks- bzw. Bogenwirkung abgetragen werden konnte, entfielen auf das gedachte Fachwerk und damit auf die Bügel nur geringere Lastanteile, wodurch die Bügelspannungen deutlich abgemindert wurden.

3.1.3 Balken ohne Schubbewehrung (Versuch 15)

Ermutigt durch die bis dahin sehr günstigen Versuchsergebnisse wurde ein Balken hergestellt und geprüft, bei dem bei gestaffelter, nicht verstärkter Biegezugbewehrung auf die Anordnung von Schubbewehrung völlig verzichtet wurde. Während 66% der Biegezugbewehrung hinter den Auflagern verankert wurde, endete der Rest gestaffelt im Feld. Die Ausgangswerte dieses Balkens waren $l/h = 24$; $\tau_0 = \tau_{02}$.

Der Balken zeigte besonders interessante Ergebnisse:

- Er erreichte sicher die durch Querschnittswahl und Anordnung der Biegezugbewehrung angestrebte Feuerwiderstandsklasse $F90$,
- der Bruch war ein Schubbruch, der vom Steg ausgehend den Druckgurt im Bereich eines Lasteintra-

Bild 10
Bruch eines statisch bestimmt gelagerten Einfeldbalkens ohne Schubbewehrung (Versuch Nr. 15)

Bild 11
Rißbild des Balkens von Bild 10, gegenüberliegende Seite

gungspunktes zerstörte. Bild 10 zeigt eine Zerstörung, die durch Vereinigung von Schrägrissen waagerecht im Steg verläuft. Sie markiert die oberste Lage der dreilagigen Biegezugbewehrung. Diese waagerechte Bruchlinie entstand erst im Augenblick des Versagens; auf der noch etwas besser erhaltenen Gegenseite des Balkens ist diese Tendenz noch nicht erkennbar (Bild 11),

- auf diesem Bild sind auch die Enden der in zweiter und dritter Lage stumpf endenden Biegezugstäbe bezeichnet. Das Rißbild zeigt an diesen Stellen keine Besonderheiten.

Die für die Balkengruppe 3.1.2 entwickelte Modellvorstellung trifft hier nicht voll zu, da keine Bügel zur Aufnahme der vertikalen Zugkomponenten zur Verfügung standen.

Übernimmt man aber dieses Modell – und ein anderes ist nicht vorstellbar – so muß angenommen werden, daß die Kornverzahnung der Schubrißufer und die Verdübelungswirkung der Längsbewehrung hier aktiviert wurden (Bild 12).

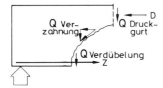

Bild 12
Innere Kräfte im Schubbereich eines Balkens

Wenn auch die Schubtragfähigkeit des Balkens deutlich geringer als die derjenigen mit ordnungsgemäßer Bügelbewehrung war, so war doch der Einfluß der genannten „Nebenwirkungen" so beträchtlich, daß mit ihrer Hilfe der Balken ausreichend lange tragfähig blieb.

Es muß erwähnt werden, daß die Verdübelungswirkung der Längsbewehrung günstig beeinflußt wurde, weil aus Wärmeisolierungsgründen besonders große Betonüberdeckungen vorhanden waren.

3.2 Zweifeldbalken

Werden Stahlbeton-Durchlaufbalken einer Brandbeanspruchung ausgesetzt, so ruft die Behinderung der durch die von Balkenunterseite bis Oberseite abnehmende Temperaturdehnung hervorgerufenen Durchbiegung Zwangmomente hervor, die die Stützbereiche zusätzlich beanspruchen. Wenn die Biegedruckzone nicht vorzeitig versagt, ist die Momentenumlagerung begrenzt durch die Spannungsreserve bis zur Fließgrenze der obenliegenden Biegezugbewehrung. Bei $v = 1{,}75$ kann also die Biegezugkraft und – bei Vernachlässigung der Veränderung des Hebelarms der inneren Kräfte – auch das Stützmoment auf das 1,75fache des Ausgangszustandes anwachsen.

Damit verbunden ist auch ein Anwachsen der Querkraft und der Schubspannungen im Bereich der Zwischenstützen. Systemabhängig steigert sich die Querkraft um etwa 25 %, wenn eine Momentensteigerung um 75 % zugrundegelegt wird. Durchlaufsysteme müssen demnach hinsichtlich der Schubbeanspruchung als die ungünstigeren angesehen werden. Diese Schlußfolgerung wird durch das Brandverhalten der untersuchten Zweifeldbalken bestätigt, bei denen in aller Regel Schubbrüche erzeugt wurden.

3.2.1 Balken, bei denen die gesamte Biegezug-Feldbewehrung hinter den Auflagern verankert war (für F90 Versuche 8 und 9)

Es wurden ein Einzellastbalken mit $M/Q \cdot h = 2{,}5$ und ein Gleichlastbalken mit $l/h = 12$ geprüft. In beiden Fällen war $\tau_{012} < \tau_0 < \tau_{02}$.

Beide Balken versagten durch Schubbruch: Nachdem sich klaffende Risse im Beton, den Hauptdruckspannungstrajektorien folgend, gebildet hatten, rissen einige der Bügel, nachdem sie Temperaturen von rd. 635 °C bzw. 690 °C in den vertikalen Schenkeln und mehr als rd. 750 °C in den unteren waagerechten Schenkeln erreicht hatten. Ein solcher Bruch ist auf Bild 13 gezeigt. Da sich kein signifikanter Unterschied der Ergebnisse gegenüber der nächsten Gruppe, bei der die Feldbeweh-

Bild 13
Typischer Bruch eines symmetrischen Zweifeldbalkens
(Versuch Nr. 8)

rung gestaffelt war, zeigte, wird eine Deutung unter
3.2.2 versucht.

3.2.2 Balken, bei denen die Biegezug-Feldbewehrung nach der Zugkraftdeckungslinie gestaffelt war
(für F90 Versuche 11, 12, 16, 28,
für F30 Versuch 17,
für F180 Versuche 19–27)

Bei den $F90$-Balken handelte es sich ausschließlich um
Einzellastbalken mit $M_{Stütz}/Q \cdot h = 2{,}5$, die im Schubbereich 2 und 3 ($\tau_0 = \tau_{03}$) lagen.
Alle Balken versagten durch Schubbruch, nachdem jedoch die angestrebte Feuerwiderstandsdauer erreicht
worden war. Bei den Balken mit 150 mm Breite im
Schubbereich 2 – einer davon mit verminderter Schubdeckung – wurde Fließen der Bügel festgestellt (Temperatur in den vertikalen Bügelschenkeln 630 °C bzw.
565 °C und mehr als 700 °C in den unteren waagerech-

Bild 14
Bügelbruch und Betonzerstörung im Schubbereich
nahe der Mittelstütze (Versuch Nr. 8)

ten Schenkeln). Es hatten sich jedoch auch klaffende
Risse im Beton, den Hauptdruckspannungstrajektorien
folgend, gebildet, so daß eine schlüssige Aussage über
die unmittelbare Bruchursache schwierig ist.
Einen typischen Bruch zeigt Bild 14 im Detail.
Dagegen ist bei den Balken an der oberen Grenze des
Schubbereichs 3, die mit unterschiedlichen Betongüten
hergestellt wurden, der Schubbruch eindeutig auf Betonversagen zurückzuführen. Bei Bügeltemperaturen
von 560 °C bzw. 600 °C in den vertikalen Schenkeln
wurde kein Bruch oder Fließen festgestellt. Beide Balken erreichten deutlich geringere Feuerwiderstandszei-
ten als die vorgenannten. Auch der für geringere Feuerwiderstandsdauer ausgelegte I-Balken mit dünnem Steg
versagte durch Betonbruch.
Die letzte Gruppe der Balken wurde hinsichtlich des
Betonquerschnitts und der Lage der Biegezugbewehrung
für die Feuerwiderstandsklasse $F180$ ausgelegt.
Gemäß DIN 4102 Teil 4 (E) waren dafür 300 mm breite
Balken erforderlich.
Für den ersten der Reihe (Einzellastbalken mit $Q/Mh =$
2,5, $\tau_0 = \tau_{03}$) wurden zweischnittige Umschließungsbügel verwendet. Er versagte weit vorzeitig durch Schubbruch. Das gleiche gilt für einen anderen (Gleichlastbalken mit $l/h = 10$, $\tau_0 = \tau_{03}$), bei dem die Schubbewehrung
aus zweischnittigen Bügeln und Schrägaufbiegungen
bestand.
Daraufhin wurde zu vierschnittigen Bügeln übergegangen, wodurch deutliche Verbesserungen des Brandverhaltens (längere Feuerwiderstandsdauer) erzielt wurden. Alle Einzellast-Versuchskörper mit relativ ungün-
stigem Momenten-Schubverhältnis ($M/Q \cdot h = 2{,}5$) versagten jedoch durch Schubbruch vor Erreichen der
$F180$-Marke! Fließen oder Bruch der Bügel wurde dabei nicht beobachtet, obwohl an den außenliegenden
vertikalen Bügelschenkeln Temperaturen in der Größenordnung von 700 °C, an den unteren waagerechten
Schenkeln ca. 850 °C auftraten. Die innenliegenden
Vertikalschenkel erwärmten sich allerdings nur wenig.
Dort wurden in $d/2$ rd. 300 °C gemessen. Das Verhalten
wurde durch zusätzliche Schrägaufbiegungen, die ver-
suchsweise zur günstigen Beeinflussung der Beton-Riß-
bildung angeordnet worden waren, nicht verbessert.
Kein signifikanter Unterschied zeigte sich zwischen Balken mit $\tau_0 = \tau_{02}$ und solchen mit $\tau_0 = \tau_{03}$.
Bei den Gleichlastbalken ($l/h = 7$ bzw. 10) konnte dagegen die Feuerwiderstandsklasse $F180$ erreicht werden. Hier wurde das Versagen eingeleitet durch klaf-

fende, senkrechte und schwach geneigte Stegrisse im Feldbereich und einen anschließenden Schubdruckbruch im Mittelauflagerbereich, wobei die Bügeltemperaturen ca. 330 °C an den innenliegenden und ca. 800 °C an den äußeren Vertikalschenkeln betrugen.

Bei einem Einzellastbalken mit $M/Q \cdot h = 1,5$ war das Tragverhalten durch die auflagernahe Laststellung so günstig beeinflußt, daß der Versuch nach 200 min abgebrochen wurde, ohne daß mit baldigem Versagen des Balkens zu rechnen war.

Für die Lastabtragung der Zweifeldbalken kann das unter 3.1.2 für Einfeldbalken angedeutete Modell erweitert werden. Es soll auf Bild 15 anschaulich gemacht werden.

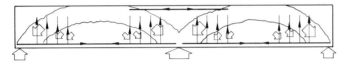

Bild 15
Tragwirkung eines symmetrischen Zweifeldbalkens

Der Hauptabtrag erfolgt ohne Inanspruchnahme von Zugvertikalen über Bögen von Auflager zu Auflager. Dafür ist ein Teil der Biegezugbewehrung als Zugband hinter den Auflagern verankert. Außerdem stützen sich bei symmetrischen Systemen die Bögen gegeneinander ab.

Der Rest wird über ein Fachwerk abgetragen, dessen Untergurtkräfte zu den Auflagern hin kleiner werden und im Mittelstützenbereich sogar das Vorzeichen wechseln. Die Zugvertikalen (Bügel) erhalten nur einen Teil der ihnen in der Bemessung zugewiesenen Beanspruchung. Die Kontinuität des Systems wird durch das obenliegende Zugband über der Innenstütze gewährleistet.

Das Fachwerk für den Restabtrag kann auch als System von Sekundärbögen interpretiert werden, die im Feld enden und deren vertikale Auflagerkomponenten an den vorhandenen Bügeln „aufgehängt" werden.

4 Aussagefähigkeit der Brandversuche

Eine Fülle von Untersuchungen über das Schubverhalten ist in den vergangenen Jahren an Balken bei Raumtemperatur durchgeführt worden. Sorgfältig wurden dabei Informationen gewonnen über die Beanspruchung und den Zustand der Prüfkörper bzw. deren an der Schubübernahme beteiligten Komponenten – Druckgurt, Druckstreben, Zuggurt, Zugstreben – bei den verschiedenen Laststufen zwischen Gebrauchszustand und Versagen. So wurde es – begleitet von theoretischen Überlegungen – nicht nur möglich, Modelle für die Tragwirkung zu entwickeln und zu bestätigen, sondern auch die verschiedenen Schub- und Versagensmechanismen zu beschreiben und zu definieren, wie es z.B. von BLUME/RAFLA durchgeführt wurde [9].

Der Messung, Beobachtung und Beurteilung bei einem Brandversuch sind demgegenüber leider sehr viel engere Grenzen gesetzt:

- Die Anwendung von Dehnungsmeßstreifen ist unter nicht konstanten hohen Temperaturen nicht möglich; daher sind die Dehnungen der untenliegenden Biegezugbewehrung wie auch der Bügel nicht meßbar,

- für Messungen auf der relativ lange kühl bleibenden Balkenoberseite werden gelegentlich Setzdehnungsmesser verwendet, deren Ergebnisse jedoch nicht sehr vertrauenswürdig sind, insbesondere deshalb, weil für die Messungen nur wenig Zeit zur Verfügung steht,

- Temperaturmessungen an der Bewehrung und an beliebigen Stellen des Betonquerschnitts liefern wertvolle Aufschlüsse. Da die Spannungs-Dehnungs-Temperaturbeziehungen von Beton und Stahl weitgehend bekannt sind [1], können die möglichen Beanspruchungen für jeden Versuchszeitpunkt nach oben abgegrenzt werden. Eine direkte Aussage über herrschende Spannungen kann durch Temperaturmessung jedoch nur für den Versagenszustand, d.h. Fließen oder Bruch von Stahleinlagen gemacht werden (kritische Stahltemperatur),

- Risse können erst festgestellt werden, wenn sie von außerhalb des Brandraumes sichtbar werden; die Bestimmung der Rißweiten muß dabei zwangsläufig eine grobe Schätzung bleiben. In manchen Fällen hilft Rußablagerung in frühen Versuchsstadien schon Risse zu erkennen, gelegentlich markieren sie sich durch Feuchteaustritt,

- eine Irreführung durch Rißbeobachtung ist aber nicht ausgeschlossen. Ein Beispiel mag das erläutern: Im Versuch bei Raumtemperatur zeigen waagerechte Risse in der Ebene der Längsbewehrung den Verlust des Verbundes, ggf. ein Wegdrücken des Zuggurts durch die Druckstreben an. Beim Brandversuch wird dadurch jedoch im allgemeinen – leider aber nicht immer – ein Abscheren der besonders stark aufgeheizten unteren Betonecke außerhalb des Bügelkorbes markiert,

- ein Brandversuch kann nicht beliebig für intensivere Untersuchungen „angehalten" werden – eine Binsenweisheit, die jedoch ganz wesentlich ist,

- wie die aller Versuchsstadien ist auch die Beobachtung des Bruchvorganges nur grob möglich; mehr als rapide Rißerweiterung und -fortpflanzung sowie Zunahme der Balkendurchbiegung ist nicht festzustellen,

- der Abbruch eines Brandversuchs ist abhängig von einer nicht korrigierbaren Entscheidung des Versuchsleiters, die nicht unwesentlich beeinflußt wird von der Sorge um die Versuchseinrichtung, und demzufolge können nicht immer exakt gleiche Bruchstadien erreicht werden.

- beim wieder erkalteten Balken, bei dem die Bewehrung im Bruchbereich keine sichtbare Veränderung zeigt, dürfte der Schluß „Betonversagen" gerechtfertigt sein. Werden jedoch auch Fließerscheinungen oder Bruch der Bügel festgestellt, ist es kaum möglich, das Primärversagen zu bestimmen.

Mit diesen Ausführungen soll die Notwendigkeit, das Verhalten von Konstruktionen in Brandversuchen zu studieren, nicht bestritten werden. Brandversuche sind vielmehr von großem Wert und können nicht durch Ermittlungen rein theoretischer Art ersetzt werden. Es mag damit aber erklärt sein, daß für die durchgeführten Versuche Aussagen über die Bruchursache bzw. den Bruchmechanismus nur ganz vorsichtig, wenn überhaupt, gemacht werden können. Sicherere Analysen sind erst dann möglich, wenn weitere Parameter, die das Schubverhalten von Stahlbetonbalken unter Brandbeanspruchung beeinflussen können, mit herangezogen und die bereits „abgetasteten" noch intensiver untersucht werden, da erst dann eine rechnerische Hilfe voll wirksam eingesetzt werden kann.

5 Zusammenfassung, Schlußfolgerungen und Ausblick

Es wurde eine Reihe von Stahlbetonbalken in Normbrandversuchen gemäß DIN 4102 auf Schubverhalten geprüft. Alle diese Balken waren nach DIN 1045, Ausgabe 1972, konstruiert, wobei jeweils deren Mindestforderungen eingehalten wurden. Die Schubbewehrung bestand in aller Regel ausschließlich aus vertikalen Umschließungsbügeln.

Dem praktischen Zweck des Forschungsvorhabens entsprechend – Abstimmung der DIN 4102 Teil 4 mit DIN 1045 – konnten nur die vermutlich wichtigsten Einflüsse untersucht werden. So wurde ein Versuchsprogramm festgelegt, in dem die folgenden Parameter variiert wurden:

- Tragwerkssystem; Einfeld- und Zweifeldbalken,

- Belastung; Einzellasten und gleichmäßig verteilte Last,

- Momenten-Schubverhältnis $M/Q \cdot h$ bzw. Balkenschlankheit l/h,

- Höhe des Rechenwerts der Schubspannung τ_0 und damit volle und verminderte Schubdeckung,

- Betonfestigkeitsklasse,

- Betonquerschnitt; Übereinstimmung mit Mindestforderungen nach DIN 4102.

Wie erwartet, erwiesen sich die Zweifeldbalken als empfindlicher gegen Schubversagen als die statisch bestimmten Einfeldsysteme, bei denen fast ausnahmslos Biegezugbrüche erzeugt wurden. Lediglich ein Einfeld-I-Balken mit dünnem Steg versagte durch Schubbeanspruchung, wobei ein Steg-Betonbruch ausschlaggebend war.

Ein Einfluß der Belastungsart deutete sich nur bei langer Brandbeanspruchung an. Bei allen Balken, die für die Feuerwiderstandsklasse $F\,90$ ausgelegt waren, konnten keine signifikanten Verhaltensunterschiede, hervorgerufen durch die Belastungsart, festgestellt werden. Bei der angestrebten Feuerwiderstandsklasse $F\,180$ verhielten sich jedoch die Gleichlastbalken besser als die Einzellastbalken.

Auch aus Laststellung oder Balkenschlankheit konnte – bedingt durch die begrenzte Anzahl der Versuche – kein signifikanter Einfluß bei Feuerwiderstandsklassen bis $F\,90$ beobachtet werden. Bei einem für $F\,180$ konstruierten Balken, bei dem das Momenten-Schubverhältnis $M/Q \cdot h = 1{,}5$ betrug, wurde dagegen eine deutlich längere Feuerwiderstandsdauer erreicht als bei vergleichbaren Balken mit größerem $M/Q \cdot h$.

Der unter Gebrauchsbeanspruchung vorhandene Rechenwert der Schubspannungen τ_0 beeinflußte die Versuchsergebnisse: Bei den $F\,90$-Balken versagten die hochbeanspruchten ($\tau_0 = \tau_{03}$) eher als die im Schubbereich 2. Die für $F\,180$ konzipierten Balken lagen fast alle im Schubbereich 3, so daß ein Vergleich hier nicht angestellt werden kann. Bei allen diesen, wie auch den $F90/\tau_{03}$-Balken wurden keine Fließerscheinungen oder Brüche der Bügel festgestellt, so daß als Bruchursache Überbeanspruchung des durch Erwärmung geschwächten Betons anzunehmen ist, während im Schubbereich 2 auch Bügelversagen auftrat. Ein Einfluß des im Schubbereich 2 verminderten Schubdeckungsgrades war nicht festzustellen.

Die Betonfestigkeitsklasse wurde nur bei drei Versuchen variiert, dabei konnte kein deutlicher Einfluß bemerkt werden.

Bei Balken bis zur Feuerwiderstandsklasse $F90$ konnten die in DIN 4102 Teil 4 (E) geforderten Mindest-Betonquerschnitte bestätigt werden. Bei $F120$ und $F180$ müssen dagegen für einige Fälle verschärfte Forderungen erhoben werden.

Mit den Untersuchungen konnte ferner gezeigt werden, daß die Analogien der Lastabtragung, die für Tragwerke unter Raumtemperatur entwickelt worden sind, – Zugbandbogen, Sprengwerk und Fachwerk – auch für den Brandfall sinnvoll sind. Allerdings werden die Bügelspannungen, die nach der der Bemessung zugrundeliegenden erweiterten Fachwerkanalogie zu erwarten sind, bis zum Balkenbruch nicht erreicht.

Das Forschungsprogramm über das Schubverhalten von Stahlbetonbalken unter Brandbeanspruchung ist damit, abgesehen von einigen Zusatzuntersuchungen, die weiter unten noch genannt werden, zunächst abgeschlossen. So bedauerlich es ist, daß intensivere Parameteruntersuchungen, die den wissenschaftlichen Wert der Arbeiten wesentlich erhöht haben würden, unterbleiben mußten, so sind doch die Forschungsergebnisse für die Praxis von Wert:

Auch bei hochbeanspruchten Balken, deren Schubbewehrung aus Umschließungsbügeln besteht, sind für die Feuerwiderstandsklassen $F30$, $F60$ und $F90$ keine besonderen Vorkehrungen hinsichtlich der Schubsicherung notwendig, wenn nach den Angaben der DIN 4102 Teil 4 (E) konstruiert wird.

Bei Balken der Feuerwiderstandsklassen $F120$ und $F180$ müssen Zusatzmaßnahmen in Form von vier-schnittigen Bügeln und in einigen Fällen Verbreiterung des Betonquerschnitts getroffen werden.

Mit der Untersuchung des Einflusses der Schubzulagen, die nach dem neuen Abschnitt 18.8 der DIN 1045, Ausgabe Dezember 1978, zulässig sind, auf das Brandverhalten von Stahlbetonbalken ist inzwischen begonnen worden. Auch hier stellt das Land Nordrhein-Westfalen Mittel zur Verfügung.

Abschließend sei die Hoffnung ausgesprochen, daß eines Tages auch die Finanzierung abrundender Grundlagenversuche ermöglicht werden kann, so daß die Arbeiten auch in wissenschaftlich befriedigender Weise abgeschlossen werden können!

6 Schrifttum

[1] FIP/CEB: Report on methods of assessment of the fire resistance of concrete structural members. Selbstverlag London, 1978.

[2] Institution of Structural Engineers: Design and detailing of concrete structures for fire resistance. Selbstverlag London, 1978.

[3] KRAMPF, L.: Untersuchungen über die Gefahr vorzeitigen Versagens infolge Schubbruchs von Stahlbetonkonstruktionen unter Brandbeanspruchung, Teil I–III. Unveröffentlichter Bericht des Instituts für Baustoffe, Massivbau und Brandschutz der Technischen Universität Braunschweig, 1979.

[4] LEONHARDT, F. und WALTHER, R.: Beiträge zur Behandlung der Schubprobleme im Stahlbetonbau. Beton- und Stahlbetonbau, (1962), H. 12 bis (1963), H. 9.

[5] LEONHARDT, F., WALTHER, R. und DILGER, W.: Schubversuche an Durchlaufträgern. Schriftenreihe des DAfStb, H. 163, Berlin (1964).

[6] LEONHARDT, F., WALTHER, R. und DILGER, W.: Schubversuche an indirekt gelagerten, einfeldrigen und durchlaufenden Stahlbetonbalken. Schriftenreihe des DAfStb, H. 201 Berlin/München (1968).

[7] LEONHARDT, F., KOCH, R. und ROSTÁSY, F.: Schubversuche an Spannbetonträgern. Schriftenreihe des DAfStb, H. 227 Berlin/München/Düsseldorf (1973).

[8] LEONHARDT, F. und MÖNNIG, E.: Vorlesungen über Massivbau. 2. Aufl. Werner-Verlag, Düsseldorf, 1973.

[9] RAFLA, K. und BLUME, F.: Systematische Auswertung von Schubversuchen an Stahlbetonbalken. Unveröffentlicher Forschungsbericht des Instituts für Baustoffkunde und Stahlbetonbau der Technischen Universität Braunschweig, 1977.

[10] RÜSCH, H., HAUGLI, F.R. und MAYER, H.: Schubversuche an Stahlbeton-Rechteckbalken mit gleichmäßig verteilter Belastung. Schriftenreihe des DAfStb, H. 145 Berlin (1962).

Claus Meyer-Ottens

Feuerwiderstandsdauer unbekleideter hoher Rechteckbalken aus Brettschichtholz

1 Vorbemerkung

Über die Feuerwiderstandsdauer unbekleideter Rechteckbalken aus Voll- oder Brettschichtholz wurde schon mehrfach berichtet (s. [1] bis [10]). Eine Zusammenfassung und Deutung aller vorliegenden Prüfergebnisse ist in [11] enthalten. Für die Feuerwiderstandsklassen F 30 und F 60 nach DIN 4102 Teil 2 wurden daraus Mindestbalkenbreiten und -höhen abgeleitet; diese Mindestwerte sind in DIN 4102 Teil 4, Entwurf März 1978, angegeben. Die im Normentwurf enthaltenen Aussagen wurden inzwischen für die Feuerwiderstandsklasse F 90 erweitert, siehe [12] und [13].

Die Ableitung der Mindestwerte beruht in erster Linie auf der Untersuchung von Balken mit einem Seitenverhältnis von $1,5 \leqq h/b \leqq 2,5$. Dabei stimmen durch Prüfung und Rechnung ermittelte Werte relativ gut überein.

Für Seitenverhältnisse $h/b < 1,5$ liegen die Normwerte rechnerisch etwas auf der unsicheren Seite. Dieser Tatsache wird jedoch keine Bedeutung beigemessen, da bei den für die Rechnung gewählten Abbrandgeschwindigkeiten an den Balkenseiten – seitlich sowie unten und oben – auf der sicheren Seite liegende Annahmen getroffen wurden. Außerdem kann gesagt werden, daß Seitenverhältnisse $h/b < 1,5$ in der Praxis selten vorkommen.

Im Gegensatz hierzu liegen die Normwerte für Balken mit $h/b > 2,5$ rechnerisch auf der sicheren Seite. Da Balken aus Brettschichtholz in der Praxis Seitenverhältnisse bis zu $h/b = 10$ und mehr aufweisen, ist es von wirtschaftlichem Interesse, die hier vorhandenen Reserven ggf. auszuschöpfen.

Im folgenden Beitrag soll gezeigt werden, wie groß die Reserven an Feuerwiderstandsdauer bei hohen Balken sind und wie weit die jetzt vorgeschriebenen Mindestbreiten b ggf. abgemindert werden können. Abschließend wird auf die Notwendigkeit weiterer Prüfungen sowie auf Kipp-Probleme hingewiesen.

2 Ableitung der Mindestquerschnittswerte nach DIN 4102 Teil 4

Die in DIN 4102 Teil 4 angegebenen Mindestquerschnittswerte wurden aufgrund der zusammenfassenden Auswertung [11] für vierseitig beflammte Balken im wesentlichen aus den Diagrammen der Bilder 1 und 2 abgeleitet. Für die Ableitung der Mindestquerschnittswerte dreiseitig beflammter Balken wurden ähnliche Diagramme verwendet. Dabei wurde wie folgt vorgegangen: Zunächst wurde die Mindestbreite festgelegt,

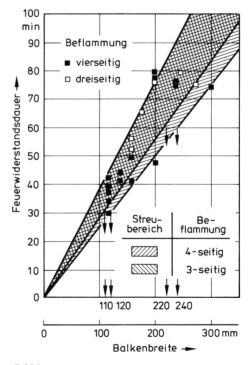

Bild 1
Feuerwiderstandsdauer brettschichtverleimter Holzbalken mit Rechteckquerschnitt aus Nadelholz der Güteklasse II bei einer Biegespannung $\sigma = 11$ N/mm² in Abhängigkeit von der Balkenbreite b

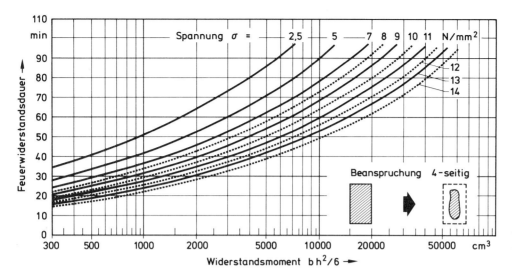

Bild 2
Feuerwiderstandsdauer brettschichtverleimter Holzbalken mit Rechteckquerschnitt aus Nadelholz der Güteklasse II bei vierseitiger Brandbeanspruchung in Abhängigkeit vom Widerstandsmoment $W = b h^2/6$ und der Biegespannung σ

Tabelle 1
Mindestabmessungen b/h unbekleideter brettschichtverleimter Balken mit Rechteckquerschnitt in [mm/mm]

Zeile	Biege-spannung	Feuerwiderstandsklasse-Benennung					
		F 30-B		F 60-B		F 90-B	
		Brandbeanspruchung					
		3seitig	4seitig	3seitig	4seitig	3seitig	4seitig
	[N/mm²]	b/h	b/h	b/h	b/h	b/h	b/h
1	≥ 14	140/260	150/310	280/520	300/620	420/780	450/930
2	$= 11$	110/200	120/250	220/400	240/500	330/600	360/750
3	$= 7$	80/150	90/190	160/300	180/380	240/450	270/570
4	≤ 3	80/120	80/160	140/220	160/300	210/330	240/450

wie sie sich aus Bild 1 aus der unteren Grenzlinie des Streubereichs vieler Brandprüfungen ergibt. Danach wurde die Mindesthöhe h festgelegt, die sich bei Verwendung von min b aus dem Diagramm von Bild 2 ableiten läßt. Das Diagramm von Bild 2 wurde entsprechend Gl. (1) aufgestellt.

$$\sigma_{br}(t) = \frac{6 M}{(b - 2\beta_s \cdot t) \cdot (h - 2\beta_u \cdot t)^2}. \tag{1}$$

Darin bedeuten:

$\sigma_{br}(t)$ Bruchspannung
M Biegemoment
b Querschnittsbreite
h Querschnittshöhe

t Branddauer
β_s seitlicher Abbrand = 0,8 mm/min
β_u unterer und oberer Abbrand = 1,1 mm/min

Für einen dreiseitigen Brandangriff kann in ähnlicher Weise die Gl. (2) angegeben werden:

$$\sigma_{br}(t) = \frac{6 M}{(b - 2\beta_s \cdot t) \cdot (h - \beta_u \cdot t)^2}. \tag{2}$$

Unter Berücksichtigung aller Prüferfahrungen wurden schließlich die in Tabelle 1 zusammengestellten Mindestquerschnittsabmessungen b/h in Abhängigkeit von der Biegespannung σ festgelegt. Die Mindestwerte wurden dabei so ausgewählt, daß ein Versagen im Brandfall durch Schubbruch nicht zu erwarten ist.

3 Seitenverhältnis *h/b* und Feuerwiderstandsdauer

Wertet man die Gl. (1) und (2) für bestimmte Seitenverhältnisse *h/b* aus, dann erhält man analog Bild 1 Geraden, die durch den Ursprung gehen und verschiedene Steigungen besitzen. Die Steigung wächst mit größer werdendem Verhältnis *h/b*. Der Zuwachs der Steigung ist bei kleinen Seitenverhältnissen größer als bei großen Seitenverhältnissen; bei Seitenverhältnissen *h/b* > 10 ist praktisch kein Zuwachs mehr vorhanden. Eine systematische Zusammenstellung der Abhängigkeiten zeigen die Diagramme der Bilder 3 und 4, wobei die Seitenverhältnisse *h/b* zwischen 1 und 10 und die Biegespannungen zwischen 3 und 14 N/mm² variiert wurden.

Die rechnerisch so ermittelten Geraden stehen wiederum in relativ guter Übereinstimmung mit den vorliegenden Prüfergebnissen (s. Tabelle 2 sowie Bild 5).

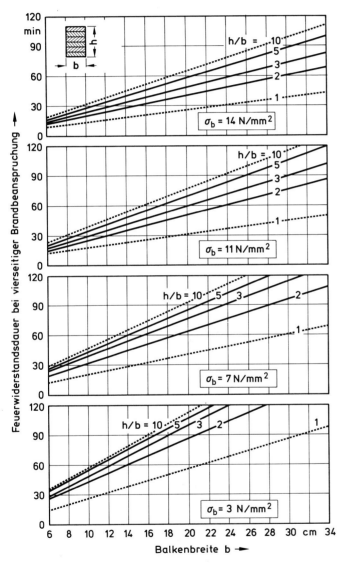

Bild 3
Feuerwiderstandsdauer brettschichtverleimter Holzbalken bei 4seitiger Brandbeanspruchung in Abhängigkeit von der Balkenbreite *b*, dem Seitenverhältnis *h/b* und der Biegespannung σ_b

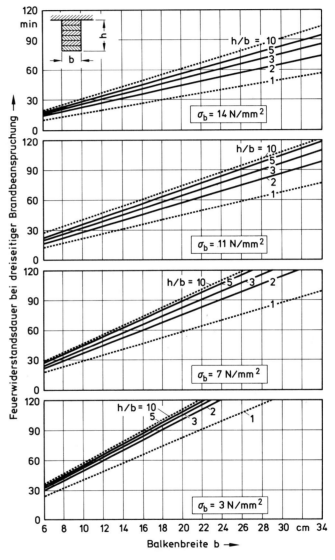

Bild 4
Feuerwiderstandsdauer brettschichtverleimter Holzbalken bei 3seitiger Brandbeanspruchung in Abhängigkeit von der Balkenbreite *b*, dem Seitenverhältnis *h/b* und der Biegespannung σ_b

Tabelle 2
Kennwerte brandbeanspruchter Holzbalken nach [2] bis [7] mit Gegenüberstellung der durch Prüfung und Rechnung ermittelten Feuerwiderstandsdauer

1	2	3	4	5	6	7	8	9	10	11
Literatur-Quelle*)	Ver-suchs-Nr.	Holzart	Brand-beanspru-chung	Span-nung σ [N/mm²]	Abmessungen b [cm]	h [cm]	h/b	F-Dauer DIN 4102 t_{DIN} [min]	rech-nerische F-Dauer t_r [min]	Abwei-chung $t_{DIN} - t_r$ [min]
[3]	1	Vollholz	3seitig	10	12	33,4	2,78	29	37	− 8
	2			10	16	25	1,56	48	42	+ 6
	3			10	20	20	1,00	46	43	+ 3
	4			10	14	25	1,79	36	38	− 2
[4]	9	Brett-schicht-holz		11	18	27,9	1,55	65	47	+18
	10			11	20	25	1,25	78	47	+31
	11			11	25	20	0,80	79	48	+31
	14			11	27,5	43,6	1,59	75	69	+ 6
[5]	11			11	16	26	1,63	56	42	+14
	5			11	16	28	1,75	52	44	+ 6
[4]	1	Brett-schicht-holz	4seitig	11	12	33,4	2,78	37	35	+ 2
	2			11	14	28,6	2,04	44	35	+ 9
	3			11	16	25	1,56	41	34	+ 7
	4			11	20	30	1,50	47	41	+ 6
	5			11	12	33,4	2,78	39	34	+ 5
	6			11	14	28,6	2,04	44	35	+ 9
	7			11	12	29,2	2,42	34	33	+ 1
	8			11	14	25	1,78	41	33	+ 7
	12			11	24	50	2,08	76	61	+15
	13			11	30	40	1,34	74	59	+15
[5]	1			11	12	37,5	3,13	42	37	+ 5
	2			11	16	28,1	1,76	41	37	+ 4
	3			11	20	22,5	1,12	33	33	± 0
	4			11	22	20,5	0,93	40	33	+ 7
	6			11	12	60	5,00	29	42	−13
	7			11	16	60	3,75	49	50	− 1
	8			11	20	60	3,00	79	60	+19
	9			11	24	60	2,50	75	66	+ 9
[2]	WA 2			13	24	20	0,83	28	32	− 4
	WA 4			13	24	20	0,83	>30	32	∼± 0
	Kb 3			13	16	24	1,50	>30	34	∼± 0
	Wc 2			13	13	30	2,30	26,5	34	− 7,5
	Wc 3			13	13	30	2,30	>30	34	∼± 0
	Wc 4			13	13	30	2,30	>30	34	∼± 0
	Kc 2			13	13	30	2,30	>30	34	∼± 0

*) Teilergebnisse der Berichte [3] bis [5] sind auch in [6] bis [7] enthalten.

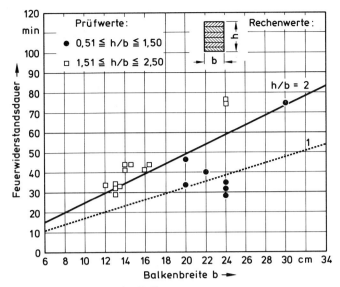

a) 4seitig beanspruchte Balken

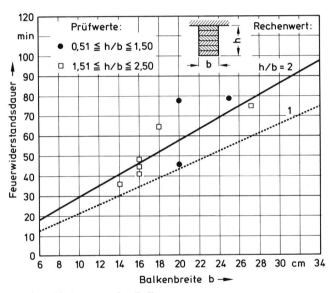

b) 3seitig beanspruchte Balken

Bild 5
Feuerwiderstandsdauer brettschichtverleimter Holzbalken
mit Rechteckquerschnitt mit Seitenverhältnissen
$0,51 \leq h/b \leq 2,5$ bei einer Biegespannung $\sigma = 11 \text{ N/mm}^2$
in Abhängigkeit von der Balkenbreite b
– Vergleich zwischen Prüfung und Rechnung –

Tabelle 2 enthält eine Zusammenstellung aller bekannten auswertbaren Prüfergebnisse. In Spalte 9 ist die in Normprüfungen ermittelte Feuerwiderstandsdauer infolge Biegebruch angegeben. In Spalte 10 sind die rechnerisch ermittelten Feuerwiderstandsdauern gegenübergestellt. Die Spalte 11 enthält schließlich die Abweichungen zwischen Prüfung und Rechnung.

Da die meisten untersuchten Balken Seitenverhältnisse von $h/b \leq$ rd. 2,5 besaßen, kann die relativ gute Übereinstimmung zwischen Prüfung und Rechnung natürlich nur in diesem Bereich gezeigt werden (s. auch Bild 5). Für Seitenverhältnisse $h/b > 2,5$ liegen nur wenig Vergleichswerte vor. Beim größten geprüften Seitenverhältnis $h/b = 5$ (s. Versuchs-Nr. 6 [5] in Tabelle 2) mit $b \times h = 12 \text{ cm} \times 60 \text{ cm}$ – wurde das Versagen frühzeitig, d. h. bevor die rechnerische Biegebruchfestigkeit erreicht wurde, durch Kippen eingeleitet. Dabei erhielten die Prüfträger durch Abrutschen der Belastung in den Lasteinleitungspunkten gleichzeitig Horizontalkräfte, die von den sehr schmalen, nur 12 cm breiten Balken nach 29 Minuten Branddauer nicht mehr gehalten werden konnten.

Ein ähnliches Versagen wurde bei breiteren Balken bisher nicht beobachtet. Mit zunehmender Höhe ist ein

Bild 6
Dachkonstruktion einer Fabrikationshalle

359

Kippversagen jedoch gut denkbar, zumal bei schmalen, hohen Balken die Lasteinleitung problematisch ist.

Je höher ein Balken wird, um so sicherer muß die Kippaussteifung bemessen werden – ggf. müssen sogar horizontal wirkende Zusatzkräfte berücksichtigt werden.

Daß es sich hierbei nicht nur um prüftechnische Probleme, sondern um Fragen handelt, die auch in der Praxis vorkommen, zeigen die Bilder 6 und 7. Bild 6 zeigt die Dachkonstruktion einer Fabrikationshalle vor dem Brand, wobei schmale, hohe Binder aus Brettschichtholz durch Pfetten gegen Kippen ausgesteift wurden. Im Brand versagten die Kippaussteifungen frühzeitig, so daß die durch Abbrand kaum geschwächten Binder abstürzten (s. Bild 7).

Bei sehr schmalen Balken kann auch ein Schubversagen eintreten. Bei höher werdenden, ausreichend gegen Kippen gesicherten Balken kann im Brandfall neben dem Biegeverhalten auch das Scheibenverhalten an Bedeutung gewinnen.

Wenn die in DIN 4102 Teil 4 festgelegten Mindestwerte aufgrund der im Biegeverhalten gezeigten Reserven abgemindert werden sollen, müssen das Kipp-, Schub- und ggf. auch das Scheibenverhalten durch Prüfung und Rechnung weiter untersucht werden.

4 Zusammenfassung

In der vorliegenden Arbeit wird die Ableitung der in DIN 4102 Teil 4 angegebenen Mindestquerschnittswerte b/h von Holzbalken mit Rechteckquerschnitt für bestimmte Feuerwiderstandsdauern behandelt.

Es werden Diagramme vorgelegt, aus denen die Feuerwiderstandsdauer auch in Abhängigkeit vom Seitenverhältnis h/b abgelesen werden kann. Der Vergleich der Mindestwerte nach Norm mit den Werten nach diesen Diagrammen zeigt, daß die Normwerte bei hohen Balken – Biegeversagen vorausgesetzt – auf der sicheren Seite liegen.

Um eine Abminderung der z.Z. gültigen Mindestbreiten zu ermöglichen, müssen zur Bestätigung der rechnerisch abgeleiteten Werte noch Normprüfungen durchgeführt werden. Dabei muß dem Kippen der Balken, wie es auch in der Praxis beobachtet wurde, besondere Aufmerksamkeit geschenkt werden. Ein Schubversagen muß ebenfalls in Betracht gezogen werden. Es wird empfohlen, auch das Scheibenverhalten hoher Balken genauer zu untersuchen.

5 Schrifttum

[1] DORN, H., und EGNER, K.: Brandversuche an geleimten Holzbauteilen. Holz-Zentralblatt 87 (1961), Nr. 28.

[2] DORN, H., und EGNER, K.: Brandversuche an brettschichtverleimten Holzträgern unter Biegebeanspruchung. Holz als Roh- und Werkstoff 25 (1967), S. 308–320.
Brandverhalten und Feuerschutz von Holz und Holzkonstruktionen. Vorträge zum ersten Fachgespräch der DGfH am 23. Oktober 1966 in Würzburg, herausgegeben von der Deutschen Gesellschaft für Holzforschung e. V., H. 1/1967, München 1967.

[3] Holzträger unter Biege- und Feuerbeanspruchung. Unveröffentlichter Abschlußbericht zu einem Forschungsauftrag der Deutschen Gesellschaft für Holzforschung e. V., München, durchgeführt am Institut für Baustoffkunde und Stahlbetonbau der Technischen Universität Braunschweig, 1969.

Bild 7
Durch Brandbeanspruchung gekippter Binder der Dachkonstruktion nach Bild 6

[4] Brettschichtverleimte Binder unter Biege- und Feuerbeanspruchung. Unveröffentlichter Abschlußbericht zu einem Forschungsauftrag der Deutschen Gesellschaft für Holzforschung e.V., München, durchgeführt am Institut für Baustoffkunde und Stahlbetonbau der Technischen Universität Braunschweig, 1970.

[5] Träger, Binder und Decken aus Holz unter Biege- und Feuerbeanspruchung. Unveröffentlichter Abschlußbericht zu einem Forschungsauftrag der Deutschen Gesellschaft für Holzforschung e.V., München, durchgeführt am Institut für Baustoffkunde und Stahlbetonbau der Technischen Universität Braunschweig, 1970.

[6] DREYER, R.: Brettschichtverleimte Holzbalken unter Biege- und Feuerbeanspruchung. Holzkonstruktionen, Vorträge zum zweiten Fachgespräch der DGfH am 23. Oktober 1969 in Würzburg, herausgegeben von der Deutschen Gesellschaft für Holzforschung e.V., H. 56/1969, München 1969.

[7] DREYER, R.: Holzträger unter Biege- und Feuerbeanspruchung. Beitrag in: Informationsdienst HOLZ, H.A. 49 ,,Brandverhalten von Holzkonstruktionen'', herausgegeben von der Arbeitsgemeinschaft HOLZ e.V., Düsseldorf 1969.

[8] TENNING, K.: Glued laminated timber beams, fire tests and experience in practice. Symposium No. 3, Fire and structural use of timber in buildings. Proceedings of the Symposium held at the Fire Research Station Boreham Wood, Herts. 25.10.1967. Her Majesty's Stationary Office, London 1970.

[9] ÖDEEN, K.: Fire resistance of glued laminated timber structures. Symposium No. 3, Fire and structural use of timber in buildings. Proceedings of the Symposium held at the Fire Research Station Boreham Wood, Herts. 25.10.1967. Her Majesty's Stationary Office, London 1970.

[10] IMAIZUMI, K.: Stability in fire of protected and unprotected glued laminated beams. Meddelelse Nr. 18 und 176 (NTI) fra Skogbrukets og Skogindustriens Forskningsforening, Blindern 1962.

[11] MEYER-OTTENS, C.: Feuerwiderstandsdauer unbekleideter Holzbalken mit Rechteckquerschnitt. Bauen mit Holz, 5/1976.

[12] KORDINA, K., und MEYER-OTTENS, C.: Brandverhalten von Holzkonstruktionen. Informationsdienst Holz. EGH 1977.

[13] KORDINA, K., und MEYER-OTTENS, C.: Feuerwiderstandsklassen von Bauteilen aus Holz und Holzwerkstoffen. Informationsdienst Holz. EGH 1977 (Kurzfassung zu [12]).

120.—